"十二五"职业教育国家规划教材
经全国职业教育教材审定委员会审定

机械设计基础

第二版

李正峰　蒋利强　主编
杜春宽　副主编

化学工业出版社
·北京·

全书分为工程力学基础、常用平面机构、常用机械传动、常用机械零部件及创新设计四篇。第一篇主要介绍工程静力分析和杆件的各种变形及强度、刚度条件；第二篇主要介绍平面连杆机构和凸轮机构的组成、类型、特性及设计；第三篇主要介绍齿轮传动、蜗杆传动、轮系、带传动、链传动的设计准则和计算方法，以及使用与维护等；第四篇主要介绍螺纹连接、轴毂连接、轴的结构设计和强度计算，轴承、联轴器和离合器的类型、特点、选择和应用。另外介绍了创新设计的基本知识。每篇后面都给出了结合实际应用的专题作业。

本书可作为高等职业技术学院机电一体化、数控技术、模具设计与制造等专业的教材，参考学时数为90～110学时，各专业可根据需要进行取舍。

图书在版编目（CIP）数据

机械设计基础/李正峰，蒋利强主编. —2版. —北京：化学工业出版社，2015.8（2022.3重印）
“十二五”职业教育国家规划教材
ISBN 978-7-122-24746-9

Ⅰ.①机… Ⅱ.①李…②蒋… Ⅲ.①机械设计-高等职业教育-教材 Ⅳ.①TH122

中国版本图书馆CIP数据核字（2015）第173542号

责任编辑：王听讲
责任校对：宋　玮　　　　装帧设计：王晓宇

出版发行：化学工业出版社（北京市东城区青年湖南街13号　邮政编码100011）
印　　装：涿州市般润文化传播有限公司
787mm×1092mm　1/16　印张20　字数499千字　　2022年3月北京第2版第2次印刷

购书咨询：010-64518888　　　　售后服务：010-64518899
网　　址：http://www.cip.com.cn
凡购买本书，如有缺损质量问题，本社销售中心负责调换。

定　　价：49.80元　　

前　言

根据《教育部关于“十二五”职业教育教材建设的若干意见》和《高等职业学校专业教学标准》的要求，编者对原教材进行了修订。我们在修订中坚持以“能力培养为中心，理论知识为支撑”，紧密结合当前教学改革趋势，以工程实践能力培养为导向，充分考虑高职学生对知识的接受能力和对知识的掌握过程，对教材内容进行了精选和重构，主要做了以下几项工作。

1. 修订后的教材分为工程力学基础、常用平面机构、常用机械传动、常用机械零部件及创新设计等四篇。第一篇主要介绍工程静力分析和杆件的各种变形及强度、刚度条件；第二篇主要介绍平面连杆机构和凸轮机构的组成、类型、特性及设计；第三篇主要介绍齿轮传动、蜗杆传动、轮系、带传动、链传动的设计准则和计算方法及使用与维护等；第四篇主要介绍螺纹连接、轴毂连接、轴的结构设计和强度计算，轴承、联轴器和离合器的类型、特点、选择和应用。

2. 设计了与教学内容相对应的项目化专题作业，通过专题作业能够强化学生对单元课程知识的掌握和运用，也能够提高学生解决实际问题的能力和培养岗位工作技能。

3. 在内容的安排上，也充分考虑各章节内容与其他课程内容的衔接问题和各章节知识的相关性。每个章节内容既要考虑其独立性、完整性，又考虑到其所包含的知识点能承上启下，所以对章节进行了精心排序，使学生可以循序渐进、由浅入深地掌握机械设计的相关知识、基本设计方法，也可以逐步掌握机械产品的设计思路和设计步骤。

4. 随着科学技术的发展，新理论、新技术、新标准不断出现，根据这些新的发展，修订后的教材采用最新的国家标准，补充了少量的教学内容。

5. 修订后的教材每章前配有知识目标和能力目标，为本章的教学提供参考指导；“知识结构图”指出了本章的主要知识点和层次，有利于读者把握学习脉络；每章最后有“知识梳理与总结”，对本章知识进行梳理，有利于读者对本章难点及重点的把握，提高学习效果。

无锡商业职业技术学院、朝阳师范高等专科学校、泰州职业技术学院、浙江天煌科技实业有限公司、无锡金球机械有限公司等具有丰富实践工作经验和教学经验的教师和工程师参加了本版的修订。全书由李正峰教授、蒋利强副教授任主编，杜春宽任副主编。浙江天煌科技实业有限公司的鲁其银工程师和无锡金球机械有限公司平东良高级工程师提供和编写了部分专题作业，并对修订提出了宝贵意见，在此表示衷心的感谢。

本教材为无锡市精品课程《机械设计理论与实训》的配套用书，有关课程教学内容见网站 http://www.wxgz.net.cn:9900/upload/1/2012-09-18/1316/index.html。

限于编者的水平和时间，书中不当之处在所难免，恳请广大读者批评指正。

编　者

2015 年 8 月

第一版前言

本书是为适应高职高专院校机电一体化、数控技术、模具设计与制造等专业的教学要求编写的。本书按照高等职业教育教学改革要求，以生产实际所需的基本知识、基本理论和基本技能为基础，将工程力学、机械原理和机械零件等课程的内容进行了优化整合。

与以往《机械设计基础》教材不同的是，本教材把工程力学课程中的静力学和材料力学的基础知识也整合到本书中，使全书内容的衔接性、实用性更强。本书重点介绍了常用机构、常用机械传动及常用机械零部件的类型、用途和设计计算方法。另外还介绍了创新设计的基本知识。本书采用最新国家标准，引入实际生产案例，力图体现教材的新颖性。全书内容简明、实用，知识面广，深度适宜，便于教师讲授和学生自学，参考学时数为90～110学时，各专业可根据需要进行取舍。

我们将为使用本书的教师免费提供电子教案，需要者可以到化学工业出版社教学资源网站 http://www.cipedu.com.cn 免费下载使用。

本书由无锡商业职业技术学院、泰州职业技术学院、朝阳高等师范专科学校、内蒙古科技大学高等职业技术学院等院校具有丰富教学经验的教师编写。全书由李正峰教授、蒋利强副教授任主编，杜春宽任副主编。编写分工如下：李正峰编写绪论和第9、12、16、17、20、21章，蒋利强编写第1、2、3章，蒋利强、刘永强编写第4、5、6章，杜春宽编写第7、8章，杜春宽、刘志毅编写第14、15、18、19章，蒋利强、王荣编写第11、13章，林瑾编写第10章，张帆编写第22章。

因编者水平有限，疏漏之处在所难免，恳请广大读者批评指正。

编　者

2011年9月

目 录

第三篇　常用机械传动

第四篇　常用机械零部件及创新设计

绪　论

【知识目标】

① 了解本课程的研究对象和任务；

② 掌握机械与机构的特征；

③ 了解机械设计的基本要求和程序；

④ 了解本课程的学习方法。

0.1　机械设计研究的对象

机械设计研究的对象是机械，这里所说的机械是机器和机构的总称。

从制造和装配方面来分析，任何机械设备都是由若干机械零件、部件组成的。图 0-1 (a) 所示为单缸四冲程内燃机，它由齿轮 1 和 2、凸轮 3、排气阀 4、进气阀 5、气缸体 6、活塞 7、连杆 8、曲轴 9 组成。当燃气推动活塞 7 作直线往复运动时，经连杆 8 使曲轴 9 作连续转动。凸轮 3 和顶杆是用来开启和关闭进气阀和排气阀的。在曲轴和凸轮轴之间两个齿轮的齿数比为 1∶2，使其曲轴转两周时，进排气阀各启闭一次。这样就把活塞的运动转变为曲轴的转动，将燃气的热能转换为曲轴转动的机械能。这里包含了气缸、活塞、连杆、曲轴组成的曲柄滑块机构，凸轮、顶杆、机架组成的凸轮机构，齿轮和机架组成的齿轮机构。

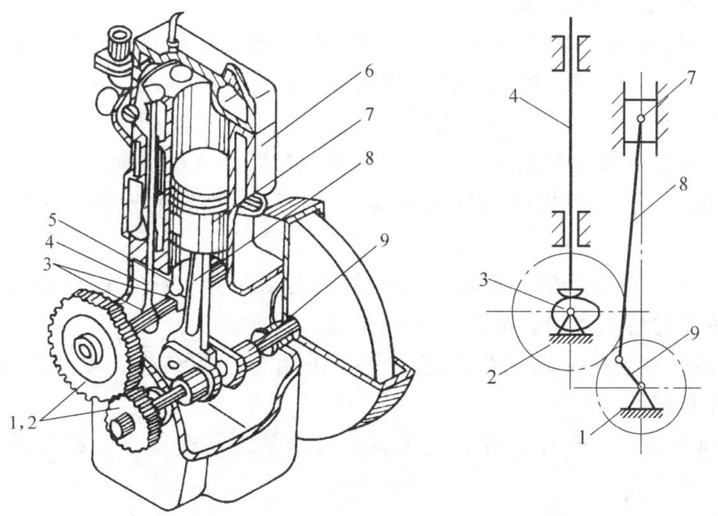

(a) 结构简图　　(b) 机构运动简图

图 0-1　单缸四冲程内燃机

1,2—齿轮；3—凸轮；4—排气阀；5—进气阀；6—气缸体；7—活塞；8—连杆；9—曲轴

尽管各种机器有着不同的形式、构造和用途，然而都具有下列三个共同特征：机器是人为的多种实体的组合；各部分之间具有确定的相对运动；在工作过程中，能实现能量转换或完成有用的机械功。

机器是由一个或几个机构组成的，机构仅具有机器的前两个特征，它被用来传递运动或变换运动形式。若单纯从结构和运动的观点看，机器和机构并无区别，因此，通常把机器和机构统称为机械。

机械中不可拆卸的基本单元称为零件，零件可分为两类：一类是通用零件，即在各种机器中都经常使用的零件，如螺栓、齿轮等；另一类是专用零件，是仅在特定类型的机器中使用的零件，如活塞等。把由若干协同工作的零件所组成的独立制造或独立装配的组合体称为部件，如滚动轴承。

组成机械的运动单元称为构件，它可以是一个零件也可以是由几个零件刚性连接而成。如图 0-1 中的连杆 8。

尽管目前正在使用和不断创造的机器很多，但组成机器的机构和零部件却是有限的，因此以常用机构如连杆机构、齿轮机构、凸轮机构等以及通用零部件如轴承、齿轮、带等作为学习对象，可为各类机械的设计打下基础。

随着科技的进步，人类综合应用各方面的知识和技术，不断创造出新的机器，因此机器的含义也不断地扩大。更广泛意义上的机器定义为：用来转换或传递能量、物料和信息的，能执行机械运动的装置。

0.2 机械设计的基本要求和一般程序

机械设计是机械产品研制的第一步，设计的好坏直接关系到产品的质量、性能和经济效益，机械设计就是从使用要求出发，对机械的工作原理、结构、运动形式、力和能量的传递方式，各个零件的材料、尺寸和形状，以及使用维护等问题进行构思、分析和决策的创造性过程。本课程主要讨论常用机械传动装置和通用零部件的设计。

0.2.1 机械设计应满足的基本要求

机械的性能和质量在很大程度上取决于设计的质量，而机械的制造过程实质上就是要实现设计所规定的性能和质量。机械设计作为机械产品开发研制的一个重要环节，不仅决定着产品的性能好坏，而且还决定着产品质量的高低。机械的种类很多，用途、结构、性能差别很大，但设计的基本要求大致相同。其基本要求包括以下几个方面。

① 功能性要求　设计的机械零件应在规定条件下，规定的寿命期限内，有效地实现预期的全部功能。

② 经济性要求　在市场经济环境下，经济性要求贯穿于机械设计全过程，应当合理选用材料，确定适当的精度要求，减少设计和制造的周期。

③ 工艺性要求　指在一定的生产条件下，采用合理的结构，便于制造、装配和维护，尽可能采用标准零部件。

④ 其他方面的要求　环保、舒适、美观、安全及再制造等方面的要求，也是设计者必须考虑的。

0.2.2 机械设计的内容与一般程序

机械设计是一项复杂、细致和科学性很强的工作。随着科学技术的发展，对设计的理解在不断地深化，设计方法也在不断地发展。即使如此，常规设计方法仍然是工程技术人员进行机械设计的重要基础，必须很好地掌握。机械设计的过程通常可分为以下几个阶段。

① 产品规划　产品规划的主要工作是提出设计任务和明确设计要求，这是机械产品设计首先需要解决的问题。通常是人们根据市场需求提出设计任务，通过可行性分析后才能进行产品规划。

② 方案设计　在满足设计任务书中规定的设计要求的前提下，由设计人员构思出多种可行性方案并进行分析论证，从中优选出一种能完成预定功能、工作性能可靠、结构设计合理、成本低廉的方案。

③ 技术设计　在既定设计方案的基础上，完成机械产品的总体设计、部件设计、零件设计等，设计结果以技术图样、使用说明书及计算说明书的形式表达出来。

④ 制造及试验　经过加工、安装及调试制造出样机，对样机进行试运行或在生产现场试用，将试验过程中发现的问题反馈给设计人员，经过修改完善，最后通过鉴定。

0.3　机械设计方法的新发展

近几十年来，机械设计学科发生了很大的变化，设计方法更科学，计算精度更高，计算速度更快。主要有以下几个方面。

① 基础理论进一步深化和扩展。过去研究问题比较偏向于宏观方面，现已向微观方面发展。例如，摩擦学研究摩擦表面间的物理和化学性质，进一步探索薄层摩擦副的机理和计算问题。

② 传统的机械设计偏重于零部件的静态设计，现正向多种零件的综合或以整机系统为对象的动态设计方向发展。例如，研究机械系统的动力学问题对发展高速机械具有很重要的意义。

③ 新的设计方法不断出现，如优化设计、可靠性设计、模块化设计、机械系统设计、价值分析、专家系统、机械动态设计、并行设计等。

④ 计算机辅助设计快速发展。它通过人和计算机的交互作用完成设计工作。显著提高了设计效率，加快了产品更新换代；能在较短时间内给出多种设计方案，并进行分析比较，以获得最佳设计方案；可与计算机辅助制造（CAM）、计算机管理结合起来形成计算机集成制造系统（CIMS），从企业总效益最高出发，综合进行市场预测、产品设计、生产计划、制造和销售等一系列工作，以实现人力、物力和时间等各种资源的有效利用。

⑤ 传统的机械产品正在向机、电、液一体化方向发展。机械与电子、电气、液动、气动等多种技术的有机结合，使机械产品性能更好，更新换代更快。

0.4　本课程的内容和任务

0.4.1　本课程的主要内容

本课程包括工程力学基础、常用平面机构、常用机械传动、常用机械零部件等内容。

工程力学基础主要介绍如何对构件进行受力分析、力系的简化和构件的平衡计算，以及构件在外力作用下的变形和破坏规律，强度（抵抗破坏能力）和刚度（抵抗变形能力）计算准则。

常用平面机构主要介绍平面机构的结构分析、平面连杆机构和凸轮机构等常用机构的工作原理、设计及应用等。

常用机械传动主要阐述了一般机械传动中常用的齿轮传动、蜗杆传动、带传动和链传动等。

常用机械零部件主要介绍了螺纹连接、轴毂连接、轴和轴承等机械零部件设计的基本方法。

0.4.2 本课程的任务

本课程是高职高专院校机电一体化、数控技术、模具设计与制造等专业的一门重要技术基础课。通过本课程的学习，应达到如下要求。

① 初步掌握分析解决实际工程中简单力学问题的方法。

② 初步掌握对构件进行强度和刚度计算的方法，并具有一定的实验能力。

③ 掌握常用机构和通用机械零部件的基本知识，初步具有分析、选用和设计机械零部件及简单机械传动装置的能力。

0.5 本课程的学习方法

本课程是一门专业技术基础课，是从理论性、系统性都很强的基础课向实践性较强的专业课过渡的一个转折点。因此，学习本课程时必须在学习方法上有所转变，具体应注意如下几点。

① 注意理论联系实际，学以致用，把知识学活。本课程的研究对象与生产实际联系紧密，在初学本课程时，会感到内容比较抽象。因此，建议在学习本课程理论知识的同时，要有意识地去多看、多接触一些实际的机构和机器，如缝纫机、自行车等，并努力用所学到的原理和方法去分析、思考，这样就可使原本枯燥抽象的理论学习变得生动具体，有利于学好理论知识，也有利于开发智力及培养创造性思维。

② 本课程的实践性较强，而实践中的问题往往很复杂，难以用纯理论的方法来分析解决，而常常采用经验参数、经验公式、条件性计算等方法，容易给学生造成“没有系统性”、“逻辑性差”的错觉，这是由于学生习惯了基础课的系统性所造成的。这就是实践性、工程性较强课程的特点，在学习时要了解懂得这一特点并逐步适应。

③ 本课程的一些计算结果不具有唯一性。也就是说，计算结果没有对错之分，只有好坏优良的不同，这也是实践性、工程性较强课程的特点。在学习时也要逐步适应这种特点并树立努力获得最佳结果的思想。

④ 重视结构设计。对机械工程问题来说，理论计算固然很重要，但往往并不能解决问题，结构设计有时是决定问题的关键。大量工程实践证明，一个好的设计工程师，首先必须是一个好的结构设计师。初学者往往只注重计算而忽视结构设计，实际上，如果没有正确的结构设计，再好的理论计算也毫无意义。在学习本课程时，应逐步培养将理论计算与结构设计、工艺分析等问题相结合的思维方式。

【知识梳理与总结】

(1) 本课程的研究对象

机械设计基础课程主要研究机械中的常用机构和通用零部件的工作原理、结构特点、基本设计理论和计算方法。

(2) 本课程的主要内容

本课程包括工程力学基础、常用平面机构、常用机械传动、常用机械零部件等内容。

(3) 本课程的任务

① 初步掌握分析解决实际工程中简单力学问题的方法；② 初步掌握对构件进行强度和刚度计算的方法，并具有一定的实验能力；③掌握常用机构和通用机械零部件的基本知识，初步具有分析、选用和设计机械零部件及简单机械传动装置的能力。

(4) 机械设计的基本要求

功能要求、经济性要求、工艺性要求及其他方面要求。

(5) 机械设计的一般程序

产品规划、方案设计、技术设计、样机试制、批量生产。

习　题

0-1　试说明机器、机构的概念及特征，并各举 2 个实例。

0-2　试说明构件与零件的区别。

0-3　试说明通用零件与专用零件的区别，并各举 2 个实例。

第一篇　工程力学基础

由于“工程力学”包含极其广泛的内容，人们对于“工程力学”的理解不尽相同。本篇主要涉及物体静力分析、构件强度、刚度和稳定性分析等方面的内容。并结合实际应用给出专题作业项目，以利学生进行技能训练，为从事机械设计工作奠定必需的力学基础。

主要学习和实践进程如下：

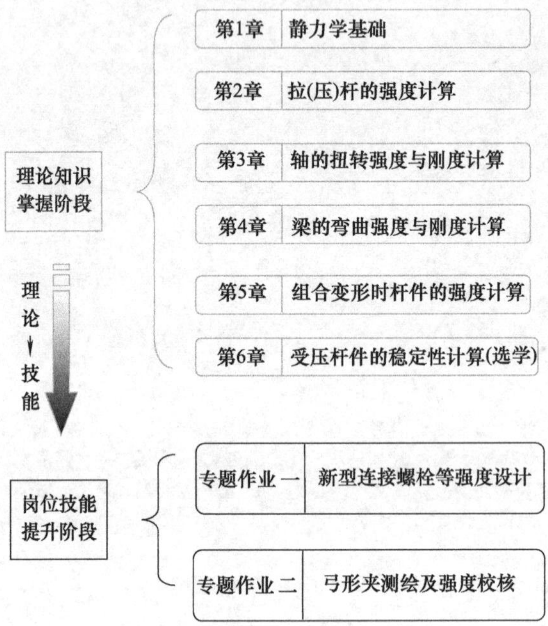

第 1 章　静力学基础

【知识目标】

① 了解静力分析的基本概念、基本公理和典型约束；

② 理解力矩、力偶概念及其性质；

③ 掌握平面力系的简化方法和平衡条件。

【能力目标】

① 能够分析常见约束类型及约束反力的特征；

② 能够进行物体的受力分析，掌握受力图的基本画法；

③ 根据物体的受力状况，能正确列出平衡方程并求解。

【知识结构图】

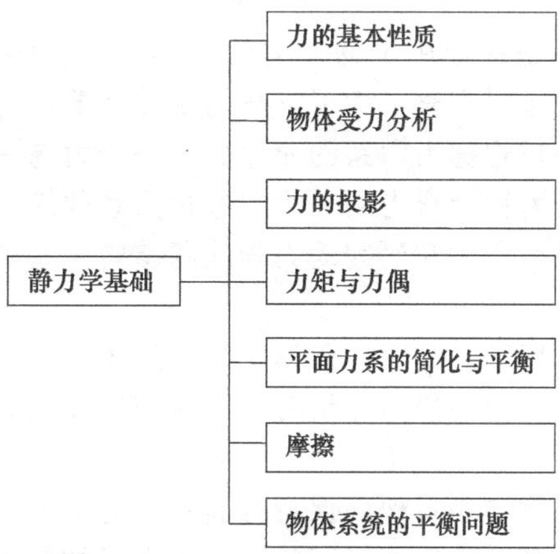

工程静力分析主要研究物体在力系作用下的平衡规律，在工程实际中有着十分重要的意义。如设计处于平衡状态的受载机械零件等，都需要先对零件进行静力分析，再应用平衡条件计算未知力，最后确定构件的承载能力。对处于非平衡状态的机械零件，在加速度较小时，也可以应用平衡条件进行近似计算；在加速度较大时，需要在受力分析的基础上，进行动力计算。因此，受力分析是解决力学问题的基础，平衡计算的结果将为构件承载能力的计算提供重要的依据。本章主要介绍力的基本性质、约束与约束反力、受力分析与受力图、力的投影、力对点之矩、力偶的性质以及平面力系的简化方法和平衡计算。

1.1　力的基本性质

1.1.1　基本概念

1. 力与力系的概念

（1）力的定义　人们在生产实践中，经过长期观察和总结，建立了力的概念：力是物体之间的相互作用，这种作用使物体的机械运动状态发生改变，并使物体发生变形。机械运动是指物体空间位置随时间的变化。改变物体机械运动状态，称为力的运动效应（即力的外效应）；使物体变形称为力的变形效应（即力的内效应）。

(2) 力的三要素　力对物体的作用效果取决于力的三要素，即力的大小、力的方向、力的作用点。力的大小表示了物体间相互作用的强弱，可以用测力器来测量。按照我国法定计量单位的规定，力的常用单位有牛（N）或千牛（kN）。

(3) 力的分类　按力作用范围的大小，可分为集中力和分布力。集中力是指力集中作用于一点；分布力是指力作用于某一范围，若在该范围内力是均匀分布的则称为均布载荷。

(4) 力的表示方法　力是一个具有大小和方向的矢量。图示时，用有向线段的长度按比例表示力的大小，箭头或箭尾为力的作用点（图 1-1）。本书用黑体字母 **F** 表示力的矢量，而以明体字母表示它的大小。力的方向包括了力的作用线方位和指向，它说明了物体间的相互作用具有方向性。力的作用点表示了物体间相互作用的位置。如果力可近似地看成作用在一个点上，这种力称为集中力；如果力作用在某一范围内，这种力称为分布力。例如作用在墙上的风压力、梁的自重等。有时，为了简化刚体的计算过程，可以把小范围的分布力简化为集中力。

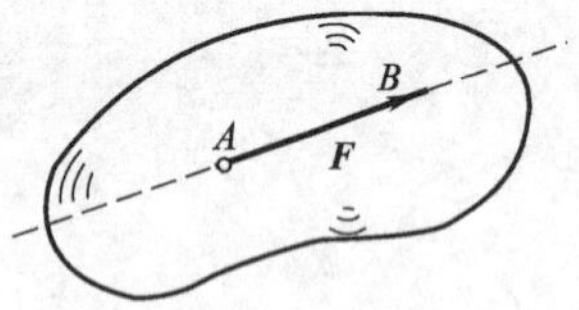

图 1-1　力的表示

(5) 力系的概念　力系是指作用于物体上的一群力。若两个力系对物体的作用效果相同，这两个力系称为等效力系。有时，为了求解问题的需要，而把一个复杂的力系用一个简单的等效力系来代替，这一过程称为力系的简化。若一个力与一个力系等效，这个力称为该力系的合力，力系中的每个力称为合力的分力。通过力系的简化，可以知道力系对物体作用的总效应，为进一步得出平衡条件和研究动力学问题奠定了基础。

2. 刚体的概念

刚体是指物体在外力作用下，其大小和形状都不发生改变。事实上，任何物体在外力作用下都将发生不同程度变形，但在静力分析时，为使问题简化，通常把物体视为刚体。

3. 平衡的概念

静力分析中的平衡是指物体相对地面保持静止或匀速直线运动的状态。如机床的床身、作匀速直线运动的列车等，都看作处于平衡状态。平衡是物体机械运动的一种特殊状态。若某力系使物体处于平衡状态，这个力系称为平衡力系。平衡力系所满足的条件称为平衡条件。

1.1.2　静力学公理

静力学的公理是工程力学最主要的理论基础，是人类从反复的实践中总结出来的客观规律，其正确性已被人们公认。

二力平衡公理：作用在刚体上的两个力，使刚体保持平衡的必要与充分条件是这两个力大小相等、方向相反、且作用在同一直线上。

这一性质给出了刚体在最简单力系作用下的平衡条件，即二力平衡条件。在两个力作用下处于平衡的构件称为二力构件，当二力构件为杆状时，则称为二力杆。

加减平衡力系公理：在已知力系上加上或减去任意平衡力系，都不改变原力系对刚体的作用效果。

(推论) 力的可传性原理：作用于刚体上某一点的力，可沿其作用线移到刚体内另一点，而不改变对刚体的作用。

平行四边形公理：作用在某一点的两个力，可以合成为作用在该点的一个合力，合力的大小和方向用以这两个力为邻边所构成的平行四边形的对角线来确定，如图 1-2 所示。其矢量表达式为

$$\boldsymbol{R}=\boldsymbol{F}_1+\boldsymbol{F}_2$$

上式是矢量等式，它与代数式 $R=F_1+F_2$ 的意义完全不同。

（推论）三力平衡汇交定理：当刚体在三个力作用下平衡时，设其中两力的作用线相交于某点，则第三力的作用线必定也通过这个点。

作用与反作用公理：两物体之间的作用力和反作用力，总是同时存在，且大小相等，方向相反，沿同一直线，分别作用在两个物体上。

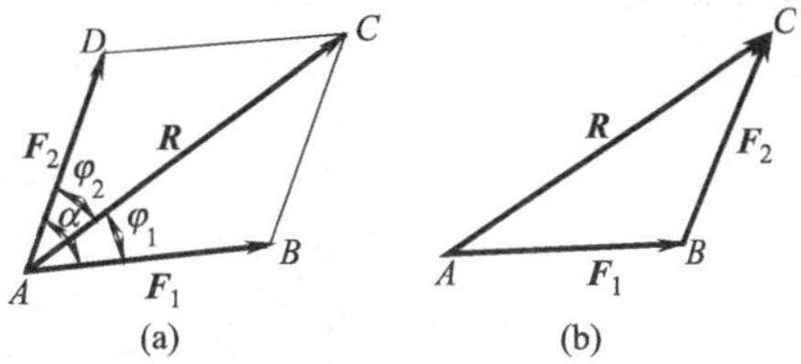

图 1-2　力的合成

这一性质说明，力是两个物体之间的相互作用，它们总是成对出现，同时产生，同时消失。一般把作用力与反作用力用同一字母表示，其中反作用力用字母加一撇以示区别，如图 1-3 所示。

应当指出，平衡的二力作用在同一物体上，组成一个平衡力系；而作用力与反作用力分别作用在两个不同的物体上，因而不能平衡。

1.2　物体受力分析

1.2.1　约束与约束反力

物体在主动力作用下，总要产生运动或运动的趋势，但是这种运动或运动趋势要受到周围物体的限制。例如，地面限制了课桌的运动，气缸限制了活塞的运动等，这种限制实际上是力的作用。把对物体运动起限制作用的周围物体称为该物体的约束。

需要指出的是：约束要对指定物体而言，这个物体就是研究对象；约束是研究对象的周围物体，并对研究对象有直接的限制作用。

约束施加在所研究物体上的力称为约束反力，简称为反力。因为约束限制了物体的运动，所以约束反力的方向总是与物体被限制的运动方向相反，并作用在两物体的接触处。

工程中常见约束有以下几种。

1. 柔体约束

绳索、链条、皮带等柔性体对物体的约束称为柔体约束。因柔体只能承受拉力，不能承受压力，即只能限制物体沿柔体伸长方向的运动［图 1-3（a）］，故柔体的约束反力沿柔体的中心线背离物体［图 1-3（b）］，即为拉力，用 $\boldsymbol{T}$ 或 $\boldsymbol{F}_\mathrm{T}$ 表示。

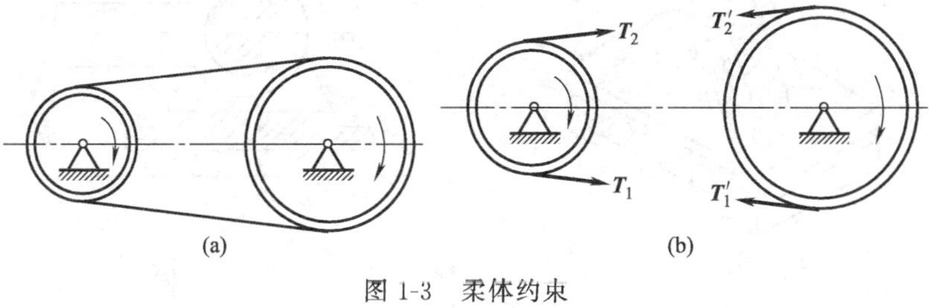

图 1-3　柔体约束

2. 光滑面约束

如果两物体接触处的摩擦力与其他力相比很小而忽略不计，则认为接触面是光滑的。不考虑摩擦的接触面约束称为光滑面约束。无论接触面的形状如何，都不能限制物体沿接触面公切线方向的运动，只能限制物体沿接触面公法线并指向接触面的移动。故光滑面的约束反力是沿接触面的公法线并指向物体的压力，用 $\boldsymbol{F}_{\mathrm{N}}$ 或 $\boldsymbol{N}$ 表示（图 1-4）。

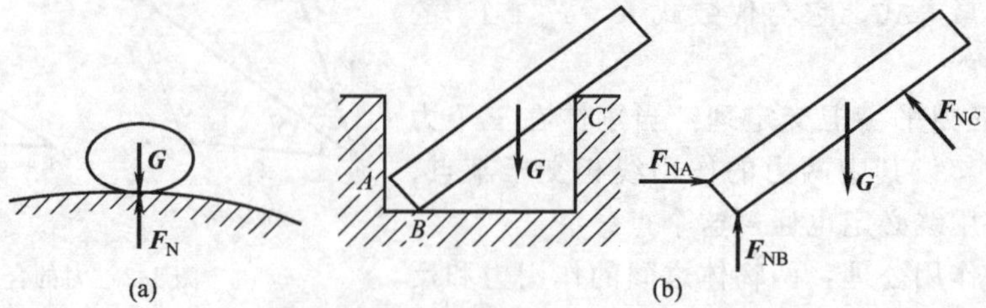

图 1-4　光滑面约束

3. 光滑铰链约束

光滑铰链约束是由两个带有圆孔的构件与圆柱销钉连接而成的，简称为铰链约束。这种约束在连杆机构、桥梁中经常使用（图 1-5）。

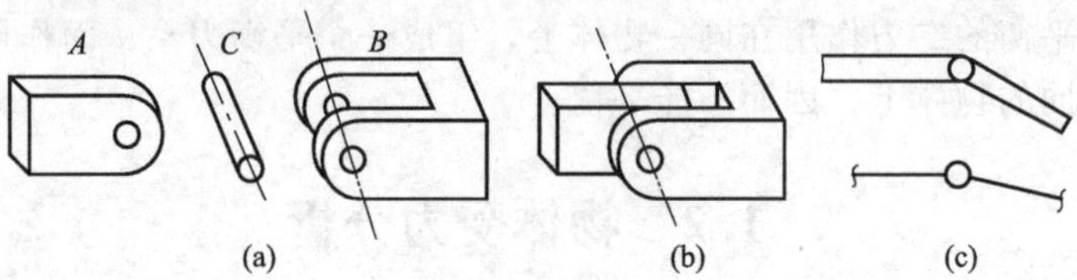

图 1-5　铰链约束

由于接触点不确定，主动力的方向不能预先确定，故约束反力的方向也不能确定。常用两个正交分力 $\boldsymbol{R}_{\mathrm{x}}$、$\boldsymbol{R}_{\mathrm{y}}$（或 $\boldsymbol{F}_{\mathrm{x}}$、$\boldsymbol{F}_{\mathrm{y}}$）表示。

图 1-6（a）所示为固定铰链支座。图 1-6（b）所示为活动铰链支座。

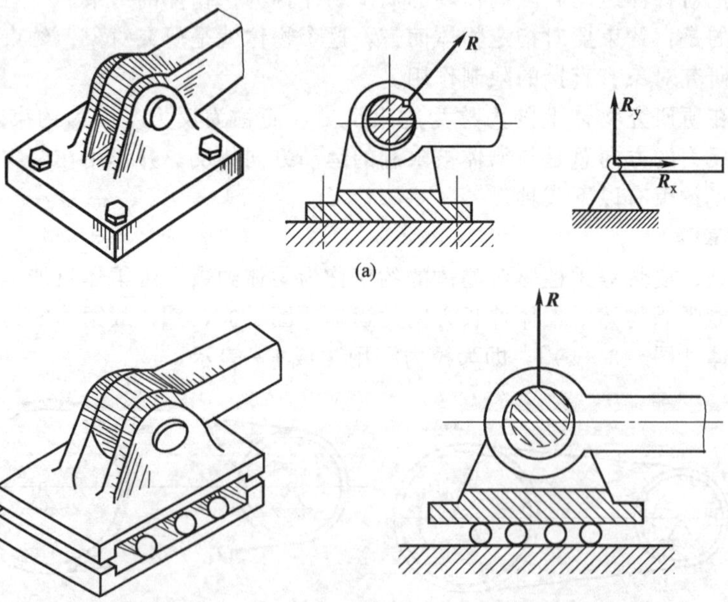

图 1-6　铰链约束反力

1.2.2　受力图

解决静力学问题时，首先要确定物体受哪些力的作用，以及每个力的作用位置和方向，然后再用图形清楚地表达出物体的受力情况。前者称为受力分析，后者称为画受力图，画受力图有两个主要步骤。

① 根据求解问题的需要，把选定的物体（研究对象）从周围的物体中分离出来，单独画出这个物体简图，这一步骤称为取分离体。取分离体解除了研究对象的约束。

② 在分离体上画出全部主动力和代表每个约束作用的约束反力，这种图形称为受力图。

主动力通常是已知力，约束反力则要根据相应约束的类型来确定，每画一个力都应明确它的施力体；当一个物体同时有多个约束时，应分别根据每个约束单独作用的情况，画出约束反力，而不能凭主观臆测来画。

画受力图时必须注意以下几个问题。

① 必须确定研究对象并画出分离体图。

② 要根据约束的类型画相应的约束反力，不能多画也不能漏画。

③ 正确地判断二力构件，二力构件的受力一定要共线反向。

④ 作用力与反作用力必须反向，且两力的矢量符号必须相同，其中一力以加撇区别。

⑤ 物体的受力图不画内力。

下面通过实例说明受力图画法。

例 1-1　重量为 $\boldsymbol{G}$ 的球，用绳在 A 处拉住，放置在光滑接触面处，如图 1-7（a）所示，试画出球的受力图。

解

（1）取球为研究对象，并画出其分离体。

（2）画出主动力，只有球的重力 $\boldsymbol{G}$。

（3）画出约束反力，在 A 处绳子的约束反力 $\boldsymbol{T}$，沿绳子本身方向且为拉力，在 B 处光滑面接触的约束反力，沿接触面的公法线并指向物体。球的受力图如图 1-7（b）所示。

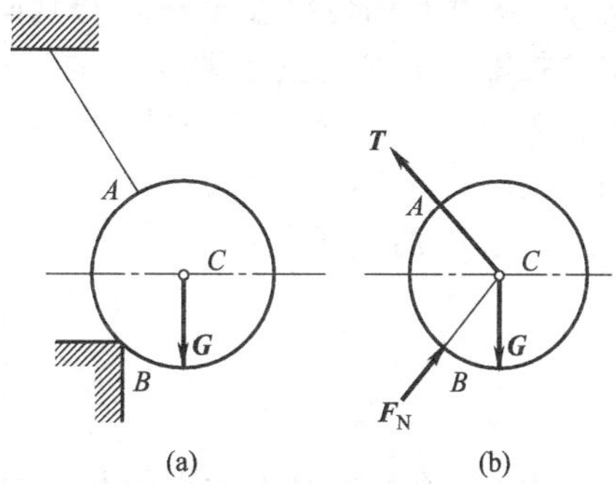

图 1-7　球的受力图

例 1-2　如图 1-8（a）所示，力 $\boldsymbol{P}$ 已知。试画出梁 AB 的受力图。

解

（1）取梁 AB 为研究对象，并画出其分离体。

（2）画出主动力 $\boldsymbol{P}$。

（3）画出约束反力，支座 B 为活动铰链，故约束反力垂直于支承面，支座 A 为固定铰链，故约束反力为两个正交分力，如图 1-8（b）所示。

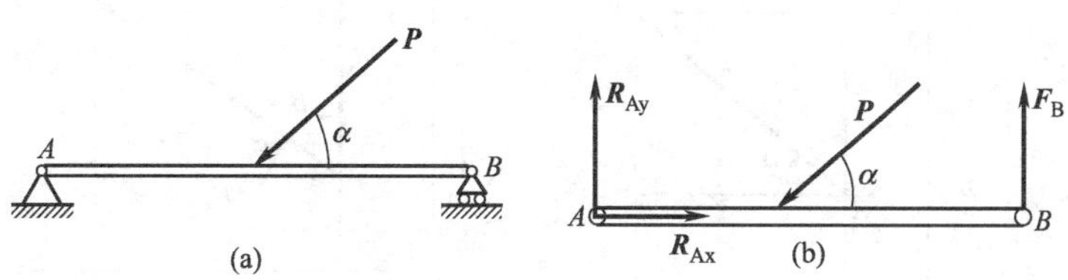

图 1-8　梁 AB 的受力图

例 1-3　如图 1-9（a）所示，试画杆 AD、BC 的受力图。

解

（1）画 BC 杆的受力图。

① 取 BC 杆为研究对象，并画出其分离体。

② BC 杆为二力杆，其受力图如图 1-9（b）所示。

（2）画杆 AD 的受力图。

① 取 AD 杆为研究对象，并画出其分离体。

② 画主动力 **F**。

③ 画约束反力。

C 点处为铰链支座，故约束反力是 BC 杆处反作用力，支座 A 为固定铰链，故约束反力为两个正交分力，如图 1-9（b）所示。

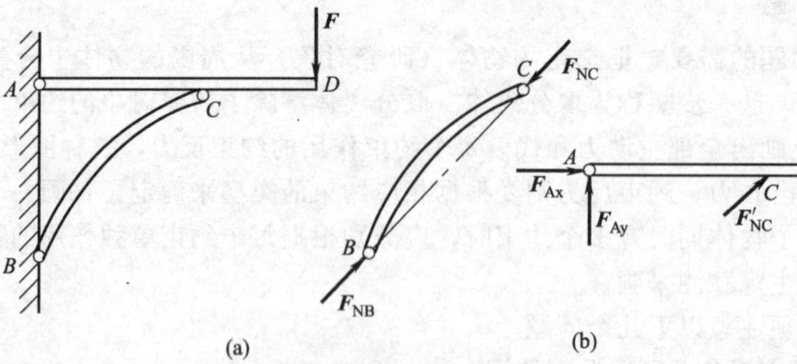

图 1-9　支架受力图

1.3 力的投影

1.3.1 力在直角坐标轴上的投影

设力 **F** 作用在物体上 A 点［图 1-10（a)］，在力 **F** 作用线所在平面内取直角坐标系 Oxy。从力 **F** 的两端点 A 和 B 分别向 x 轴作垂线，得垂足 a、b，线段 ab 称为力 **F** 在 x 轴上的投影，用 F_x 表示。同样，向 y 轴作垂线，得垂足 a'、b'，线段 $a'b'$ 称为力 **F** 在 y 轴上的投影，用 F_y 表示。力的投影是代数量，它的正负规定如下：若投影的趋向与坐标轴的正向一致时，则力的投影取正值 ，反之取负值。

F_x、F_y 的计算式为

$$F_x = \pm F\cos\alpha$$

$$F_y = \pm F\sin\alpha \tag{1-1}$$

$$F = \sqrt{F_x^2 + F_y^2} \tag{1-2}$$

力在直角坐标轴上的投影与力的分解是不同的，投影是代数量，而分力是矢量，如图 1-10（b）所示。

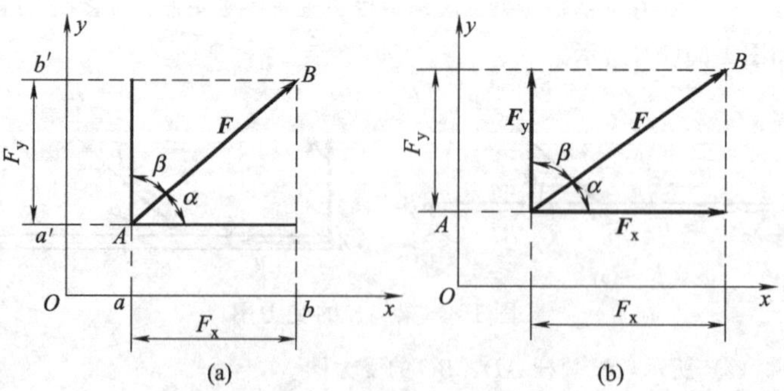

图 1-10　力的投影与分解

例 1-4　在物体上的 O、A、B、C、D 点，分别作用着力 $\boldsymbol{F}_1$、$\boldsymbol{F}_2$、$\boldsymbol{F}_3$、$\boldsymbol{F}_4$、$\boldsymbol{F}_5$（图 1-11），各力的大小为 $F_1=F_2=F_3=F_4=F_5=10\text{N}$，各力的方向如图1-11所示，求各力在 x、y 轴上的投影。

解　由式（1-1），求各力在 x、y 轴上的投影。

$$F_{1x}=F_1\cos45^\circ=10\cos45^\circ=7.07\text{N}$$

$$F_{1y}=F_1\sin45°=10\sin45°=7.07\text{N}$$
$$F_{2x}=-F_2\cos0°=-10\text{N}$$
$$F_{2y}=F_1\sin0°=0\text{N}$$
$$F_{3x}=-F_3\cos60°=-10\cos60°=-5\text{N}$$
$$F_{3y}=-F_3\sin60°=-10\sin60°=-8.66\text{N}$$
$$F_{4x}=F_4\cos90°=0\text{N}$$
$$F_{4y}=F_4\sin90°=10\text{N}$$
$$F_{5x}=F_5\cos30°=10\cos30°=8.66\text{N}$$
$$F_{5y}=-F_5\sin30°=-10\sin30°=-5\text{N}$$

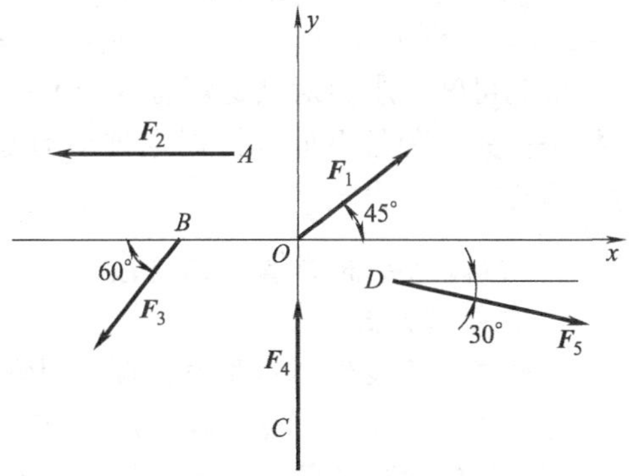

图 1-11　力的投影

由此可知：当力与此轴平行（或重合）时，力在该轴上投影的绝对值等于这个力的大小；当力与轴垂直时，力在该轴上的投影等于零。

1.3.2　合力投影定理

合力投影定理：合力在某坐标轴上的投影，等于各分力在同一轴上投影的代数和。

$$R_x=F_{1x}+F_{2x}+\cdots+F_{nx}=\sum F_x$$
$$R_y=F_{1y}+F_{2y}+\cdots+F_{ny}=\sum F_y \tag{1-3}$$
$$R=\sqrt{R_x^2+R_y^2}=\sqrt{(\sum F_x)^2+(\sum F_y)^2} \tag{1-4}$$

1.4　力矩与力偶

1.4.1　力矩

1. 力对点之矩

用扳手拧螺母时，若作用力为 $\boldsymbol{F}$，扳手和螺母绕轴线 O 点转动（图 1-12）。实践表明，拧动螺母的效果不仅与力 $\boldsymbol{F}$ 的大小和方向有关，还与点 O 和力 $\boldsymbol{F}$ 作用线的位置有关。因此，用力的大小 F 与 d 的乘积的代数量来度量力 $\boldsymbol{F}$ 使物体绕 O 点转动的效果，称为力 $\boldsymbol{F}$ 对 O 点之矩，简称为力矩，用符号 $m_O(\boldsymbol{F})$ 表示，即

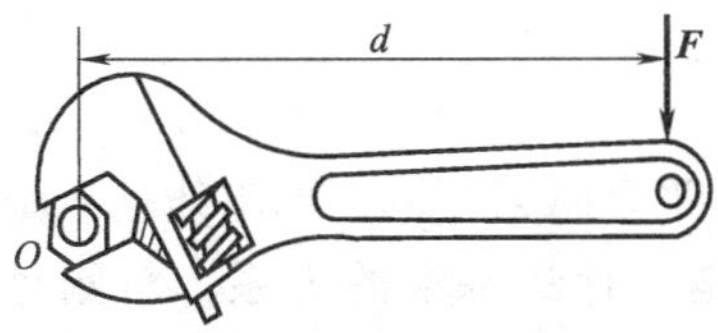

图 1-12　扳手拧螺母

$$m_O(\boldsymbol{F})=\pm Fd \tag{1-5}$$

式（1-5）中 O 点称为矩心，矩心 O 到力 $\boldsymbol{F}$ 作用线的垂直距离 d 称为力臂。力矩的正负规定为：若力使物体绕矩心作逆时针方向转动，则力矩为正；反之，力矩为负。

由力矩的定义可知：当力的作用线通过矩心时，力矩为零；力矩与矩心位置有关。

2. 合力矩定理

合力矩定理：合力对平面内任一点之矩，等于力系中所有分力对该点之矩的代数和。即

$$m_O(\boldsymbol{F})=m_O(\boldsymbol{F}_1)+m_O(\boldsymbol{F}_2)+\cdots+m_O(\boldsymbol{F}_n)=\sum m_O(\boldsymbol{F}_i) \tag{1-6}$$

例 1-5　如图 1-13 所示圆柱直齿轮，已知齿面上的压力角 $\alpha=20°$，法向压力 $F_n=1000\text{N}$，齿轮分度圆半径 $r=60\text{mm}$，试计算法向压力 $\boldsymbol{F}_n$ 对轴心 O 之矩。

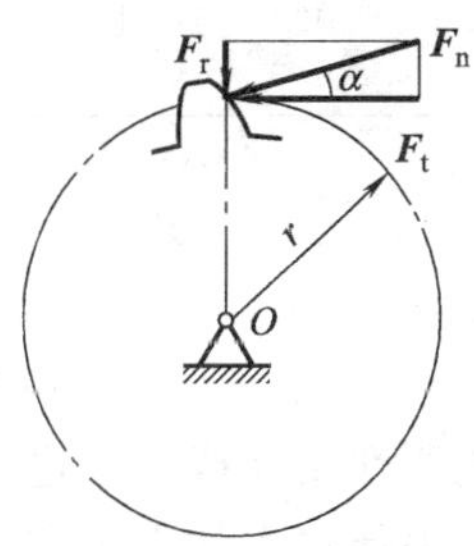

图 1-13　圆柱直齿轮的受力

解　力臂没有直接给出，可将法向压力 $\boldsymbol{F}_n$ 正交分解为沿齿轮分度圆切线的圆周力 $\boldsymbol{F}_t$ 和通过轴心 O 的径向力 $\boldsymbol{F}_r$：

$$F_t=F_n\cos\alpha \qquad F_r=F_n\sin\alpha$$

由式（1-4）得

$$m_O(\boldsymbol{F}_n) = m_O(\boldsymbol{F}_t) + m_O(\boldsymbol{F}_r)$$
$$= F_n\cos\alpha \cdot r + 0 = 1000 \times \cos20° \times 0.06 = 56.4\text{N} \cdot \text{m}$$

由此可知，求力对点之矩有两种方法：一种是根据力矩的定义式求力矩，这种方法称为直接法；另一种是根据合力矩定理求力矩，这种方法称为间接法。一般说来，在已知力臂时，用直接法求力矩；否则，可考虑用间接法求力矩。

1.4.2 力偶与平面力偶系的合成

1. 力偶与力偶矩

在日常生活及生产实践中，常见到物体受一对大小相等、方向相反但不在同一作用线上的平行力作用，例如，图 1-14（a）和图 1-14（b）所示的汽车司机用双手转动方向盘，钳工用铰杠丝锥攻螺纹等。把大小相等、方向相反、作用线平行但不在同一直线上的两个力 $\boldsymbol{F}$ 和 $\boldsymbol{F}'$ 称为力偶。在力偶中，两力作用线间的垂直距离称为力偶臂，两个力所在的平面称为力偶的作用面。

在力学上，可用力偶中一个力的大小与力偶臂的乘积作为量度力偶在其作用平面内对刚体转动效应的物理量，称为力偶矩，记为 m 或 m（$\boldsymbol{F}$、$\boldsymbol{F}'$），如图 1-14（c）所示。即

$$m = \pm Fd \tag{1-7}$$

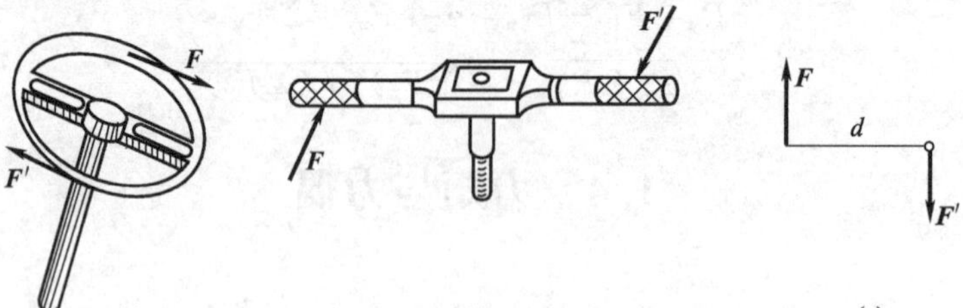

图 1-14 力偶的作用

力偶矩的正负规定与力矩的正负规定一样，即使物体逆时针转动的力偶矩为正，反之则为负。力偶矩单位与力矩的单位相同，即 N·m 或 N·mm。

2. 力偶的主要性质

性质 1：力偶中两力在任一轴上投影的代数和等于零，即力偶无合力，也不能用一个力来平衡，它是一种最基本的力系，对刚体只能产生转动效应。

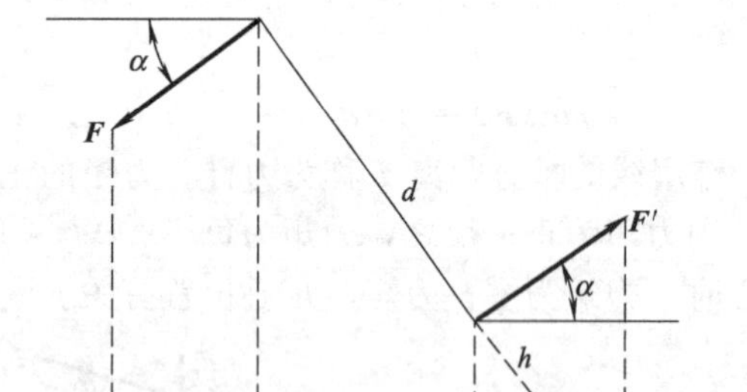

图 1-15 力偶对点之矩

性质 2：力偶对其作用面内任意一点之矩，恒等于力偶矩，而与矩心位置无关。

如图 1-15 所示，力偶（$\boldsymbol{F}$、$\boldsymbol{F}'$）的力偶矩 $m=Fd$，在力偶的作用面内，任取一坐标 x 的点 O。力偶中的两个力 $\boldsymbol{F}$ 和 $\boldsymbol{F}'$，在 x 轴上的投影等值反向，代数和为零。因此性质 1 成立。若任意点 O 到 $\boldsymbol{F}'$ 作用线的距离为 h，则力偶（$\boldsymbol{F}$、$\boldsymbol{F}'$）对点 O 之矩为

$$m(\boldsymbol{F}、\boldsymbol{F}') = m_O(\boldsymbol{F}) + m_O(\boldsymbol{F}') = F(d+h) - F'h = Fd = m$$

说明性质 2 成立。也可以证明在平面力偶系中，只要保持力偶矩的大小和转向不变，同时改变力偶中力的大小和力偶臂的长短，或者在力偶作用面内任意移动和转动，该力偶对刚体转动的效应都不变。

结论：力偶对刚体的转动效应取决于力偶的三要素，即力偶矩的大小、力偶的转向和力

偶作用面的方位。

3. 平面力偶系

在刚体的某一平面内作用若干个力偶，这种力系称为平面力偶系。由力偶的性质可知，平面力偶系不能与一个力等效，只能与一个力偶等效，这个力偶称为该力偶系的合力偶。可以证明：合力偶矩等于各分力偶矩的代数和。

$$m=m_1+m_2+\cdots+m_n=\sum m_i \quad (1\text{-}8)$$

如图 1-16 所示，多轴钻床在气缸盖上钻四个直径相同的圆孔，每个钻头作用于工件的切削力构成一个力偶，若各个力偶矩的大小 $m_1=m_2=m_3=m_4=15\text{N}\cdot\text{m}$，则合力偶矩为

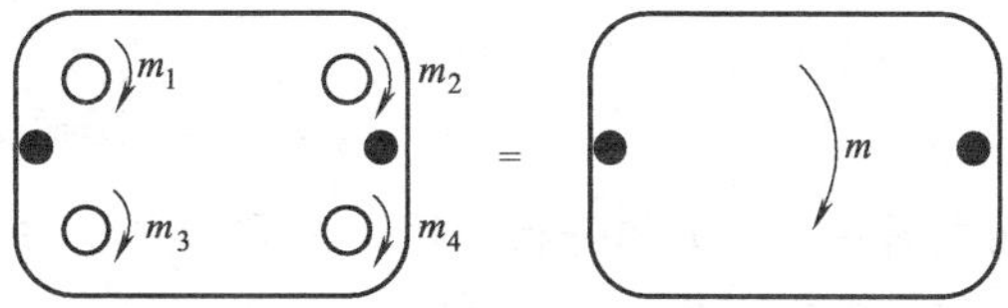

图 1-16　合力偶

$$m=m_1+m_2+m_3+m_4=4\times(-15)=-60\text{N}\cdot\text{m}$$

负号表示合力偶矩为顺时针方向。

1.5　平面力系的简化与平衡

通常按各力作用线的分布情况，可把力系分为不同的类型。若力系中各力的作用线在同一平面内称为平面力系，不在同一平面内的力系称为空间力系。在这两类力系中，若各力的作用线汇交于一点称为汇交力系；若各力的作用线互相平行称为平行力系；若各力的作用线既不完全汇交，也不完全平行称为任意力系。本章只研究平面力系。

1.5.1　力的平移定理

由力的可传性原理得知，作用在刚体上的力，可以沿其作用线滑移，而不改变它对刚体的作用效果。如果将力平行移动后，它对刚体的作用效果将会改变。若将力平行移动后，而不改变对刚体的作用效果，则必须附加一个力偶。

力的平移定理：作用在刚体上的力，可平移到刚体的另一点，但必须附加一个力偶，附加力偶矩等于原力对平移点之矩。如图 1-17 所示。

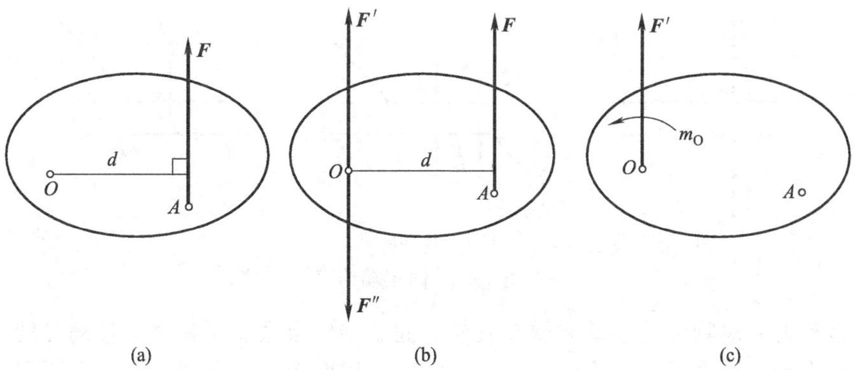

图 1-17　力的平移定理

1.5.2　平面任意力系向一点的简化

设有一平面任意力系，其中力 $\boldsymbol{F}_1$、$\boldsymbol{F}_2$、…、$\boldsymbol{F}_n$ 分别作用在刚体上的 A_1、A_2、…、A_n 各点，在此力系的作用面内任取一点 O，O 点称为简化中心，如图 1-18 所示。

应用力的平移定理，分别将各力平移到 O 点便可得到一个汇交于 O 点的力系和一个附

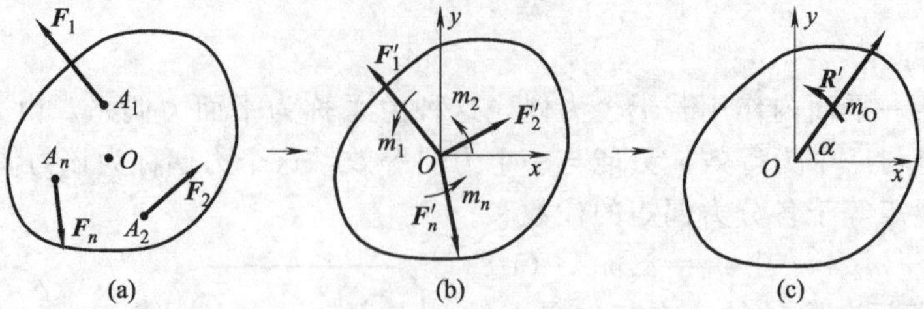

图 1-18 平面任意力系向一点简化

加力偶系，由力的平行四边形法则和平面力偶系的合成可知，平面任意力系向平面内任一点简化，可得一个合力 $\boldsymbol{R}'$ 和一个合力偶 m_O，这个力和力偶的共同作用与原力系对刚体的作用等效。$\boldsymbol{R}'$ 称为原力系的主矢，m_O 称为主矩。

由合力投影定理可得

$$R'_x = F'_{1x} + F'_{2x} + \cdots + F'_{nx} = \sum F_{ix}$$
$$R'_y = F'_{1y} + F'_{2y} + \cdots + F'_{ny} = \sum F_{iy} \tag{1-9}$$

$$R' = \sqrt{R'^2_x + R'^2_y} = \sqrt{(\sum F_{ix})^2 + (\sum F_{iy})^2} \tag{1-10}$$

由平面力偶系的合成可得

$$m_O = m_O(\boldsymbol{F}_1) + m_O(\boldsymbol{F}_2) + \cdots + m_O(\boldsymbol{F}_n) = \sum m_O(\boldsymbol{F}_i)\ (i=1,2,\cdots,n) \tag{1-11}$$

综上所述可得如下结论：平面一般力系向已知点简化，可以得到一个力和一个力偶。这个力等于原力系中各力平移到简化中心后所得汇交力系的合力；这个力偶的矩等于原力系中的各力对简化中心之矩的代数和，它的大小和转向均和简化中心有关，即主矩是一个不确定的量。

1.5.3 固定端约束

工程中，有一物体的部分嵌于另一物体构成的约束，称为固定端约束。例如，一端埋在地下的电线杆、夹紧在车床刀架上的车刀、跳水的跳板、楼房中的阳台等都是固定端约束，可以用统一的力学模型表示，如图 1-19 所示。

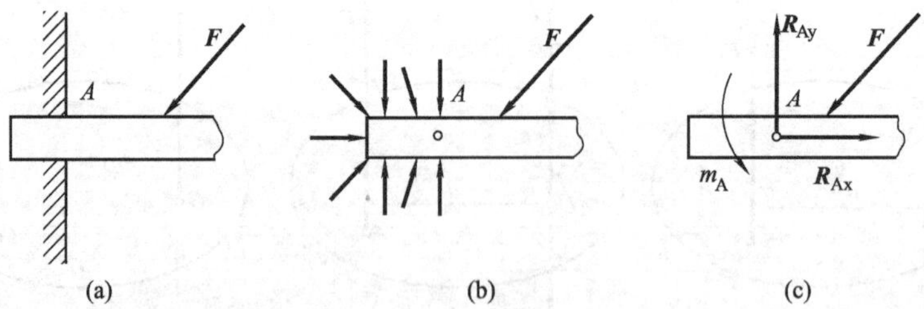

图 1-19 固定端约束

根据力和力偶对物体的移动和转动效应，固定端约束限制了构件的移动和转动，因而固定端约束反力是力和力偶，当力的方向不确定时，用两个正交分力表示，即固定端约束反力是两个正交分力和一个力偶。

1.5.4 平面力系的平衡条件

1. 平面任意力系的平衡条件

由式（1-10）和式（1-11）可得，当平面任意力系平衡时，有

$$R' = \sqrt{(\sum F_{ix})^2 + (\sum F_{iy})^2} = 0$$

$$m_O=\sum m_O(\boldsymbol{F}_i)=0 \tag{1-12}$$

所以平面任意力系的平衡方程为

$$\begin{cases}\sum F_{ix}=0\\ \sum F_{iy}=0\\ \sum m_O(\boldsymbol{F}_i)=0\end{cases} \tag{1-13}$$

同时，平面任意力系的平衡方程可以表示为二力矩式，即

$$\begin{cases}\sum m_A(\boldsymbol{F}_i)=0\\ \sum m_B(\boldsymbol{F}_i)=0\\ \sum F_{ix}=0 \text{ 或 } \sum F_{iy}=0\end{cases} \tag{1-14}$$

应用二力矩式，必须注意 A、B 两点的连线不能与投影方程中所选坐标轴垂直。

同时，平面任意力系的平衡方程还可以表示为三力矩式，即

$$\begin{cases}\sum m_A(\boldsymbol{F}_i)=0\\ \sum m_B(\boldsymbol{F}_i)=0\\ \sum m_C(\boldsymbol{F}_i)=0\end{cases} \tag{1-15}$$

应用三力矩式，必须注意 A、B、C 三点不在同一直线上。

2. 平面特殊力系的平衡方程

平面特殊力系的平衡方程是平面任意力系的平衡方程的特殊形式。

(1) 平面汇交力系的平衡方程　在平面汇交力系中，因各力对汇交点之矩等于零，故只有两个独立的平衡方程，可解两个未知量。

$$\begin{cases}\sum F_{ix}=0\\ \sum F_{iy}=0\end{cases} \tag{1-16}$$

(2) 平面平行力系的平衡方程　在平面平行力系中，取一轴与各力作用线平行，因每个力在另一轴上的投影均为零，故只有两个独立的平衡方程，可解两个未知量。

$$\begin{cases}\sum F_{ix}=0 \text{ 或 } \sum F_{iy}=0\\ \sum m_O(\boldsymbol{F}_i)=0\end{cases} \tag{1-17}$$

(3) 平面力偶系的平衡方程　在平面力偶系中，因每个力偶在任何坐标轴上的投影的代数和都等于零，故只有一个独立的平衡方程，可解一个未知量。

$$\sum m_O(\boldsymbol{F}_i)=0 \tag{1-18}$$

下面举例说明平衡方程的应用。

例 1-6　图 1-20 (a) 所示为一悬臂吊车示意图，已知横梁 AB 的自重 $G=4\text{kN}$，小车及其载荷共重 $Q=10\text{kN}$，梁的尺寸如图所示。试求杆 BC 的拉力及 A 处的约束反力。

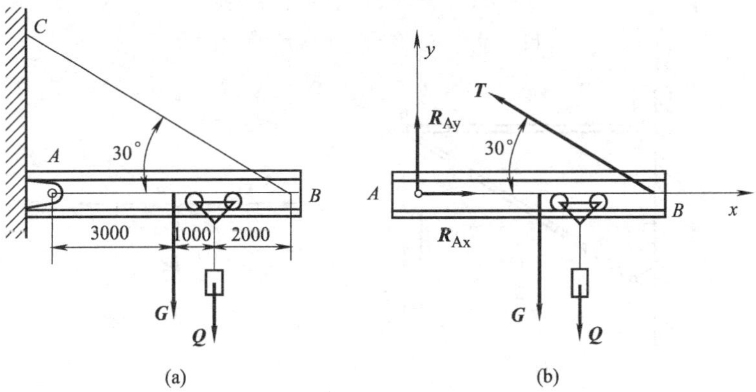

图 1-20　悬臂吊车

解

(1) 取 AB 杆为研究对象，画出其受力图如图 1-20（b）所示。

(2) 建立直角坐标系，如图 1-20（b）所示，列平衡方程。

$$\sum F_{ix}=0 \qquad R_{Ax}-T\cos30^\circ=0$$

$$\sum F_{iy}=0 \qquad R_{Ay}+T\sin30^\circ-G-Q=0$$

$$\sum m_A(\boldsymbol{F}_i)=0 \qquad T\sin30^\circ\times6-G\times3-Q\times4=0$$

解方程组得 $\qquad T=17.33\text{kN} \quad R_{Ax}=15\text{kN} \quad R_{Ay}=5.33\text{kN}$

例 1-7 图 1-21（a）所示为一桥梁 AB，A 端为固定铰链支座，B 端为活动铰链支座，桥身长为 l，单位长重量为 q(N/m)，C 点有集中载荷 $\boldsymbol{F}$。试求支座 A 和 B 的约束反力。

解

(1) 选取桥身 AB 为研究对象，画出其受力图如图 1-21（b）所示。

(2) 桥上作用有集中力 $\boldsymbol{F}$，均布力可合成为一合力 ql，作用于梁上均布力分布段的中点，活动铰链支座反力 $\boldsymbol{R}_B$ 铅垂向上，因作用在桥上的 4 个力互相平衡，其中 3 个力的作用线彼此平行，所以固定铰链支座的约束反力 $\boldsymbol{R}_A$ 也与它们平行。即：这 4 个力组成一个平面平行力系。

(3) 列平衡方程，并求解。

$$\sum F_{iy}=0 \qquad R_A+R_B-F-ql=0$$

$$\sum m_A(\boldsymbol{F}_i)=0 \qquad R_Bl-F\,\frac{l}{3}-ql\,\frac{l}{2}=0$$

解方程组得 $\qquad R_A=\frac{2F}{3}+\frac{ql}{2} \qquad R_B=\frac{F}{3}+\frac{ql}{2}$

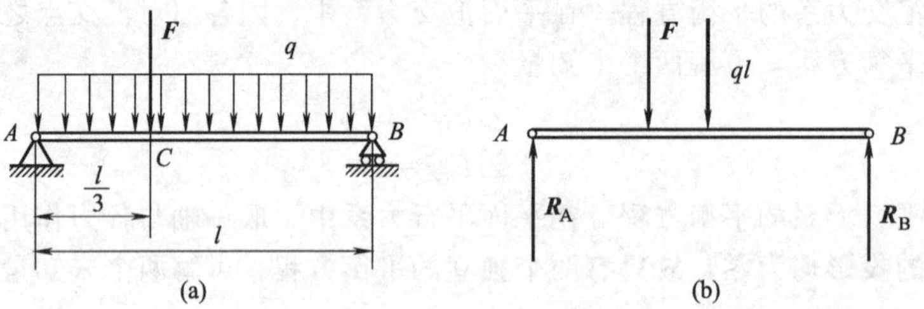

图 1-21 桥梁受力分析

例 1-8 图 1-22（a）所示的支架由杆 AB、BC 组成，A、B、C 处均为光滑铰链约束，在铰链 B 上悬挂重物 $G=5\text{kN}$，杆件自重不计，试求杆件 AB、BC 所受的力。

解

(1) 受力分析。由于杆件 AB、BC 的自重不计，且杆两端均为铰链约束，故均为二力杆，根据作用与反作用公理，取铰链 B 为研究对象，画出其受力图如图 1-22（b）所示，铰链 B 受力为一平面汇交力系。

(2) 建立直角坐标系，如图 1-22（b）所示，列平衡方程。

$$\sum F_{ix}=0 \qquad -F_1+F_2\cos30^\circ=0$$

$$\sum F_{iy}=0 \qquad F_2\sin30^\circ-G=0$$

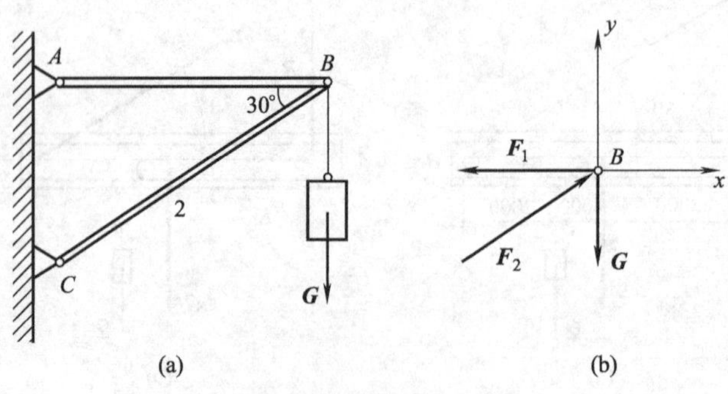

图 1-22 支架受力分析

解方程组得　　$F_1=8.66\text{kN}\quad F_2=10\text{kN}$

1.6 摩　　擦

摩擦是自然界里普遍存在的物理现象。前面在分析物体受力时都假设物体之间的接触面是完全光滑的，不考虑摩擦的作用，从而使问题得到简化。然而，在大多数工程实际问题中，摩擦力起着十分重要的作用，这时就必须考虑摩擦。例如，机床的夹具依靠摩擦来锁紧工件；摩擦离合器和带传动要靠摩擦力才能工作；车辆靠驱动轮与地面间的摩擦力来启动和行驶等。同时，摩擦也存在有害的一面，摩擦要消耗能量并使机器磨损，降低精度和缩短使用寿命等。因此，掌握摩擦现象的客观规律，利用其有利一面，克服其有害的一面很有必要的。

按产生摩擦的接触部分可能存在的相对运动形式，摩擦分为滑动摩擦和滚动摩擦；按两接触物体间是否发生相对运动，可分为静摩擦和动摩擦。

1.6.1 静滑动摩擦力

两个相互接触的物体，当其接触表面之间有相对滑动趋势但保持相对静止时，彼此间就会有阻碍相对滑动的阻力存在，这种阻力称为静滑动摩擦力，如图 1-23 所示。这时主动力 $\boldsymbol{T}$ 与摩擦力大小相等。

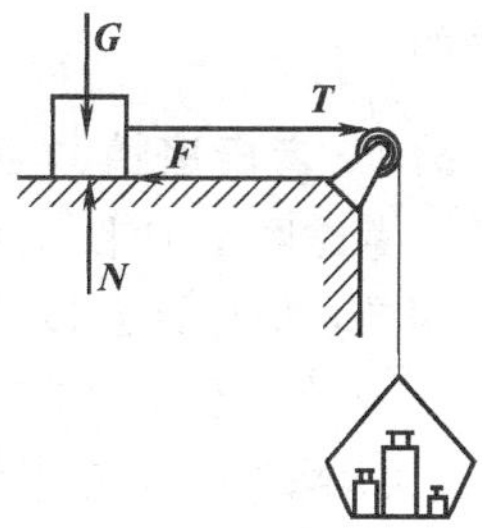

图 1-23　滑动摩擦

摩擦力的大小随主动力 $\boldsymbol{T}$ 的增大而增大。这是静摩擦力和一般约束反力共同的性质，但与一般约束反力不同，它并不随 $\boldsymbol{T}$ 的增大而无限制地增大；当 $\boldsymbol{T}$ 达到一定数值时，两物体处于要滑动但尚未滑动的临界状态，这时只要 $\boldsymbol{T}$ 再增大一点，物体即开始滑动，不再保持平衡。这表明当物体处于平衡临界状态时，静摩擦力达到最大值，称为最大静滑动摩擦力，简称为最大静摩擦力，以 $\boldsymbol{F}_{\max}$表示。

实践证明，最大静摩擦力 $\boldsymbol{F}_{\max}$的大小与接触面之间的正压力 N 成正比，即

$$F_{\max}=fN \tag{1-19}$$

式中，f 称为静滑动摩擦因数，简称为静摩擦因数，其大小主要取决于接触面的材料及表面状况（粗糙度、温度、湿度等）。

1.6.2 动滑动摩擦力

当两个相互接触的物体发生相对滑动时，接触面间的摩擦力称为动滑动摩擦力，简称为动摩擦力，用 $\boldsymbol{F}$ 表示。

实验证明，动滑动摩擦力的大小也与物体间的正压力成正比。即

$$F=f'N \tag{1-20}$$

式中，f'称为动滑动摩擦因数，简称为动摩擦因数。其值与接触面材料及表面状况有关。动摩擦因数 f'一般小于静摩擦因数 f，即 $F<F_{\max}$。

1.6.3 摩擦角、自锁

在考虑摩擦时，接触面对物体的约束反力由两部分组成，即法向反力 $\boldsymbol{N}$ 和摩擦力 $\boldsymbol{F}$，两者的合力 $\boldsymbol{R}$ 代表了接触面对物体的全部作用，简称为全反力，如图 1-24（a）所示。全反力 $\boldsymbol{R}$ 与法向反力 $\boldsymbol{N}$ 之间的夹角 φ 随静摩擦力 $\boldsymbol{F}$ 的增大而增大，当静摩擦力 $\boldsymbol{F}$ 达到最大值 $\boldsymbol{F}_{\max}$时，夹角 φ 也达到了最大值，如图 1-24（b）所示，称为临界摩擦角 $\varphi_{\rm m}$，简称为摩擦角。由此可知

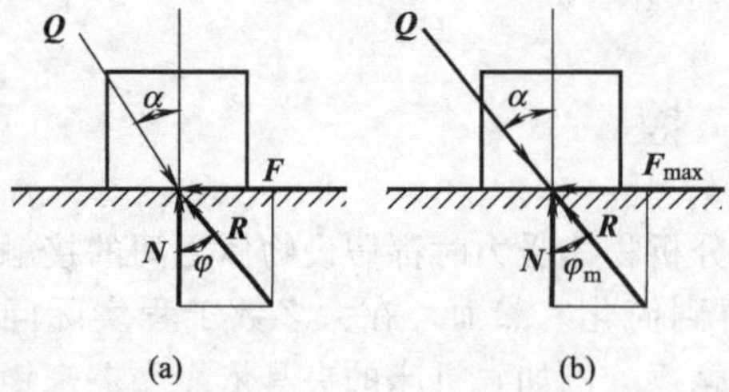

图 1-24 摩擦角与自锁

$$0 \leqslant \varphi \leqslant \varphi_m$$

$$\tan\varphi_m = \frac{F_{max}}{N} = \frac{fN}{N} = f \tag{1-21}$$

式（1-21）表明，摩擦角的正切等于静摩擦因数。摩擦角 φ_m 与摩擦因数 f 是两接触物体同一摩擦性能的两种不同度量方式。摩擦角表示了全反力能够存在的范围，即全反力 $\boldsymbol{R}$ 的作用线必定在摩擦角内，物体处于临界平衡状态时，全反力的作用线在摩擦角的边缘。显然，若主动力 $\boldsymbol{Q}$ 的作用线在摩擦角范围内，不论该合力的数值如何，物体总处于平衡状态。这种现象称为自锁。这种与力的大小无关，而与摩擦角有关的平衡条件称为自锁条件。自锁条件可由下式表示

$$\alpha \leqslant \varphi_m$$

式中 α——主动力 $\boldsymbol{Q}$ 与接触面的法线之间的夹角；

φ_m——摩擦角。

自锁在工程实际中应用十分广泛，如螺旋千斤顶、压榨机、圆锥销钉等均是借助自锁工作的。

1.6.4 考虑摩擦的平衡问题

考虑摩擦的平衡问题仍可应用平衡方程求解，其解题方法与不考虑摩擦时的平衡问题基本相同，但应注意以下几点。

① 在画受力图时要考虑摩擦力的存在，并按实际情况画出其方向。

② 除列平衡方程外，还要列补充方程 $F_{max}=fN$。

③ 由于静摩擦力的值是一个范围，故问题的答案往往也是一个范围。

例 1-9 图 1-25（a）所示为制动器装置。已知载荷重为 $\boldsymbol{Q}$，鼓轮 B 与制动块之间的摩擦因数 f，各部分尺寸如图 1-25（a）所示。问制动力 $\boldsymbol{P}$ 至少为多大才能阻止重物下降？

解 当滑轮刚能停止转动时，制动力 $\boldsymbol{P}$ 为最小值，鼓轮处于临界平衡状态，此时静摩擦力 $\boldsymbol{F}_{max}$ 为最大静摩擦力，则 $F_{max}=fN$。

（1）取鼓轮 B 为研究对象，受力图如图 1-25（c）所示，列出平衡方程并求解。

由 $\qquad \sum m_O=0 \qquad Qr-fNR=0$

得 $\qquad N=\dfrac{Qr}{fR} \qquad F_{max}=\dfrac{Qr}{R}$

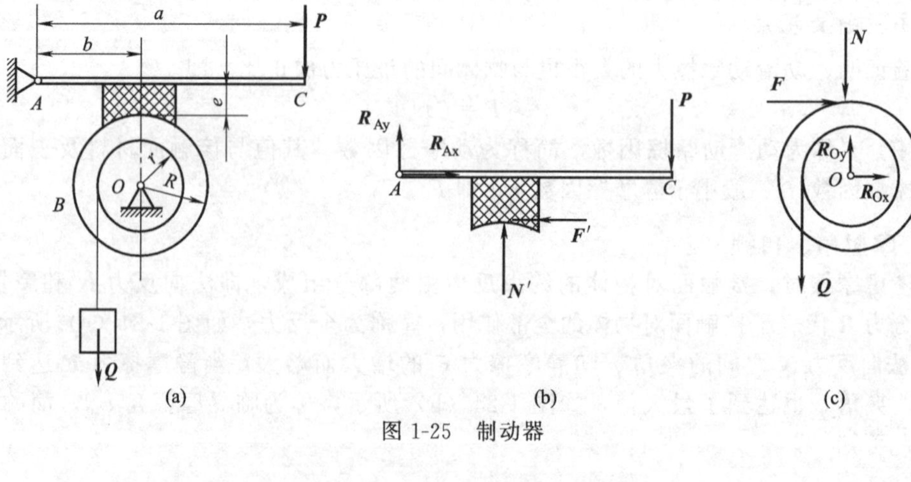

图 1-25 制动器

(2) 取受柄 AC 为研究对象，受力图如图 1-25 (b) 所示，列出平衡方程并求解。

由 $$\sum m_A=0 \qquad N'b-Pa-F_{max}e=0$$

得 $$P=\frac{Qr}{aR}\left(\frac{b}{f}-e\right)$$

从上式可以看到：设计制动器时，在许可范围内，r、b 应取最小值，R、a、f 应取最大值，以便使 P 尽可能小。

1.7　物体系统的平衡问题

1.7.1　静定和超静定的概念

通过前面讨论可以看出，有几个线性无关的平衡方程就可以解几个未知量。如果所求未知量数目小于或等于平衡方程数目，则全部未知量数目可由平衡方程解出，这一类问题称为静定问题；如果所求未知量数目大于平衡方程数目，就不能解出全部未知量，这一类问题称为超静定问题。静力学主要研究静定问题；超静定问题可由材料力学解决。用静力学平衡方程求解构件的平衡问题，应先判断问题是否是静定问题，这样至少可以避免盲目求解。

1.7.2　物体系统的平衡

物体系统是由几个物体通过约束所组成，简称为物系。求解物系的平衡问题时，不仅要考虑系统以外物体对系统的作用力，同时还要分析系统各构件之间的作用力。若整个物系处于平衡状态，那么组成物系的各个构件也处于平衡状态。因此在求解时，既可以选系统为研究对象，也可以选单个构件或部分构件为研究对象。可以列出相应的平衡方程数目，解出全部未知量。现举例说明物系平衡问题的解法。

例 1-10　图 1-26 (a) 所示为一静定组合梁。杆 AB 和 BC 用中间铰链 B 连接，A 端为活动铰链支座约束，C 端为固定端约束。已知梁上作用均布载荷 $q=15\text{kN/m}$，力偶 $m=20\text{kN}\cdot\text{m}$，求 A、C 端的约束反力和铰链 B 所受的力。

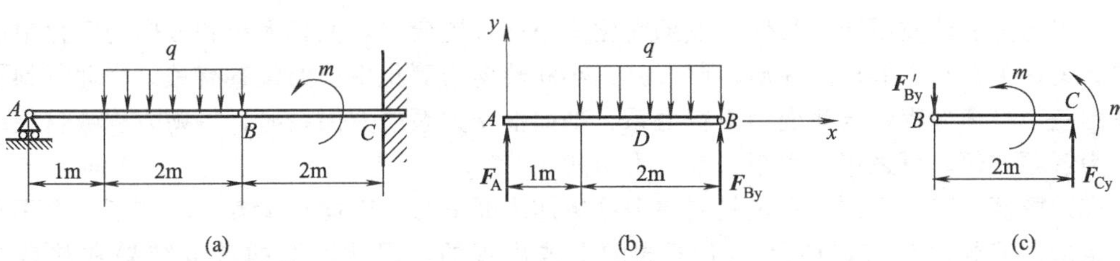

图 1-26　组合梁的受力

解

(1) 取杆 AB 为研究对象，画出受力图如图 1-26 (b) 所示。

由 $$\sum m_B(\boldsymbol{F}_i)=0 \qquad -F_A\times 3+\frac{1}{2}\times q\times 2^2=0$$

可求得 $$F_A=\frac{2}{3}q=10\text{kN}$$

再由 $$\sum F_{iy}=0 \qquad F_A+F_{By}-q\times 2=0$$

可求得 $$F_{By}=2q-F_A=20\text{kN}$$

由 $$\sum F_{ix}=0$$

可得 $$F_{Bx}=0$$

(2) 取杆 BC 为研究对象，画出受力图，如图 1-26 (c) 所示。

由 $$\sum F_{ix}=0$$

可求得 $$F_{Cx}=0$$

由 $$\sum F_{iy}=0 \quad F_{Cy}-F'_{By}=0$$

可求得 $$F_{Cy}=20\text{kN}$$

由 $$\sum m_C(\boldsymbol{F}_i)=0 \quad F'_{By}\times 2+m+m_C=0$$

可求得 $$m_C=-m-2F'_{By}=-60\text{kN}\cdot\text{m}$$

m_C 负号表示 m_C 转向与图示相反。

【知识梳理与小结】

(1) 力是物体间的相互机械作用，它分为力的外效应和内效应，外效应即力的运动效应，它只改变物体的运动状态；内效应即物体的变形效应，它使物体内部各质点产生位移。力的三要素：力的大小、方向和作用点。力是矢量。

(2) 二力平衡公理是最基本的力系平衡公理，它的充分必要条件是作用在刚体上的两个力，大小相等，方向相反，且作用在同一直线上。力的平行四边形公理说明力的运算符合矢量运算法则，是力系简化的理论基础。作用与反作用公理说明了力是物体之间的相互作用，它们总是成对出现，同时产生，同时消失。该公理与二力平衡公理的区别是作用与反作用力分别作用在两个物体上。

(3) 作用于物体上的力可分为主动力和约束反力。约束反力是限制被约束物体运动的力，它作用在物体的约束处，其方向与物体被限制的运动方向相反。它分为柔体约束、光滑面约束、光滑铰链约束和固定端约束。

(4) 对物体进行受力分析、画受力图，是解决力学问题的关键。

(5) 力偶为一对等值、反向且不共线的平行力。它对物体的作用是单纯的转动效应。所以力偶只能与力偶平衡、不能与力平衡。力偶矩的大小、转向和作用面称为力偶的三要素。

(6) 平面力偶系平衡的充分和必要条件是所有各分力偶矩的代数和等于零。

(7) 平面力系的简化依据是力线平移定理，应用这一定理使任何复杂的力系都可以简化为作用于简化中心处的主矢和主矩，主矢所起的效应相对于力，主矩所起的效应相对于力偶矩。主矢与力的性质不同，其作用点随简化中心的位置变化，但其大小和方向与简化中心的位置无关；主矩与力偶矩的性质不同，其大小和转向与简化中心的位置有关。由此得到平面力系的三个平衡方程，当演变为平行力系、平面汇交力系或力偶系时，平衡方程数目相应减少。为解题方便，可采用二力矩式或三力矩式。

(8) 摩擦的平衡问题只不过是在原力系中加入摩擦力，因此平衡方程增加了一个库仑的摩擦定律，但要注意该定律是以不等式的形式出现的，因此习题的求解结果常常是一个范围。

(9) 求解物体系统的平衡问题时，取研究对象往往是解决问题的关键，这里应用最多的是作用力与反作用力公理。当物体系统平衡时，则系统内每一物体都平衡，因此有 N 个构件组成的物体系统，可列出的平衡方程式数目共有 3N 个。

习　　题

1-1　两个力相等的条件是什么？

1-2　二力平衡公理与作用与反作用公理都说二力是等值、反向、共线，这两者有何区别？

1-3　说明下列等式的意义和区别：

(1) $F_1=F_2$；(2) $\boldsymbol{F}_1=\boldsymbol{F}_2$；(3) $R=F_1+F_2$；(4) $\boldsymbol{R}=\boldsymbol{F}_1+\boldsymbol{F}_2$。

1-4　确定约束反力方向的原则是什么？光滑铰链约束有什么特点？

1-5　力沿其作用线移动时，对一点的力矩是否改变，在什么情况下力矩等于零？

1-6　能不能将作用在平面上的一个力和一个力偶进一步合成？如何合成？

1-7　平面力偶系平衡的必要和充分条件是什么？

1-8　平面汇交力系能不能使用力矩平衡方程？

1-9　试画出图 1-27（a）中结点 B 及图 1-27（b）中结点 A 和 B 的受力图。

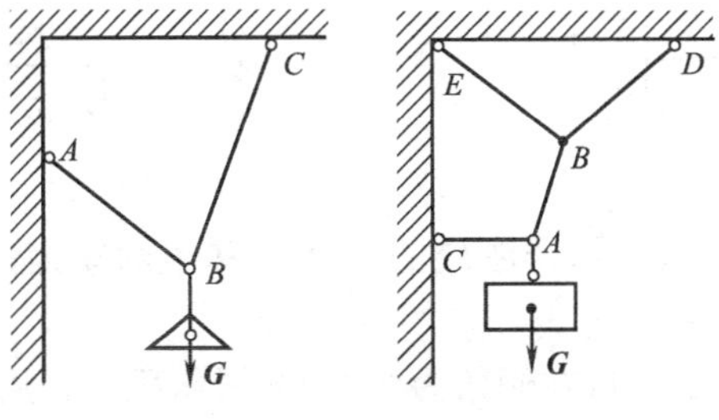

图 1-27　题 1-9 图

1-10　试画出图 1-28 中各圆球的受力图。

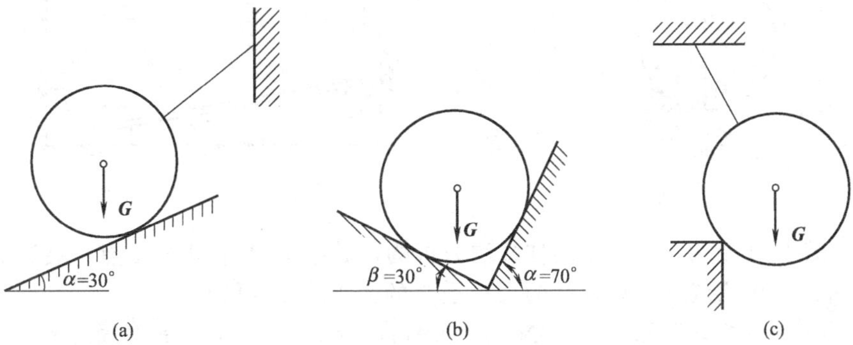

图 1-28　题 1-10 图

1-11　试画出图 1-29 中杆 AB 和球 C 的受力图。

1-12　试画出图 1-30 所示的物系中每个物体的受力图。

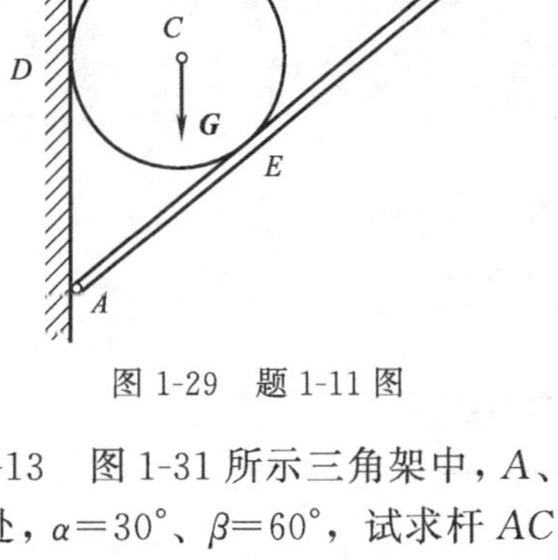

图 1-29　题 1-11 图

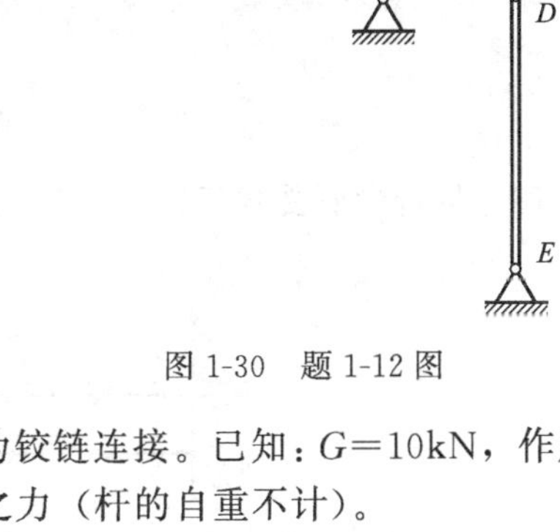

图 1-30　题 1-12 图

1-13　图 1-31 所示三角架中，A、B、C 三处均为铰链连接。已知：$G=10\text{kN}$，作用在铰链 C 处，$\alpha=30°$、$\beta=60°$，试求杆 AC 及杆 BC 所受之力（杆的自重不计）。

1-14　图 1-32 所示起重机架可绕过滑轮 B 的绳索将重 $G=20\text{kN}$ 的物体吊起，滑轮 B 用

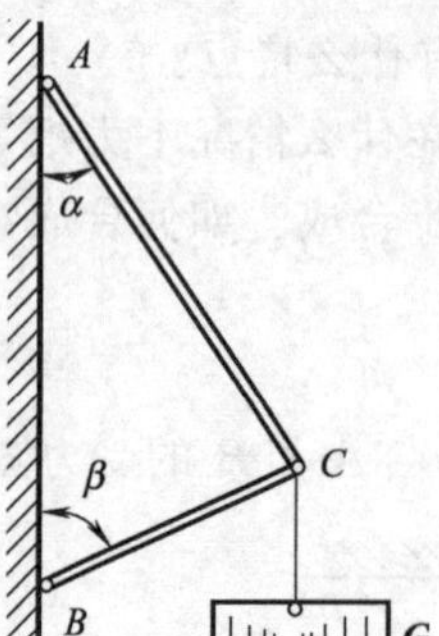

图 1-31　题 1-13 图

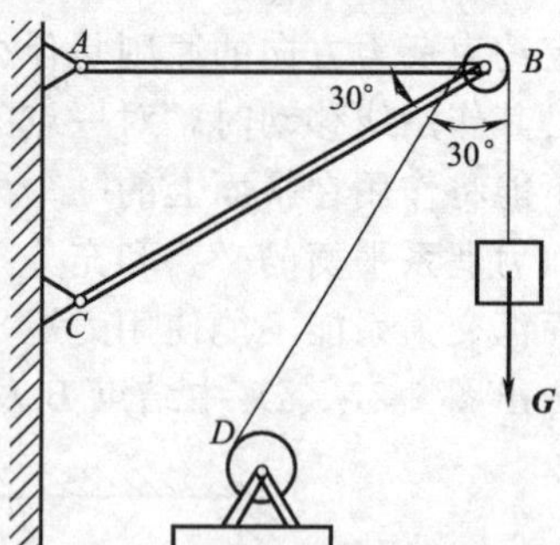

图 1-32　题 1-14 图

不计自重的杆 AB 和 BC 支承，不计滑轮的尺寸及其中的摩擦。试求当物体处于平衡状态时，拉杆 AB 和支杆 BC 所受的力。

1-15　柱体 O 重 $G=1\text{kN}$，放在倾角为 30°的光滑斜面上，用一平行于斜面的绳子 BC 拉住，如图 1-33 所示。试求绳子的拉力和斜面所受的压力。

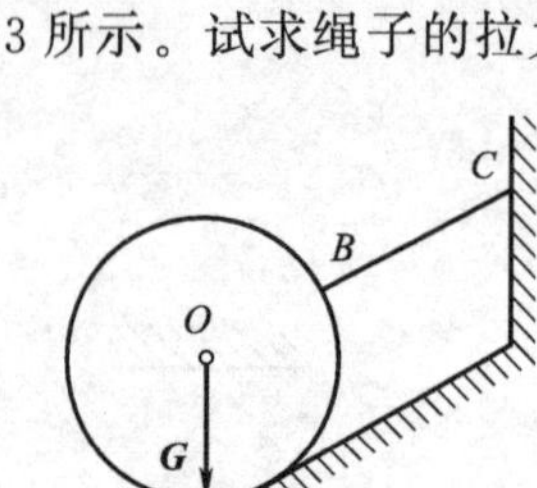

图 1-33　题 1-15 图

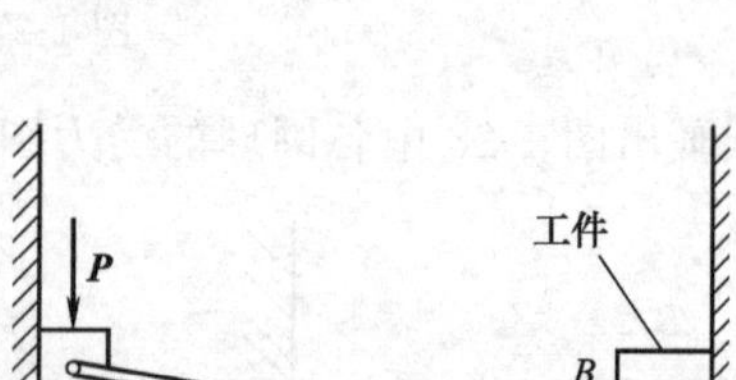

图 1-34　题 1-16 图

1-16　图 1-34 示为一夹具中的杠杆增力机构，其推力 $\boldsymbol{P}$ 作用于 A 点，夹紧时杆 AB 与水平线夹角 $\alpha=10°$，试求夹紧力 $\boldsymbol{Q}$ 的大小是 $\boldsymbol{P}$ 的大小的多少倍？

1-17　图 1-35 中，已知 $F=300\text{N}$，$l=0.2\text{m}$，$\alpha=30°$。试求力 $\boldsymbol{F}$ 对固定端 B 的力矩。

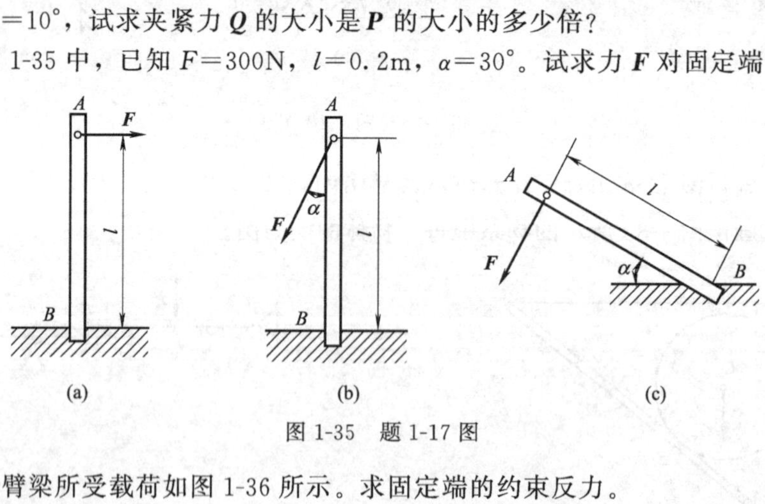

图 1-35　题 1-17 图

1-18　悬臂梁所受载荷如图 1-36 所示。求固定端的约束反力。

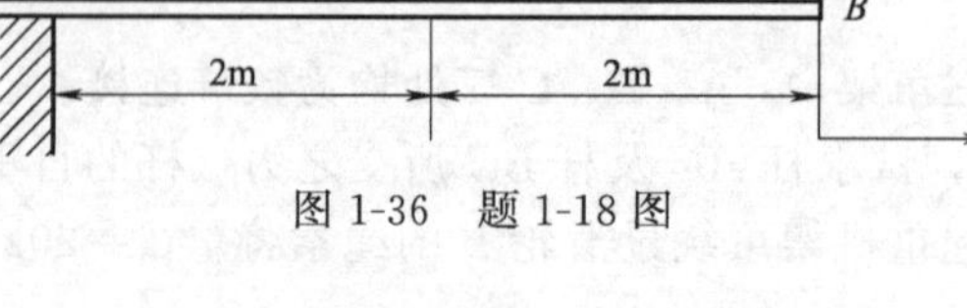

图 1-36　题 1-18 图

1-19　三杆组成的构架的尺寸如图 1-37 所示。A、C、D 均为铰链连接，B 点悬挂重物 $G=5\text{kN}$。试求销子 A、C、D 所受的力及固定端 E 的约束反力（各杆自重不计）。

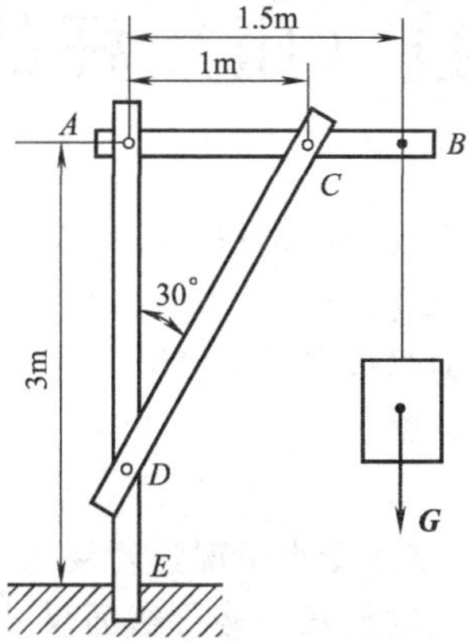

图 1-37　题 1-19 图

1-20　梁的支承及载荷如图 1-38 所示，以载荷 m、$\boldsymbol{F}$、q 表示。求支承处的约束反力。

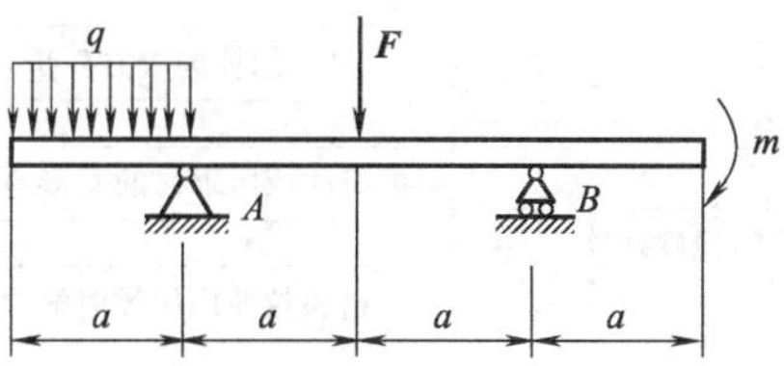

图 1-38　题 1-20 图

第2章　拉（压）杆的强度计算

【知识目标】

① 理解内力、应力、许用应力及应变的概念；

② 理解切应力、挤压应力的概念；

③ 掌握轴向拉（压）时正应力强度条件公式；

④ 掌握剪切、挤压强度条件公式。

【能力目标】

① 根据杆件拉（压）、剪切、挤压受力情况进行受力分析，列平衡方程；

② 根据强度条件，能够进行强度校核、构件截面尺寸设计及确定许可载荷。

【知识结构图】

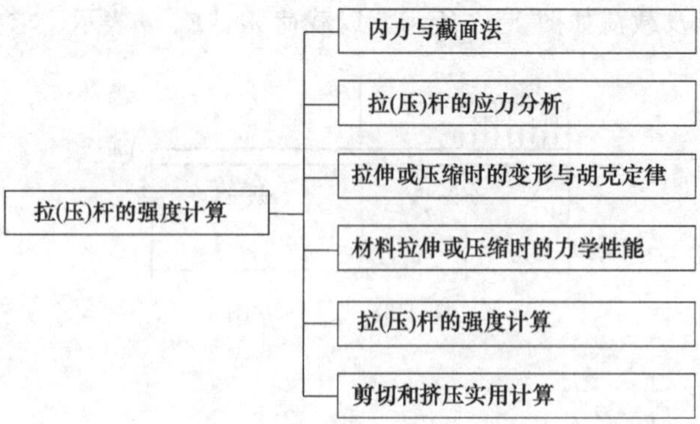

2.1　内力与截面法

2.1.1　轴向拉伸与压缩的概念

轴向拉伸与压缩变形是杆件基本变形中最简单常见的一种变形。例如，图2-1所示的支架中，AB杆、BC杆铰接于B点，在B点受G力作用。由静力分析可知：AB杆是二力杆件，受拉伸；BC杆也是二力杆件，受压缩。

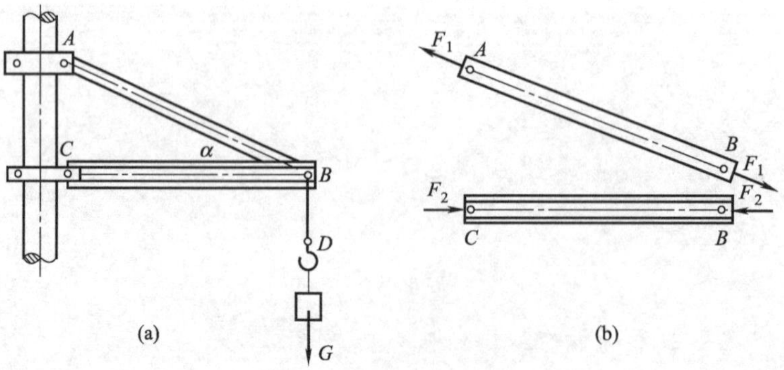

图2-1　支架受力

若将实际拉伸与压缩的杆件 AB、BC 杆简化为图 2-2 所示的简图，可以看出：杆件的外力（或外力的合力）的作用线与杆件的轴线重合。杆件变形沿轴线方向伸长（或缩短），沿横向缩短（或伸长）。

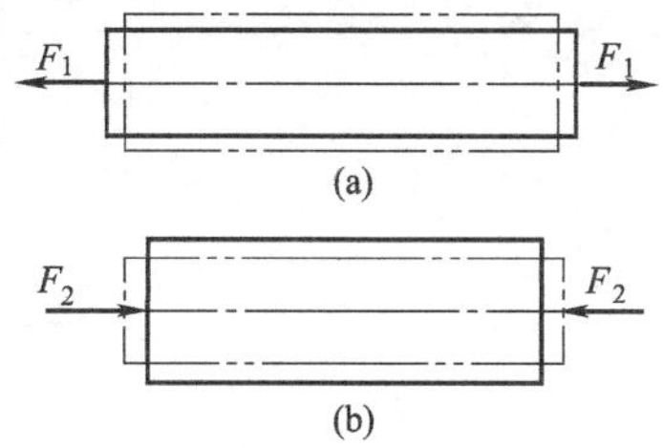

图 2-2　拉伸与压缩

2.1.2　拉（压）杆的轴力和轴力图

1. 内力的概念

杆件在外力作用下，内部材料质点之间的相对位置会发生改变，其相互作用力也会发生改变。这种能引起材料质点之间相互作用力改变的力，称为内力，也称为附加内力。

杆件横截面内力随外力的增大而增大，但内力增大是有限度的，若超过某一限度，杆件就破坏。为了保证杆件在外力作用下安全可靠地工作，必须弄清楚杆件的内力。

2. 拉（压）杆的内力——轴力

图 2-3（a）所示的拉杆，为了确定 $m—m$ 截面的内力，可以假想用截面 $m—m$ 把杆件截开分为左、右两段，取其中任意一段作为研究对象，也必然处于平衡状态。由力的平衡条件，可求出内力的大小：

$$\sum F_{ix}=0 \quad N-F=0$$

得

$$N=F$$

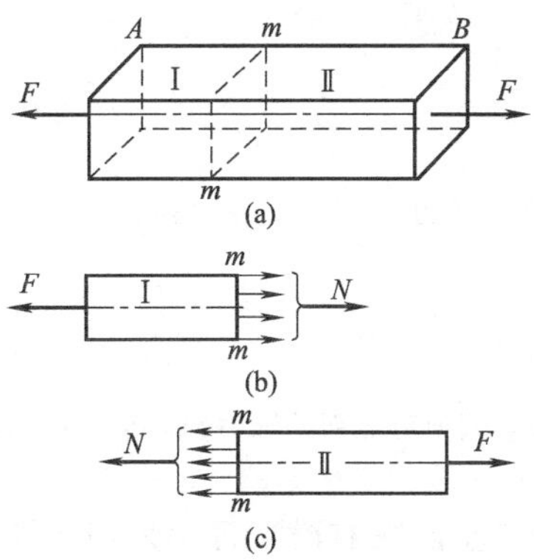

图 2-3　截面法求内力

该内力 N 必与外力 F 共线，且沿杆件的轴线方向，因此称为轴力。轴力有拉力和压力两种，通常将拉力规定为正的，压力规定为负的。

以上求内力的方法称为截面法，其步骤概括如下。

① 截——沿欲求内力的截面，假想用截面法把杆件分为两段。

② 取——取出任一段（左段或右段）为研究对象。

③ 代——将另一段对该段截面的作用力，用内力 N 代替。

④ 平——列平衡方程式求出该截面内力的大小。

为了能够直接形象地表示出各横截面内力的大小，用平行于杆轴线的 x 坐标表示横截面位置，用垂直于 x 轴的坐标 N 表示横截面轴力的大小，按选定的比例，把轴力表示在 x-N 坐标系中，正轴力画在坐标轴正向，负轴力画在坐标轴负向。这样绘出的图形称为轴力图。

例 2-1　图 2-4（a）所示的等截面直杆，受轴向作用力 $F_1=15\text{kN}$，$F_2=10\text{kN}$，试求杆件 1—1、2—2 截面的轴力，并画出轴力图。

解

（1）外力分析。画出杆件的受力图。A 端的约束反力 F_R，由平衡方程

$$\sum F_{ix}=0 \quad F_R-F_1+F_2=0$$

得

$$F_R=F_1-F_2=15-10=5\text{kN}$$

（2）内力分析。外力 F_R、F_1、F_2 将杆件分为 AB 段和 BC 段，在 AB 段，用 1—1 截面将杆件分为两段，取左段为研究对象，设轴力 N_1 为正，由平衡方程

$$\sum F_{ix}=0 \quad N_1+F_R=0$$

得

$$N_1=-F_R=-5\text{kN}$$

负号表示 N_1 的方向和假定方向相反，截面受压。

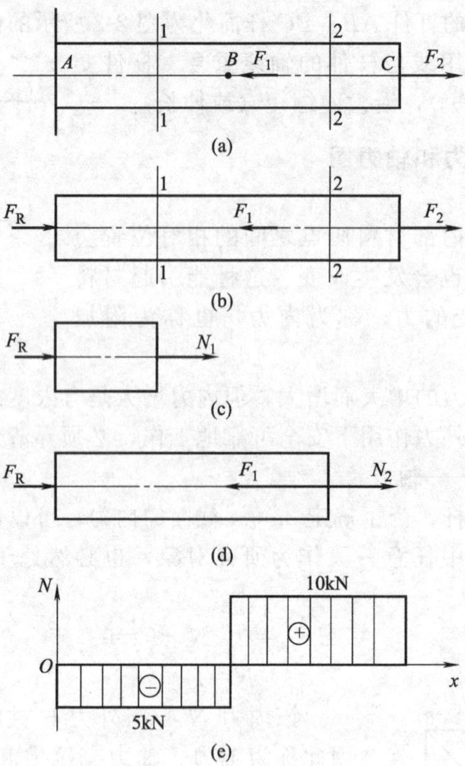

图 2-4 轴力图

在 BC 段，用 2—2 截面将杆件截为两段，取左段为研究对象，假定轴力 N_2 为正，由平衡方程

$$\sum F_{ix}=0 \quad N_2+F_R-F_1=0$$

得

$$N_2=-F_R+F_1=-5+15=10\text{kN}$$

(3) 画轴力图。杆件 AB 之间所有截面的轴力都等于 N_1，BC 段之间所有截面的轴力都等于 N_2。画出轴力图，如图 2-4 (e) 所示。

由例 2-1 可知：杆件任意截面的轴力 N 等于截面一侧（左段或右段）杆上所有外力的代数和。

2.2 拉（压）杆的应力分析

2.2.1 应力的概念

杆件的破坏不仅与内力的大小有关，而且还与截面的大小有关。因此把单位截面上的内力称为应力，其中与截面垂直的应力称为正应力，与截面相切的应力称为切应力。

2.2.2 拉（压）杆横截面上的应力

在一等截面直杆的横截面上，如图 2-5 所示，刻画出横向线 a-b，c-d，外力 F 使杆件拉伸。可发现 a-b、c-d 线平行向外移动并与轴线保持垂直。因此可作平面假设，即杆件内部材料横截面始终保持为平面。

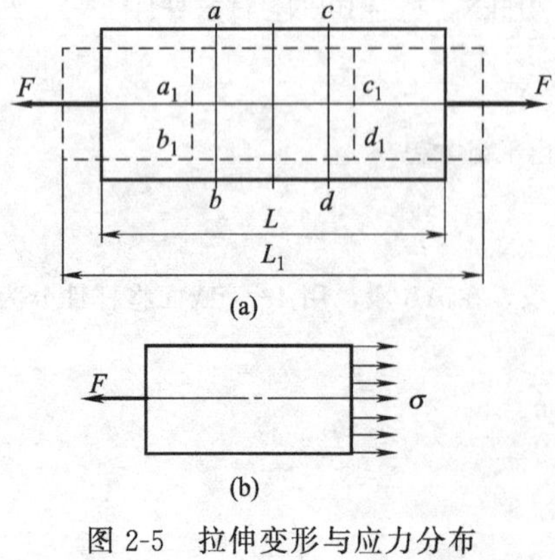

图 2-5 拉伸变形与应力分布

所以横截面上各点处纵向纤维的变形相同，受力也相同，即轴力在横截面上是均匀分布的，且方向与横截面垂直，即为正应力，用符号 σ 表示。其计算公式为

$$\sigma=\frac{N}{A} \tag{2-1}$$

式中　N——横截面的轴力；

A——横截面面积。

应力的单位：$1\text{N/m}^2=1\text{Pa}$

$1\text{MPa}=10^6\text{Pa}=1\text{N/mm}^2$

$1\text{GPa}=10^3\text{MPa}=10^9\text{Pa}$

一般应力的单位采用 MPa。

2.3　轴向拉伸或压缩时的变形与胡克定律

2.3.1　轴向拉伸或压缩时的变形

1. 变形与线应变

如图 2-6 所示，等直杆的原长为 l，横向尺寸为 d，在轴向外力的作用下，纵向伸长（缩短）到 l_1，横向缩短（伸长）到 d_1。把拉（压）杆的纵向变形量称为绝对变形，用 Δl 表示；横向变形量用 Δd 表示。

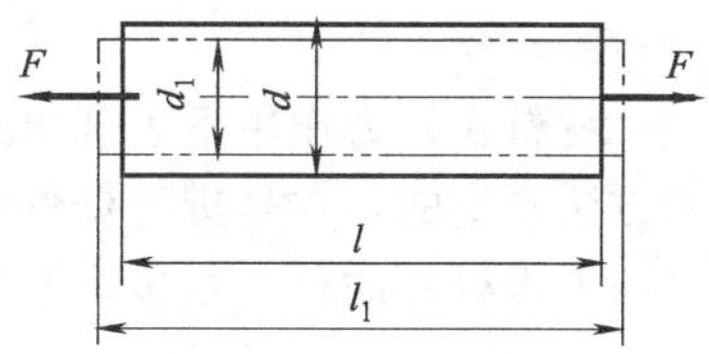

图 2-6　拉伸与压缩变形

纵向变形　　$\Delta l=l_1-l$　　(2-2)

横向变形　　$\Delta d=d_1-d$　　(2-3)

拉伸时，Δl 为正，Δd 为负；压缩时，Δl 为负，Δd 为正。

绝对变形与杆件的原长有关，不能准确反映杆件变形的程度，为了消除杆长的影响，采用单位长度的杆件的伸长或缩短来度量其纵向变形，即相对变形，用 ε 表示。

$$\varepsilon=\frac{\Delta l}{l}=\frac{l_1-l}{l} \tag{2-4}$$

ε 是无量纲的量，又称为纵向线应变，其正负号与 Δl 的正负号一致。

而横向线应变

$$\varepsilon'=\frac{\Delta d}{d}=\frac{d_1-d}{d}=-\frac{d-d_1}{d} \tag{2-5}$$

ε' 也是无量纲的量，其正负号与 Δd 的正负号一致。

拉伸时，纵向伸长 $\varepsilon>0$；横向变细，$\varepsilon'<0$。

压缩时，纵向缩短 $\varepsilon<0$；横向增粗，$\varepsilon'>0$。

2. 泊松比

实验证明，在材料的弹性范围内，横向线应变与纵向线应变的比值为一常数，记作 μ，称为横向变形系数或泊松比。

$$\mu=-\frac{\varepsilon'}{\varepsilon}=\left|\frac{\varepsilon'}{\varepsilon}\right| \tag{2-6}$$

2.3.2　胡克定律

实验表明，对拉（压）杆，当应力不超过某一极限值时，杆的纵向变形 Δl 与轴力成正比，与杆长 l 成正比，与横截面面积 A 成反比。这一比例关系称为胡克定律。引入比例常数 E，其公式为

$$\Delta l=\frac{Nl}{EA} \tag{2-7}$$

将$\varepsilon=\frac{\Delta l}{l}$和$\sigma=\frac{N}{A}$代入式（2-7），得胡克定律第二种表达式：

$$\sigma=E\varepsilon \tag{2-8}$$

式中，其比例常数E称为拉（压）时材料的弹性模量，其单位是GPa，各种材料的弹性模量E是由实验测定的。其中几种常用的材料的E值见表2-1。

表2-1　几种常用材料的E、μ、G值

材料名称	E/GPa	μ	G/GPa
碳钢	196～206	0.24～0.28	78.5～79.4
合金钢	194～206	0.25～0.30	78.5～79.4
灰口铸铁	113～157	0.23～0.27	44.1
青铜	113	0.32～0.34	41.2
硬铝合金	69.6	—	26.5
橡胶	0.00785	0.461	—

2.4　材料拉伸或压缩时的力学性能

材料在外力作用下表现出来的性能，称为材料的力学性能。材料的力学性能是通过试验的方法测定的，它是进行杆件强度、刚度计算和选择材料的重要依据。

工程材料的种类很多，常用材料根据其性能分为塑性材料和脆性材料两大类。低碳钢和铸铁是两类材料的代表，本教材主要研究低碳钢和铸铁在常温、静载下的力学性能。

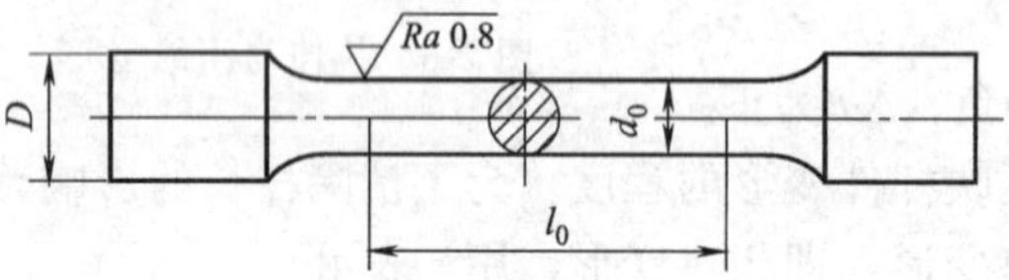

图2-7　标准试件

工程中通常把实验用的材料，按国标规定，先做成图2-7所示的标准试件，其标距有$l=5d$和$l=10d$两种规格。若以应力为纵坐标，以应变为横坐标，记录下每一时刻的σ和ε值，描绘应力与应变的关系曲线，称为σ-ε曲线，如图2-8所示。

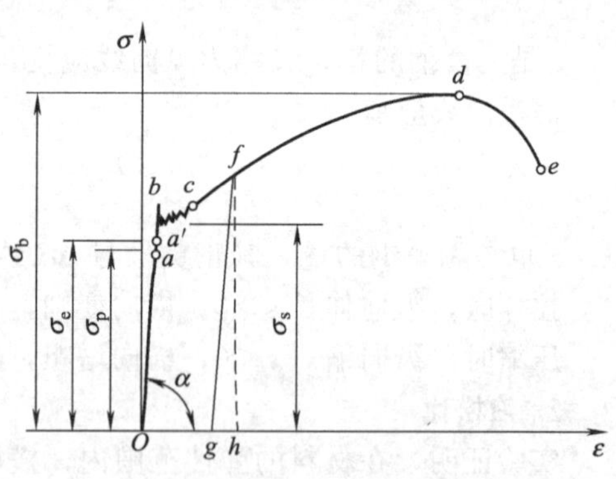

图2-8　低碳钢拉伸时σ-ε曲线

2.4.1　低碳钢拉伸时的力学性能

1. 应力-应变曲线（σ-ε曲线）

以Q235钢的σ-ε曲线为例，来分析低碳钢在拉伸时的力学性能。其σ-ε曲线可以分为4个阶段，有两个重要的强度指标。

（1）弹性阶段——比例极限σ_p　从图2-8可以看得出，Oa段是直线，即应力与应变成正比，材料符合胡克定律，即$\sigma=E\varepsilon$。

直线Oa的斜率$\tan\alpha=E$是材料的弹性模量，直线部分最高点a所对应的应力值记作σ_p，称为材料的比例极限。Q235钢的$\sigma_p\approx200$MPa。曲线超过a点，图上aa'已不再是直线，说明应力与应变的正比关系已不在，材料不符合胡克定律。但在aa'段内卸载，变形也随之消失，说明aa'段也发生弹性变形，Oa段称为弹性阶段。a'点所对应的应力值记作σ_e，称为材料的弹性极限。由于弹性极限与比例极限非常接近，工程实际中通常对二者不作严格区分，而近似的用比例极限代替弹性极限。

（2）屈服阶段——屈服极限 σ_s　曲线超过 a' 点后，出现了一段锯齿曲线，说明这一阶段应力没有增加，而应变依然在增加，材料好像失去了抵抗变形的能力，把这种应力不增加而应变显著增加的现象称为屈服，bc 段称为屈服阶段。屈服阶段曲线最低点所对应的应力 σ_s 称为屈服极限。若试件表面是经过抛光处理的，这时候可看到试件表面出现了与轴线成45°角的条纹线，称为滑移线。

（3）强化阶段——（抗拉）强度极限 σ_b　经过屈服阶段后，要使应变增加，必须增加应力，说明曲线从 c 点又开始逐渐上升，材料又恢复了抵抗变形的能力，这种现象称为强化，cd 段称为强化阶段。曲线最高点 d 所对应的应力值，记作 σ_b，称为材料的抗拉强度极限，它是衡量材料强度的又一个重要指标。

（4）缩颈阶段　曲线到达 d 点前，试件的变形是均匀发生的，曲线到达 d 点，即应力达到其抗拉强度后，在试件比较薄弱的某一局部，变形显著增加，有效横截面急剧减小，出现了缩颈现象，试件很快被拉断，所以 de 段称为缩颈阶段。

2. 塑性指标

（1）伸长率　其表达式为

$$\delta=\frac{l_1-l}{l}\times 100\% \tag{2-9}$$

式中　l_1——试件拉断后的标距；

　　l——原标距。

断后伸长率是衡量塑性材料变形程度的重要指标。一般把 $\delta \geqslant 5\%$ 的材料称为塑性材料，把 $\delta < 5\%$ 的材料称为脆性材料。

（2）断面收缩率　其表达式为

$$\psi=\frac{A-A_1}{A}\times 100\% \tag{2-10}$$

式中　A_1——试件断口处横截面面积；

　　A——原横截面面积。

试件拉断后，弹性变形消失，只剩下塑性变形。断面收缩率是衡量塑性材料变形程度的另一项重要指标。

3. 冷作硬化

在曲线上的强化阶段某一点 f 停止加载，并缓慢卸去载荷，σ-ε 曲线将沿着与 Oa 近似平行的直线 fg 退回到应变轴上 g 点，gh 是消失了的弹性变形，Og 是残留下来的塑性变形。把这种将材料预拉到强化阶段后卸载，重新加载使材料的比例极限提高，而塑性降低的现

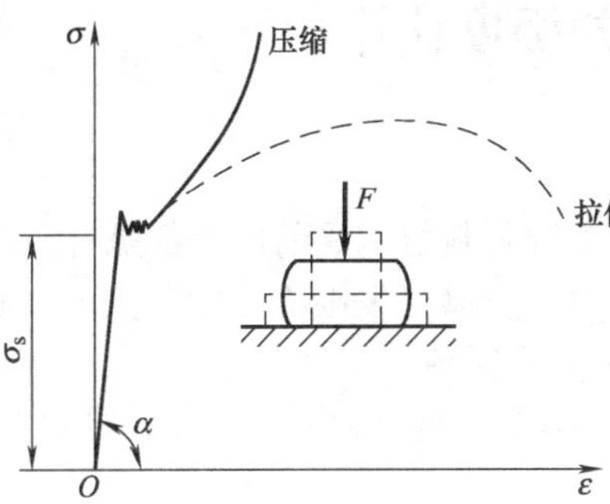

图 2-9　低碳钢压缩时 σ-ε 曲线

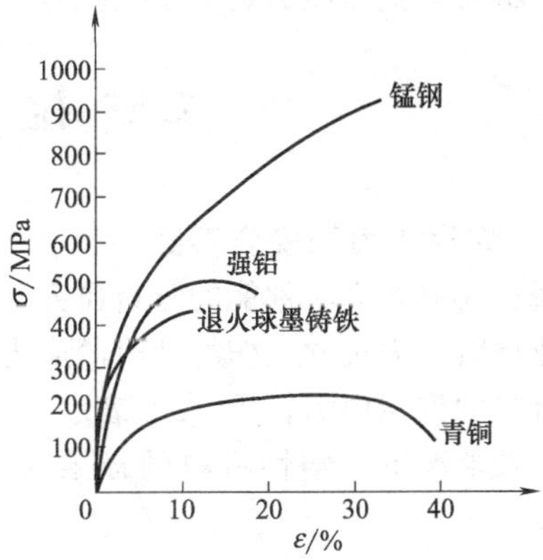

图 2-10　其他材料的 σ-ε 曲线

象，称为冷作硬化。工程中利用冷作硬化工艺来增加材料的承载能力，比如冷拔钢筋等。

2.4.2　低碳钢压缩时的力学性能

图 2-9 所示为低碳钢压缩时的 σ-ε 曲线，与拉伸时的 σ-ε 曲线（虚线）相比较，在直线部分和屈服阶段两曲线大致重合，其弹性模量 E、比例极限 σ_p、屈服极限 σ_s 与拉伸时大致相同，因此认为低碳钢的抗拉性能与抗压性能是相同的。

在曲线进入强化阶段后，试件会越压越扁，先是压成鼓形，最后变成饼状而不断裂，因此无法测出其抗压强度极限。

2.4.3　其他塑性材料拉伸时的力学性能

图 2-10 所示为几种塑性材料拉伸时的 σ-ε 曲线图，与低碳钢的 σ-ε 曲线比较，这些曲线没有明显的屈服阶段，常用其产生 0.2%塑性应变所对应的应力值作为名义屈服极限，又称为屈服强度，用 $\sigma_{0.2}$ 来表示。

2.4.4　铸铁轴向拉压时的力学性能

1. 抗拉强度极限 $\boldsymbol{\sigma}_b$

铸铁是脆性材料的典型代表。从图 2-11（a）所示的拉伸 σ-ε 曲线可以看出：曲线没有明显的直线部分和屈服阶段，无缩颈现象而发生断裂破坏，断口平齐，塑性变形很小。把断裂时曲线最高点所对应的应力值，记作 σ_b，称为抗拉强度极限，一般 $\sigma_b=100\sim200$MPa。

2. 抗压强度极限 $\boldsymbol{\sigma}_{bc}$

图 2-11（b）所示为铸铁压缩时的 σ-ε 曲线，曲线没有明显的直线部分，表明应力与应变的正比关系不存在，通常在 σ-ε 曲线上用割线 Oa 近似的代替曲线 Oa，并以割线 Oa 的斜率作为弹性模量 E，故胡克定律可近似适用。曲线没有明显的屈服阶段，沿与轴线大约成 45°的斜截面发生断裂破坏。把曲线的最高点称为抗压强度极限，用 σ_{bc} 表示。

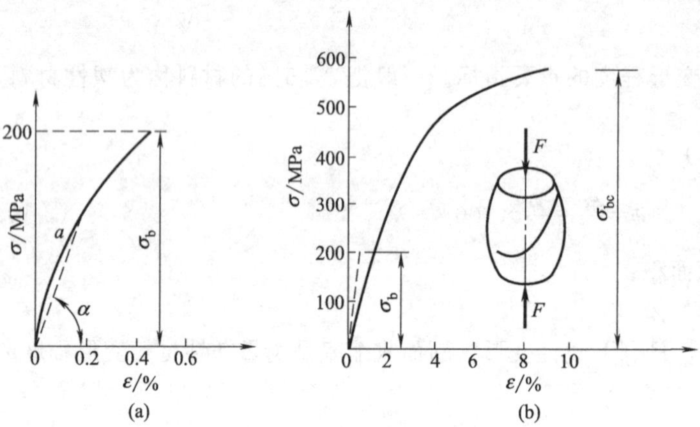

图 2-11　铸铁在拉伸与压缩时的 σ-ε 曲线

与拉伸时的 σ-ε 曲线比较可见，铸铁材料抗压强度极限约是抗拉强度极限的 4～5 倍。即脆性材料的抗压能力远大于抗拉能力，因此，工程常用铸铁等脆性材料制作受压构件。

2.5　拉（压）杆的强度计算

2.5.1　许用应力和安全系数

通过对材料力学性能的分析研究，可以知道，工程材料能承受的应力都是有限度的，一般把使材料丧失正常工作能力时的应力称为极限应力。所以把极限应力除以大于 1 的系数 n 作为材料的许用应力，用 $[\sigma]$ 表示；该系数 n 称为安全系数。

一般情况下，塑性材料的极限应力为 σ_s，脆性材料的极限应力为 σ_b，其许用应力分别为

塑性材料：　$[\sigma]=\dfrac{\sigma_s}{n_s}$　（n_s为塑性材料的安全系数）

脆性材料：　$[\sigma]=\dfrac{\sigma_b}{n_b}$　（n_b为脆性材料的安全系数）

工程中对不同构件选取的安全系数，可查阅相关设计手册。

2.5.2　强度计算

为了保证拉（压）杆在外力作用下能够安全可靠地工作，必须使杆件各横截面的最大应力不超过其材料的许用应力。这一条件称为拉（压）杆的强度条件，即

$$\sigma_{max}=\frac{N}{A}\leqslant[\sigma] \tag{2-11}$$

式（2-11）是对拉（压）杆件进行强度分析和计算的依据。杆件中最大工作应力所在的截面称为危险截面。式（2-11）中，N 和 A 分别为危险截面的轴力和截面面积。等截面直杆的危险截面位于轴力最大处；而变截面杆的危险截面，必须综合轴力和截面面积两方面来确定。

上述强度条件，可以解决三种类型的强度计算问题。

① 校核强度　已知外力 F、横截面积 A 和许用应力 $[\sigma]$，计算出最大工作应力，检验是否满足强度条件，从而判断构件是否能够安全可靠地工作。

② 设计截面　已知外力 F、许用应力 $[\sigma]$，可由强度条件计算出截面面积 A，即 $A\geqslant N/[\sigma]$，然后根据工程要求确定截面形状，设计出构件的截面尺寸。

③ 确定许可载荷　已知构件的截面面积 A、许用应力 $[\sigma]$，由强度条件计算出构件所能承受的最大轴力 N_{max}，即 $N\leqslant A[\sigma]$。

工程实际中，进行构件的强度设计计算时，根据有关设计规范，最大工作应力不超过许用应力的5%也是允许的。

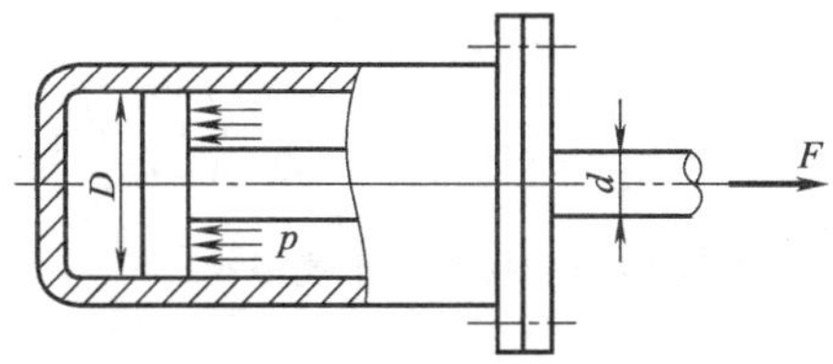

图 2-12　油缸

例 2-2　某铣床工作台进给油缸如图 2-12 所示，缸内工作油压 $p=2$MPa，油缸内径 $D=75$mm，活塞杆直径 $d=18$mm，已知活塞杆材料的 $[\sigma]=50$MPa，试校核活塞杆的强度。

解

（1）求活塞杆的轴力。

$$N=pA=p\frac{\pi}{4}(D^2-d^2)\pi=2\times\frac{\pi}{4}\times(75^2-18^2)=8322.57\text{N}$$

（2）按强度条件校核。

$$\sigma_{max}=\frac{N}{A}=\frac{8322.57}{\dfrac{\pi\times18^2}{4}}=32.6\text{MPa}<[\sigma]$$

计算结果 $\sigma_{max}\leqslant[\sigma]$，故活塞杆的强度足够。

例 2-3　图 2-13 所示的支架，在 B 点处受载荷 G 作用，AB 杆、BC 杆分别是木杆和钢杆，木杆 AB 的横截面面积 $A_1=10^4\text{mm}^2$，许用应力 $[\sigma_1]=7$MPa；钢杆 BC 的横截面积 $A_2=600\text{mm}^2$，许用应力 $[\sigma_2]=160$MPa。求支架的许可载荷 $[G]$。

解

（1）在 B 点附近用截面法截断 AB、BC 杆，画 B 点的受力图，求两杆的轴力 N_1、N_2。

$$\sum F_{ix}=0\qquad N_1-N_2\cos30^\circ=0$$

$$\sum F_{iy}=0\qquad N_2\sin30^\circ-G=0$$

求得　$N_1=1.732G$　$N_2=2G$

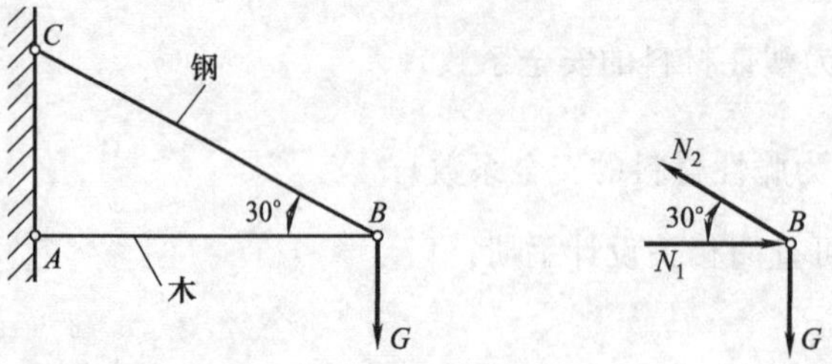

(a)　　(b)

图 2-13　支架

(2) 应用强度条件，确定支架的许可载荷。

对于木杆

$$\sigma_1=\frac{N_1}{A_1}=\frac{1.732G}{10^4}\leqslant[\sigma_1]=7\text{MPa}$$

求得　　$G\leqslant40400\text{N}=40.4\text{kN}$

对于钢杆

$$\sigma_2=\frac{N_2}{A_2}=\frac{2G}{600}\leqslant[\sigma_2]=160\text{MPa}$$

求得　　$G\leqslant48000\text{N}=48\text{kN}$

支架的许可载荷取以上两个计算结果中的小者，即 $[G]=40.4\text{kN}$。

例 2-4　某冷镦机的曲柄滑块机构如图 2-14 (a) 所示，锻压工件时，连杆接近水平位置，锻压力 $F=3.78\times10^3\text{kN}$。连杆横截面为矩形，高度与宽度之比 $h/b=1.4$ [图 2-14 (b)]，材料的许用应力 $[\sigma]=90\text{MPa}$。试设计截面尺寸 h 和 b。

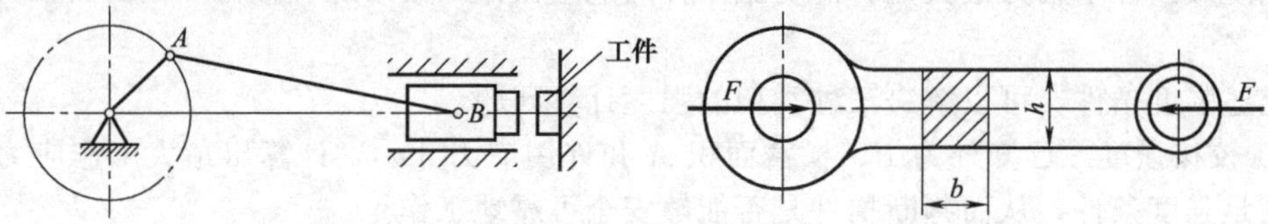

(a)　　(b)

图 2-14　冷镦机曲柄滑块机构

解　由于锻压时连杆位于水平位置，因此，连杆受的压力等于锻压力 F，由截面法知连杆所受轴力

$$N=F=3.78\times10^3\text{kN}$$

由 $\sigma_{\max}=\dfrac{N}{A}\leqslant[\sigma]$ 得

$$A=bh\geqslant\frac{N}{\sigma}=\frac{3.78\times10^3\times10^3}{90}=42000\text{mm}^2$$

将已知 $h=1.4b$ 代入上式得

$$1.4b^2\geqslant42000\text{mm}^2$$
$$b\geqslant173\text{mm}$$
$$h\geqslant1.4b=242\text{mm}$$

选用 $b=175\text{mm}$，$h=245\text{mm}$。

2.6　剪切和挤压实用计算

2.6.1　剪切的概念和实用计算

1. 剪切的概念

在工程实际中，有很多发生剪切变形的构件，例如常用的螺栓（图 2-15）、键（图2-16）及铆钉（图 2-17）等连接构件。

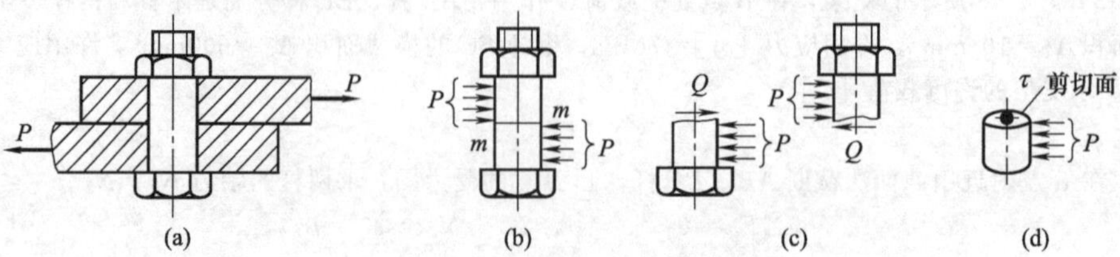

(a)　　(b)　　(c)　　(d)

图 2-15　螺栓的剪切变形

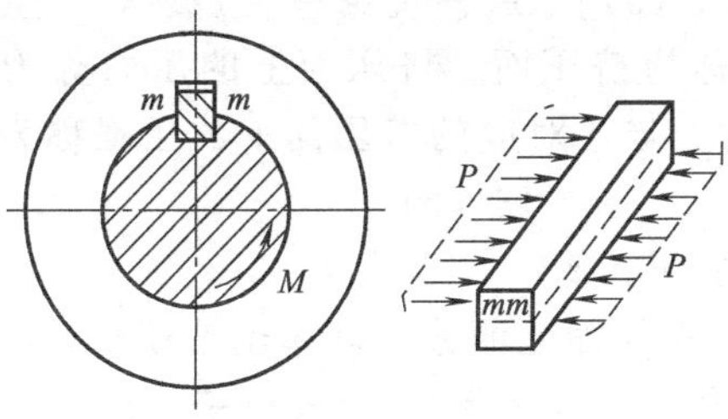

图 2-16　键的剪切变形

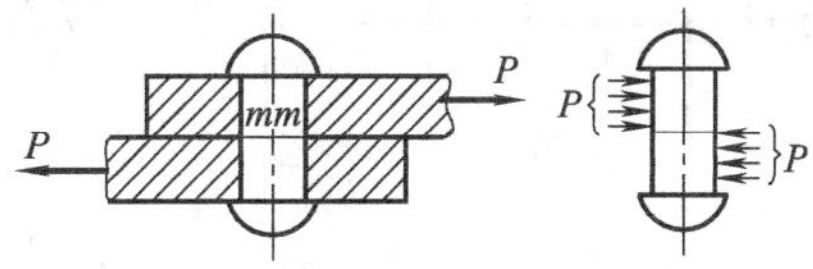

图 2-17　铆钉的剪切变形

从上述构件的受力和变形情况分析可得，构件在外力 P 的作用下，在 m—m 横截面的两侧产生相对错动。构件变形时，沿外力之间的横截面发生相对错动的变形，称为剪切变形。其受力特点是作用在构件两侧面上的横向外力的合力大小相等，方向相反，作用线平行且相距很近。变形特点是截面沿外力的方向发生相对错动。该截面称为剪切面。剪切面平行于作用力的作用线，介于两个反向作用力之间。

2. 剪切的实用计算

现以图 2-15 所示的螺栓连接为例，介绍剪切强度的计算方法。取螺栓为研究对象，在外力作用下其受力如图 2-15（b）所示。假想沿剪切面 m—m 截开，取任一段研究。如图 2-15（c）所示，根据平衡条件可知，在剪切面内必然有内力与外力 P 大小相等、方向相反，这个沿截面作用的内力，称为剪力，用 Q 表示，剪力 Q 的大小，由

$$\sum F_{ix}=0$$

得

$$Q=P$$

要对螺栓进行剪切强度计算，还应知道与强度直接关联的剪切面上内力的强度，即截面上的切应力 τ [图 2-15（d）]。切应力在剪切面上的分布规律比较复杂，因此工程上采用以实验、经验为基础的“实用计算法”。在实用计算中，假定切应力 τ 在剪切面上是均匀分布的，则剪切面上的切应力为

$$\tau=\frac{Q}{A} \tag{2-12}$$

式中　Q——剪切面上的剪力；

A——剪切面面积。

切应力 τ 的方向与 Q 相同，单位与正应力的单位相同。螺栓的剪切强度条件为

$$\tau=\frac{Q}{A}\leqslant[\tau] \tag{2-13}$$

式中　$[\tau]$——材料的许用切应力。

许用切应力的大小等于材料的剪切极限应力 τ_b 除以安全系数。工程中常用材料的许用切应力，可通过有关手册查找，也可按下列近似关系来确定：

塑性材料　　$[\tau]=(0.6\sim0.8)[\sigma]$

脆性材料　　$[\tau]=(0.8\sim1.0)[\sigma]$

式中　$[\sigma]$——许用拉应力。

2.6.2　挤压的概念和实用计算

1. 挤压的概念

构件在受剪切时，往往还伴随着挤压现象。如图 2-18 所示，螺栓在发生剪切变形时，它与钢板接触的侧面上同时发生局部受压，致使接触处的局部区域产生塑性变形，如压陷或

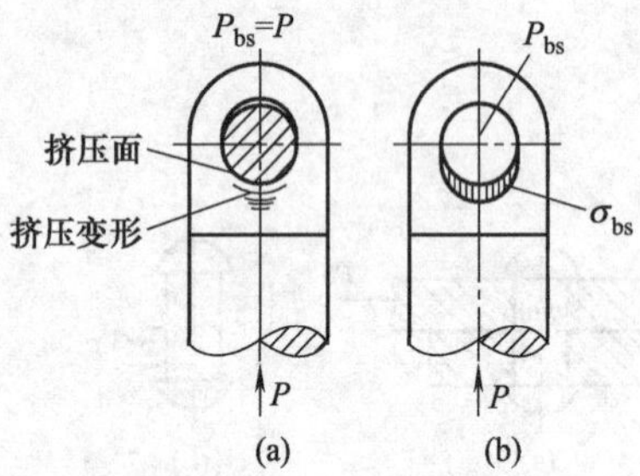

图 2-18 挤压破坏

起皱等［图 2-18（a)］。这种现象称为挤压，产生挤压变形的接触面称为挤压面。挤压面上的压力称为挤压力，以 P_{bs}表示。与之对应的挤压面上的压强称为挤压应力，以 σ_{bs}表示［图 2-18（b)］。

2. 挤压的实用计算

挤压应力在挤压面上的分布规律也是较复杂的，工程上同样是采用“实用计算”，即假设挤压应力在挤压面上是均匀分布的。因此，可得挤压应力为

$$\sigma_{bs}=\frac{P_{bs}}{A_{bs}} \tag{2-14}$$

式中 P_{bs}——挤压面上的挤压力；

A_{bs}——挤压面积。

挤压力 P_{bs}可根据构件相应接触部分承受的外力进行计算；计算 σ_{bs}时，挤压面积采用实际接触面在垂直于挤压力方向的平面上的投影面积。当挤压面为平面时，该平面的面积就是挤压面积。当挤压面为圆柱面时，挤压面积就是其投影面积。

为了保证构件安全正常地工作，不产生局部的挤压变形，构件的挤压应力 σ_{bs}不得超过许用挤压应力［σ_{bs}］，因此挤压强度条件为

$$\sigma_{bs}=\frac{P_{bs}}{A_{bs}}\leqslant[\sigma_{bs}] \tag{2-15}$$

式中 ［σ_{bs}］——材料的许用挤压应力，可从有关规范中查得。

在一般情况下，许用挤压应力［σ_{bs}］与许用拉应力［σ］有如下近似关系：

塑性材料 $[\sigma_{bs}]=(1.5\sim2.5)[\sigma]$

脆性材料 $[\sigma_{bs}]=(0.9\sim1.5)[\sigma]$

必须指出，当构件互相接触的材料不同时，应按许用挤压应力低的材料进行挤压强度计算。

例 2-5 电动机车挂钩的销钉连接如图 2-19（a）所示。已知挂钩厚度 $t=8$mm，销钉材料的许用切应力［τ］＝60MPa，许用挤压应力［σ_{bs}］＝200MPa，电动机车的牵引力 P＝15kN。试选择销钉的直径。

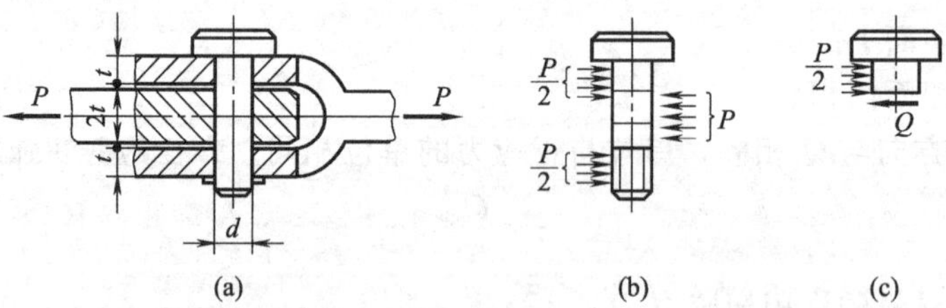

图 2-19 电动机车挂钩

解

(1) 取销钉为研究对象，画受力图，如图 2-19（b）所示。由其受力特点，可知销钉将产生剪切、挤压变形。

(2) 根据剪切强度条件设计销钉直径。运用截面法求剪力，如图 2-19（c）所示。

$$Q=\frac{P}{2}$$

由 $\tau=\frac{Q}{A}\leqslant[\tau]$ 得

$$\frac{2P}{\pi d^2}\leqslant[\tau]$$

$$d \geqslant \sqrt{\frac{2\times 15000}{3.14\times 60}}=12.6\text{mm}$$

选取 $d=13\text{mm}$。

（3）根据挤压强度条件校核销钉的挤压强度。由图 2-19（c）可知，挤压力 $P_{bs}=P/2$，挤压面积 $A_{bs}=dt$，因此

$$\sigma_{bs}=\frac{P_{bs}}{A_{bs}}=\frac{0.5\times 15\times 1000}{8\times 13}=72\text{MPa}<[\sigma_{bs}]$$

所以，取销钉直径 $d=13\text{mm}$，可以同时满足挤压和剪切强度的要求。

【知识梳理与总结】

1. 轴向拉伸与压缩的概念

受力特点：沿杆件轴向作用一对等值、反向的拉力或压力。变形特点：杆件沿轴向伸长或缩短，这种变形称为轴向拉伸与压缩。它是杆件基本变形中最常见的形式。

2. 剪切的概念

受力特点：作用在构件两侧面上的横向外力的合力大小相等，方向相反，作用线平行且相距很近。变形特点：截面沿外力的方向发生相对错动。该截面称为剪切面。

3. 应力的概念

单位面积上的内力称为应力，它表示内力在某点的分布集度。应力是矢量，它的方向与内力的方向相同，垂直于截面的应力称为正应力 σ，平行于截面的应力称为切应力 τ。

4. 胡克定律

当正应力 σ 不超过材料的比例极限时，正应力 σ 与正应变成 ε 正比。即 $\sigma=E\varepsilon$ 称为胡克定律。E 称为拉（压）时材料的弹性模量，表明材料抵抗拉压弹性变形的能力。在 σ-ε 曲线中它表示比例阶段的斜率。

5. 材料拉伸时的力学性能

比例极限 σ_p：应力与应变成正比的最高应力值；弹性极限 σ_e：在应力不超过该值时卸载变形将全部消失；屈服极限 σ_s：屈服阶段的最低应力值；强度极限 σ_b：材料断裂前承受的最大应力值；伸长率 δ 和截面收缩率 φ 均是衡量材料塑形大小的指标，通常用这两个指标把材料分为塑形材料和脆性材料。

许用应力 $[\sigma]$：构件安全工作所允许承受的最大应力，它等于极限应力 σ_{lim} 除以大于 1 的安全系数 n。

6. 拉（压）杆的强度条件

$$\sigma_{max}=\frac{N}{A}\leqslant[\sigma]$$

上述强度条件，可以解决三种类型的强度计算问题：

（1）校核强度。已知外力 F、横截面积 A 和许用应力 $[\sigma]$，计算出最大工作应力，检验是否满足强度条件，从而判断构件是否能够安全可靠地工作。

（2）设计截面。已知外力 F、许用应力 $[\sigma]$，由强度条件计算出截面面积 A，即 $A\geqslant N/[\sigma]$，然后根据工程要求确定截面形状，设计出构件的截面尺寸。

（3）确定许可载荷。已知构件的截面面积 A、许用应力 $[\sigma]$，由强度条件计算出构件所能承受的最大轴力 N_{max}，即 $N\leqslant A[\sigma]$。

习　　题

2-1　拉（压）杆的受力特点是什么？图 2-20 中哪些构件发生轴向拉伸变形，哪些构件

发生轴向压缩变形？

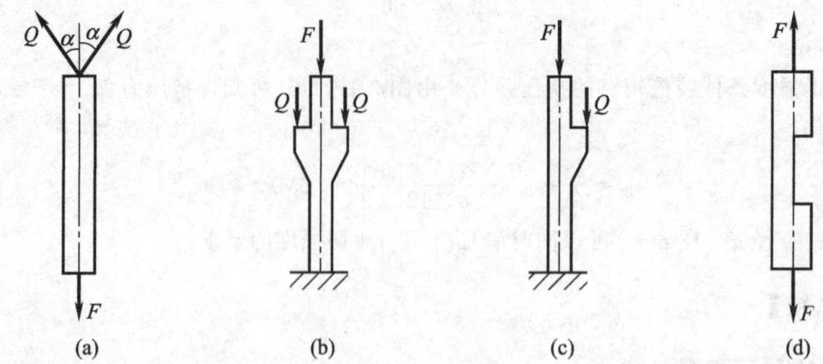

图 2-20 题 2-1 图

2-2 什么是轴力？其正负怎样规定的？如何应用简便方法求截面的轴力？

2-3 什么是截面法？应用截面法求轴力时，截面为什么不能取在外力作用点处？

2-4 什么是应力？什么是绝对变形、相对变形？胡克定律的适用条件是什么？

2-5 什么是材料的力学性能？材料的强度、塑性指标分别是什么？

2-6 低碳钢与铸铁材料的力学性能有什么区别？它们分别是哪一类材料的典型代表？

2-7 许用应力是怎样确定的？塑性材料和脆性材料极限应力是什么？

2-8 材料不同，轴力、截面相同的两拉杆，试问两杆的应力、变形、强度是否相同？

2-9 已知 $F_1=20\text{kN}$，$F_2=8\text{kN}$，$F_3=10\text{kN}$，用截面法求图 2-21 所示杆件指定截面的轴力。

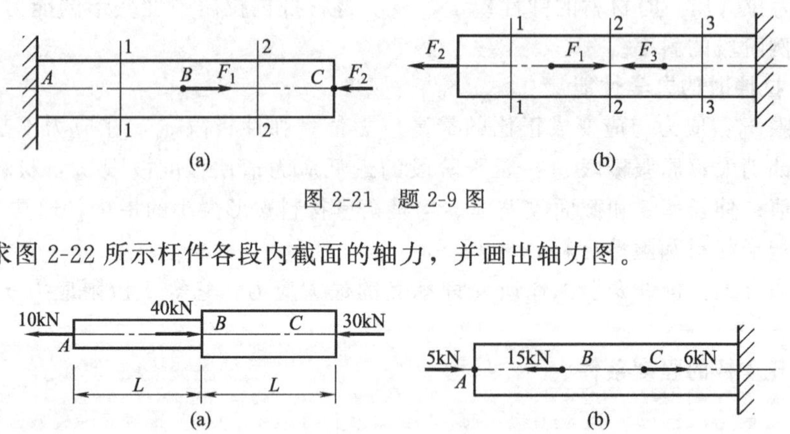

图 2-21 题 2-9 图

2-10 求图 2-22 所示杆件各段内截面的轴力，并画出轴力图。

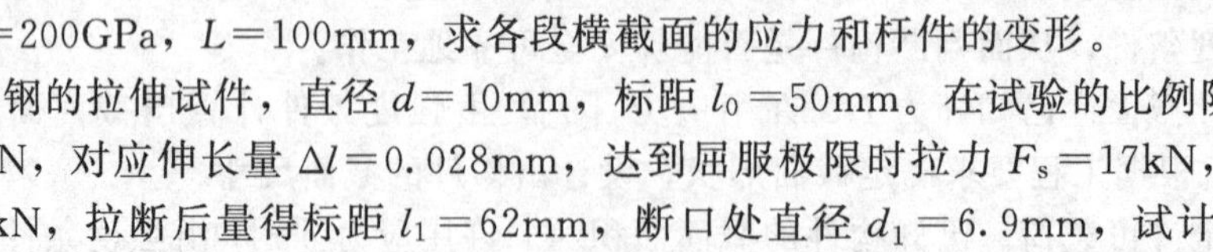

图 2-22 题 2-10 和题 2-11 图

2-11 图 2-22（a）中杆件较细段横截面积 $A_1=200\text{mm}^2$，较粗段横截面积 $A_2=300\text{mm}^2$，$E=200\text{GPa}$，$L=100\text{mm}$，求各段横截面的应力和杆件的变形。

2-12 某钢的拉伸试件，直径 $d=10\text{mm}$，标距 $l_0=50\text{mm}$。在试验的比例阶段测得拉力增量 $\Delta F=9\text{kN}$，对应伸长量 $\Delta l=0.028\text{mm}$，达到屈服极限时拉力 $F_s=17\text{kN}$，拉断前最大拉力 $F_h=32\text{kN}$，拉断后量得标距 $l_1=62\text{mm}$，断口处直径 $d_1=6.9\text{mm}$，试计算该钢的 E、σ_s、σ_b、δ 和 ψ 值。

2-13 图 2-23 所示钢制链环的直径 $d=20\text{mm}$，材料的比例极限 $\sigma_p=180\text{MPa}$，屈服极限 $\sigma_s=240\text{MPa}$，抗拉强度极限 $\sigma_b=400\text{MPa}$。若选用安全系数 $n=2$，链环承受的最大载荷 $F=20\text{kN}$，试校核链环的强度。

2-14　图 2-24 所示钢拉杆受轴向载荷 $F=40\text{kN}$，材料的许用应力 $[\sigma]=100\text{MPa}$，横截面为矩形，其中 $h=2b$，试设计拉杆的截面尺寸 h、b。

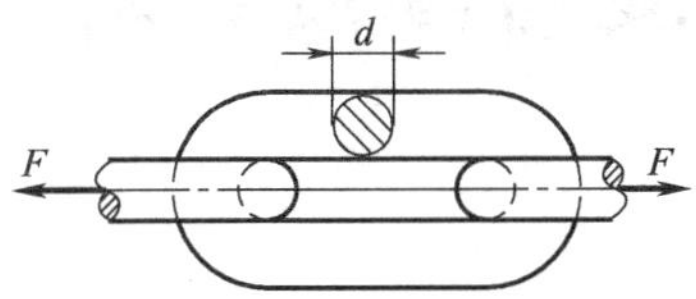

图 2-23　题 2-13 图

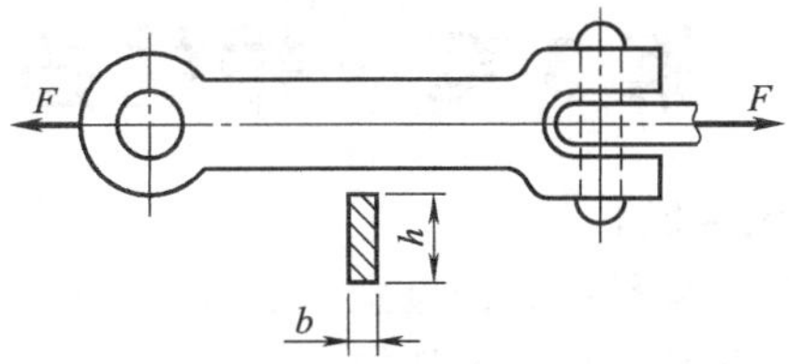

图 2-24　题 2-14 图

2-15　在圆截面拉杆上铣出一槽，如图 2-25 所示，已知杆直径 $d=20\text{mm}$，$[\sigma]=120\text{MPa}$，确定该拉杆的许可载荷 $[F]$。(提示：槽的横截面面积近似地按矩形计算)

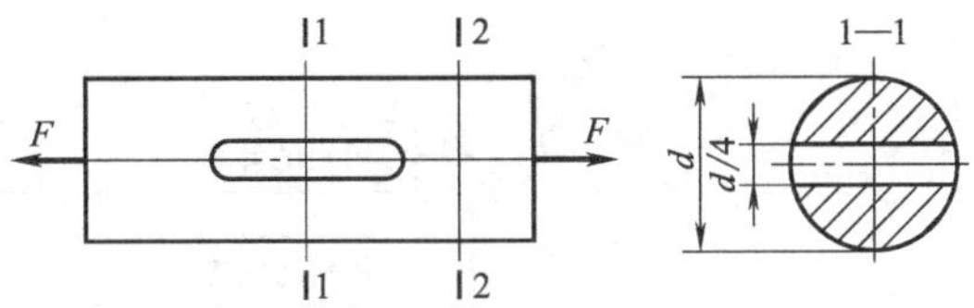

图 2-25　题 2-15 图

2-16　图 2-26 所示构件，已知：$[\sigma]=120\text{MPa}$，$[\tau]=90\text{MPa}$，$[\sigma_{bs}]=240\text{MPa}$。试确定杆件能承受的最大拉力 P。

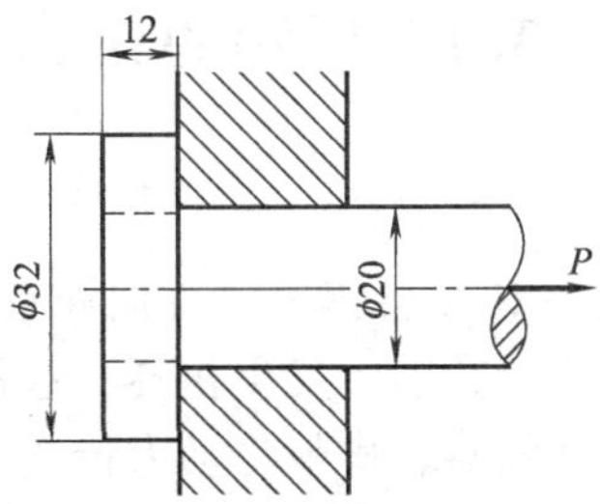

图 2-26　题 2-16 图

第 3 章　轴的扭转强度与刚度计算

【知识目标】

① 理解圆轴扭转的概念、变形特点；

② 理解横截面上的切应力计算公式；

③ 掌握扭转强度计算公式。

【能力目标】

① 能够计算圆轴的外力偶矩，绘制扭矩图；

② 能够利用圆轴扭转强度条件校核强度、设计杆件截面、确定许可载荷。

【知识结构图】

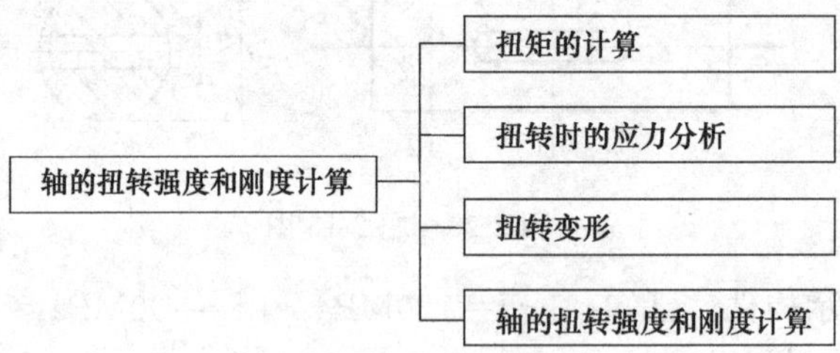

3.1　扭矩的计算

3.1.1　扭转的概念

在工程机械中，当构件受到一对大小相等、方向相反、作用面垂直于轴线的力偶作用时，各横截面间将产生绕轴线的相对转动，发生扭转，这种变形称为扭转变形。

例如车床上的电动机，通过联轴器、皮带将动力传递给传动轴，从而带动工件旋转以进行切削加工（图 3-1）；再如汽车方向盘上的轴 CD（图 3-2）等，这些杆件都要受到扭转，都是扭转的工程实例。通常把扭转变形的杆件称为轴。

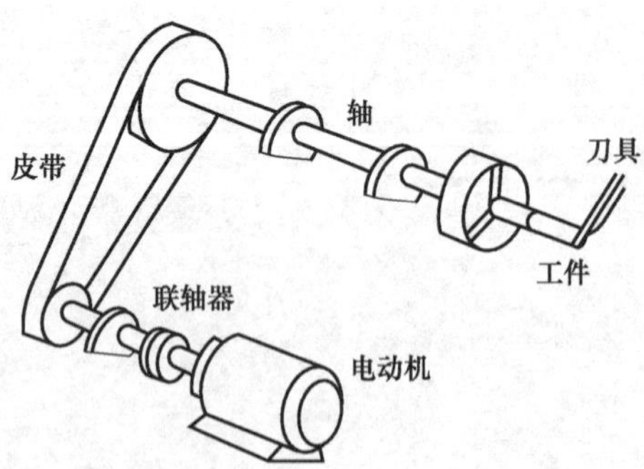

图 3-1　车床传动轴示意图

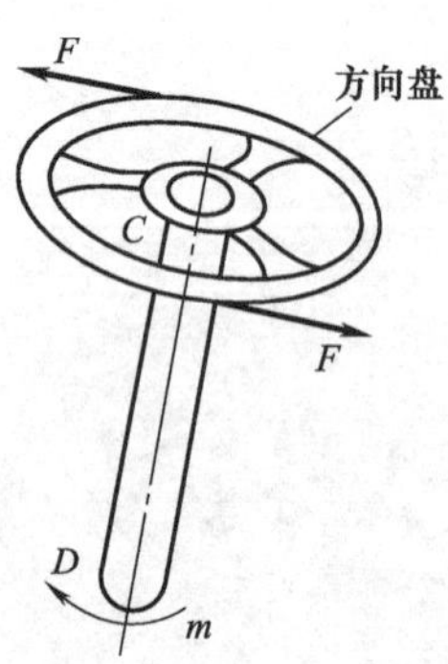

图 3-2　汽车方向盘受力示意图

3.1.2　外力偶矩的计算

对于传动轴等转动构件，通常已知道它们的转速和所传递的功率，其外力偶矩可以通过下式计算。

$$m=9550\frac{P}{n} \tag{3-1}$$

式中　m——外力偶矩，N·m；

　　P——功率，kW；

　　n——转速，r/min。

对于传动轴，外力偶矩的方向可根据下列原则确定：主动轮上的外力偶矩与轴转向相同；从动轮上的外力偶矩与轴转向相反。

3.1.3　扭转时横截面上的内力——扭矩

轴上的外力偶矩确定之后，可据此分析计算轴的内力。假设轴在外力偶矩 m_1、m_2 和 m_3 的作用下处于平衡状态［图 3-3 (a)］，现运用截面法分析 Ⅰ—Ⅰ 截面上的内力。要分析任意截面 Ⅰ—Ⅰ 截面上的内力，先用假想截面沿 Ⅰ—Ⅰ 处截开，取其左段为研究对象［图 3-3 (b)］。由力偶的平衡条件可知，在横截面 Ⅰ—Ⅰ 上分布的内力必然构成一内力偶与 m_1 平衡。该内力偶作用于 Ⅰ—Ⅰ 截面内，此内力偶矩称为扭矩。为了与外力偶矩区别，用符号 T 表示。扭矩 T 的大小可由力偶平衡方程求得。

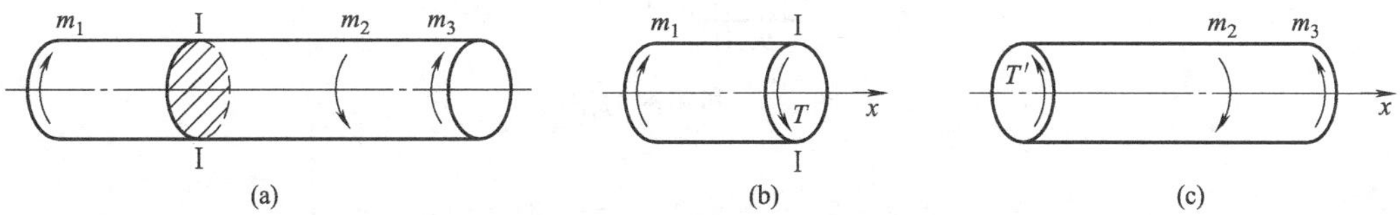

图 3-3　截面法求内力

如取左段为研究对象［图 3-3 (b)］，由 $\sum m=0$，$T-m_1=0$，得 $T=m_1$。

如取右段为研究对象［图 3-3 (c)］，由 $\sum m=0$，$T'-m_2+m_3=0$，得 $T'=m_2-m_3$。

由于轴处于平衡状态，由 $\sum m=0$，$m_1+m_3-m_2=0$，得 $m_1=m_2-m_3$。

故可得：$T=T'$。

T 与 T' 同为 Ⅰ—Ⅰ 截面上的扭矩。它们大小相等，转向相反。为使扭矩转向有统一的规定，并使截面法的计算过程得到简化，可在截面法基础上运用扭矩计算法则来计算扭矩：扭矩 T 等于截面一侧所有外力偶矩的代数和；扭矩的正负可用右手定则来判定，即四指环绕的方向为扭矩方向，拇指的指向离开截面为正，反向为负。

3.1.4　扭矩图

当轴受多个外力偶矩作用时，各段上的扭矩是各不相同的。为了形象地表示各横截面上的扭矩沿轴线的变化情况，以便分析危险截面，常需画出扭矩随截面位置变化的函数图像。通常用横坐标代表横截面的位置，纵坐标代表各横截面上的扭矩大小，这样作出的图像称为扭矩图。其画法与轴力图类似。以例 3-1 说明扭矩图的作法。

例 3-1　传动轴受力如图 3-4 所示。转速 $n=300$r/min，主动轮 A 的输入功率 $P_A=50$ kW，从动轮 B、C、D 的输出功率分别为 $P_B=P_C=15$kW，$P_D=20$kW。试画出轴的扭矩图，并确定轴的最大扭矩值。

解

(1) 外力偶矩计算。

根据转速和功率计算出各轮上的外力偶矩，并画出轴的受力简图。

$$m_A=9550\frac{P_A}{n}=9550\times\frac{50}{300}=1592\text{N}\cdot\text{m}$$

$$m_B=m_C=9550\frac{P_B}{n}=9550\times\frac{15}{300}=478\text{N}\cdot\text{m}$$

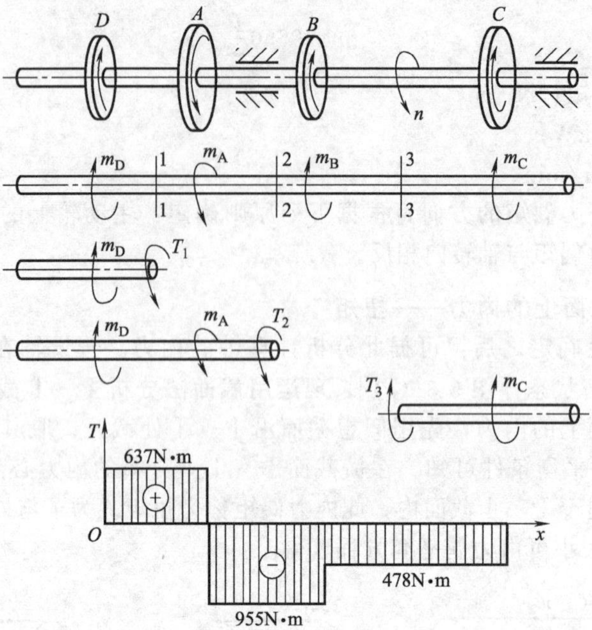

图 3-4 扭矩图的作法

$$m_D=9550\frac{P_D}{n}=9550\times\frac{20}{300}=637\text{N}\cdot\text{m}$$

(2) 扭矩计算。

首先分段，计算出各段的扭矩值。

DA 段：取左侧。

$$T_1=m_D=637\text{N}\cdot\text{m}$$

AB 段：仍取左侧。

$$T_2=m_D-m_A=637-1592=-955\text{N}\cdot\text{m}$$

BC 段：为计算方便可取右侧，左侧挡去，截面外法线改为向左。

$$T_3=-m_C=-478\text{N}\cdot\text{m}$$

扭矩负号表示与真实方向相反。

(3) 作出扭矩图。

扭矩图要求在受力简图的下方作出，截面位置与受力简图一一对应。由于相邻外力偶矩之间所有截面扭矩值相同，故整个轴的扭矩图为三段水平直线。将三段水平直线用竖线连成封闭区域，区域内标明正负，用等距竖线填充，然后在水平直线上方（下方）标明扭矩值。这样就作出完整的扭矩图。

扭矩图中每相邻两段间扭矩的差值正好等于两段相邻处外力偶矩的值，可利用这一点快速检验扭矩图是否正确。

画出的扭矩图，直观地显示出扭矩沿轴线的变化情况。不难看出，最大扭矩（绝对值）存在于 *AB* 段，最大扭矩为 $|T_{max}|=955\text{N}\cdot\text{m}$。

(4) 讨论。

如果在设计中，重新排定各轮的顺序，会使最大扭矩值发生变化。如单纯为了排列方便而将主动轮排在一侧，则最大扭矩 $|T_{max}|=1592\text{N}\cdot\text{m}$，扭矩图请读者尝试画出。从提高强度的观点来看，这样排列显然没有题中的结论合理。在设计条件允许的情况下，将主动轮放在从动轮之间的合适位置上，是提高扭转强度的简单而有效的一种办法。

3.2　扭转时的应力分析

3.2.1　横截面上的切应力计算公式

取一容易变形的等截面圆轴，先在其表面画一组平行于轴线的纵向线和代表横截面的横向圆周线，形成许多正交的方格，如图 3-5（a）所示。

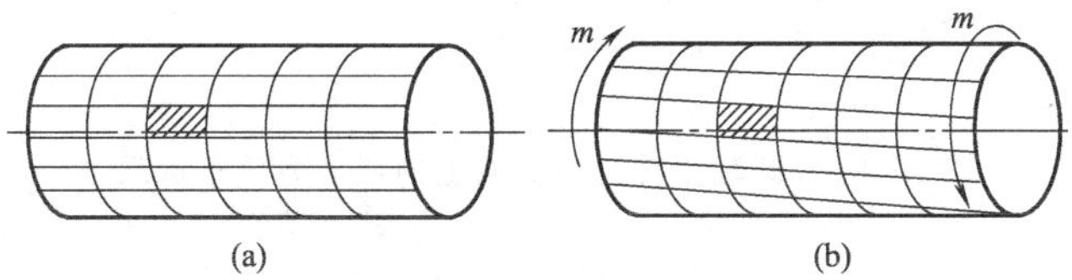

图 3-5　扭转变形示意

然后在两端垂直于轴线的平面内，施加一对方向相反、力偶矩均为 m 的力偶，使其发生扭转变形［图 3-5（b）］。可以看出：各圆周线形状、大小及相互距离均未发生变化，但绕轴线发生了相对转动。所有纵向线都倾斜了同一角度，原来的矩形网格均变成平行四边形，但纵向线仍然可近似地看作直线。

上述现象表明：轴发生扭转变形时，其横截面的边缘像刚性圆圈一样，绕轴线发生了相对转动。试想横截面上的各点与其边缘的变形相似，则可以假设：轴的横截面变形后仍保持为平面，其形状、大小和相互距离不变，只是绕轴线相对转过一个角度。这种假设称为轴扭转时的平面假设。

由平面假设，不难得出如下推论。

① 横截面上无正应力。

因为扭转变形时，横截面大小、形状、纵向间距均未发生变化，说明没有发生线应变。由胡克定律 $\sigma=E\varepsilon$ 可知，没有线应变，也就没有正应力。

② 横截面上只有切应力。

因为扭转变形时，相邻横截面间发生相对转动，因此必然产生切应变 γ。由剪切胡克定律 $\tau=G\gamma$ 可知，必存在切应力 τ。因转动是沿圆周方向的，因此切应力 τ 也沿圆周方向，与半径垂直，且与扭矩的方向一致。切应变的大小为

$$\gamma=\rho\frac{\mathrm{d}\varphi}{\mathrm{d}x} \tag{3-2}$$

将式（3-2）代入 $\tau=G\gamma$ 得

$$\tau=G\rho\frac{\mathrm{d}\varphi}{\mathrm{d}x} \tag{3-3}$$

式（3-3）表明，同一横截面内部任意点的切应力 τ 与该点到圆心的距离 ρ 成正比。因而，所有与圆心等距离的点，切应力相同，切应力的方向与半径相垂直。图 3-6（a）为实心圆轴的切应力分布规律，图 3-6（b）为空心圆轴的切应力分布规律。

如图 3-6（a）所示，设作用在圆轴横截面微面积 $\mathrm{d}A$ 上的微内力为 $\tau\mathrm{d}A$，其对轴心的微力矩为 $\rho\tau\cdot\mathrm{d}A$，由于横截面上微力矩的合力应等于同一截面上的扭矩，即

$$T=\int_A\rho\tau\mathrm{d}A=\int_A\rho G\rho\frac{\mathrm{d}\varphi}{\mathrm{d}x}\mathrm{d}A=G\frac{\mathrm{d}\varphi}{\mathrm{d}x}\int_A\rho^2\mathrm{d}A$$

式中积分 $\int_A\rho^2\mathrm{d}A$ 仅与截面形状与尺寸有关，称为横截面的极惯性矩，用符号 I_P 表示。

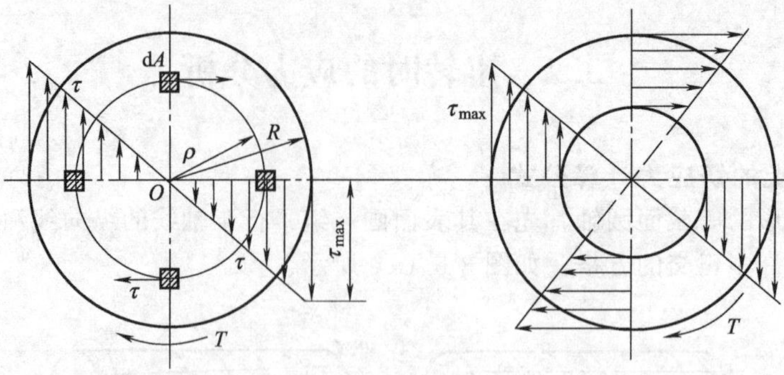

(a) (b)

图 3-6 圆轴扭转时横截面上的切应力分布示意

故有
$$\frac{d\varphi}{dx}=\frac{T}{GI_P} \tag{3-4}$$

将式（3-3）代入式（3-4）得

$$\tau=\frac{T\rho}{I_P} \tag{3-5}$$

式中 τ——横截面上任一点 K 点的切应力；

T——横截面上的扭矩；

ρ——K 点的扭转半径；

I_P——横截面的极惯性矩。

3.2.2 最大切应力

式（3-4）表示单位长度扭转角与扭矩间关系，是计算圆轴扭转角的基本公式，式（3-5）为圆轴扭转时横截面上任意一点处切应力的计算公式。很显然，当 $\rho=0$ 时 $\tau=0$；当 $\rho=R$ 时，切应力有最大值

$$\tau_{max}=\frac{TR}{I_P}=\frac{T}{W_T} \tag{3-6}$$

式中 T——危险横截面上的扭矩；

W_T——危险横截面的抗扭截面模量。

极惯性矩 I_P是一个表示截面几何性质的几何量，只与截面的形状、尺寸有关。而抗扭截面模量 W_T是另一个表示截面几何性质的几何量，其大小为 $W_T=I_P/R$，国际单位是 m^3 或 mm^3。

（1）实心圆形截面（图 3-7）

$$I_P=\frac{\pi d^4}{32}\approx 0.1d^4$$

$$W_T=\frac{I_P}{d/2}=\frac{\pi d^3}{16}\approx 0.2d^3$$

（2）空心圆形截面（图 3-8）

$$W_T=\frac{I_P}{D/2}=\frac{\pi D^3}{16}(1-\alpha^4)\approx 0.2D^3(1-\alpha^4)$$

$$I_P=\frac{\pi}{32}(D^4-d^4)=\frac{\pi D^4}{32}(1-\alpha^4)\approx 0.1D^4(1-\alpha^4)$$

其中
$$\alpha=\frac{d}{D}$$

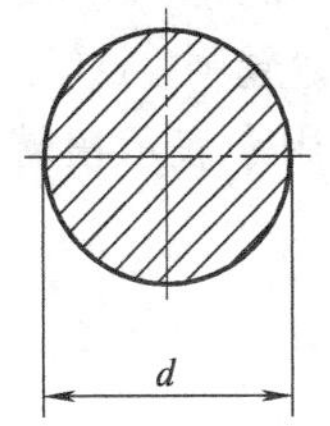

图 3-7　实心圆形截面

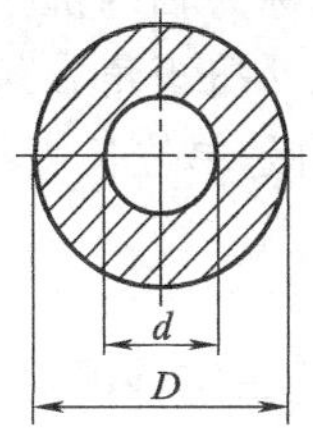

图 3-8　空心圆形截面

例 3-2　AB 轴传递的功率为 $P=7.5\text{kW}$，转速 $n=360\text{r/min}$。如图 3-9 所示，轴 AC 段为实心圆截面，CB 段为空心圆截面。已知 $D=30\text{mm}$，$d=20\text{mm}$。试计算 AC 以及 CB 段的最大与最小切应力。

解

(1) 计算扭矩。轴所受的外力偶矩为

$$M=9550\frac{N}{n}=9550\times\frac{7.5}{360}=199\text{N}\cdot\text{m}$$

由截面法

$$T=M=199\text{N}\cdot\text{m}$$

(2) 计算极惯性矩。AC 段和 CB 段轴横截面的极惯性矩分别为

$$I_{\text{P1}}=\frac{\pi D^4}{32}=\frac{\pi\times30^4}{32}=79500\text{mm}^4$$

$$I_{\text{P2}}=\frac{\pi}{32}(D^4-d^4)=\frac{\pi}{32}(30^4-20^4)=63800\text{mm}^4$$

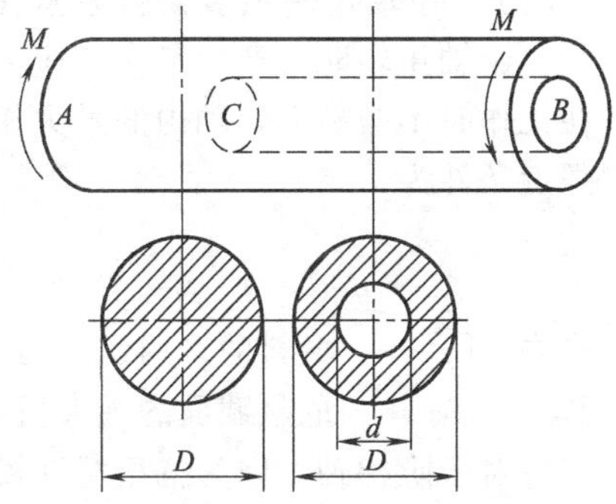

图 3-9　例 3-2 图

(3) 计算应力。AC 段实心圆截面边缘处和圆心的切应力分别为

$$\tau_{\max}^{\text{AC}}=\frac{T}{I_{\text{P1}}}\times\frac{D}{2}=\frac{199\times10^3}{79500}\times\frac{30}{2}=37.5\text{MPa}$$

$$\tau_{\min}^{\text{AC}}=0$$

CB 段空心圆截面内、外边缘处的切应力分别为

$$\tau_{\min}^{\text{CB}}=\frac{T}{I_{\text{P2}}}\times\frac{d}{2}=\frac{199\times10^3}{63800}\times\frac{20}{2}=31.2\text{MPa}$$

$$\tau_{\max}^{\text{CB}}=\frac{T}{I_{\text{P2}}}\times\frac{D}{2}=\frac{199\times10^3}{63800}\times\frac{30}{2}=46.8\text{MPa}$$

3.3　扭转变形

圆轴扭转时，发生的扭转变形大小用任意两个截面之间的相对扭转角（图 3-10）来表示。扭转角用 φ 表示。单位为弧度（rad），工程中常用度（°）作扭转角的单位，换算关系为

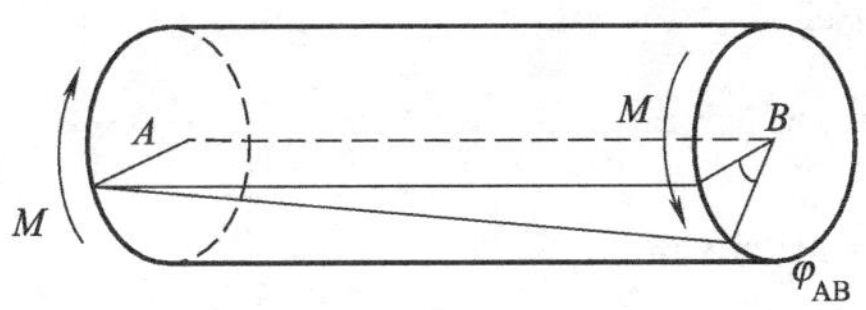

图 3-10　扭转角

$$1\text{rad}=\frac{180°}{\pi}$$

由式（3-4）可知，相距 $\mathrm{d}x$ 的两横截面间的扭转角为

$$\mathrm{d}\varphi=\frac{T}{GI_{\text{P}}}\mathrm{d}x$$

则相距 l 的两横截面间的扭转角为

$$\varphi=\frac{Tl}{GI_{\text{P}}}\tag{3-7}$$

式中，GI_P称为轴的抗扭刚度，它反映了圆轴抵抗扭转变形的能力。在 T 和 l 一定的前提下，GI_P越大，扭矩角 φ 越小，说明圆轴抵抗扭转变形的能力越强。

单位扭转角是单位长度上的扭转角，用符号 θ 表示，通常用来表示扭转变形的程度。

$$\theta=\frac{\varphi}{l}=\frac{T}{GI_P}(\mathrm{rad/m}) \tag{3-8}$$

切变模量 G 由实验测定，常用材料的 G 值见表 2-1。

3.4 轴的扭转强度和刚度计算

3.4.1 圆轴扭转强度条件及应用

圆轴扭转时，产生最大切应力的横截面称为危险截面。为了保证轴安全的工作，即圆轴在工作时不被破坏，轴内的最大扭转切应力不得超过材料的许用切应力。因此圆轴扭转时的强度条件为

$$\tau_{\max}=\frac{T_{\max}}{W_T}\leqslant[\tau] \tag{3-9}$$

式中 $[\tau]$——材料的许用切应力。

$T_{\max}$、W_T——危险截面的最大扭矩和抗扭截面模量。

对于阶梯轴，因为抗扭截面模量 W_T不是常量，最大工作应力 $\tau_{\max}$不一定发生在最大扭矩所在的截面处。

工程实践证明，材料的许用切应力与许用正应力存在着一定的联系。

塑性材料： $[\tau]=(0.5\sim0.7)[\sigma]$

脆性材料： $[\tau]=(0.8\sim1.0)[\sigma]$

3.4.2 应用实例

利用圆轴扭转的强度条件，同样可以解决工程中遇到的三类实际问题，即强度校核、设计截面尺寸、确定最大许可载荷。

例 3-3 直径 $d=30\mathrm{mm}$ 的等截面传动轴，转速为 $n=250\mathrm{r/min}$，A 轮输入功率 $P_A=7\mathrm{kW}$，B、C、D 轮输出功率分别为 $P_B=3\mathrm{kW}$，$P_C=2.5\mathrm{kW}$，$P_D=1.5\mathrm{kW}$。轴材料的许用切应力 $[\tau]=40\mathrm{MPa}$，切变模量 $G=80\mathrm{GPa}$。求：

(1) 画此等截面轴的扭矩图。

(2) 校核轴的强度。

(3) 若强度不足，在不增加直径的前提下，能否有措施使轴的强度得到满足？

解

(1) 首先根据轴的转速及轮上的功率计算出各轮上的外力偶。

$$m_A=9550\frac{P_A}{n}=9550\times\frac{7}{250}=267\mathrm{N\cdot m}$$

$$m_B=9550\frac{P_B}{n}=9550\times\frac{3}{250}=115\mathrm{N\cdot m}$$

$$m_C=9550\frac{P_C}{n}=9550\times\frac{2.5}{250}=96\mathrm{N\cdot m}$$

$$m_D=9550\frac{P_D}{n}=9550\times\frac{1.5}{250}=57\mathrm{N\cdot m}$$

四个外力偶矩将轴上扭矩分为三段，用截面法计算各段扭矩：

$$T_1=267\mathrm{N\cdot m}$$
$$T_2=152\mathrm{N\cdot m}$$

$$T_3 = 57\text{N} \cdot \text{m}$$

根据三段扭矩值作出扭矩图，如图 3-11 所示。

(2) 校核轴的强度。由扭矩图可知，最大扭矩在 AB 段，由于是等截面轴，故 AB 段最危险。

$$\tau_{\max} = \frac{T_1}{W_T} = \frac{267 \times 10^3}{0.2 \times 30^3} = 49.4\text{MPa} > 40\text{MPa}$$

故此等截面轴强度不足。

(3) 当轴上有多个轮时，主动轮在一侧是不合理的。为此，将 A、B 轮位置互换。扭矩图变为如图 3-12 所示。最大扭矩在 AC 段。

$$\tau_{\max} = \frac{T_{AC}}{W_T} = \frac{152 \times 10^3}{0.2 \times 30^3} = 28.2\text{MPa} < 40\text{MPa}$$

轴的强度足够。

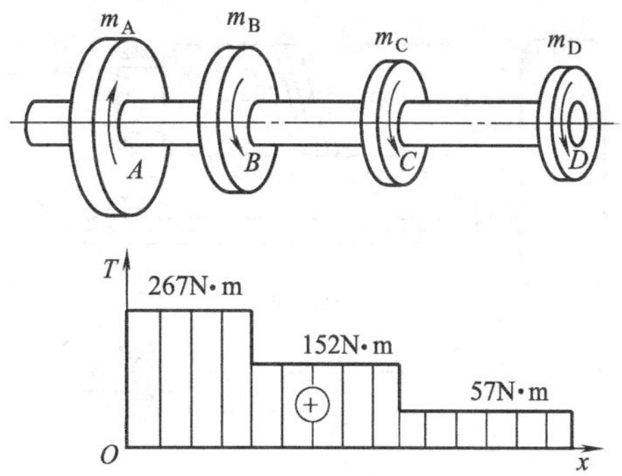

图 3-11　扭矩图（一）

实例分析：工程中有时根据设计中的需要采用非等截面轴，其中常用的是阶梯轴。阶梯轴的危险截面除了要考虑扭矩的大小，还要考虑截面的极惯性矩及抗扭截面模量，这样的问题有时会出现多处可能的危险截面，强度计算一定要考虑全面。

例 3-4　测量扭转角的装置如图 3-13 所示。试件扭转时，装置的 BC 臂随试件相对臂 AD 发生相对转动，百分表的指针产生转动。设 $L=100\text{mm}$，$d=10\text{mm}$，$h=100\text{mm}$，当外力偶矩 $m=2\text{N} \cdot \text{m}$ 时，百分表读数 $S=0.25\text{mm}$。试计算试件材料的切变模量 G。

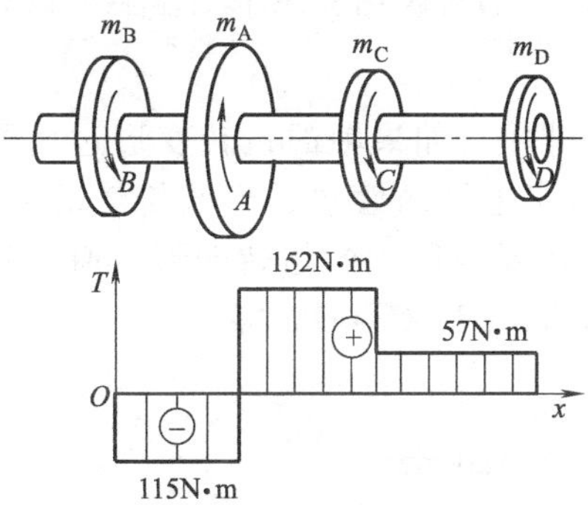

图 3-12　扭矩图（二）

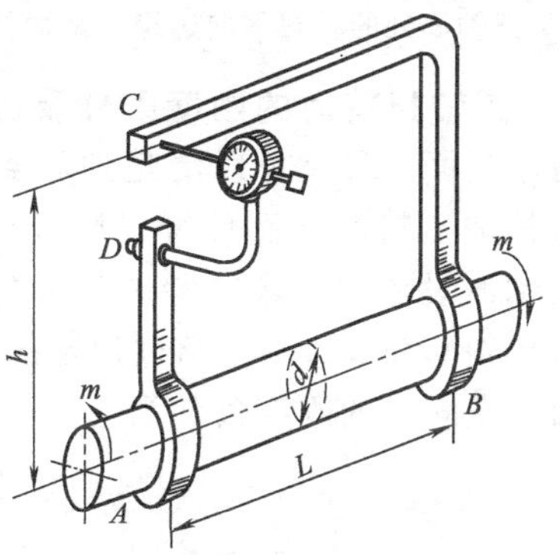

图 3-13　例 3-4 图

解　试件 AB 段的相对扭转角

$$\varphi = \frac{S}{h} = \frac{0.25}{100} = 2.5 \times 10^{-3}\,\text{rad}$$

试件扭矩

$$T = m = 2000\text{N} \cdot \text{mm}$$

试件截面的极惯性矩

$$I_P = \frac{\pi d^4}{32} = \frac{\pi \times 10^4}{32} = 981.7\text{mm}^4$$

由

$$\varphi = \frac{TL}{GI_P}$$

得

$$G = \frac{TL}{\varphi I_P} = \frac{2 \times 10^3 \times 100}{2.5 \times 10^{-3} \times 981.7} = 81500\text{MPa} = 81.5\text{GPa}$$

例 3-5　如图 3-14 所示卷扬机的传动轴，已知其传动功率为 $P=80\text{kW}$，转速 $n=587\text{r/min}$，考虑其动载原因，取材料 $[\tau]=20\text{MPa}$，问：

(1) 若传动轴采用实心轴，试按扭转强度条件设计该轴直径 d；

(2) 若传动轴采用同样材料，且 $\alpha=0.9$ 的空心轴，试求其外径，并与实心轴作比较。

解　轴上作用的外力偶矩为

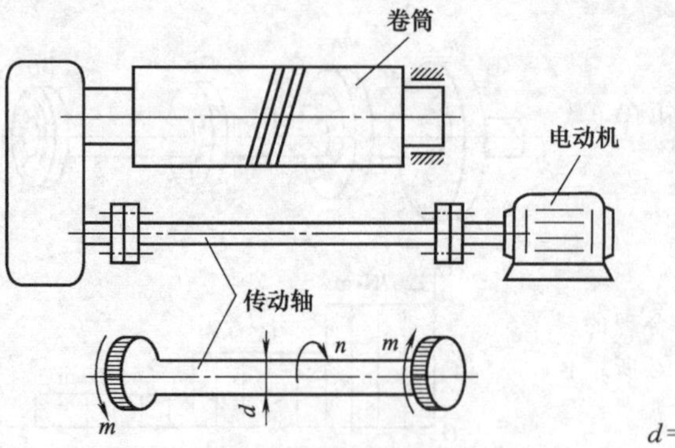

图 3-14 例 3-5 图

$$m=9550\frac{P}{n}=9550\times\frac{80}{587}=1300\text{N}\cdot\text{m}$$

由截面法可得截面上的扭矩为

$$T=-m=-1300\text{N}\cdot\text{m}$$

应用强度条件求 τ_{max}时，T 代入绝对值。

(1) 若为实心轴

$$\tau_{max}=\frac{|T|}{W_T}=\frac{16|m|}{\pi d^3}\leqslant[\tau]$$

可得 $d\geqslant\sqrt[3]{\frac{16\times1300\times10^3}{\pi\times20}}=69.2\text{mm}$，取 $d=70\text{mm}$。

(2) 若为空心轴

$$\tau_{max}=\frac{|T|}{W_T}=\frac{16|m|}{\pi D_0{}^3(1-\alpha^4)}\leqslant[\tau]$$

可解得外径 $D_0=98.7\text{mm}$，内径 $d_0=\alpha D_0=0.9\times98.7=88.8\text{mm}$

空心轴与实心轴的截面积之比为

$$\frac{A_0}{A}=\frac{\pi(D_0{}^2-d_0{}^2)/4}{\pi d^2/4}=0.388$$

可见在载荷和材料相同的情况下，空心轴的重量只为实心轴的38.8%，节省材料的效果很明显。这是因为切应力沿半径呈线性分布，实心轴圆心附近处的切应力较小，材料未能充分发挥作用，改为空心轴相当于把轴心处的材料移向边缘，从而提高了轴的强度，所以机械中的很多传动轴都采用空心圆轴。

3.4.3 圆轴扭转时的刚度条件及应用

通过前面的研究可以清楚地看到，在工程设计中，如果轴的扭转变形过大同样可以影响机械加工精度，而且可以降低传动效率、加速主轴的磨损、降低传动的平稳性等。因此在轴的设计中，除应考虑强度的要求以外，还要限制轴的扭转变形。通常限定轴的最大单位扭转角 θ_{max}不得超过规定的许用单位扭转角 $[\theta]$ (°/m)，即

圆轴扭转时的刚度条件为

$$\theta_{max}=\frac{\phi}{l}=\frac{T}{GI_P}\leqslant[\theta]\quad(\text{rad/m})$$

或

$$\theta_{max}=\frac{T}{GI_P}\times\frac{180}{\pi}\leqslant[\theta]\quad(°/\text{m})$$

式中，$[\theta]$ 为单位扭转角，一般是根据机械的传动要求设定的，可从有关手册中查出，下面给出一些可参考数据：

精密机械的轴 $[\theta]=0.25°/\text{m}\sim0.5°/\text{m}$

一般传动轴 $[\theta]=0.5°/\text{m}\sim1.0°/\text{m}$

精度要求较低的轴 $[\theta]=1.0°/\text{m}\sim2.0°/\text{m}$

3.4.4 应用实例

例 3-6 图 3-15 (a) 中钢制圆轴的 $d=70\text{mm}$，切变模量 $G=80\text{GPa}$，$l_1=300\text{mm}$，$l_2=500\text{mm}$，扭转外力偶矩分别为：$m_2=1592\text{N}\cdot\text{m}$，$m_1=955\text{N}\cdot\text{m}$，$m_3=637\text{N}\cdot\text{m}$。试求：

(1) C、B 两横截面的相对扭转角 φ_{BC}。

(2) 若规定 $[\theta]=0.3°/\text{m}$，试校核此轴的刚度。

解

(1) 计算扭矩，求 φ_{BC}。

由截面法求得 BA、AC 两段的扭矩分别为：

$$T_{BA}=955\text{N}\cdot\text{m}$$

$$T_{AC}=-637N\cdot m$$

作出扭矩图，如图 3-15（b）所示。

由于轴两段扭矩不同，应分段计算 φ_{BA} 和 φ_{AC}，然后求其代数和，即得 φ_{BC}。

$$\varphi_{BA}=\frac{T_{BA}l_1}{GI_P}=\frac{955\times10^3\times300\times32}{80\times10^3\times\pi\times70^4}=1.52\times10^{-3}rad$$

$$\varphi_{AC}=\frac{T_{AC}l_2}{GI_P}=\frac{-637\times10^3\times500\times32}{80\times10^3\times\pi\times70^4}=-1.69\times10^{-3}rad$$

所以

$$\varphi_{BC}=\varphi_{BA}+\varphi_{AC}=1.52\times10^{-3}-1.69\times10^{-3}=-1.7\times10^{-4}rad$$

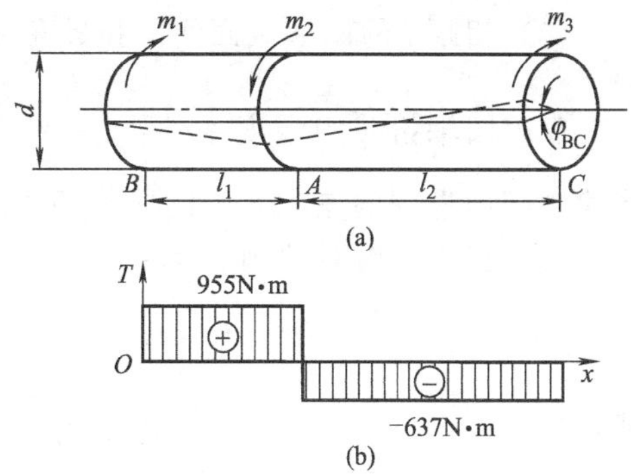

图 3-15　例 3-6 图

（2）校核刚度。

由于 BA 段扭矩 T_{BA} 大于 AC 段扭矩 T_{AC}，因此校核 BA 段刚度。

$$\theta_{max}=\frac{T_{max}}{GI_P}\times\frac{180}{\pi}=\frac{955\times10^3\times32}{80\times10^3\times\pi\times70^4}\times\frac{180}{\pi}=0.29°/m$$

$$\theta_{max}<[\theta]=0.3°/m$$

所以，此轴的刚度满足要求。

例 3-7　一传动轴受力情况如图 3-16 所示。已知材料的许用切应力 $[\tau]=40MPa$，许用扭转角 $[\theta]=0.5°/m$，材料的切变模量 $G=8\times10^4MPa$，试设计轴的直径。

解

（1）画扭矩图。

$$T_{BC}=m_2=500N\cdot m$$

$$T_{CD}=m_3=-1080N\cdot m$$

按以上结果画出扭矩，如图 3-16 所示。

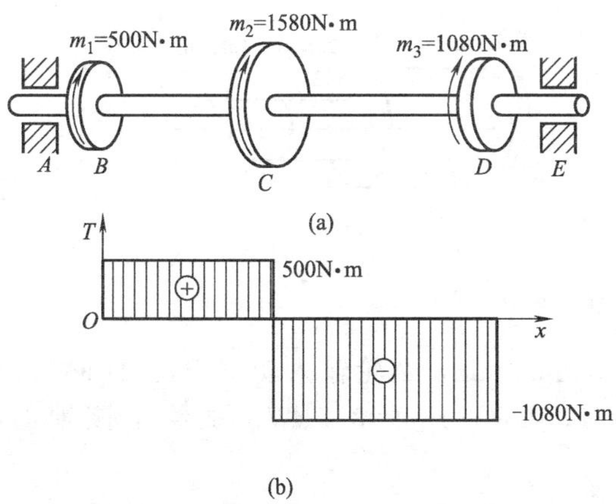

图 3-16　例 3-7 图

由扭矩图可知

$$|T_{max}|=1080N\cdot m$$

（2）按强度条件设计轴的直径。

由强度条件

$$\tau_{max}=\frac{T_{max}}{W_T}=\frac{1080\times10^3}{0.2d^3}\leqslant40$$

$$d\geqslant\sqrt[3]{\frac{1080\times10^3}{0.2\times40}}=51.3mm$$

（3）按刚度条件设计直径。

由刚度条件

$$\theta_{max}=\frac{T_{max}}{GI_P}\times\frac{180}{\pi}=\frac{1080\times10^3\times32\times180°}{8\times10^4\times\pi\times d^4\times\pi}\leqslant0.5°/m$$

$$d\geqslant\sqrt[4]{\frac{1080\times10^3\times32\times180°}{8\times10^4\times\pi\times\pi\times0.5°\times10^{-3}}}=63mm$$

要使轴能够安全稳定的工作，必须同时满足强度和刚度要求。所以取轴的直径为 $d=63mm$。

【知识梳理与总结】

（1）扭转的概念

受力特点：杆件受到一对大小相等、方向相反、作用面垂直于轴线的力偶；变形特点：杆件的任意两横截面都绕轴线发生相对转动。

（2）圆轴横截面任意一点切应力 $\tau=\frac{T\rho}{I_P}$；圆轴横截面最大切应力 $\tau_{max}=\frac{TR}{I_P}=\frac{T}{W_T}$。

(3) 相距 l 的两横截面间的扭转角 $\varphi=\dfrac{Tl}{GI_P}$。

(4) 圆轴扭转的强度条件：$\tau_{max}=\dfrac{T_{max}}{W_T}\leqslant[\tau]$；利用圆轴扭转的强度条件，同样可以解决工程中遇到的三类实际问题：即强度校核、设计截面尺寸、确定最大许可载荷。

(5) 圆轴扭转时的刚度条件：

$$\theta_{max}=\frac{\phi}{l}=\frac{T}{GI_P}\leqslant[\theta]\quad(\text{rad/m})$$

或：

$$\theta_{max}=\frac{T}{GI_P}\times\frac{180}{\pi}\leqslant[\theta]\quad(°/\text{m})$$

习　题

3-1　试分析下列图 3-17 中横截面上扭转切应力分布是否正确？为什么？（T 为扭矩）

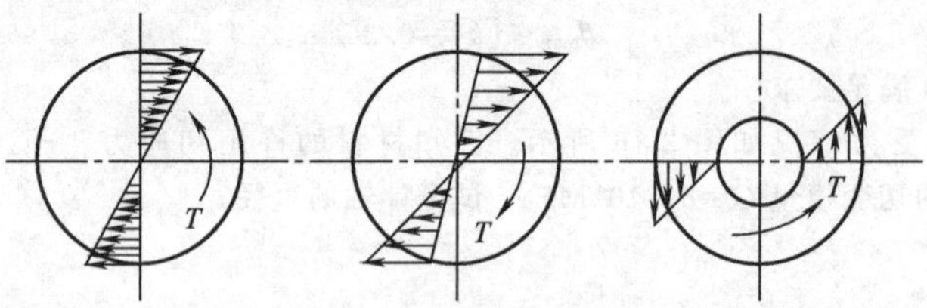

图 3-17　题 3-1 图

3-2　试求图 3-18 所示各轴在指定截面 1—1、2—2、3—3 上的扭矩。

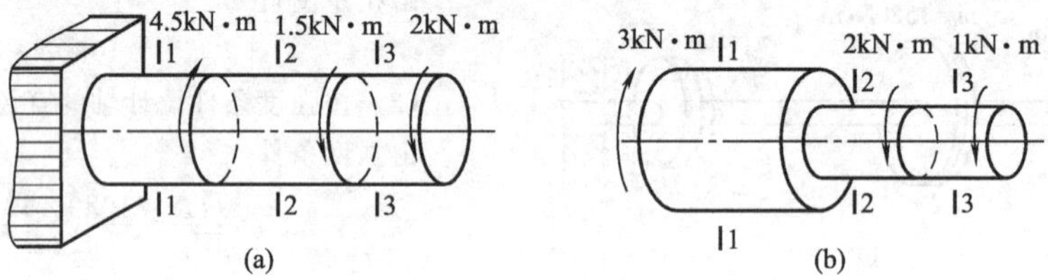

图 3-18　题 3-2 图

3-3　图 3-19 所示传动轴的转速为 $n=300$rpm/min，B 轮输入功率 $P_B=10$kW，A、C、D 轮输出功率分别为 $P_A=4$kW，$P_C=2.5$kW，$P_D=3.5$kW。试绘出该轴的扭矩图。

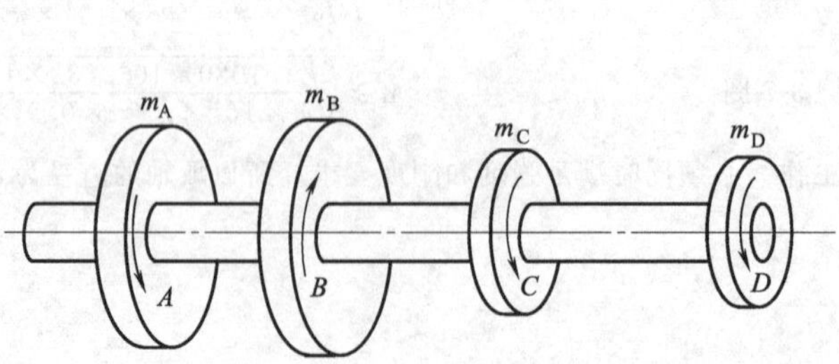

图 3-19　题 3-3 图

3-4　实心阶梯轴受力如图 3-20 所示。已知：$m=4$kN·m，$d_1=60$mm，$d_2=40$mm，1—1 截面上 K 点 $\rho_K=20$mm。

(1) 计算 1—1 截面上 K 点切应力及截面最大切应力。

(2) 计算 2—2 截面上最大切应力。

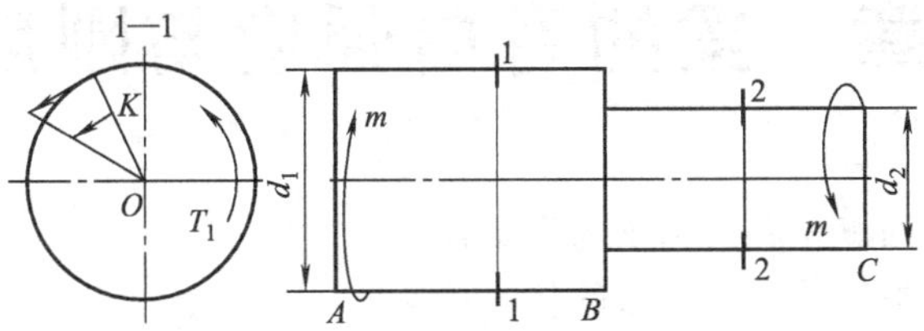

图 3-20　题 3-4 图

3-5　已知钢制传动轴，其转速 $n=300\text{r/min}$，所传递的功率 60kW，材料的许用切应力 $[\tau]=60\text{MPa}$，切变模量 $G=80\text{GPa}$，单位长度的许用相对扭转角 $[\theta]=0.5°/\text{m}$，试设计轴的直径。

3-6　有一钢制的空心圆截面轴，其内径 $d=60\text{mm}$，外径 $D=100\text{mm}$，所须承受的最大扭矩 $M=1000\text{N}\cdot\text{m}$，许用扭转角 $[\theta]=0.5°/\text{m}$；材料的许用切应力 $[\tau]=60\text{MPa}$，切变模量 $G=80\text{GPa}$。试校核该轴的强度和刚度。

第 4 章　梁的弯曲强度与刚度计算

【知识目标】

① 理解平面弯曲的概念和常见梁的类型；

② 掌握常见约束类型及约束反力的特征；

③ 掌握弯曲时的剪力、弯矩的概念；

④ 掌握剪力方程和弯矩方程的建立和解法。

【能力目标】

① 掌握剪力图和弯矩图的绘制方法。

② 根据强度条件，解决三类强度问题：强度校核、设计杆件截面、确定许可载荷。

【知识结构图】

梁的弯曲强度与刚度计算

- 平面弯曲的概念
- 梁的内力——剪力和弯矩
- 剪力方程与弯矩方程、剪力图与弯矩图
- 载荷集度、剪力和弯矩间的微分关系
- 弯曲应力分析
- 截面的惯性矩和抗弯截面模量
- 弯曲强度计算
- 梁弯曲时的切应力
- 梁的弯曲变形和刚度计算
- 静不定梁

4.1　平面弯曲的概念

杆件承受垂直于其轴线的外力或位于其轴线所在平面内的力偶作用时，其轴线将弯曲成曲线，这种受力与变形称为弯曲。主要承受弯曲的杆件统称为梁。图 4-1 和图 4-2 所示都是承受弯曲作用的梁。

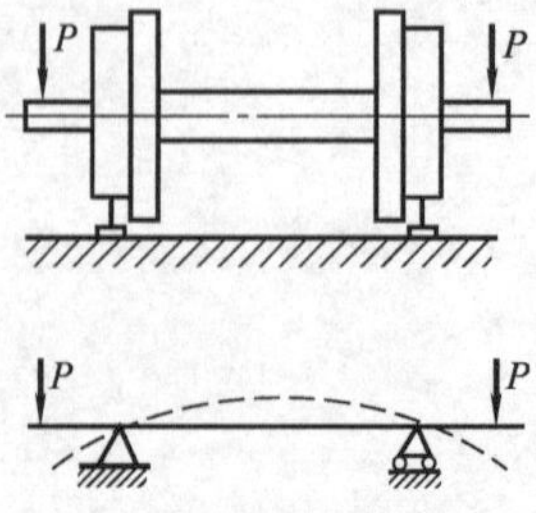

图 4-1　承受弯曲作用的梁 1

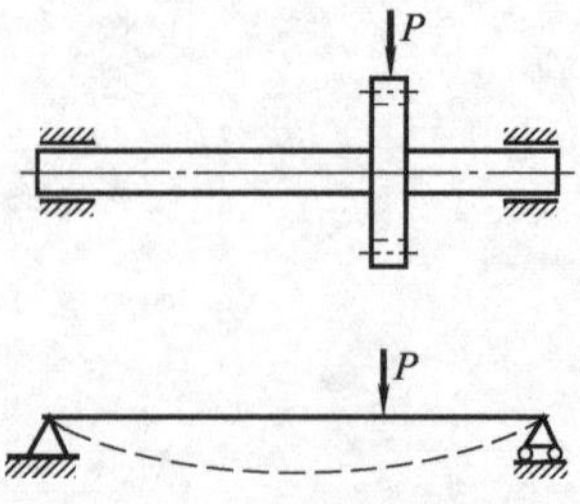

图 4-2　承受弯曲作用的梁 2

梁的横截面具有纵向或横向对称轴，所有横截面的纵向或横向对称轴组成梁的纵向或横向对称面。当所有外力（包括力偶）都作用在梁的同一对称面内时，梁弯曲后其轴线弯曲成平面曲线，并位于加载平面内，如图 4-3 所示。这种弯曲称为平面弯曲。平面弯曲是弯曲问题中最常见，也是最基本的一种。

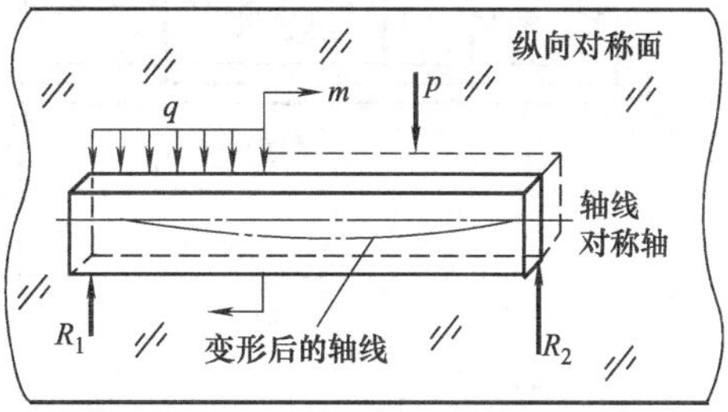

图 4-3　平面弯曲

当梁的支反力可由静力平衡方程解得时，这种梁称为静定梁。它有三种形式。

① 简支梁　梁的一端为固定铰链支座，另一端为活动铰链支座。

② 外伸梁　梁的支座和简支梁的相同，只是梁的一端或两端伸出在支座之外。

③ 悬臂梁　梁的一端固定，另一端自由。

作用在梁上载荷可以简化为以下三种类型。

① 集中力　当载荷的分布范围很小时，可将其简化为集中力。其单位为 N 或 kN。

② 集中力偶　通过微小梁段作用在梁上的力偶，可看作为一个集中力偶。其单位为N·m或 kN·m。

③ 分布载荷　沿梁轴线方向、在一定长度上连续分布的垂直于梁轴的力系称为分布载荷。其大小用载荷集度 q 表示。其单位为 N/mm 或 kN/m。

4.2　梁的内力——剪力和弯矩

4.2.1　剪力和弯矩的概念

以图 4-4（a）为例，用任意截面 $m_1—m_1'$ 假想地将简支梁截开，分成左、右两部分，以左部分为研究对象，如图 4-4（b）所示。

在该段梁上除作用有外力 R_A 外，还有在截面上的右段对左段的作用力，即内力。为保持左段平衡，内力必须是一力和力偶，由平衡条件 $\sum F_{iy}=0$ 得

$$R_A-Q=0\quad Q=R_A$$

对截面形心 C 取矩，由 $\sum M_{iC}=0$ 得

$$M-R_Ax_1=0\quad M=R_Ax_1$$

把 Q、M 分别称为剪力和弯矩。Q、M 统称为弯曲内力。

4.2.2　Q、M 的正负号规定

现若取右段梁作为研究对象［图 4-4（c）］，按作用力与反作用力的关系，所得的剪力 Q、弯矩 M 必与左侧的大小相等、方向相反。为了使不论取左段还是右段作为研究对象时，所得的 Q、M 不仅大小相等，而且正、负号也相同，故对 Q、M 的正负作如图 4-5 所示的规定：剪力对梁段内任一点的力矩为顺时针方向时为正，反之为负；弯矩则以使梁段弯曲变形凸向下时为正，反之为负。图 4-5 中的剪力和弯矩都为正。

4.2.3　指定截面上 Q、M 的确定

应用截面法，确定梁的指定截面上的剪力和弯矩，一般应遵循如下步骤。

① 用假想截面从指定截面处将梁截为两部分。

② 取其中一部分为研究对象，在截开的截面上按剪力、弯矩的正方向画出未知 Q、M。

③ 应用平衡方程 $\sum F_{iy}=0$ 和 $\sum M_{iC}=0$ 计算出 Q 和 M 的数值，其中 C 点为截面的形心。

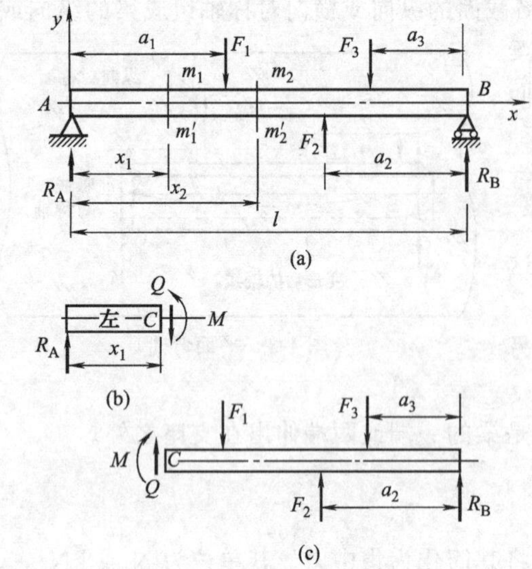

图 4-4 弯曲梁的内力分析

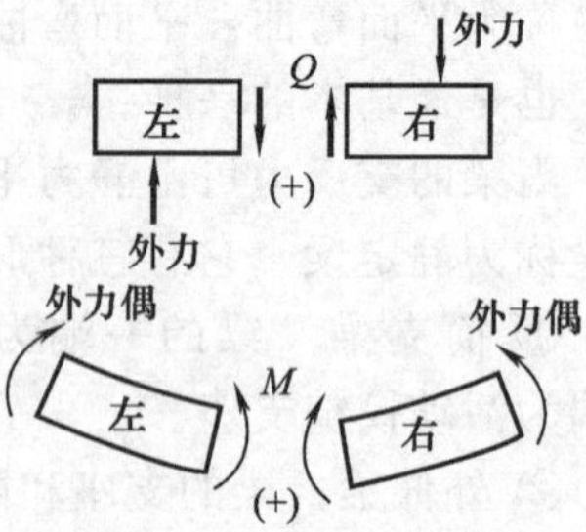

图 4-5 剪力、弯矩的正负规定图解

因为已经假设截面上的 Q 和 M 均为正方向，所以求得的 Q 和 M 为正值时，则表明该截面上的 Q 和 M 的方向与所设方向相同，即 Q 和 M 均为正方向；反之，若为负值，则表明该截面上的 Q 和 M 均与所设方向相反，即 Q 和 M 均为负方向。

有时也将集中力、集中力偶的作用点以及分布载荷的起点和终点处两侧的截面称为控制面，这些控制面即为剪力和弯矩方程的定义区间的端点。根据控制面间的情况，决定应分几段建立剪力和弯矩方程。

例 4-1 图 4-6（a）所示悬臂梁，试求横截面 D—D 上的剪力和弯矩。

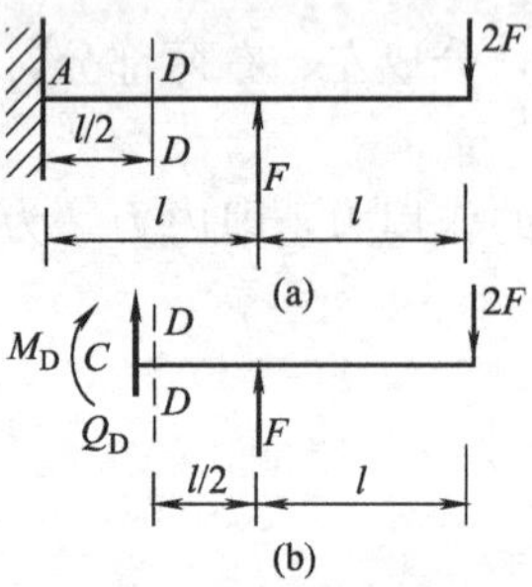

图 4-6 例 4-1 图

解 在截面 D—D 处将梁截为两部分，若取左段为研究对象则应先求出固定端处的支反力；而取右段则可直接由外力和平衡方程求出 Q 和 M。

现取右段为研究对象，在截开的截面上按正方向标出 Q_D 和 M_D，如图 4-6（b）所示。

由平衡方程

$$\sum F_{iy}=0 \quad Q_D+F-2F=0$$

$$\sum M_{iC}=0 \quad M_D-F\frac{l}{2}+2F\left(\frac{l}{2}+l\right)=0$$

分别求得

$$Q_D=F$$

$$M_D=-\frac{5}{2}Fl$$

其中 M_D 为负值，表明 D—D 截面上的弯矩方向与所设方向相反，即为负方向；Q_D 与所设方向一致。

例 4-2 如图 4-7 所示的外伸梁，自由端受集中力 P 的作用，在横截面 A 处受到集中力偶 $m_0=Pl$ 的作用。试计算横截面 E、A_+ 和 D_- 处的剪力和弯矩。截面 A_+ 代表离截面 A 无限近并位于其右边的横截面，截面 D_- 代表离截面 D 无限近并位于其左边的横截面。

解

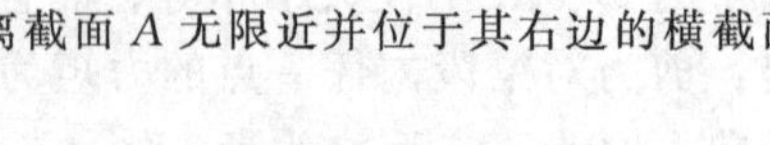

图 4-7 例 4-2 图

（1）计算约束反力 R_A 和 R_B。

由梁的整体平衡方程

$$\sum M_{iA}=0 \quad R_Bl-P\times 2l-m_0=0$$

$$\sum F_{iy}=0 \quad R_B-R_A-P=0$$

得 $$R_A=2P$$

$$R_B=3P$$

(2) 计算截面 E 处的剪力和弯矩。

取该截面左边梁为分离体，其外力有向下的支反力 R_A 和顺时针转向的力偶矩 m_0。根据符号规定，得

$$Q_E=-R_A=-2P$$

$$M_E=m_0-R_A\times\frac{1}{2}l=Pl-2P\times\frac{1}{2}l=0$$

(3) 计算截面 A_+ 的剪力和弯矩。

在 A_+ 截面的左边梁上有向下支反力 R_A，它与截面 A_+ 无限接近，同时还有顺时针转向的力偶矩 m_0，因此，横截面 A_+ 上的剪力和弯矩为

$$Q_{A+}=-R_A=-2P$$
$$M_{A+}=M_0=Pl$$

(4) 计算截面 D_- 的剪力和弯矩。

若取左段计算较为繁琐，现取该截面右段为分离体。在 D_- 截面梁上只有与截面 D_- 无限接近的、向下的支反力 P，可得该截面的剪力和弯矩为

$$Q_{D-}=P$$
$$M_{D-}=0$$

4.3　剪力方程与弯矩方程、剪力图与弯矩图

在一般情况下，梁横截面上的剪力和弯矩是随截面的位置不同而变化的。如果沿梁轴线方向选取坐标 x 表示横截面的位置，则梁的各截面上的剪力和弯矩都可表示为 x 的函数，即

$$Q=Q(x)$$
$$M=M(x)$$

以上两式分别称为梁的剪力方程和弯矩方程。

为了形象地表明剪力和弯矩沿梁轴的变化情况，可以用横坐标 x 表示横截面的位置，而以纵坐标表示相应截面上的剪力和弯矩，按一定比例尺，可分别绘出 $Q=Q(x)$ 的图形和 $M=M(x)$ 的图形。这两种图形分别称为剪力图（Q 图）和弯矩图（M 图）。

画剪力图和弯矩图的一般步骤如下。

① 作剪力 Q-x 和 M-x 直角坐标系，其中 x 轴平行于梁轴线，Q 轴、M 轴垂直于轴线。

② 确定分段点，分段建立剪力方程、弯矩方程。

③ 求出各分段点处截面上的剪力和弯矩的大小及正负，标在 Q-x 和 M-x 坐标系中得到相应的点。

④ 根据各段剪力、弯矩方程，在 Q-x 坐标中大致画出剪力图图形，在 M-x 坐标中大致画出弯矩图图形。

例 4-3　图 4-8 (a) 为一简支梁，受均布载荷 q 作用，试作其剪力、弯矩图。

解

(1) 求约束反力。

由于梁的载荷对称，故可得

$$R_A=R_B=\frac{1}{2}ql$$

(2) 列 Q、M 方程。

因梁全长上外力无突变，故只需在控制面 1—1 和 2—2 之间建立 Q、M 方程。

根据图 4-8 (b) 所示梁段的平衡条件

$$\sum F_{iy}=0\quad Q(x)-R_A+qx=0$$

$$\sum M_{iC}=0\quad M(x)-R_Ax+qx\frac{x}{2}=0$$

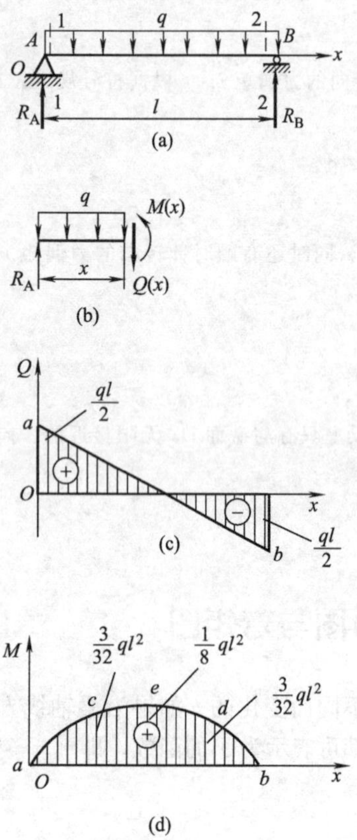

图 4-8 例 4-3 图

解得 $$Q(x)=\frac{ql}{2}-qx$$

$$M(x)=\frac{ql}{2}x-\frac{qx^2}{2}\quad (0\leqslant x\leqslant l)$$

(3) 作 Q、M 图。

根据 Q 方程，$Q(x)$ 的图形为一直线（a、b 为控制面 1—1 和 2—2 上的剪力值），不难画出此直线，如图 4-8（c）所示。根据 M 方程，$M(x)$ 的图形为二次抛物线。为比较准确地画出 M 图，除控制面 1—1 和 2—2 上的弯矩值 a、b 外，还需确定某些截面上的弯矩值，这些弯矩值由 M 方程求得。例如，取

$$x=0, M(0)=0$$

$$x=\frac{l}{4}, M\left(\frac{l}{4}\right)=\frac{3}{32}ql^2$$

$$x=\frac{l}{2}, M\left(\frac{l}{2}\right)=\frac{ql^2}{8}$$

$$x=\frac{3}{4}l, M\left(\frac{3l}{4}\right)=\frac{3}{32}ql^2$$

$$x=l, M(l)=0$$

在 xOM 坐标系中标出与以上弯矩值相应的 a、b、c、d、e 各点，过这些点作光滑曲线，即得弯矩图，如图 4-8（d）所示。

例 4-4 试作图 4-9（a）所示简支梁的 Q、M 图。

解

(1) 求约束反力。

$$R_A=\frac{F}{3}, R_B=\frac{2}{3}F$$

(2) 列 Q、M 方程。

梁中作用有集中力 F，因此应分段建立 Q、M 方程。取研究对象如图 4-9（b）和图 4-9（c）所示。由平衡方程得出

$$Q_1(x)=R_A=\frac{F}{3}$$

$$M_1(x)=R_A x=\frac{F}{3}x\quad (0\leqslant x<2l)$$

$$Q_2(x)=-R_B=-\frac{2}{3}F$$

$$M_2(x)=R_B(3l-x)=\frac{2}{3}F(3l-x)\ (2l<x\leqslant 3l)$$

(3) 作 Q、M 图。

因两段中 $Q(x)$ 均为常数，故 Q 图为两平行于 x 轴的直线［图4-9（d）］。两段 M 方程均为直线方程，故只需确定两段控制面上的 M 值即可画出 M 图［图 4-9（e）］。

例 4-5 如图 4-10（a）所示简支梁，受一集中力偶 m 作用，试作此梁的 Q、M 图。

解

(1) 求约束反力。

由平衡方程可知

$R_A=R_B=\frac{M}{3l}$［方向如图 4-10（a）所示］

(2) 列 Q、M 方程。

应有 4 个控制面，故需分两段列 Q、M 方程。

取研究对象如图 4-10（b）和图 4-10（c）所示，由平衡方程求出

$$Q_1(x)=-R_A=-\frac{m}{3l}$$

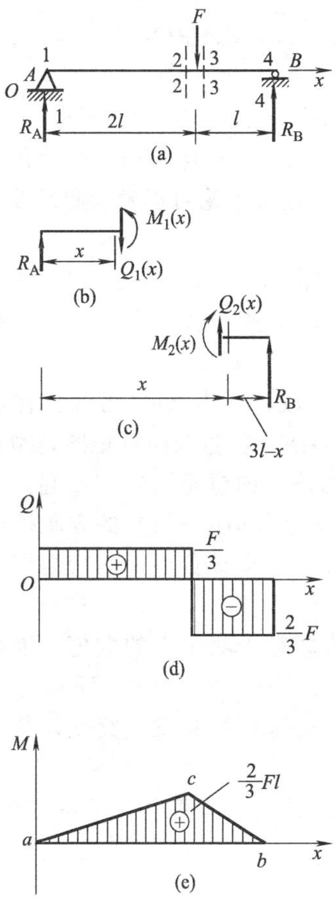

图 4-9　例 4-4 图

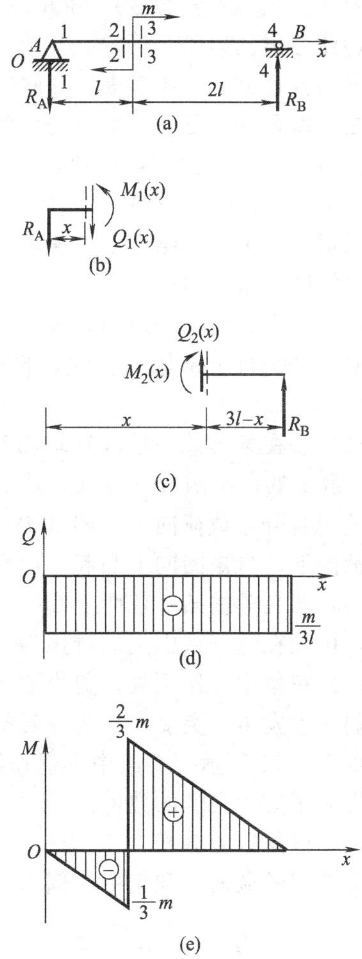

图 4-10　例 4-5 图

$$M_1(x)=-R_A x=-\frac{m}{3l}x \quad (0\leqslant x<l)$$

$$Q_2(x)=-R_B=-\frac{m}{3l}$$

$$M_2(x)=R_B(3l-x)=\frac{m}{3l}(3l-x) \quad (l<x\leqslant 3l)$$

(3) 作 Q、M 图。

根据 Q 和 M 方程以及由此求得的控制面上的 Q、M 值，可以作出 Q、M 图。分别如图 4-10（d）、图 4-10（e）所示。

4.4　载荷集度、剪力和弯矩间的微分关系

在例 4-3 中，若将 $M(x)$ 的表达式对 x 取导数，就得到剪力 $Q(x)$，如再将 $Q(x)$ 的表达式对 x 取导数，则得到载荷分布集度 q。这里所得结果并非偶然，而是 $M(x)$、$Q(x)$ 和 q 这三者之间存在着一些普遍的导数关系，下面来推导这种关系。

在如图 4-11 所示载荷作用下的梁上截取一微段梁，并将其放大。其中 $q(x)$ 是 x 的连续函数，并规定 $q(x)$ 向上为正。假设微段两侧面上的内力皆为正的，且在 $\mathrm{d}x$ 段内没有集中力和集中力偶，则由于梁处于平衡状态，截出的微段也应平衡，由此，根据平衡方程

$\sum Y=0$ 得：$Q(x)-[Q(x)+dQ(x)]+q(x)=0$。

由此导出：
$$dQ(x)/dx=q(x) \quad (a)$$
再由平衡方程$\sum M_C=0$　得　$[M(x)+dM(x)]-Q(x)dx-q(x)dxdx/2=0$

略去二阶微量 $q(x)dxdx/2$，又可得到：
$$dM(x)/dx=Q(x) \quad (b)$$
将该式对 x 再取导数即可得到：
$$dM^2(x)/dx^2=dQ(x)/dx=q(x) \quad (c)$$

以上（a）、（b）、（c）三式就是载荷集度 $q(x)$、剪力 $Q(x)$ 和弯矩 $M(x)$ 之间的微分关系。根据以上关系并结合上节例题，可得出以下一些推论，这些推论对正确绘制或校核剪力图和弯矩图非常有帮助。

（1）若在梁的某一段内，无载荷作用，即 $q(x)=0$，则由（a）式可知 $Q(x)=$常量，剪力图必然是平行于 x 轴的直线，再由（c）式可知 $M(x)$ 是 x 的一次函数，弯矩图必为斜直线。

（2）若在梁的某一段内有均布载荷作用，即 $q(x)=$常数，则由（c）可知：在该段内 $Q(x)$ 是 x 的一次函数，$M(x)$ 是 x 的二次函数，因而剪力图是斜直线而弯矩图是抛物线。

此时若分布载荷向上，即 $dM^2(x)/dx^2=q(x)>0$，则该段内弯矩图向下凸起，反之分布载荷向下，弯矩图向上凸起，即弯矩图的凸起方向与载荷分布集度 $q(x)$ 的方向相反。

（3）若在梁的某一截面上 $Q(x)=0$，即 $dM(x)/dx=0$，亦即该截面上的弯矩图的斜率为零，可知在这一截面上的弯矩为一极值。

（4）在集中力作用处，剪力 Q 有一突变，其变化数值即等于集中力的数值，因而弯矩图的斜率也发生一突变，成为一转折点。

如图 4-11 所示，在集中力偶作用处，剪力图无影响，而弯矩图将发生突变，其变化的数值即等于集中力偶的数值。

（5）根据以上分析，$|M|_{max}$可能发生在以下三种截面上，即剪力等于零的截面上，集中力作用的截面上和集中力偶作用的截面上。

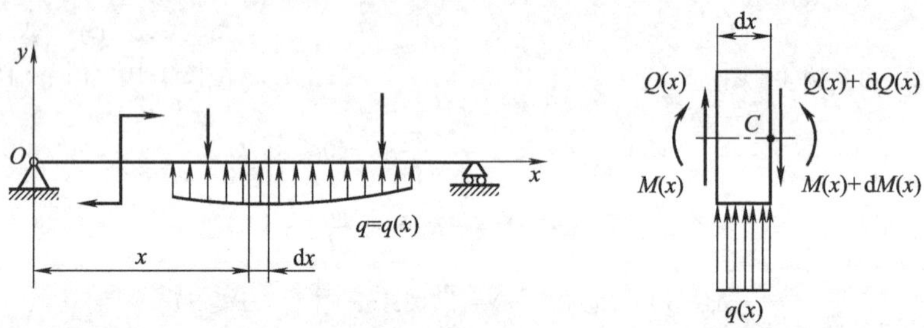

图 4-11　剪力图与弯曲图

例 4-6　如图 4-12 所示外伸梁，试作梁的剪力图和弯矩图。

解：由静力平衡条件求得约束反力 $R_A=7kN$，$R_B=5kN$，现按以上推论，可以不列方程而直接作图。

在约束反力 R_A 的右侧梁截面上，剪力为 7kN，截面 A 到 C 之间为均布载荷，剪力图为斜直线，用截面法计算出集中力 P_1 左截面上的剪力为 $7-1\times4=3kN$，即可确定这条斜直线。截面 C 处有一集中力 P_1，故剪力图发生突变，其变化数值等于 P_1，故 P_1 右截面上的剪力为 $3-2=1kN$，从截面 C 到 D 剪力图又为斜直线。截面 D 上的剪力为 $1-1\times4=-3kN$，截面 D 到 B 之间的梁上无载荷。故剪力图为水平线，算出截面 B 右侧截面上的剪力为 $+2kN$，截面 B 到 E 仍为水平线。

截面 A 上的弯矩为零，从截面 A 到 C 为均布载荷，弯矩图为抛物线，可计算出截面 C 上的弯矩为 $7\times4-1/2\times4\times4=20kN\cdot m$，但因截面 F 处的剪力为零，故知在该截面上弯矩为极值，可由相似三角形法计算出截面 C 到 F 的距离为 1m，即截面 F 距左端面的距离为 5m，故可求出 F 截面上弯矩的极值为 $M_{max}=7\times5-2\times1-1/2\times5\times5=20.5kN\cdot m$，在集中力偶 M_0 左侧截面上弯矩 $M=16kN\cdot m$，已知 C、F 及 D 等

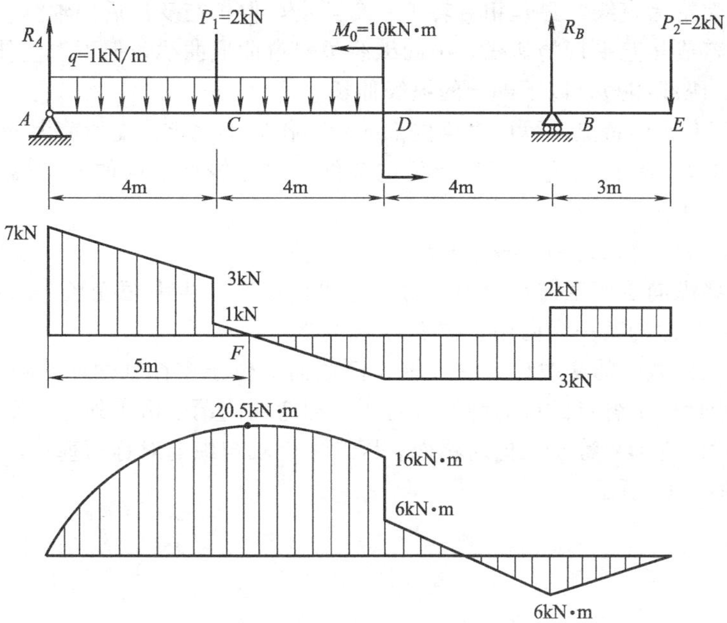

图4-12　例4-6图

三个截面上的弯矩，即可连成 C 到 D 之间的抛物线，其突起方向与 q 方向相反。截面 D 上有一集中力偶，弯矩图发生突变，其变化数值等于 M_0，所以在截面 D 右侧的弯矩为 $M=16-10=6\text{kN}\cdot\text{m}$，从截面 D 到 B 无载荷，弯矩图为斜线，算出 B 截面上的弯矩 $M_B=-6\text{kN}\cdot\text{m}$，截面 B 到 E 之间的弯矩图也为斜直线，$M_E=0$，这两段斜直线也容易画出。

由所求得的剪力图和弯矩图不难确定 $|Q|_{max}$ 和 $|M|_{max}$。

4.5　弯曲应力分析

要进行梁的强度设计，仅确定了梁的内力分量及其沿梁上长度方向的分布是不够的，还要确定梁横截面上内力分布的情况，也就是内力在各点的强弱程度，即梁横截面上的应力。

通过上一节的分析，可以知道，梁在一般载荷作用下，存在剪力和弯矩两个内力分量，这种弯曲称为横力弯曲或横向弯曲。由于剪力是横截面上切向分布的内力的合力，因此横截面上存在切应力；弯矩是横截面上法向分布的内力的合力，所以横截面上存在正应力。

为简单起见，本节只考虑梁的横截面上只有弯矩而无剪力的特殊情况，这种弯曲称为纯弯曲（简称为纯弯）或平面弯曲。如图4-13所示梁，其 AB 段的各截面上均只有弯矩而无剪力，因而属于纯弯曲。

纯弯曲时，梁横截面上只有正应力而无切应力。

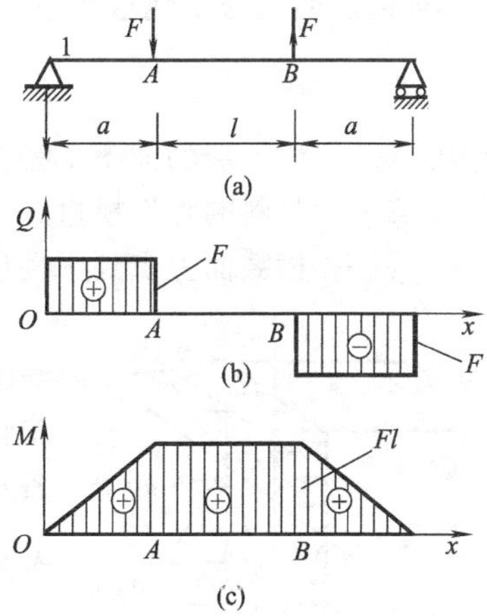

图4-13　纯弯曲

4.5.1　纯弯曲的变形特点

考察如图4-14所示的纯弯梁的变形。加载前先在梁表面画上平行于轴线和垂直于轴线的直线［图4-14（a）］，在梁的两端作用一对集中力偶，梁的变形如图4-14（b）。可以看出梁的变形有以下特点。

① 横线仍保持为直线，只是相对转了一个角度，但仍与变形后的轴线垂直。

② 纵线均弯成相互平行的弧线，中间纵线虽然弯曲成曲线，但不发生伸长或缩短变形；此线以上部分的纵线缩短，以下部分的纵线伸长。

根据梁表面变形的特点，可以对梁内部的变形作以下假定：变形前为平面的横截面在变形后仍保持为平面，并且仍垂直于变形后的轴线，只是绕截面内的某一轴线旋转了一个角度。这一假设称为平面假设。

根据以上假设，可以得到一些重要结论。

① 梁内某些纵向层产生伸长变形，另一些纵向层则产生缩短变形，二者之间必然存在着既不伸长也不缩短的某一纵向层，称之为中性层。

② 中性层与横截面的交线称为中性轴。横截面上位于中性轴两侧的各点分别承受拉应力和压应力；中性轴上各点的应力为零。对于平面弯曲问题，由于外力均作用在梁的纵向对称面内，故全梁的变形对称于纵向对称面，因此中性轴与纵向对称面垂直，即与横截面的对称轴垂直，如图 4-15 所示。

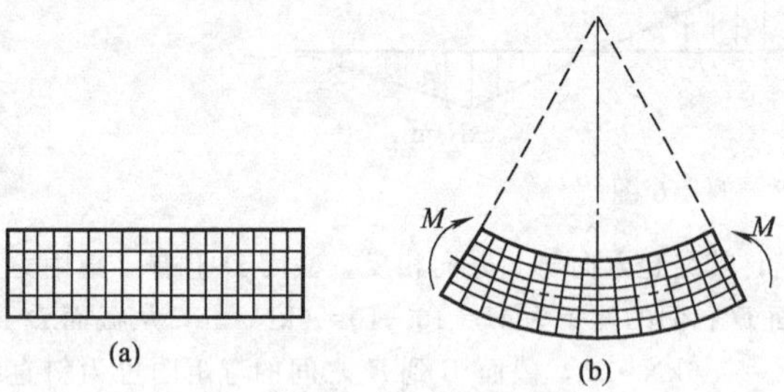

图 4-14 纯弯梁的表面变形

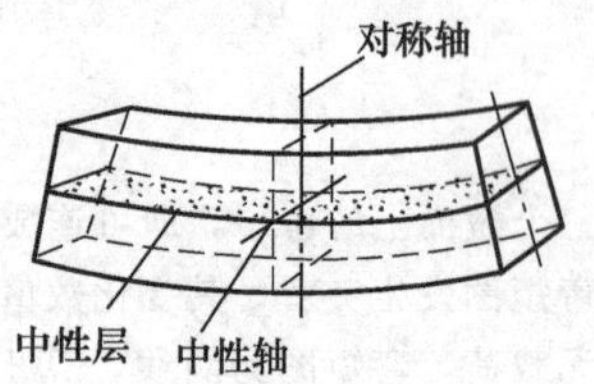

图 4-15 梁的中性轴与中性层

4.5.2 纯弯时梁横截面上的正应力分布

通过梁的变形分析，可以看出：越靠近中性层，变形越小，至中性层，变形为零；离中性层越远，变形（伸长或缩短）越大。而且横截面保持平面且转过一角度，因此，两相邻截面之间的微段上各层梁的纵向变形沿截面高度方向按线性变化。

可以证明，处于纯弯状态的梁横截面上的正应力公式为

$$\sigma=\frac{E}{\rho}y \tag{4-1}$$

式中 ρ——中性层的曲率半径；

E——材料的弹性模量；

y——横截面上点到中性层的距离。

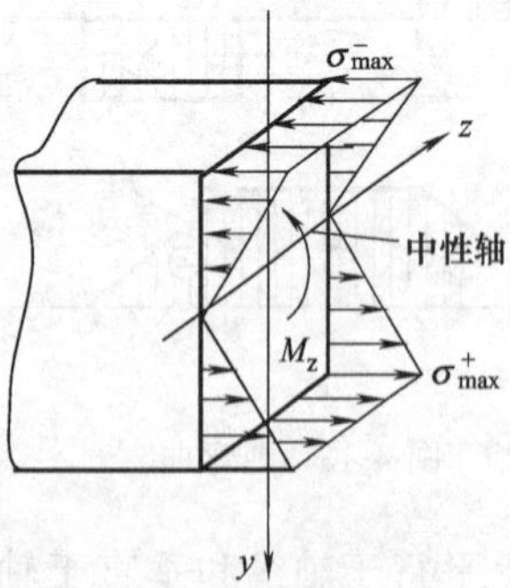

图 4-16 梁横截面上的正应力分布

根据式（4-1）可以画出梁横截面上的正应力分布图如图 4-16所示。横截面上同一高度上各点的正应力相等；截面上距中性轴最远各点分别承受最大拉应力和最大压应力；中性轴上各点正应力为零。

4.5.3 弯曲正应力公式

利用式（4-1）还不能计算横截面上的正应力，这是因为曲率半径 ρ 以及中性轴的位置都是未知的。

梁横截面上的分布正应力，最后只能合成为一力偶。这一力偶的力偶矩等于横截面上的弯矩 M_z。根据平衡条件，梁的横截面上，也只有 M_z 一个内力分量，轴力为零。

于是，可以证明，对于平面弯曲，中性轴一定通过截面形心，并且垂直于加载方向。如果截面有两根对称轴，并且在一根对称轴方向加载，则另外一根对称轴一定是中性轴；如果截面只有一根对称轴，并且在对称轴方向加载，则通过截面形心并且垂直于对称轴的轴一定是中性轴。

还可以证明，中性层的曲率$\frac{1}{\rho}$由式（4-2）确定。

$$\frac{1}{\rho}=\frac{M_z}{EI_z} \tag{4-2}$$

式中　I_z——整个截面对于中性轴（z 轴）的惯性矩，mm^4 或 m^4；

EI_z——梁的弯曲刚度或抗弯刚度。

式（4-2）是计算梁弯曲变形的基本公式，它表明：在确定的截面处，中性层的曲率 $1/\rho$ 与该截面上的弯矩 M_z 成正比。与弯曲刚度 EI_z 成反比，即弯矩越大，弯曲变形也越大，曲率就越大；而弯曲刚度越大，梁越不易发生变形，曲率就越小。

将式（4-2）代入式（4-1），即可得到梁弯曲时的正应力公式

$$\sigma=\frac{M_z y}{I_z} \tag{4-3}$$

式中　M_z——横截面上的弯矩；

I_z——梁整个截面对于中性轴的惯性矩；

y——所求应力点到中性轴的距离，即该点的 y 坐标。

当 $y=y_{max}$时，弯曲正应力最大，其值为

$$\sigma_{max}=\frac{M_z y_{max}}{I_z}=\frac{M_z}{W_z} \tag{4-4}$$

其中

$$W_z=\frac{I_z}{y_{max}} \tag{4-5}$$

W_z是一个只与截面形状和尺寸有关的量，称为抗弯截面模量，其单位为 m^3 或 mm^3。

若梁的横截面对中性轴不对称（图 4-17），则其最大拉应力和最大压应力并不相等。这时可以分别把 y_1 和 y_2 代入式（4-3），计算最大拉应力和最大压应力。

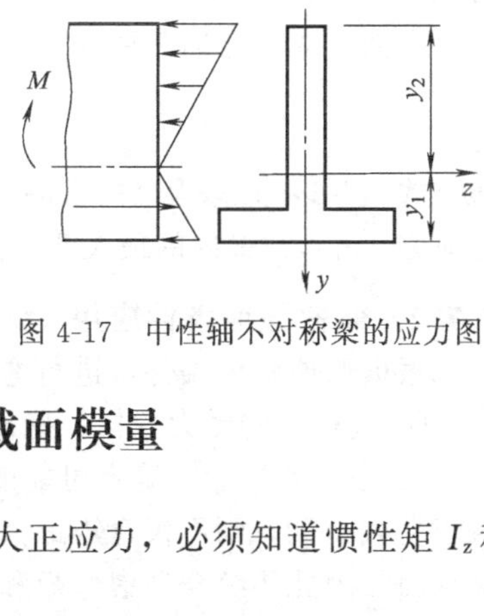

图 4-17　中性轴不对称梁的应力图

4.6　截面的惯性矩和抗弯截面模量

由上节可知，为了计算弯曲时横截面上的正应力和最大正应力，必须知道惯性矩 I_z和抗弯截面模量 W_z。

工程上常用的矩形、圆形等简单图形的截面，其惯性矩和抗弯截面模量可由表 4-1 中查得。

表 4-1 中未列出的其他常见截面（如工字型钢）的惯性矩，在一般设计手册中都可以查到。

表 4-1　简单截面的惯性矩和抗弯截面模量

图形	形心位置	形心轴惯性矩	抗弯截面模量
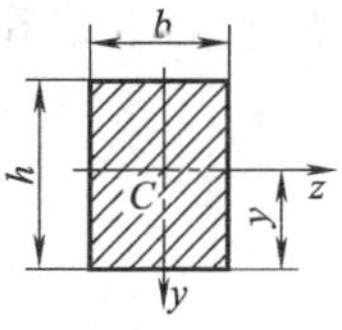	$y=\frac{1}{2}h$ ($y=0$)	$I_z=\frac{1}{12}bh^2$	$W_z=\frac{1}{6}bh^2$

续表

图形	形心位置	形心轴惯性矩	抗弯截面模量
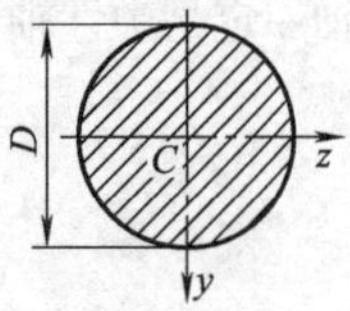	圆心	$I_z=\frac{\pi}{64}D^4$	$W_z=\frac{\pi}{32}D^3$
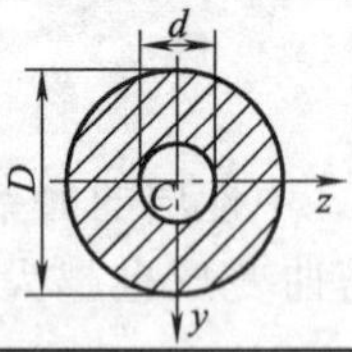	圆心	$I_z=\frac{\pi}{64}(D^4-d^4)$ $=\frac{\pi}{64}D^4(1-\alpha^4)$ $\alpha=\frac{d}{D}$	$W_z=\frac{\pi}{32}D^3(1-\alpha^4)$ $\alpha=\frac{d}{D}$

4.7 弯曲强度计算

上述各节的分析，确定了平面弯曲梁横截面上的内力及应力，本节将讨论平面弯曲梁的强度设计问题，这是工程中常常需要解决的实际问题。

4.7.1 弯曲强度设计准则

式（4-2）是在梁受纯弯曲时的情况导出的。但通过精确的分析和实验证实，当梁的跨度 l 与横截面高度 h 之比即 $l/h\geqslant 5$ 时，式（4-2）用来计算梁在横力弯曲时横截面上的正应力也是足够准确的。

因而，梁的弯曲强度设计准则可以写成

$$\sigma_{\max}=\frac{|M|_{\max}y_{\max}}{I_z}=\frac{|M|_{\max}}{W_z}\leqslant[\sigma] \tag{4-6}$$

式（4-6）又称为梁的弯曲强度条件。式中$[\sigma]$称为弯曲许用应力，等于或略大于拉伸许用应力。$\sigma_{\max}$为梁内的最大弯曲正应力，发生在梁的“危险截面”上的危险点处。

4.7.2 弯曲强度条件应用

根据弯曲强度条件，进行弯曲强度计算的一般步骤如下。

① 进行梁的受力分析，确定约束反力，画出梁的弯矩图。

② 根据弯矩图，确定可能的危险截面。对于等截面梁，弯矩最大的截面为危险截面；对于变截面梁，则不仅弯矩最大的截面可能为危险截面，且截面面积最小的截面也可能为危险截面，因此要综合考虑弯矩和截面的变化情况，才能确定危险截面。

③ 根据应力分布和材料的力学性能确定可能的危险点。对于拉、压力学性能相同的材料（如低碳钢等），最大拉应力点和最大压应力点具有相同的危险性，通常不加以区别。对于拉、压力学性能不同的材料（如铸铁等脆性材料），最大拉应力点和最大压应力点都有可能是危险点。

④ 应用强度条件解决三类强度问题——强度校核、截面几何尺寸设计和确定许可载荷。对于拉、压许用应力相等的材料，采用式（4-6）的强度条件，对于拉、压应力不相等的材料，其强度条件为

$$\sigma_{\max}^{+}\leqslant[\sigma]^{+},\sigma_{\max}^{-}\leqslant[\sigma]^{-} \tag{4-7}$$

式中　$[\sigma]^{+}$、$[\sigma]^{-}$——材料的拉、压许用应力。

例 4-7　如图 4-18（a）所示管道支架，其截面 1—1 的形状和尺寸如图 4-18（b）所示。无孔时惯性矩

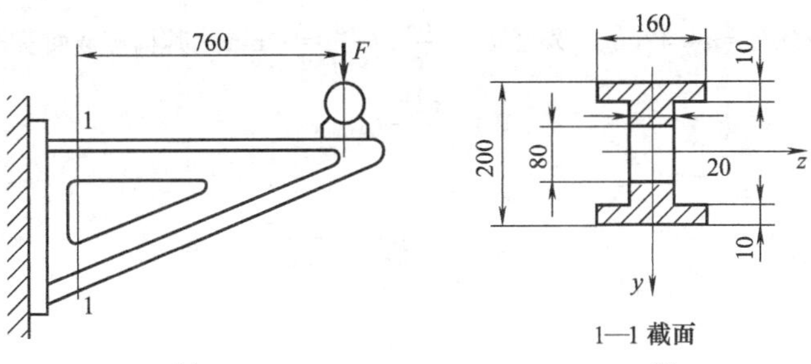

(a)　(b)

图 4-18　例 4-7 图

$I_z=38.6\times10^6\text{mm}^4$；有孔时惯性矩 $I_z=37.8\times10^6\text{mm}^4$。图中 $F=1\text{kN}$，尺寸单位为 mm。试求：

(1) 无孔时截面 1—1 上的最大弯曲正应力；

(2) 有孔时截面 1—1 上的最大弯曲正应力。

解　由截面法及平衡方程求得截面 1—1 上的弯矩为

$$M_z=1\times10^3\times760=76\times10^4\text{N}\cdot\text{mm}$$

(1) 计算无孔时的最大正应力。

最大弯曲正应力发生在截面的上、下边缘各点，其值为

$$\sigma_{\max}=\frac{M_z y_{\max}}{I_z}=\frac{76\times10^4\times100}{3.86\times10^7}=1.97\text{MPa}$$

(2) 计算有孔时的最大正应力。

截面 1—1 上的最大弯曲正应力仍发生在截面的上、下边缘各点，其值为

$$\sigma_{\max}=\frac{M_z y_{\max}}{I_z}=\frac{76\times10^4\times100}{3.78\times10^7}=2.01\text{MPa}$$

截面 1—1 中间开孔与不开孔时的最大正应力相差

$$\frac{2.01-1.97}{1.97}\times100\%=2\%$$

可见，采用空心截面对最大正应力影响不大。

例 4-8　图 4-19 所示受均布载荷 q 作用的简支梁，若已知：$l=2\text{m}$，$[\sigma]=140\text{MPa}$，$q=2\text{kN/m}$，试求：

(1) 若采用圆截面梁，直径 d 至少要多大？

(2) 若采用空心圆截面梁，且内径 $d_0=d$，内、外径之比 $\alpha=0.7$，则此时梁的许用载荷 $[q]$ 为多少？

解

(1) 对于圆截面梁，确定直径 d。

作梁的弯矩图如图 4-19 (b) 所示。弯矩最大值发生在梁中点截面上，该截面为危险截面，其上弯矩值为

$$M_{z\max}=\frac{ql^2}{8}=\frac{2\times2^2\times10^6}{8}=1\times10^6\text{N}\cdot\text{mm}$$

由强度条件得

$$\sigma_{\max}=\frac{M_{z\max}}{W_z}\leqslant[\sigma]$$

将圆截面的抗弯截面模量 $W_z=\frac{\pi d^3}{32}$ 代入后，解得

$$d\geqslant\sqrt[3]{\frac{32M_{z\max}}{\pi[\sigma]}}=\sqrt[3]{\frac{32\times1\times10^6}{\pi\times140}}=41.75\text{mm}$$

取 $d=42\text{mm}$。

(2) 对于空心圆截面梁，确定许用载荷 $[q]$。

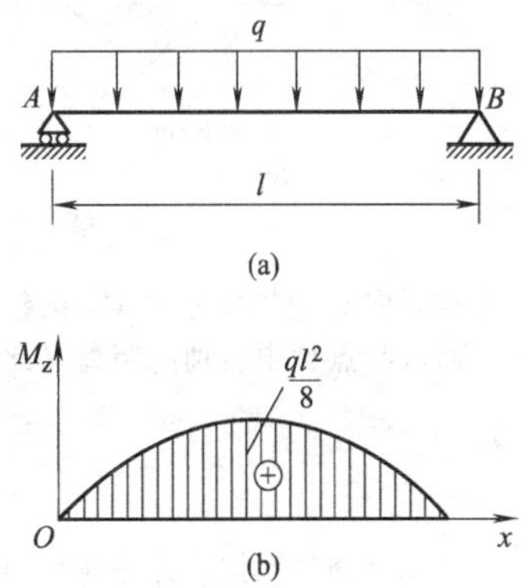

图 4-19　例 4-8 图

空心圆截面的内径 $d_0=d=42\text{mm}$，外径 $D_0=\dfrac{d_0}{\alpha}=\dfrac{42}{0.7}=60\text{mm}$，其抗弯截面模量

$$W_z=\frac{\pi D_0^3}{32}(1-\alpha^4)$$

由强度条件

$$\sigma_{\max}=\frac{M_{z\max}}{W_z}\leqslant[\sigma]$$

得

$$\frac{\dfrac{ql^2}{8}}{\dfrac{\pi D_0^3}{32}(1-\alpha^4)}\leqslant[\sigma]$$

$$q\leqslant\frac{\pi D_0^3(1-\alpha^4)[\sigma]}{4l^2}=\frac{\pi\times60^3\times(1-0.7^4)\times140}{4\times2\times10^6}$$
$$=9.02\text{N/mm}$$

取 $[q]=9\text{kN/m}$。

本例中，圆截面与空心圆截面的面积大致相等，但对于圆截面梁，所能承受的均布载荷为 2kN/m，而空心圆截面梁却能承受 9kN/m。

例 4-9 如图 4-20（a）所示一 T 字形截面铸铁梁。铸铁的抗拉许用应力为 $[\sigma]^+=30\text{MPa}$，抗压许用应力为 $[\sigma]^-=60\text{MPa}$。T 字形横截面尺寸如图 4-20（b）所示。已知截面对形心轴 z 的惯性矩 $I_z=763\text{cm}^4$，且 $y_1=52\text{mm}$，试校核梁的强度。

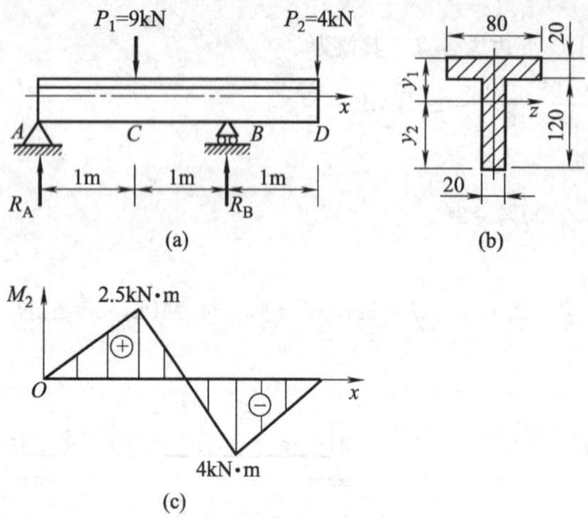

图 4-20 例 4-9 图

解 由静力平衡条件求出梁的约束反力为

$R_A=2.5\text{kN}\quad R_B=10.5\text{kN}$

作弯矩图如图 4-20（c）所示。最大正弯矩在截面 C 处，$M_{zC}=2.5\text{kN}\cdot\text{m}$。最大负弯矩在截面 B 处，$M_{zB}=-4\text{kN}\cdot\text{m}$。

截面对中性轴不对称，可用式（4-3）计算最大拉应力和最大压应力。在截面 B 上最大拉应力发生在截面的上边缘各点处。

$$\sigma_{\max}^+=\frac{M_{zB}y_1}{I_z}=\frac{4\times10^6\times52}{763\times10^4}$$
$$=27.2\text{MPa}<[\sigma]^+$$

最大压应力发生在截面的下边缘各点处。

$$\sigma_{\max}^-=\frac{M_{zB}y_2}{I_z}=\frac{4\times10^6\times(120+20-52)}{763\times10^4}$$
$$=46.2\text{MPa}<[\sigma]^-$$

在截面 C 上虽然弯矩 M_{zC} 的绝对值小于 M_{zB}，但 M_{zC} 是正弯矩，最大拉应力发生于截面的下边缘各点处，而这些点到中性轴的距离又比较远，因而就有可能发生比截面 B 还要大的拉应力。故

$$\sigma_{\max}^+=\frac{M_{zC}y_2}{I_z}=\frac{2.5\times10^6\times(120+20-52)}{763\times10^4}$$
$$=28.8\text{MPa}<[\sigma]^+$$

由此可知最大拉应力是在截面 C 的下边缘各点处。而梁的强度条件是满足的。

4.8 梁弯曲时的切应力

梁在一般载荷作用下，横截面上既有正应力又有切应力。在一般细长的实心截面梁中，因其弯曲切应力远远小于弯曲正应力，所以一般可以不考虑切应力的影响。但在某些情形下，例如薄壁截面梁、细长梁在支座附近有集中载荷作用时，其横截面上的切应力可能达到

较大数值，致使结构发生强度失效。这时，切应力就不能忽略。

本节将简单介绍矩形截面梁横截面上的切应力公式。

对于矩形截面梁，切应力方向平行于横截面侧边，并且在横截面的同一高度上大小相等，但在高度方向上不按直线变化，如图 4-21 所示。

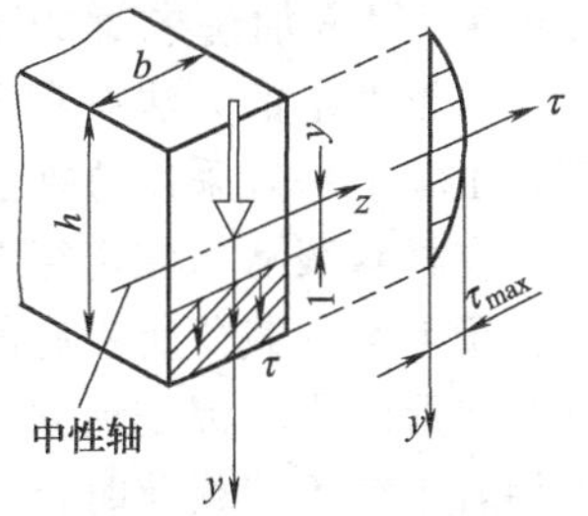

图 4-21　矩形截面梁横截面上的切应力

对于宽度为 b、高度为 h 的矩形截面，其切应力可按式(4-8)计算。

$$\tau=\frac{3}{2}\times\frac{Q}{bh}\left(1-\frac{4y^2}{h^2}\right) \tag{4-8}$$

这表明，切应力沿截面高度按抛物线分布，最大切应力发生在中性轴上，其值为

$$\tau_{\max}=\frac{3}{2}\times\frac{Q}{bh} \tag{4-9}$$

在横截面的上下边缘各点，切应力为零。

4.9　梁的弯曲变形和刚度计算

一般情况下，梁不仅要满足强度条件，同时还要满足刚度条件。也就是说，梁的变形不能超过规定的许可范围，否则就会影响正常工作。例如行车大梁在起吊重物时，若其弯曲变形过大，则行车行驶时就要发生振动；传动轴的弯曲变形过大，则不仅会使齿轮不能很好地啮合，还会使轴颈和轴承产生不均匀的磨损，降低使用寿命。因此，研究梁的弯曲变形是十分必要的。

4.9.1　挠曲线

设悬臂梁 AB 在其自由端 B 有一集中力 P 作用（图 4-22）。弯曲变形前梁的轴线 AB 为一直线，变形后，在梁的纵向对称面内变成一条连续而又光滑的曲线，此曲线称为梁的挠曲线或弹性曲线，如图 4-22 所示。选取直角坐标系，令 x 轴与梁变形前的轴线重合，y 轴垂直向上，则 xy 平面就是梁的纵向对称平面，于是梁的挠曲线可表示为

$$y=f(x) \tag{4-10}$$

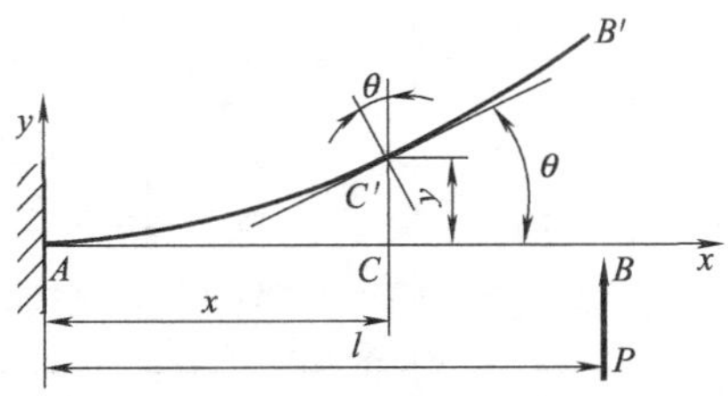

图 4-22　悬臂梁的挠曲线

式（4-10）称为挠曲线方程。

4.9.2　挠度和转角

当梁在 xy 平面内发生弯曲时，梁的各横截面都将在该平面内发生线位移和角位移。现在考察距左端为 x 处的任一截面，该截面的形心 C 既有垂直方向的位移，又有水平方向的位移。但在小变形的条件下，水平方向的位移很小，可以忽略不计，因而可以认为截面的形心 C 只在垂直方向有线位移 CC'。这个线位移就称为该截面的挠度，用 y 表示，而用 f 表示全梁某截面的最大挠度。

梁在弯曲时，横截面将绕其中性轴转动发生角位移，此角位移称为该横截面的转角，用 θ 表示。过 C' 作一切线，切线的倾角就等于横截面的转角，由于转角 θ 很小，因此有

$$\theta=\tan\theta=\frac{\mathrm{d}y}{\mathrm{d}x}=f'(x) \tag{4-11}$$

式（4-11）表明，挠曲线上的任意一点处切线的斜率等于该点处截面的转角。式（4-11）称为转角方程。

挠度和转角的符号，随所选定的坐标系而定。在图 4-22 所示的坐标系中，挠度向上为正，向下为负，其单位是 m 或 mm；截面转角以逆时针转向为正，反之为负。其单位为弧度（rad）。

4.9.3　用叠加法求梁的变形

求梁变形的方法有积分法和叠加法。在载荷复杂的情况下，用积分法计算过程相当繁琐，工程上一般采用叠加法。

在材料服从胡克定律和小变形条件下，梁的挠度和转角均与梁上载荷成线性关系。所以，梁上某一载荷所引起的变形，可以认为不受同时作用的其他载荷的影响，即每个载荷对弯曲变形的影响都是独立的。于是可以采用叠加法来求得梁的变形。其方法是：当梁上同时作用若干个不同载荷时，可先分别求出各个载荷单独作用下梁的挠度和转角，然后将它们代数相加，得到这些载荷共同作用时梁的挠度和转角。这就是计算梁的弯曲变形的叠加法。

实践表明，当梁上载荷比较复杂时，采用叠加法求梁的变形是比较方便可行的。

表 4-2 列出了一些简单载荷作用下梁的变形，便于利用叠加法求梁的变形时直接查用。

表 4-2　简单载荷作用下梁的变形

序号	梁的简图	挠曲线方程	端截面转角	挠度
1	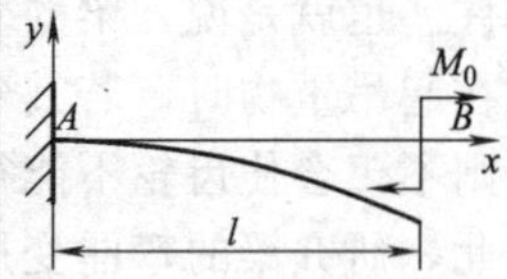	$y=-\dfrac{M_0x^2}{2EI}$	$\theta_B=-\dfrac{M_0l}{EI}$	$y_B=-\dfrac{M_0l^2}{2EI}$
2	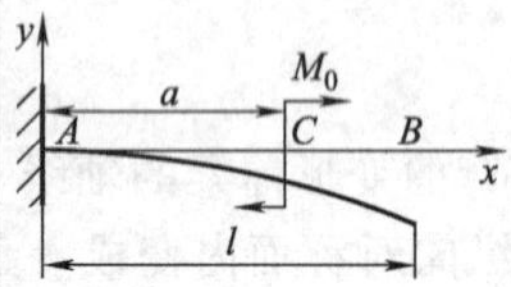	$y=-\dfrac{M_0x^2}{2EI}$，$0\leqslant x\leqslant a$ $y=-\dfrac{M_0a}{EI}\left(x-\dfrac{a}{2}\right)$，$a\leqslant x\leqslant l$	$\theta_B=-\dfrac{M_0a}{EI}$	$y_B=-\dfrac{M_0a}{EI}\left(i-\dfrac{a}{2}\right)$
3	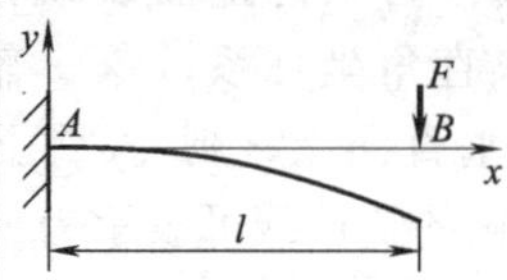	$y=-\dfrac{Fx^2}{6EI}(3l-x)$	$\theta_B=-\dfrac{Fl^2}{2EI}$	$y_B=-\dfrac{Fl^3}{3EI}$
4	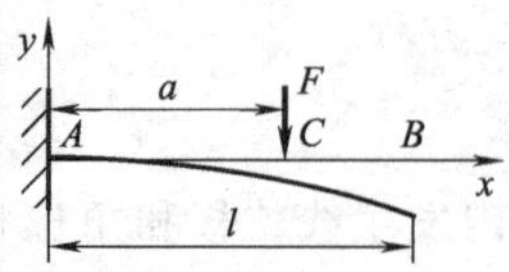	$y=-\dfrac{Fx^2}{6EI}(3a-x)$，$0\leqslant x\leqslant a$ $y=-\dfrac{Fa^2}{6EI}(3x-a)$，$a\leqslant x\leqslant l$	$\theta_B=-\dfrac{Fa^2}{2EI}$	$y_B=-\dfrac{Fa^2}{6EI}(3l-a)$
5	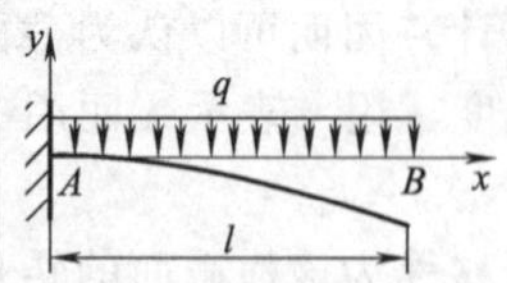	$y=-\dfrac{qx^2}{24EI}(x^2-4lx+6l^2)$	$\theta_B=-\dfrac{ql^3}{6EI}$	$y_B=-\dfrac{ql^4}{8EI}$
6	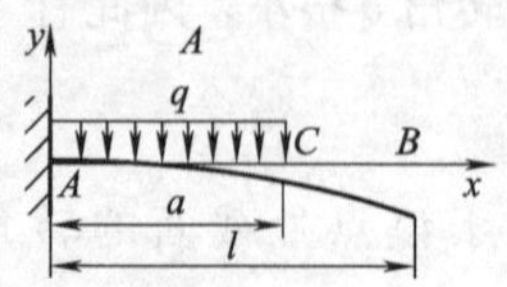	$y=-\dfrac{qx^2}{24EI}(x^2-4ax+6a^2)$， $0\leqslant x\leqslant a$ $y=-\dfrac{qa^3}{24EI}(4x-a)$，$a\leqslant x\leqslant l$	$\theta_B=-\dfrac{qa^3}{6EI}$	$y_B=-\dfrac{qa^3}{24EI}(4l-a)$

续表

序号	梁的简图	挠曲线方程	端截面转角	挠度
7	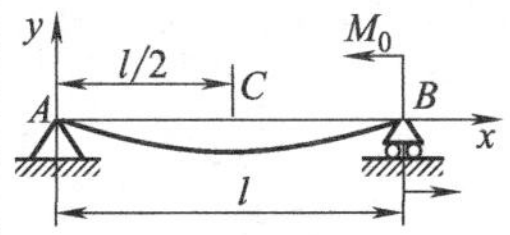	$y=-\frac{M_0 x}{6EIl}(l^2-x^2)$	$\theta_A=-\frac{M_0 l}{6EI}$ $\theta_B=\frac{M_0 l}{3EI}$	$y_{max}=-\frac{M_0 l^2}{9\sqrt{3}EI}$ $\left(在\ x=\frac{1}{\sqrt{3}}处\right)$ $y_C=-\frac{M_0 l^2}{16EI}$
8	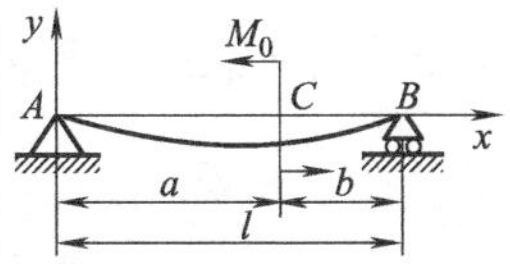	$y=-\frac{M_0 x}{6EIl}(l^2-3b^2-x^2)$, $0\leqslant x\leqslant a$ $y=\frac{M_0(l-x)}{6EIl}(2lx-x^2-3a^2)$, $a\leqslant x\leqslant l$	$\theta_A=\frac{-M_0}{6EIl}(l^2-3b^2)$ $\theta_B=-\frac{M_0}{6EIl}(l^2-3a^2)$	
9	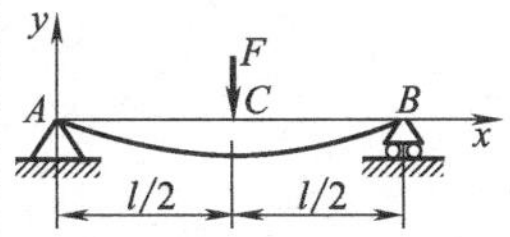	$y=-\frac{Fx}{48EI}(3l^2-4x^2)$, $0\leqslant x\leqslant\frac{1}{2}$	$\theta_A=-\theta_B=-\frac{Fl^2}{16EI}$	$y_C=-\frac{Fl^3}{48EI}$
10	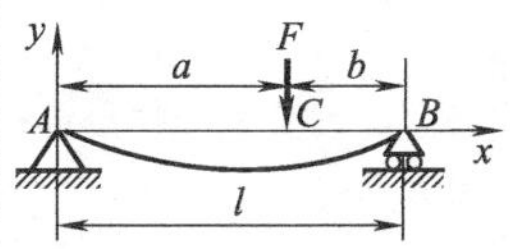	$y=-\frac{Fbx}{6EIl}(l^2-x^2-b^2)$, $0\leqslant x\leqslant a$ $y=\frac{Fa(l-x)}{6EIl}(x^2+a^2-2lx)$, $a\leqslant x\leqslant l$	$\theta_A=-\frac{Fab(l+b)}{6EIl}$ $\theta_B=\frac{Fab(l-a)}{6EIl}$	$y_{max}=-\frac{Fb(l^2-b^2)^{3/2}}{9\sqrt{3}EIl}$ $\left(a>b,在\ x=\sqrt{\frac{l^2-b^2}{3}}处\right)$ $y_{\frac{1}{2}}=-\frac{Fb(3l^2-4b^2)}{48EI}$
11	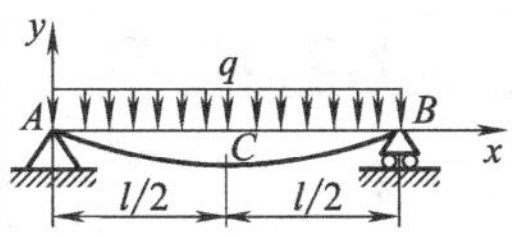	$y=-\frac{qx}{24EI}(l^3-2lx^2+x^3)$	$\theta_A=-\theta_B=-\frac{ql^3}{24EI}$	$y_C=-\frac{5ql^4}{384EI}$
12	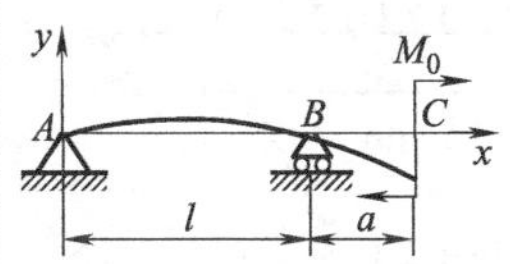	$y=-\frac{M_0 x}{6EIl}(x^2-l^2)$, $0\leqslant x\leqslant l$ $y=-\frac{M_0}{6EI}(3x^2-4xl+l^2)$, $l\leqslant x\leqslant(l+a)$	$\theta_A=-\frac{1}{2}\theta_B=\frac{M_0 l}{6EI}$ $\theta_C=-\frac{M_0}{3EI}(l+3a)$	$y_C=-\frac{M_0 a}{6EI}(2l+3a)$
13	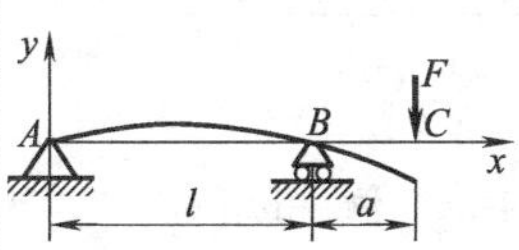	$y=\frac{Fax}{6EIl}(l^2-x^2)$, $0\leqslant x\leqslant l$ $y=-\frac{F(x-l)}{6EI}[a(3x-l)-$ $(x-l)^2]$, $l\leqslant x\leqslant(l+a)$	$\theta_A=-\frac{1}{2}\theta_B=\frac{Fal}{6EI}$ $\theta_C=-\frac{Fa}{6EI}(2l+3a)$	$y_C=-\frac{Fa^2}{3EI}(l+a)$
14	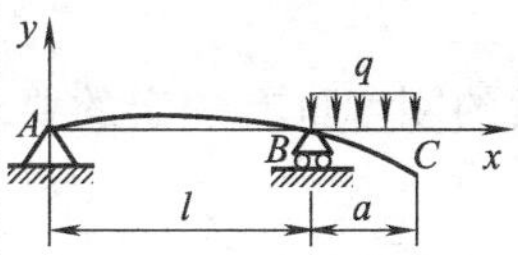	$y=\frac{qa^2 x}{12EIl}(l^2-x^2)$, $0\leqslant x\leqslant l$ $y=-\frac{q(x-l)}{24EI}[2a^2(3x-l)+$ $(x-l)^2(x-l-4a)]$, $l\leqslant x\leqslant(l+a)$	$\theta_A=-\frac{1}{2}\theta_B=\frac{qa^2 l}{12EI}$ $\theta_C=-\frac{qa^2}{6EI}(l+a)$	$y_C=-\frac{qa^3}{24EI}(3a+4l)$

例 4-10　使用叠加法求图 4 23 (a) 所示悬臂梁截面的挠度，该梁的抗弯刚度 EI 为常量。

解　梁上有 F 和 M_0 两个外载荷，可分别计算 F 单独作用时和 M_0 单独作用时 A 处的挠度，然后叠加得两载荷同时作用 A 处的挠度。

F 单独作用时 [图 4-23 (b)]，由表 4-2 第 4 行查得

$$(y_A)_F=-\frac{Fa^2}{6EI}(3\times 2a-a)=-\frac{5Fa^3}{6EI}$$

M_0单独作用时［图 4-23（c）］，由表 4-2 第 1 行查得

$$(y_A)_{M_0}=\frac{M_0(2a)^2}{2EI}=\frac{2Fa^3}{EI}$$

叠加后得到 F、M_0同时作用时的挠度

$$\begin{aligned}y_A&=(y_A)_F+(y_A)_{M_0}\\&=-\frac{5Fa^3}{6EI}+\frac{2Fa^3}{EI}=\frac{7Fa^3}{6EI}\end{aligned}$$

例 4-11 一等截面悬臂梁受载如图 4-24（a）所示，其抗弯刚度 EI 等于常量，试求端点 A 的挠度。

解

原载荷［图 4-24（a）］所产生的变形，无法直接从表 4-2 中查得，但它可视为由图 4-24（b）和图 4-24（c）的载荷相加而成，这样可利用表 4-2 按叠加法来求得 y_A。

图 4-24（b）由表 4-2 第 5 行可得

$$(y_A)_1=-\frac{q(2a)^4}{8EI}=-\frac{2qa^4}{EI}$$

图 4-24（c）由表 4-2 第 6 行可得

$$(y_A)_2=\frac{qa^3}{24EI}[4\times2a-a]=\frac{7qa^4}{24EI}$$

叠加后得到 A 点挠度为

$$\begin{aligned}y_A&=(y_A)_1+(y_A)_2\\&=-\frac{2qa^4}{EI}+\frac{7qa^4}{24EI}=-\frac{41qa^4}{24EI}\end{aligned}$$

E 为拉压时材料的弹性模量，其值由实验测定，见表 2-1。

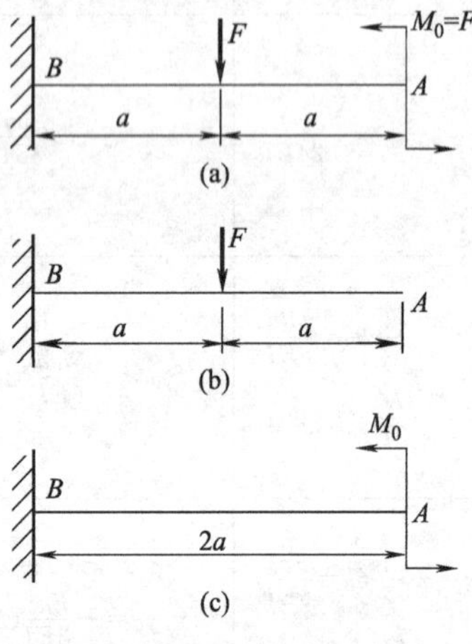

图 4-23 例 4-10 图

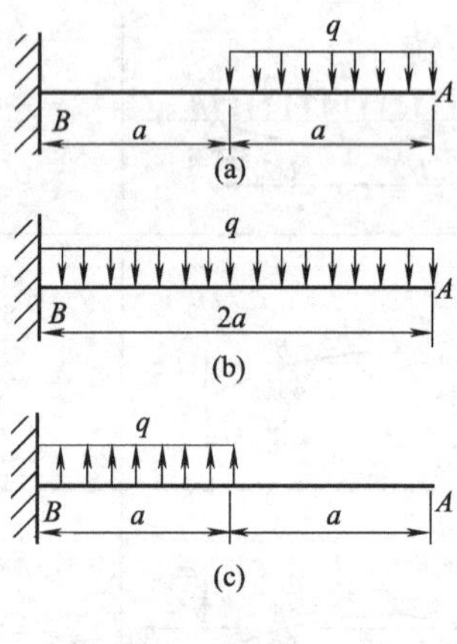

图 4-24 例 4-11 图

4.9.4 梁的刚度计算

工程实际中，除了对梁的强度有一定的要求之外，有时对梁的刚度也有一定的要求，即将梁的弹性位移限制在允许的范围内，亦即满足

$$y_{max}\leqslant[y] \tag{4-12}$$

$$\theta_{max}\leqslant[\theta] \tag{4-13}$$

式（4-12）和式（4-13）称为刚度设计准则或刚度条件，其中［y］为梁的许用挠度，［θ］为梁的许用转角。

许用挠度或许用转角是根据实际工作要求规定的，常见轴的许用挠度与许用转角列于表 4-3 中。

表 4-3　常见轴的许用挠度与许用转角

对挠度的限制		对转角的限制/rad	
轴的类型	许用挠度	轴的类型	许用转角
一般转动轴	$(0.0003\sim0.0005)l$	滑动轴承	0.001
刚度要求较高的轴	$0.0002l$	向心球轴承	0.005
齿轮轴	$(0.01\sim0.03)m$	向心球面轴承	0.005
蜗轮轴	$(0.02\sim0.05)m$	圆柱滚子轴承	0.0025
		圆锥滚子轴承	0.0016
		安装齿轮的轴	0.001

进行刚度设计时，要注意 y_{max} 与 $[y]$，θ_{max} 与 $[\theta]$ 的单位应一致。特别是 $[\theta]$，一般所给单位为角度（°），而 θ_{max} 的单位为弧度，此时应进行单位换算。这时式（4-13）变为

$$\theta_{max}\frac{180°}{\pi}\leqslant[\theta] \tag{4-14}$$

大多数构件的设计过程都是先进行强度设计，确定截面形状和尺寸，然后进行刚度校核。

例 4-12　如图 4-25 所示的钢制圆轴，若已知 $F=20\text{kN}$，$a=1\text{m}$，$l=2\text{m}$，$d=150\text{mm}$，$E=206\text{GPa}$，轴承 B 处的许用转角 $[\theta]=0.5°$，截面 A 处的许用挠度 $[y]=\frac{l}{400}$。试校核圆轴的刚度。

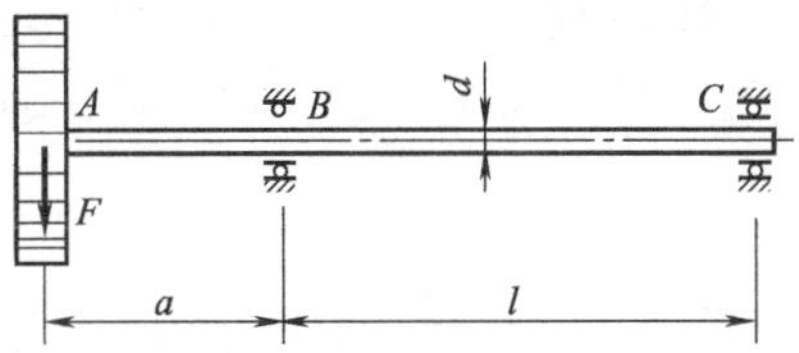

图 4-25　例 4-12 图

解

（1）校核截面 B 的转角。

由表 4-2 中序号为 13 的结果并取绝对值，可得

$$\theta_B=\frac{Fal}{3EI}=\frac{64\times20\times10^3\times1\times10^3\times2\times10^3}{3\times206\times10^3\times\pi\times150^4}=2.6\times10^{-3}\text{rad}$$

$$\theta_B=2.6\times10^{-3}\times\frac{180°}{\pi}=0.15°<[\theta]$$

（2）校核截面 A 的挠度。

由表 4-2 中序号为 13 的结果并取绝对值，可得

$$y_A=\frac{Fa^2}{3EI}(l+a)=\frac{64\times20\times10^3\times(1\times10^3)^2}{3\times206\times10^3\times\pi\times150^4}\times(2\times10^3+1\times10^3)$$
$$=3.91\text{mm}<[y]$$

由以上结果，可知轴的刚度也是安全的。

*4.10　静不定梁

为了提高梁的刚度，可以在静定梁上增加支座，使之成为静不定梁。静不定梁是指梁的未知约束反力的个数超过了独立平衡方程的数目。这些附加的支撑，对于保持梁的平衡并不是必需的，故称之为多余约束，与之对应的约束反力称为多余约束力。此时，仅仅应用静力平衡方程不能解出全部未知力，而要综合应用平衡、变形和物理三方面的条件才能求解。

静不定梁的静不定次数等于多余约束或多余约束反力的个数，只有一个多余约束的梁为一次静不定梁，如图 4-26 所示；有两个多余约束的梁为二次静不定梁，如图 4-27 所示。

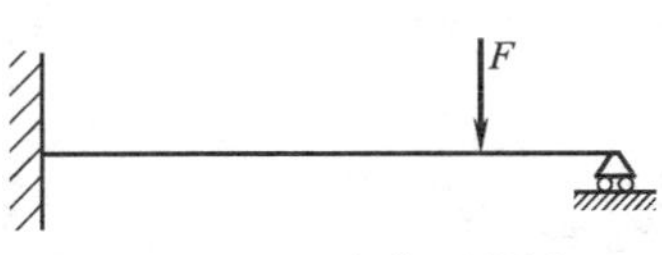

图 4-26　一次静不定梁

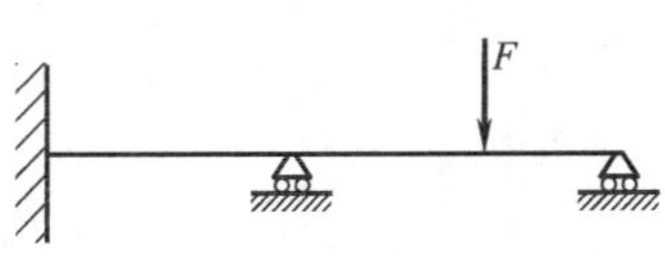

图 4-27　二次静不定梁

例 4-13 图 4-28（a）所示等刚度圆截面梁，受均布载荷 q 作用，若已知 $q=15\text{N/mm}$，$l=4\text{m}$，$d=100\text{mm}$，$[\sigma]=100\text{MPa}$，试校核梁的强度。

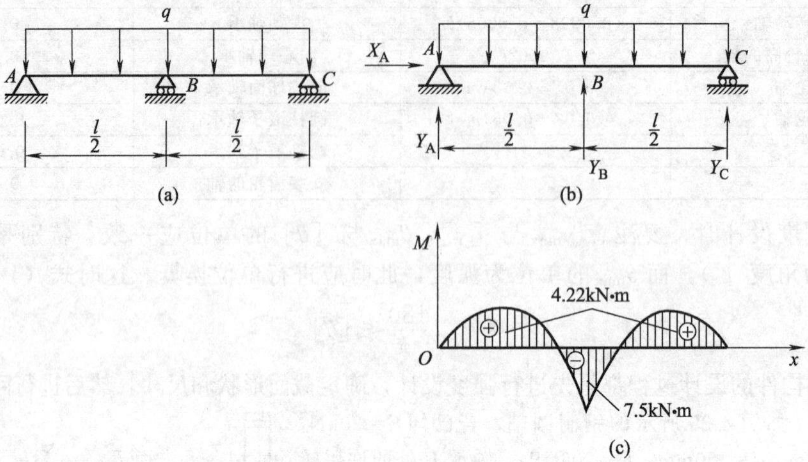

图 4-28 例 4-13 图

解

(1) 判断静不定次数。

梁在 A、B、C 三处共有四个未知约束力，而梁在平面任意力系作用下，独立的平衡方程只有三个，故为一次静不定梁。

(2) 解除多余约束，使静不定梁变成静定梁。

将支座 B 作为多余约束除去，相应的多余约束反力为 Y_B，所得静定梁为一简支梁。

(3) 求约束反力。

由图 4-28（b）所示梁的平衡条件，有

$$\sum F_{ix}=0 \qquad X_A=0$$

$$\sum F_{iy}=0 \qquad Y_A+Y_B+Y_C-ql=0$$

$$\sum M_{iC}=0 \qquad -Y_A l-Y_B\frac{l}{2}+ql\frac{l}{2}=0$$

因为图 4-28（a）与图 4-28（b）所示两梁的受力与变形完全相同，故在解除的多余约束 B 处的挠度应为零，即

$$y_B=y_{B1}+y_{B2}=0$$

上式中，y_{B1} 为均布载荷加在静定梁上引起的 B 处挠度，y_{B2} 为多余约束反力引起的 B 处挠度。

查表 4-2 得

$$y_{B1}=-\frac{5ql^4}{384EI}$$

$$y_{B2}=\frac{Y_B l^3}{48EI}$$

由于

$$y_B=-\frac{5ql^4}{384EI}+\frac{Y_B l^3}{48EI}=0$$

解得

$$Y_B=\frac{5}{8}ql$$

联立求解可得

$$X_A=0,Y_A=\frac{3}{16}ql,Y_B=\frac{5}{8}ql,Y_C=\frac{3}{16}ql$$

(4) 强度校核。

作梁的弯矩图如图4-28 (c) 所示。由图4-28 (c) 可知，支座B截面为危险截面，其上弯矩值为

$$|M|_{max}=7.5\times10^6\text{N}\cdot\text{mm}$$

梁上的最大弯曲正应力为

$$\sigma_{max}=\frac{|M|_{max}}{W}=\frac{32\times7.5\times10^6}{\pi\times100^3}=76.4\text{MPa}<[\sigma]$$

所以梁的强度满足要求。

根据以上分析，求解静不定梁的一般步骤如下。

① 判断静不定次数。分析梁上的约束性质，确定未知力个数和独立平衡方程数目，二者之差即为静不定次数。

② 解除多余约束，使静不定梁变成静定梁。除去静不定梁上的多余约束，使其变为静定梁。然后，在静定梁上加上作用在原静不定梁上的所有外载荷和多余约束力。

③ 建立补充方程。将作用有外载荷及多余约束力的静定梁与原静不定梁进行比较，因为二者的变形完全一致，所以根据多余约束对梁变形的约束，在静定梁上多余约束力作用处的位移应与原梁相应位置处的位移相同。由此，可写出变形条件，再根据力与变形的关系，就可得到补充方程。

④ 解联立方程。求出未知约束力。

⑤ 进行强度或刚度计算。方法和过程与求解静定梁的强度或刚度问题相似。

【知识梳理与总结】

(1) 弯曲的概念。受力特点：垂直于梁轴线的外力均作用在梁的纵向对称面内；变形特点：梁的轴线在纵向对称面内产生弯曲变形，梁在纵向对称面内的弯曲称为平面弯曲。

(2) 梁的剪力方程和弯矩方程。如果沿梁轴线方向选取坐标x表示横截面的位置，则梁的各截面上的剪力和弯矩都可表示为x的函数，即

$$Q=Q(x),M=M(x)$$

(3) 梁的剪力图（Q图）和弯矩图（M图）。用横坐标x表示横截面的位置，以纵坐标表示相应截面上的剪力和弯矩，按一定比例尺，分别绘出$Q=Q(x)$的图形和$M=M(x)$的图形。

(4) 梁弯曲的正应力$\sigma=\frac{M_Z y}{I_Z}$；梁弯曲的最大正应力$\sigma_{max}=\frac{M_Z y_{max}}{I_Z}=\frac{M_Z}{W_Z}$。在等截面梁上，最大正应力发生在弯矩最大的横截面上距离中性轴最远的各点处。由此可知必须求得横截面上的最大弯矩，而最大弯矩可能发生在①集中力作用的截面上，②集中力偶作用的截面上，③剪力等于零的截面上。

(5) 梁的弯曲强度条件：

$$\sigma_{max}-\frac{|M|_{max}y_{max}}{I_Z}-\frac{|M|_{max}}{W_Z}\leqslant[\sigma]$$

(6) 梁的刚度条件：

$$y_{max}\leqslant[y]$$
$$\theta_{max}\leqslant[\theta]$$

习　题

4-1　试计算图 4-29 所示各梁在 1、2、3 横截面上的剪力和弯矩。

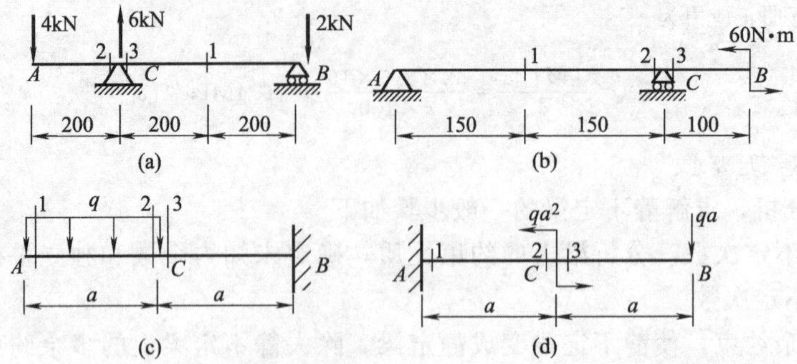

图 4-29　题 4-1 图

4-2　在小变形及比例极限内梁发生平面弯曲变形，以下说法哪个是正确的？

(1) 在载荷作用下，梁内某截面的挠度最大，那么该截面的转角必为零。

(2) 在载荷作用下，梁内某截面的转角为零，那么该截面的挠度必最大。

(3) 在几个载荷的作用下，某截面的位移等于各截面单独作用下该截面位移的代数和。

(4) 梁的位移是由变形引起的，而变形是受力引起的，故不受力就没有位移。

4-3　试建立图 4-30 所示各梁的剪力方程、弯矩方程，作剪力图、弯矩图，并确定 $|Q|_{max}$、$|M|_{max}$。

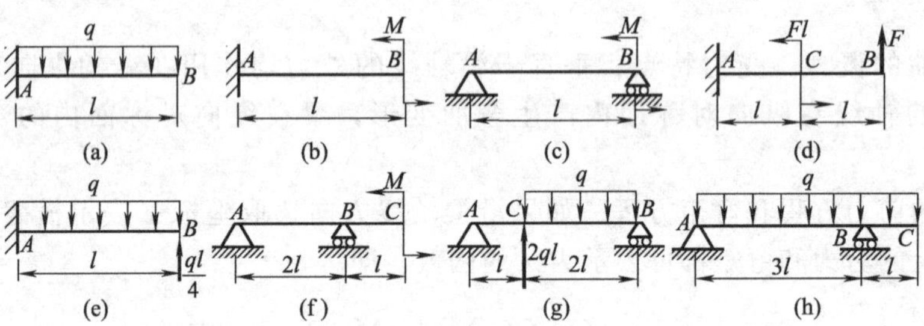

图 4-30　题 4-3 图

4-4　利用微分关系作图示各梁的剪力图和弯矩图。

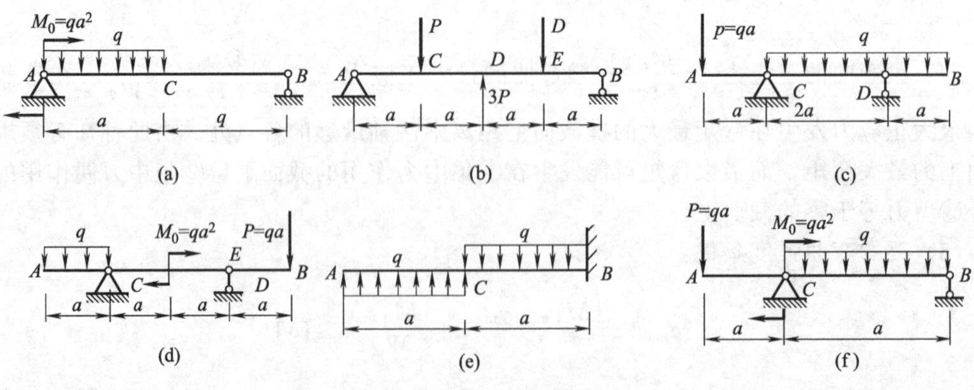

图 4-31　题 4-4 图

4-5　悬臂梁受力及截面尺寸（单位为 mm）如图 4-32 所示。求梁的 1—1 截面上 A、B

两点的正应力。

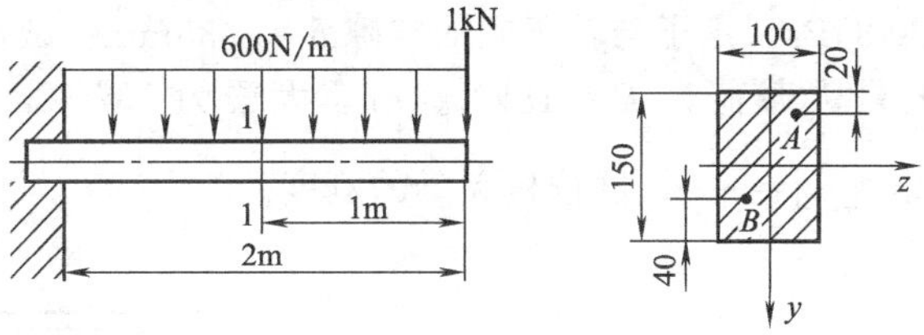

图 4-32　题 4-5 图

4-6　如图 4-33 所示，当力直接作用在梁 AB 的中点时，梁内的弯曲正应力超过许用应力 30%，为了消除此过载现象，配置了辅助梁 CD。试求此辅助梁的跨度 a。已知 $l=6\text{m}$。

4-7　图 4-34 所示外伸梁承受载荷 F 作用。已知 $F=20\text{kN}$，$[\sigma]=160\text{MPa}$，试选择工字钢的型号。

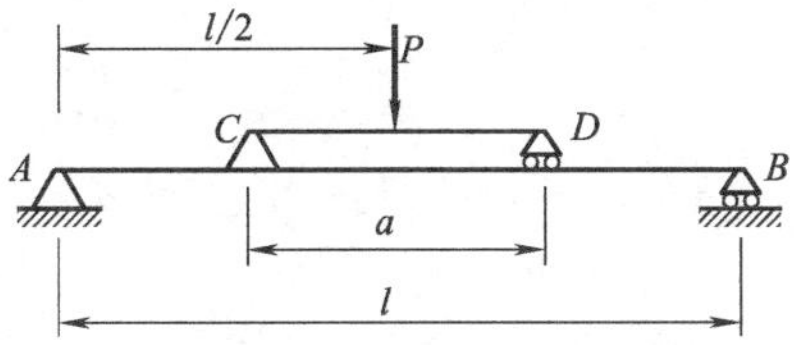

图 4-33　题 4-6 图

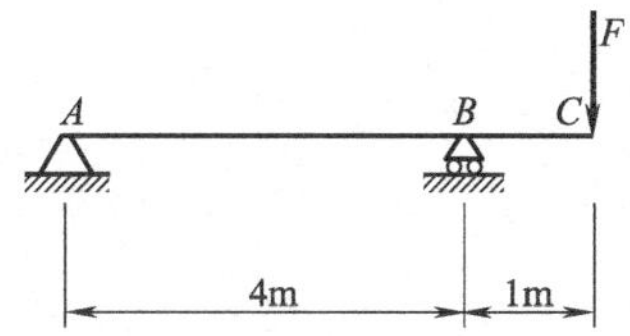

图 4-34　题 4-7 图

4-8　矩形悬臂梁如图 4-35 所示。已知 $l=4\text{m}$，$b:h=2:3$，$q=10\text{kN/m}$，$[\sigma]=10\text{MPa}$，试确定此梁的横截面尺寸。

4-9　某车间的宽度为 8m，现需安装一台行车（图 4-36），起重量为 29.4kN。行车大梁选用 No. 32a 工字钢，单位长度的重力为 517N/m，工字钢的材料为 Q235，其许用应力 $[\sigma]=20\text{MPa}$，试校核行车大梁的强度。

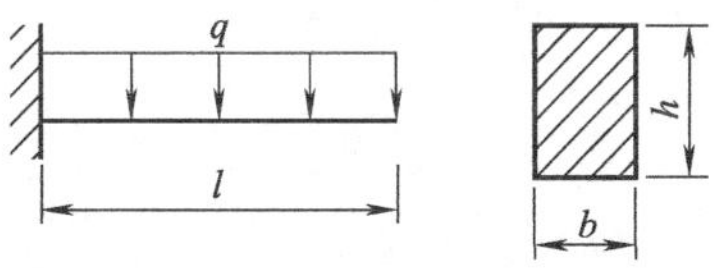

图 4-35　题 4-8 图

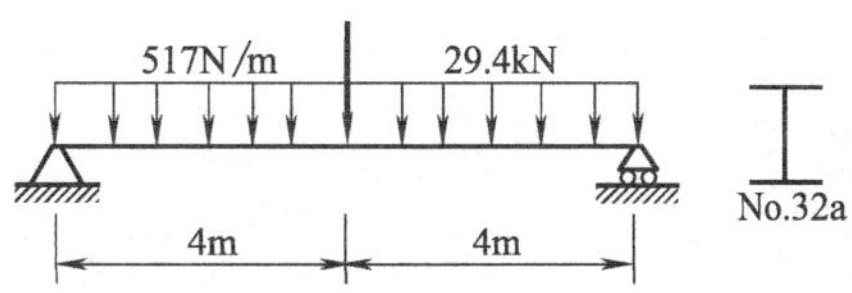

图 4-36　题 4-9 图

4-10　用叠加法求图 4-37 所示各梁中 A 截面的挠度和 B 截面的转角。图 4-37 中载荷和弯曲刚度为已知。

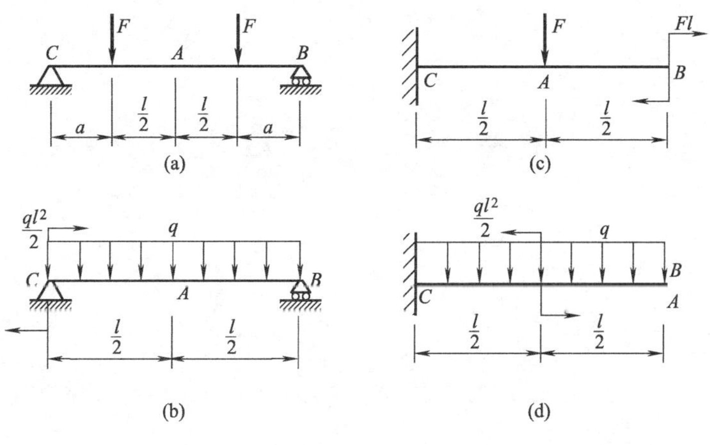

图 4-37　题 4-10 图

4-11 简化后的电机转子轴受力如图 4-38 所示。已知 $F=3.5\mathrm{kN}$，$q=1.035\mathrm{kN/m}$，$l=1\mathrm{m}$，$d=30\mathrm{mm}$，$E=200\mathrm{GPa}$，定子与转子间的空隙 $\delta=0.35\mathrm{mm}$。试校核轴的刚度。

4-12 桥式吊车的最大载荷为 $P=18\mathrm{kN}$。吊车大梁为 No. 32a 工字钢，$E=200\mathrm{GPa}$，$l=9\mathrm{m}$（图 4-39）。规定 $[y]=\dfrac{l}{500}$。试校核大梁的刚度。

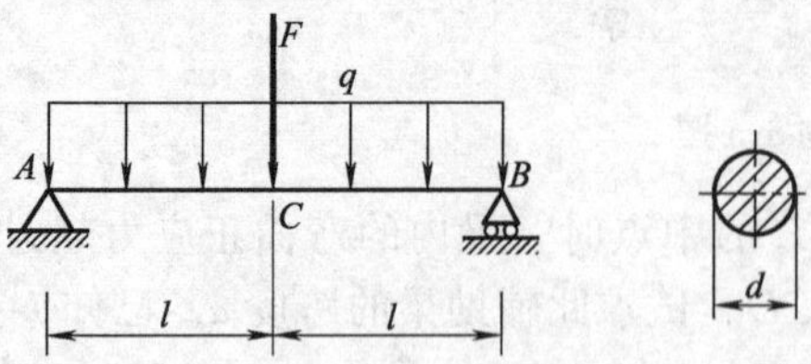

图 4-38 题 4-11 图

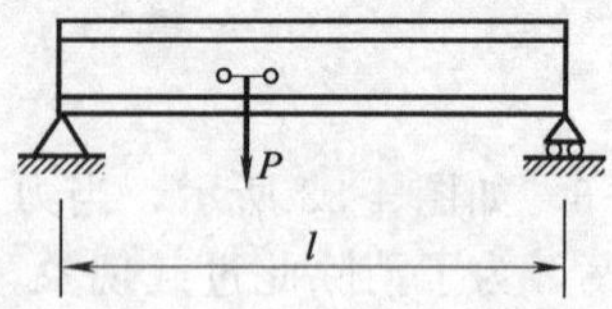

图 4-39 题 4-12 图

第 5 章　组合变形时杆件的强度计算

【知识目标】

① 理解拉伸与弯曲（弯曲与扭转）组合变形特点；

② 掌握拉伸与弯曲（弯曲与扭转）组合变形的强度计算公式。

【能力目标】

① 根据构件受力情况，判断组合变形形式，绘制受力图和内力图；

② 会应用强度理论解决三类强度问题，即校核强度、设计构件截面及确定许可载荷。

【知识结构图】

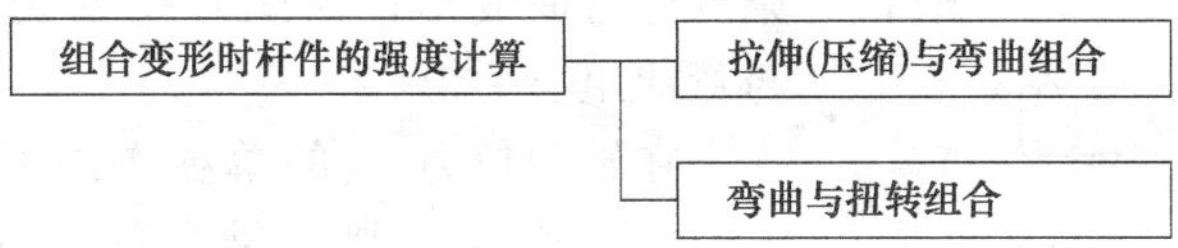

5.1　概　　述

前面已经介绍了杆件轴向拉伸（压缩）、剪切、扭转和弯曲等基本变形。讨论了各基本变形时的内力、应力、强度和刚度计算。实际工程结构中，有很多构件往往同时存在着几种基本变形。例如图 5-1 所示的夹紧装置的立柱 BC，在 F 力作用下，将同时产生拉伸和弯曲变形；图 5-2（a）所示的传动轴，在齿轮上作用着啮合力 F_n，右端输入力偶矩。若将 F_n 向轴线简化，得到作用于转轴上的横向力 F_n 和力偶矩 T_1［图 5-2（b）］。该轴在横向力 F_n 的作用下，将产生弯曲变形，而力偶矩 T 和 T_1 则使轴产生扭转变形，故该轴同时产生弯曲和扭转变形。这种杆件在载荷作用下同时产生两种或两种以上基本变形的情况，称为组合变形。

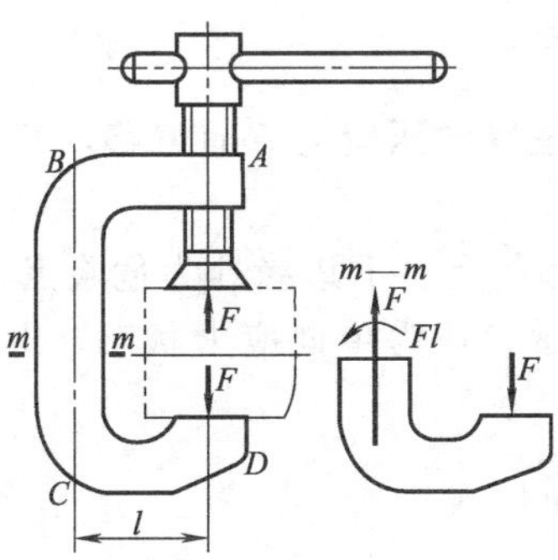

图 5-1　夹紧装置

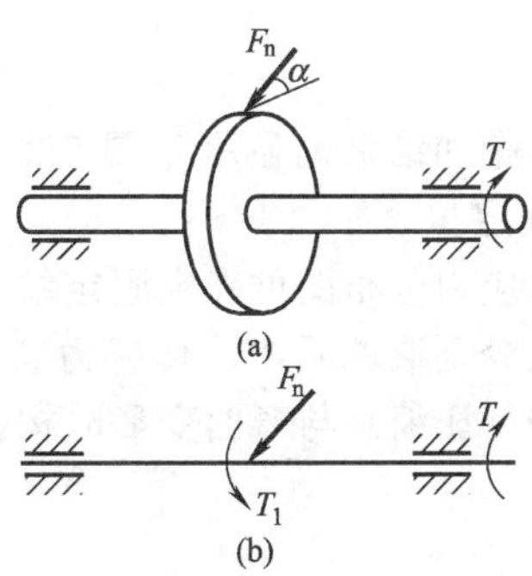

图 5-2　传动轴

在材料服从胡克定律，且变形很小的前提下，可认为组合变形构件的每一种基本变形都是各自独立的，各基本变形引起的应力互不影响。故在计算组合变形构件的应力时，可分别计算出各基本变形引起的应力，然后叠加，得到组合变形时的总应力。这是叠加原理在组合变形中的应用。

上述叠加方法，只有在小变形情况下才是适用的。当变形很大时，两种受力与变形将相互影响，产生新的内力。这时则应采用强度理论来解决组合变形问题。

5.2 拉伸（压缩）与弯曲组合

拉伸（压缩）与弯曲组合变形是工程中常见的一种组合变形，现以图 5-3（a）所示等截面悬臂梁为例进行说明。

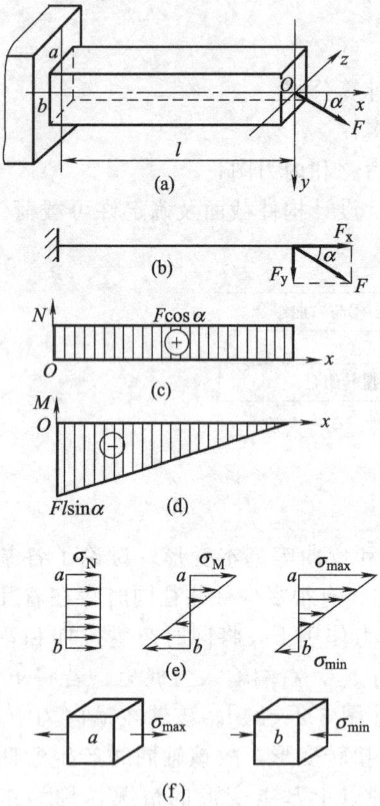

图 5-3　承受拉弯作用的梁

设外力 F 位于梁纵向对称面内，作用线与轴线成 α 角，梁的受力图如图 5-3（b）所示。将力 F 向 x、y 轴分解得

$$F_x = F\cos\alpha$$

$$F_y = F\sin\alpha$$

轴向拉力 F_x 使梁产生轴向拉伸变形，横向力 F_y 使梁产生弯曲变形，因此梁在 F 力作用下的变形为拉伸与弯曲组合变形。

在轴向拉力 F_x 的单独作用下，梁上各截面的轴力 $N=F_x=F\cos\alpha$，画其轴力图［图 5-3（c）］，在横向力 F_y 单独作用下，梁的弯矩 $M=F_y x=F\sin\alpha\cdot x$，画其弯矩图［图 5-3（d）］。

由内力图可知，危险截面为固定端截面，该截面上的轴力 $N=F\cos\alpha$，弯矩 $M_{max}=Fl\sin\alpha$。

在轴力 N 作用下，梁横截面上产生拉伸正应力，且均匀分布［图 5-3（e）］，其值为 $\sigma_N=N/A$，在弯矩 M_{max} 作用下，使截面产生弯曲正应力，沿截面高度呈线性分布［图 5-3（e）］，其值为 $\sigma_M=M_{max}/W_z$。

由于拉伸和弯曲变形在横截面上产生的都是正应力，故可按代数和进行叠加，得到横截面上总的正应力为

$$\sigma=\sigma_N+\sigma_M=\frac{N}{A}+\frac{M_{max}}{W_z} \tag{5-1}$$

应力叠加结果也显示于图 5-3（e）中，中性轴的位置向压应力方向偏移，其位置可由 $\sigma=0$ 来确定。

由总应力分布图可确定固定端截面上距中性轴最远的上、下边缘处为危险点，从 a、b 两危险点分别取单元体，其应力状态如图 5-3（f）所示，均为单向应力状态。由式（5-1）可得拉伸（压缩）与弯曲变形时构件的强度条件为

$$\sigma_{max}=\frac{N}{A}+\frac{M_{max}}{W_z}\leqslant[\sigma] \tag{5-2}$$

$$\sigma_{min}=\left|\frac{N}{A}-\frac{M_{max}}{W_z}\right|\leqslant[\sigma] \tag{5-3}$$

对于拉、压许用应力相同的材料，当 N 是拉力时，可按式（5-2）进行强度计算，当 N 是压力时，则按式（5-3）进行强度计算。对于拉、压许用应力不同的材料或对于中性轴不对称的截面，可根据构件危险截面上、下边缘处的实际情况，分别加以计算。

例 5-1　图 5-4（a）所示为一起重支架。已知：$a=3\text{m}$，$b=1\text{m}$，$P=36\text{kN}$，AB 梁材料的许用应力 $[\sigma]=140\text{MPa}$。试确定 AB 梁槽钢截面的尺寸。

解　作 AB 梁的受力图，如图 5-4（b）所示。由平衡方程

$$\sum M_{iA}=0 \quad R\sin30°\times a-P(a+b)=0$$

$$\sum M_{iC}=0 \quad V_A a-Pb=0$$

$$\sum F_{ix}=0 \quad R\cos30°-H_A=0$$

可解得

$$R=\frac{2(a+b)}{a}P=96\text{kN}$$

$$V_A=\frac{b}{a}P=12\text{kN}$$

$$H_A=R\cos30°=83.1\text{kN}$$

由受力图可知，梁的 AC 段为弯拉组合变形，而 BC 段为弯曲变形。作出轴力图和弯矩图，如图 5-4（c）所示，可知危险截面是 C 截面，其上的内力为

$$N=83.1\text{kN},\ |M|=36\text{kN}\cdot\text{m}$$

危险点在该截面的上侧边缘，其强度条件为

$$\sigma_{max}=\frac{N}{A}+\frac{M}{W}=\frac{83.1\times10^3}{A}+\frac{36\times10^6}{W}\leqslant[\sigma]=140\text{MPa}$$

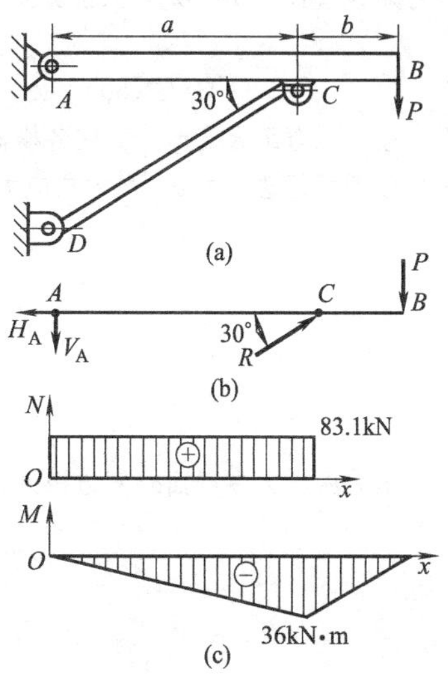

图 5-4　例 5-1 图

因上式中有两个未知量 A 和 W，故需用试凑法求解。计算时可先考虑弯曲，求得 W 后再按上式进行校核。由

$$\frac{M}{W}=\frac{36\times10^6}{W}\leqslant140$$

得

$$W\geqslant\frac{36\times10^6}{140}=257\times10^3\text{mm}^3=257\text{cm}^3$$

查型钢参数表，选两根 No. 18a 槽钢，$W=141.4\times2=282.8\text{cm}^3$，其相应的截面面积 $A=25.69\times2=51.38\text{cm}^2$。故求得

$$\sigma_{max}=\frac{83.1\times10^3}{51.38\times10^2}+\frac{36\times10^6}{282.8\times10^3}=143\text{MPa}>[\sigma]=140\text{MPa}$$

但最大应力没有超过许用应力 5%，工程上许可。若所得 σ_{max} 与 $[\sigma]$ 相差较大，则应重新选择型钢，进行强度校核。

例 5-2　如图 5-5（a）所示为一压力机，机架由铸铁制成，材料的许用拉应力 $[\sigma]^+=35\text{MPa}$，许用压应力 $[\sigma]^-=140\text{MPa}$。已知最大压力 $P=1400\text{kN}$，立柱横截面的几何参数为 $y_C=200\text{mm}$，$h=700\text{mm}$，$A=1.8\times10^5\text{mm}^2$，$I_z=8.0\times10^9\text{mm}^4$。试校核立柱的强度。

解　用 $m—m$ 面将立柱截开，取上部分为研究对象，由平衡条件可知，在 $m—m$ 面上既有轴力 N，又

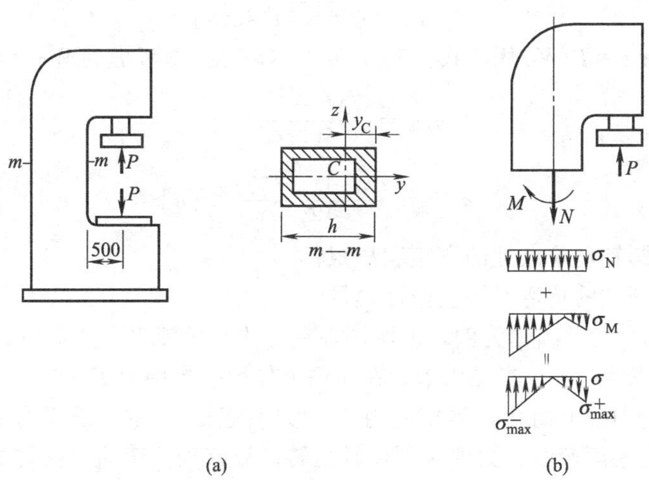

图 5-5　例 5-2 图

有弯矩 M [图 5-5 (b)]，其值分别为

$$N=P=1400\text{kN}$$

$$M=P(500+y_C)=1400\times(500+200)=980\times10^3\text{kN}\cdot\text{mm}=980\text{kN}\cdot\text{m}$$

故为拉弯组合变形。立柱各横截面上的内力是相等的。横截面上应力 σ_N 均匀分布，σ_M 线性分布，运用叠加原理可得总应力 σ。最大拉应力在截面内侧边缘处，其值为

$$\sigma_{Lmax}=\sigma_N+\sigma_M=\frac{N}{A}+\frac{My_C}{I_z}$$

$$=\frac{1400\times10^3}{1.8\times10^5}+\frac{980\times10^6\times200}{8\times10^9}$$

$$=32.3\text{MPa}<[\sigma]^+$$

最大压应力在截面外侧边缘处，其值（绝对值）为

$$|\sigma_{Ymax}|=|\sigma_N-\sigma_M|=\left|\frac{N}{A}-\frac{M(h-y_C)}{I_z}\right|$$

$$=\left|\frac{1400\times10^3}{1.8\times10^5}-\frac{980\times10^6\times(700-200)}{8\times10^9}\right|$$

$$=53.5\text{MPa}<[\sigma]^-$$

故立柱满足强度要求。

5.3 弯曲与扭转组合

在小变形的前提下，拉（压）弯组合变形的强度计算均采用叠加原理解决。而另一类组合变形——弯曲与扭转组合的强度计算，则需要运用强度理论。一般圆轴由塑性材料制成。对于塑性材料，工程上一般有两种设计准则可供选择，通常称为最大切应力理论（准则）或第三强度理论以及形状改变比能理论（准则）或第四强度理论。

由于脆性材料如铸铁、石料、混凝土等在通常情况下是以断裂的形式破坏的，所以宜采用第一和第二强度理论；对于塑性材料如低碳钢、铜、铝等在通常情况下是以流动的形式破坏的，所以宜采用第三和第四强度理论。可把强度条件写成统一的形式，即 $\sigma_{xd}\leqslant[\sigma]$，式中 σ_{xd} 称为相当应力。一般圆轴由塑性材料制成。它们的表达式分别为

$$\sigma_{xd3}=\sqrt{\sigma^2+4\tau^2}\leqslant[\sigma] \tag{5-4}$$

$$\sigma_{xd4}=\sqrt{\sigma^2+3\tau^2}\leqslant[\sigma] \tag{5-5}$$

将 $\sigma=M/W_z$，$\tau=T/W_T$ 代入式（5-4）和式（5-5）。并考虑到 $W_T=2W_z$，便得到

$$\sigma_{xd3}=\frac{\sqrt{M^2+T^2}}{W_z}\leqslant[\sigma] \tag{5-6}$$

$$\sigma_{xd4}=\frac{\sqrt{M^2+0.75T^2}}{W_z}\leqslant[\sigma] \tag{5-7}$$

式中 M、T——圆轴危险点处的弯矩和扭矩；

W_z、W_T——圆轴的抗弯和抗扭截面模量。

现以图 5-6（a）所示圆轴为例，说明圆轴在弯曲与扭转组合变形中的强度计算方法。设轴的直径为 d，长度为 l，轮半径为 R，在轮缘上作用一集中力 F。

首先将力 F 向轴线上简化，得横向力 F 和力偶矩 $m=FR$，画受力简图 [图 5-6（b)]，横向力 F 使轴发生平面弯曲，力偶矩则使轴扭转，故该轴为弯曲与扭转的组合变形。

分别画出扭矩图和弯矩图 [图 5-6（c）和图 5-6（d)]，由内力图可知，AB 轴的危险截面是固定端 A 截面，该截面上有扭矩 T 和最大弯矩 M_{max}，其值分别为

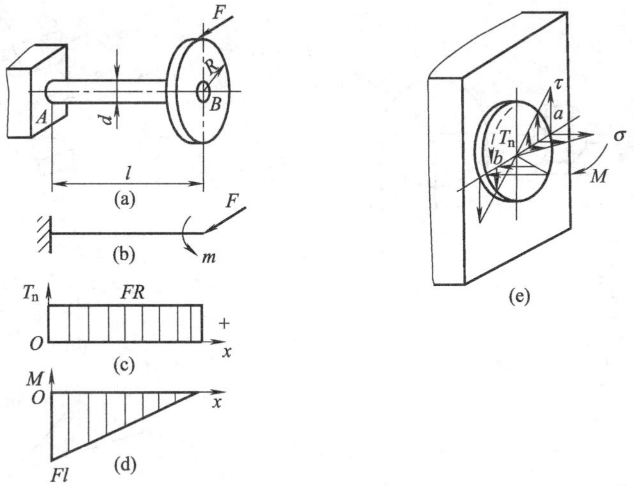

图 5-6　受弯扭作用的轴

$$T=m=FR$$

$$M_{max}=Fl$$

危险截面上扭转切应力是线性分布的，最大切应力在圆周上，其值为

$$\tau=\frac{T}{W_T}$$

弯曲正应力也是线性分布的，离中性轴最远的 a、b 两点处应力最大，其值为

$$\sigma=\frac{M_{max}}{W_z}$$

使用第三或第四强度理论来进行强度计算，即采用式（5-6）、式（5-7）。

例 5-3　图 5-7（a）所示传动轴由电机带动，轴长 $l=1.2\text{m}$，中间安装一带轮，重力 $G=5\text{kN}$，半径 $R=0.6\text{m}$，平带紧边张力 $F_1=6\text{kN}$，松边张力 $F_2=3\text{kN}$。如轴直径 $d=100\text{mm}$，材料许用应力 $[\sigma]=50\text{MPa}$。试按第三强度理论校核轴的强度。

解　作用在带轮上的平带拉力 F_1 和 F_2 向轴线简化，其结果如图 5-7（b）所示。传动轴受铅垂力为

$$F=G+F_1+F_2=5+6+3=14\text{kN}$$

此力使轴在铅垂平面内发生弯曲变形。外力偶矩为

$$T_1=F_1R-F_2R=6\times0.6-3\times0.6$$
$$=1.8\text{kN}\cdot\text{m}$$

此力偶矩与电机传动轴的转矩相平衡，使轴产生扭转变形，故此轴属于弯扭组合变形。

分别作出轴的弯矩图和扭矩图［图 5-7（c）和图 5-7（d）］，由内力图可以判断 C 截面为危险截面。C 截面上 M_{max} 和 T 分别为

$$M_{max}=4.2\text{kN}\cdot\text{m},T=1.8\text{kN}\cdot\text{m}$$

按第三强度理论进行校核，得

$$\sigma_{xd3}=\frac{\sqrt{M_{max}^2+T^2}}{W_z}=\frac{\sqrt{(4.2\times10^6)^2+(1.8\times10^6)^2}}{\pi\times100^3/32}$$
$$=46.6\text{MPa}<[\sigma]$$

故该轴满足强度要求。

例 5-4　手摇绞车的结构和受力如图 5-8 所示。若起吊重物的重量 $P=500\text{N}$，鼓轮半径为 150mm，其他尺寸均示于图 5-8（a）中。已知轴的许用应力 $[\sigma]=80\text{MPa}$，试按第四强度理论设计绞车轴的直径。

解

(1) 轴的受力分析。

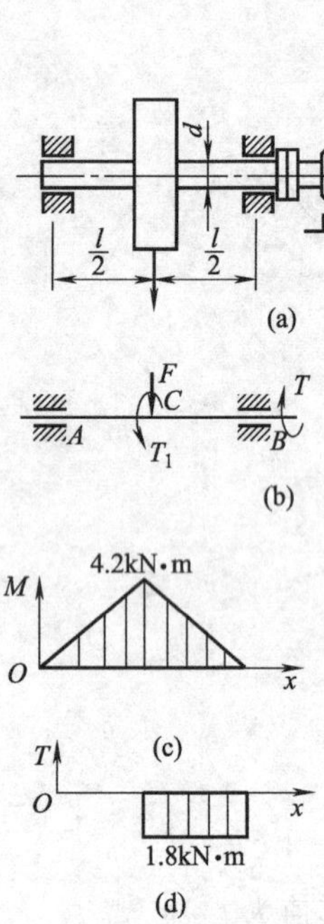

图 5-7 例 5-3 图

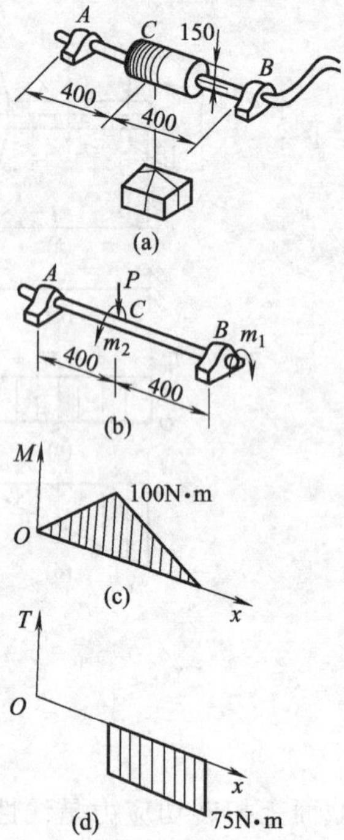

图 5-8 例 5-4 图

为设计轴的直径，必须先分析轴的受力情况。将作用在缆绳上的重力 P 和作用在摇把上的外力偶 m_1 向 AB 轴的轴心简化，得到 AB 轴的受力简图如图 5-8（b）所示。其中

$$m_1=m_2=P\times150=500\times150=75\times10^3\,\text{N}\cdot\text{mm}$$

AB 轴在 P 力作用下产生弯曲，AB 轴的 CB 段在外力偶 m_1 和 m_2 作用下将产生扭转，所以 CB 段承受弯扭组合作用。

（2）作内力图与危险截面。

轴的弯矩图与扭矩图如图 5-8（c）和图 5-8（d）所示，可见 C 截面上弯矩最大，且扭矩也大，故该截面为危险截面，其弯矩与扭矩值分别为

$$M=\frac{Pl}{4}=\frac{500\times800}{4}=100\times10^3\,\text{N}\cdot\text{mm}$$

$$T=m_1=75\times10^3\,\text{N}\cdot\text{mm}$$

（3）设计轴的直径。

根据式（5-7）有

$$\frac{32\sqrt{M^2+0.75T^2}}{\pi d^3}\leqslant[\sigma]$$

其中 $\sqrt{M^2+0.75T^2}=\sqrt{(100\times10^3)^2+0.75\times(75\times10^3)^2}=119.24\times10^3$

代入上式后，得

$$d\geqslant\sqrt[3]{\frac{32\times119.24\times10^3}{\pi\times80}}=24.68\text{mm}$$

取 $d=25$mm。

【知识梳理与总结】

（1）组合变形的概念：同时存在两种或两种以上基本变形的变形称为组合变形。

（2）拉（压）与弯曲的组合变形：这种组合变形实际上是拉（压）产生的正应力与弯曲产生的正应力的叠加，但要注意的是这两种应力的叠加必须来自同一个截面。

(3) 弯曲与扭转的组合变形：解决这类组合变形的强度问题需要用强度理论，对于由塑形材料制作的圆轴，宜采用第三或第四强度理论，只是采用第三强度理论更偏于安全。它们的表达式分别为

$$\sigma_{xd3}=\sqrt{\sigma^2+4\tau^2}\leqslant[\sigma]$$

$$\sigma_{xd4}=\sqrt{\sigma^2+3\tau^2}\leqslant[\sigma]$$

习　题

5-1　圆截面悬臂梁，受力如图 5-9 所示，其中 P、m、d、l 等均为已知。

(1) 指出构件中危险点的位置。

(2) 画出危险点的应力状态，并写出微元体各面上应力分量的表达式。

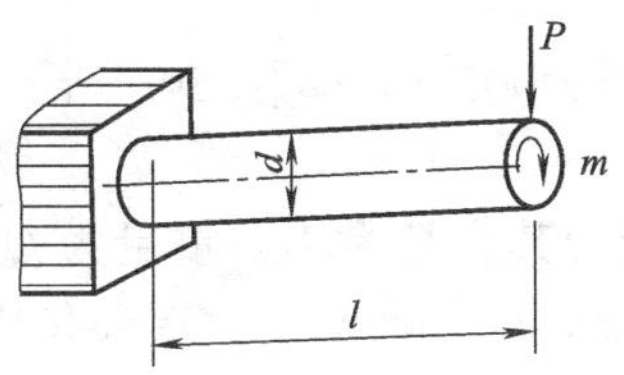

图 5-9　题 5-1 图

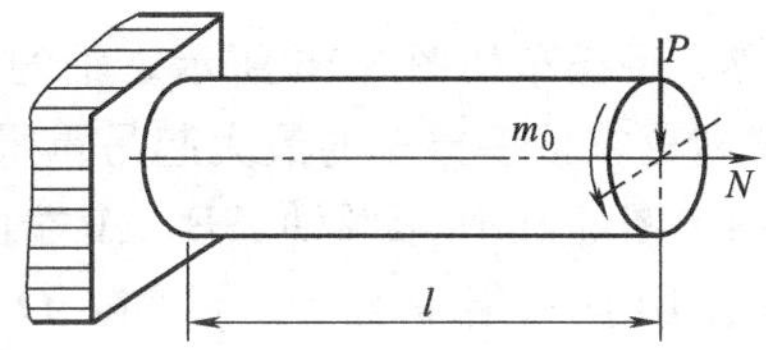

图 5-10　题 5-2 图

5-2　材料为 Q235 的圆截面杆，受力如图 5-10 所示。试分析：

(1) 该杆件的变形是哪些基本变形的组合？

(2) 危险点的位置；

(3) 下面两个强度条件中哪一个正确？为什么？

① $\dfrac{N}{A}+\sqrt{\left(\dfrac{pl}{W_z}\right)^2+4\left(\dfrac{m_0}{W_T}\right)^2}\leqslant[\sigma]$

② $\sqrt{\left(\dfrac{N}{A}+\dfrac{pl}{W_z}\right)^2+4\left(\dfrac{m_0}{W_T}\right)^2}\leqslant[\sigma]$

5-3　压力机框架如图 5-11 所示，材料为铸铁，许用拉应力为 $[\sigma]^+=30\text{MPa}$，许用压应力 $[\sigma]^-=80\text{MPa}$，已知力 $F=12\text{kN}$。试校核框架立柱的强度。

5-4　起重支架如图 5-12 所示，受载荷 F 作用，试校核横梁的强度。已知：载荷 $F=12\text{kN}$，横梁用 No. 14 工字钢作成，许用应力 $[\sigma]=160\text{MPa}$。

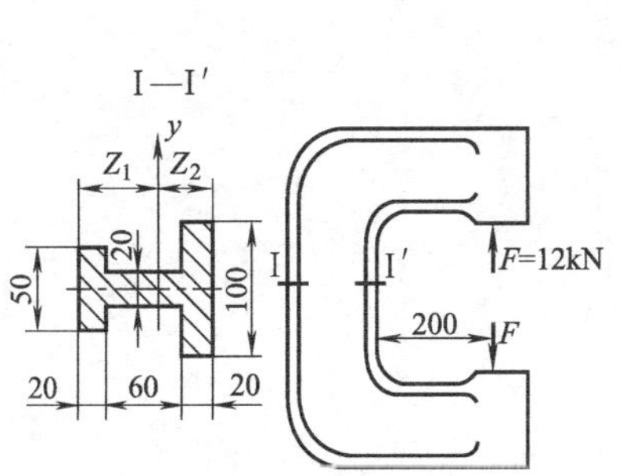

图 5-11　题 5-3 图

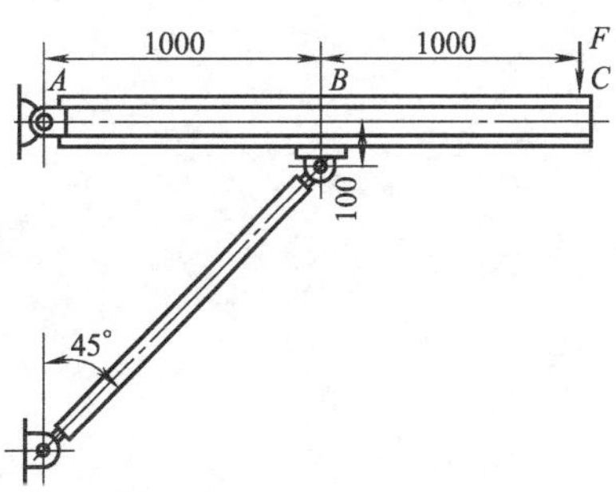

图 5-12　题 5-4 图

5-5　悬臂式起重机由工字梁 AB 及拉杆 BC 组成，如图 5-13 所示。起重载荷 $Q=22\text{kN}$，$l=2\text{m}$。若 B 处简化为铰链连接，已知 $[\sigma]=100\text{MPa}$，试选择 AB 梁的工字钢型号。

5-6　如图 5-14 所示，电机输出最大功率 $N_p=9\text{kN}\cdot\text{m}$，转速 $n=715\text{r/min}$，电机转轴

外伸长度 $l=120\text{mm}$，轴的直径 $d=40\text{mm}$；带轮直径 $D=250\text{mm}$，紧边张力 F_1 是松边张力 F_2 的 2 倍。若电机轴材料的许用应力 $[\sigma]=60\text{MPa}$，试用第三强度理论校核电机轴的强度。

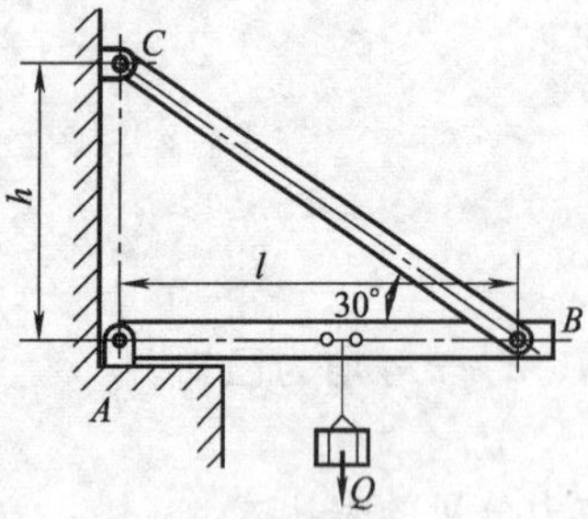

图 5-13　题 5-5 图

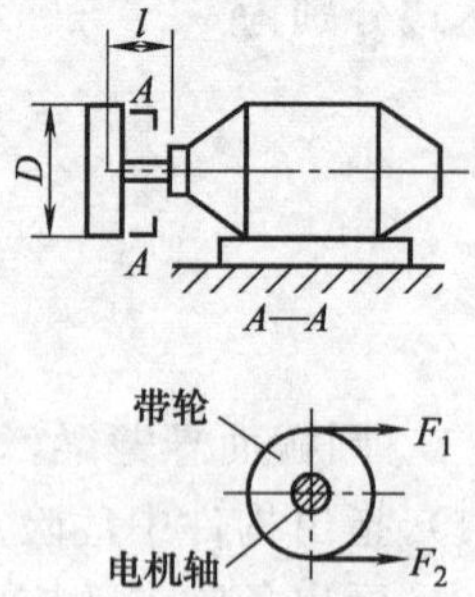

图 5-14　题 5-6 图

5-7　手摇车如图 5-15 所示，轴的直径 $d=30\text{mm}$，材料为 Q235，$[\sigma]=80\text{MPa}$。试按第四强度理论求该手摇车的最大起吊重量 W。

5-8　图 5-16 所示圆轴 AB，A 端固定，B 端为一圆轮，其直径为 D，重量为 Q，沿铅垂方向作用有一集中力 P。已知：$D=100\text{mm}$，$d=50\text{mm}$，$l=500\text{mm}$，$Q=500\text{N}$，$P=1.5\text{kN}$，$[\sigma]=160\text{MPa}$，试根据第四强度理论校核轴 AB 的强度。

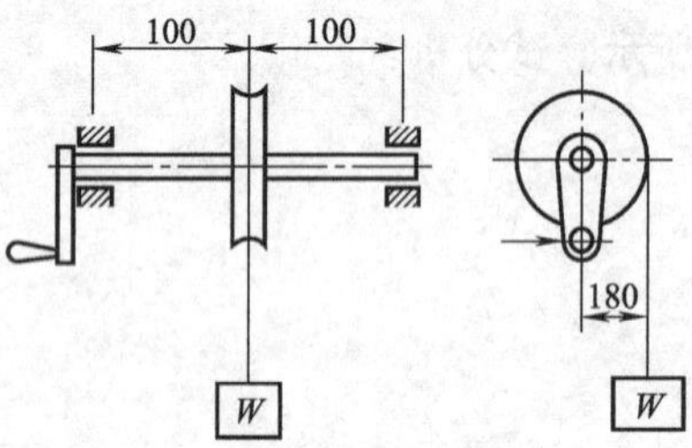

图 5-15　题 5-7 图

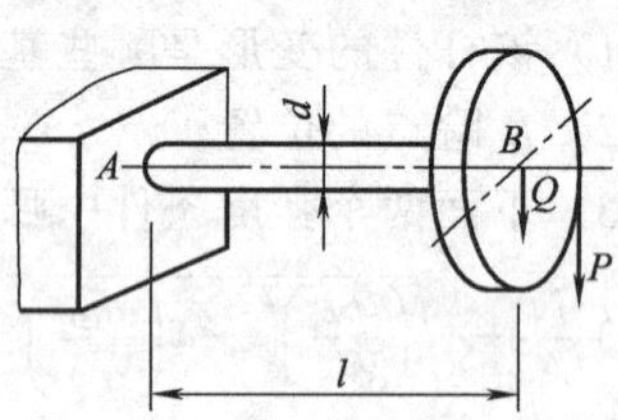

图 5-16　题 5-8 图

第 6 章　受压杆件的稳定性计算

【知识目标】

① 理解压杆稳定的基本概念；

② 理解细长压杆的临界载荷——欧拉公式；

③ 掌握柔度及三类不同压杆的计算方法。

【能力目标】

① 能够辨别三类不同压杆；

② 能够进行压杆的稳定性计算。

【知识结构图】

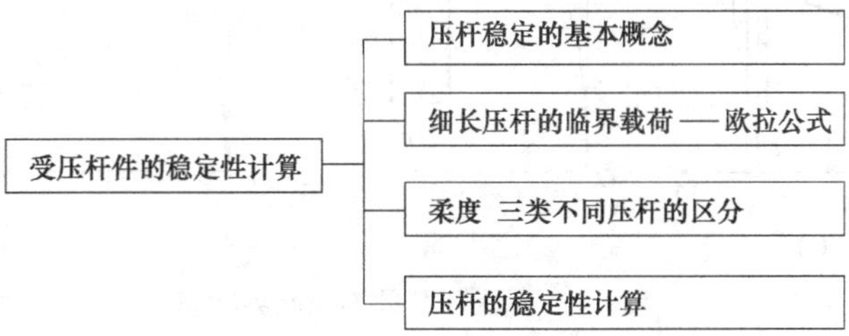

6.1　压杆稳定的基本概念

6.1.1　压杆的稳定性和失稳

前面已经研究过压杆的强度问题，认为只要压杆满足强度条件，就能保证安全工作。这个结论对短粗杆是正确的，但对于细长的压杆来说就不适用了。例如，一根宽 30mm，厚 2mm，长 400mm 的钢板条，设其材料的许用应力 $[\sigma]=160\text{MPa}$，按压缩强度条件计算，它的承载能力为

$$F \leqslant A[\sigma]=30\times2\times160=9.6\text{kN}$$

但实验发现，压力还没有达到 70N 时，它已经开始弯曲(图 6-1)，若压力继续增大，则弯曲变形急剧增加而折断，此时的压力远小于 9.6kN。它丧失工作能力，是由于它不能保持原来的直线形状造成的。可见细长压杆的承载能力不取决于它的压缩强度条件，而取决于它保持直线平衡状态的能力。压杆保持直线平衡状态的能力，称为压杆的稳定性。反之压杆丧失直线平衡状态而破坏，这种现象称为丧失稳定或失稳。

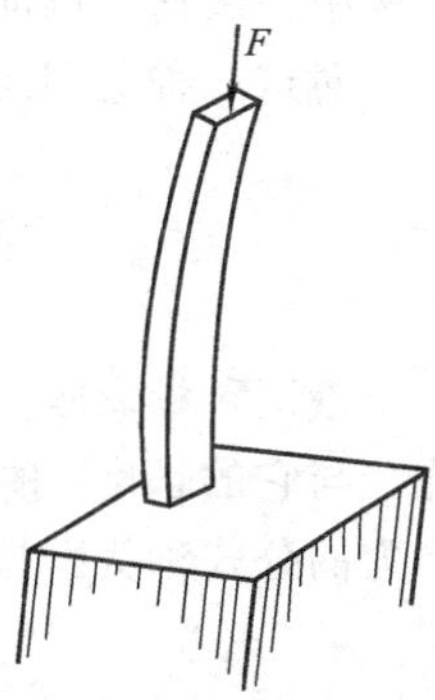

图 6-1　压杆的受力与平衡

杆件受压时，当载荷小于一定的数值，微小外界扰动使其偏离平衡状态（此时杆件可能处于微弯状态，但是平衡），外界扰动去除后，杆件还能回复到原来的平衡状态，则称原来的平衡状态是稳定的。若扰动去除后，杆件不能回复到原来的平衡状态，则称原来的平衡状态是不稳定的。

6.1.2　临界状态和临界载荷

介于稳定和不稳定状态之间存在一种临界状态，这种临界状态有时是稳定的，有时是不

稳定的。

使杆件处于临界状态的轴向压力称为临界载荷或临界压力，用 F_{lj} 表示，下标 lj 为"临界"的拼音缩写。

6.1.3 三种类型压杆的不同临界状态

不是所有的压杆都会发生失稳，也不是所有发生失稳的压杆都是弹性的。理论分析与实验结果都表明，根据不同的失效形式，压杆可以分为三种类型，它们的临界状态和临界载荷各不相同。

① 细长杆　发生弹性失稳。当外加载荷 $F<F_{lj}$ 时，不发生失稳；当 $F>F_{lj}$ 时，发生弹性失稳，即当除去载荷后，杆仍能由弯曲平衡状态回复到原来的直线平衡状态。载荷与侧向位移之间的关系如图 6-2（a）所示。

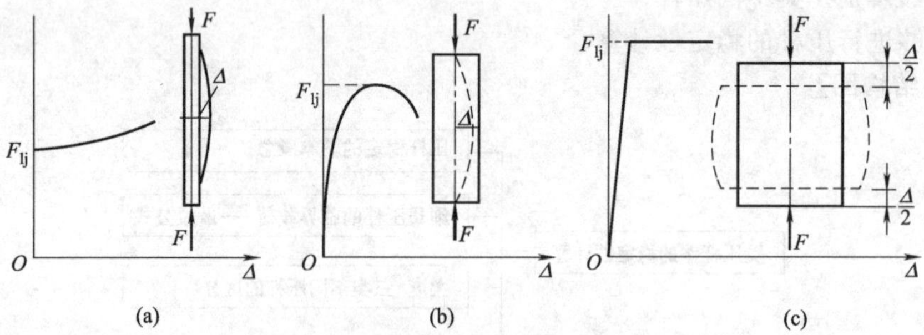

图 6-2　三类压杆的不同临界状态

② 中长杆　发生弹塑性失稳。当外加载荷 $F>F_{lj}$ 时，中长杆也会发生失稳，但不再是弹性的，这是因为这时压杆上的某些部分已经出现塑性变形。载荷与侧向位移之间的关系如图 6-2（b）所示。

③ 短杆　不发生失稳，而发生屈服。这时因为压应力到达屈服极限（塑性材料）或强度极限（脆性材料）而破坏，这是一个强度问题。对短杆而言，临界应力就是屈服极限或强度极限。载荷与侧向位移之间的关系如图 6-2（c）所示。

对这三种类型压杆的划分标准并不是简单的长细比，而是下面将要讲到的"柔度"。

6.2 细长压杆的临界载荷——欧拉公式

俄国科学家欧拉通过一系列的实验发现，细长压杆临界力的大小与它的刚度 EI 成正比，与它的长度 l 的平方成反比，并且与它两端的支承情况有关。他推导的用于计算压杆临界力的公式称为欧拉公式，即

$$F_{lj}=\frac{\pi^2 EI}{(\mu l)^2} \tag{6-1}$$

式中　μ——长度系数，与支承情况有关，其值见表 6-1。

μl 称为有效长度或相当长度。需要注意的是，I 一定要是压杆横截面的最小惯性矩。μl 与支承情况的关系如图 6-3 所示。

表 6-1　压杆的支承条件与长度系数

支承条件	长度系数	支承条件	长度系数
一端固定另一端自由[图 6-3(a)]	$\mu=2$	一端固定另一端铰支[图 6-3(c)]	$\mu=0.7$
两端铰支[图 6-3(b)]	$\mu=1$	两端固定[图 6-3(d)]	$\mu=0.5$

需要说明的是，上述临界载荷公式只有当压杆处于微弯状态下，仍然处于弹性范围时才是成立的。

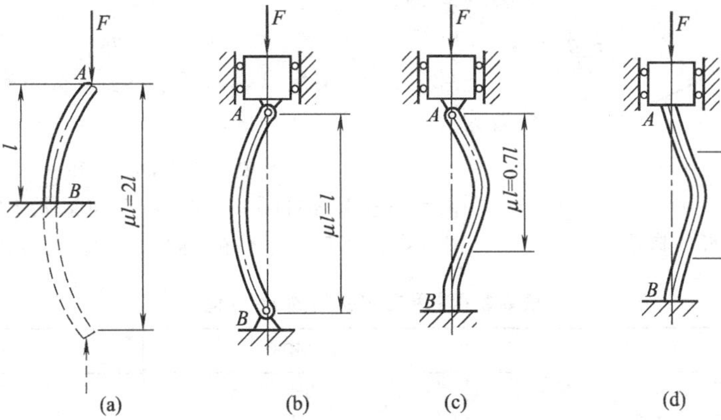

图 6-3　有效长度与长度系数

6.3　柔度　三类不同压杆的区分

6.3.1　临界应力和柔度

在临界力作用下压杆横截面上的应力，称为压杆的临界应力，以 σ_{lj} 表示，即

$$\sigma_{lj}=\frac{F_{lj}}{A}=\frac{\pi^2 EI}{(\mu l)^2 A} \tag{6-2}$$

式（6-2）中的 I 与 A 都是与截面有关的几何量，若令 $i=\sqrt{\frac{I}{A}}$，$\lambda=\frac{\mu l}{i}$，代入式（6-2）则得到另一形式的欧拉公式，即

$$\sigma_{lj}=\frac{\pi^2 E i^2}{(\mu l)^2}=\frac{\pi^2 E}{\left(\frac{\mu l}{i}\right)^2}=\frac{\pi^2 E}{\lambda^2} \tag{6-3}$$

式（6-3）又称为欧拉临界应力公式。式（6-3）中，i 为压杆截面的最小惯性半径，λ 称为压杆的柔度或长细比，它反映了杆端约束情况、压杆长度、截面形状和尺寸对临界应力的综合影响。如压杆越细长，则其柔度 λ 越大，压杆的临界应力 σ_{lj} 越小，则压杆越容易失稳。所以，柔度 λ 是压杆稳定计算中的一个重要参数。根据柔度的大小也可判断压杆属于细长杆、中长杆还是短杆。

6.3.2　三类不同压杆的区分

（1）压杆柔度大于一确定数值 λ_1（即 $\lambda>\lambda_1$）者为细长杆

$$\lambda_1=\sqrt{\frac{\pi^2 E}{\sigma_p}} \tag{6-4}$$

式中　σ_p——材料的比例极限。

其临界应力公式为

$$\sigma_{lj}=\frac{\pi^2 E}{\lambda^2} \tag{6-5}$$

（2）压杆柔度满足 $\lambda_2<\lambda<\lambda_1$ 者为中长杆

$$\lambda_2=\frac{a-\sigma_s}{b} \tag{6-6}$$

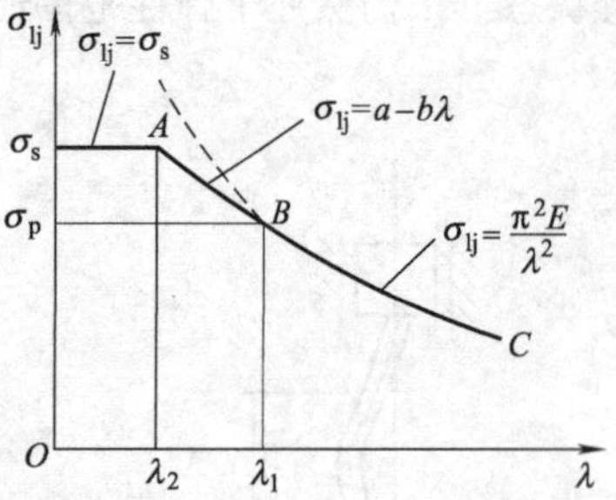

图 6-4 不同压杆的临界应力

式中 a，b——材料常数，MPa。

表 6-2 中所列为常用工程材料的 a、b 值。其临界应力公式为

$$\sigma_{lj}=a-b\lambda \tag{6-7}$$

(3) 压杆柔度 $\lambda\leqslant\lambda_2$ 者为短杆或粗短杆　其临界应力为

$$\sigma_{lj}=\sigma_s \text{或} \sigma_{lj}=\sigma_b \tag{6-8}$$

对于 Q235 钢而言，其 $\lambda_1\approx100$，$\lambda_2\approx62$。

上述各类不同压杆的临界应力总图如图 6-4 所示。

表 6-2　常用工程材料的 a、b 值

材料(σ_s,σ_b 的单位为 MPa)	a/MPa	b/MPa
Q235($\sigma_s=235$,$\sigma_b\geqslant372$)	304	1.12
优质碳素钢($\sigma_s=306$,$\sigma_b\geqslant417$)	461	2.568
硅钢($\sigma_s=353$,$\sigma_b=510$)	578	3.744
铬钼钢	9807	5.296
铸铁	332.2	1.454
强铝	373	2.15
木材	28.7	0.19

6.4　压杆的稳定性计算

在工程中，压杆的稳定性校核通常采用安全系数法。临界应力 σ_{lj} 是压杆的极限应力，乘以截面面积 A 得到临界力 F_{lj}。为了保证压杆在工作压力 F 作用下不致失稳，必须满足下述条件：F 小于临界力 F_{lj}，并使压杆尚有一定的安全裕度。于是有压杆稳定条件

$$F\leqslant\frac{F_{lj}}{n_{st}} \tag{6-9}$$

式中　n_{st}——稳定安全系数。

由于考虑到实际杆件可能存在弯曲、载荷的偏心、材料的不均匀和支座的缺陷等因素，对压杆工作将造成的不利影响，因此稳定安全系数一般应比强度安全系数取得稍大些。以上压杆稳定条件也可写成

$$n_w=\frac{F_{lj}}{F}=\frac{\sigma_{lj}A}{F}\geqslant n_{st}$$

另外应当注意，对于截面有局部削弱的压杆（例如开螺钉孔、油孔等），应该同时进行强度校核和稳定校核。在校核强度时，需用截面被削弱处的净面积，而在校核稳定时，仍用总面积。这是因为压杆的临界力取决于整个杆的抗弯刚度，截面的局部削弱对临界力的影响很小。

综上所述，压杆稳定校核的步骤如下。

① 根据压杆支承情况及有关尺寸求出压杆的柔度 λ。

② 根据压杆的材料求出 λ_1 和 λ_2。

③ 由 λ 值确定压杆的类型，并选用适当的公式求出临界力或临界应力。

④ 按压杆稳定条件进行计算。

例 6-1　图 6-5 所示压杆的材料为 Q235，两种截面形状的面积均为 $3.2\times10^3\text{mm}^2$。试求它们的临界力，并进行比较。已知：$E=200\text{GPa}$，$\sigma_s=235\text{MPa}$，$\sigma_{lj}=304-1.12\lambda$，$\lambda_1=100$，$\lambda_2=61.4$ 。

解

由图 6-5 中约束情况可知长度系数 $\mu=0.5$

(1) 求压杆柔度 λ。

对矩形截面

由 $2b^2=3.2\times10^3\text{mm}^2$ 可推出 $b=40\text{mm}$

$$I_z=\frac{8b^4}{12}=171\times10^4\text{mm}^4$$

$$I_y=\frac{2b^4}{12}=43\times10^4\text{mm}^4$$

可知压杆将向 y 方向失稳，取 $I=I_y$

由 $i=\sqrt{\frac{I}{A}}$，$\lambda=\frac{\mu l}{i}=\frac{0.5\times3\times10^3}{\sqrt{\frac{I}{A}}}=129.3$ 可知为细长杆。

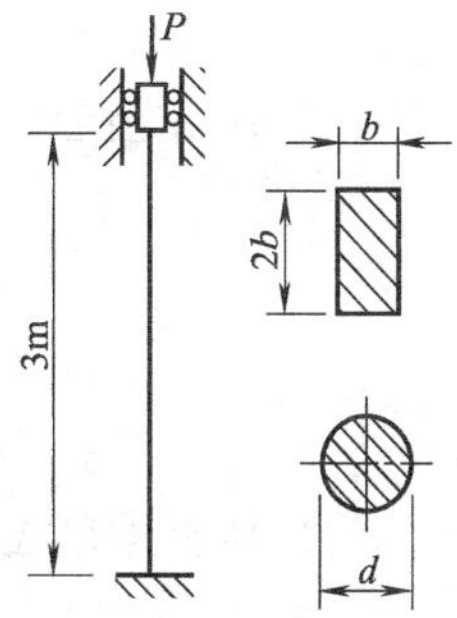

图 6-5　例 6-1 图

对圆形截面

由 $\frac{\pi}{4}d^2=3.2\times10^3\text{mm}^2$ 可得出 $d=63.85\text{mm}$

$$I=I_y=I_z=\frac{\pi d^4}{64}=81.6\times10^4\text{mm}^4$$

$$\lambda=\frac{\mu l}{i}=\frac{0.5\times3\times10^3}{\sqrt{\frac{I}{A}}}=\frac{0.5\times3\times10^3}{\sqrt{\frac{81.6\times10^4}{3.2\times10^3}}}=93.75$$

因为 $\lambda_2<\lambda<\lambda_1$，故为中长杆。

(2) 确定临界力。

对矩形截面压杆

$$P_{lj}=\sigma_{lj}A=\frac{\pi^2E}{\lambda^2}A=\frac{\pi^2\times200\times10^3}{129.3^2}\times3.2\times10^3$$
$$=377\times10^3\text{N}=377\text{kN}$$

对圆截面压杆

$$P_{lj}=\sigma_{lj}A=(a-b\lambda)A=(304-1.12\times93.75)\times3.2\times10^3$$
$$=636.8\text{kN}$$

可见，在相同的截面面积下，圆截面压杆的稳定性能比矩形截面压杆的好。

【知识梳理与总结】

(1) 压杆的临界应力 $\sigma_{lj}=\frac{F_{lj}}{A}=\frac{\pi^2EI}{(\mu l)^2A}$

若令 $i=\sqrt{\frac{I}{A}}$，$\lambda=\frac{\mu l}{i}$，代入上式则得到另一形式的欧拉公式，即

$$\sigma_{lj}=\frac{\pi^2Ei^2}{(\mu l)^2}=\frac{\pi^2E}{\left(\frac{\mu l}{i}\right)^2}=\frac{\pi^2E}{\lambda^2}$$

式中，i 为压杆截面的最小惯性半径，λ 称为压杆的柔度或长细比，它反映了杆端约束情况、压杆长度、截面形状和尺寸对临界应力的综合影响。柔度 λ 是压杆稳定计算中的一个重要参数。根据柔度的大小也可判断压杆属于细长杆、中长杆还是短杆。

(2) 压杆柔度大于一确定数值 λ_1（即 $\lambda>\lambda_1$）者为细长杆

$$\lambda_1=\sqrt{\frac{\pi^2 E}{\sigma_P}}$$

其临界应力公式为

$$\sigma_{lj}=\frac{\pi^2 E}{\lambda^2}$$

(3) 压杆柔度满足 $\lambda_2<\lambda<\lambda_1$ 者为中长杆，其中

$$\lambda_2=\frac{a-\sigma_s}{b}$$

$$\sigma_{lj}=a-b\lambda$$

(4) 压杆柔度 $\lambda\leqslant\lambda_2$ 者为短杆或粗短杆。其临界应力为 $\sigma_{lj}=\sigma_s$ 或 $\sigma_{lj}=\sigma_b$

(5) 压杆稳定条件为：$F\leqslant\frac{F_{lj}}{n_{st}}$。

习　题

6-1　如图 6-6 所示，四根压杆的材料及截面均相同，试判断哪一根压杆最容易失稳，哪一根压杆最不容易失稳？

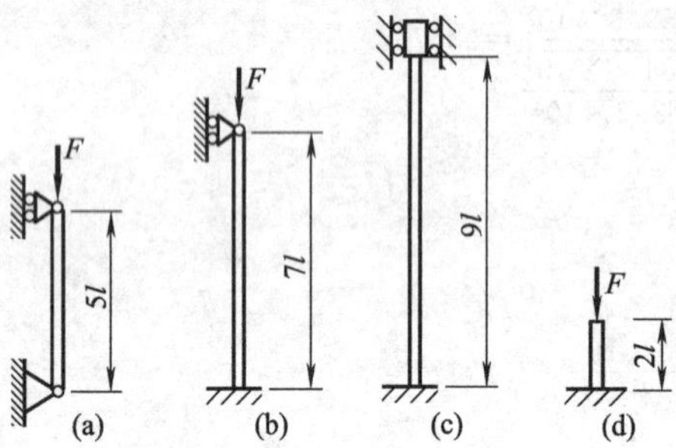

图 6-6　题 6-1 图

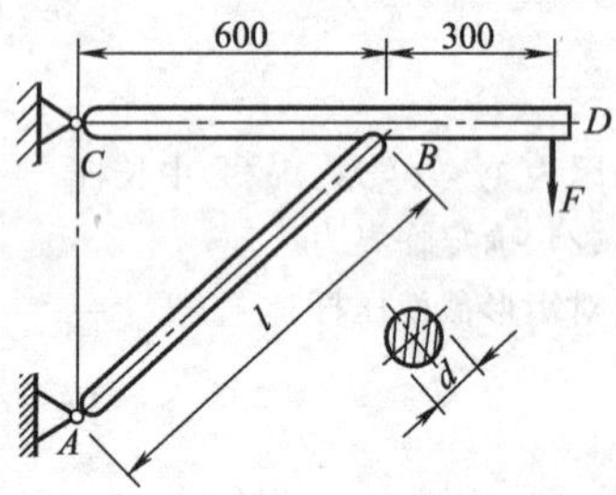

图 6-7　题 6-2 图

6-2　图 6-7 所示托架中 AB 杆的直径 $d=40$mm，长度 $l=800$mm，两端可视为球铰链约束，材料为 Q235 钢，$\lambda_1=100$，$\lambda_2=61.4$，$E=200$GPa。求：

(1) 托架的临界载荷 F_{lj}。

(2) 若已知工作载荷 $F=70$kN，并要求 AB 杆的稳定安全系数 $n_{st}=2.0$，试校核托架是否安全。

6-3　图 6-8 所示压杆，两端为球铰支，已知 $E=200$GPa，试分别在下列情况下确定其临界载荷。

(1) 圆形截面，$l=1.2$m，$d=30$mm。

(2) 矩形截面，$l=1.2$m，$h=2b=50$mm。

(3) 工字形截面，$l=1.9$m，用 14 号工字钢。

6-4　图 6-9 所示正方形结构由五根圆钢杆组成，各杆直径均为 $d=40$mm，$a=1$m，材料为 Q235 钢，$E=200$GPa，$[\sigma]=160$MPa，稳定安全系数 $n_{st}=2.5$。试求：

(1) 结构的许可载荷。

(2) 若 F 力的方向改为向外，试问许可载荷是否改变？若改变则其值为多少？

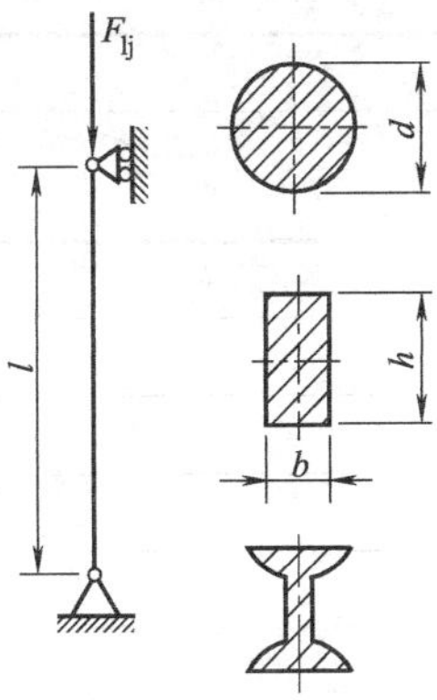

图 6-8　题 6-3 图

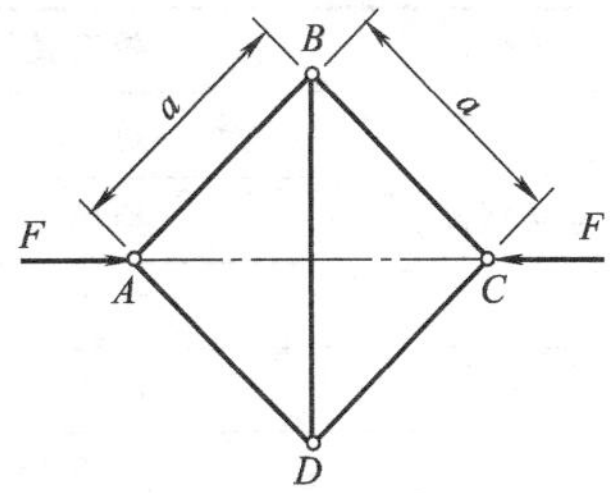

图 6-9　题 6-4 图

专题作业一　新型连接螺栓等强度设计

【知识目标】

① 了解拉伸、剪切、挤压等力学知识；

② 掌握新型连接螺栓受力分析和危险截面确定方法。

【能力目标】

① 根据强度条件，能够对新型连接螺栓进行强度计算；

② 能够绘制新型连接螺栓技术图样；

③ 提高学生分析问题和解决问题的能力及创新能力。

作业描述

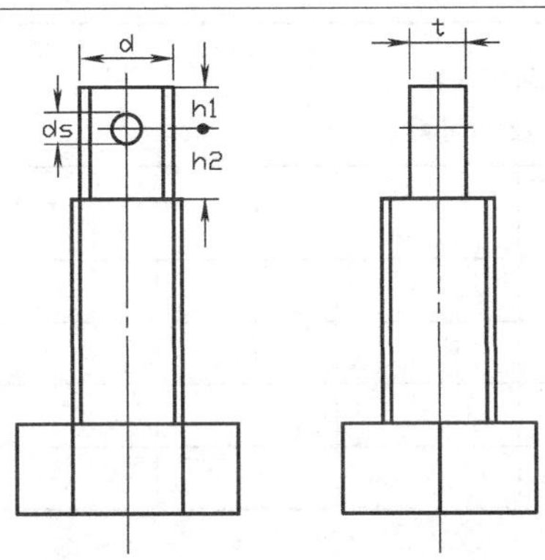

(a) 主视图　(b) 左视图

图 1　新型连接螺栓

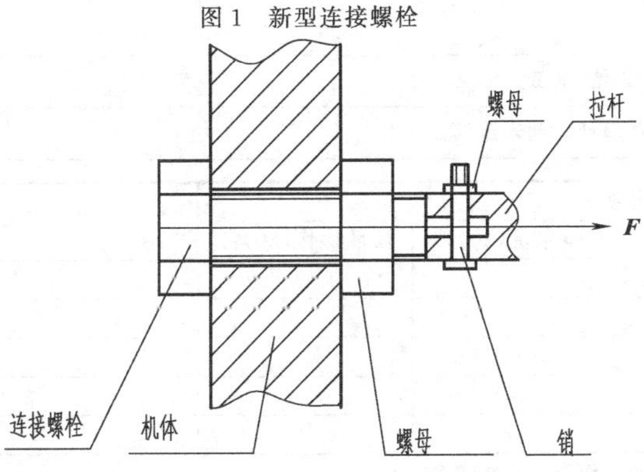

图 2　连接螺栓安装及受力图

项目来源：

专利：一种连接螺栓 . ZL201220195317.1

论文：一种新型连接螺栓的等强度设计《煤矿机械》2013 第 4 期

项目说明：在普通螺栓的螺杆尾端再加工一段凸榫，凸榫上有一个垂直于螺杆轴线的连接孔，其结构如图 1 所示。利用该凸榫结构，插入拉杆的凹槽中，再将销插入连接孔中，就能简便地达到连接的目的，如图 2 所示

要求学生根据新型连接螺栓的使用场合，利用拉伸、剪切、挤压等力学知识及设计资料（标准、规范等），对新型螺栓等强度计算，并进行常用规格的尺寸和许可载荷计算

零件材料：

① 连接螺栓：Q235

②拉杆：Q235

③销：35

续表

工作任务

1. 对连接螺栓、销、拉杆三个零件分别进行失效分析，并列出强度条件，填写在表1。

表1　各零件失效形式及强度条件

零件	失效形式	失效面积	强度条件
连接螺栓	拉伸		
	剪切		
	挤压		
销	剪切		
拉杆	拉伸		
	剪切		

注：取安全系数 $n=1.5$。

2. 根据表1的各强度条件公式，对连接螺栓、销、拉杆进行等强度计算，算出连接螺栓凸榫各部分尺寸相对于凸榫部分直径 d 的关系式，并填入表2。

表2　凸榫各部分尺寸相对于凸榫部分直径 d 的关系

部位名称	相对于 d 的关系式
d_s	
t	
h_1	
h_2	

3. 对于常用规格的连接螺栓的尺寸与许可载荷进行计算，并将计算结果填入表3。

表3　新型连接螺栓常用规格凸榫尺寸及许可载荷

尺寸、拉力 / 规格	d_1	d	d_s	t	h_1	h_2	F_{max}(N)
M10							
M12							
M16							
M20							

注：表中 d_1 为螺栓小径，尺寸单位为mm。

工作成果

1. 设计一种规格的连接螺栓，完成A4技术图样一张。
2. 计算说明书1份。

成绩评定

综合测绘、说明书及答辩情况，按百分制评分，折算后计入期末成绩。

姓名	分项				总分
	测绘(20%)	设计说明书(40%)	答辩情况(20%)	团队协作(20%)	

注：团队协作分数根据小组成员出勤、工作态度及工作量由小组组长打分。

专题作业二　弓形夹测绘及强度校核

【知识目标】
①熟知拉伸、扭转、弯曲等力学知识；
②掌握组合变形相当应力计算和强度校核方法。
【能力目标】
①根据弓形夹的受力特点，能够对弓形夹危险截面进行强度校核；
②能够绘制弓形夹技术图样；
③提高学生分析问题和解决问题的能力及创新能力。

作业描述

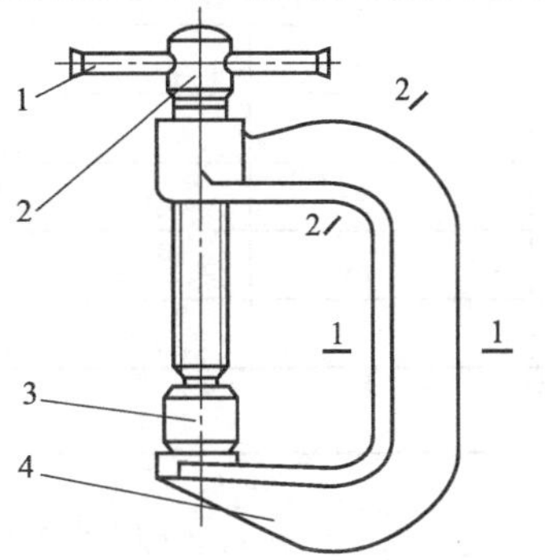

图 1　弓形夹示意图

项目来源：
到机电五金市场采购几种规格弓形夹(JB/ T　3411.49—1999)，如图 1 所示。
技术指标：
①材料：ZG45。
②热处理：HRC40-45。
③表面处理：氧化。

工作任务

1. 对给定的弓形夹进行测绘，并记录主要尺寸，填写在表 3 和表 4 中。

表 3　截面 1 主要尺寸

尺寸 / 规格	a	b_1	b_2	t	h_1	h	Z_1	I_z
M12								
M16								
M20								

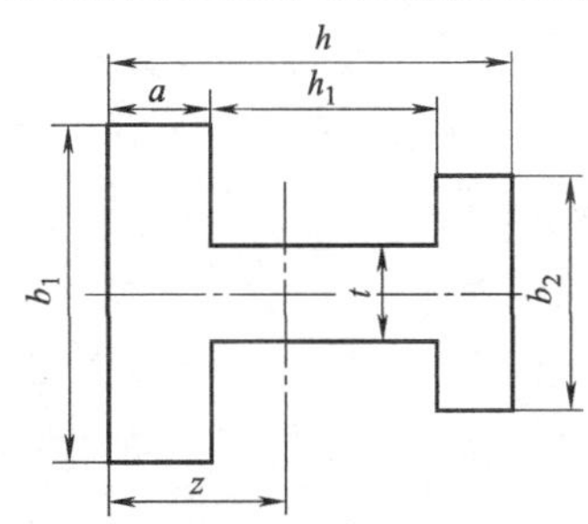

表 4　截面 2 主要尺寸

尺寸 / 规格	a	b_1	b_2	h	Z_2	I_z
M12						
M16						
M20						

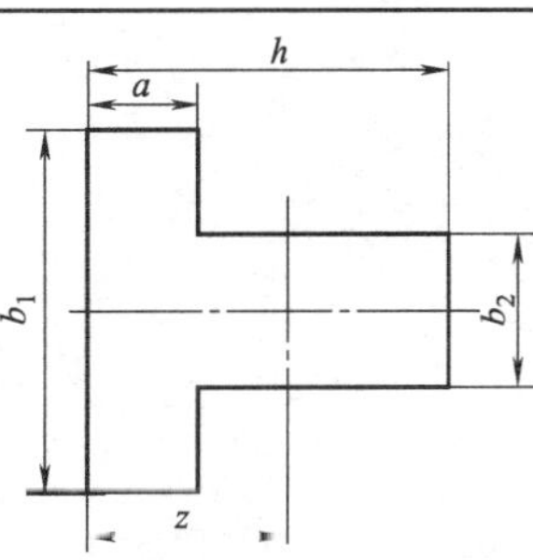

2. 根据测得数据，对弓形夹危险截面进行强度校核，如图 1 中的 1—1、2—2 截面。
(1)分析截面 1—1 受力状态，并进行强度校核。
(2)分析截面 2—2 受力状态，并进行强度校核。
(3)根据(1)和(2)强度校核结果，确定弓形夹的许可载荷。

续表

工 作 成 果

1. 对弓形夹进行测绘，记录主要尺寸，并绘制技术图样。
2. 计算说明书1份。

成 绩 评 定

综合测绘、说明书及答辩情况，按百分制评分，折算后计入期末成绩。

姓名	分项				总分
	测绘(20%)	设计说明书(40%)	答辩情况(20%)	团队协作(20%)	

注：团队协作分数根据小组成员出勤、工作态度及工作量由小组组长打分。

第二篇　常用平面机构

机构是机器的主要组成部分，研究机构的组成以及机构在什么条件下才具有确定的运动是正确进行机械设计的前提。平面连杆机构和凸轮机构是代表性突出的常用平面机构。本篇主要介绍这两类机构的类型、特点、运动规律分析及结构设计等，并结合实际应用给出专题专业项目，以利学生进行技能训练，掌握机构设计的步骤和方法。

主要学习和实践进程如下：

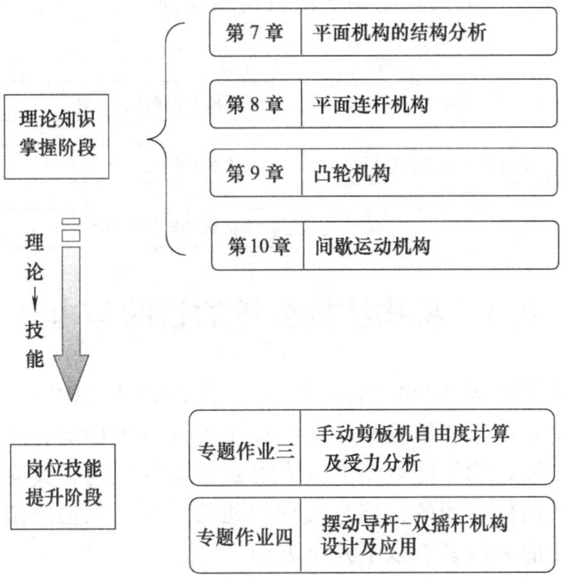

第 7 章　平面机构的结构分析

【知识目标】

① 了解平面机构的组成；

② 理解低副、高副的概念及区别；

③ 掌握自由度的计算公式。

【能力目标】

① 能够计算平面机构的自由度；

② 能够对平面机构进行测绘，绘制平面机构运动简图。

【知识结构图】

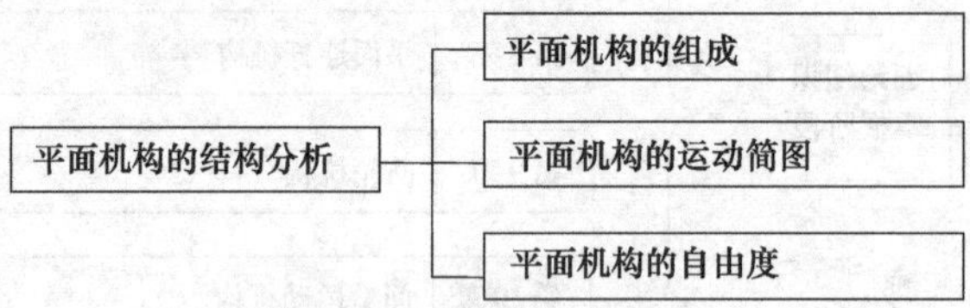

7.1　机构结构分析的目的与内容

机构是具有确定的相对运动的实物的组合，因此在设计机构时，首先要研究机构中各构件应怎样组合才能运动；如果能够运动，又在什么条件下机构能有确定的相对运动。

通过分析和经验可知，构件能否组成具有确定运动的机构和具有怎样的确定运动，与该机构中包含的构件数及构件之间的连接方式密切相关，即与机构的结构密切相关。

机构结构分析的目的和内容有以下几个方面。

① 探讨机构运动的可能性和确定性。

② 研究机构的组成原理。

③ 为机构的运动和受力分析奠定基础。

④ 正确绘制机构的运动简图。

7.2　平面机构的组成与运动简图

7.2.1　机构的组成

机构是由若干构件组合而成的，为了使机构具有确定的运动，每个构件都必须以一定的方式与其他构件相互连接，相互连接的两构件，既要保持直接接触，又要能产生一定的相对运动。我们把两构件通过直接接触而又能产生一定的相对运动的连接称为运动副。

构件之间的接触包括点、线、面三种，构件上参与接触的点、线、面称为运动副元素。

两构件形成运动副后，它们之间能产生哪种相对运动，由两运动副元素的几何形状和它们的接触情况决定。根据运动副各构件之间的相对运动是平面运动还是空间运动，可将运动副分为平面运动副和空间运动副。

如果组成机构的所有构件均在同一平面或在几个相互平行的平面内运动时，则该机构称为平面机构；否则称为空间机构。

本章仅就平面运动副和平面机构进行讨论。

根据组成运动副的两构件之间的接触方式不同，可将平面运动副分为平面低副和平面高副。

1. 平面低副

两构件之间通过面接触所构成的平面运动副称为平面低副。根据组成平面低副的两构件间的相对运动为转动或移动，平面运动副又可分为转动副和移动副。

(1) 转动副　若组成运动副的两构件只能在一个平面内作相对转动，则这种平面低副称为转动副，又称为铰链，如图 7-1 所示。转动副可用图 7-2 所示的符号表示，图 7-2 (a) 表示转动轴线垂直于纸面，轴线位置在圆周中心，图 7-2 (b) 表示轴线平行于纸平面。

(2) 移动副　若组成运动副的两构件只能沿某导路作相对移动，这种运动副称为移动副，如图 7-3 所示。移动副可用图 7-4 所示的符号表示。

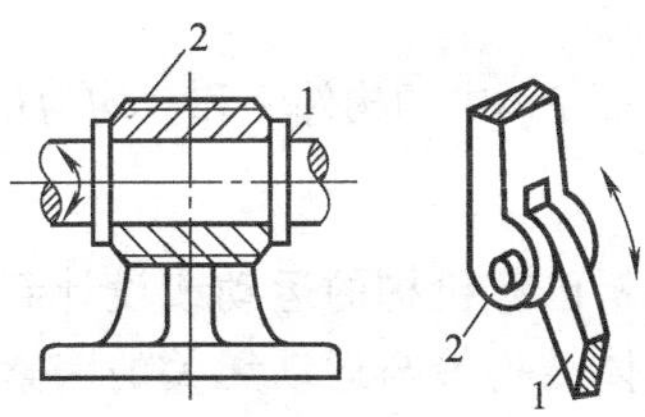

图 7-1　转动副

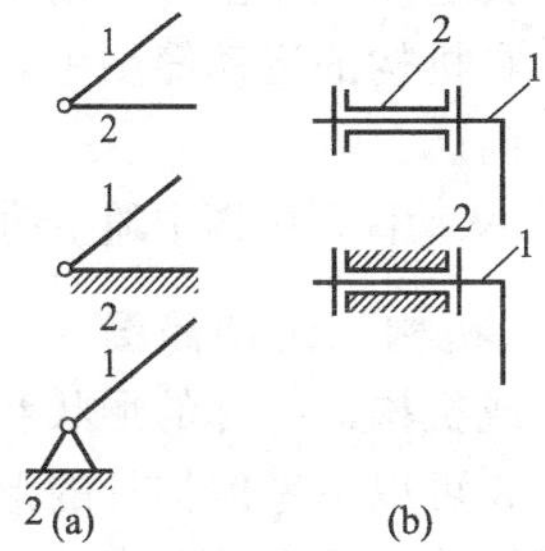

图 7-2　转动副的表示方法

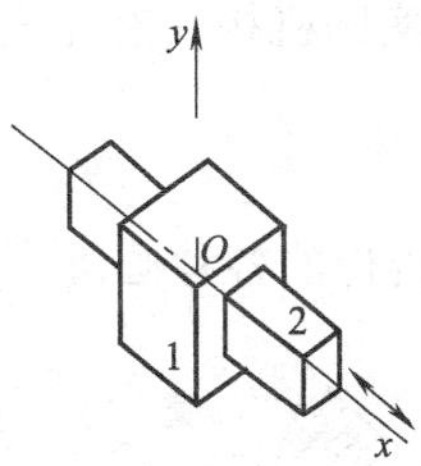

图 7-3　移动副

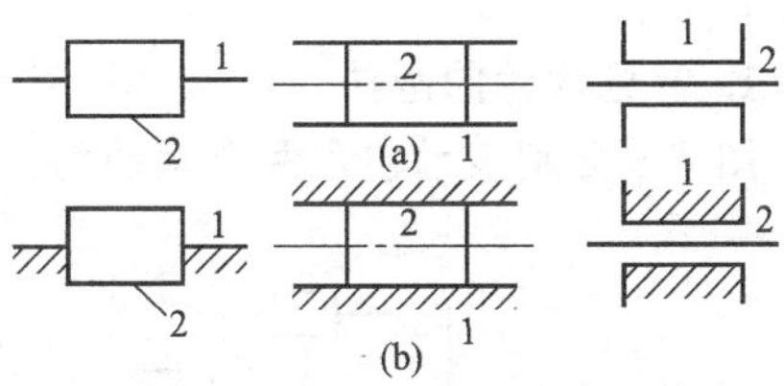

图 7-4　移动副的表示方法

2. 平面高副

两构件之间通过点或线接触所构成的平面运动副称为平面高副。如图 7-5 所示的凸轮与从动件、齿轮 1 与齿轮 2 都在接触处构成高副。

7.2.2　运动链和机构

两个以上的构件通过运动副连接而成的系统称为运动链。如果运动链中各构件构成首尾相连的封闭环，则此运动链称为闭链 [图 7-6 (a)]，否则称为开链 [图 7-6 (b)]。

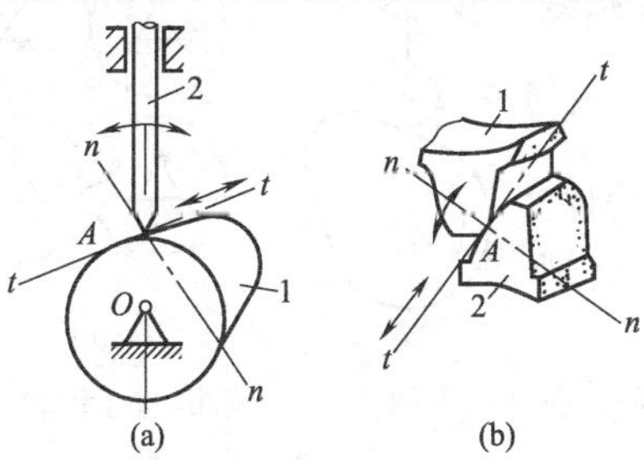

图 7-5　平面高副

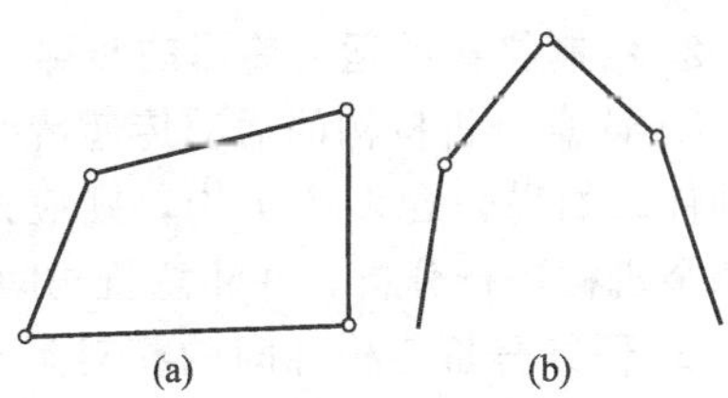

图 7-6　运动链

如果将运动链中的一个构件固定，使另一个（或几个）构件按给定的运动规律运动，其余的构件均能随之作确定的相对运动，则这种运动链就是机构。机构中构件的分类有以下几种。

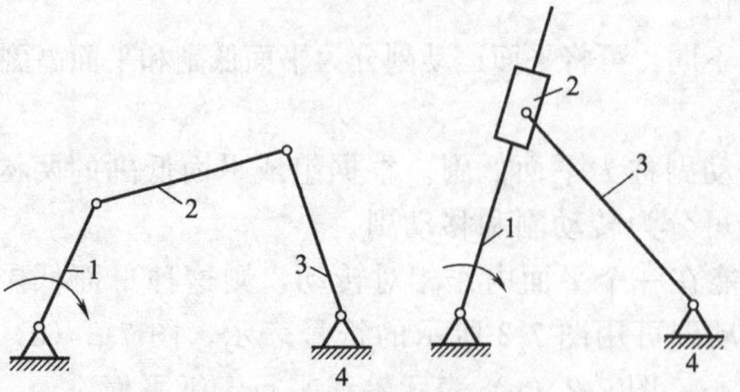

图 7-7 机构中构件的分类

① 机架 机构中固定不动的构件。在机构中，有且只有一个构件为机架。它用来支承机构中的可动构件。图 7-7 中的构件 4 就是机架。通常在图中用加有斜线的构件表示机架。

② 主动件 机构中运动规律已知的构件，有时也称为原动件。它的运动由外界驱动，其运动规律由外界给定，在机构中用它驱动其他构件运动。图 7-7 中的构件 1 即为主动件，在机构的运动简图中，通常用画有箭头的构件表示原动件，箭头的方向表示原动件的运动方向。

③ 从动件 机构中随主动件作确定的相对运动的构件。图 7-7 中的构件 2 和 3 均为从动件。

7.2.3 机构的运动简图

组成机构的构件的形状和结构可能非常的复杂，在分析已有机构的运动或设计新的机构方案时，可以不考虑构件的形状、截面尺寸及运动副的具体结构等与运动无关的因素，只需要按照影响机构运动的有关尺寸，用一定的比例尺定出各运动副的位置，并用规定的运动副符号和简单的线条把机构的运动表示出来，这种用规定的符号和简单线条表示机构运动情况的简单图形称为机构运动简图。机构运动简图应当与它们所表达的实际机构具有完全相同的运动特征。

1. 常见构件的画法

图 7-8 分别表示包含两个运动副、三个运动副和四个运动副的构件的各种画法。

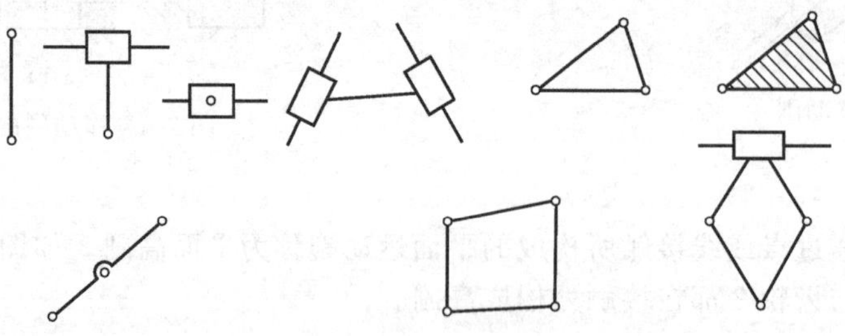

图 7-8 常见构件的画法

某些构件有其专门的画法。如凸轮机构中的凸轮和滚子习惯上画出其全部轮廓，齿轮机构常用细实线或点画线画出其节圆表示，如图 7-9 所示。

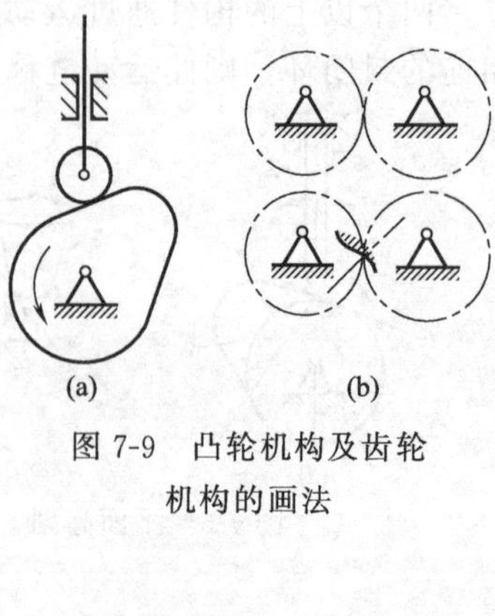

图 7-9 凸轮机构及齿轮机构的画法

2. 绘制机构的运动简图的步骤

① 认真分析机构的运动传递情况，认清机架、原动件、从动件。如果包含多个机构，则应按运动传递顺序，分别对每个机构进行分析，并注意机构间运动的传递关系。

② 仔细分析各构件间的相对运动关系，判定机构中包含的运动副种类和数目。

③ 合理地选择投影面。在绘制机构的运动简图时，为了使简图表达清楚，应选择机构中多数构件的运动平面为投影面，必要时也可以就机构的不同部分选择几个投影面，然后展开到同一图面上。

④ 选择适当的长度比例尺，测量各运动副间的相对位置和尺寸。

长度比例尺 μ_L 的定义为

$$\mu_L=\frac{\text{构件的实际长度(m)}}{\text{构件的图示长度(mm)}}$$

⑤ 从原动件开始，按照运动传递的顺序，用选定的比例尺和规定的构件和运动副符号，绘制出机构运动简图。

例 7-1　绘制图 7-10 (a) 所示颚式破碎机主体机构运动简图。

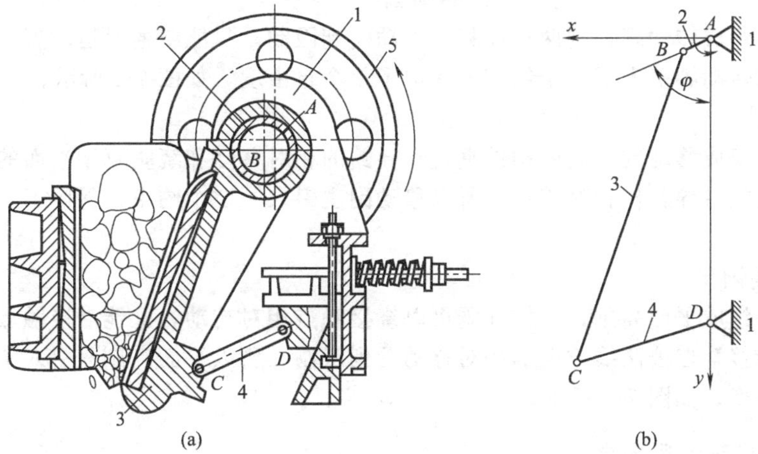

图 7-10　颚式破碎机

解

(1) 分析机构运动，识别机构的结构。

图 7-10 (a) 所示的颚式破碎机中，带轮 5 和偏心轴 2 固接在一起绕轴心 A 转动，动颚 3 与机架 1 之间装有肘板 4，动颚 3 运动时就可不断地破碎矿石。由此可知，机架 1、原动件（偏心轴）2、从动件（动颚）3 和肘板 4 四个构件组成四杆机构。

偏心轴 2 与机架 1 绕轴心 A 相对转动，偏心轴 2 与动颚 3 绕轴心 B 相对转动。由此可知，整个机构有 A、B、C、D 四个转动副。

(2) 选择视图平面、比例尺，绘制机构运动简图。

对于平面机构，选构件运动平面为视图平面可将平面机构表达清楚，故不需再选辅助视图平面。所以本例选择图 7-10 (b) 所在平面为视图平面。

根据图纸的大小、实际机构的大小和能清楚表达机构的结构为依据，选择长度比例尺。

$$\mu_L=\frac{\text{实际尺寸(m)}}{\text{图上尺寸(mm)}}$$

在图 7-10 (b) 中，过机架 A、D 两点作坐标系 xAy，画转动副 A、B、C、D，各转动副间距离按比例计算。原动件 2 与 y 轴的夹角 φ 可自行决定。

用简单线条连成构件 2、3、4 及机架 1，在原动件 2 上标注带箭头的圆弧，在机架 1 上画出斜线，便得到图 7-10 (b) 所示的机构运动简图。

7.3　平面机构的自由度

7.3.1　构件的自由度

构件的自由度是构件可能出现的独立运动的数目。也就是确定构件位置所需的独立参数

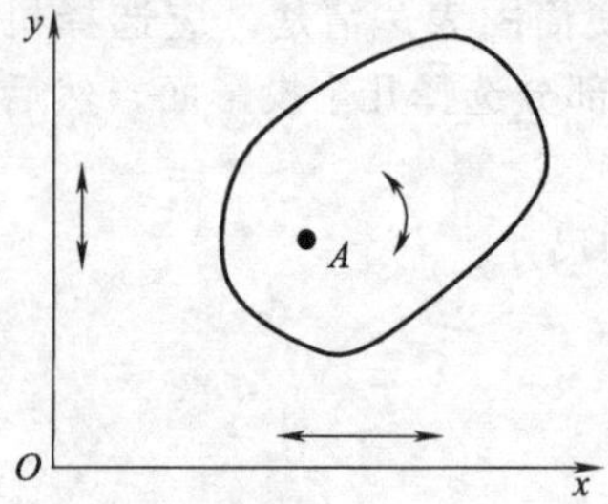

图 7-11 平面运动构件的自由度

的数目。如图 7-11 所示，一个构件在平面内运动，它的运动可以分解为三个独立的运动：沿 x、y 轴的移动和绕垂直于 xOy 面的轴的转动。所以作平面运动的构件的自由度为 3。同理，作空间运动的构件的自由度为 6。

7.3.2 自由度与运动副约束

将对物体运动的限制称为约束。机构中的构件通过运动副连接后，其独立运动受到约束。为此，必然失去一些自由度，但又保留一些自由度。构件失去的自由度与它受到的约束数相等。而约束的多少及约束的特点取决于运动副的形式。

1. 转动副

若两构件组成转动副，则两构件相对移动受到限制，只能绕通过运动副中心的轴线作相对转动，所以转动副引入了 2 个约束，保留了 1 个自由度，如图 7-1 所示。

2. 移动副

若两构件组成移动副，则两构件垂直于导路的相对移动和绕垂直于平面的轴的相对转动受到限制，只能沿导路作相对移动，所以移动副也引入了 2 个约束，保留了 1 个自由度。如图 7-3 所示。

3. 平面高副

若两构件组成平面高副，两构件既可以绕接触点相对转动，又能沿接触点公切线作相对移动，只是沿接触点公法线方向的相对移动受到限制，所以平面高副只引入了 1 个约束，保留了 2 个自由度。如图 7-5 所示。

7.3.3 平面机构的自由度

机构是由构件和运动副组成的系统，机构要实现预期的运动传递和变换，必须使其运动具有可能性和确定性。如图 7-12（a）所示的由 3 个构件通过 3 个转动副连接而成的系统就没有运动的可能性；又如图 7-12（b）所示的机构，若取构件 1 作主动件，当给定构件 1 确定位置时，构件 2、3、4 既可处于实线位置，也可处于虚线或其他位置，因此，其运动是不确定的。但是如果给定构件 1、4 的位置参数，则其他构件的位置就被确定了下来。

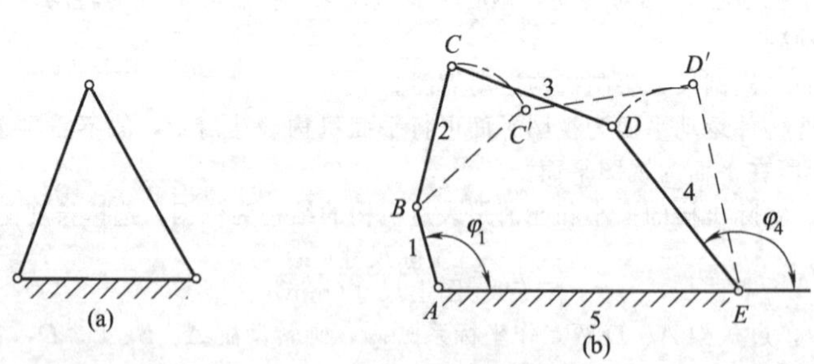

图 7-12 桁架与五杆机构

由此可见，无相对运动的构件或无规则乱动的构件的组合都不能实现预期的运动变换。如何组成具有确定运动的机构取决于机构的自由度。

机构的自由度就是机构具有独立运动的数目，也就是使机构具有确定运动所需要的主动件数目。可见机构具有确定运动的条件是：自由度 F 大于或等于 1，且自由度 F 等于机构原动件的数目。

平面机构自由度与组成机构的构件数目、运动副的数目及运动副的性质有关。

在平面机构中每个平面低副（转动副、移动副等）引入 2 个约束，使构件失去 2 个自由度，保留 1 个自由度；而每个平面高副（齿轮副、凸轮副等）引入 1 个约束，使构件失去 1 个自由度，保留 2 个自由度。

如果一个平面机构中包含有 n 个可动构件（机架为参考坐标系，相对固定而不计入其中）、P_L个低副和 P_H个高副。则这些可动构件在未用运动副连接之前，其自由度总数应为 $3n$。当用 P_L个低副与 P_H个高副连接成机构之后，全部运动副所引入的约束总数为 $2P_L+P_H$。因此可动构件的自由度总数减去运动副引入的约束总数，就是该机构中各个构件相对机架独立运动的数目，也即为该机构的自由度，以 F 表示，则有

$$F=3n-2P_L-P_H \tag{7-1}$$

例如，利用式（7-1）计算图 7-12（b）所示机构的自由度，则 $F=3\times4-2\times5-0=2$，因此该机构需要两个主动件才能具有确定的相对运动。

应用式（7-1）计算平面机构自由度时，应注意以下几点。

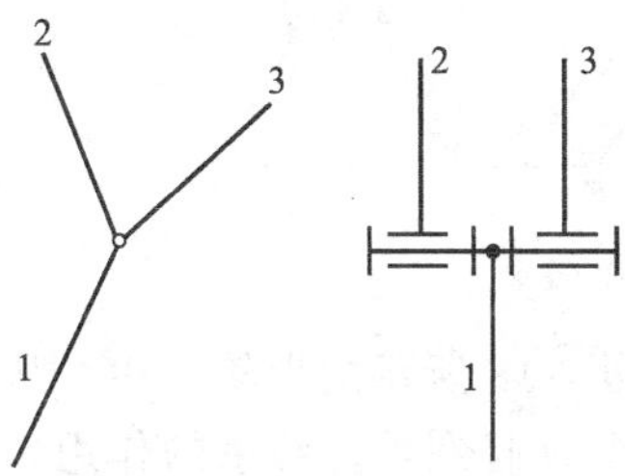

图 7-13　复合铰链

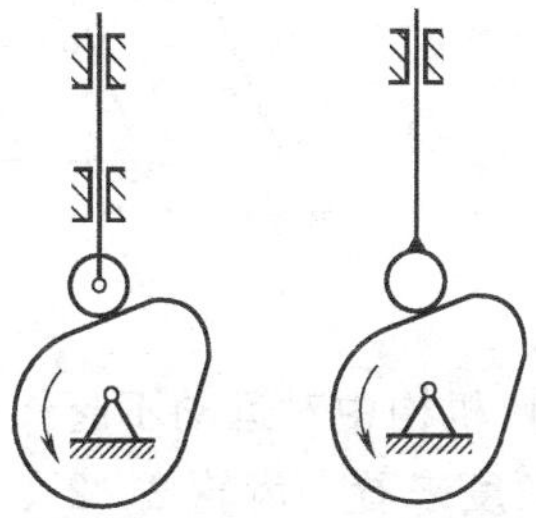

图 7-14　局部自由度

（1）复合铰链　两个以上构件（含机架）共用同一转动轴线所构成的转动副称为复合铰链。当有 k 个构件组成复合铰链时，则应当组成 $k-1$ 个共线转动副，如图 7-13 所示。

（2）局部自由度　机构中不影响其输出与输入运动关系的个别构件的独立运动自由度，称为机构的局部自由度。在计算机构自由度时，可预先排除。图 7-14 所示平面凸轮机构中，为减少高副元素间的磨损，在从动件上安装一个滚子，使其与凸轮轮廓线滚动接触。显然，滚子绕其自身轴线的转动与否并不影响凸轮与从动件间的相对运动，因此滚子绕其自身轴线的转动为机构的局部自由度，在计算机构的自由度时，应预先将滚子与从动件间的转动副除去不计，或如图 7-14 所示，设想将滚子与从动件固连在一起作为一个构件来考虑。此时该机构中，$n=2$，$P_L=2$，$P_H=1$，其机构自由度为：$F=3n-2P_L-P_H=3\times2-2\times2-1=1$。即此凸轮机构只有一个自由度，是符合实际情况的。

（3）虚约束　在机构中与其他约束重复而不起限制运动作用的约束，称为虚约束。在计算机构自由度时应当除去虚约束不计。虚约束常出现在下列情况。

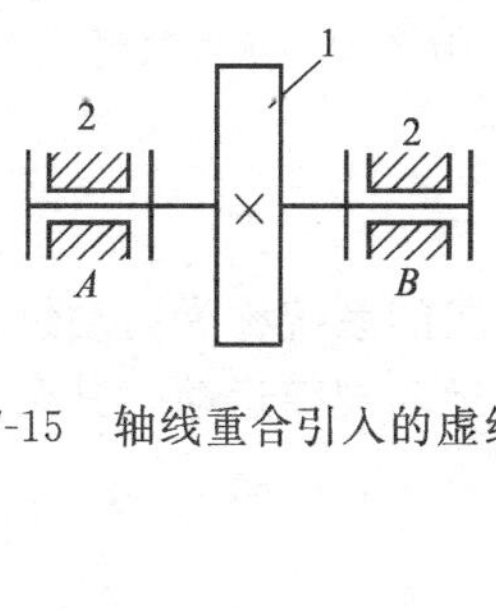

图 7-15　轴线重合引入的虚约束

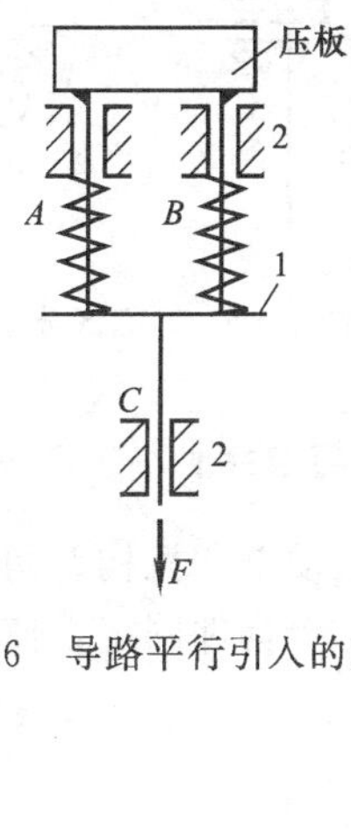

图 7-16　导路平行引入的虚约束

① 两构件在同一轴线上形成多个转动副。如图 7-15 所示，构件 1 和构件 2 在同一轴线上的 A、B 两处构成转动副。从运动关系看，只需一个转动副的约束即可，余下的一个只起到重复约束的作用，故为虚约束。

② 两构件在同一导路或平行导路上形成多个移动副。如图 7-16 所示，构件 1 和构件 2 在同一轴线上的 A、B、C 三处构成移动副。从运动关系看，只需一个移动副的约束即可，余下的两个只起到重复约束的作用，故为虚约束。

③ 用一个构件和两个转动副去连接两构件上距离始终不变的两点。如图 7-17 所示，构件 1 和构件 3 上的 E、F 两点的距离始终保持不变，若用构件 5 和两转动副去连接，则由此引起的约束也为虚约束。

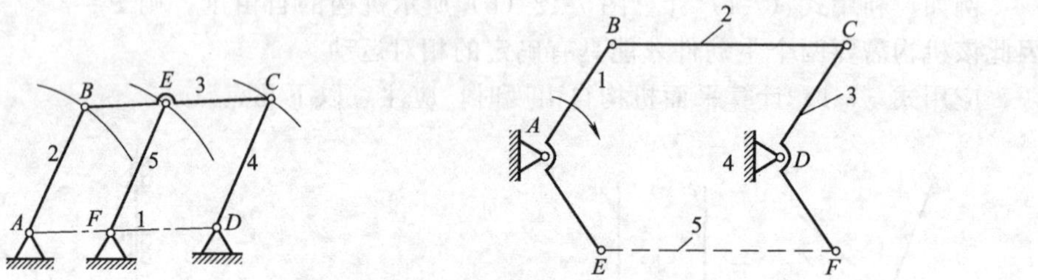

图 7-17 距离不变的两点引入的虚约束

④ 机构中对运动不起作用的对称部分引入的约束。图 7-18 所示的齿轮系中，从传递运动的角度来看，齿轮 2、2′、2″只需一个即可，余下的两个只起到重复约束的作用，故为虚约束。

虚约束虽然不影响机构的运动，却能增加机构的刚性，改善机构的受力状况，因而在实际中得到广泛的应用。但是机构中的虚约束是在特定的几何条件下形成的，如果这些几何条件不能满足，虚约束将会转化为有效约束，从而改变机构的自由度，因此，机构引入虚约束后，对机构的加工和装配精度提出了更高的要求。

例 7-2 计算图 7-19 所示大筛机构所需要的主动件数目。

解 图 7-19 中，凸轮机构处存在局部自由度；E、E' 处构成虚约束；构件 4、5、7 在 C 处构成复合铰链。综上分析，按式（7-1）计算

$$F=3n-2P_L-P_H=3\times7-2\times9-1=2$$

此机构应当有 2 个主动件。

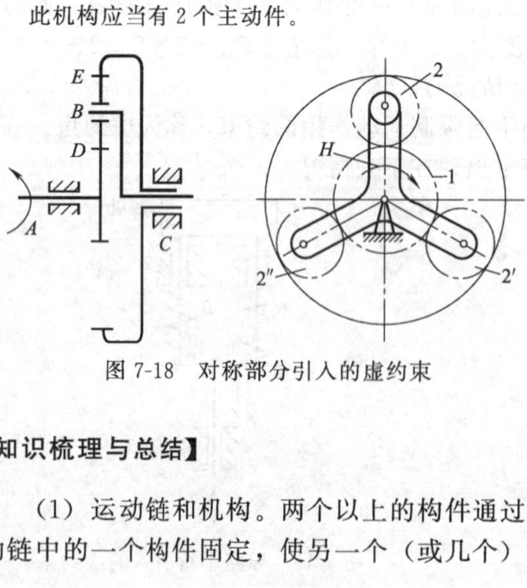

图 7-18 对称部分引入的虚约束

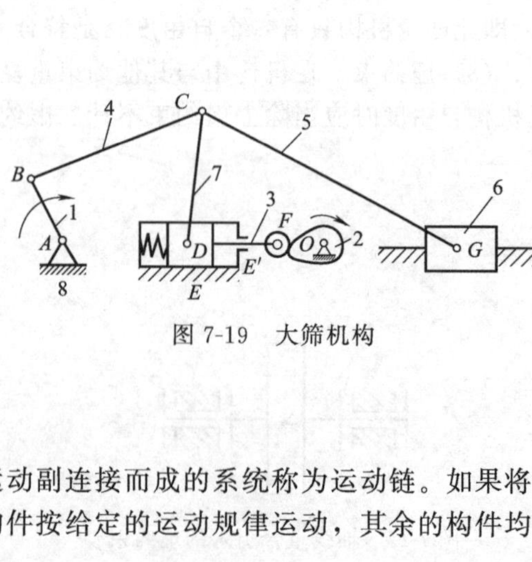

图 7-19 大筛机构

【知识梳理与总结】

（1）运动链和机构。两个以上的构件通过运动副连接而成的系统称为运动链。如果将运动链中的一个构件固定，使另一个（或几个）构件按给定的运动规律运动，其余的构件均能

随之作确定的相对运动，则这种运动链就是机构。

（2）平面机构的自由度 $F=3n-2P_L-P_H$。自由度计算要注意是否存在局部自由度、复合铰链、虚约束及相应的处理方法。

（3）平面机构运动简图的绘制，要注意从原动件开始分析构件之间的相对运动关系，正确确定运动副的种类、运动副之间的相对位置及恰当的比例尺。

习　题

7-1　机构具有确定相对运动的条件是什么？

7-2　在计算机构的自由度时要注意哪些事项？

7-3　机构运动简图有什么作用？如何绘制机构运动简图？

7-4　绘制图 7-20 所示机构的运动简图，并计算其自由度。

7-5　计算图 7-21 所示机构的自由度，并说明欲使机构具有确定运动需要几个主动件。

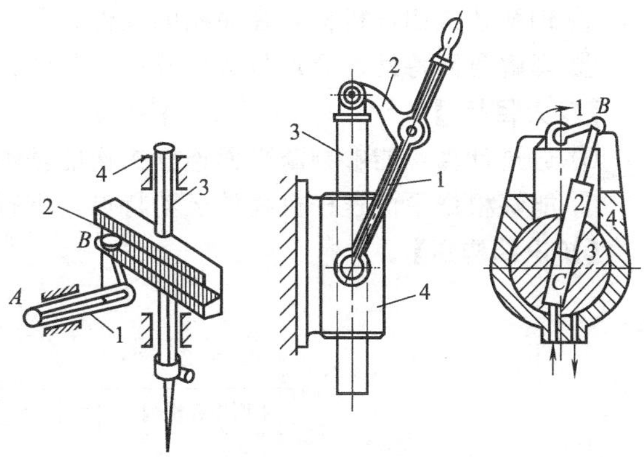

图 7-20　题 7-4 图

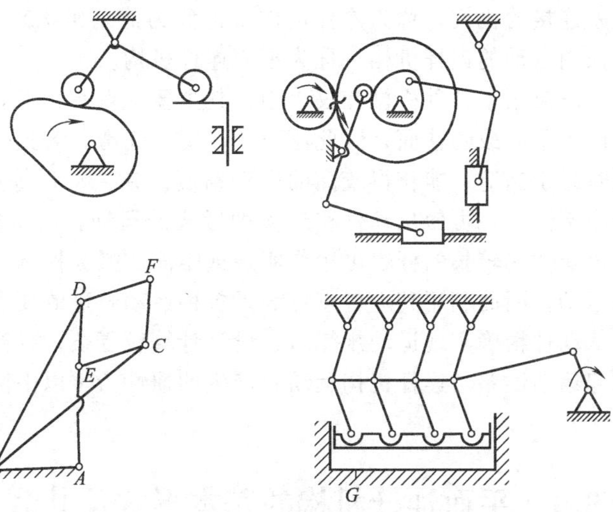

图 7-21　题 7-5 图

7-6　分析图 7-22 所示机构在组成上是否合理，如不合理提出修改方案。

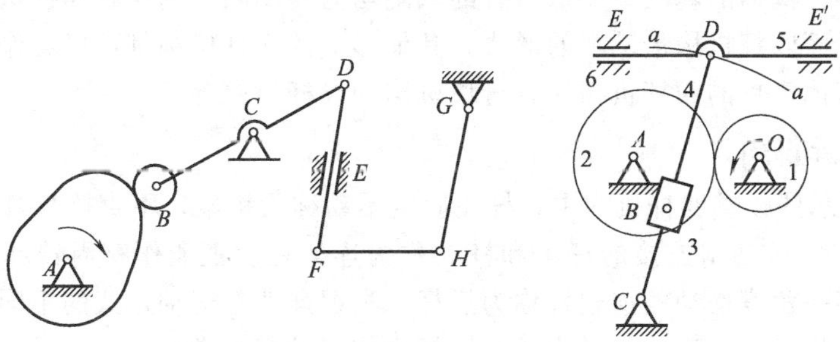

图 7-22　题 7-6 图

第 8 章　平面连杆机构

【知识目标】

① 了解平面连杆机构的基本形式；

② 理解铰链四杆机构存在曲柄的条件；

③ 理解急回特性、死点位置以及压力角和传动角的概念。

【能力目标 】

① 通过计算，能够判断平面连杆机构的基本类型；

② 能够根据平面连杆机构的运动特点，进行平面连杆机构设计。

【知识结构图】

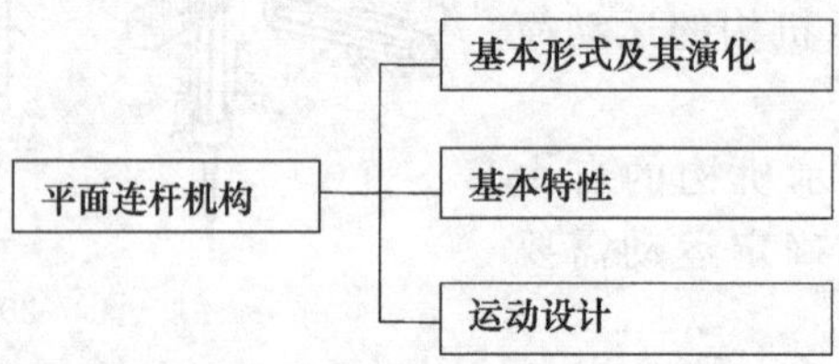

构件间只有低副连接的机构，称为连杆机构（也称为低副机构)。所有构件均在一个或几个相互平行的平面内运动的连杆机构，称为平面连杆机构。

平面连杆机构广泛应用于各种机械和仪表中，其主要优点有：平面连杆机构的构件间用低副连接，接触表面为平面或圆柱面，因此压强小，便于润滑，磨损较小，寿命较长，适用传递较大动力；同时易于制造，能获得较高的运动精度。在主动件等速连续运动的条件下，当各构件的相对长度不同时，可使从动件实现多种形式的运动，满足多种运动规律的需要。由于构件多为杆状，能做成较长的杆，可用作实现远距离的操纵控制。平面连杆机构中的连杆是作复杂的平面运动，因而利用其上各点可满足多种运动轨迹的要求。平面连杆机构的缺点主要有：当要求从动件精确实现运动规律时，设计计算较复杂，且往往难于实现。低副间存在间隙，容易引起运动误差。连杆机构运动时产生的惯性力难以平衡，所以不适用于高速的场合。

8.1　平面连杆机构的基本形式及其演化

具有四个构件（包括机架）的低副机构称为四杆机构。它是平面连杆机构中最常见的形式，也是组成多杆机构的基础。如果所有的低副均为转动副，则这种四杆机构就称为铰链四杆机构。它是平面四杆机构最基本的形式。其他形式的四杆机构都可以看作是在它的基础上演化而成的。其他常见的四杆机构还有滑块机构和导杆机构等。

8.1.1　铰链四杆机构

在图 8-1 所示的铰链四杆机构中，杆 4 固定不动称为机架，不直接与机架相连的杆 2 称为连杆，与机架以运动副连接的杆 1 和杆 3 称为连架杆。把能作整周转动的连架杆称为曲柄，把仅能在某一角度摆动的连架杆称为摇杆。根据连架杆运动形式的不同，铰链四杆机构又可分为曲柄摇杆机构、双曲柄机构、双摇杆机构三种基本类型。

1. 曲柄摇杆机构

具有一个曲柄和一个摇杆的铰链四杆机构称为曲柄摇杆机构，如图 8-2 所示的雷达天线俯仰角调整机构。

曲柄摇杆机构一般以曲柄为主动件作等速转动，摇杆为从动件作往复摆动，也有以摇杆为主动件，曲柄为从动件的情况。

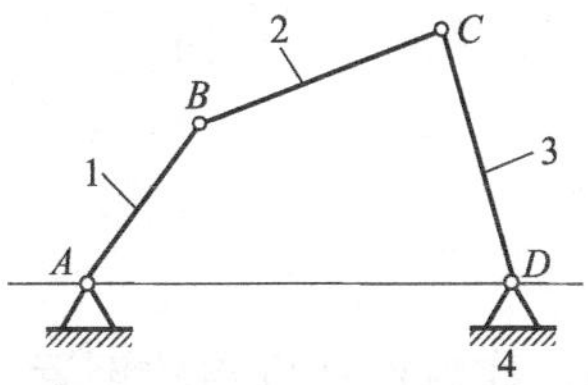

图 8-1　铰链四杆机构

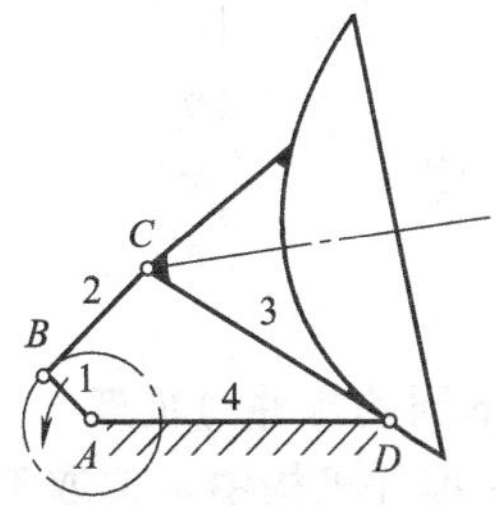

图 8-2　雷达天线俯仰角调整机构

2. 双曲柄机构

具有两个曲柄的铰链四杆机构称为双曲柄机构，如图 8-3 所示的机车车轮机构。

在双曲柄机构中，若连杆与机架的长度相等，且两曲柄的转向相同、长度也相等时则称为平行四边形机构，如图 8-3 所示，由于这种机构两曲柄的角速度始终保持相等，且连杆始终作平动，故应用较广。

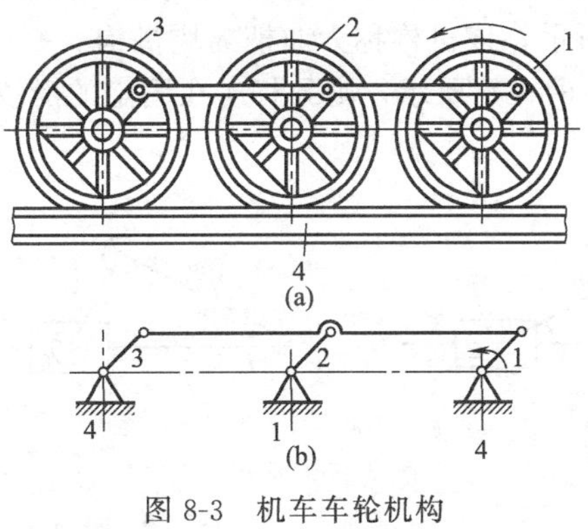

图 8-3　机车车轮机构

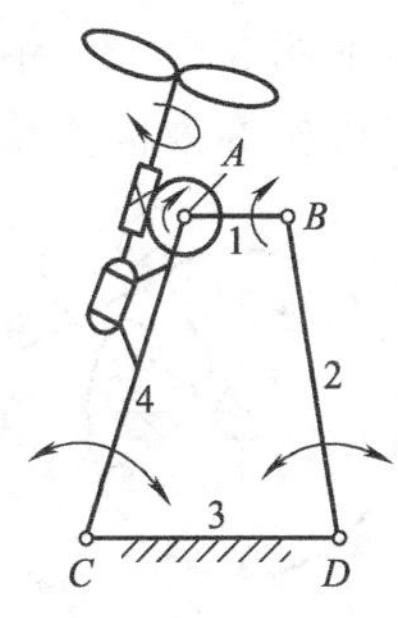

图 8-4　风扇摇头机构

3. 双摇杆机构

具有两个摇杆的铰链四杆机构称为双摇杆机构。它常用于操纵机构、仪表机构等，如图 8-4 所示的风扇摇头机构。

8.1.2　铰链四杆机构的演化及其他常见的四杆机构

在实际机械中，平面连杆机构的形式是多种多样的，但其中绝大多数是在铰链四杆机构的基础上发展和演化而成的。一般可以通过以下途径演化。

1. 转动副转化为移动副

图 8-5（a）所示为一曲柄摇杆机构，若将其摇杆 CD 的长度增加至无穷大，则转动副 D 将移至无穷远处，转动副 C 的轨迹将变为直线，于是构件 3 与 4 之间的转动副将转化为移动副，则该机构演化为曲柄滑块机构。在图 8-5（b）中，滑块上转动副中心 C 的移动方位线不通过曲柄的转动中心 A，该机构称为偏置曲柄滑块机构。曲柄的转动中心 A 至 mn 的距离称为偏距，以 e 表示。当 $e=0$ 时，该机构称为对心曲柄滑块机构［图 8-5（c）］，简称为曲柄滑块机构。因此，曲柄滑块机构是从曲柄摇杆机构演化来的。

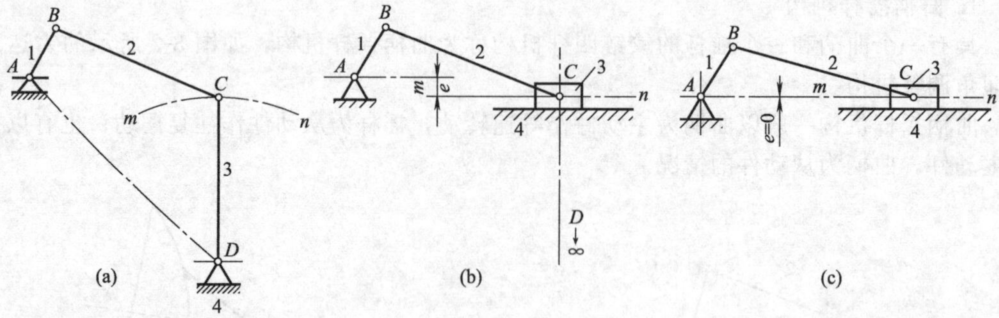

图 8-5　转动副转化为移动副

2. 取不同的构件为机架

在同一连杆机构中，选取不同的构件作为机架的方法，称为连杆机构的倒置（图 8-6）。对原机构进行倒置后得到的机构，称为原机构的倒置机构。

若将图 8-6（a）所示的机构进行倒置，即取构件 1 为机架，如图 8-6（b）所示，则构件 2 和 4 都可分别绕固定轴 B 和 A 作整周转动。一般将与滑块组成移动副的杆状活动构件称为导杆，如图 8-6（b）中的杆 4，因此该机构称为转动导杆机构。

在图 8-6（b）所示的机构中，若改变构件 1 和 2 的长度，如图 8-6（c）所示，则导杆 4 只能绕转动副 A 相对机架作往复摆动，故该机构称为摆动导杆机构。

若将图 8-6（b）中构件 2 作为机架，则构件 1 变为绕固定轴转动的曲柄，而滑块 3 成为绕固定轴 C 作往复摆动的摇块，如图 8-6（d）所示，该机构称为曲柄摇块机构。

若取图 8-6（d）中的滑块作为机架，如图 8-6（e）所示，则导杆 4 在固定的滑块 3 内移动，该机构称为移动导杆机构。

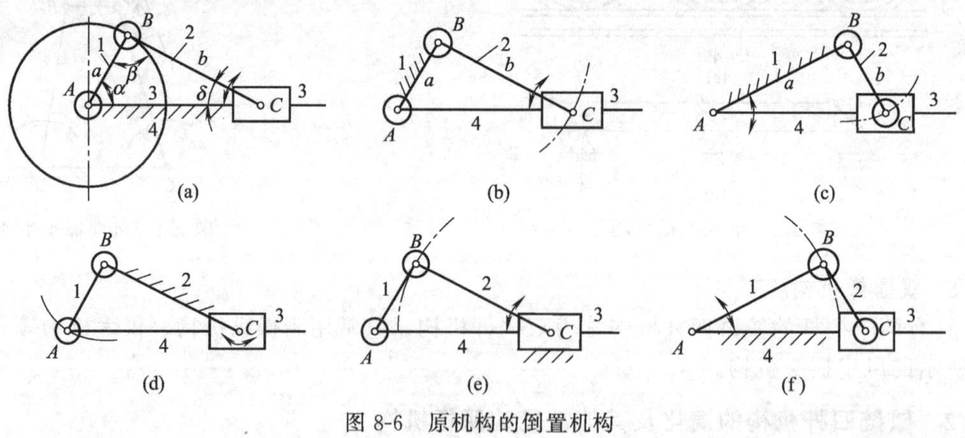

图 8-6　原机构的倒置机构

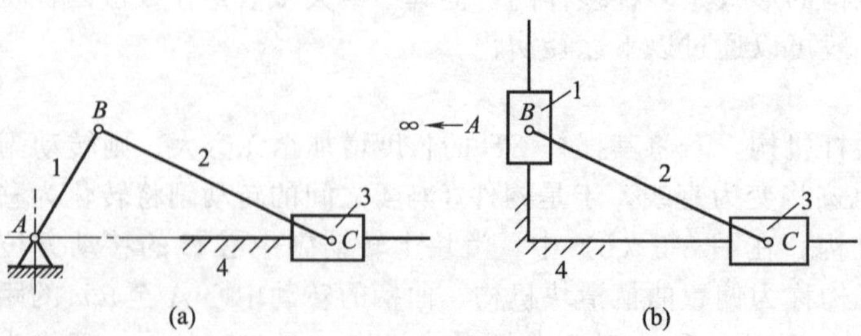

图 8-7　双滑块机构

图 8-7（a）所示的曲柄滑块机构，若曲柄的长度增大到无穷大，即构件 1 与 4 之间的转动副移至无穷远处，而转化为移动副，则该机构便演化为具有两个移动副的双滑块机构，如图 8-7（b）所示。对于双滑块机构，同样可以通过演

化和倒置得到不同类型的机构。

由上述可知，平面四杆机构的形式虽然很多，但从它们之间的内在联系来看，其基本形式仍为铰链四杆机构。其他形式都可看成是在其基础上通过不同的途径演化和倒置而成的。

8.2　平面连杆机构的基本特性

8.2.1　铰链四杆机构存在曲柄的条件

铰链四杆机构三种基本类型的区别主要取决于机构内是否存在曲柄，有几个曲柄。而机构中有无曲柄又与各构件间的相对尺寸有关，下面来分析铰链四杆机构中曲柄存在的条件。

图 8-8 所示的铰链四杆机构 $ABCD$ 中杆 1、2、3、4 的长度分别以 a、b、c、d 表示。设杆 1 为曲柄，杆 3 为摇杆，则当曲柄 1 与连杆 2 重叠共线时（AB_1C_1），摇杆 3 处于左极限位置 C_1D；当曲柄 1 与连杆 2 拉直共线时（AB_2C_2），摇杆 3 处于右极限位置 C_2D。

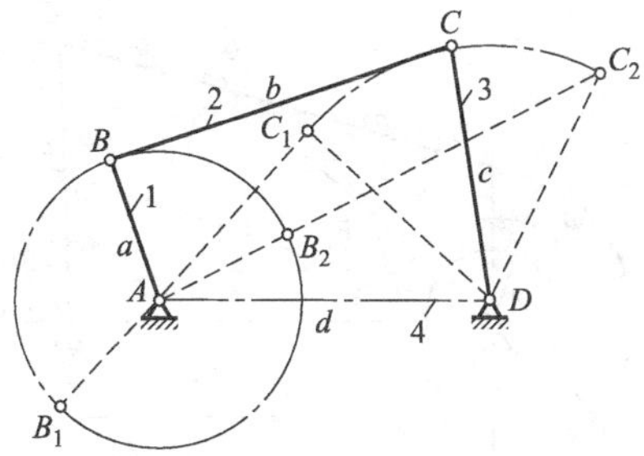

图 8-8　铰链四杆机构曲柄存在条件

可以看出，当曲柄处在上述两个位置以外的任意位置时，摇杆一定能在两个极限位置 C_1D 和 C_2D 以内的相应位置，也就是各杆的长度能满足杆 1 在 360°范围内的任意一位置。因此，如果杆 1 和杆 2 能达到重叠共线和拉直共线，则杆 1 就一定能作整周 360°转动。

当杆 1 和杆 2 在拉直共线位置时，铰链四杆机构构成三角形 AC_2D。根据三角形两边之和大于第三边可得

$$a+b<c+d \tag{8-1}$$

当杆 1 和杆 2 在重叠共线位置时，铰链四杆机构构成三角形 AC_1D。根据三角形两边之差小于第三边可得

$$c-d<b-a \text{ 及 } d-c<b-a$$

即

$$a+c<b+d \tag{8-2}$$

$$a+d<b+c \tag{8-3}$$

将式（8-1）、式（8-2）、式（8-3）中任意两式分别相加后可得

$$a<b$$

$$a<c$$

$$a<d$$

在建立上述关系时，若考虑到当杆 1 与杆 2 成拉直共线时，杆 3 与杆 4 也成拉直共线，当杆 1 与杆 2 成重叠共线时，杆 3 与杆 4 也成重叠共线。这两种特殊情况，前者使式（8-1）成为等式，后者使式（8-2）成为等式。

由此可综合归纳出铰链四杆机构有曲柄的条件为：最短杆和最长杆长度之和应小于或等于其他两杆长度之和；最短杆或最短杆相邻杆为机架。

由图 8-8 可知，曲柄 1 对于相邻两杆 2、4 杆都能作整周的相对转动，而摇杆 3 对于相邻两杆 2、4 都只能作一定范围内的相对摆动。若在图 8-8 中不取杆 4 为机架，而改取其他杆为机架，则并不改变机构中相邻两杆的相对运动关系。如改取杆 1 为机架，则 2、4 杆相对于 1 杆仍能作整周的相对转动，此时此机构就成为双曲柄机构。

综上所述，可以归纳出以下几点，作为判断铰链四杆机构类型的几点原则。

① 如果最短杆与最长杆的长度之和大于其他两杆的长度之和，不论取哪一杆为机架，只能为双摇杆机构。

② 如果最短杆与最长杆的长度之和小于或等于其他两杆的长度之和，则有以下三种情况：若取最短杆为机架，则此机构为双曲柄机构；若取与最短杆相邻的杆为机架，则此机构为曲柄摇杆机构，其中最短杆为曲柄；若取最短杆对面的杆为机架，则此机构为双摇杆机构。

8.2.2 急回特性

在工程上，经常要求作往复运动的从动件，在工作行程的速度慢些，而空回行程的速度快些，以缩短机器非生产时间，提高生产效率。机构的这种运动性质称为急回特性。在具有急回特性的机构中，主动件作匀速运动时，从动件在空回行程中的平均速度（或角速度）与工作行程的平均速度（或角速度）比值，称为行程速度变化系数，以 K 表示。

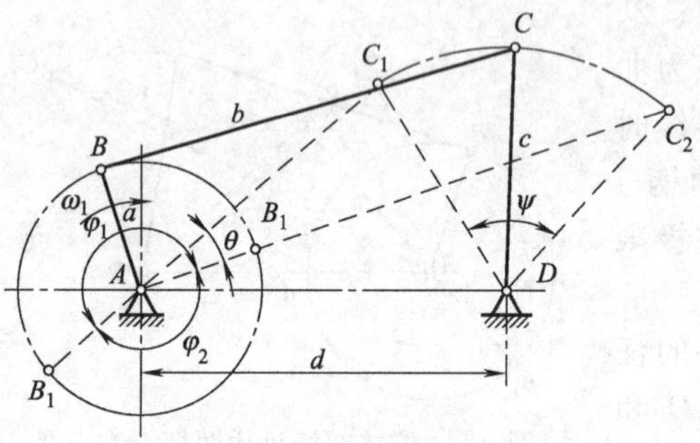

图 8-9 曲柄摇杆机构极位夹角

现以图 8-9 所示的曲柄摇杆机构为例，分析其急回特性。

主动件曲柄 AB 以等角速度 ω_1 按顺时针方向转动，从动件摇杆 CD 做变速往复摆动。在曲柄 AB 转动一周的过程中，有两次与连杆 BC 共线，这时摇杆分别位于两极限位置 DC_1 和 DC_2。当从动件摇杆位于两极限位置时，对应的主动件曲柄在两位置之间所夹的锐角 θ，称为极位夹角，摇杆 DC_1 和 DC_2 之间的夹角称为从动件的摆角，以 ψ 表示。摇杆从 DC_1 和 DC_2（工作行程）所对应的曲柄转角是 $\varphi_1=180°+\theta$，所需的时间 $t_1=\varphi_1/\omega_1$，故摇杆在工作行程中的平均角速度为

$$\omega_W=\frac{\psi}{t_1}=\frac{\psi}{\varphi_1/\omega_1}=\frac{\psi\omega_1}{\varphi_1} \tag{8-4}$$

同理，摇杆从 DC_2 摆回到 DC_1（空回行程）所对应的曲柄转角是 $\varphi_2=180°-\theta$，所需的时间 $t_2=\varphi_2/\omega_1$，故摇杆在空回行程中的平均角速度为

$$\omega_R=\frac{\psi}{t_2}=\frac{\psi}{\varphi_2/\omega_1}=\frac{\psi\omega_1}{\varphi_2} \tag{8-5}$$

由于 $\varphi_2<\varphi_1$，根据式（8-4）和式（8-5）有 $\omega_W<\omega_R$，因此该机构具有急回特性。摇杆的行程速度变化系数 K 为

$$K=\frac{\text{摇杆空回行程的平均速度 }\omega_R}{\text{摇杆工作行程的平均速度 }\omega_W}=\frac{\psi\omega_1/\varphi_2}{\psi\omega_1/\varphi_1}=\frac{\varphi_1}{\varphi_2}$$

所以

$$K=\frac{\varphi_1}{\varphi_2}=\frac{180°+\theta}{180°-\theta} \tag{8-6}$$

由式（8-6）可见，机构的急回速度取决于极位夹角 θ 的大小，θ 角越大，K 也越大，机构的急回程度越高，但从另一方面看，机构的运动平稳性就越差。因此在设计时，应根据其工作要求，恰当的选择 K 值，在一般机械中 $1\leqslant K\leqslant 2$。

此外偏置曲柄滑块机构和摆动导杆机构等机构也有急回特性。

在设计具有急回特性的机构时，通常先给定 K 值。为此，将式 $K=\frac{\varphi_1}{\varphi_2}=\frac{180°+\theta}{180°-\theta}$改写为

$$\theta=180°\frac{K-1}{K+1} \tag{8-7}$$

8.2.3　压力角和传动角

在生产实际中往往要求连杆机构不仅能实现预期的运动规律，而且希望传力性能良好(运动轻便、效率较高)。因此需要讨论连杆机构的传力特性。

在图 8-10 所示的曲柄摇杆机构中，若忽略各杆的惯性力和运动副中的摩擦力，则连杆 BC 可视为二力构件。当曲柄 AB 为主动件时，通过连杆 BC 给摇杆的作用力 F，其作用线必与连杆 BC 共线。力 F 的作用点 C 点的绝对速度 v_C 的方向与 CD 杆垂直。

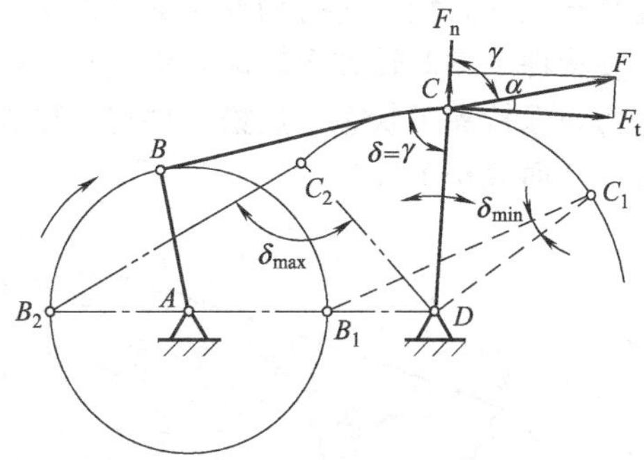

图 8-10　压力角和传动角

作用力 F 与速度 v_C 之间所夹的锐角 α 称为压力角。即在不计摩擦力、惯性力和重力时，从动件上所受作用力与受力点速度方向间所夹的锐角，称为机构的压力角。

F 力在 v_C 方向上的分力 $F_t=F\cos\alpha$ 为有效分力，它可使从动件产生有效的回转力矩，显然 F_t 越大越好。而 F 在垂直于 v_C 方向的分力 $F_n=F\sin\alpha$ 则为有害分力，因为它不仅无助于从动件的转动，反而增加了从动件转动时的摩擦阻力矩，因此，希望 F_n 越小越好。

由此可知，压力角 α 越小，机构的传力性能越好，理想情况是 $\alpha=0°$，所以压力角是反映机构传力效果好坏的一个重要参数。一般设计机构时都必须注意控制最大压力角不超过许用值。

在实际应用中，为度量方便起见，常用压力角的余角 γ，来衡量机构传力性能的好坏，γ 称为传动角。显然 γ 值越大越好，理想情况是 $\gamma=90°$。

由于机构在运动中，压力角和传动角的大小随机构的不同位置而变化。γ 角越大，则 α 越小，机构的传力性能越好，反之传力性能越差。为了保证机构的正常传动，通常应使传动角的最小值 γ_{min} 大于或等于其许用值 $[\gamma]$。一般机械中，推荐 $[\gamma]=40°\sim50°$。

下面确定铰链四杆机构运转时，最小传动角出现的位置。

如图 8-10 所示，可以看出，连杆 BC 与从动件 CD 之间所夹的锐角 δ 即为传动角 γ。连杆 BC 与摇杆之间的夹角随转动副 B 与 D 之间的距离 f 的变化，f 越短，δ 越小。当曲柄转到与机架重合的两个位置时，f 分别达到最大值和最小值，此时，所对应的夹角 δ 分别为最大值和最小值，当 $\delta_{max}<90°$ 时，$\delta_{min}=\gamma_{min}$；当 $\delta_{max}>90°$ 时，此位置的传动角 $\gamma=180°-\delta_{max}$，也可能为最小传动角。所以应比较 δ_{min} 和 $180°-\delta_{max}$，取两者中较小值作为机构的最小传动角。至于 δ_{min} 和 δ_{max} 可按图 8-10 中的几何关系，用余弦定理求得，也可用图解法求得。

8.2.4　死点位置

在不计构件的重力、惯性力和运动副中摩擦阻力的条件下，当机构处于压力角 $\alpha=90°$(即传动角 $\gamma=0°$) 的位置时，驱动力的有效分力 $F_t=0$。在此位置，无论怎样加大驱动力，均不能仅靠驱动力的作用使从动件运动。机构的这种位置称为机构的死点。

图 8-11 所示的曲柄摇杆机构，当摇杆 CD 为主动件时，在曲柄与连杆共线的位置出现 $\gamma=0°$的情况，这时不论连杆对曲柄 AB 的作用力有多大，都不能使曲柄转动，即处于死点位置。

四杆机构中是否存在死点，取决于从动件是否与连杆共线。对曲柄摇杆机构而言，当曲柄为主动件时，摇杆与连杆无共线位置，不出现死点；当以摇杆为主动件时，曲柄与连杆有共线位置，会出现死点。

在工程上，经常利用死点位置来实现一定的工作要求。如图 8-12 所示的连杆夹具，它是一个利用死点位置夹紧工件的例子。在连杆 2 上的手柄处施加一个作用力 F，使连杆 2 与连架杆成一直线，这时构件 1 的左端夹紧工件。外力 F 撤出后，工件给构件 1 的反力 F_N，欲使构件 1 顺时针方向转动，但是这时由于连杆机构处于死点位置，从而保持了构件上的夹紧力，保持夹紧状态。放松工件时只要在手柄上施加一个向上的力，就可使机构脱离死点位置，从而放松工件。

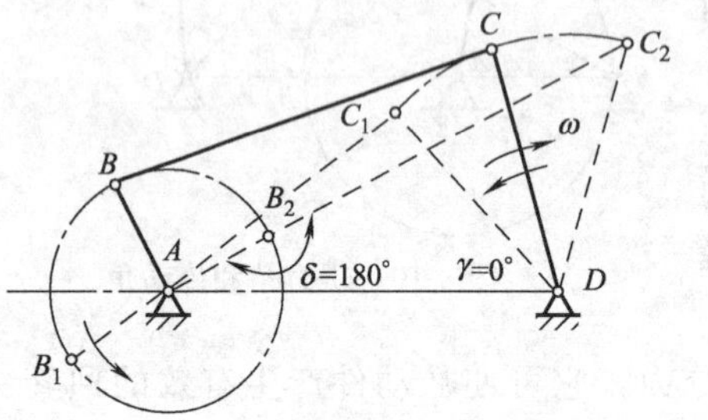

图 8-11　死点

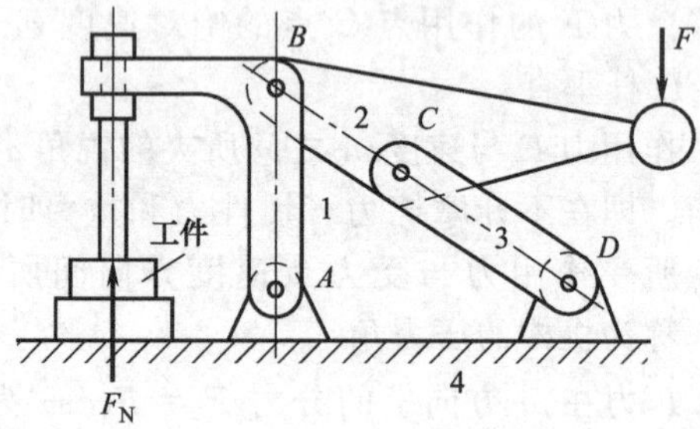

图 8-12　连杆夹具

8.3　平面连杆机构的运动设计

平面连杆机构的运动设计是指根据机构工作要求所提出的预定设计条件确定机构各构件的尺寸，一般可以归纳为两类基本问题。

① 实现给定的运动规律　例如要求满足给定的行程速度变化系数，以实现预定的急回特性；又如实现连杆的几组给定位置，实现连架杆的几组给定位置等。

② 实现给定的运动轨迹　例如要求连杆上某点能沿着给定的轨迹运动等。

在进行四杆机构的设计时往往还要满足一些附加的几何条件或动力条件等。通常先按运动条件设计四杆机构，然后再检验其他条件，如机构的运动空间尺寸、最小传动角等。

平面四杆机构的设计方法有图解法、实验法和解析法三种。解析法精确，可用电子计算机计算。图解法几何关系清晰。实验法直观、简便。下面主要介绍图解法。

1. 按给定连杆位置设计四杆机构

(1) 按给定的连杆长度及两个位置设计四杆机构　设已知连杆 BC 的长度，给定的两个位置 B_1C_1 和 B_2C_2，如图 8-13 所示，要求设计一铰链四杆机构。

由于在运动过程中，连杆上两转动副中心分别是以机架上两铰链中心为圆心，以两连架杆的长度为半径的圆弧运动，因此，分别作 B_1B_2、C_1C_2 连线的垂直平分线。显然，分别在两垂直平分线上任意各取一点，都可以作为机架上的两个转动副中心，如图 8-13 所示，所以有无穷多解。当附加某些辅助条件，如给定连架杆长度、给定机架长度等，即可使其具有确定解。

(2) 按给定的连杆长度及三个位置设计四杆机构　设已知连杆 BC 的长度，给定的三个位置，要求设计一铰链四杆机构。

该机构的设计方法与给定两个位置时相同。如图 8-14 所示，只需分别作出 B_1、B_2 和 B_2、B_3 的垂直平分线 b_{12} 和 b_{23}，及 C_1、C_2 和 C_2、C_3 的垂直平分线 c_{12} 和 c_{23}，则 b_{12} 和 b_{23} 的

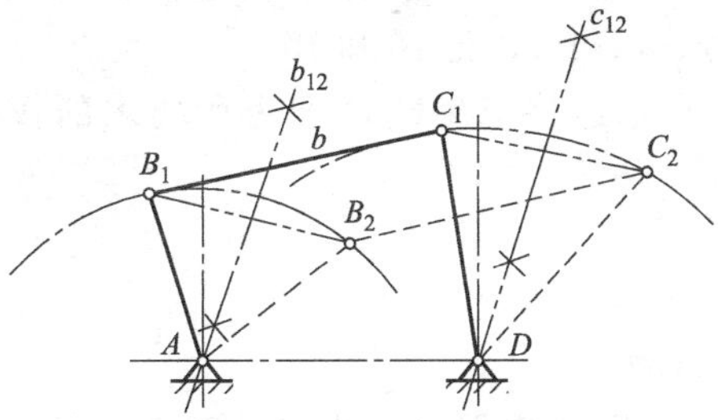

图 8-13　给定连杆长度及两个位置设计四杆机构

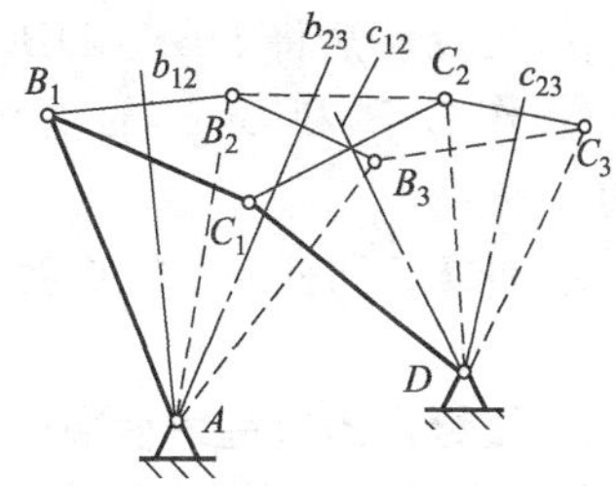

图 8-14　给定连杆长度及三个位置设计四杆机构

交点以及 c_{12} 和 c_{23} 的交点，即为所要求的机架上的两个转动副中心，从而可以得到图 8-14 所示的铰链四杆机构，将由图量得的长度乘以比例尺，即可得到各杆的长度。

可以看出，当已知连杆长度及三组位置时，所求得的四杆机构是唯一的。

2. 按给定两连架杆的对应位置设计四杆机构

设已知机架的长度以及连架杆的两组对应位置，设计该铰链四杆机构。

设计该机构，关键就是要确定连杆和连架杆的长度，实际上只需确定连杆与连架杆相连的转动副 C。

首先对已有的铰链四杆机构进行分析（图 8-15），当连架杆 AB 由 AB_1 顺时针方向转到 AB_2 时，另一连架杆 DC 由 DC_1 顺时针方向转到 DC_2（设转角为 φ），如果把第二个位置上各构件组成的四杆机构 AB_2C_2D 视为刚体，并将此刚体绕 D 点反转 φ 角，使其中的 DC_2 与 DC_1 相重合，则 A 点和 B_2 点将分别转到 A' 点和 B_2'。因为 $B_1C_1 = B_2'C_1$，所以要求的转动副中心 C 点必在 B_1 和 B_2' 的垂直平分线上。此法称为反转法。由图 8-15 可知，B_2' 也可由 DB_2 反转 φ 角得到。

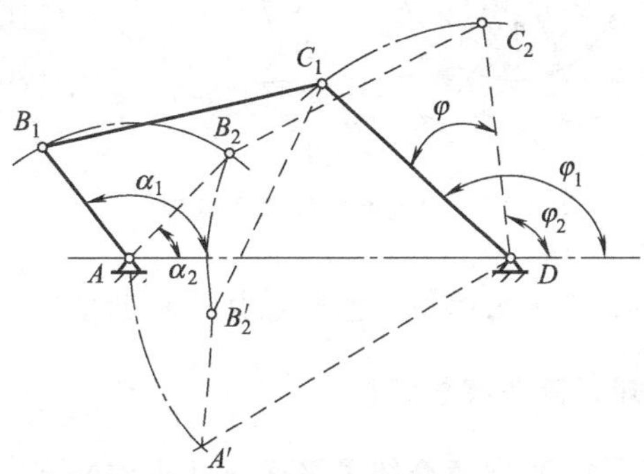

图 8-15　反转法

现举例加以说明。如图 8-16 所示，已知四杆机构一连架杆 AB 和机架 AD 的长度，连架杆 AB 和另一连架杆上标线 ED 的三组对应位置，要求设计此铰链四杆机构。设计步骤如下。

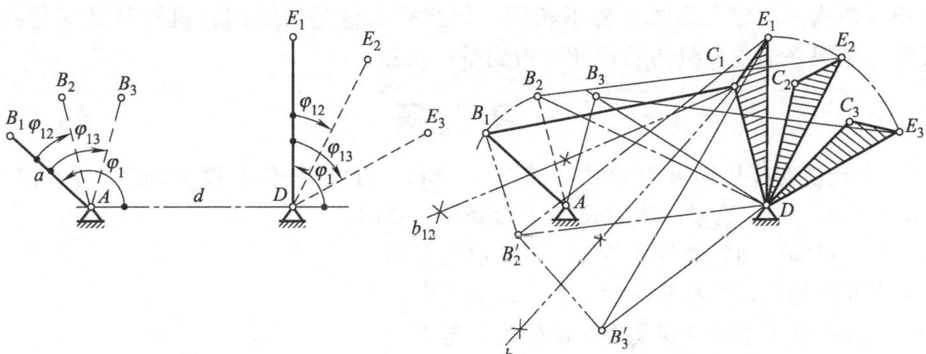

(a)　　　　(b)

图 8-16　已知连架杆位置设计四杆机构

① 选取适当的比例尺 μ_L，按给定条件画出两连架杆的三组位置，并连接 DB_2 和 DB_3。

② 用反转法将 DB_2、DB_3 分别绕 D 点反转 φ_{12}、φ_{13}，得 B_2' 和 B_3'。

③ 作 B_1B_2' 和 B_2B_3' 的垂直平分线交于 C_1 点，连接 AB_1C_1D 即为所要求的铰链四杆机构。

④ 杆 BC 和杆 DC 的长度分别为

$$l_{BC}=\mu_L\overline{B_1C_1}\quad l_{CD}=\mu_L\overline{C_1D}$$

3. 按给定的行程速度变化系数 K 设计四杆机构

设计具有急回特性的四杆机构，一般是根据实际工作需要，选定行程速度变化系数 K 的数值，然后根据机构在两极限位置处的几何关系，结合其他辅助条件，确定机构运动简图的尺寸参数。下面通过例题说明具体的设计方法。

设已知摇杆 CD 的长度、摆角和行程速度变化系数 K，试设计该曲柄摇杆机构。

① 选取适当的比例尺 μ_L，按要求作出摇杆的两个极限位置，如图 8-17 所示。

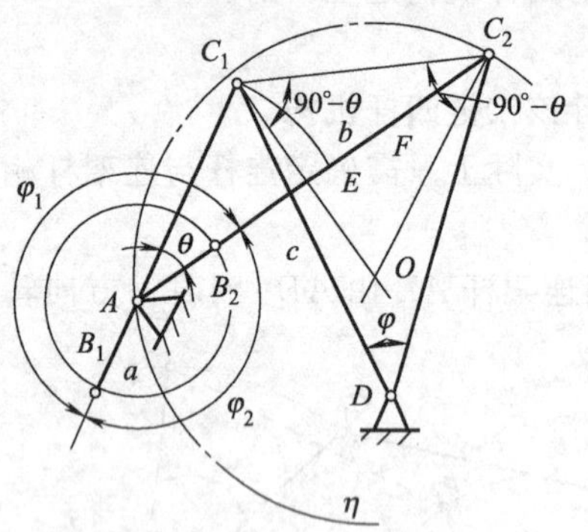

图 8-17　给定值设计四杆机构

② 按公式 $\theta=180°\dfrac{K-1}{K+1}$ 计算极位夹角 θ。

③ 连接 C_1C_2，作 $\angle OC_1C_2=\angle OC_2C_1=90°-\theta$，以 O 点为圆心、OC_2 为半径作圆。

④ 在此圆周上任取一点 A 点，均可使 $\angle C_1AC_2=\theta$，则 AC_1、AC_2 即为曲柄与连杆共线的两位置。设曲柄与连杆的长度分别为 a 和 b，则 $\mu_L\overline{AC_1}=b-a$，$\mu_L\overline{AC_2}=b+a$，所以

$$曲柄长度\ a=u_L(\overline{AC_2}-\overline{AC_1})/2$$

$$连杆长度\ b=u_L(\overline{AC_2}+\overline{AC_1})/2$$

通过上面的分析可以看出，在没有其他要求的情况下，有无穷多解。当附加某些辅助条件，如给定机架长度等，即可使其具有确定解。

【知识梳理与总结】

(1) 本章介绍了平面连杆机构的基本形式及其演化，曲柄存在的条件，有关急回特性、传动角、压力角、死点等基本概念，按给定的行程速比系数及按连杆的预定位置设计四杆机构方法和步骤。

(2) 平面连杆机构的设计应注意给定的已知条件，条件不同，设计方法也不同，要注意区别对待；设计中还应注意对设计机构的运动性能及传动性能的要求；各种机器中广泛应用的平面连杆机构，虽然在形式上各不相同，但都可看做是铰链四杆机构及其演化的不同组合，要熟练掌握平面连杆机构的设计，做到举一反三。

习　题

8-1　在铰链四杆机构 $ABCD$ 中，若 AB、BC、CD 三杆的长度分别为：$a=120$m，$b=280$mm，$c=360$mm，机架 AD 的长度 d 为变量。试问：

(1) 当此机构为曲柄摇杆机构时，d 的取值范围。

(2) 当此机构为双摇杆机构时，d 的取值范围。

(3) 当此机构为双曲柄机构时，d 的取值范围。

8-2　已知铰链四杆机构（图 8-18）各构件的长度，试问：

(1) 这是铰链四杆机构基本形式中的何种机构？

(2) 若以 AB 为主动件，此机构有无急回特性？为什么？

(3) 当以 AB 为主动件时，此机构的最小传动角出现在机构何位置（在图 8-18 上标出）？

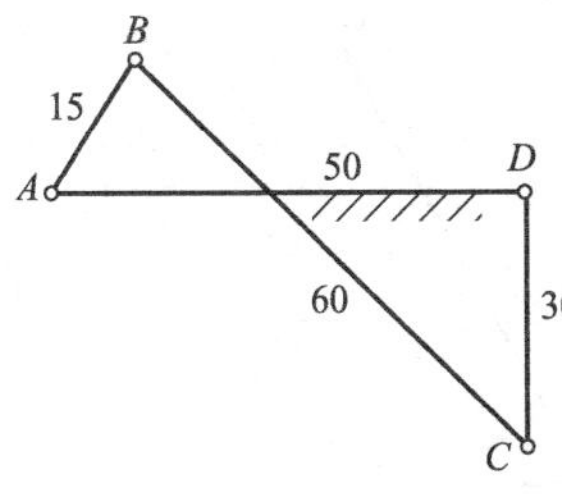

图 8-18　题 8-2 图

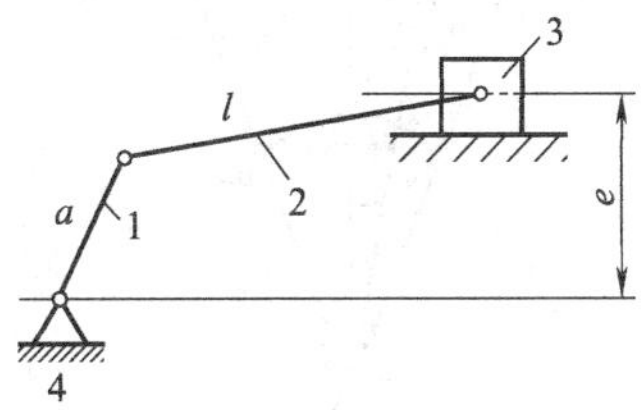

图 8-19　题 8-3 图

8-3　图 8-19 所示的偏置曲柄滑块机构中，设曲柄长度 $a=120$mm，连杆长度 $l=300$mm，偏距 $e=120$mm，曲柄为原动件，试求：

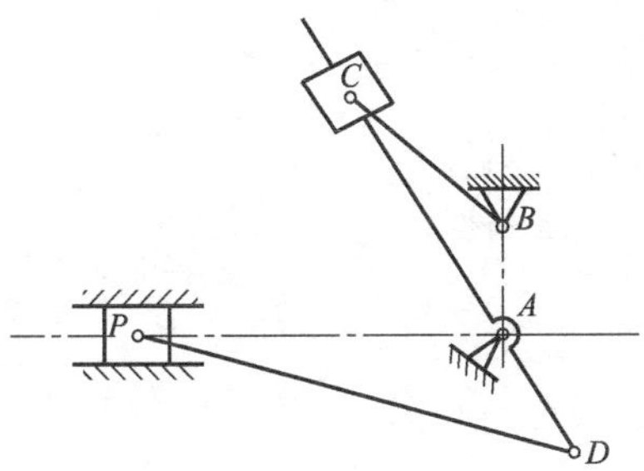

图 8-20　题 8-4 图

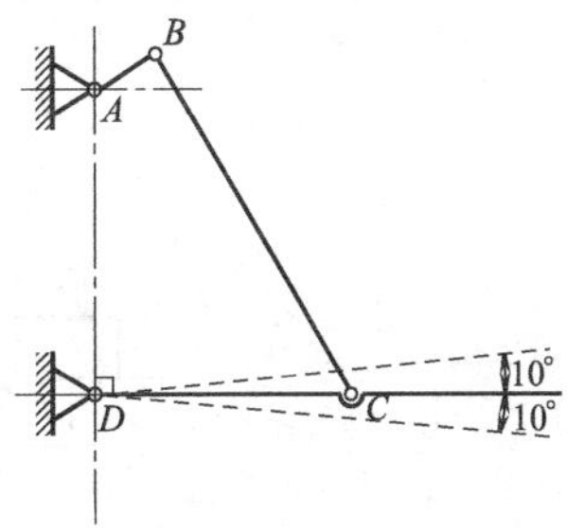

图 8-21　题 8-5 图

(1) 行程速度变化系数 K 和滑块的行程 h。

(2) 检验最小传动角 $\gamma_{\min}$，$[\gamma]=40°$。

(3) 若 a 与 l 不变，$e=0$ 时，求此机构的行程速度变化系数 K。

8-4　插床中的主机构，如图 8-20 所示，它是由转动导杆机构 ACB 和曲柄滑块机构 APD 组合而成。已知：$l_{AB}=100$mm，$l_{AD}=80$mm，试求：

(1) 当插刀 P 的行程速度变化系数 $K=1.4$ 时，曲柄 BC 的长度 l_{BC} 及插刀的行程 h。

(2) 若 $K=2$ 时，则曲柄 BC 长度应调整为多少？此时插刀 P 的行程 h 是否变化？

8-5　图 8-21 所示为脚踏轧棉机的曲柄摇杆机构。铰链中心 A、D 在铅垂线上，要求踏板 DC 在水平位置上下各摆动 10°，且 $l_{DC}=500$mm，$l_{AD}=1000$mm。试求曲柄 AB 和连杆 BC 的长度。并画出机构的死点位置。

8-6　在图 8-22 所示牛头刨床的主运动机构中，已知中心距 $l_{AC}=300$mm，刨头的冲程 $H=450$mm，行程速度变化系数 $K=2$，试求曲柄 AB 和导杆 CD 的长度。

8-7　如图 8-23 所示，试设计一铰链四杆机构，已知摇杆 CD 的行程速度变化系数 $K=1.5$，其长度 $l_{CD}=75$mm，摇杆右边的一个极限位置与机架之间的夹角 $\varphi=45°$，机架的长度 $l_{AD}-100$mm。试求曲柄 AB 和连杆 BC 的长度。

8-8　如图 8-24 所示，某偏置曲柄滑块机构中，已知行程速度变化系数 $K=1.5$，行程 $h=50$mm，偏距 $e=20$mm，曲柄为原动件，试用图解法求：

(1) 设曲柄长度 a，连杆长度 b。

(2) 检验最小传动角 $\gamma_{\min}$，$[\gamma]=40°$。

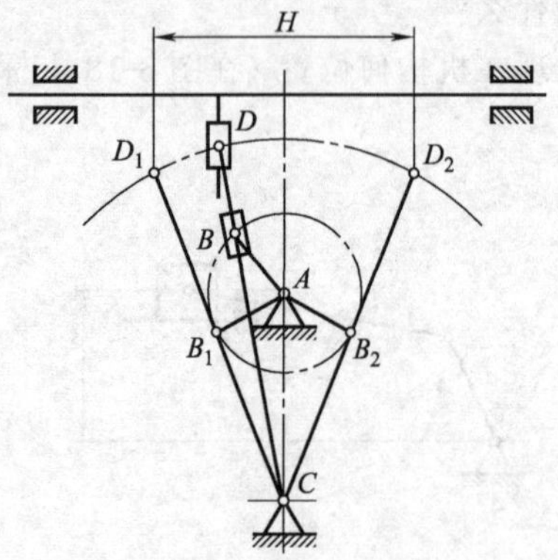

图 8-22 题 8-6 图

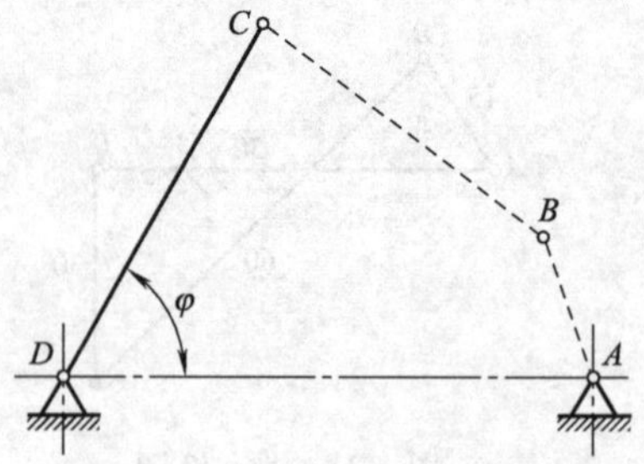

图 8-23 题 8-7 图

(3) 滑块为主动件时，机构的死点位置。

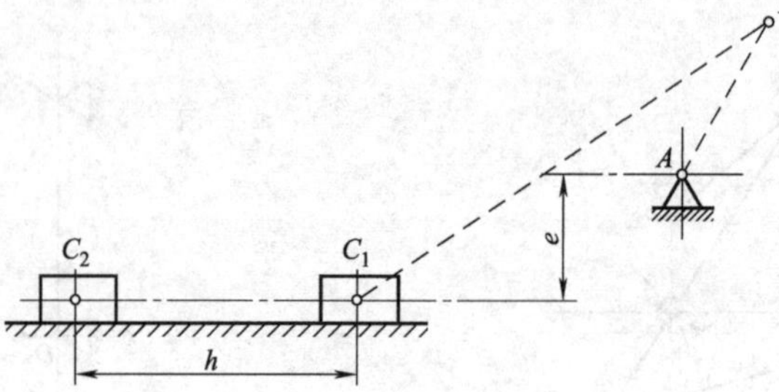

图 8-24 题 8-8 图

第9章　凸轮机构

【知识目标】

① 了解凸轮机构的特点和分类；

② 理解凸轮机构从动件的运动规律；

③ 掌握盘形凸轮轮廓的设计与加工方法。

【能力目标】

能够根据从动件的运动参数和位移图，设计盘形凸轮轮廓。

【知识结构图 】

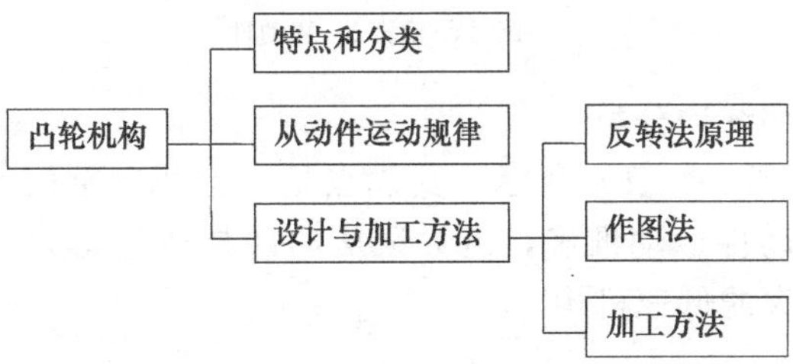

9.1　凸轮机构的特点和分类

9.1.1　凸轮机构的应用和特点

凸轮机构是由凸轮、从动件和机架三个构件组成的高副机构。凸轮是具有曲线轮廓或凹槽的构件，通常作等速旋转或移动；从动件常为杆状构件，作直线移动或摆动。凸轮机构可实现任意预期的运动规律，而四杆机构则难以实现，故凸轮机构应用广泛，尤其是在各种自动化、半自动化机械中应用更广。

图 9-1 所示为内燃机的配气机构。当凸轮 1 连续转动时，从动件 2（气阀）按一定规律启闭气门，协调内燃机完成工作。

图 9-2 所示为缝纫机的拉线机构，具有凹槽的圆柱凸轮 1 等速转动时，通过滚子带动从动件 2 绕固定轴 A 摆动，拉动缝线工作。

图 9-3 所示为车削手柄的自动进刀机构。凸轮 1 的曲线轮廓迫使从动件 2 带动刀架进退，从而切出工件的复杂外形。凸轮机构的优点是：只要适当的设计凸轮轮廓，就可以使从动件实现预期的运动规律，结构简单、紧凑，易于设计。缺点是凸轮与从动件高副接触，易磨损，制造困难，故适用于传力不大的控制机构。

9.1.2　凸轮机构的类型

凸轮机构的种类很多，通常可按下列方法进行分类。

（1）按凸轮的形状分类

① 盘形凸轮　如图 9-1 所示，向径变化的盘状零件为盘形凸轮。凸轮绕固定轴回旋。

② 圆柱凸轮　如图 9-2 所示，这种凸轮是在圆柱上制出曲线凹槽或将圆柱端面做成曲面的圆柱体。

③ 移动凸轮　凸轮相对于机架作往复直线运动，这种凸轮可以看作是回转轴在无穷远

处的盘形凸轮（图 9-3）。

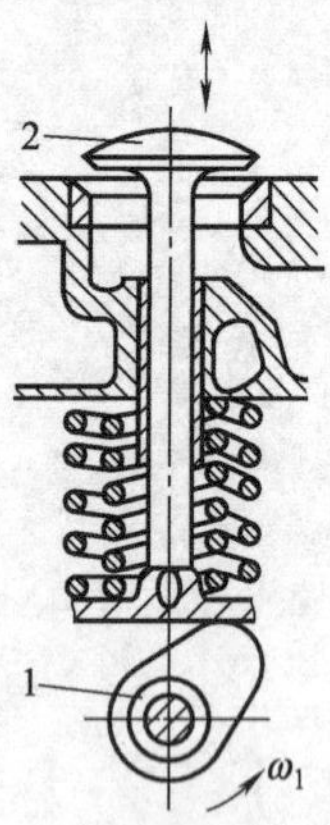

图 9-1 内燃机配气机构
1—凸轮；2—气阀

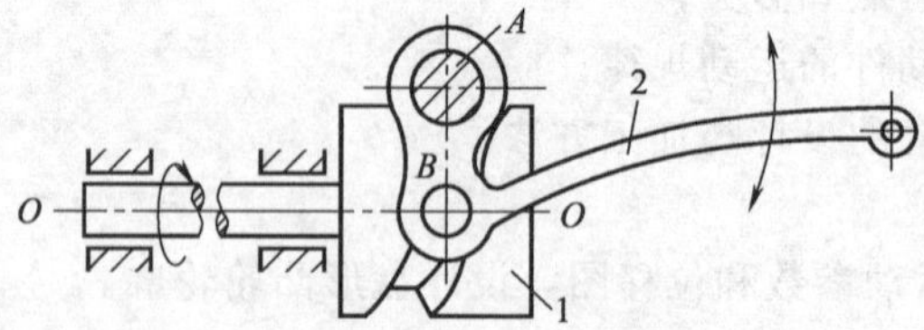

图 9-2 缝纫机拉线机构
1—圆柱凸轮；2—从动件

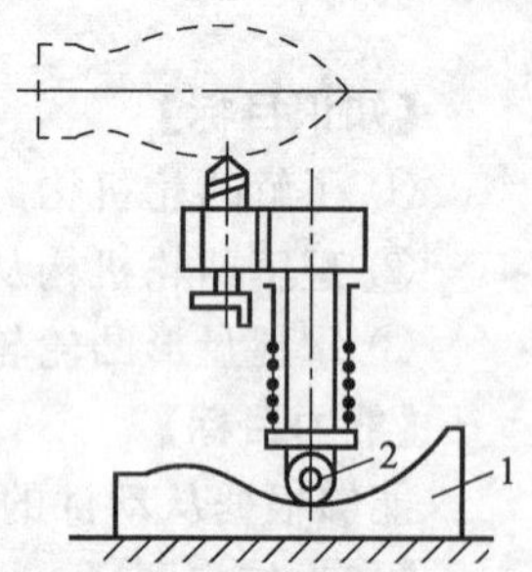

图 9-3 自动进刀机构
1—凸轮；2—从动件

(2) 按从动件的端部结构分类

① 尖顶从动件 如图 9-4（a）所示，其优点是不论凸轮是何种形状，都能与凸轮上所有的点接触，可保证从动件运动准确，但尖顶从动件与凸轮间为点接触滑动摩擦，极易磨损，故一般用于传力不大的低速机构。

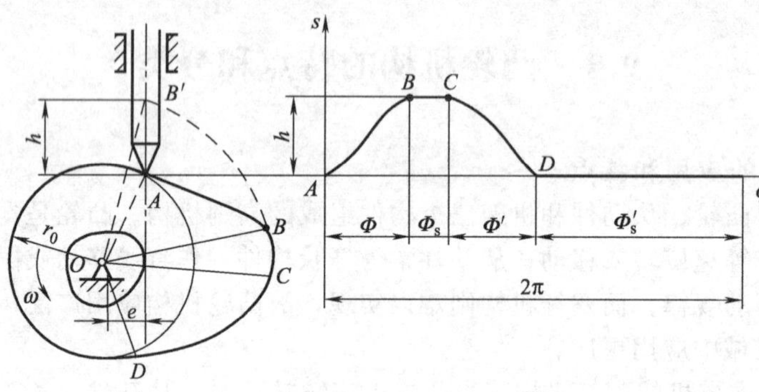

图 9-4 凸轮机构的运动过程

② 滚子从动件 如图 9-3 所示，滚子从动件与凸轮之间为滚动摩擦，磨损小，可以承受较大的载荷，应用普遍。

③ 平底从动件 如图 9-1 所示，这种从动件以平面与凸轮接触，故凸轮轮廓不能凹陷，但平底与凸轮间作用力始终垂直（不计摩擦），传力性能好，有利于油膜形成，常用于高速凸轮机构中。

(3) 按从动件的运动分类

① 移动从动件 从动件相对于导路作直线移动。导路通过凸轮回转中心，称为对心移动从动件（图 9-1）；若与回转中心有一个偏心距 e，则称为偏置移动从动件。

② 摆动从动件 如图 9-2 所示，从动件 2 相对于机架作摆动。

(4) 按凸轮与从动件保持接触的方式分类

① 力锁合 靠重力、弹簧力或其他外力使从动件与凸轮保持接触称为力锁合。图 9-1 所示内燃机配气机构是靠弹簧力和重力使从动件与凸轮保持接触的。

② 形锁合　靠一定几何形状使从动件与凸轮保持接触称为形锁合。图 9-2 所示缝纫机拉线机构是靠圆柱体上的凹槽使从动件与凸轮保持接触的。

9.2　常用的从动件运动规律

9.2.1　平面凸轮机构的基本尺寸和运动参数

图 9-4 所示为一偏置直动尖顶从动件盘形凸轮机构，从动件移动导路至凸轮转动中心的偏置距离为 e，以凸轮轮廓的最小向径 r_0 为半径所作的圆称为基圆，r_0 为基圆半径，凸轮以等角速度 ω 逆时针转动。在图 9-4 所示位置，尖顶与 A 点接触，A 点是基圆与开始上升的轮廓曲线的交点，此时从动件的尖顶离凸轮轴心最近。凸轮转动，向径增大，从动件按一定规律被推向远处，到向径最大的 B 点与尖顶接触时，从动件被推向最远处，这一过程称为推程。与之对应的转角（$\angle BOB'$）称为推程运动角 Φ，从动件移动的距离 AB' 称为行程，用 h 表示。接着圆弧 BC 与尖顶接触，从动件在最远处停止不动，对应的转角称为远休止角 Φ_s。凸轮继续转动，尖顶与向径逐渐变小的 CD 段轮廓接触，从动件返回，这一过程称为回程，对应的转角称为回程运动角 Φ'。当圆弧 DA 与尖顶接触时，从动件在最近处停止不动，对应的转角称为近休止角 Φ_s'。当凸轮继续回转时，从动件重复上述的升→停→降→停的运动循环。

从动件的位移 s 与凸轮转角 φ 的关系可以用从动件的位移线图来表示，如图 9-4（b）所示。由于大多数凸轮作等速转动，转角与时间成正比，因此横坐标也代表时间 t。

由上述讨论可知，从动件的运动规律取决于凸轮的轮廓形状，因此在设计凸轮的轮廓曲线时，必须先确定从动件的运动规律。

9.2.2　常用的从动件运动规律

常用的从动件运动规律有等速运动规律、等加速-等减速运动规律、余弦加速度运动规律以及正弦加速度运动规律等，它们的运动线图如图 9-5（a）～图 9-5（d）所示，运动方程分别列于表 9-1 中。

表 9-1　常用的从动件运动规律

<table>
<tr><th rowspan="2">运动规律</th><th colspan="2">运 动 方 程</th></tr>
<tr><th>推程 $0\leqslant\varphi\leqslant\Phi$</th><th>回程 $0\leqslant\varphi'\leqslant\Phi'$</th></tr>
<tr><td>等速运动</td><td>$s=(h/\Phi)\varphi$
$v=hw/\Phi$
$a=0$</td><td>$s=h-(h/\Phi')\varphi'$
$v=-hw/\Phi'$
$a=0$</td></tr>
<tr><td rowspan="2">等加速-等减速运动</td><td>$0\leqslant\varphi\leqslant\Phi/2$
$s=(2h/\Phi^2)\varphi^2$
$v=(4h\omega/\Phi^2)\varphi$
$a=4h\omega^2/\Phi^2$</td><td>$0\leqslant\varphi'\leqslant(\Phi'/2)$
$s=h-(2h/\Phi'^2)\varphi'^2$
$v=-(4h\omega/\Phi'^2)\varphi'$
$a=-4h\omega/\Phi'^2$</td></tr>
<tr><td>$\Phi/2<\varphi\leqslant\Phi$
$s=h-2h(\Phi-\varphi)^2/\Phi^2$
$v=4h\omega(\Phi-\varphi)/\Phi^2$
$a=-4h\omega^2/\Phi^2$</td><td>$\Phi'/2<\varphi'\leqslant\Phi'$
$s=2h(\Phi'-\varphi')^2/\Phi'^2$
$v=-4h\omega(\Phi'-\varphi')/\Phi'^2$
$a=4h\omega^2/\Phi'^2$</td></tr>
<tr><td>余弦加速度运动
（简谐运动）</td><td>$s=h/2[1-\cos(\pi\varphi/\Phi)]$
$v=(\pi h\omega/2\Phi)\sin(\pi\varphi/\Phi)$
$a=(\pi^2h\omega^2/2\Phi^2)\cos(\pi\varphi/\Phi)$</td><td>$s=h/2[1+\cos(\pi\varphi'/\Phi')]$
$v=-(\pi h\omega/2\Phi')\sin(\pi\varphi'/\Phi')$
$a=-(\pi^2h\omega^2/2\Phi'^2)\cos(\pi\varphi'/\Phi')$</td></tr>
</table>

续表

运动规律	运动方程	
	推程 $0\leqslant\varphi\leqslant\Phi$	回程 $0\leqslant\varphi'\leqslant\Phi'$
正弦加速度运动（摆线运动）	$s=h[\varphi/\Phi-(1/2\pi)\sin(2\pi\varphi/\Phi)]$ $v=[h\omega/\Phi][1-\cos(2\pi\varphi/\Phi)]$ $a=(2\pi h\omega^2/\Phi^2)\sin(2\pi\varphi/\Phi)$	$s=h[1-\varphi'/\Phi'+(1/2\pi)\sin(2\pi\varphi'/\Phi')]$ $v=-[h\omega/\Phi'][1-\cos(2\pi\varphi'/\Phi')]$ $a=-(2\pi h\omega^2/\Phi'^2)\sin(2\pi\varphi'/\Phi')$

注：1. 回程方程式中的 $\varphi'=\varphi-(\Phi+\Phi_s)$，参见图 9-4（b）。

2. 对于摆动从动件，需将式中的 s、v、a 和 h 相应改为 ψ、ω、ε 和 ψ_{max}。

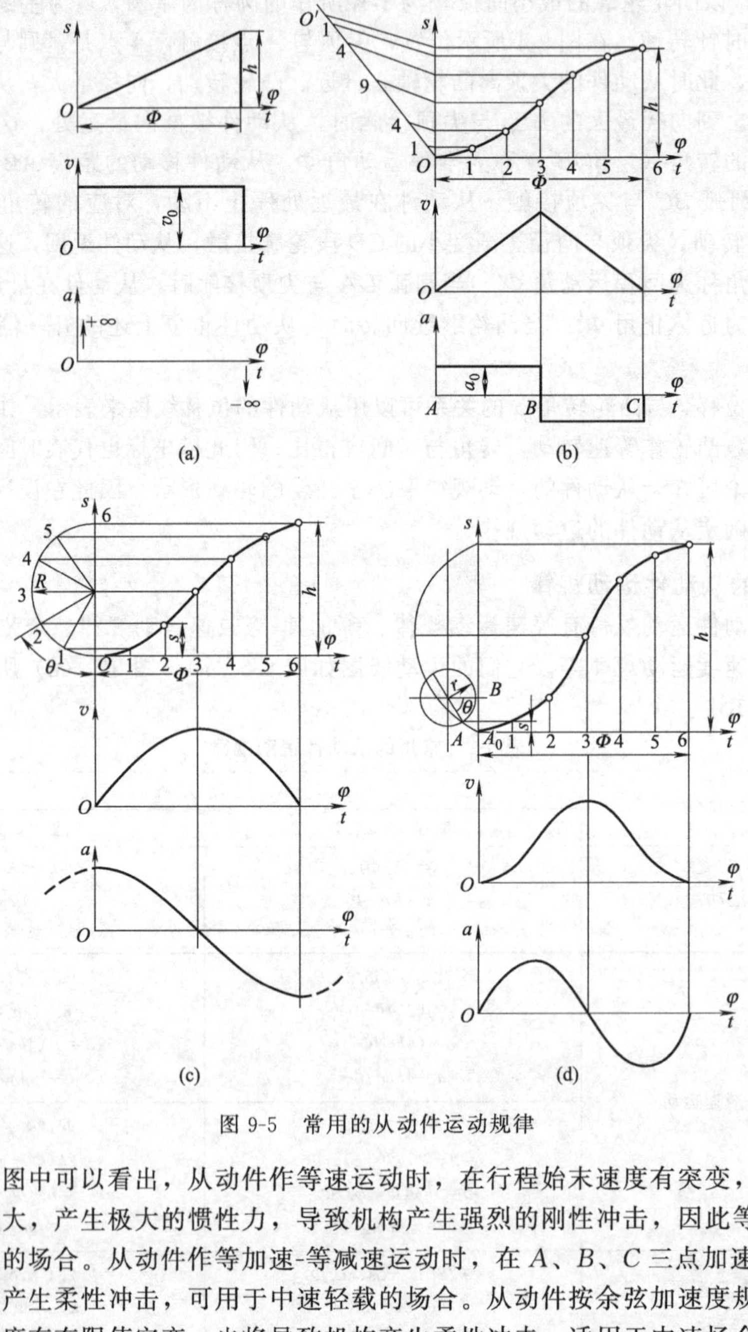

图 9-5　常用的从动件运动规律

从运动线图中可以看出，从动件作等速运动时，在行程始末速度有突变，理论上加速度可以达到无穷大，产生极大的惯性力，导致机构产生强烈的刚性冲击，因此等速度运动只能用于低速轻载的场合。从动件作等加速-等减速运动时，在 A、B、C 三点加速度有有限值突变，导致机构产生柔性冲击，可用于中速轻载的场合。从动件按余弦加速度规律运动时，在行程始末加速度有有限值突变，也将导致机构产生柔性冲击，适用于中速场合。从动件按正弦加速度规律运动时，在全程中无速度和加速度的突变，因此不产生冲击，适用于高速场合。

9.2.3　从动件运动规律的选择

在选择从动件的运动规律时，应根据机器工作时的运动要求来确定。如机床中控制刀架进刀的凸轮机构，要求刀架进刀时作等速运动，则从动件应选择等速运动规律，至于行程始末端，可以通过拼接其他运动规律的曲线来消除冲击。对无一定运动要求，只需要从动件有一定位移量的凸轮机构，如夹紧送料等凸轮机构，可只考虑加工方便，采用圆弧、直线等组成的凸轮轮廓。对于高速机构，应减小惯性力、改善动力性能，可选用正弦加速度运动规律或其他改进型的运动规律。

9.3　盘形凸轮轮廓的设计与加工方法

从动件的运动规律和凸轮基圆半径确定后，即可进行凸轮轮廓设计。其设计方法有图解法和解析法两种。图解法简便易行，而且直观，但作图误差大、精度较低，适用于低速或对从动件运动规律要求不高的一般精度凸轮设计。对于精度要求高的高速凸轮、靠模凸轮等，必须用解析法列出凸轮轮廓曲线的方程式，借助于计算机辅助设计精确地设计凸轮轮廓。另外，采用的加工方法不同，则凸轮轮廓的设计方法也不同。

9.3.1　反转法原理

通常，设计凸轮轮廓采用“反转法”原理。

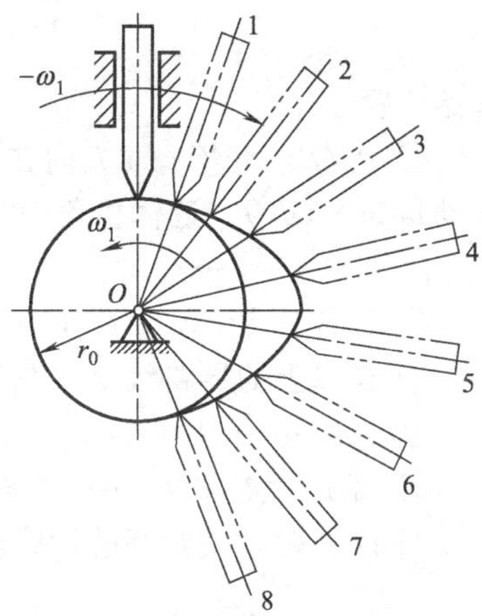

图 9-6　凸轮反转法绘图原理

图 9-6 所示为一对心尖顶直动从动件盘形凸轮机构，其中以 r_0 为半径的圆是凸轮的基圆。当凸轮以等角速度 ω_1绕轴心 O 转动时，从动件按预期运动规律运动。现设想在整个凸轮机构（凸轮、从动件、导路）上加一个与凸轮角速度 ω_1 大小相等、方向相反的角速度 $-\omega_1$，于是凸轮静止不动，而从动件与导路一起以角速度 $-\omega_1$ 绕凸轮转动，且从动件仍以原来的运动规律相对导路移动（或摆动）。由于从动件尖顶与凸轮轮廓始终接触，所以加上反转角速度后从动件尖顶的运动轨迹就是凸轮轮廓曲线。把原来转动着的凸轮看成是静止不动的，而把原来静止不动的导路及原来往复移动的从动件看成为反转运动的这一原理，称为“反转法”原理。假若从动件是滚子，则滚子中心可看作是从动件的尖顶，其运动轨迹就是凸轮的理论轮廓曲线，凸轮的实际轮廓曲线是与理论轮廓曲线相距滚子半径 r_T 的一条等距曲线。

9.3.2　作图法设计凸轮轮廓曲线

当从动件的运动规律已经选定并作出了位移线图之后，各种平面凸轮的轮廓曲线都可以用作图法求出。作图法的依据为“反转法”原理。

（1）偏置直动尖顶从动件盘形凸轮轮廓的设计　已知偏距为 e，基圆半径为 r_0，凸轮以角速度 ω 顺时针转动，从动件位移线图如图 9-7（b）所示，设计该凸轮的轮廓曲线。

设计步骤如下。

① 以与位移线图相同的比例尺作出偏距圆（以 e 为半径的圆）及基圆，过偏距圆上任一点 K 作偏距圆的切线作为从动件导路，并与基圆相交于 B_0 点，该点也就是从动件尖顶的

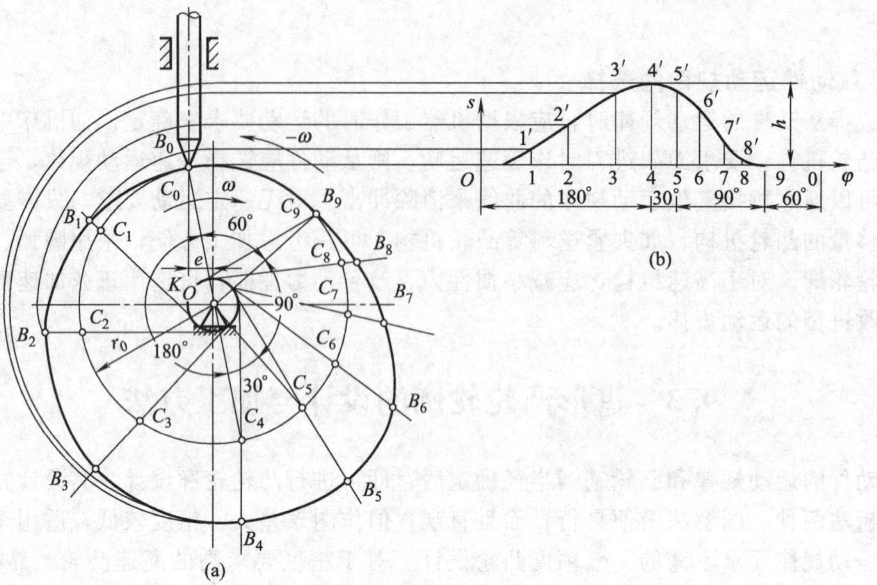

图 9-7 偏置直动尖顶从动件盘形凸轮机构

起始位置。

② 从 OB_0 开始 $-\omega$ 方向在基圆上画出推程运动角 180°（Φ），远休止角 30°（Φ_s），回程运动角 90°（Φ'），近休止角 60°（Φ_s'），并在相应段与位移线图对应划分出若干等份，得分点 C_1、C_2、C_3……

③ 过各分点 C_1、C_2、C_3……向偏距圆作切线，作为从动件反转后的导路线。

④ 在以上的导路线上，从基圆上的点 C_1、C_2、C_3……开始向外量取相应的位移量得 B_1、B_2、B_3……即 $B_1C_1=11'$、$B_2C_2=22'$、$B_3C_3=33'$……得出反转后从动件尖顶的位置。

⑤ 将 B_1、B_2、B_3……点连成光滑曲线就是凸轮的轮廓曲线。

当 $e=0$ 时，偏距圆的切线就是过 O 点的径向线（即从动件反转后的导路线），按上述相同方法设计即得到对心直动尖顶从动件盘形凸轮的轮廓曲线。

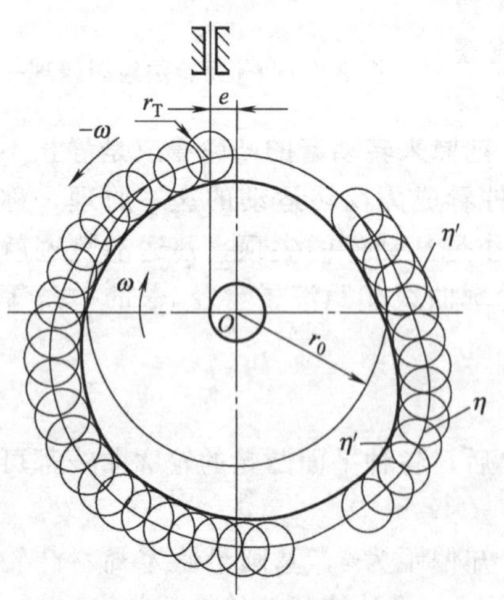

图 9-8 滚子从动件盘形凸轮轮廓设计

（2）滚子从动件盘形凸轮轮廓的设计 将滚子中心看作尖顶，按上述方法作出轮廓曲线 η（称为理论轮廓曲线），然后以 η 上各点为圆心，以滚子半径 r_T 为半径作一系列的圆，最后作出这些圆的包络线 η'，η'就是滚子从动件盘形凸轮的轮廓曲线（即为实际轮廓曲线），如图 9-8 所示。从图 9-8 中可知，滚子从动件盘形凸轮的基圆半径是在理论轮廓上度量的。

解析法设计凸轮轮廓实际上是通过建立凸轮理论廓线、实际廓线的方程，精确计算出廓线上各点的坐标。解析法设计凸轮轮廓的原理还是采用“反转法”原理。凸轮轮廓设计时，坐标原点取在凸轮回转中心，坐标系统有直角坐标系统和极坐标系统两种。解析法可参阅机械原理书籍或有关凸轮机构的专著，本书不作介绍。

9.3.3 凸轮轮廓的加工方法

凸轮轮廓的加工方法通常有两种。

(1) 铣、锉削加工 对用于低速、轻载场合的凸轮，可以应用反转法原理在未淬火凸轮轮坯上通过作图法绘制出轮廓曲线，采用铣床或用手工锉削办法加工而成。必要时可进行淬火处理，用这种方法加工出来的凸轮其变形难以得到修正。

(2) 数控加工 即采用数控线切割机床对淬火凸轮进行加工，此种加工方法是目前常用的一种凸轮加工方法。加工时应用解析法，求出凸轮轮廓曲线的极坐标值（ρ，θ），应用专用编程软件切割而成。此方法加工出的凸轮精度高，适用于高速、重载的场合。

9.4 凸轮机构设计中的几个问题

凸轮机构设计时，除了根据工作要求合理选择从动件的运动规律外，为了保证从动件实现预定的运动规律，并具有良好的传力性能和紧凑的结构，还应考虑以下几个问题。

9.4.1 滚子半径的选择

当凸轮机构采用滚子从动件时，如果滚子大小选择不当，将使从动件不能准确实现给定的运动规律，这种情况称为运动失真。

从动件的运动是否失真，取决于滚子半径 r_T 和凸轮理论轮廓线上最小曲率半径 ρ 的相对大小关系。图 9-9 所示为滚子从动件盘形凸轮轮廓的三种情况。当 $\rho>r_T$ 时，凸轮实际轮廓曲线光滑，运动不失真；当 $\rho=r_T$ 时，凸轮实际轮廓的最小曲率半径等于 0，轮廓在该点变尖，尖点极易磨损，磨损后使从动件的运动规律改变。当 $\rho<r_T$ 时，实际轮廓曲线相交，相交部分在实际加工中将被切掉，这部分的运动规律就无法实现，导致运动失真。因此，为了保证从动件的运动不失真，就必须使滚子半径 r_T 小于凸轮理论轮廓外凸部分的最小曲率半径 ρ，通常 $r_T\leqslant 0.8\rho$。

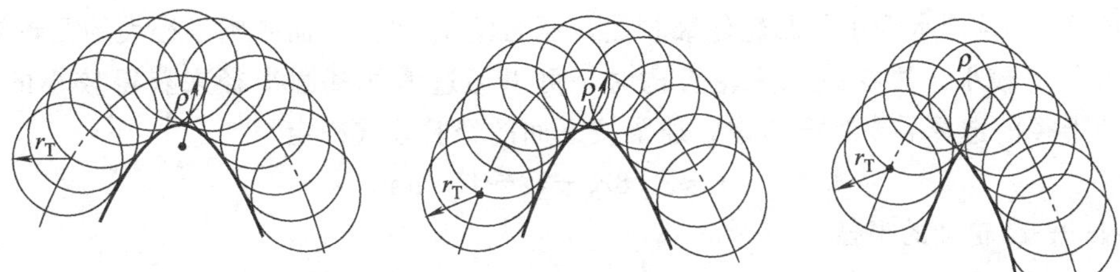

(a) $\rho>r_T$　(b) $\rho=r_T$　(c) $\rho<r_T$

图 9-9 滚子半径的选择

值得注意的是，从滚子的结构和强度方面来考虑，滚子半径不能过小。所以为了保证从动件运动不失真，又使滚子不至于过小，可以适当增加基圆半径 r_0 以增大理论轮廓的最小曲率半径 ρ。

9.4.2 压力角与传力性能

凸轮机构的压力角是凸轮对从动件的法向力 F_n 与受力点的速度方向所夹的锐角，用 α 表示（图 9-10）。凸轮机构在工作过程中，其压力角是变化的。

把 F_n 分解成互相垂直的两个力 F_x 和 F_y，$F_x=F_n\sin\alpha$，$F_y=F_n\cos\alpha$，F_y 为有效分力，推动从动件运动；F_x 为有害分力，使导路受压，摩擦力增大。显然 α 越小，有效分力 F_y 越大，有害分力 F_x 越小，传力性能越好；反之，传力性能差。当 α 大到一定数值时，无论法向力 F_n 多大，都不能使从动件产生运动，凸轮机构将发生自锁。因此，设计凸轮机构时，应限制压力角的大小，使最大压力角 α_{max} 不超过某一许用值 [α]，即 $\alpha_{max} \leqslant [\alpha]$。

推程许用压力角 [α] 的推荐值为：移动从动件 $[\alpha]=30°\sim40°$，摆动从动件 $[\alpha]=40°\sim50°$。

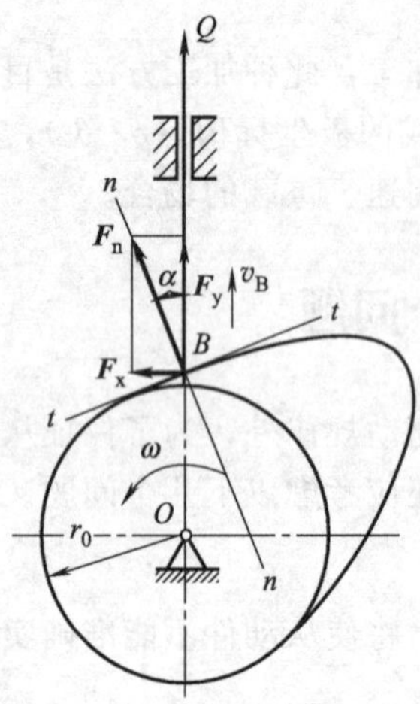

图 9-10 凸轮机构压力角

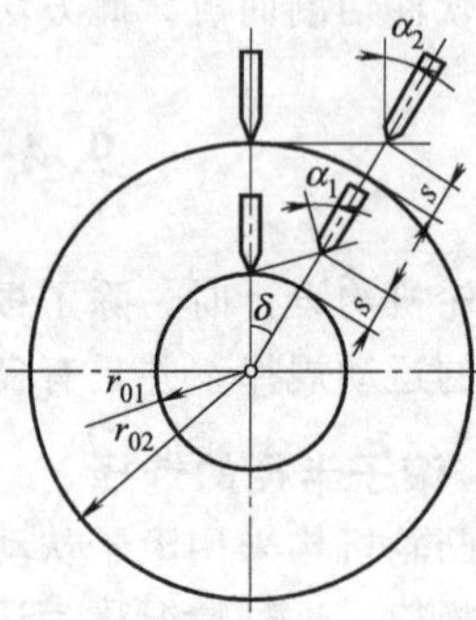

图 9-11 基圆半径对压力角的影响

回程一般不会自锁，故取 $[\alpha]=70°\sim80°$。

α_{max} 通常出现在推程起点、轮廓曲线最陡处和速度最大处。

9.4.3 基圆半径 r_0 的确定

设计凸轮时，基圆半径取值小，凸轮机构紧凑，但基圆半径过小时，凸轮机构的压力角会增大，图 9-11 所示为两个基圆半径不同的凸轮，当凸轮转过相同的角度 δ 时，从动件有相同的位移 s，基圆半径小的凸轮轮廓较陡，压力角 α_1 较大，而基圆半径大的凸轮轮廓较平缓，压力角 α_2 较小。故在设计凸轮机构时，可以通过增加基圆半径来获得较小的压力角。凸轮基圆半径的选择需要综合考虑，通常按下面的经验公式确定

$$r_0 \leqslant 1.8r_s+(7\sim10)\text{mm}$$

式中 r_s——凸轮轴的半径。

9.4.4 凸轮机构的材料、结构和精度

1. 凸轮和从动件的材料

凸轮机构属于高副机构，且承受冲击载荷，故要求凸轮和从动件端部材料具有足够的抗疲劳强度和耐磨性。凸轮和从动件端部常用材料及热处理方法见表 9-2。

2. 凸轮机构的结构

(1) 凸轮的结构 凸轮尺寸较小，且与轴的尺寸相近时，则凸轮与轴做成一体；凸轮尺寸较大时，则凸轮与轴应分开制造而后装配在一起使用。装配时，凸轮与轴要有一定的相对位置要求，一般在凸轮上刻出起始位置线或其他标志，作为加工和装配的依据。图 9-12 所示为凸轮在轴上的几种常见固定形式。图 9-12 (a) 靠圆锥销固定，图 9-12 (b) 靠圆锥套和双螺母固定，图 9-12 (c) 采用键连接固定。

(2) 从动件的端部结构 从动件的端部形式很多，图 9-13 所示为常见的滚子结构，滚子相对于从动件能自由转动。

表 9-2 凸轮和从动件端部常用材料及热处理方法

工作条件	凸轮		从动件接触端	
	材料	热处理	材料	热处理
低速轻载	40、45、50	调质 220～260HBS	45	表面淬火 40～45HRC
	HT200 HT250 HT300	170～250HBS		
	QT500-1.5 QT600-2	190～270HBS	尼龙	
中速轻载	45	表面淬火 40～45HRC		
	45、40Cr	表面高频淬火 52～58HRC	20Cr	渗碳淬火，渗碳层深 0.8～1mm，55～60HRC
	15、20、20Cr 20CrMn	渗碳淬火，渗碳层深 0.8～1.5mm，56～62HRC		
高速重载或靠模凸轮	40Cr	高频淬火，表面 50～60HRC，心部 45～50HRC	T8 T10 T12	淬火 58～62HRC
	38CrMoAl 35CrAl	氮化，表面硬度 HV700～900（约 60～67HRC）		

注：对一般中等尺寸的凸轮机构；$n \leqslant 100$r/min 为低速，100r/min$<n<$200r/min 为中速，$n>$200r/min 为高速。

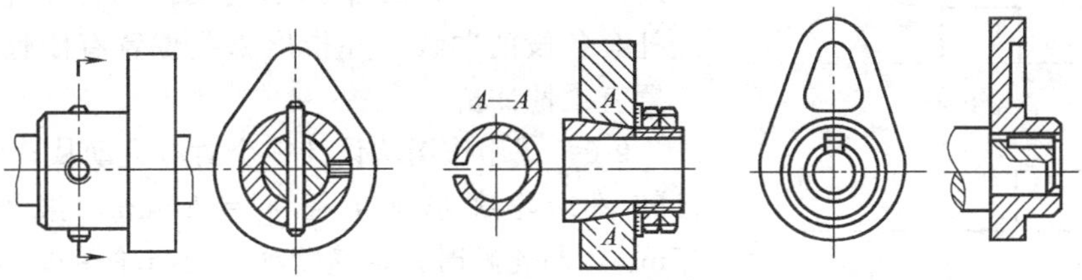

(a) 靠圆锥销固定　(b) 靠圆锥套和双螺母固定　(c) 采用键连接固定

图 9-12 凸轮在轴上的固定形式

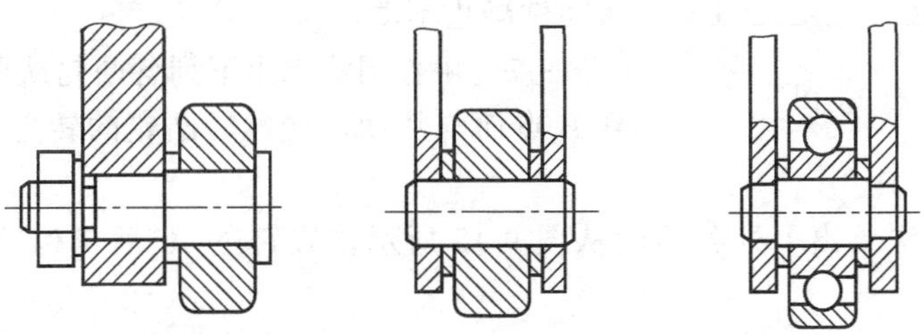

(a)　(b)　(c)

图 9-13 从动件端部的滚子结构

3. 凸轮的精度

凸轮的精度主要包括凸轮的公差和表面粗糙度。对于直径在 300～500mm 以下的凸轮，其公差和表面粗糙度可按表 9-3 选择。

表 9-3 凸轮的公差和表面粗糙度

凸轮精度	公差等级或极限偏差/mm			表面粗糙度/μm	
	径向	凸轮槽宽	基准孔	盘形凸轮	凸轮槽
较高	±(0.05～0.1)	H8(H7)	H7	0.32$<Ra\leqslant$0.63	0.63$<Ra\leqslant$1.25
一般	±(0.1～0.2)	H8	H7(H8)	0.63$<Ra\leqslant$1.25	1.25$<Ra\leqslant$2.5
低	±(0.2～0.5)	H9(H10)	H8		

知识梳理与总结

(1) 本章介绍了凸轮机构的组成、类型及应用；凸轮机构的常用运动规律；用反转法的基本原理设计凸轮机构的方法和步骤。

(2) 凸轮轮廓曲线的形状取决于从动件的运动规律，必须正确绘制从动件的位移线图，它是设计凸轮轮廓曲线的基础。

(3) 在凸轮轮廓曲线的设计中除要保证从动件能实现预期的运动规律，还要处理好滚子半径、凸轮基圆半径、压力角等相关因素的关系。

(4) 滚子从动件凸轮轮廓曲线的设计中要处理好凸轮实际轮廓最小曲率半径与理论轮廓线的最小曲率半径的关系，避免出现运动失真。

习　题

9-1　凸轮机构常用的从动件运动规律有哪几种？各有何特点？

9-2　基圆半径过大、过小会出现什么问题？

9-3　滚子从动件的滚子半径应如何选取？

9-4　滚子从动件盘形凸轮的基圆半径如何度量？

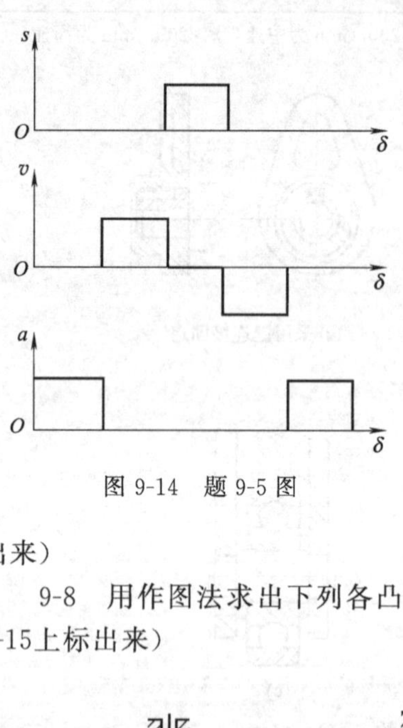

图 9-14　题 9-5 图

9-5　图 9-14 所示为尖顶直动从动件盘形凸轮机构的运动图线，但图 9-14 给出的运动线图尚不完全，试在图上补全各段的曲线，并指出哪些位置有刚性冲击，哪些位置有柔性冲击。

9-6　试用作图法设计一个对心直动从动件盘形凸轮。已知理论轮廓基圆半径 $r_0=50$mm，滚子半径 $r_T=15$mm，凸轮顺时针匀速转动。当凸轮转过 120°时，从动件以等加速等减速运动规律上升 30mm；再转过 150°时，从动件以等速运动规律回到原位；凸轮转过其余 90°时，从动件静止不动。

9-7　用作图法求出下列各凸轮从图 9-15 所示位置转到 B 点而与从动件接触时凸轮的转角。（在图 9-15 上标出来）

9-8　用作图法求出下列各凸轮从图 9-15 所示位置转过 45°后机构的压力角 α。（在图 9-15上标出来）

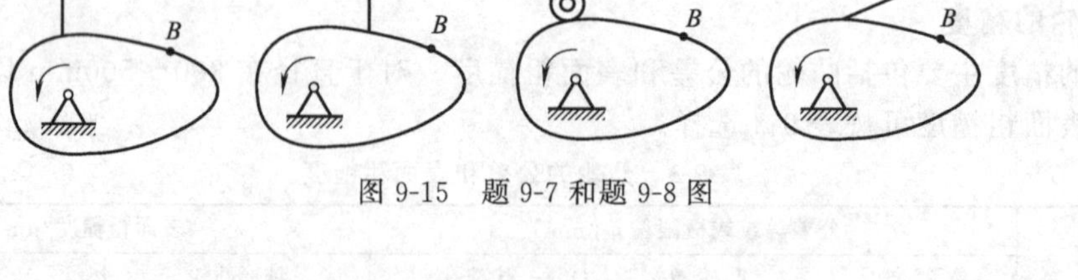

图 9-15　题 9-7 和题 9-8 图

第 10 章　间歇运动机构

【知识目标】

① 了解棘轮机构的组成、工作原理、类型及应用；

② 了解不完全齿轮机构的组成、工作原理及应用；

③ 了解槽轮机构组成、工作原理及应用；

④ 了解凸轮式间歇运动机构组成、工作原理及应用。

【能力目标】

根据工作条件，选择间歇运动机构并进行初步计算。

【知识结构图】

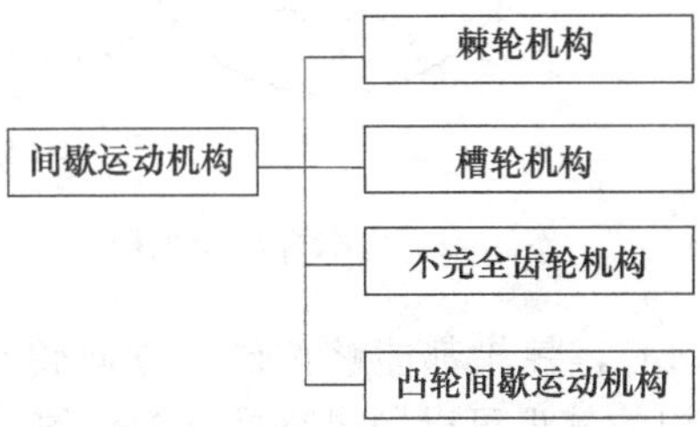

当主动件作连续运动时，需要从动件作周期性的运动和停顿，这类机构称为间歇运动机构。它在各种自动化机械中得到广泛的应用，用来满足送进、制动、转位、分度、超越等工作要求。常用的间歇运动机构可以分为两类。

① 主动件往复摆动，从动件间歇运动，如棘轮机构。

② 主动件连续运动，从动件间歇运动，如槽轮机构、不完全齿轮机构等。

间歇运动机构种类很多，在这里主要学习最常用的：棘轮机构、槽轮机构、不完全齿轮机构和凸轮间歇运动机构。本章将对常见间歇运动机构的工作原理、类型特点及应用场合做简单介绍。

10.1　棘 轮 机 构

1. 棘轮机构的组成、工作原理及类型

骑自行车时，踏板转动带动链轮，通过链条又带动后轮上的链轮，实现自行车的前进。但后轮的链轮是只有外面的链轮带动里面的转轴，当不再踩脚踏板时，自行车后轮可以继续转动，这就是一个棘轮机构。

齿式外啮合棘轮机构如图 10-1 所示。该机构由棘轮 3、棘爪 2、摇杆 1 和止回棘爪 4、弹簧 5 和机架组成。棘轮 3 固装在传动轴上，棘轮的齿可以制作在棘轮的外缘、内缘或端面上，而实际应用中以制作在外缘上居多。摇杆 1 空套在传动轴上。

工作时，摇杆逆时针方向摆动，棘爪 2 嵌入棘轮 3 上的齿槽，推动棘轮转过一个角度，与此同时，止回棘爪 4 在棘轮的齿背上滑过；待摇杆顺时针摆动时，已插入棘轮齿槽中的止回棘爪顺时针转动，此时棘爪在棘轮的齿背上滑过，棘轮处于静止。这样，当摇杆往复摆动时，棘轮便可以得到单向的间歇运动。

图 10-2 所示为一内啮合棘轮机构。

如果工作需要，要求棘轮能进行不同转向的间歇运动，则可把棘轮的齿做成矩形，而将棘爪做成图 10-3 所示的可翻转的棘爪。当棘爪处在图 10-3 所示 B 的位置时，棘轮可得到逆时针方向的单向间歇运动；而当棘爪绕其销轴 A 翻转到虚线位置 B'时，棘轮可以得到顺时针方向的单向间歇运动。

图 10-4 所示为一种棘爪可以绕自身轴线转动的棘轮机构。当棘爪按图 10-4 所示位置安放时，棘轮可以得到逆时针方向的单向间歇运动；而当棘爪提起，并绕本身轴线旋转 180°后再放下时，就可以使棘轮获得顺时针方向的单向间隙运动。

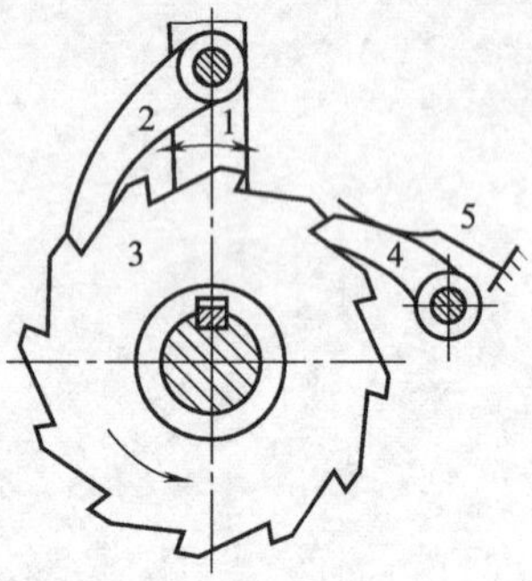

图 10-1　齿式外啮合棘轮机构

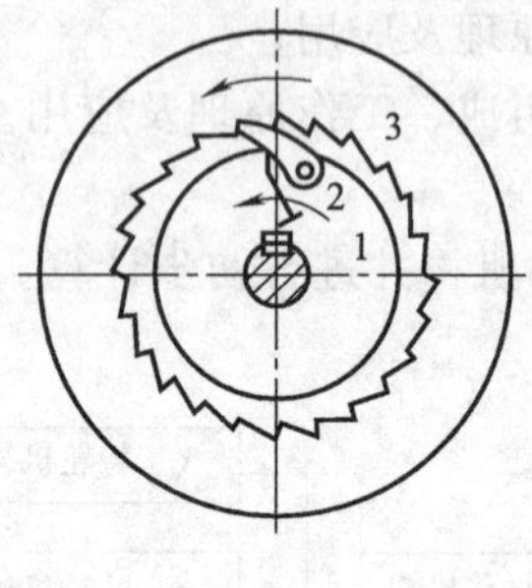

图 10-2　内啮合棘轮机构

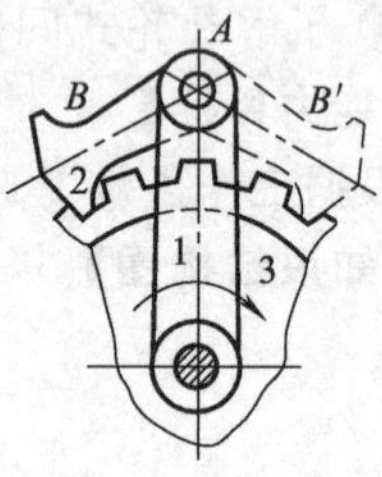

10-3　可变向棘轮机构（一）

如果希望使摇杆来回摆动时，棘轮都能够按同一方向转动，则可以采用双动式棘轮机构，如图 10-5 所示。此种机构的棘爪可以制成直推或钩头的。

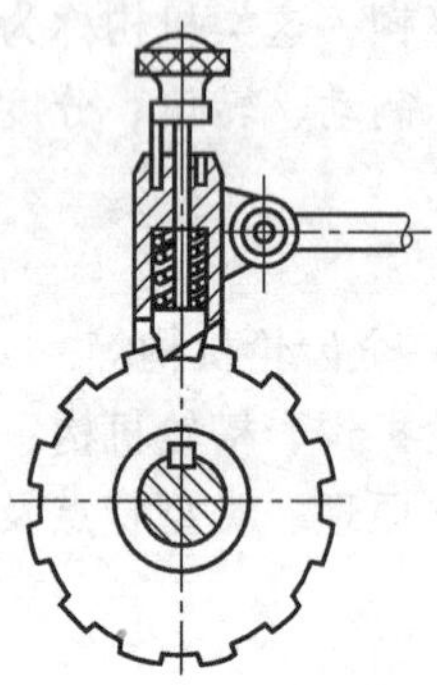
图 10-4　可变向棘轮机构（二）

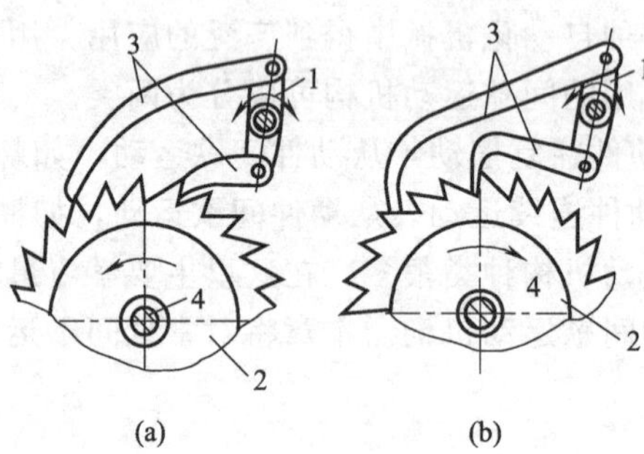

图 10-5　双动式棘轮机构

1—摇杆；2—棘轮；3—棘爪；4—传动轴

上述的齿式棘轮机构，棘轮是靠摇杆上的棘爪推动其棘齿而运动的，所以棘轮每次转动角都是棘轮齿距角的倍数。在摇杆一定的情况下，棘轮每次的转动角是不能改变的。若工作时需要改变棘轮转动角，除采用改变摇杆的转动角外，还可以采用图 10-6 所示的结构，在棘轮上加一个遮板，用以遮盖摇杆摆角范围内棘轮上的一部分齿。这样，当摇杆逆时针方向摆动时，棘爪先在遮板上滑动，然后才插入棘轮的齿槽推动棘轮转动。被遮住的齿越多，棘轮每次转动的角度就越小。

图 10-7 所示为摩擦式棘轮机构。这种棘轮机构是通过棘轮 2 与棘爪 3 之间的摩擦而使棘爪实现间歇传动的。摩擦式棘轮机构可无级变更棘轮转角，且噪声小，但与棘轮之间容易产生滑动。为增大摩擦力，可将棘轮做成槽轮形。

在棘轮机构中，棘轮多为从动件，由棘爪推动其运动。而棘爪的运动则可用连杆机构、凸轮机构或电磁装置等来实现。

2. 特点和应用

齿式棘轮机构结构简单，运动可靠，棘轮的转角容易实现有级的调节。但是这种机构在回程时，棘爪在棘轮齿背上滑过产生噪声；在运动开始和终了时，由于速度突变而产生冲击，运动平稳性差，且棘轮轮齿容易磨损，故常用于低速轻载等场合。摩擦式棘轮传递运动较平稳、无噪声，棘轮角可以实现无级调节，但运动准确性差，不易用于运动精度高的场合。

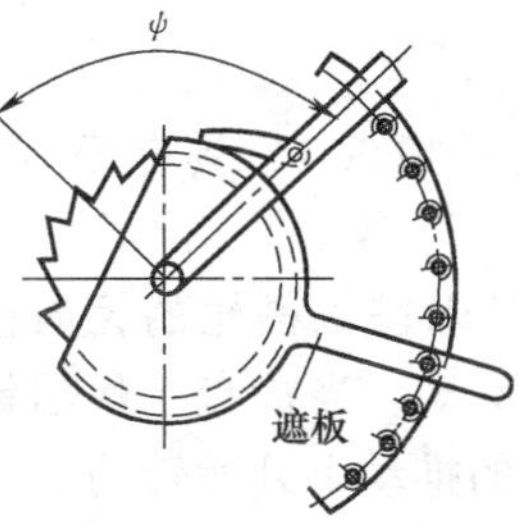

图 10-6　带遮板的棘轮机构

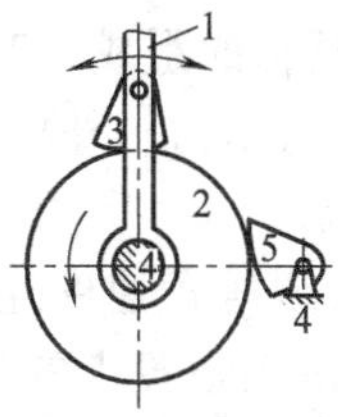

图 10-7　摩擦式棘轮机构

1—摇杆；2—棘轮；3—棘爪；4—传动轴；5—制动爪

棘轮机构常用在机床、自动机、自行车、螺旋千斤顶等各种机械中。棘轮机构还被广泛应用在防止机械逆转的制动器中，这类棘轮制动器常用在卷扬机、提升机、运输机和牵引设备中。图 10-8 所示为一提升机中的棘轮制动器，重物 Q 被提升后，由于棘轮受到止动爪的制动作用，卷筒不会在重力作用下反转下降。

3. 棘爪回转轴位置的确定

在确定棘爪回转轴轴心 O'的位置时，最好使 O'点至棘轮轮齿顶尖 A 点的连线 $O'A$ 与棘轮过 A 点的半径 OA 垂直，这样，当传递相同的转矩时，棘爪受力最小，如图 10-9 所示。

4. 棘轮轮齿工作齿面偏斜角 α 的确定

棘轮齿与棘爪接触的工作齿面应与半径 OA 倾斜一定角度 α，以保证棘爪在受力时能顺利地滑入棘轮轮齿的齿根。偏斜角 α 的大小可如下得出：如图 10-9 所示，设棘轮齿对棘爪得法向压力为 P_n，将其分解成 P_t 和 P_r 两个分力。其中径向分力 P_r 把棘轮推向棘轮齿的根部。而当棘爪沿工作齿面向齿根滑动时，棘轮齿对棘爪的摩擦力 $F=fP_n$，将阻止棘爪滑入棘轮齿根。为保证棘爪的顺利滑入，必须保证有

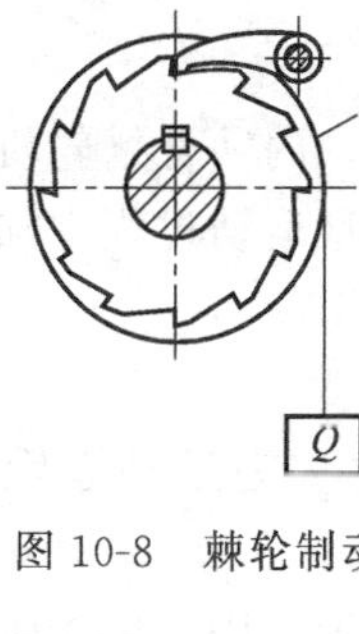

图 10-8　棘轮制动器

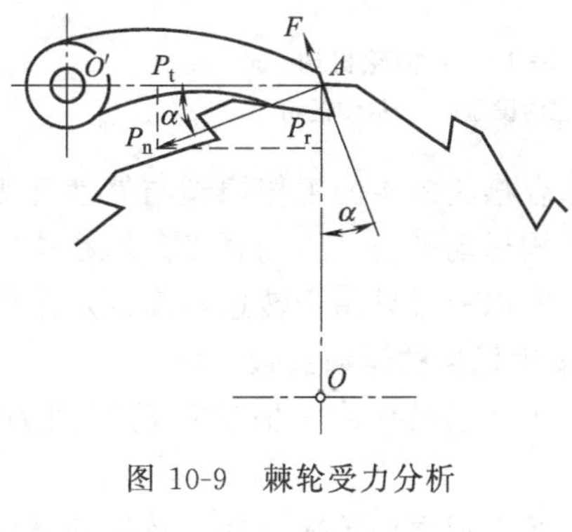

图 10-9　棘轮受力分析

$$P_r > fP_n\cos\alpha$$

又

$$P_r = P_n\sin\alpha$$

可以得到　$\tan\alpha > f = \tan\varphi$（$\varphi$ 为摩擦角）

即
$$\alpha > \varphi$$

在无滑动的情况下，钢对钢的摩擦因数 $f \approx 0.2$，所以 $\varphi \approx 11^\circ 30'$。

因此，通常取 $\alpha \approx 20^\circ$。

10.2 槽轮机构

1. 槽轮机构的组成、工作原理及类型

图 10-10 所示为一外槽轮机构。它由带有圆销的主动拨盘 1、具有径向槽的从动槽轮 2 和机架所组成。

当拨盘 1 以等角速度连续转动，拨盘上的圆销 A 尚未进入槽轮的径向槽时，槽轮上的内凹锁止弧 nn 被拨盘上的外凸弧 mm 卡住，槽轮静止不动。当拨盘上的圆销刚开始进入槽轮径向槽时，锁止弧 nn 也刚好被松开，槽轮在圆销 A 的推动下开始转动。当圆销在另一边离开槽轮的径向槽时，锁止弧 nn 又被卡住，槽轮又静止不动，直至圆销 A 再一次进入槽轮的另一径向槽时，槽轮重复上面的过程。该机构是一种典型的单向间歇传动机构。

槽轮机构结构简单、工作可靠，在进入和脱离啮合时运动比较平稳，能准确控制转动的角度，但槽轮转角与径向槽数和圆销数有关，故每次槽轮转角大小无法调节，在槽轮转动的始末位置加速度变化较大，冲击较严重，因而不适用于高速。所以，槽轮机构一般用于转速不很高、转角不需要调节的间歇转动装置中，如自动机械、电影放映机等。

图 10-11 所示为槽轮机构在电影放映机中的间歇抓片机构。

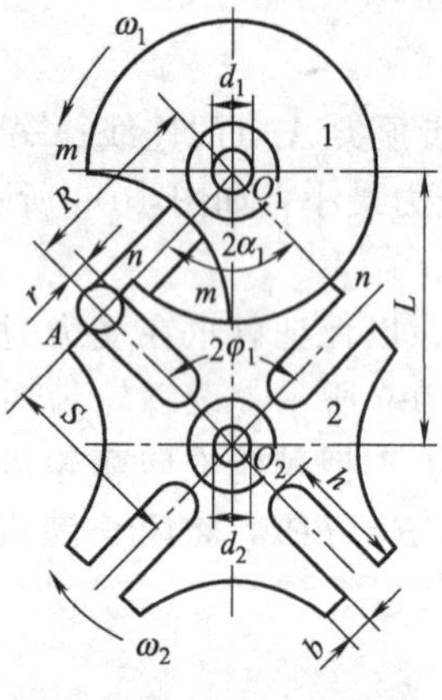

图 10-10　外槽轮机构

1—主动拨盘；2—从动槽轮

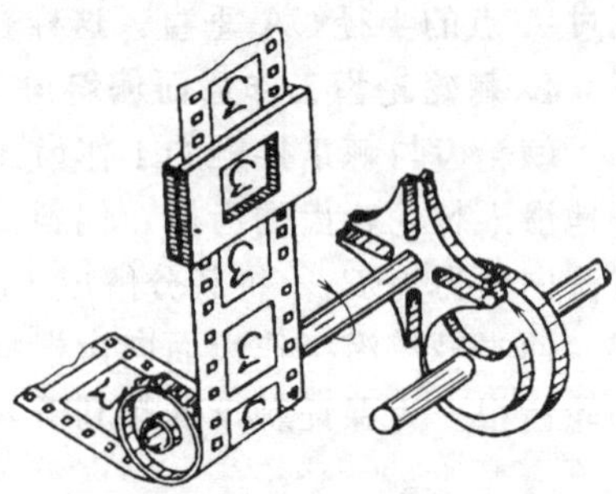

图 10-11　送片槽轮机构

内啮合槽轮机构的工作原理与外啮合槽轮机构一样。相比之下，内啮合槽轮机构比外啮合槽轮机构运动平稳、结构紧凑。但是槽轮机构的转角不能调节，且运动过程中加速度变化比较大，所以一般只用于转速不高的定角度分度机构中。

2. 槽轮机构的运动系数

在一个运动循环中，槽轮运动时间 t_2 与拨盘运动时间 t_1 之比称为运动系数，用 τ 来表示。

由于拨盘通常作等速运动，故运动系数 τ 也可以用拨盘转角表示，图 10-10 所示的单圆销槽轮机构，时间 t_2 和 t_1 分别对应的拨盘转角为 $2\varphi_1$ 和 2π，所以有 $\tau = \frac{\varphi_1}{\pi}$。

为避免刚性冲击，在圆销进入或脱出槽轮径向槽时，圆销的速度方向应与槽轮径向槽的中心线重合，即径向槽的中心线应切于圆销中心的运动圆周。因此，若设 z 为均匀分布的径向槽数目，则可得

$$2\varphi_1=\pi-2\varphi_2=\pi-\frac{2\pi}{z}=\frac{\pi(z-2)}{z}$$

所以得到

$$\tau=\frac{z-2}{2z} \tag{10-1}$$

由于运动系数 τ 必须大于零，故由上式可知径向槽数最少等于 3，而 τ 总小于 0.5，即槽轮的转动时间总小于停歇时间。

如果要求槽轮转动时间大于停歇时间，即要求 $\tau>0.5$，则可以在拨盘上装数个圆销。设 K 为均匀分布在拨盘上的圆销数目，则运动系数 τ 应为

$$\tau=\frac{t_2}{t_1/K}=\frac{K(z-2)}{2z} \tag{10-2}$$

由于运动系数 τ 应小于 1，即 $\frac{K(z-2)}{2z}<1$，所以有

$$K<\frac{2z}{z-2} \tag{10-3}$$

增加径向槽数 z 可以增加机构运动的平稳性，但是机构尺寸随之增大，导致惯性力增大。所以一般取 $z=4\sim8$。

槽轮机构中拨盘上的圆销数、槽轮上的径向槽数以及径向槽的几何尺寸等均视运动要求的不同而定。每一个圆销在对应的径向槽中相当于曲柄摆动导杆机构。因此，该机构为分析槽轮的速度、加速度带来了方便，有兴趣的同学可以参考其他书籍。

10.3　不完全齿轮机构

1. 不完全齿轮机构的组成和工作原理

不完全齿轮机构是由普通渐开线齿轮机构演变而成的间歇运动机构。它与普通渐开线齿轮机构的主要区别在于该机构中的主动轮的轮齿不是布满在整个圆周上，而是仅有一个或几个齿，如图 10-12 所示。

当主动轮 1 的轮齿部分与从动轮轮齿结合时，推动从动轮 2 转动；当主动轮 1 的轮齿部分与从动轮脱离啮合时，从动轮停歇不动。因此，当主动轮连续转动时，从动轮获得时动时停的间歇运动。

图 10-12 (a) 所示为外啮合不完全齿轮机构，其主动轮 1 转动一周时，从动轮 2 转动六分之一周，从动轮每转一周停歇 6 次。当从动轮停歇时，主动轮上的锁止弧与从动轮上的锁止弧互相配合锁住，以保证从动轮停歇在预定位置。图 10-12 (b) 为内啮合不完全齿轮机构。

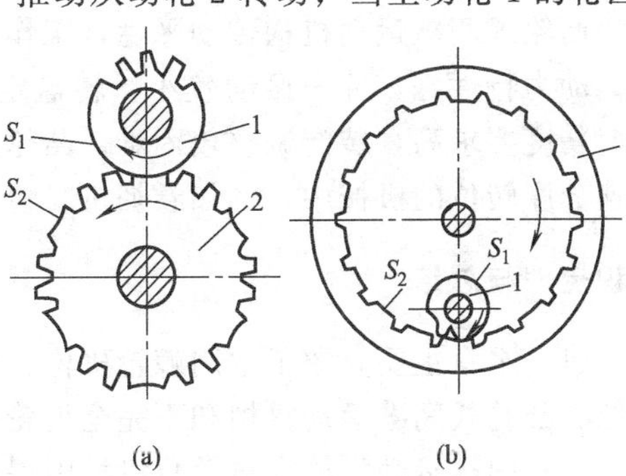

图 10-12　不完全齿轮机构
1—主动轮；2—从动轮

2. 特点与应用

不完全齿轮机构与其他间歇运动机构相比，具有结构更为简单，工作更为可靠，且传递力大，另外从动轮每转一周停歇时间、运动时间及每次转动的加速度变化范围比较大。但不完全齿轮机构与普通渐开线齿轮机构一样，当主

动轮匀速转动时，其从动轮在运动期间也保持匀速转动，但在从动轮运动开始和结束时，即进入啮合和脱离啮合的瞬时，速度是变化的，故存在冲击，所以不完全齿轮机构一般只用于低速、轻载的场合，如用于计数器、电影放映机和某些进给机构中。

10.4 凸轮间歇运动机构

1. 组成和工作原理

如图 10-13 所示为凸轮式间歇运动机构。主动凸轮 1 驱动从动转盘 2 上的滚子，将凸轮的连续转动变换为转盘的间歇转动。

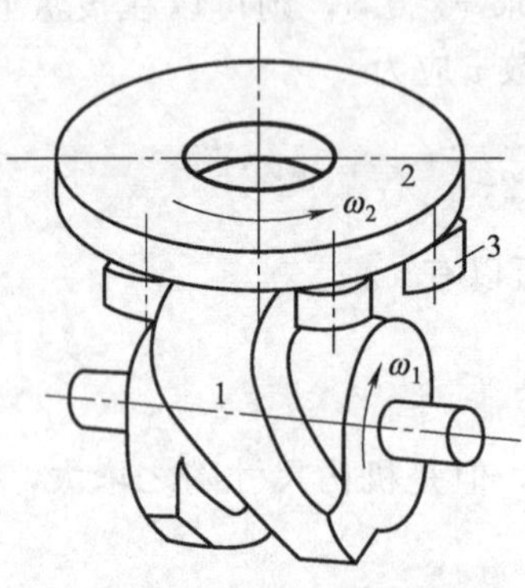

(a) 圆柱凸轮间歇运动机构

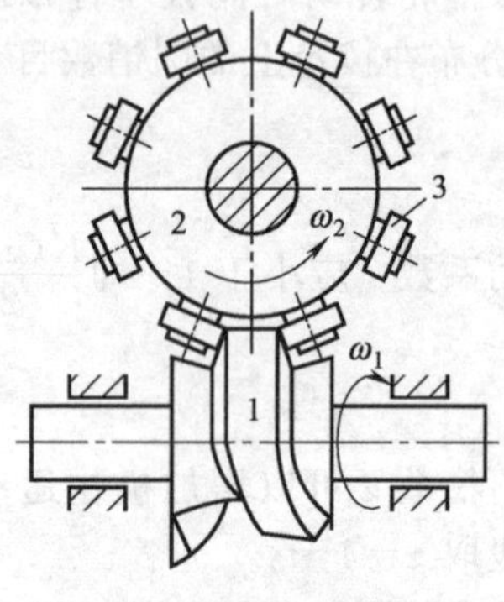

(b) 蜗杆凸轮间歇运动机构

图 10-13 凸轮间歇运动机构
1—主动凸轮；2—从动转盘；3—圆柱销

图 10-13（a）中，主动凸轮 1 呈圆柱形，从动转盘 2 的端面均布着若干滚子，其轴线平行于转盘的轴线，称为圆柱凸轮间歇运动机构。图 10-13（b）中，主动凸轮 1 的形状像圆弧面蜗杆，从动转盘 2 的圆柱表面均布着若干滚子，其轴线垂直于转盘的轴线，称为蜗杆凸轮间歇运动机构。这种蜗杆凸轮间歇运动机构，可以通过调整凸轮与转盘的中心距来调节滚子与凸轮轮廓之间的间隙，以保证机构的运动精度。

2. 特点与应用

凸轮式间歇运动机构传动平稳，工作可靠，合理地选择转盘的运动规律．使机构传动平稳，动力特性好，冲击振动较小，转盘定位精确，不需要专门的定位装置。缺点是加工复杂，精度要求高，装配调整较困难。凸轮式间歇运动机构常用于传递交错轴间的分度运动和高速分度转位的机械中，例如卷烟机、包装机、多色印刷机、高速冲床等。

知识梳理与总结

（1）本章主要介绍了常用棘轮机构、槽轮机构的工作原理、类型、特点和应用，并简要介绍了凸轮式间歇运动机构和不完全齿轮机构。

（2）间歇运动机构在自动化机械中得到广泛应用，通过本章的学习应能够根据工作要求较正确地选用。

习 题

10-1 棘轮机构、槽轮机构分别有几种类型，各有什么特点？

10-2　棘轮机构除了常用来实现间歇运动的功能外，还常用来实现什么功能？

10-3　在槽轮机构中为什么要在拨盘上设置外凸弧？

10-4　棘轮机构和槽轮机构是怎样实现间歇运动的，各应用于什么场合？

10-5　不完全齿轮机构有什么优缺点？常用于什么场合？

专题作业三　手动剪板机自由度计算及受力分析

【知识目标】

①了解手动剪板机工作原理；

②掌握机构运动简图绘制方法；

③掌握自由度计算方法。

【能力目标】

①会利用设计资料(标准、规范等)，绘制手动剪板机装配图；

②会绘制手动剪板机机构运动简图，计算机构自由度；

③会绘制手动剪板机受力图，计算约束反力。

作业描述

图 1　手动剪板机照片

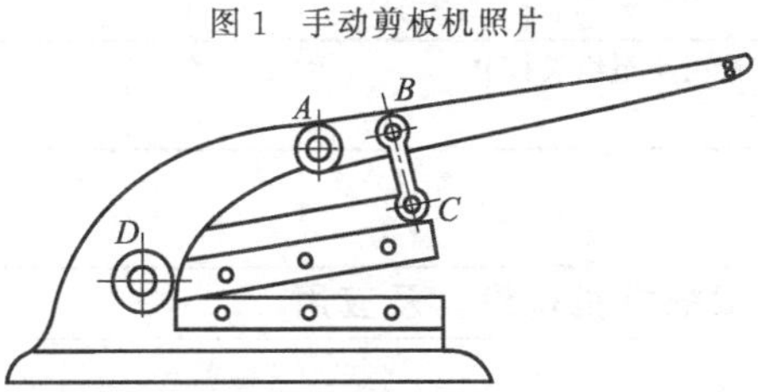

项目来源：

从机电市场购买各种规格的手动剪板机(图 1)作为样机。

项目说明：本项目需要根据手动剪板机的结构特点，利用平面连杆机构相关知识，绘制手动剪板机运动简图、计算自由度；利用力学相关知识，对手动剪板机进行受力分析。

手动剪板机是专门为加工金属薄板而设计，手动剪板通过手工操作，运用冲压力剪切板料，是薄板理想的手动剪切工具。

材料：

①刀具材料：T8A。

②薄板材料：Q235。

工 作 任 务

1. 对给定的手动剪板机进行测绘，用 AutoCAD 绘制装配图。

2. 机构运动简图的绘制和自由度计算，填写在表 1。

表 1　机构运动简图及自由度

机构名称	机构运动简图	自由度

3. 绘制各杆件的受力分析图，计算约束反力，最后计算出手柄上压力 F 与手动剪板机刀口施加在被加工板件上的压力之间的比例关系，填写表 2。

续表

表 2 约束反力计算结果

手柄上施加的压力 F	A点约束反力 F_A	B点约束反力 F_B	C点约束反力 F_C	D点约束反力 F_D	被加工件对刀口的反作用力 F'	F与F'比例关系

工作成果

1. 完成 A3 技术图样一张。
2. 撰写计算说明书 1 份。

成绩评定

综合测绘、说明书及答辩情况，按百分制评分，折算后计入期末成绩。

姓名	分项				总分
	测绘(20%)	设计说明书(40%)	答辩情况(20%)	团队协作(20%)	

注：团队协作分数根据小组成员出勤、工作态度及工作量由小组组长打分。

专题作业四 摆动导杆-双摇杆机构设计及应用

【知识目标】

①熟知运动副、运动简图符号、自由度计算等知识；

②掌握四杆机构的类型和四杆机构的工作特性。

【能力目标】

①根据摆动导杆-双摇杆机构的运动特点，能够对摆动导杆-双摇杆机构进行应用分析；

②提高学生分析问题和解决问题的能力及创新能力。

作业描述

项目来源：浙江天煌科技实业有限公司生产的"THMCX-2 型 平面机构创意组合测试分析实验台"。

项目功能：主要由实验台架、电机、皮带、带轮、齿轮、凸轮、槽轮、拨盘、构件及各种高副、低副、回转副、移动副、测试传感器、计算机测试分析软件等组成，能完成平面机构的组成原理、平面机构创新设计、机构系统方案的创新与设计、典型机构拼装等实验项目，另外还可自由搭建其他机构并进行试分析。

工作任务

根据图 2 所示的技术图样，选择合适的零部件，进行机构装配，并画出机构的运动简图。

续表

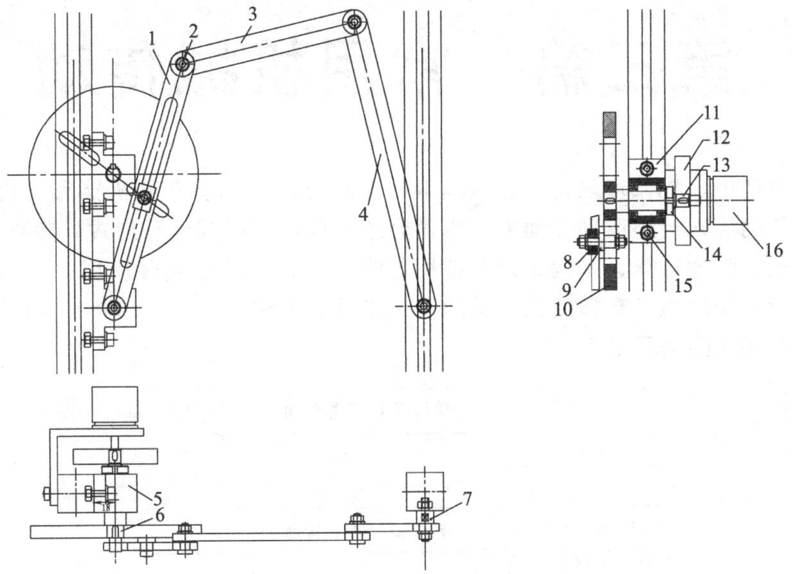

图 2　摆动导杆　双摇杆机构

零件说明：

1—摆动导杆　2—销轴　3—连杆　4—摇杆　5—挂架　6—固定立柱(一)　7—固定立柱(二)　8—滑销　9—曲柄销轴　10—曲柄圆盘　11—挂脚　12—带轮　13—主传动轴　14—主轴螺母　15—内六角螺钉　16—角位移传感器

2. 根据装配后的机构，对摆动导杆-双摇杆机构进行运动特性分析，并举例说明应用。

工 作 成 果

1. 完成摆动导杆-双摇杆机构的装配。
2. 完成机构运动简图绘制。
3. 撰写计算说明书 1 份。

成 绩 评 定

综合装配、机构运动简图的绘制及答辩情况，按百分制评分，折算后计入期末成绩。

姓名	分项				总分
	装配机构(30%)	机构运动简图绘制(30%)	答辩情况(20%)	团队协作(20%)	

注：团队协作分数根据小组成员出勤、工作态度及工作量由小组组长打分。

第三篇　常用机械传动

在工业生产中，机械传动是一种最基本的传动方式，几乎各种机器都要利用齿轮传动、带传动、链传动等来传递运动和动力。本篇介绍几种典型机械传动形式，参数选择、设计准则和设计方法、强度计算、结构设计及使用与维护等，并结合实际应用给出专题专业项目，以利学生进行技能训练，掌握机械传动的设计步骤和方法。

主要学习和实践进程如下：

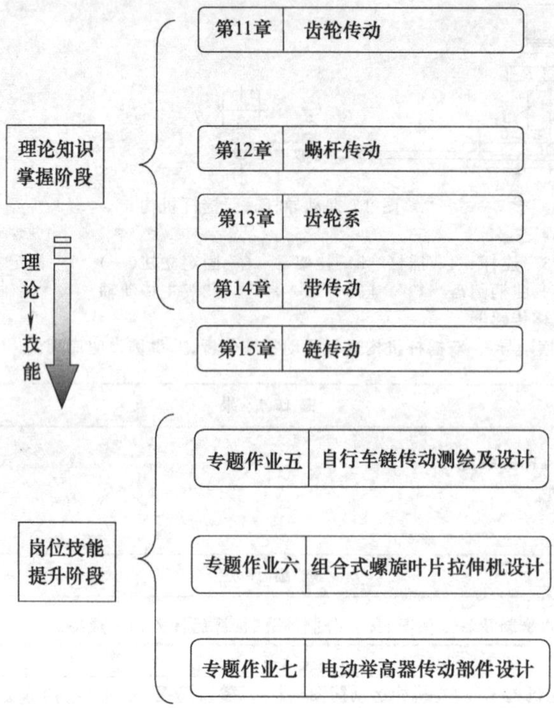

第 11 章　齿 轮 传 动

【知识目标】

① 了解齿轮传动的特点，应用和分类；

② 理解渐开线的基本性质，齿轮传动的正确啮合条件；

③ 掌握渐开线标准齿轮的基本参数和几何尺寸计算公式。

【能力目标】

① 会测绘和计算齿轮几何尺寸及基本参数；

② 能够进行直齿（斜齿）圆柱齿轮结构设计和强度校核。

【知识结构图】

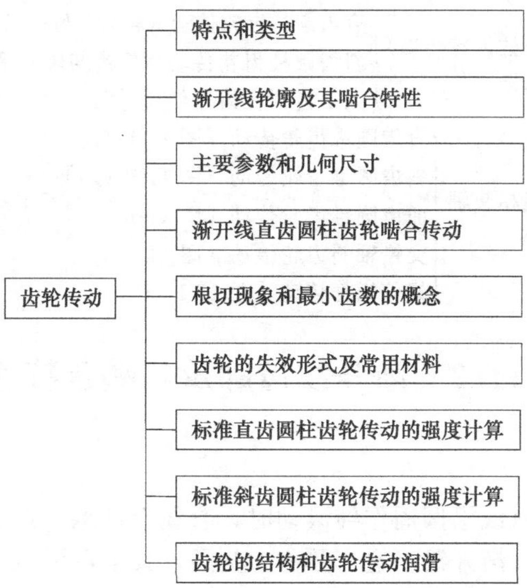

11.1　齿轮传动的特点和类型

11.1.1　齿轮传动的特点

齿轮传动是现代机械中应用最广泛的传动机构，用于传递空间任意两轴或多轴之间的运动和动力。齿轮传动的传动效率高、结构紧凑、工作可靠、寿命长、传动比准确；但制造及安装精度要求高，价格较贵，不宜用于两轴间距离较大的场合。

11.1.2　齿轮传动的分类

齿轮传动按轴之间的相互位置、齿向和啮合情况分类如下。

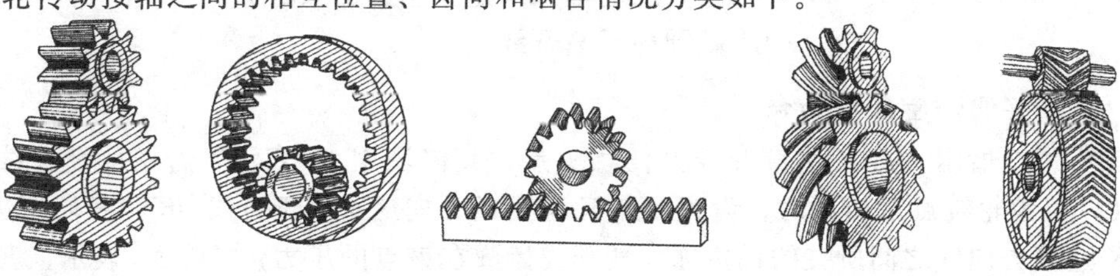

(a)　(b)　(c)　(d)　(e)

图 11-1

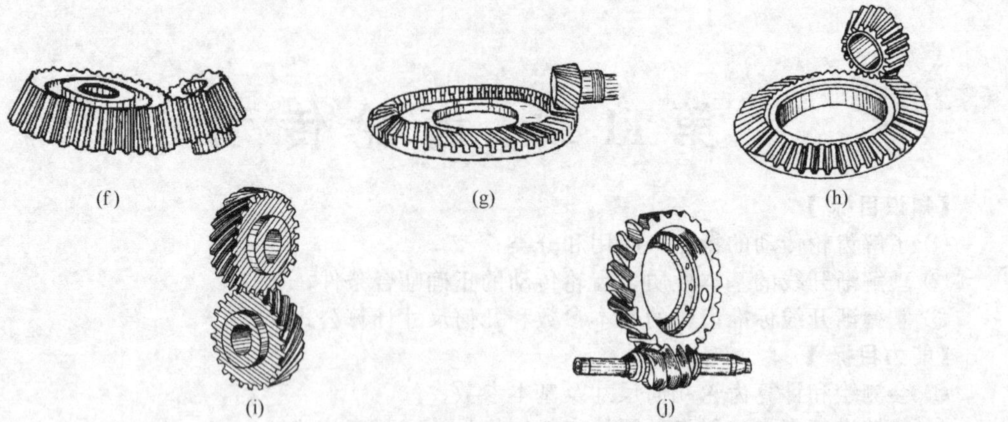

图 11-1 齿轮传动的类型

- 齿轮传动
  - 平面齿轮传动（圆柱齿轮传动）传递平行轴间的运动
    - 直齿圆柱齿轮传动（轮齿与轴平行）［图 11-1（a）和图 11-1（b）］
    - 斜齿圆柱齿轮传动（轮齿与轴不平行）［图 11-1（d）］
    - 人字齿圆柱齿轮传动［图 11-1（e）］
  - 空间齿轮传动传递相交轴或交错轴间的运动
    - 直齿圆锥齿轮传动［图 11-1（f）］
    - 斜齿圆锥齿轮传动［图 11-1（g）］
    - 曲齿圆锥齿轮传动［图 11-1（h）］
    - 交错轴斜齿轮传动［图 11-1（i）］
    - 蜗轮蜗杆传动［图 11-1（j）］

11.2 渐开线齿廓及其啮合特性

11.2.1 渐开线的形成

如图 11-2 所示，当直线沿圆周作纯滚动时，直线上任意一点 K 的轨迹 AK 称为该圆的渐开线。这个圆称为基圆，其半径用 r_b 表示；直线称为渐开线的发生线；θ_K（$=\angle AOK$）称为渐开线 AK 段的展角。

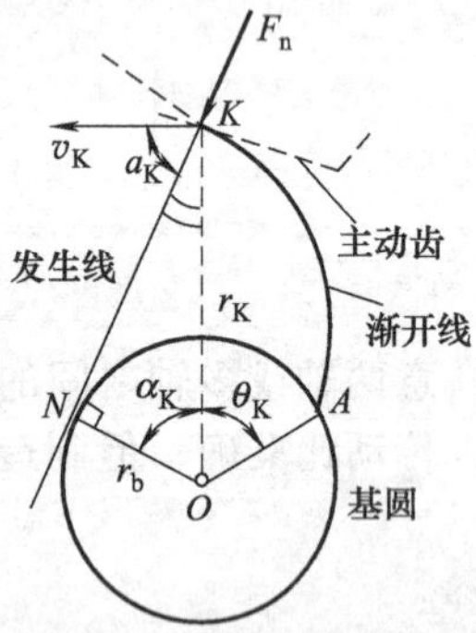

图 11-2 渐开线的形成

11.2.2 渐开线的性质

由渐开线的形成可知，渐开线具有下列性质。

① 发生线沿基圆滚过的长度，等于基圆上被滚过的弧长，即弦 NK=弧 NA。

② 渐开线上任一点的法线必与基圆相切。

③ 发生线与基圆的切点 N 为渐开线上点 K 的曲率中心，而线段 NK 是相应的曲率半径。

④ 渐开线的形状决定于基圆的大小。

⑤ 基圆内无渐开线。

11.2.3 渐开线齿廓的压力角

如图 11-2 所示，点 K 为渐开线上任意一点，其向径用 r_K 表示。若用此渐开线为齿轮的齿廓，当齿轮绕点 O 转动时，齿廓上点 K 速度的方向应垂直于直线 OK。我们把法线 NK 与点 K 速度方向线之间所夹的锐角称为渐开线齿廓在该点的压力角，用 α_K 表示，其大小等于$\angle KON$。

11.2.4　渐开线函数

如图 11-2 所示。

$$\theta_K+\alpha_K=\frac{\overset{\frown}{AN}}{r_b}=\frac{\overline{NK}}{r_b}=\tan\alpha_K$$

即

$$\theta_K=\tan\alpha_K-\alpha_K$$

上式表明：展角 θ_K 是压力角 α_K 的函数，称为渐开线函数。

工程上用 $\mathrm{inv}\alpha_K$ 表示 θ_K，即有

$$\mathrm{inv}\alpha_K=\theta_K=\tan\alpha_K-\alpha_K \tag{11-1}$$

工程中已将不同压力角的渐开线函数计算出来制成表格以备查用。

11.2.5　渐开线齿廓的啮合特性

1. 四线合一

图 11-3 所示为一对渐开线齿廓在任意位置啮合，啮合接触点为点 K。过点 K 作这对齿廓的公法线 N_1N_2，根据渐开线的性质可知，公法线 N_1N_2 必同时与两基圆相切，即公法线 N_1N_2 为两基圆的一条内公切线。由于两基圆的大小和位置均固定不变，其内公切线只有一条。因此，不论两齿廓在任何位置啮合，它们的接触点一定在这条内公切线上。这条内公切线是接触点 K 的轨迹，称为啮合线，由于两个齿轮啮合传动时其正压力是沿公法线方向的，因此对渐开线齿廓的齿轮来说，啮合线、过啮合点的公法线、基圆的内公切线和正压力作用线四线合一。

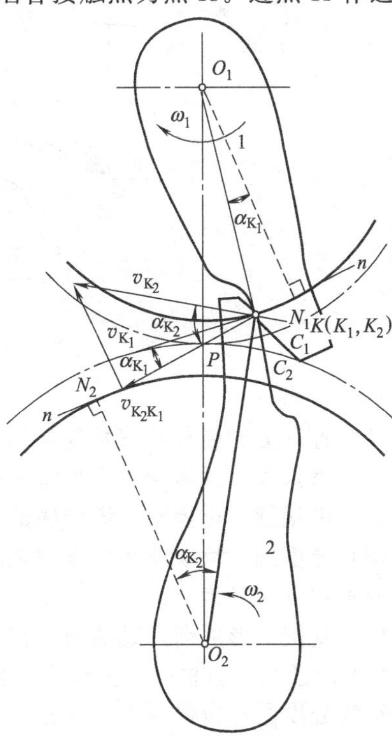

图 11-3　渐开线齿廓的啮合

2. 传动比恒定不变

如上所述，无论两齿廓在任何位置啮合，接触点的公法线是一条定直线，而且该直线与连心线 O_1O_2 交点 P 是固定点，称为节点，分别以 O_1、O_2 为圆心，以 O_1P、O_2P 为半径所作的圆称为节圆，节圆半径分别用 r_1' 和 r_2' 表示。一对渐开线齿轮的啮合传动可以看作两个节圆的纯滚动，且 $v_{P1}=v_{P2}$。因图中 $\triangle O_1N_1P$ 和 $\triangle O_2N_2P$ 相似，经推导可得传动比为

$$i_{12}=\frac{\omega_1}{\omega_2}=\frac{O_2P}{O_1P}=\frac{r_2'}{r_1'}=\frac{r_{b2}}{r_{b1}}=\text{常数} \tag{11-2}$$

因此，一旦一对渐开线齿轮标准安装后，其传动比恒定不变。

3. 啮合角恒定不变

两齿廓在任意位置啮合时，接触点的公法线与节圆公切线之间所夹的锐角称为啮合角。因为两渐开线齿廓接触点的公法线始终是定直线，所以其啮合角始终不变，而且在数值上恒等丁节圆压力角，用 α' 表示。在齿轮传动中，两齿廓间正压力的方向是沿其接触点的公法线方向。渐开线齿廓啮合的啮合角不变，故齿廓间正压力的方向也始终不变，若传递的转矩不变，其压力大小也保持不变，这对于齿轮传动的平稳性是十分有利的。

4. 中心距具有可分性

由式 (11-2) 可知：一对渐开线齿廓啮合的传动比决定于其基圆的大小，而齿轮一经设计加

工好后，它们的基圆也就固定不变，因此当两轮的实际中心距略有偏差时，仍能保持原传动比，此特点称为渐开线齿廓啮合的可分性。这一特点对渐开线齿轮的制造、安装都是十分有利的。

11.3 渐开线标准直齿圆柱齿轮的主要参数和几何尺寸

11.3.1 齿轮各部分的名称和符号

图 11-4 所示为直齿外齿轮的一部分。齿轮上每个凸起的部分称为齿，相邻两齿之间的空间称为齿槽。

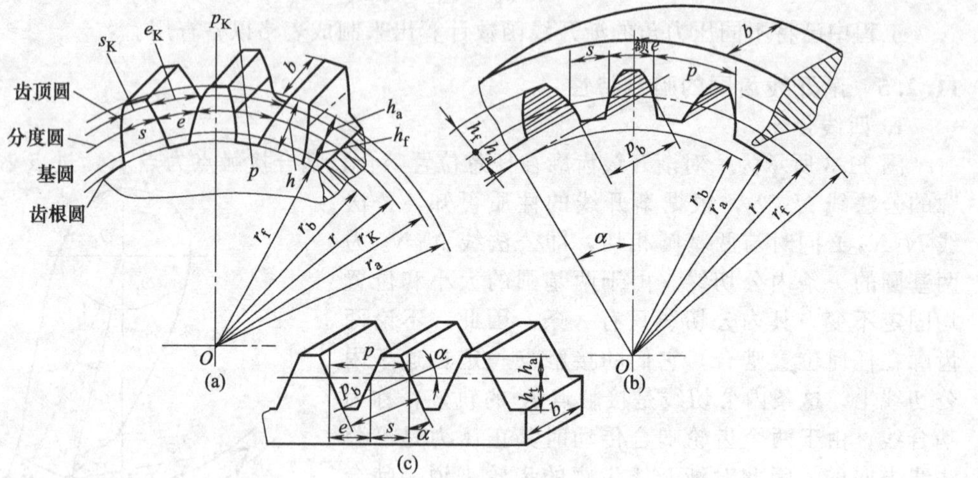

图 11-4 齿轮各部分的名称和符号

齿轮各部分的名称及符号规定如下。

(1) 齿顶圆 过齿轮各齿顶所作的圆，其直径和半径分别用 d_a 和 r_a 表示。

(2) 齿根圆 过齿轮各齿槽底部的圆，其直径和半径分别用 d_f 和 r_f 表示。

(3) 分度圆 齿顶圆和齿根圆之间的一个圆，是计算齿轮几何尺寸的基准圆，其直径和半径分别用 d 和 r 表示。

(4) 基圆 形成渐开线的圆，其直径和半径分别用 d_b 和 r_b 表示。

(5) 齿顶高、齿根高及齿全高 齿顶高为分度圆与齿顶圆之间的径向距离，用 h_a 表示；齿根高为分度圆与齿根圆之间的径向距离，用 h_f 表示；齿全高为齿顶圆与齿根圆之间的径向距离，用 h 表示，显然 $h=h_a+h_f$。

(6) 齿厚、齿槽宽及齿距 在半径为 r_K 的圆周上，一个轮齿两侧齿廓之间的弧长称为该圆上的齿厚，用 s_K 表示；在此圆周上，一个齿槽两侧齿廓之间的弧长称为该圆上的齿槽宽，用 e_K 表示；此圆周上相邻两齿同侧齿廓之间的弧长称为该圆上的齿距，用 p_K 表示，显然 $p_K=s_K+e_K$。分度圆上的齿厚、齿槽宽及齿距依次用 s、e 及 p 表示，$p=s+e$，且 $s=e$。基圆上的齿距又称为基节，用 p_b 表示。

11.3.2 渐开线标准直齿圆柱齿轮机构的基本参数及几何尺寸计算

1. 基本参数

(1) 齿数 z 在齿轮整个圆周上轮齿的总数。

(2) 模数 m 分度圆的周长$=\pi d=zp$，则有

$$d=z\frac{p}{\pi}$$

由于 π 是无理数，给齿轮的设计、制造及检测带来不便。为此，人为地将比值 p/π 取为一些简单的有理数，并称该比值为模数，用 m 表示，单位是 mm。因此，分度圆直径 $d=mz$，分度圆齿距 $p=\pi m$。

模数 m 是决定齿轮尺寸的一个基本参数。我国已制定了模数的国家标准，标准模数系列见表 11-1。

表 11-1　渐开线齿轮的模数

第一系列	0.1,0.12,0.15,0.2,0.25,0.3,0.4,0.5,0.6,0.8,1,1.25,1.5,2,2.5,3,4,5,6,8,10,12,16,20,25,32,40,50
第二系列	0.35,0.7,0.9,1.75,2.25,2.75,(3.25),3.5,(3.75),4,5,5.5,(6.5),7,9,(11),14,18,22,28,(30),36,45

注：选用模数时，应优先采用第一系列，其次是第二系列，括号内的模数尽可能不用。

(3) 分度圆压力角 α　齿轮轮齿齿廓在齿轮各圆上具有不同的压力角，我国规定分度圆压力角 α 的标准值一般为 20°。此外，在某些场合也采用 $\alpha=14.5°$、15°、22.5°及 25°等的齿轮。

至此，可以给分度圆下一个完整的定义：分度圆就是齿轮上具有标准模数和标准压力角的圆。

(4) 齿顶高系数 h_a^* 和顶隙系数 c^*　国家标准规定了 h_a^* 和 c^* 的标准值：$h_a^*=1$，$c^*=0.25$。

如果一个齿轮的 m、α、h_a^* 和 c^* 均为标准值，并且分度圆上 $s=e$，则该齿轮称为标准齿轮。

2. 标准齿轮几何尺寸的计算公式

标准齿轮的几何尺寸计算公式列于表 11-2。

表 11-2　渐开线标准直齿圆柱齿轮几何尺寸的计算公式

名称	符号	计算公式
分度圆直径	d	$d_1=mz_1$　　$d_2=mz_2$
齿顶高	h_a	$h_a=h_a^* m$
齿根高	h_f	$h_f=(h_a^*+c^*)m$
全齿高	h	$h=h_a+h_f=(2h_a^*+c^*)m$
齿顶圆直径	d_a	$d_{a1}=d_1\pm 2h_a=(z_1\pm 2h_a^*)m$　$d_{a2}=d_2\pm 2h_a=(z_2\pm 2h_a^*)m$
齿根圆直径	d_f	$d_{f1}=d_1\mp 2h_f=(z_1\mp 2h_a^*\mp 2c^*)m$ $d_{f2}=d_2\mp 2h_a=(z_2\mp 2h_a^*\mp 2c^*)m$
基圆直径	d_b	$d_{b1}=d_1\cos\alpha=mz_1\cos\alpha$　　$d_{b2}=d_2\cos\alpha=mz_2\cos\alpha$
齿距	p	$p=\pi m$
齿厚	s	$s=\pi m/2$
齿槽宽	e	$e=\pi m/2$
中心距	a	$a=\frac{1}{2}(d_2\pm d_1)=\frac{m}{2}(z_2\pm z_1)$
顶隙	c	$c=c^* m$
基圆齿距	p_b	$p_b=\pi m\cos\alpha$

注：表中正负号处，上面符号用于外齿轮，下面符号用于内齿轮。

11.4　渐开线直齿圆柱齿轮啮合传动

11.4.1　渐开线直齿圆柱齿轮的正确啮合条件

如图 11-5 所示，设相邻两齿同侧齿廓与啮合线 N_1N_2 的交点分别为 K_1 和 K_2，线段

K_1K_2的长度称为齿轮的法向齿距。显然，要使两齿轮正确啮合，它们的法向齿距必须相等。由渐开线的性质可知，法向齿距等于两齿轮基圆上的齿距，因此要使两齿轮正确啮合，必须满足 $p_{b1}=p_{b2}$，因为 $p_b=\pi m\cos\alpha$，所以 $\pi m_1\cos\alpha_1=\pi m_2\cos\alpha_2$，由于渐开线齿轮的模数和压力角均为标准值，所以一对渐开线直齿圆柱齿轮正确啮合的条件是

$$m_1=m_2=m$$
$$\alpha_1=\alpha_2=\alpha \tag{11-3}$$

有了这一条件后，传动比公式可进一步推导为

$$i_{12}=\frac{\omega_1}{\omega_2}=\frac{r_2'}{r_1'}=\frac{r_{b2}}{r_{b1}}=\frac{r_2}{r_1}=\frac{z_2}{z_1} \tag{11-4}$$

11.4.2 齿轮传动的中心距

一对标准齿轮节圆与分度圆相重合的安装称为标准安装，标准安装的中心距称为标准中心距，以 a 表示。对于图 11-5 所示的外啮合齿轮传动，标准中心距为

$$a=r_1'+r_2'=r_1+r_2=\frac{m}{2}(z_1+z_2) \tag{11-5}$$

传动比为

$$i=\frac{r_2'}{r_1'}=\frac{r_2}{r_1}=\frac{z_2}{z_1} \tag{11-6}$$

一对标准直齿轮标准安装时，节圆与分度圆重合，$r'=r$；啮合角等于压力角，$\alpha'=\alpha$。

如果安装时中心距有误差，实际中心距 $a'=r_1'+r_2'$，不等于标准中心距 $a=r_1+r_2$，那么两齿轮的节圆与各自的分度圆不重合（$r'\neq r$），啮合角与压力角也不相等（$\alpha'\neq\alpha$）。

标准安装和非标准安装有如下关系

$$i=\frac{r_2'}{r_1'}=\frac{r_2}{r_1}=\frac{z_2}{z_1} \tag{11-7}$$

$$a'\cos\alpha'=a\cos\alpha \tag{11-8}$$

由式（11-4）可知，两轮的传动比与两基圆半径成反比，而中心距的改变并不影响基圆的大小，故也不会影响传动比。它对渐开线齿轮的加工和装配都十分有利，是渐开线齿轮传动的另一大优点。

11.4.3 重合度

一对渐开线齿轮传动若要连续传动就必须在前面一对齿即将退出啮合时，后面已有齿对进入啮合。在图 11-6 中齿轮 1 是主动轮，齿轮 2 是从动轮，齿轮的啮合是从主动轮的齿根推动从动轮的齿顶开始的，因此初啮合点是从动轮齿顶与啮合线的交点 B_2 点，一直啮合到主动轮的齿顶与啮合线的交点 B_1 点为止，由此可见 B_1B_2 是实际啮合线长度。显然，随着齿顶圆的增大，B_1B_2 线可以加长，但不会超过 N_1、N_2 点，N_1、N_2 点称为啮合极限点，N_1N_2 是理论啮合线长度。当 B_1B_2 恰好等于 p_b 时，即前一对齿在 B_1 点即将脱离，后一对齿刚好在 B_2 点接触时，齿轮能保证连续传动。但若齿轮 2 的齿顶圆直径稍小，它与啮合线的交点在 B_2'，则 $B_1B_2'<p_b$。此时前一对齿即将分离，后一对齿尚未进入啮合，齿轮传动中断。如图 11-6 中所示，当前一对齿到达 B_1 点时，后一对已经啮合多时，此时 $B_1B_2>p_b$。由此可见，齿轮连续传动的条件为

$$\varepsilon=\frac{B_1B_2}{p_b}\geqslant 1 \tag{11-9}$$

ε 称为重合度，它表明同时参与啮合的轮齿对数。

一对齿轮的重合度越大，其工作越平稳，传动能力也越大。对于标准齿轮传动，其重合

度恒大于 1。

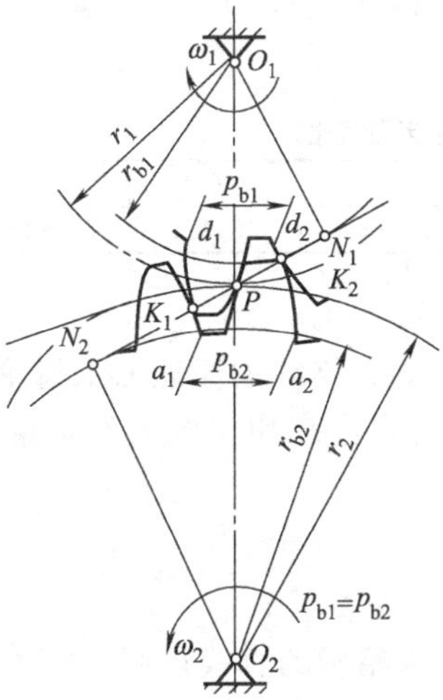

图 11-5　正确啮合的条件

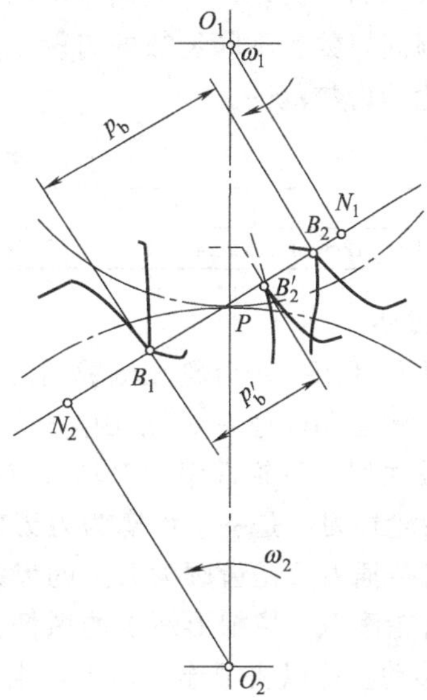

图 11-6　齿轮传动的重合度

例 11-1　已知一外啮合渐开线标准直齿轮传动，其模数 $m=2.5\text{mm}$，$z_1=30$，$i=3.8$。试求：(1) 大齿轮的分度圆直径，齿顶圆直径和齿根圆直径；

(2) 标准安装时的中心距；

(3) 若两轮中心距比标准值大 1mm，则其重合度如何变化？

解

(1) 大齿轮的齿数：　$z_2=z_1 i=30\times3.8=114$

分度圆直径：　$d_2=mz_2=2.5\times114=285\text{mm}$

齿顶圆直径：　$d_{a2}=m(z_2+2h_a^*)=2.5\times(114+2)=290\text{mm}$

齿根圆直径：　$d_{f2}=m[z_2-2(h_a^*+c^*)]=2.5\times(114-2.5)=278.75\text{mm}$

(2) 标准安装时的中心距：　$a=\dfrac{1}{2}m(z_1+z_2)=\dfrac{1}{2}\times2.5\times(30+114)=180\text{mm}$

(3) 若两轮中心距加大时，两齿轮的实际啮合线段将短于标准安装时的实际啮合线段，由公式 $\varepsilon=\dfrac{B_1B_2}{p_b}$可知，重合度减小。

11.5　渐开线齿轮的根切现象和最小齿数的概念

11.5.1　渐开线齿轮的加工方法

齿轮的加工方法很多，有铸造法、热轧法等，但在一般机械中，目前最常用的还是切削加工法。根据原理不同，切削加工方法又分为仿形法和展成法两种。

1. 仿形法

仿形法是将切齿刀具的轴向剖面做成渐开线齿轮槽的形状，加工时先铣出一个齿槽，然后用分度头将齿坯转过 $360°/z$，再铣下一个齿槽，直到铣出所有的齿槽。常用的刀具有盘形铣刀、指形铣刀等。图 11-7 (a) 所示为用盘形铣刀切制轮齿，常用于 $m<10\text{mm}$ 的中小模数的齿轮加工。对于 $m\geqslant10\text{mm}$ 的大模数齿轮，则用图 11-7 (b) 所示的指形铣刀加工。

仿形法加工方便易行，但精度难以保证。由于渐开线齿廓形状取决于基圆的大小，而基

圆半径 $r_b=(mz\cos\alpha)/2$，故齿廓形状与 m、z、α 有关。欲加工精确齿廓，对模数和压力角相同、齿数不同的齿轮，应采用不同的刀具，而这在实际中是不可能的。生产中通常用同一号铣刀切制同模数、不同齿数的齿轮，故齿形通常是近似的。表 11-3 列出了 1～8 号圆盘铣刀加工齿轮的齿数范围。

表 11-3 圆盘铣刀加工齿轮的齿数范围

刀号	1	2	3	4	5	6	7	8
加工齿数范围	12～13	14～16	17～20	21～25	26～34	35～54	55～134	≥135

2. 展成法

展成法是利用一对齿轮无侧隙啮合时两轮的齿廓互为包络线的原理加工齿轮的。加工时刀具与齿坯的运动就像一对互相啮合的齿轮，最后刀具将齿坯切出渐开线齿廓，如图 11-8 所示。展成法切制齿轮常用的刀具有三种。

(1) 齿轮插刀　是一个齿廓为刀刃的外齿轮。

(2) 齿条插刀　是齿廓为刀刃的齿条。

(3) 齿轮滚刀　像梯形螺纹的螺杆，轴向剖面齿廓为精确的直线齿廓，滚刀转动时相当于齿条在移动。可以实现连续加工，生产率较高。

用展成法加工齿轮时，只要刀具与被加工齿轮的模数和压力角相同，不管被加工齿轮的齿数是多少，都可以用同一把刀具来加工，这给生产带来了很大的方便，因此展成法得到了广泛的应用。

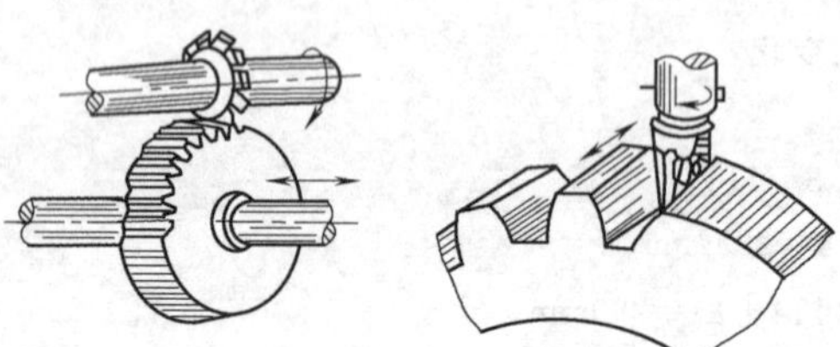

(a)　(b)

图 11-7　仿形法切制齿轮

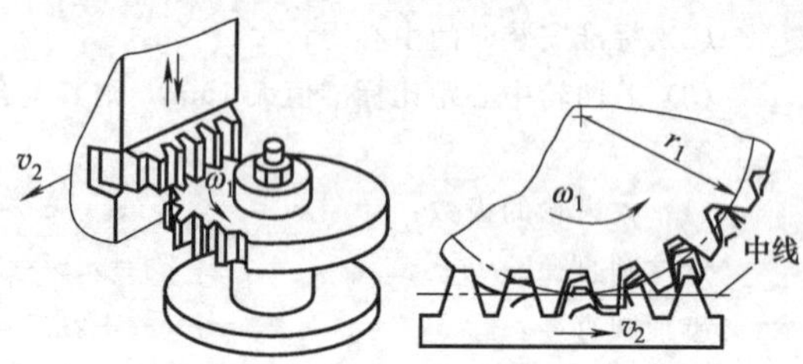

(a)　(b)

图 11-8　展成法切制齿轮

11.5.2 根切现象

用展成法加工齿轮时，若刀具的齿顶线（或齿顶圆）超过理论啮合线极限点 N 时（图 11-9），被加工齿轮齿根附近的渐开线齿廓将被切去一部分，这种现象称为根切，如图11-10 所示。根切的危害是削弱了齿轮齿根的弯曲强度和降低了齿轮传动的重合度，因而应避免根切。

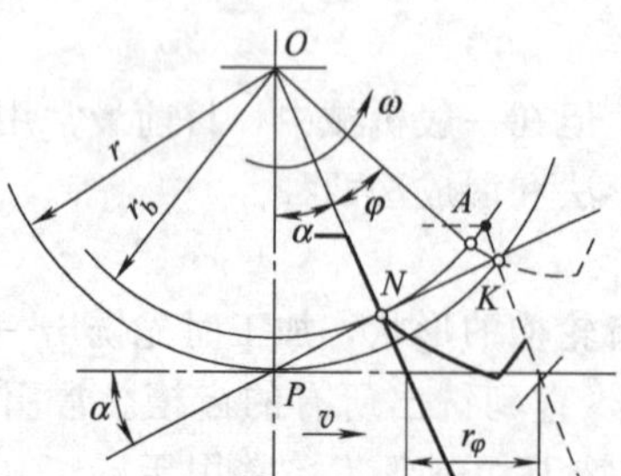

图 11-9　根切的产生

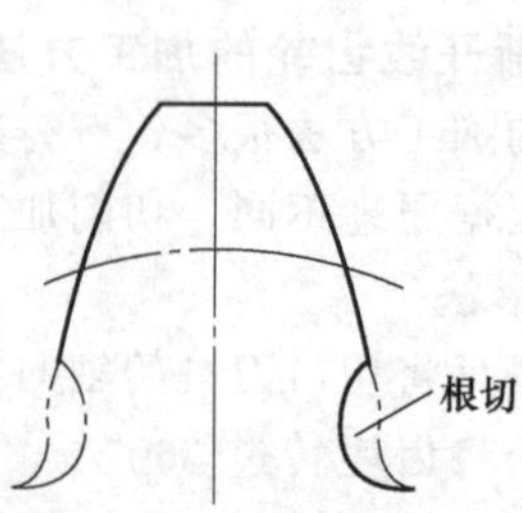

图 11-10　轮齿的根切现象

11.5.3 不产生根切的最少齿数

经研究发现，当被加工标准齿轮的齿数少到一定程度时，就会产生根切现象。根据研究，用滚刀加工标准齿轮不产生根切的最少齿数 $z_{min}=2h_a^*/\sin\alpha$，当 $\alpha=20°$、$h_a^*=1$ 时，$z_{min}=17$。

11.6 变位齿轮和变位齿轮传动

11.6.1 变位齿轮

渐开线标准齿轮具有设计计算简单、互换性好等优点，但标准齿轮传动仍存在着一些局限性：受根切限制，齿数不得小于 z_{min}，使传动结构不够紧凑；不适用于安装中心距不等于标准中心距的场合，当 $a'<a$ 时无法安装，当 $a'>a$ 时，虽然可以安装，但会产生过大的侧隙，重合度减小，影响传动的平稳性；一对标准齿轮的传动时，小齿轮的齿根厚度小而啮合次数又较多，故小齿轮的强度较低。采用变位齿轮可以弥补上述标准齿轮的不足。

用滚刀加工齿轮时，如果刀具中线（在此线上 $s_刀=e_刀$）和轮坯分度圆相切（图 11-11 中的虚线位置），那么切制出的齿轮为标准齿轮，$s=e$。如果将刀具由切制标准齿轮的位置沿径向自轮坯中心向外或向内移动一段距离 xm（图 11-11 中的实线位置为外移了 xm），那么切制出的齿轮为变位齿轮，$s\neq e$。xm 为移距量，m 为模数，x 称为变位系数。外移时，称为正变位，变位系数 x 为正值；内移时，称为负变位，变位系数 x 为负值。

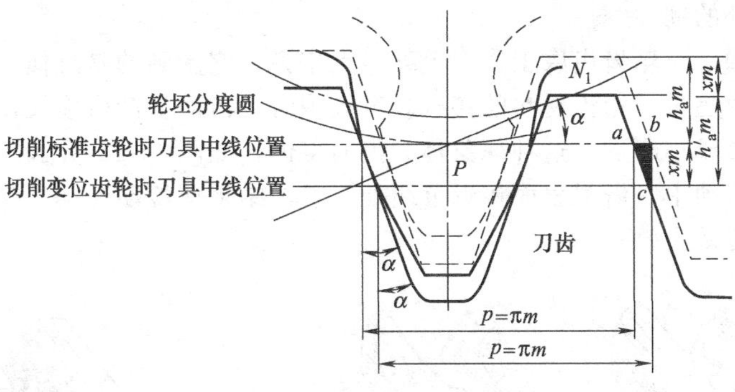

图 11-11 根切与变位齿轮

11.6.2 变位齿轮传动

根据一对齿轮变位系数和 $x_\Sigma=x_1+x_2$ 的不同，变位齿轮传动可分为三种类型（表 11-4）。标准齿轮传动可看作是零传动的特例。表 11-4 还列出了各类齿轮传动的性能和特点。

表 11-4 变位齿轮传动的类型及性能比较

传动类型	零件类型	角变位传动	
		正传动	负传动
齿数条件	$z_1+z_2\geqslant 2z_{min}$	$z_1+z_2<2z_{min}$	$z_1+z_2>2z_{min}$
变位系数要求	$x_1=-x_2\neq 0, x_1+x_2=0$	$x_1+x_2>0$	$x_1+x_2<0$
传动特点	$a'=a, \alpha'=\alpha; y=0, \sigma=0$	$a'>a, \alpha'>\alpha; y>0, \sigma>0$	$a'<a, \alpha'<\alpha; y<0, \sigma<0$
主要优点	小齿轮取正变位，允许 $z_1<z_{min}$，减小传动尺寸。提高了小齿轮齿根强度，减小了小齿轮齿面磨损，可成为替换标准齿轮	传动机构更加紧凑，提高了抗弯强度和接触强度，提高了耐磨性能，可满足 $a'>a$ 的中心距要求	重合度略有提高，满足 $a'<a$ 的中心距要求

续表

传动类型	零件类型	角变位传动	
		正传动	负传动
主要缺点	互换性差，小齿轮齿顶易变尖，重合度略有下降	互换性差，齿顶变尖，重合度下降较多	互换性差，抗弯强度和接触强度下降，轮齿磨损加剧

11.7 齿轮的失效形式及常用材料

11.7.1 齿轮传动的失效形式

齿轮传动的失效，主要是指轮齿的失效。常见的轮齿失效形式有以下 5 种。

（1）轮齿折断　轮齿相当于一悬臂梁，在齿根部分弯矩最大，弯曲应力也最大。轮齿的弯曲应力是循环变应力，而且齿根过渡圆角处还有较大的应力集中。因此，当弯曲应力超过材料的疲劳极限时，齿根处就会产生疲劳裂纹，并逐步扩展，最终引起轮齿折断，这种折断称为疲劳折断，如图 11-12（a）所示。在冲击载荷作用下或严重过载时，也可能发生由于静强度的不足造成的轮齿过载折断。轮齿宽度较大的齿轮，由于制造、安装的误差，使其局部受载过大，也可能使轮齿产生局部过载折断，如图 11-12（b）所示。

提高轮齿抗折断能力的措施很多，如增大齿根圆角过渡半径，降低表面粗糙度值，增大轴及支承物的刚度以减轻齿面局部过载的程度，对轮齿进行喷丸、碾压等冷作处理以提高齿面硬度、保持心部的韧性等。

（2）齿面点蚀　对轮齿齿廓工作面上某一点来说，它受到的是近似于脉动变化的接触应力。如果接触应力超过了轮齿材料的接触疲劳极限时，齿面上产生裂纹，裂纹扩展致使表层金属微粒剥落，形成小麻点，这种现象称为齿面点蚀，如图 11-13 所示。实践表明，点蚀常发生在闭式齿轮传动中，齿根表面接近节线处。点蚀结果使传动振动、噪声加大，承载能力降低，最终造成传动失效。

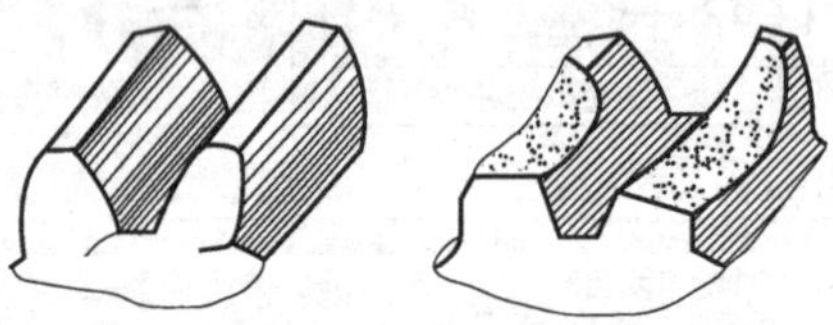

(a) (b)

图 11-12　轮齿折断

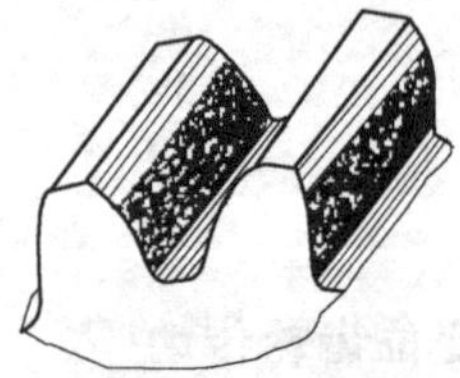

图 11-13　齿面点蚀

在开式传动中，由于齿面磨损较快，点蚀还来不及出现或扩展，即被磨掉，所以一般看不到点蚀现象。

提高齿面硬度，降低表面粗糙度值，采用表面强化处理，增大润滑油黏度，以及采用使啮合角增大的正变位齿轮等是提高齿面抗点蚀能力的主要措施。

（3）齿面胶合　在高速重载的齿轮传动中，齿面间的高压、高温使油膜破裂，局部金属在高温下互相粘连而又相对滑动，金属从表面被撕落下来，而在齿面上滑动方向出现条状伤痕，称为胶合，如图 11-14 所示。低速重载的传动摩擦发热虽不大，但因不易形成油膜，也会出现冷胶合。发生胶合后，齿廓形状改变了，不能正常工作。

在实际中采用提高齿面硬度、降低齿面粗糙度、限制油温、增加油的黏度、选用加有抗胶合添加剂的合成润滑油等方法来防止胶合的产生，采用合理的变位也可以防止胶合的产生。

(4) 齿面磨损　如图 11-15 所示，当灰尘、硬颗粒、金属磨屑进入轮齿工作表面都会引起齿面的过度磨损，齿面将逐渐失去正确的齿形，造成齿侧间隙不断增大，从而导致传动失效。因而磨粒磨损是开式齿轮传动最主要的失效形式。

采用闭式传动和提高齿面硬度是提高齿面抗磨损能力的主要措施。

(5) 塑性变形　如图 11-16 所示，当齿轮材料较软而载荷较大时，齿轮表面材料将沿着摩擦力方向发生塑性变形，导致主动轮齿面节线处出现凹沟，从动轮齿面节线处出现凸棱，齿轮被破坏，影响齿轮的正常啮合。

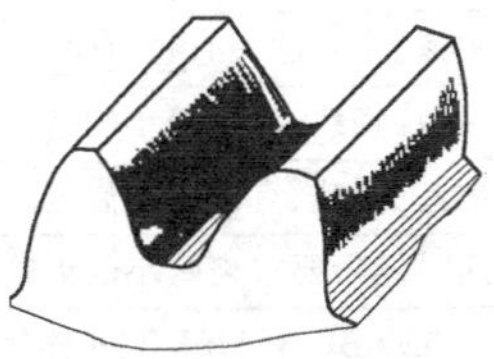

图 11-14　齿面胶合

图 11-15　齿面磨损

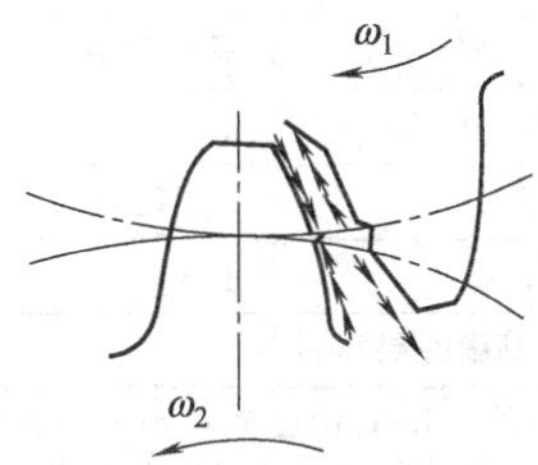

图 11-16　齿面的塑性流动

为防止齿面的塑性变形，可采用提高齿面硬度，选用黏度较高的润滑油，尽量避免频繁启动和超载等方法。

11.7.2　齿轮传动设计准则

实践表明，在一般条件的闭式齿轮传动中，主要失效形式是点蚀和折断。对于软齿面（≤350HBS）齿轮，主要失效形式是点蚀，所以应按接触疲劳强度进行设计计算，再按弯曲疲劳强度校核；对于硬齿面（>350HBS）齿轮主要失效形式是轮齿折断，所以一般先按弯曲疲劳强度进行设计计算，再按接触疲劳强度校核。

对于开式齿轮传动，主要失效形式是齿面磨损和折断，目前只能进行弯曲疲劳强度计算，将计算的模数 m 加大 10%～20%。

11.7.3　齿轮材料

根据对齿轮失效形式的分析，对齿轮材料的基本要求为：齿面要硬，齿心韧，具有良好的加工工艺性和热处理工艺性。

常用的金属材料有优质碳素结构钢、合金结构钢、铸钢和铸铁，可采用相应的热处理工艺来提高材料的力学性能。对一些高速、轻载而又要求噪声小的齿轮，可采用尼龙、塑料等非金属材料。

齿轮直径小时，可采用圆钢毛坯，齿轮常采用锻造毛坯，锻造毛坯的质量较高，常用于重要的齿轮。尺寸较大或形状较复杂时采用铸造毛坯，强度要求较高时可采用铸钢；载荷较小、速度较低时可采用价格低廉的灰铸铁；球墨铸铁的强度较高，可代替铸钢使用。

齿轮的常用材料及其力学性能见表 11-5。

表 11-5　齿轮的常用材料及其力学性能

材料牌号	热处理方法	力学性能			应用范围
		强度极限 σ_b/MPa	屈服极限 σ_s/MPa	硬　度	
45	正火	580	290	162～217HBS	低中速、中载的非重要齿轮
	调质	640	350	217～255HBS	低中速、中载的重要齿轮
	调质-表面淬火			40～50HRC(齿面)	高速、中载而冲击较小的齿轮

续表

材料牌号	热处理方法	力学性能			应用范围
		强度极限 σ_b/MPa	屈服极限 σ_s/MPa	硬度	
40Cr	调质	700	500	241～286HBS	低中速、中载的重要齿轮
	调质-表面淬火			48～55HRC(齿面)	高速、中载、无剧烈冲击的齿轮
38SiMnMo	调质	700	550	217～269HBS	低中速、中载的重要齿轮
	调质-表面淬火			45～55HRC(齿面)	高速、中载、无剧烈冲击的齿轮
20Cr	渗碳-淬火	650	400	56～62HRC(齿面)	高速、中载、并承受冲击的重要齿轮
20CrMnTi	渗碳-淬火	1100	850	56～62HRC(齿面)	高速中载，承受冲击
38CrMoAlA	调质-渗氮	1000	850	＞850HV	耐磨性强、载荷平稳、润滑良好的传动
ZG310-570	正火	570	310	163～197HBS	低中速、中载的大直径齿轮
HT250	人工时效	250		170～240HBS	低中速、轻载、冲击较小的齿轮
QT500-5	正火	500	320	170～230HBS	低中速、轻载、有冲击的齿轮
布基酚醛层压板		100		30～50HBS	高速、轻载、要求声响小的齿轮

注：1. 我国已成功地研制出许多低合金高强度的合金，在使用时应注意选用。40MnB、40MnVB 可替代 40Cr；20Mn2B、20MnVB 可替代 20Cr、20CrMnTi。

2. 表中的速度界限是：当齿轮的圆周速度 $v<3$m/s 时称为低速；$v<6$m/s 时称为低中速；$v=3\sim15$m/s 时，称为中速；$v>15$m/s 时称为高速。

11.8 标准直齿圆柱齿轮传动的强度计算

11.8.1 轮齿的受力分析

在进行齿轮传动的强度计算时，必须首先求出轮齿上受的力。在图 11-17 中，如果略去齿面间的摩擦力，轮齿齿面所受的总压力 F_n 垂直于齿面，沿啮合线作用，称为法向力。为了计算方便，将法向力 F_n 在节点 P 处分解为两个相互垂直的分力，即相切于节圆（对于标准齿轮传动标准安装时，节圆与分度圆重合）的圆周力 F_t 和指向轮心的径向力 F_r，根据力平衡条件得出各力的大小为

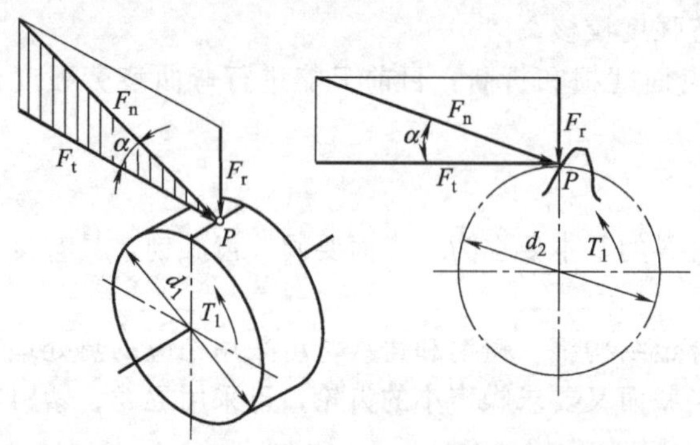

图 11-17 标准直齿圆柱齿轮轮齿的受力分析

$$
\begin{aligned}
F_t &= 2T_1/d_1 \\
F_r &= F_t\tan\alpha \\
F_n &= F_t/\cos\alpha
\end{aligned}
\tag{11-10}
$$

式中 T_1——小齿轮传递的转矩，N·mm；

d_1——小齿轮节圆（对标准齿轮为分度圆）直径，mm；

α——啮合角（对标准齿轮传动，即为分度圆上的压力角，$\alpha=20°$）。

作用在主动轮轮齿上的圆周力 F_{t1} 的方向与该轮转向相反；作用在从动轮轮齿上的圆周力 F_{t2} 的方向与该轮转向相同。径向力 F_{r1}、F_{r2} 分别指向各自的轮心 O_1、O_2，且 F_{t1} 与 F_{t2}、F_{r1} 与 F_{r2} 大小相等，方向相反。

11.8.2 齿根弯曲疲劳强度计算

为了防止轮齿根部的疲劳折断，在进行齿轮设计时要计算齿根弯曲疲劳强度。轮齿的疲

劳折断主要和齿根弯曲应力的大小有关。为了简化计算，假定全部载荷由一对齿承受，且载荷作用于齿顶时齿根部分产生的弯曲应力最大。计算时将齿轮看作悬臂梁，危险截面用 30°切线法来确定，即作与轮齿对称中心线成 30°并与齿根过渡曲线相切的两条直线，连接两切点的截面即为齿根的危险截面，如图 11-18 所示。

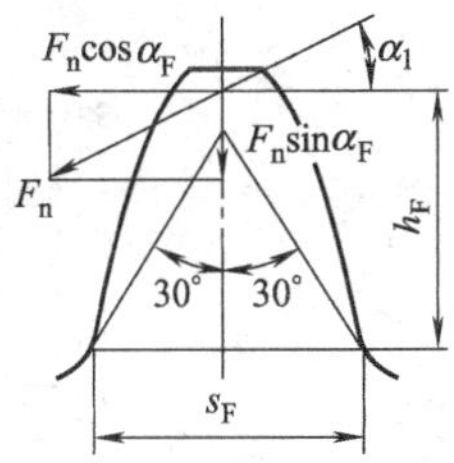

图 11-18　危险截面的确定

经推导可得出齿根弯曲疲劳强度的校核计算公式和设计计算公式为

$$\sigma_F=\frac{2KT_1}{bd_1m}Y_{Fa}Y_{Sa}\leqslant[\sigma_F]\ (\mathrm{MPa}) \tag{11-11}$$

$$m\geqslant\sqrt[3]{\frac{2KT_1}{\psi_d z_1^2}\left(\frac{Y_{Fa}Y_{Sa}}{[\sigma_F]}\right)}=1.26\sqrt[3]{\frac{KT_1Y_{Fa}Y_{Sa}}{\psi_d Z_1^2[\sigma_F]}}\ (\mathrm{mm}) \tag{11-12}$$

式中　σ_F——齿根弯曲应力，MPa；

K——载荷系数，由表 11-6 选择；

Y_{Fa}——齿形系数，表征齿形对齿根弯曲应力的影响，Y_{Fa}值与齿数 z 有关，而与模数 m 无关，见表 11-7；

Y_{Sa}——应力修正系数，见表 11-7；

b——齿轮的工作齿宽，mm；

m——模数，mm；

ψ_d——齿宽系数，$\psi_d=b/d_1$；

$[\sigma_F]$——许用弯曲应力，$[\sigma_F]=\frac{Y_{NT}\sigma_{Flim}}{S_F}$；

Y_{NT}——弯曲疲劳寿命系数，如图 11-19 所示；

σ_{Flim}——弯曲疲劳极限，如图 11-21 所示；

S_F——安全系数，$S_F\geqslant1.25$。

表 11-6　载荷系数 K

工作机	载荷特性	原动机		
		电动机	多缸内燃机	单缸内燃机
均匀加料的运输机和加料机、轻型卷扬机、发电机、机床辅助传动	均匀、轻微冲击	1～1.2	1.2～1.6	1.6～1.8
不均匀加料的运输机和加料机、重型卷扬机、球磨机、机床主运动	中等冲击	1.2～1.6	1.6～1.8	1.8～2.0
冲床、钻床、轧机、破碎机、挖掘机	大的冲击	1.6～1.8	1.9～2.1	2.2～2.4

表 11-7　标准外齿轮的齿形系数 Y_{Fa}与应力修正系数 Y_{Sa}

$z(z_v)$	17	18	19	20	21	22	23	24	25	26	27	28	29
Y_{Fa}	2.97	2.91	2.85	2.80	2.76	2.72	2.69	2.65	2.62	2.60	2.57	2.55	2.53
Y_{Sa}	1.52	1.53	1.54	1.55	1.56	1.57	1.575	1.58	1.59	1.595	1.60	1.61	1.62
$z(z_v)$	30	35	40	45	50	60	70	80	90	100	150	200	∞
Y_{Fa}	2.52	2.45	2.40	2.35	2.32	2.28	2.24	2.22	2.20	2.18	2.14	2.12	2.06
Y_{Sa}	1.625	1.65	1.67	1.68	1.70	1.73	1.75	1.77	1.78	1.79	1.83	1.865	1.97

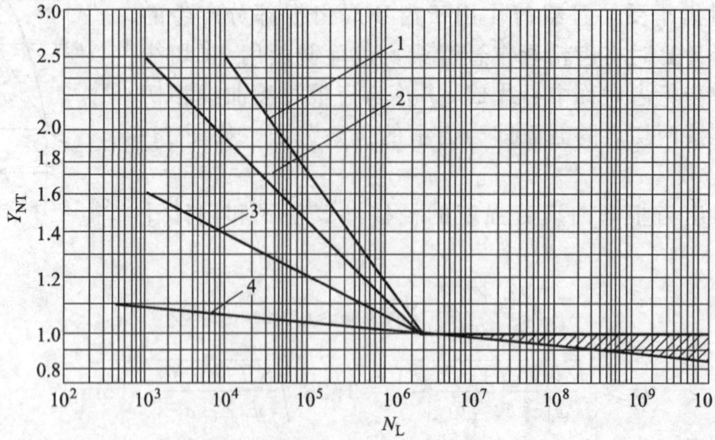

图 11-19　弯曲疲劳寿命系数 Y_{NT}

1—调质钢，球墨铸铁（珠光体、贝氏体），珠光体可锻铸铁；2—渗碳淬火的渗碳钢，火焰或感应表面淬火的钢，球墨铸铁；3—渗氮的渗氮钢，球墨铸铁（铁素体），结构钢，灰铸铁；4—碳氮共渗的调质钢、渗碳钢

从式（11-11）可以看出，由于 $Y_{Fa1}Y_{Sa1} \neq Y_{Fa2}Y_{Sa2}$，所以大小齿轮弯曲应力不等，校核时可分别校核：$\sigma_{F1} \leqslant [\sigma_F]_1$，$\sigma_{F2}=\sigma_{F1}\dfrac{Y_{Fa2}Y_{Sa2}}{Y_{Fa1}Y_{Sa1}} \leqslant [\sigma_F]_2$。在应用式（11-12）设计模数时，应将 $Y_{Fa1}Y_{Sa1}/[\sigma_F]_1$ 与 $Y_{Fa2}Y_{Sa2}/[\sigma_F]_2$ 相比较，数值较大的齿轮强度较低，故应取较大值代入计算。

11.8.3　齿面接触疲劳强度计算

根据齿面疲劳点蚀的失效分析，节线附近的齿根面上最易产生点蚀。因而对于一般齿轮传动，按齿轮在节点处啮合计算齿面接触应力。经推导得出外啮合直齿轮传动齿面接触疲劳强度的校核计算公式和设计计算公式分别如下。

校核计算公式：

$$\sigma_H = Z_H Z_E \sqrt{\frac{2KT_1(u \pm 1)}{\psi_d d_1^3 u}} \leqslant [\sigma_H] \ (\text{MPa}) \tag{11-13}$$

设计计算公式：

$$d_1 \geqslant \sqrt[3]{\frac{2KT_1}{\psi_d}\left(\frac{Z_H Z_E}{[\sigma_H]}\right)^2 \frac{(u \pm 1)}{u}} \ (\text{mm}) \tag{11-14}$$

式中　σ_H——齿面接触应力，MPa；

Z_E——弹性系数，与两齿轮材料的弹性模量有关，见表 11-8；

u——齿数比；

$[\sigma_H]$——许用接触应力。$[\sigma_H]=\dfrac{Z_{NT}\sigma_{Hlim}}{S_H}$；

Z_{NT}——接触疲劳寿命系数，其值如图 11-20 所示；

σ_{Hlim}——齿面接触疲劳强度极限，MPa，其值如图 11-22 所示；

S_H——齿轮接触疲劳强度安全系数，一般可取 $S_H \geqslant 1 \sim 1.1$；

Z_H——节点区域系数。

表 11-8　弹性系数 Z_E　$MPa^{1/2}$

大齿轮材料		钢	铸钢	灰铸铁	球墨铸铁
E/MPa		206000	202000	118000	173000
小齿轮材料	钢	189.8	188.9	162.0～165.4	181.4
	铸钢	—	188.0	161.4	180.5
	灰铸铁	—	—	143.7～146.7	156.6
	球墨铸铁	—	—	—	173.9

注：计算 Z_E 值时，钢、铁材料的泊松比均取 $\mu=0.3$

$Z_H=\sqrt{\dfrac{4}{\sin 2\alpha}}$，将 $\alpha=20°$代入得 $Z_H=2.49$，所以式（11-13）和式（11-14）也可写成

$$\sigma_H=3.52Z_E\sqrt{\frac{KT_1(u\pm1)}{\psi_d d_1^3 u}}\leqslant[\sigma_H]\ (\text{MPa}) \tag{11-15}$$

$$d_1\geqslant\sqrt[3]{\frac{KT_1}{\psi_d}\left(\frac{3.52Z_E}{[\sigma_H]}\right)^2\frac{(u\pm1)}{u}}\ (\text{mm}) \tag{11-16}$$

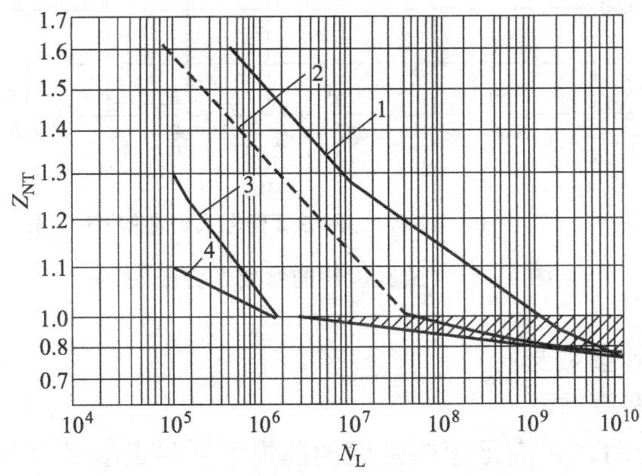

图 11-20　接触疲劳寿命系数 Z_{NT}

1—允许一定点蚀时的结构钢，调质钢、球墨铸铁（珠光体、贝氏体），珠光体可锻铸铁，渗碳淬火的渗碳钢；2—材料同 1，不允许出现点蚀；火焰或感应淬火的钢；3—灰铸铁，球墨铸铁（铁素体），渗氮的渗氮钢、调质钢、渗碳钢；4—碳氮共渗的调质钢、渗碳钢

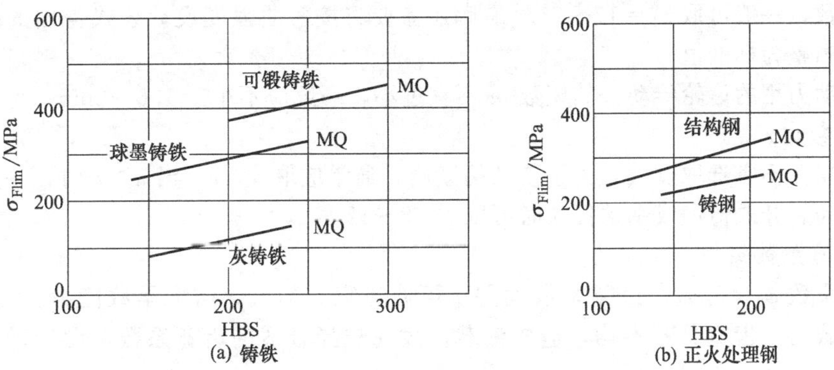

图 11-21

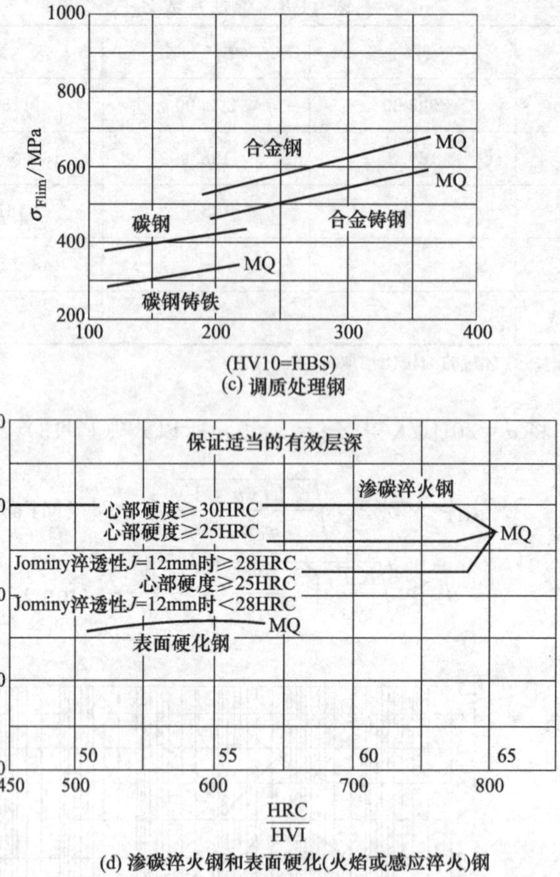

图 11-21 试验齿轮的弯曲疲劳极限 σ_{Flim}

11.8.4 齿轮传动设计参数选择

1. 小齿轮齿数z_1 和模数m

对于软齿面闭式传动，在满足弯曲强度的前提下，尽量取较多的齿数和较小的模数。一般取小齿轮齿数 $z_1=20\sim40$；对于高速齿轮传动 z_1 不宜小于 25～27。对于硬齿面闭式传动，由于其接触强度较高，为提高轮齿弯曲强度和尺寸紧凑，但要避免发生根切，可选用较少的齿数使模数大些，一般取小齿轮齿数 $z_1=17\sim20$。

开式传动的主要失效形式是磨损和轮齿弯曲折断，为使轮齿不致过小，小齿轮不宜选用过多的齿数，一般可取 $z_1=17\sim21$。最后还需要将按弯曲强度设计公式得出的模数值增大15%后再圆整为标准值。

传递动力用的齿轮传动，其模数 m 不宜过小，一般应不小于 1.5～2mm。

2. 齿数比u

齿数比 u 不宜选取过大，为了使结构紧凑，通常应取 $u\leqslant7$，当 $u>7$ 时，一般采用二级或多级传动。开式传动或手动传动时可取 $u=8\sim12$。

3. 齿宽系数ψ_d

齿宽系数 $\psi_d=b/d_1$，齿宽系数大些，可使齿宽 b 加大，增大承载能力。但齿宽过大，容易产生载荷沿齿宽分布不均，造成偏载。故应选择合适的齿宽系数，设计时，可参考表11-9 选取。

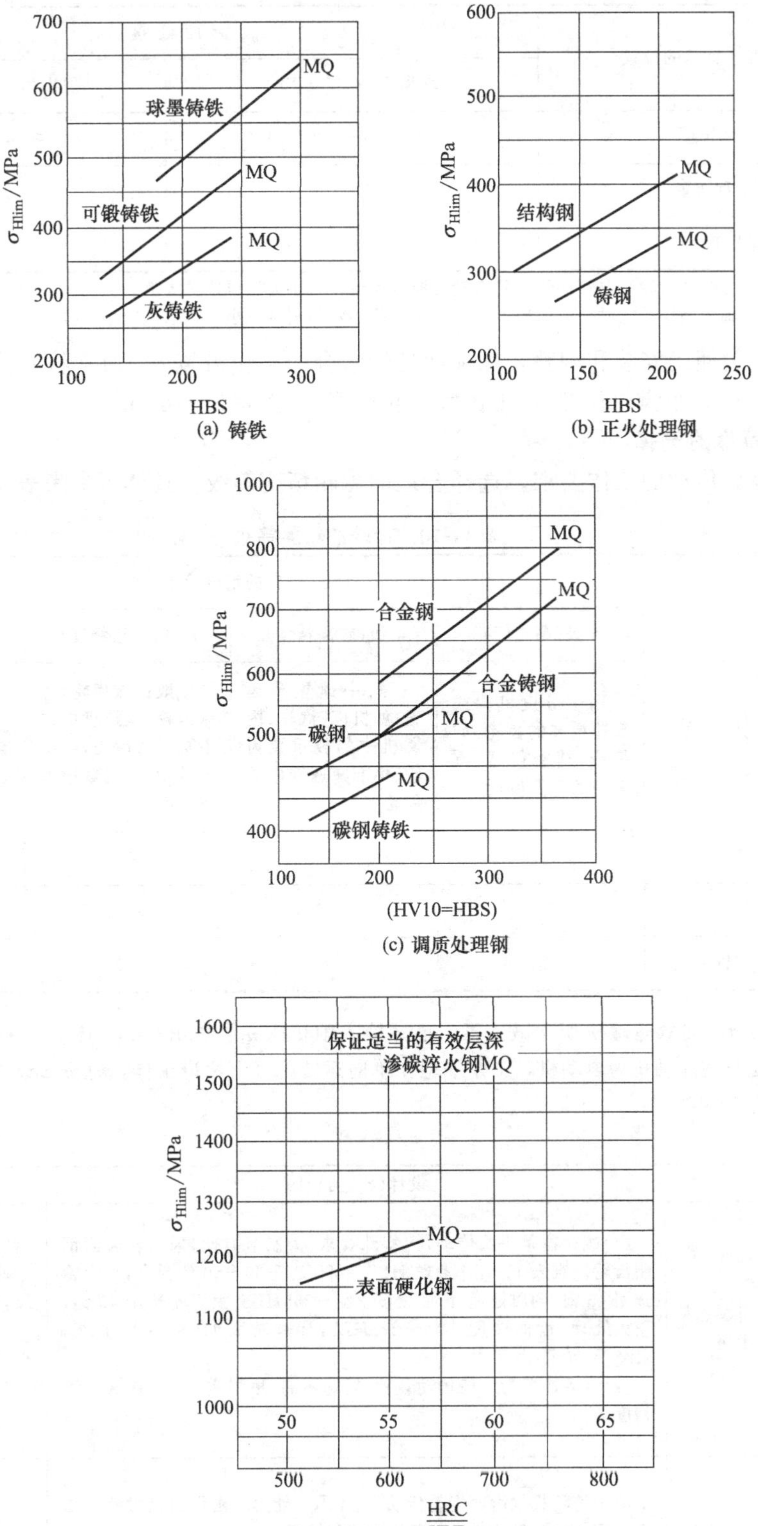

(a) 铸铁

(b) 正火处理钢

(c) 调质处理钢

(d) 渗碳淬火钢和表面硬化(火焰或感应淬火)钢

图 11-22　试验齿轮接触疲劳强度极限 σ_{Hlim}

表 11-9 齿宽系数ψ_d

齿轮相对于轴承的位置	齿面硬度	
	软齿面(≤350HBS)	硬齿面(>350HBS)
对称布置	0.8～1.4	0.4～0.9
不对称布置	0.6～1.2	0.3～0.6
悬臂布置	0.3～0.4	0.2～0.25

注：1. 对于直齿圆柱齿轮，取较小值，斜齿轮可取较大值；人字齿轮可取更大值。
2. 载荷稳定、轴的刚性较大时，取值应大一些；变载荷、轴的刚性较小时，取值应小一些。

工作中，为便于安装和调整，保证两齿轮啮合的工作齿宽 b，通常将 b 值往大圆整作为大齿轮的齿宽 b_2；小齿轮齿宽 b_1 则比大齿轮齿宽 b_2 稍大 5～10mm。

4. 齿轮精度的选择

应根据齿轮传动的工作要求，选择合适的齿轮精度等级，具体可参考表 11-10。

表 11-10 齿轮的精度等级

项目		齿轮的精度等级			
		6 级(高精度)	7 级(较高精度)	8 级(普通精度)	9 级(低精度)
用途		用于分度机构或高速重载的齿轮，如机床、精密仪器、汽车中的重要齿轮	高、中速重载齿轮，如机床、汽车、内燃机中的较重要齿轮、标准减速器中的齿轮	一般机械齿轮，机床齿轮，拖拉机中的不重要的齿轮，纺织机械、农业机械中的重要齿轮	轻载传动中的不重要的齿轮，或低速传动齿轮
圆周速度 v/m·s^{-1}	直齿轮	≤15	≤10	≤5	≤3
	斜齿轮	≤25	≤17	≤10	≤3.5
	直齿圆锥齿轮	≤9	≤6	≤3	≤2.5

例 11-2 设计一带式运输机所用减速器，已知输入轴转速 n_1=750r/min，传动比 i=3.8。传递功率 P=10kW。输送机的原动机为电动机，工作平稳，单向运转，每天两班工作，每班 8h，每年工作 300 天，预期使用寿命为 10 年。

解

设计项目	设计公式与说明	结果
1. 选择齿轮材料、热处理方法及精度等级	(1)减速器是闭式传动，无特殊要求，为制造方便，采用软齿面钢制齿轮。查表 11-5，并考虑 $HBS_1=HBS_2+30\sim50$ 的要求，小齿轮选用 45 钢，调质处理，齿面硬度 217～255HBS；大齿轮选用 45 钢，正火处理，齿面硬度 162～217HBS，计算时取 $HBS_1=240HBS$，$HBS_2=200HBS$。 (2)该减速器为一般传动装置，转速不高，根据表 11-10 初选 8 级精度	小齿轮：45 钢，调质，$HBS_1=240HBS$ 大齿轮：45 钢，正火，$HBS_2=200HBS$ 8 级精度
2. 按齿面接触疲劳强度设计	由于是闭式软齿面齿轮传动，齿轮承载能力应由齿面接触疲劳强度决定，由式(11-14)确定有关参数和转矩。 $d_1\geqslant\sqrt[3]{\dfrac{2KT_1}{\psi_d}\left(\dfrac{Z_H Z_E}{[\sigma_H]}\right)^2\dfrac{(u\pm1)}{u}}$	

续表

设 计 项 目	设计公式与说明	结　　果
(1)载荷系数 K (2)小齿轮传递的转矩 T_1 (3)齿数 z 和齿宽系数 ψ_d (4)许用接触应力$[\sigma_H]$ (5)节点区域系数 Z_H (6)弹性系数 Z_E	确定转矩与选择有关参数: 由于工作平稳,精度不高,且齿轮为对称布置,查表 11-6,取 $K=1.1$。 $T_1=9.55\times10^6P/n_1=9.55\times10^6\times10/750=127333\text{N}\cdot\text{mm}$ 取小齿轮齿数 $z_1=27$,则大齿轮齿数 $z_2=iz_1=3.8\times27=102.6$。 实际传动比 $i_{12}=z_2/z_1=103/27=3.815$。 误差 $\Delta i=(i_{12}-i)/i=(3.815-3.8)/3.8\times100\%=0.4\%\leqslant2.5\%$。 齿数比 $u=i_{12}=3.815$。 查表 11-9,取 $\psi_d=0.9$。 $[\sigma_H]=\sigma_{Hlim}Z_{NT}/S_H$ 由图 11-22(c)查得 $\sigma_{Hlim1}=540\text{MPa}$(框图线适当延伸)由图 11-22(b)查得,$\sigma_{Hlim2}=400\text{MPa}$。 取 $S_H=1$,计算应力循环次数: $N_1=60n_1jL_h=60\times750\times1\times(2\times8\times300\times10)=2.16\times10^9$ $N_2=N_1/u=5.6\times10^8$ 由图 11-20 查得 $Z_{N1}=1$,$Z_{N2}=1.03$(允许齿面有一定量点蚀)。 $[\sigma_H]_1=\sigma_{Hlim1}Z_{NT1}/S_H=540\times1/1=540\text{MPa}$ $[\sigma_H]_2=\sigma_{Hlim2}Z_{NT2}/S_H=400\times1.03/1=412\text{MPa}$ 取小值代入,故取$[\sigma_H]=412\text{MPa}$。 标准齿轮 $\alpha=20^\circ$,则 $Z_H=\sqrt{\dfrac{4}{\sin2\alpha}}=\sqrt{\dfrac{4}{\sin40^\circ}}=2.49$ 两轮材料均为钢,查表 11-8,$Z_E=189.8$。 将上述各参数代入公式得 $d_1\geqslant\sqrt[3]{\dfrac{2KT_1}{\psi_d}\left(\dfrac{Z_HZ_E}{[\sigma_H]}\right)^2\dfrac{(u\pm1)}{u}}$ $=\sqrt[3]{\dfrac{2\times1.1\times127333}{0.9}\times\left(\dfrac{2.49\times189.8}{412}\right)^2\times\dfrac{(3.815+1)}{3.815}}$ $=80.25\text{mm}$ 模数 $m=d_1/z_1\geqslant80.25/27=2.97\text{mm}$。 由表 11-1 取 $m=3\text{mm}$。	$K=1.1$ $T_1=127333\text{N}\cdot\text{mm}$ $z_1=27$ 取 $z_2=103$ 适合 $u=3.815$ $\psi_d=0.9$ $[\sigma_H]=556.2\text{MPa}$ $Z_H=2.49$ $Z_E=189.8$ $m=3\text{mm}$
3. 主要尺寸计算 (1)分度圆直径 d (2) 齿宽 b (3)中心距 a	$d_1=mz_1=3\times27=81\text{mm}$ $d_2=mz_2=3\times103=309\text{mm}$ $b=\psi_dd_1=0.9\times81=72.9\text{mm}$ 取 $b_1=73\text{mm}$,$b_2=68\text{mm}$。 $a=\dfrac{1}{2}m(z_1+z_2)=\dfrac{1}{2}\times3\times(27+103)=195\text{mm}$	$d_1=81\text{mm}$ $d_2=309\text{mm}$ $b_1=73\text{mm}$ $b_2=68\text{mm}$ $a=195\text{mm}$ 取 $a=195\text{mm}$
4. 校核齿根弯曲疲劳强度 (1)齿形系数 Y_{Fa} 与齿根应力修正系数 Y_{Sa} (2)许用弯曲应力$[\sigma_F]$	由式(11-11)　$\sigma_F=\dfrac{2KT_1}{bm^2z_1}Y_{Fa}Y_{Sa}\leqslant[\sigma_F]$ 查表 11-7 得　$Y_{Fa1}=2.57$;$Y_{Fa2}=2.18$ $Y_{Sa1}=1.6$;$Y_{Sa2}=1.79$ $[\sigma_F]=\dfrac{\sigma_{Flim}Y_{NT}}{S_F}$ 查图 11-21(c)得　$\sigma_{Flim1}=440\text{MPa}$ $\sigma_{Flim2}=330\text{MPa}$ 查图 11-19 得　$Y_{NT1}=1$,$Y_{NT2}=1$ 取 $S_F=1.4$。 $[\sigma_F]_1=\dfrac{\sigma_{Flim1}Y_{NT1}}{S_F}=\dfrac{440\times1}{1.4}=314.3\text{MPa}$ $[\sigma_F]_2=\dfrac{\sigma_{Flim2}Y_{NT2}}{S_F}=\dfrac{330\times1}{1.4}=235.7\text{MPa}$ $\sigma_{F1}=\dfrac{2KT_1}{bm^2z_1}Y_{Fa1}Y_{Sa1}=\dfrac{2\times1.1\times127333}{68\times3^2\times27}\times2.57\times1.6=69.71\text{MPa}\leqslant[\sigma_F]_1$ $\sigma_{F2}=\sigma_{F1}\dfrac{Y_{Fa2}Y_{Sa2}}{Y_{Fa1}Y_{Sa1}}=69.71\times\dfrac{2.18\times1.79}{2.57\times1.6}=66.15\text{MPa}\leqslant[\sigma_F]_2$	$[\sigma_F]_1=314.3\text{MPa}$ $[\sigma_F]_2=235.7\text{MPa}$ 弯曲强度足够

续表

设计项目	设计公式与说明	结果
5. 齿轮的圆周速度	$v=\frac{\pi d_1 n_1}{60\times1000}=\frac{\pi\times81\times750}{60\times1000}=3.18\text{m/s}\leqslant5\text{m/s}$	取8级精度合适
6. 齿轮结构设计	齿轮的结构设计(略)。	

11.9 标准斜齿圆柱齿轮传动的强度计算

11.9.1 斜齿圆柱齿轮传动特性和啮合特点

斜齿圆柱齿轮是由直线圆柱齿轮演变而成的。假想将一个渐开线直齿圆柱齿轮垂直于轴线切成许多等宽的薄片，并将每片依次转过相同的角度，便形成了一个阶梯齿轮，当片数趋于无穷多时，便成为一个连续轮齿的斜齿圆柱齿轮，如图11-23所示。

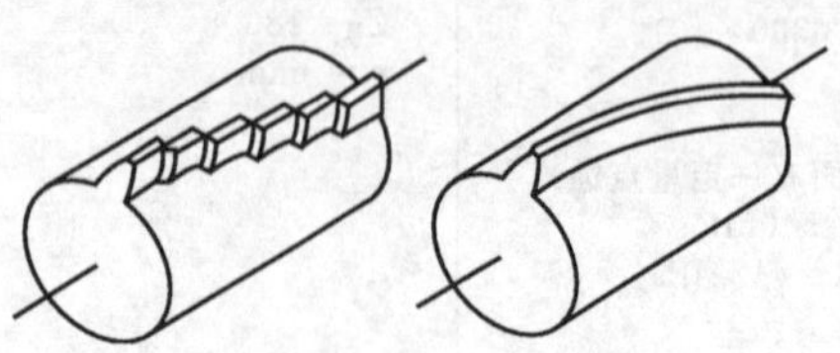

图 11-23 斜齿圆柱齿轮的形成

斜齿轮的齿面是一个渐开线螺旋面，它与各圆柱面的交线都是螺旋线，各螺旋线的螺旋角（螺旋线的切线与相应圆柱面母线所夹的锐角）不等，通常以分度圆上的螺旋角 β 作为斜齿轮的公称螺旋角，图11-23所示的斜齿轮旋向为右旋。

与直齿轮传动相比，斜齿轮传动的啮合特性主要有以下几点。

① 两齿轮齿面的接触线是倾斜的，因此在啮合过程中，两齿逐渐进入和退出啮合［图11-24（b）］；而直齿轮传动，接触线是平行于轴线的直线，两齿在整个齿宽上同时接触和分离［图11-24（a）］。

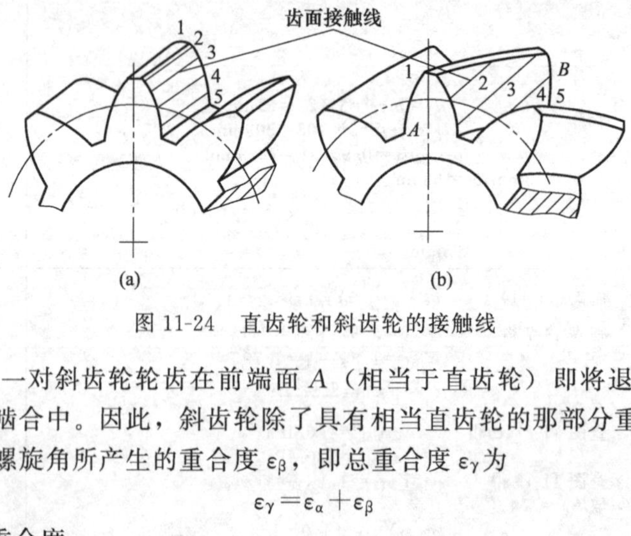

图 11-24 直齿轮和斜齿轮的接触线

② 重合度大，一对斜齿轮轮齿在前端面 A（相当于直齿轮）即将退出啮合时，其后端面的轮齿部分还在啮合中。因此，斜齿轮除了具有相当直齿轮的那部分重合度 ε_α 外，还具有由于轮齿倾斜一个螺旋角所产生的重合度 ε_β，即总重合度 ε_γ 为

$$\varepsilon_\gamma=\varepsilon_\alpha+\varepsilon_\beta \tag{11-17}$$

式中 ε_α——端面重合度；

ε_β——轴向重合度。

③ 传动时产生轴向力。这对传动和支承都是不利的，因为轴向力随螺旋角增大而增大，所以设计时一般取 $\beta=8^\circ\sim20^\circ$，由于斜齿圆柱齿轮具有以上啮合特性，因而斜齿轮传动平稳，承载能力高，更宜于高速、重载传动。其缺点是由于产生轴向力，因而要求轴承的类型具有承受轴向载荷的能力，而且加大了轴承的负荷。

11.9.2 斜齿圆柱齿轮的基本参数和正确啮合条件

1. 端面参数与法面参数

斜齿圆柱齿轮的齿面是渐开线螺旋面，因而有端面参数（垂直于轴线的剖面内的参数）和法面参数（垂直于齿向的剖面的参数）之分。

图 11-25 所示为斜齿圆柱齿轮分度圆柱的展开面，β为分度圆上的螺旋角。图 11-26 所示为一斜齿条，AOB 为端面，AOC 为法面，AOD 为轴面（通过齿轮轴线，与端面垂直）。从图 11-25 和图 11-26 可以得出斜齿轮端面参数和法面参数的关系

$$\begin{aligned} p_n &= p_t\cos\beta \\ m_n &= m_t\cos\beta \\ \tan\alpha_n &= \tan\alpha_t\cos\beta \end{aligned} \tag{11-18}$$

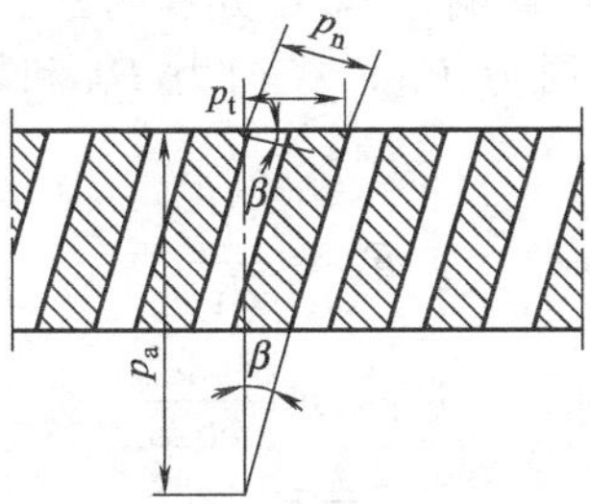

图 11-25 斜齿轮各齿距的关系

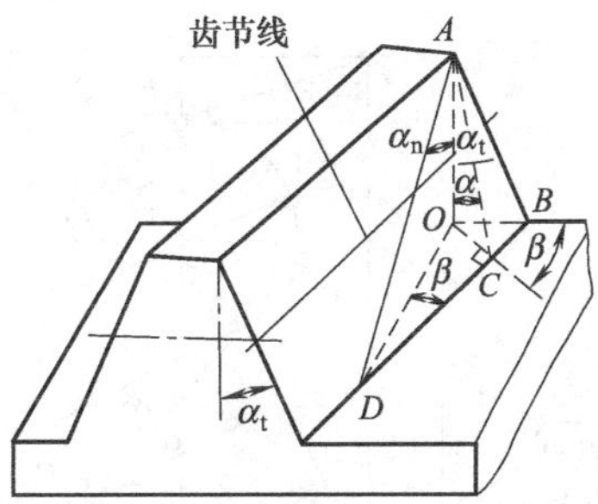

图 11-26 斜齿轮各压力角的关系

由于斜齿轮在加工时，刀具的进刀方向垂直于法面，因此齿轮的法面模数和压力角与刀具的相同，故规定斜齿轮法面模数 m_n、法面压力角 α_n、法面齿顶高系数 h_{an}^* 和法面顶隙系数 c_n^* 为标准值。

2. 螺旋角

螺旋角β是斜齿轮不同于直齿轮的最基本的标志。β角增大，斜齿轮的优点越明显，当然其产生的轴向力也越大。此外，β角过大，制造上也有困难。因此一般选用β角在 8°～20°范围内，人字齿轮的β角可以更大，为 27°～45°。

3. 当量齿轮与当量齿数

将斜齿轮的法面齿形作为端面齿形的假想直齿轮称为斜齿轮的当量齿轮，其齿数称为当量齿数，用 z_v 表示。斜齿轮当量齿数与实际齿数的关系为

$$z_v = \frac{z}{\cos^3\beta} \tag{11-19}$$

在采用仿形法加工斜齿轮选择铣刀号数和进行斜齿轮弯曲强度计算确定齿形系数 Y_{Fa} 和应力修正系数 Y_{Sa} 时，应使用当量齿数。

4. 斜齿圆柱齿轮传动正确啮合条件

一对渐开线斜齿圆柱齿轮正确啮合的条件是：两齿轮法面模数必须相等；两齿轮法面压力角必须相等；两齿轮螺旋角必须大小相等，旋向相反（外啮合时）。若不满足第三个条件，就成为交错轴斜齿轮传动。

11.9.3 标准斜齿圆柱齿轮传动参数和几何尺寸计算

标准斜齿圆柱齿轮的传动参数和几何尺寸计算公式列于表 11-11。

表 11-11　标准斜齿圆柱齿轮传动参数和几何尺寸计算公式

名　称	符　号	计算公式
分度圆直径	d	$d=m_t z=(m_n/\cos\beta)z$
齿顶高	h_a	$h_a=m_n$
齿顶圆直径	d_a	$d_a=d+2h_a$
齿根高	h_f	$h_f=1.25m_n$
齿根圆直径	d_f	$d_f=d-2h_f$
全齿高	h	$h=h_a+h_f$
标准中心距	a	$a=1/2(d_1+d_2)=1/2(z_1+z_2)m_t$

11.9.4　斜齿圆柱齿轮传动的强度计算

1. 受力分析

图 11-27 为斜齿圆柱齿轮传动中主动轮上的受力分析图。图中 F_{n1} 作用在齿面的法面内，忽略摩擦力的影响，F_{n1} 可分解成三个互相垂直的分力，即圆周力 F_{t1}、径向力 F_{r1} 和轴向力 F_{a1}，其值分别为

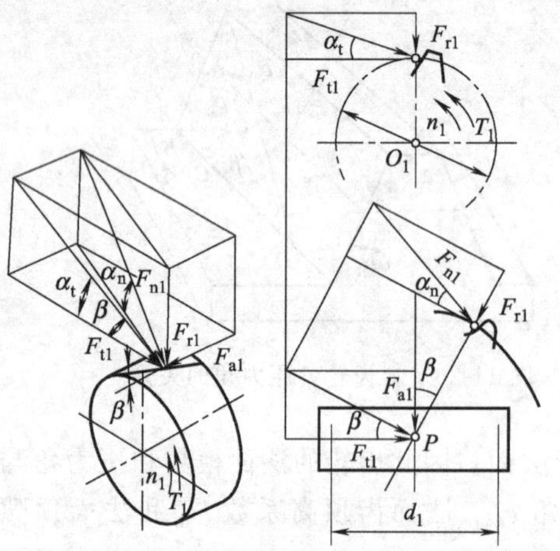

图 11-27　斜齿圆柱齿轮的受力分析

$$
\left.\begin{aligned}
&\text{圆周力}\quad F_{t1}=\frac{2T_1}{d_1}\\
&\text{径向力}\quad F_{r1}=F_{t1}\frac{\tan\alpha_n}{\cos\beta}\\
&\text{轴向力}\quad F_{a1}=F_{t1}\tan\beta
\end{aligned}\right\}\qquad(11\text{-}20)
$$

式中　T_1——主动轮传递的转矩，N·mm；

d_1——主动轮分度圆直径，mm；

β——分度圆上的螺旋角；

α_n——法面压力角。

2. 强度计算

斜齿圆柱齿轮的失效形式、设计准则及强度计算与直齿圆柱齿轮相似，由于斜齿轮啮合时齿面接触线的倾斜及传动重合度的增大等因素的影响，使斜齿轮的接触应力和弯曲应力降低。因此引入螺旋角系数加以修正，其强度计算公式可表示为

(1) 齿轮齿面接触疲劳强度计算

校核公式
$$\sigma_H=3.17Z_E\sqrt{\frac{KT_1}{bd_1^2}\times\frac{u\pm1}{u}}\leqslant[\sigma_H]\ (\text{MPa})\qquad(11\text{-}21)$$

设计公式
$$d_1\geqslant\sqrt[3]{\frac{KT_1}{\psi_d}\left(\frac{3.17Z_E}{[\sigma_H]}\right)^2\frac{u\pm1}{u}}\ (\text{mm})\qquad(11\text{-}22)$$

(2) 齿根弯曲疲劳强度计算

校核公式
$$\sigma_F=\frac{1.6KT_1}{bd_1m_n}Y_{Fa}Y_{Sa}\leqslant[\sigma_F]\ (\text{MPa})\qquad(11\text{-}23)$$

设计公式
$$m_n\geqslant1.17\sqrt[3]{\frac{KT_1\cos^2\beta}{\psi_d Z_1^2[\sigma_F]}Y_{Fa}Y_{Sa}}\ (\text{mm})\qquad(11\text{-}24)$$

应用式 (11-23) 和式 (11-24) 进行设计和校核时注意事项和直齿轮的注意事项相同，不同的是 Y_{Fa} 和 Y_{Sa} 应按斜齿轮的当量齿数 z_v 查取。

例 11-3　设计一斜齿圆柱齿轮减速器。该减速器用于重型机械上，由电动机驱动。已知传递功率 $P=$

70kW，小齿轮转速 $n_1=960\text{r/min}$，传动比 $i=3$，载荷有中等冲击，单向运转，齿轮相对于轴承对称布置，工作寿命为 10 年，单班制工作。

解

<table>
<tr><th>设计项目</th><th>设计公式与说明</th><th>结果</th></tr>
<tr><td>1. 选择材料、热处理方法及精度等级</td><td>因传递功率较大，选用硬齿面齿轮传动。小齿轮用 20CrMnTi 渗碳淬火，硬度为 56～62HRC，大齿轮用 40Cr 表面淬火，硬度为 50～55HRC。选择齿轮精度等级为 8 级。</td><td>小齿轮 20CrMnTi 渗碳淬火；
大齿轮 40Cr 表面淬火；
8 级精度</td></tr>
<tr><td>2. 齿根弯曲疲劳强度设计</td><td>由式(11-24) $m_n \geqslant 1.17\sqrt[3]{\dfrac{KT_1\cos^2\beta Y_{Fa}Y_{Sa}}{\varphi_d z_1^2[\sigma_F]}}$
确定有关参数与系数如下：
(1)转矩 T_1
$T_1=9.55\times10^6\dfrac{P}{n_1}=9.55\times10^6\times\dfrac{70}{960}\text{N}\cdot\text{mm}=6.96\times10^5\text{N}\cdot\text{mm}$
(2)载荷系数 K
查表 11-6，取 $K=1.4$。
(3)齿数 z、螺旋角 β 和齿宽系数 ψ_d
取小齿轮系数 $z_1=20$，则 $z_2=iz_1=3\times20=60$。
初选螺旋角 $\beta=14°$。
当量齿数 $z_{v1}=\dfrac{z_1}{\cos^3\beta}=\dfrac{20}{\cos^3 14°}=21.89\approx22$
$z_{v2}=\dfrac{z_2}{\cos^3\beta}=\dfrac{60}{\cos^3 14°}=65.68\approx66$
由表 11-7 查得齿形系数 $Y_{Fa1}=2.72$，$Y_{Fa2}=2.26$；应力修正系数 $Y_{Sa1}=1.57$，$Y_{Sa2}=1.74$。
由表 11-9 选取 $\psi_d=b/d_1=0.8$。
(4)许用弯曲应力$[\sigma_F]$
据图 11-21 查 σ_{Flim}，小齿轮(20CrMnTi)按渗碳淬火钢中硬度最小值线段查取；大齿轮(40Cr)按表面硬化钢查取，近似得 $\sigma_{Flim1}=880\text{MPa}$，$\sigma_{Flim2}=740\text{MPa}$。
取 $S_F=1.4$。
$N_1=60njL_h=60\times960\times1\times(10\times52\times40)=1.19\times10^9$
$N_2=N_1/i=1.19\times10^9/3=3.97\times10^8$
查图 11-19 得 $Y_{NT1}=Y_{NT2}=1$。
由式$[\sigma_F]=\dfrac{Y_{NT}\sigma_{Flim}}{S_F}$得
$[\sigma_F]_1=\dfrac{Y_{NT1}\sigma_{Flim1}}{S_F}=\dfrac{880}{1.4}\text{MPa}=629\text{MPa}$
$[\sigma_F]_2=\dfrac{Y_{NT2}\sigma_{Flim2}}{S_F}=\dfrac{740}{1.4}\text{MPa}=529\text{MPa}$
$\dfrac{Y_{Fa1}Y_{Sa1}}{[\sigma_F]_1}=\dfrac{2.72\times1.57}{629}\text{MPa}^{-1}=6.79\times10^{-3}\text{MPa}^{-1}$
$\dfrac{Y_{Fa2}Y_{Sa2}}{[\sigma_F]_2}=\dfrac{2.26\times1.74}{529}\text{MPa}^{-1}=7.43\times10^{-3}\text{MPa}^{-1}$
由式(11-24)得
$m_n\geqslant1.17\sqrt[3]{\dfrac{KT_1\cos^2\beta Y_{Fa}Y_{Sa}}{\psi_d z_1^2[\sigma_F]}}$
$=1.17\sqrt[3]{\dfrac{1.4\times6.96\times10^5\times7.43\times10^{-3}\times\cos^2 14°}{0.8\times20^2}}\text{mm}$
$=3.25\text{mm}$
因硬齿面，m_n 可选大些，由表 11-1 取标准模数值 $m_n=4\text{mm}$。
(5)确定中心距 a 及螺旋角 β
传动的中心距 a 为
$a=\dfrac{m_n(z_1+z_2)}{2\cos\beta}=\dfrac{4(20+60)}{2\cos14°}\text{mm}=164.898\text{mm}$
取 $a=165\text{mm}$。
确定螺旋角 β 为
$\beta=\arccos\dfrac{m_n(z_1+z_2)}{2a}=\arccos\dfrac{4(20+60)}{2\times165}=14°8'2''$
此值与初选 β 值相差不大，故不必重新计算。</td><td>$T_1=6.96\times10^5\text{N}\cdot\text{mm}$
$K=1.4$
$z_1=20$
$z_2=60$
初选 $\beta=14°$
$\psi_d=0.8$
$[\sigma_F]_1=629\text{MPa}$
$[\sigma_F]_2=529\text{MPa}$
$m_n=4\text{mm}$
$a=165\text{mm}$
$\beta=14°8'2''$</td></tr>
</table>

续表

设计项目	设计公式与说明	结果
3. 校核齿面接触疲劳强度	由式(11-22) $\sigma_H=3.17Z_E\sqrt{\frac{KT_1(u\pm1)}{bd^2u}}\leqslant[\sigma_H]$ 确定有关参数与系数： (1)分度圆直径 d $d_1=\frac{m_nz_1}{\cos\beta}=\frac{4\times20}{\cos14°8'2''}$mm=82.5mm $d_2=\frac{m_nz_2}{\cos\beta}=\frac{4\times60}{\cos14°8'2''}$mm=247.5mm (2)齿宽 b $b=\psi_dd_1=0.8\times82.5$mm=66mm 取 $b_2=70$mm，$b_1=75$mm。 (3)齿数比 u $u=i=3$ (4)许用接触应力$[\sigma_H]$ 由图 11-22 查得 $\sigma_{Hlim1}=1500$MPa，$\sigma_{Hlim2}=1220$MPa。 取 $S_H=1.2$。 由图 11-20 查得 $Z_{NT1}=1$，$Z_{NT2}=1.04$。 由式$[\sigma_H]=\frac{Z_{NT}\sigma_{Hlim}}{S_H}$得 $[\sigma_H]_1=\frac{Z_{NT1}\sigma_{Hlim1}}{S_{H1}}=\frac{1\times1500}{1.2}$MPa=1250MPa $[\sigma_H]_2=\frac{Z_{NT2}\sigma_{Hlim2}}{S_{H2}}=\frac{1.04\times1220}{1.2}$MPa=1057MPa 由表 11-8，查得弹性系数 $Z_E=189.85$MPa。 $\sigma_H=3.17\times189.8\sqrt{\frac{1.4\times6.96\times10^5\times(3+1)}{75\times82.5^2\times3}}$MPa $=960$MPa$\leqslant[\sigma_H]_2$ 齿面接触疲劳强度校核合格。	$d_1=82.5$mm $d_2=247.5$mm $b_1=75$mm $b_2=70$mm $[\sigma_H]=1057$MPa 齿面接触强度足够
4. 验算齿轮圆周速度	$v=\frac{\pi d_1n_1}{60\times1000}=\frac{3.14\times82.5\times960}{60\times1000}$m/s=4.15m/s 由表 11-10 可知选 8 级精度是合适的。	8 级精度合适
5. 几何尺寸计算及齿轮结构设计	（略）	

11.10 齿轮的结构和齿轮传动润滑

11.10.1 齿轮的结构设计

齿轮的强度计算只能决定齿轮的主要参数和尺寸，而齿轮的结构形式和齿轮的轮毂、轮辐、轮缘等部分的尺寸，通常是由齿轮的结构设计来确定的。

齿轮的结构设计与齿轮的尺寸、毛坯、材料、加工方法及经济性等诸多因素有关，通常是先按直径大小选定结构形式，然后根据手册推荐的经验公式和数据进行结构设计。

齿轮常用的结构设计有以下几种。

对于 $d_a<2d$（轴孔直径）直径很小的钢制齿轮，或齿根圆（圆锥齿轮为小端）到键槽底部的距离 $x\leqslant2.5m_n$（圆锥齿轮 $x\leqslant1.6m$）时，应将齿轮与轴制成一体，称为齿轮轴（图 11-28）。

对于齿轮顶圆直径 $d_a\leqslant200$mm 的齿轮，可采用实体式结构如图 11-29 所示。此种齿轮常用锻钢制造。

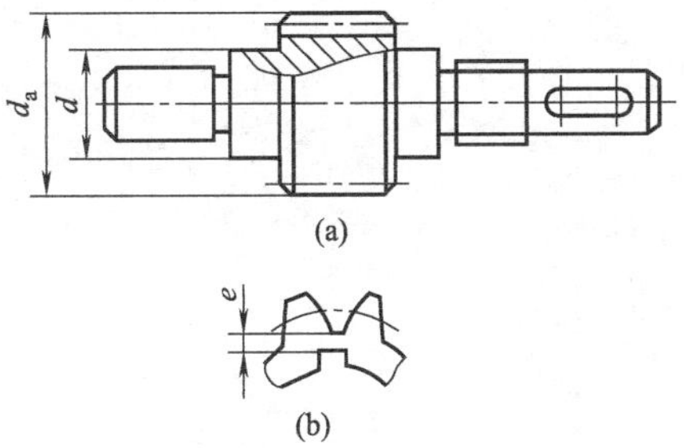

图 11-28　齿轮轴

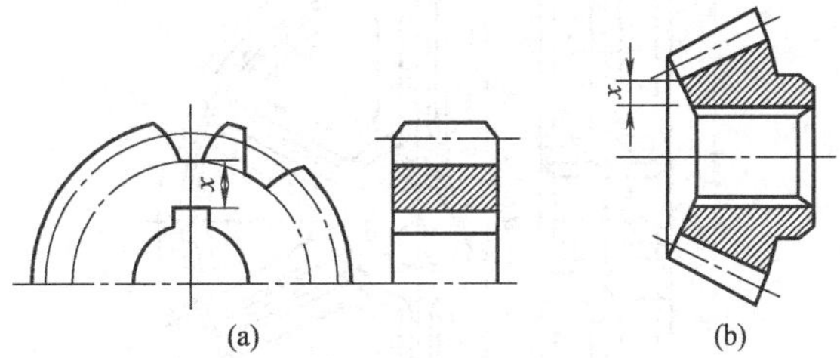

图 11-29　实体式齿轮

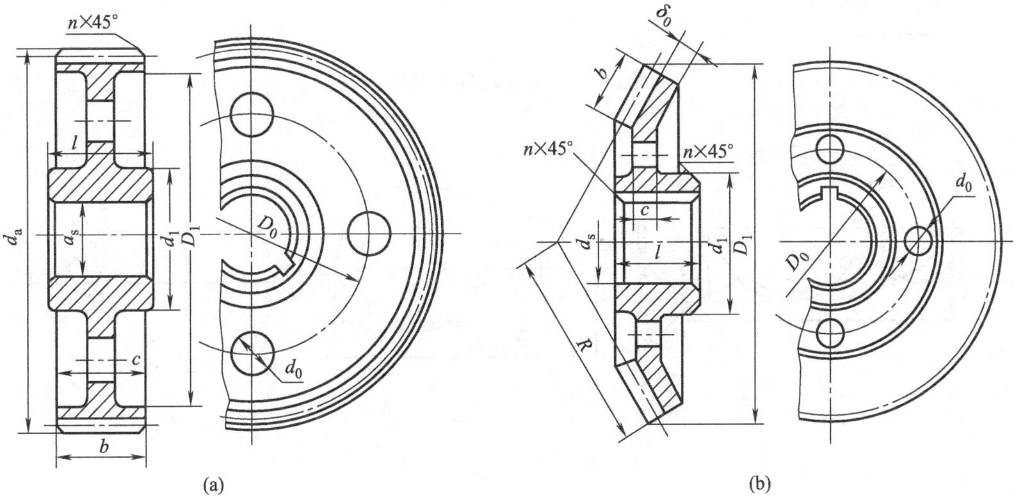

$d_1=1.6d_s$（d_s 为轴径）

$D_0=\frac{1}{2}(D_1+d_1)$

$D_1=d_a-(10\sim12)m_n$

$d_0=0.25(D_1-d_1)$

$c=0.3b$

$l=(1.2\sim1.3)d_s\geqslant b$

$n=0.5m_n$

$d_1=1.6d_s$（铸钢）

$d_1=1.8d_s$（铸铁）

$l=(1\sim1.2)d_s$

$c=(0.1\sim0.17)l>10\text{mm}$

$\delta_0=(3\sim4)m>10\text{mm}$

D_0 和 d_0 根据结构确定

图 11-30　腹板式齿轮

当 $200\leqslant d_a\leqslant500$mm 时，为了减轻重量和节约材料，常采用腹板式结构。齿轮各部分尺寸由图 11-30 中经验公式确定。

当 $d_a>500$mm 时，齿轮常采用铸钢和铸铁铸造毛坯，铸造齿轮常做成十字形轮辐式结构。齿轮各部分尺寸由图 11-31 中经验公式确定。

11.10.2　齿轮传动的润滑

润滑对于齿轮传动十分重要。良好的润滑不仅可以提高使用效率、减少磨损，还可以起到冷却、防锈、降低噪声、改善齿轮的工作条件、延缓齿轮失效和延长齿轮的使用寿命的功效。

1. 润滑方式

闭式齿轮传动的润滑方式有浸油润滑和喷油润滑两种，一般根据齿轮的圆周速度确定采用哪一种方式。

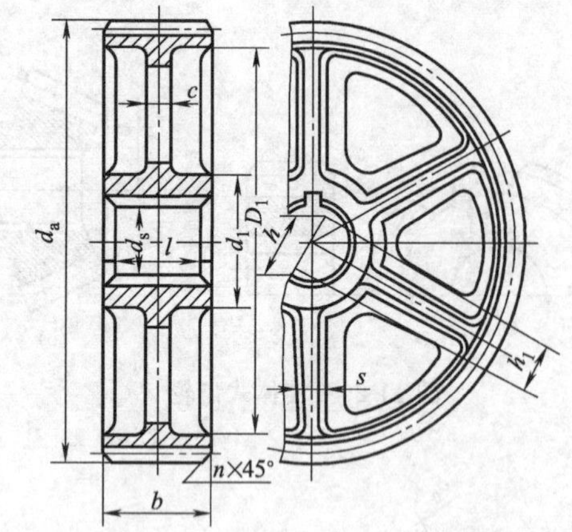

图 11-31 铸造轮辐式圆柱齿轮

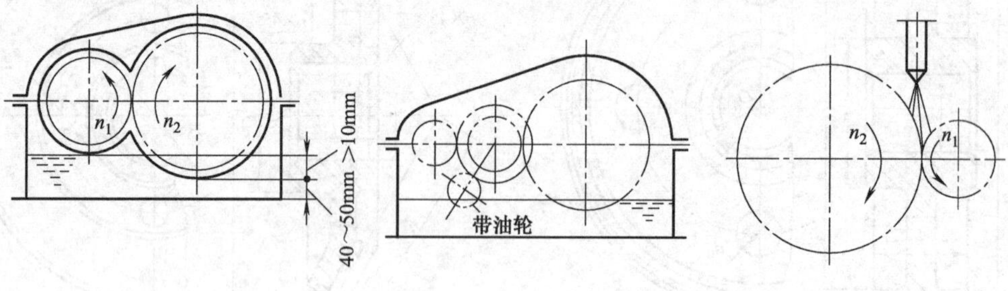

图 11-32 齿轮润滑

浸油润滑：当齿轮的圆周速度 $v<12$m/s 时，通常将大齿轮浸入油池中进行润滑，如图 11-32（a）所示。齿轮浸入油中的深度约为一个齿高，但至少为 10mm，在多级齿轮传动中，对于未浸入油池内的齿轮，可采用带油轮将油带到未浸入油池内的齿轮齿面上，如图 11-32（b）所示。浸油齿轮可将油甩到齿轮箱壁上，有利于散热，降低温度。

喷油润滑：当齿轮的圆周速度 $v>12$m/s 时，应采用喷油润滑，即用油泵将具有一定压力的润滑油经喷油嘴喷到啮合的齿面上，如图 11-32（c）所示。

对于开式齿轮传动，由于其传动速度较低，一般采用润滑油或润滑脂定期人工加油润滑。

2. 润滑剂的选择

齿轮传动润滑剂多采用润滑油，选择润滑油时，先根据齿轮的工作条件以及圆周速度由表 11-12 查得运动黏度值，再根据选择的黏度确定润滑油的牌号。

表 11-12 齿轮传动润滑油黏度荐用值

齿轮材料	强度极限 σ_b/MPa	圆周速度 v/m·s^{-1}						
		<0.5	0.5～1	1～2.5	2.5～5	5～12.5	12.5～25	>25
		运动黏度 $v_{40℃}$/mm^2·s^{-1}						
塑料、青铜、铸铁	—	320	220	150	100	68	46	—
钢	450～1000	460	320	220	150	100	68	46
	1000～1250	460	460	320	220	150	100	68
渗碳或表面淬火钢	1250～1580	1000	460	460	320	220	150	100

知识梳理与总结

(1) 本章介绍了齿轮传动的组成、类型及基本要求；齿廓啮合基本定律及渐开线齿廓的形成、性质，渐开线齿廓的啮合特性；渐开线标准齿轮各部分的名称、尺寸及结构形式。

(2) 介绍了渐开线齿廓的切齿原理、根切现象及加工渐开线标准直齿圆柱齿轮不产生根切的最少齿数。

(3) 渐开线标准直齿圆柱齿轮传动的正确啮合条件、连续传动条件；齿轮传动的失效形式、设计准则、齿轮常用材料及选择原则；直齿圆柱齿轮传动的受力分析及设计计算。

(4) 斜齿圆柱齿轮传动的正确啮合条件；斜齿轮有端面和法面之分，取法面参数为标准值，具有相同端面尺寸的斜齿轮与直齿轮相比，传动平稳 、承载能力强。

习　　题

11-1　渐开线是怎样形成的？它有哪些重要性质？

11-2　一对标准齿轮，安装时中心距比标准中心距稍大些，试定性说明齿侧间隙、顶隙、节圆直径、啮合角的变化。

11-3　分别说明直齿轮、斜齿轮的正确啮合条件和啮合过程。

11-4　何谓重合度？如果 $\varepsilon_\alpha<1$ 将发生什么现象？试说明 $\varepsilon_\alpha=1.4$ 的含义。

11-5　一渐开线齿轮的基圆半径 $r_b=60$mm，求：

(1) $r_K=70$mm 时渐开线的展角 θ_K，压力角 α_K 以及曲率半径 ρ_K；

(2) 压力角 $\alpha=20°$时的向径 r、展角 θ 及曲率半径 ρ。

11-6　一对标准外啮合直齿圆柱齿轮传动，已知 $z_1=19$，$z_2=68$，$m=2$mm，$\alpha=20°$，计算小齿轮的分度圆直径、齿顶圆直径、齿根圆直径、基圆直径、齿距以及齿厚和齿槽宽。

11-7　题 11-6 中的齿轮传动，计算其标准安装时的中心距、小齿轮的节圆半径及啮合角。若将中心距增大 1mm，再计算小齿轮的节圆直径及啮合角。

11-8　齿轮的失效形式有哪些？采用什么措施可减缓失效发生？

11-9　齿轮强度设计准则是如何确定的？

11-10　对齿轮材料的基本要求是什么？常用齿轮材料有哪些？如何保证对齿轮材料的基本要求？

11-11　图 11-33 所示为斜齿圆柱齿轮减速器。

(1) 已知：主动轮 1 的转向及螺旋角旋向。为了使轮 2 和轮 3 所在中间轴的轴向力最小，试确定轮 2、轮 3 和轮 4 的螺旋角旋向和各轮产生的轴向力方向。

(2) 已知 $m_{n2}=3$mm，$z_2=57$，$\beta_2=18°$，$m_{n3}=4$mm，$z_3=20$，试求 β_3 为多少时，才能使中间轴上两齿轮产生的轴向力相互抵消？

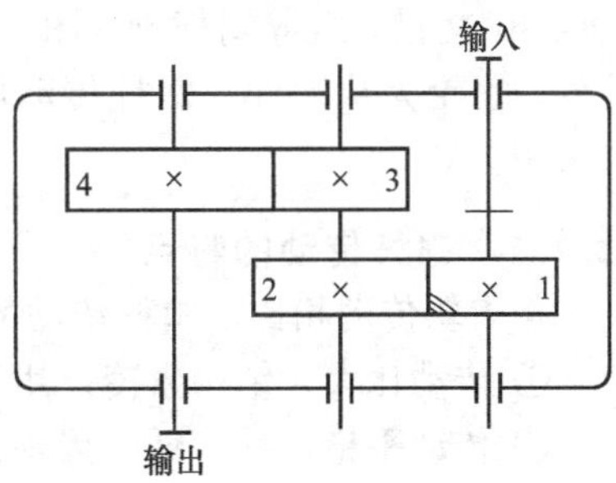

图 11-33　题 11-11 图

11-12　设计由电动机驱动的闭式直（斜）齿圆柱齿轮传动。已知：传动功率 $P=22$kW，小齿轮转速 $n_1=960$r/min，传动比 $i=3$。单向运转，载荷有中等冲击。齿轮相对于轴承对称布置，使用寿命为 20000h。

第 12 章　蜗 杆 传 动

【知识目标】

① 了解蜗杆传动的特点、应用和分类；

② 了解蜗杆传动的失效形式、材料选择和润滑要求；

③ 掌握蜗杆传动的设计计算。

【能力目标】

能够根据工作要求，设计蜗杆传动。

【知识结构图】

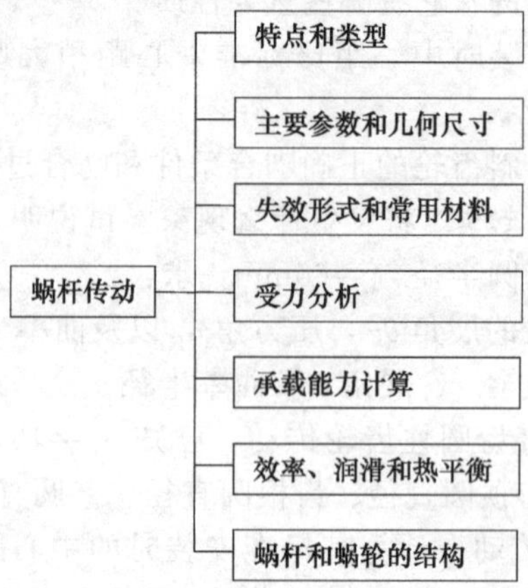

12.1　蜗杆传动的特点和类型

蜗杆传动通常由蜗杆、蜗轮和机架组成。常见的蜗杆传动为蜗杆与蜗轮的轴线在空间成 90°交错，组成蜗杆副（图 12-1），故能传递两轴线成 90°交错的运动。一般蜗杆为主动件，蜗轮为从动件。蜗杆传动广泛应用在机床、矿山机械、冶金机械、起重运输机械和仪表中。

12.1.1　蜗杆传动的特点

与齿轮传动相比，蜗杆传动的主要特点是：

① 传动比大，结构紧凑。用于传递动力时，$i=8\sim80$；用于传递运动时，i 可达 1000。

② 传动平稳，噪声低。因蜗杆与蜗轮齿的啮合是连续的，同时啮合的齿对数较多，因此，传动平稳，噪音低。

③ 可具有自锁性能。当蜗杆的螺旋角小于轮齿间的当量摩擦角时，蜗杆传动能自锁，即只能由蜗杆带动蜗轮，而蜗轮不能带动蜗杆。

④ 传动摩擦损失大，效率低。一般效率为 0.7～0.8，具有自锁性能时，效率低于 0.5。所以，蜗杆传动不适于传递大功率和长期连续工作。

⑤ 成本较高。为了减少摩擦，蜗轮常需用贵重的减摩材料（如青铜）制造，成本较高。

由上述特点可知，蜗杆传动适用于传动比大，传递功率不大的机械上。

12.1.2　蜗杆传动的类型

蜗杆传动类型很多，按蜗杆形状分为圆柱蜗杆传动［图 12-1（a)］、环面蜗杆传动［图 12-1（b)］和圆锥蜗杆传动［图 12-1（c)］等。

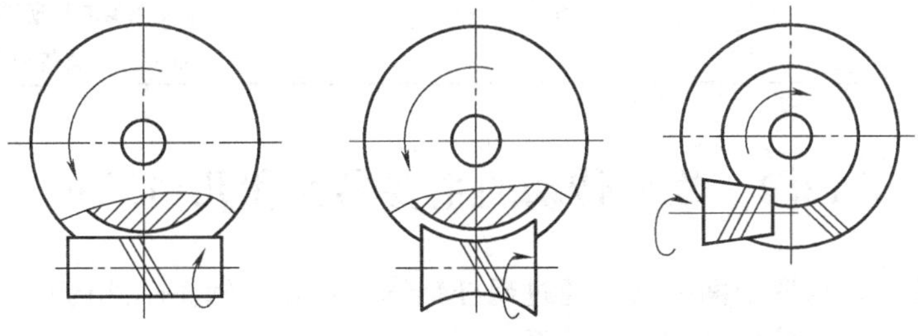

图 12-1　蜗杆传动类型

普通圆柱蜗杆传动按其螺旋线的形状可分为阿基米德蜗杆（ZA 蜗杆）传动和渐开线蜗杆（ZI 蜗杆）传动。

1. 阿基米德蜗杆（轴向直廓蜗杆，ZA 蜗杆）

阿基米德蜗杆的螺旋面可在车床上用梯形车刀加工，车刀刀刃为直线，并与蜗杆轴线在同一水平面内，与车梯形螺纹相似。如图 12-2 所示，这样加工出来的蜗杆在轴向剖面Ⅰ—Ⅰ内的齿形为直线，在法向剖面 $n—n$ 内的齿形为曲线，垂直于轴线端面上，其齿形为阿基米德螺旋线。这种蜗杆加工方便，应用较广泛。但导程角大时加工较困难。不易磨削，传动效率较低，齿面磨损较快。因此，一般用于头数较少、载荷较小、转速较低或不太重要的传动。

2. 渐开线蜗杆（ZI 蜗杆）

将刀刃与蜗杆的基圆柱相切，如图 12-3 所示，加工出来的蜗杆，在切于基圆柱的轴向剖面Ⅱ—Ⅱ、Ⅲ—Ⅲ内的齿形的一侧为直线，在轴向剖面Ⅰ—Ⅰ和法向剖面 $n—n$ 内的齿形均为曲线，其端面的齿形为渐开线。渐开线蜗杆可看做是一个少齿数大螺旋角的渐开线斜齿圆柱齿轮，因而可以像圆柱齿轮那样用滚刀滚铣，并可以用平面砂轮按渐开线形成原理进行磨削，没有理论误差，精度较高，但需要专用机床。

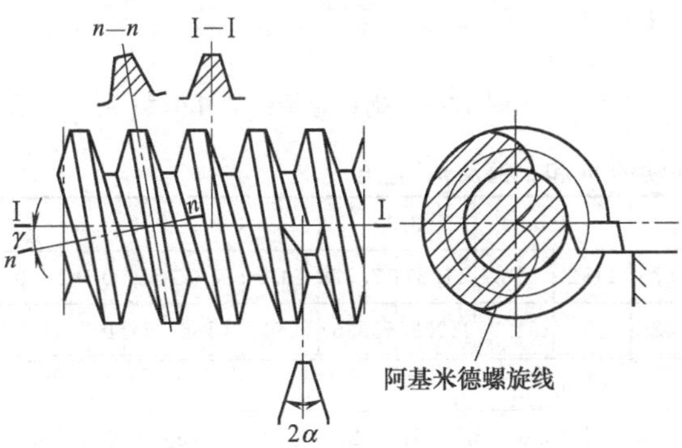

图 12-2　阿基米德蜗杆

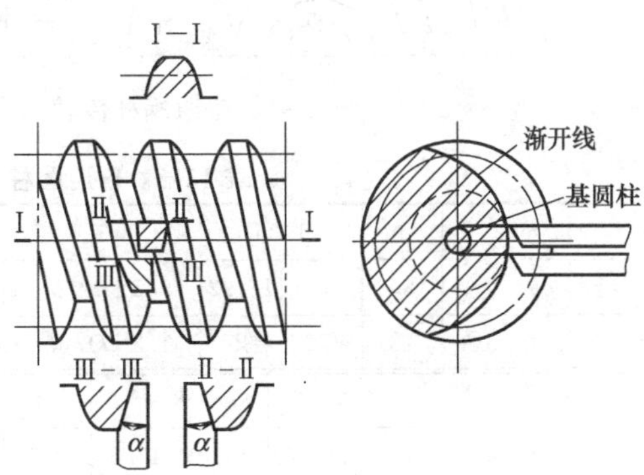

图 12-3　渐开线蜗杆

由于阿基米德蜗杆加工工艺性好，应用较广，下面仅讨论阿基米德蜗杆。

12.1.3　蜗杆传动的精度

蜗杆传动规定了 1～12 个精度级，1 级最高，12 级最低，一般动力传动常用 7～9 级精度。蜗杆传动精度等级主要根据蜗轮圆周速度、使用条件及传动功率等选定，可按表 12-1 选取。

表 12-1 蜗杆传动精度等级的选择

精度等级	蜗轮圆周速度 /m·s^{-1}	使用范围
7	≤7.5	中等精度的机械及动力蜗杆传动
8	≤3	速度较低或短期工作的传动
9	≤1.5	不重要的低速传动或手动传动

12.2 蜗杆传动的主要参数和几何尺寸

在蜗杆传动中，均取中间平面（通过蜗杆轴线并垂直于蜗轮轴线的平面）内的参数和几何关系为基准，沿用齿轮传动的计算关系。

12.2.1 蜗杆传动的基本参数

1. 模数m和压力角α

在图 12-4 的中间平面内，普通蜗杆蜗轮传动相当于齿条齿轮传动。与齿轮传动相同，为了保证轮齿的正确啮合，在中间平面内的蜗杆的轴面模数 m_{a1}、压力角 α_{a1} 和蜗轮的端面模数 m_{t2}、压力角 α_{t2} 相等，且蜗杆和蜗轮螺旋线的旋向也相同，即

$$m_{a1}=m_{t2}=m$$

$$\alpha_{a1}=\alpha_{t2}=\alpha$$

规定在中间平面上的模数 m 和压力角 α 为标准值。标准模数 m 按表 12-2 选用，标准压力角 $\alpha=20°$。

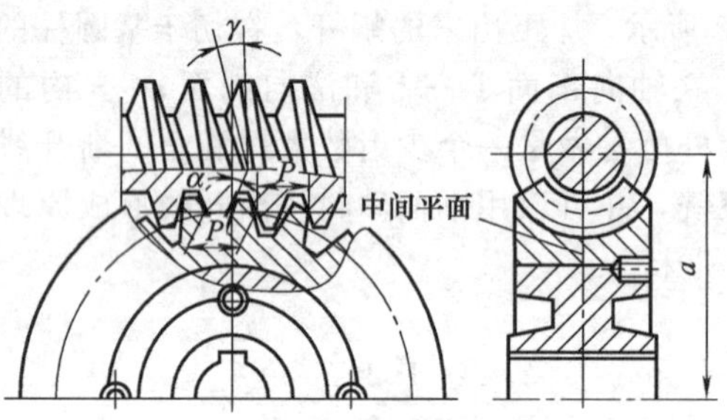

图 12-4 普通蜗杆传动

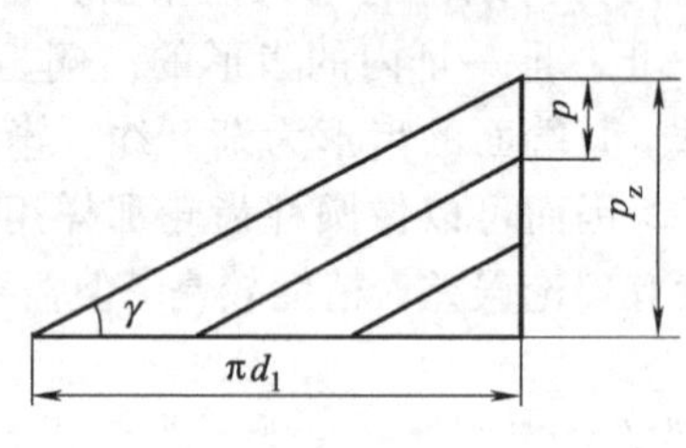

图 12-5 蜗杆螺旋线的几何关系

表 12-2 普通圆柱蜗杆传动的 m 和 q 值及 m^2d_1 值

m/mm	1	1.25		1.6		2		2.5		3.15		4		5	
q	18.0	16.0	17.92	12.5	17.5	11.2	17.75	11.2	18	11.27	17.778	10.0	17.75	10.0	18.0
m^2d_1/mm^3	18	31.25	35	51.2	71.68	89.6	142	175	281.25	352.25	555.67	640	1136	1250	2250

m/mm	6.3		8		10		12.5		16		20		25	
q	10.0	17.778	10.0	17.5	9.0	16.0	8.96	16.0	8.75	15.625	8.0	15.75	8.0	16.0
m^2d_1/mm^3	2500.47	4445.34	5120	8960	9000	16000	17500	31250	35840	64000	64000	126000	125000	250000

2. 蜗杆直径系数（蜗杆特性系数）q

同一模数的蜗杆，如果分度圆直径不同，切制其蜗轮的滚刀也要不同。这样，对于同一模数的蜗杆，就要配备有很多把滚刀。为了减少滚刀数量，对于每个标准模数，规定 1～2 种蜗杆分度圆直径，该直径 d_1 与模数 m 的比值，称为蜗杆直径系数，用 q 表示，可写为

$$q=\frac{d_1}{m} \tag{12-1}$$

在模数相同的情况下，q 值较大时，蜗杆直径大，刚度较好，啮合情况也好。但当蜗杆头数一定时，增大 q 值会使螺旋导程角 γ 减小而降低传动效率；q 值较小时，蜗杆刚度差，啮合不良。q 的标准值见表 12-2。

3. 蜗杆分度圆导程角γ

由图 12-5 可知蜗杆分度圆柱上的螺旋线的导程角 γ：

$$\tan\gamma=\frac{P_z}{\pi d_1}=\frac{z_1 P}{\pi d_1}=\frac{z_1 \pi m}{\pi q m}=\frac{z_1}{q} \tag{12-2}$$

式中　P_z——蜗杆的导程；

P——蜗杆轴向齿距；

z_1——蜗杆头数；

q——蜗杆直径系数。

通常 $\gamma=3.5°\sim27°$，导程角 γ 越大，效率越高；导程角越小，效率越低。

4. 蜗杆头数z_1及传动比i

蜗杆头数 z_1 常取 1、2、4、6，z_1 应根据传动比和传动蜗杆的效率来确定。单头蜗杆传动的传动比大，有利于实现反行程自锁，但效率低不宜做动力传动，一般用于分度传动或自锁蜗杆传动。对动力传动一般取 $z_1=2$、4，以获得较高传动效率。$z_1>4$ 时，由于加工工艺困难，很少应用。

蜗杆传动的传动比 i 为

$$i=\frac{n_1}{n_2}=\frac{z_2}{z_1} \tag{12-3}$$

式中　n_1、n_2——蜗杆、蜗轮的转速，r/min；

z_1、z_2——蜗杆的头数和蜗轮的齿数。

应当指出，蜗杆传动的传动比不等于蜗轮蜗杆分度圆直径之比，即 $i\neq\frac{d_2}{d_1}$。

蜗轮的齿数 $z_2=iz_1$。z_2 不能太少，以免发生根切。但也不能过多，因齿数越多，蜗轮直径越大，蜗杆愈长，蜗杆刚度愈差，影响啮合。通常取 $z_2=28\sim80$。

对于一般的机械传动，z_1、z_2 可按表 12-3 选取。

表 12-3　z_1 和 z_2 的推荐值

传动类型	圆柱蜗杆传动						圆弧蜗杆传动			
公称传动比 $i=z_2/z_1$	7～8	9～13	14～24	25～27	28～40	≥40	8	10～12.5	16～25	31.5～51
蜗杆头数 z_1	4	3～4	2～3	2～3	1～2	1	4	3	2	1
蜗轮齿数 z_2	28～32	27～52	28～72	50～81	28～80	≥40	31～33	31～40	31～52	31～51

5. 中心距a

当蜗杆传动的蜗杆节圆与分度圆重合时称为标准传动，其中心距计算公式为

$$a=\frac{1}{2}(d_1+d_2)=\frac{1}{2}m(q+z_2)$$

12.2.2　蜗杆传动的几何尺寸计算

蜗杆传动的几何尺寸计算参见图 12-6 和表 12-4。

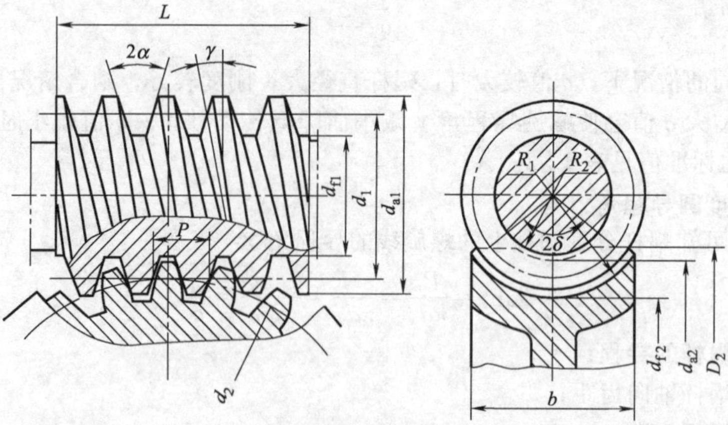

图 12-6　阿基米德蜗杆传动的几何尺寸

表 12-4　普通蜗杆传动基本几何尺寸计算

名　　称	符　号	计算公式	
		蜗　　杆	蜗　　轮
齿顶高	h_a	$h_{a1}=h_a^* m$	$h_{a2}=h_a^* m$
齿根高	h_f	$h_{f1}=(h_a^*+c^*)m$	$h_{f2}=(h_a^*+c^*)m$
全齿高	h	$h_1=h_2=(2h_a^*+c^*)m$	
分度圆直径	d	$d_1=mq$	$d_2=mz_2$
齿顶圆直径	d_a	$d_{a1}=d_1+2h_{a1}$	$d_{a2}=d_2+2h_{a2}$
齿根圆直径	d_f	$d_{f1}=d_1-2h_{f1}$	$d_{f2}=d_2-2h_{f2}$
蜗杆分度圆导程角	γ	$\gamma=\arctan\dfrac{z_1}{q}$	
蜗轮分度圆螺旋角	β		$\beta=\gamma$
中心距	a	$a=\dfrac{m}{2}(q+z_2)$	
蜗杆轴向齿距	P	$P=\pi m$	
蜗杆导程	P_z	$P_z=z_1P$	
蜗杆螺纹部分长度	L	$z_1=1$、2 时， $L\geqslant(12+0.1z_2)m$； $z_1=3$、4 时， $L\geqslant(13+0.1z_2)m$； 磨削的蜗杆需加长， $m<10$，加长 25mm $10<m<16$，加长 35mm	
蜗轮外圆直径	D_2		$D_2\leqslant d_{a2}+m$
蜗轮宽度	b		$z_1\leqslant3, b\leqslant0.75d_{a1}$ $z_1=4, b\leqslant0.67d_{a1}$
包角	2δ		$\sin\delta\approx\dfrac{b}{d_{a1}-0.5m}$
齿根圆弧面半径	R_1		$R_1=\dfrac{d_{a1}}{2}+c^* m$
齿顶圆弧面半径	R_2		$R_2=\dfrac{d_{f1}}{2}+c^* m$

12.3　蜗杆传动的失效形式和常用材料

12.3.1　蜗杆传动的失效形式和设计准则

蜗杆传动的失效形式和齿轮传动的失效形式基本相同，有轮齿折断、疲劳点蚀、胶合和磨损等。但蜗杆传动齿面间具有较大的滑动速度，传动效率低，发热量大，当润滑不良时很容易发生胶合和磨损。目前对胶合和磨损的计算尚无成熟的方法，通常只能按蜗轮齿面接触强度和轮齿弯曲强度进行条件性计算。由于蜗轮齿的根部是圆环面，很少发生轮齿根部折断情况，只有在强烈冲击或采用脆性材料情况下，或者 $z_2>80\sim100$ 时，才进行弯曲强度核算。本节仅讨论蜗轮齿面的接触疲劳强度。

由于蜗杆齿是连续的螺旋，且材料强度又高，故蜗杆副的失效总出现在蜗轮上。但蜗杆如同一根细长的轴，过分的弯曲变形将会造成啮合区域接触不良，因此当蜗杆轴的支承跨距较大 时，应验算其刚度。

12.3.2　蜗杆、蜗轮的材料选择

基于蜗杆传动的失效特点，选择蜗杆和蜗轮材料组合时，不但要求有足够的强度，而且要有良好的减摩、耐磨和抗胶合的能力。实践表明，较理想的蜗杆副材料是青铜蜗轮齿圈匹配淬硬磨削的钢制蜗杆。

1. 蜗杆材料

对高速重载的传动，蜗杆常用低碳合金钢（如 20Cr、20CrMnTi）经渗碳淬火后表面硬度达 56～62HRC，并需磨削。对中速中载传动，蜗杆常用 45 钢、40Cr、35SiMn 等，表面经高频淬火后硬度达 45～55HRC，也需磨削。对一般蜗杆可采用 45、40 等碳钢调质处理（硬度为 210～230HBS）。

2. 蜗轮材料

常用的蜗轮材料为锡青铜（ZCuSn10Pb1、ZCuSn5Pb5Zn5）、铝青铜（ZCuAl10Fe3）及灰铸铁（HT150、HT200）等。锡青铜的抗胶合、减摩及耐磨性能最好，用于重要传动，允许的滑动速度 v_s 可达 25m/s，但价格较高；铝青铜具有足够的强度，并耐冲击，价格便宜，但抗胶合及耐磨性能不如锡青铜，一般用于 $v_s\leqslant4$m/s 的传动中；灰铸铁用于 $v_s\leqslant2$m/s 的不重要场合。

12.4　蜗杆传动的受力分析

蜗杆传动的受力分析与斜齿圆柱齿轮的受力分析相似，在不计摩擦力的情况下，齿面上的法向力 F_n可分解为三个相互垂直的分力：圆周力 F_t、轴向力 F_a、径向力 F_r（图 12-7）。

在确定蜗杆和蜗轮受力方向时，必须先指明主动件和被动件（一般蜗杆为主动件）、螺旋线左旋还是右旋、蜗杆的转向及蜗杆的位置。图 12-7（b）中表示下置右旋蜗杆、蜗轮上的三个分力方向。

轴向力的方向也可根据左、右手定则来定（左旋用左手，右旋用右手）。图 12-8（a）中右旋蜗杆用右手，四指所示方向为蜗杆转向，拇指所示方向则为轴向力 F_{a1}的方向。而蜗轮上的圆周力 F_{t2}的方向与 F_{a1}大小相等，方向相反。有时需在图中标注蜗轮的转向，因蜗轮是被动件，其圆周力方向即转向。

其他两对力的方向是：蜗杆圆周力 F_{t1}与主动蜗杆的转向相反，它与蜗轮的轴向力 F_{a2}

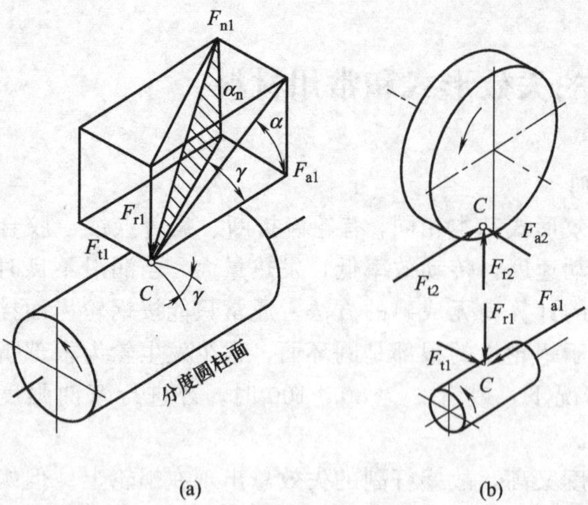

图 12-7 蜗杆传动的受力分析

是一对作用与反作用力；径向力 F_{r1} 与 F_{r2} 是另一对作用与反作用力，它们的方向分别指向各自轴心。

各力的大小可按下式计算：

$$F_{t1}=F_{a2}=\frac{2T_1}{d_1} \tag{12-4}$$

$$F_{a1}=F_{t2}=\frac{2T_2}{d_2} \tag{12-5}$$

$$F_{r1}=F_{r2}=F_{t2}\tan\alpha \tag{12-6}$$

$$F_n=\frac{F_{t2}}{\cos\alpha_n\cos\gamma}=\frac{2T_2}{d_2\cos\alpha_n\cos\gamma} \tag{12-7}$$

式中 T_1、T_2——作用在蜗杆和蜗轮上的扭矩，$T_2=T_1 i\eta$，N·mm；

η——蜗杆传动的效率；

i——传动比；

α——压力角，$\alpha=20°$；

γ——蜗杆导程角；

α_n——蜗杆、蜗轮法面压力角。

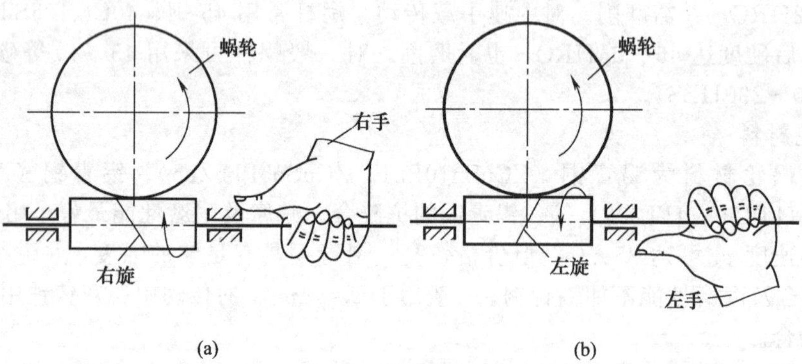

图 12-8 蜗杆蜗轮旋向

12.5 蜗杆传动的承载能力计算

12.5.1 蜗轮齿面接触强度计算

齿面接触应力的大小，不仅影响齿面疲劳点蚀的产生，也直接影响着齿面磨损和胶合的出现。因此齿面接触应力是衡量蜗杆传动承载能力的主要依据。蜗杆传动仍以计算接触应力的原始公式（赫兹公式）为基础，参照斜齿圆柱齿轮计算方法，经推导可得普通圆柱蜗杆传动的蜗轮齿面接触疲劳强度设计公式：

$$m^2 d_1 \geqslant KT_2\left(\frac{3.25Z_E}{[\sigma_H]z_2}\right)^2 \tag{12-8}$$

式（12-8）也可整理成校核公式：

$$\sigma_H = 3.25Z_E\sqrt{\frac{KT_2}{d_1 {d_2}^2}} = 3.25Z_E\sqrt{\frac{KT_2}{m^2 d_1 z_2^2}} \leqslant [\sigma_H] \quad (12\text{-}9)$$

式中　K——载荷系数，用于考虑工作情况、载荷集中和动载荷的影响，查表 12-5；

T_2——作用在蜗轮轴上的扭矩，N·mm；

$[\sigma_H]$——蜗轮的许用接触应力，MPa；

Z_E——材料系数，$MPa^{1/2}$，查表 12-6；

σ_H——蜗轮齿面接触应力，MPa；

m——模数，mm；

d_1、d_2——蜗杆和蜗轮的分度圆直径，mm。

表 12-5　载荷系数 K

原动机	工作机		
	平稳	中等冲击	严重冲击
电动机、汽轮机	0.8～1.95	0.9～2.34	1.0～2.75
多缸内燃机	0.9～2.34	1.0～2.75	1.25～3.12
单缸内燃机	1.0～2.75	1.25～3.12	1.5～3.15

注：1. 小值用于每日间断工作，大值用于长期连续工作；
2. 载荷变化大、速度大、蜗杆刚度大时取大值，反之取小值。

表 12-6　材料系数 Z_E　　$MPa^{1/2}$

蜗杆材料	蜗轮材料			
	铸锡青铜	铸铝青铜	灰铸铁	球墨铸铁
钢、球墨铸铁	155.0	156.0	162.0、256.6	181.4、173.9

蜗轮的失效形式因其材料的强度和性能不同而不同，所以许用接触应力的确定方法也不相同。通常分以下两种情况。

① 蜗轮材料为锡青铜（σ_b＜300MPa），因其良好的抗胶合性能，故传动的承载能力取决于蜗轮的接触疲劳强度，即许用接触应力 $[\sigma_H]$ 与应力次数 N 有关。

$$[\sigma_H] = Z_N[\sigma_{OH}]$$

式中　$[\sigma_{OH}]$——基本许用接触应力，查表 12-7；

Z_N——寿命系数，$Z_N=\sqrt[8]{10^7/N}$，其中应力循环次数 $N=60n_2jt_h$；

n_2——蜗轮转速，r/min；

j——蜗轮每转一周，每个轮齿啮合次数；

t_h——工作寿命，h。

表 12-7　锡青铜蜗轮材料的许用接触应力 $[\sigma_{OH}]$　　MPa

蜗轮材料	铸造方法	适用滑动速度 v_s/m·s^{-1}	$[\sigma_{OH}]$	
			蜗杆齿面硬度	
			≤350HBS	＞45HRC
ZCuSn10Pb1	砂模	≤12	180	200
	金属模	≤25	200	220
ZCuSn5Pb5Zn5	砂模	≤10	110	125
	金属模	≤12	135	150

② 蜗轮材料为铝青铜或铸铁（σ_b＞300MPa）时，材料的抗点蚀能力强，蜗杆的主要失效形式是胶合，故许用接触应力 $[\sigma_H]$ 是按抗胶合条件确定的。因胶合不属于疲劳范畴，所以 $[\sigma_H]$ 与应力循环次数无关，其值可直接查表 12-8。

表 12-8 铝青铜及铸铁蜗轮材料的许用接触应力 $[\sigma_{OH}]$ MPa

蜗轮材料	蜗杆材料	滑动速度 v_s/m·s^{-1}							
		0.25	0.5	1	2	3	4	6	8
ZCuAl10Fe3、ZCuAl10Fe3Mn2	钢经淬火*	—	245	225	210	180	160	115	90
ZCuZn38Mn2Pb2	钢经淬火*	—	210	200	180	150	130	95	75
HT200、HT150(120～150HBS)	渗碳钢	160	130	115	90	—	—	—	—
HT150(120～150HBS)	调质或淬火钢	140	110	90	70	—	—	—	—

注：标有 * 的蜗杆如未经淬火，其 $[\sigma_{OH}]$ 值需降低 20%。

12.5.2 蜗杆的刚度计算

通常把蜗杆螺旋部分看作以蜗杆齿根圆直径为直径的轴段，进行刚度校核，要求最大挠度 y 不超过挠度的许用值 $[y]$。最大挠度 y 可按下式作近似计算

$$y=\frac{\sqrt{F_{t1}^2+F_{r1}^2}L'^3}{48EI}\leqslant[y]\ (\text{mm}) \tag{12-10}$$

式中 E——蜗杆材料的弹性模量，对于钢制蜗杆 $E=2.06\times10^5$ MPa；

I——蜗杆危险截面的惯性矩，$I=\pi d_{f1}^4/64$，mm^4；

d_{f1}——蜗杆齿根圆直径，mm；

L'——蜗杆两支点间的距离，mm，计算时可取 $L'=0.9d_2$；

d_2——蜗轮分度圆直径，mm；

$[y]$——挠度的许用值，mm，一般取 $[y]=d_1/1000$；

d_1——蜗杆分度圆直径。

12.6 蜗杆传动的效率、润滑和热平衡计算

12.6.1 效率

1. 滑动速度 v_s

蜗杆传动时，即使在节点 P 处啮合，由于蜗杆 P 点速度 v_1 与蜗轮 P 点速度 v_2 方向不同，大小不等，因此在啮合齿面间也会产生很大的滑动速度 v_s，滑动速度沿着螺旋线方向，由图 12-9 可知

$$v_s=\frac{v_1}{\cos\gamma}=\frac{\pi d_1 n_1}{60\times1000\cos\gamma}\ (\text{m/s}) \tag{12-11}$$

滑动速度 v_s 对蜗杆传动影响很大，当润滑条件差，滑动速度大，会促使齿面磨损和胶合；当润滑条件良好时，滑动速度增大，能在蜗杆副表面间形成油膜，反而使摩擦因数下降，改善摩擦磨损，从而提高传动效率和抗胶合的承载能力。

2. 蜗杆传动效率 η

蜗杆传动一般为闭式传动，其功率损耗包括三部分，即齿面间的啮合损耗、轴承摩擦损耗和零件在油池中搅油损耗。因此总效率为

$$\eta=\eta_1\eta_2\eta_3$$

式中 η_2、η_3——轴承效率及搅油效率，一般可取 $\eta_2\eta_3=0.95\sim0.96$，该部分在粗略计算中可不考虑。

因此，总效率主要取决于啮合效率 η_1，其计算公式为

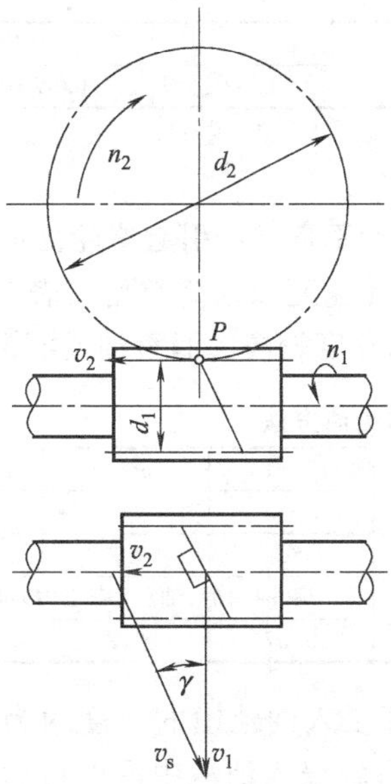

图 12-9　蜗杆传动的滑动速度

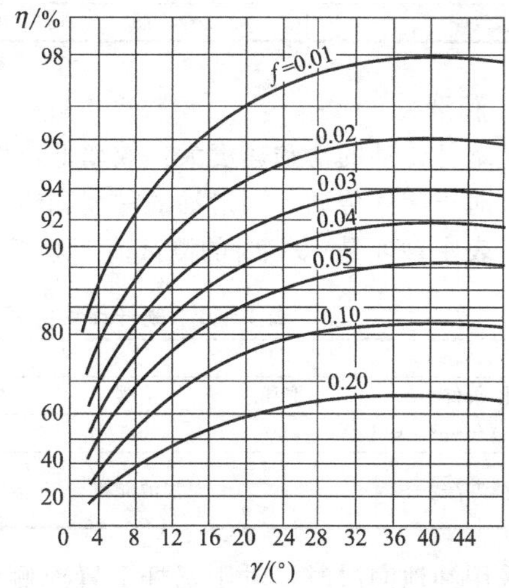

图 12-10　蜗杆传动效率与蜗杆分度圆导程角的关系

$$\eta_1=\frac{\tan\gamma}{\tan(\gamma+\rho_v)} \tag{12-12}$$

式中　γ——蜗杆分度圆导程角；

ρ_v——当量摩擦角，查表 12-9。

式（12-12）说明，增大导程角 γ 可以提高效率，但当 $\gamma>28°$ 时效率提高缓慢（图 12-10），反而会引起蜗杆加工困难，所以蜗杆的导程角一般都小于 28°。

在传动尺寸设计出以前，为近似确定蜗轮受的扭矩 T_2，传动效率 η 可近似地取值，见表 12-10。

表 12-9　当量摩擦角 ρ_v

蜗轮齿圈材料	锡青铜		无锡青铜	灰铸铁	
蜗杆齿面硬度	≥45HRC	<45HRC	≥45HRC	≥45HRC	<45HRC
滑动速度 v_s/m·s^{-1}	当量摩擦角 ρ_v				
0.25	3°43′	4°17′	5°43′	5°43′	6°51′
0.50	3°09′	3°43′	5°09′	5°09′	5°43′
1.0	2°35′	3°09′	4°00′	4°00′	5°09′
1.5	2°17′	2°52′	3°43′	3°43′	4°34′
2.0	2°00′	2°35′	3°09′	3°09′	4°00′
2.5	1°43′	2°17′	2°52′		
3.0	1°36′	2°00′	2°35′		
4.0	1°22′	1°47′	2°17′		
5.0	1°16′	1°40′	2°00′		
8.0	1°02′	1°29′	1°43′		
10	0°55′	1°22′			
15	0°48′	1°09′			
24	0°45′				

注：1. 中间值可用插值法求得。

2. HRC≥45 的蜗杆其 ρ_v 值系指齿面 $Ra\leqslant0.8\sim1.6\mu m$，经跑合并有充分润滑的情况。

表 12-10　传动效率 η

蜗杆头数　z_1	1	2	3	4
总效率　η	0.7～0.75	0.75～0.82	0.82～0.87	0.87～0.92

12.6.2　润滑

由于蜗杆传动的滑动速度大，效率低，发热量大，若润滑不良，会引起蜗轮齿面的磨损及胶合。对于闭式传动，润滑油的黏度和给油方法可根据滑动速度和载荷类型按表 12-11 进行选择，表中黏度是 40℃时的测试值。对于开式传动可采用黏度较高的润滑油或润滑脂。

表 12-11　蜗杆传动的润滑油黏度推荐值和给油方法

滑动速度 v_s/m·s^{-1}	<1	<2.5	<5	5～10	10～15	15～25	>25
工作条件	重载	重载	中载	—	—	—	—
黏度(50℃)/mm^2·s^{-1}	450	300	180	120	80	60	45
给油方法	油池润滑			油池润滑或喷油润滑	喷油润滑,油压(表压力)/MPa		
					0.07	0.2	0.3

当采用油池润滑时，对于蜗杆下置或侧置的传动，蜗杆浸入油池中的深度约为一个齿高。当蜗杆的圆周速度 v_1>4m/s 时，常将蜗杆上置，这时蜗轮浸入油池中深度可达半径的 1/3。

12.6.3　热平衡

由于蜗杆传动的效率较低，在工作时产生大量的热，若散热条件较差，箱体温度上升，润滑失效，则会导致齿面的胶合。热平衡计算就是计算蜗杆传动所产生的热流量能不能及时发散，使传动装置的温度保持在许可范围内。一般对连续工作的闭式蜗杆传动必须进行热平衡计算。

蜗杆传动产生的热量为

$$H_1=1000(1-\eta)P_1\ \text{(W)}$$

式中　P_1——蜗杆传递的功率，kW；

η——蜗杆传动总效率。

由于箱壳外壁发散到周围空气中的热量为

$$H_2=k_tA(t_1-t_0)\ \text{(W)}$$

式中　k_t——箱体散热系数，根据箱体周围的通风条件，一般取 $k_t=10\sim17\text{W/(m}^2\cdot℃)$，通风良好时取大值；

A——散热面积，m^2，可按长方体表面积估算，但应除去不和空气接触的面积。凸缘和散热片面积按 50%计算；

t_0——周围空气温度，常温情况下可取 $t_0=20℃$；

t_1——润滑油的工作温度，一般 $t_1=75\sim85℃$（<90℃）。

根据热平衡条件 $H_1=H_2$，可得润滑油的工作温度为

$$t_1=\frac{1000P_1(1-\eta)}{k_tA}+t_0\ (℃) \tag{12-13}$$

如 t_1 超过许可值，就应采取下述散热措施，以提高蜗杆传动的散热能力。

① 在箱体外壁加散热片以增大散热面积 A 。当自然冷却时，散热片应垂直方向配置，以利空气的对流。当用风扇冷却时，应平行于风扇强迫空气流动的方向配置［图 12-11（a）和图 12-11（b）］。

② 在蜗杆轴上装置风扇［图 12-11（a）和图 12-11（b）］，此时 $k_t=21\sim28\text{W/(m}^2\cdot℃)$。

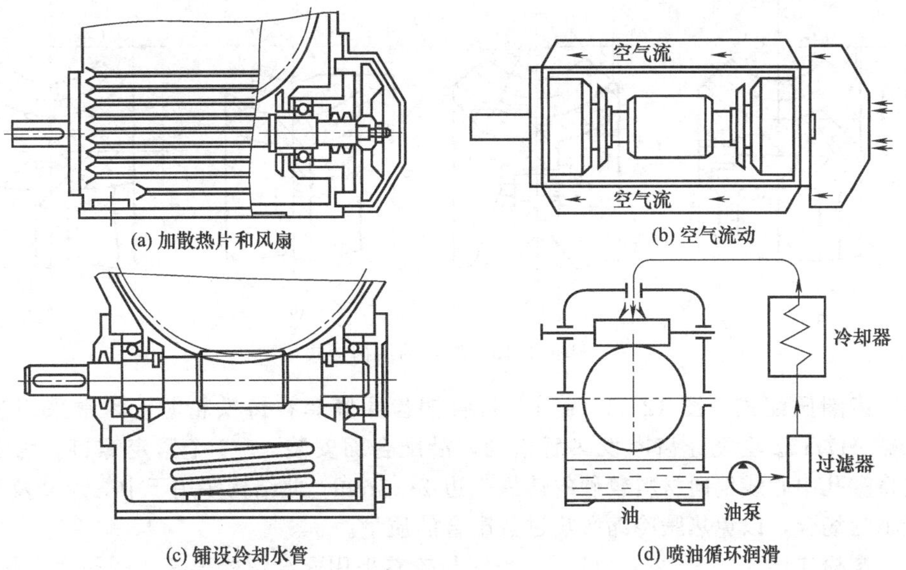

图 12-11　蜗杆减速器的冷却方法

③ 采用上述方法后，如散热能力还不够，可在箱体油池内铺设冷却水管，用循环水冷却[图 12-11 (c)]。

④ 采用压力喷油循环润滑。油泵将高温的润滑油抽至箱体外，经过滤器、冷却器冷却后，喷射到传动的啮合部位[图 12-11 (d)]。

12.7　蜗杆和蜗轮的结构

12.7.1　蜗杆结构

蜗杆的有齿部分与轴的直径相差不大，通常与轴做成一个整体，称为蜗杆轴，如图12-12所示。按蜗杆的螺旋部分加工方法不同，可分为车制蜗杆和铣制蜗杆。图 12-12 (a) 为车制蜗杆，因为车削螺旋部分要有退刀槽，因而削弱了蜗杆轴的刚度。图 12-12 (b) 为铣削蜗杆，在轴上直接铣出螺旋部分，无退刀槽，因而蜗杆轴的刚度好。当蜗杆的螺旋部分直径过大或蜗杆与轴采用不同材料时，可将蜗杆做成套筒形，然后套装在轴上。

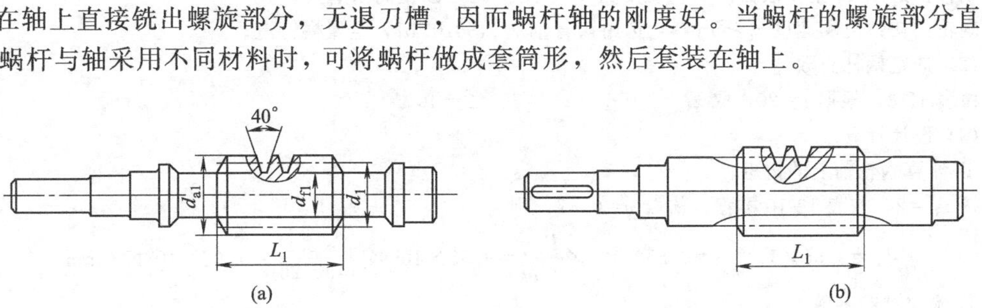

图 12-12　蜗杆的结构形式

12.7.2　蜗轮结构

蜗轮可制成整体式或装配式，为节省贵的有色金属，大多数蜗轮做成装配式。常见的蜗轮结构形式有以下几种。

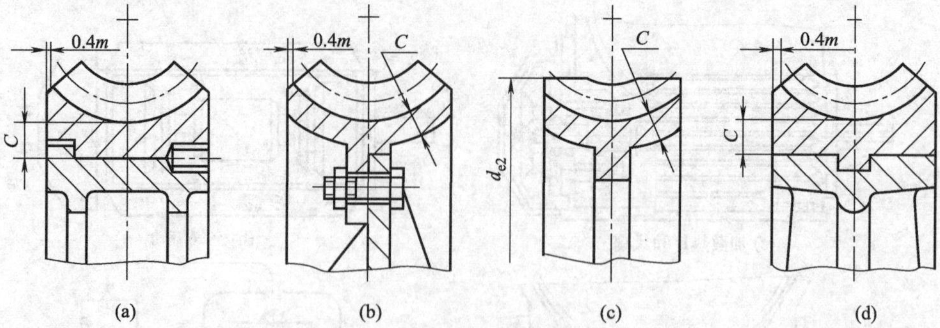

图 12-13 蜗轮的结构形式

(1) 齿圈压配式［图 12-13 (a)］ 将青铜齿圈紧套在铸铁轮芯上，常采用过盈配合 H7/s6 或 H7/r6。为防止齿圈发热后松动，沿配合面安装 4～6 个紧定螺钉。为了便于钻孔，应将螺孔中心线偏向材料较硬的铸铁一边 2～3mm。此结构多用于中等尺寸及工作温度变化较小的场合，以免热胀冷缩影响过盈配合的质量。

(2) 螺栓连接式［图 12-13 (b)］ 齿圈与轮芯采用配合螺栓连接，圆周力由螺栓传递，因此螺栓的数目和尺寸必须通过强度核算。该结构成本高，常用于直径较大或齿面易于磨损的场合。

(3) 整体式［图 12-13 (c)］ 主要用于铸铁蜗轮、铝合金蜗轮以及直径小于 100mm 的青铜蜗轮。

(4) 拼铸式［图 12-13 (d)］ 将青铜齿圈铸在铸铁轮芯上，然后切齿。只用于成批制造的蜗轮。

例 12-1 某轧钢车间需设计一台普通圆柱蜗杆减速器（闭式传动）。已知蜗杆轴输入功率 $P_1=10\text{kW}$，转速 $n_1=1450\text{r/min}$，传动比 $i=20$，载荷稳定，蜗杆减速器每日工作 8h，每年 300 个工作日，工作寿命 10 年，工作环境温度 35℃。

解

(1) 选择精度等级及材料。

① 精度等级。

初步估算蜗轮圆周速度 $v_2\leqslant 3\text{m/s}$，根据表 12-1，选取 8 级精度。

② 材料。

蜗杆：选用 45 钢，表面淬火，硬度为 45～55HRC，以提高耐磨性。

蜗轮：初估滑动速度 $v_s\geqslant 5\text{m/s}$，选用锡青铜 ZCuSn10Pb1，金属模铸造。

(2) 选定蜗杆头数。

由表 12-3，根据 $i=20$，取 $z_1=2$，$z_2=iz_1=20\times 2=40$。

(3) 设计计算。

① 计算蜗轮轴上的扭矩。

按 $z_1=2$，按表 12-10 推荐，估取 $\eta=0.82$，则

$$T_2=9.55\times 10^6\frac{P_2}{n_2}=9.55\times 10^6\times\frac{P_1\eta}{n_1/i}=9.55\times 10^6\times\frac{10\times 0.82}{1450/20}=1.08\times 10^6\,\text{N}\cdot\text{mm}$$

② 确定载荷系数。

工作载荷较平稳，根据表 12-5，取 $K=1.1$。

③ 确定许用应力。

由表 12-7 查得基本许用应力 $[\sigma_{OH}]=220\text{MPa}$。

因为应力循环次数

$$N=60n_2jt_h=60\times\frac{1450}{20}\times 1\times 8\times 300\times 10=1.04\times 10^8$$

则寿命系数

$$Z_N=\sqrt[8]{\frac{10^7}{N}}=\sqrt[8]{\frac{10^7}{1.04\times10^8}}=0.75\text{，所以}[\sigma_H]=Z_N[\sigma_{OH}]=0.75\times220=165\text{MPa}$$

④ 确定材料系数。

根据表 12-6，取 $Z_E=155.0\text{MPa}^{1/2}$。

⑤ 确定模数及蜗杆直径系数。

$$m^2d_1\geqslant KT_2\left(\frac{3.25Z_E}{[\sigma_H]z_2}\right)^2=1.1\times1.08\times10^6\times\left(\frac{3.25\times155}{165\times40}\right)^2=6920.84\text{mm}^3$$

由表 12-2，按 $m^2d_1=6920.84\text{mm}^3$，查得 $m=10\text{mm}$，$q=9$，此时 $m^2d_1=9000\text{mm}^3$。

⑥ 验算蜗轮圆周速度。

$$v_2=\frac{\pi d_2n_2}{60\times1000}=\frac{\pi mz_2n_2}{60\times1000}=\frac{\pi mz_2n_1/i}{60\times1000}=\frac{\pi\times10\times40\times1450/20}{60\times1000}=1.518\text{m/s}$$

与估计相符。

(4) 蜗杆和蜗轮各部分尺寸计算。

按表 12-4 中的公式。

① 蜗杆。

分度圆直径　$d_1=mq=10\times9=90\text{mm}$

齿顶圆直径　$d_{a1}=d_1+2h_{a1}=d_1+2h_a^*m=90+2\times1\times10=110\text{mm}$

齿根圆直径　$d_{f1}=d_1-2h_{f1}=d_1-2(h_a^*+c^*)m=80-2\times(1+0.2)\times10=66\text{mm}$

② 蜗轮。

分度圆直径　$d_2=mz_2=10\times40=400\text{mm}$

齿顶圆直径　$d_{a2}=d_2+2h_{a2}=d_2+2h_a^*m=400+2\times1\times10=420\text{mm}$

齿根圆直径　$d_{f2}=d_2-2h_{f2}=d_2-2(h_a^*+c^*)m=400-2\times(1+0.2)\times10=376\text{mm}$

蜗轮外圆直径　$D_2\leqslant d_{a2}+m=420+10=430\text{mm}$

蜗轮宽度　$b\leqslant0.75d_{a1}=0.75\times110=82\text{mm}$

中心矩　$a=\frac{m}{2}(q+z_2)=\frac{10}{2}\times(9+40)=245\text{mm}$

(5) 热平衡计算。

① 蜗杆导程角 γ。

$$\gamma=\arctan\frac{z_1}{q}=\arctan\frac{2}{9}=12°31'43''$$

② 滑动速度 v_s。

$$v_s=\frac{v_1}{\cos\gamma}=\frac{\pi d_1n_1}{60\times1000\cos\gamma}=\frac{\pi\times90\times1450}{60\times1000\times\cos12°31'43''}=7.0\text{m/s}$$

③ 传动效率 η。

由表 12-9，插值得

$$\rho_v=1°10'27''$$

$$\eta=\eta_1\eta_2\eta_3=0.96\frac{\tan\gamma}{\tan(\gamma+\rho_v)}=0.96\times\frac{\tan12°31'43''}{\tan(12°31'43''+1°10'27'')}=0.91$$

η 值略大于原估计值，故不重算。

④ 所需散热面积。

按 $t_1=\frac{1000P_1(1-\eta)}{k_tA}+t_0$，周围空气温度 $t_0=35℃$，润滑油温度 $t_1=80℃$，通风条件一般，取 $k_t=14\text{W}/(\text{m}^2\cdot℃)$，则所需散热面积

$$A=\frac{1000P_1(1-\eta)}{k_t(t_1-t_0)}=\frac{1000\times10\times(1-0.87)}{14\times(80-35)}=2.06\text{m}^2$$

(6) 结构设计（略）。

(7) 绘制工作图（略）。

【知识梳理与总结】

(1) 本章介绍了蜗杆传动的组成、特点，蜗杆传动的正确啮合条件；蜗杆传动的主要参数及几何尺寸计算；蜗杆传动的受力分析及强度计算。

(2) 蜗杆传动用于传递空间两交错轴之间的运动和动力，蜗杆是主动件，蜗杆传动必须满足正确啮合条件；普通圆柱蜗杆传动在中间平面相当于齿轮与齿条的啮合传动，取中间平面的参数为标准值，蜗杆传动的设计计算都以中间平面的参数和几何关系为准，蜗杆传动设计过程中应综合考虑各因素，合理选择齿轮的材料和各参数。

(3) 闭式蜗杆传动时发热量大，若不及时散热，将因油温不断升高而使润滑油黏度下降，从而导致轮齿磨损加剧甚至产生胶合。因此，应进行热平衡计算，以保证油温处于允许的范围内。

习　题

12-1 蜗杆传动有何特点？蜗杆传动宜在什么情况下采用？传递大功率为何不宜用蜗杆传动？

12-2 蜗杆传动的正确啮合条件是什么？

12-3 在蜗杆传动参数计算中，为何要引入蜗杆直径系数 q？如何选用 q？

12-4 蜗杆传动的主要参数有哪些？如何选用？

12-5 什么是蜗杆传动的滑动速度 v_s？

12-6 蜗杆传动的主要失效形式有哪几种？原因是什么？失效为什么常发生在蜗轮上？

12-7 蜗杆、蜗轮常用材料有哪些？怎样选用？

12-8 指出图 12-14 中未注明的蜗杆或蜗轮的转向，并绘出图 12-14（a）中蜗杆和蜗轮力作用点三个分力的方向（蜗杆为主动）。

12-9 蜗杆传动设计时，为何要重视发热问题？常用的散热方法有哪些？

12-10 已知蜗杆转速 $n_1=1450\text{r/min}$，输入功率 $P_1=7.5\text{kW}$，模数 $m=8\text{mm}$，直径系数 $q=10$，蜗杆头数 $z_1=2$，传动比 $i=20$，传动效率 $\eta=0.8$。试计算作用在蜗杆和蜗轮上三个分力的大小。

12-11 设计一蜗杆减速器中的蜗杆传动。已知：蜗杆传递的功率 $P_1=5.5\text{kW}$，$n_1=960\text{r/min}$，$i=20$，载荷平稳，每日工作 3h，要求工作寿命 10 年。

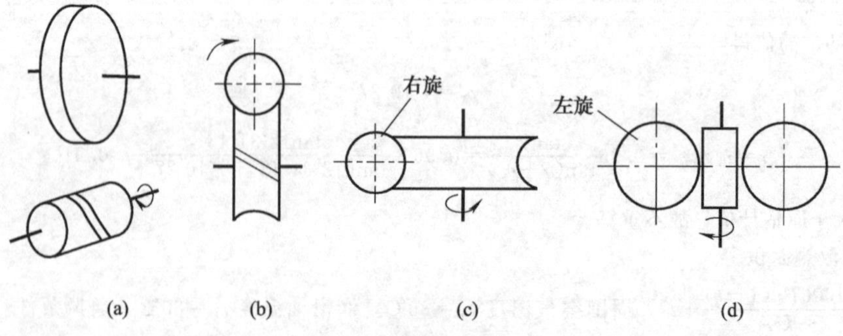

图 12-14 题 12-8 图

第 13 章　齿　轮　系

【知识目标】

① 了解齿轮系的应用、分类；

② 理解“反转法”计算行星齿轮系的传动比的原理；

③ 掌握定轴齿轮系传动比的计算公式和行星齿轮系的传动比计算公式。

【能力目标】

① 能够分析齿轮系的类型及传动关系，计算传动比；

② 根据工作要求，能设计简单的齿轮系。

【知识结构图】

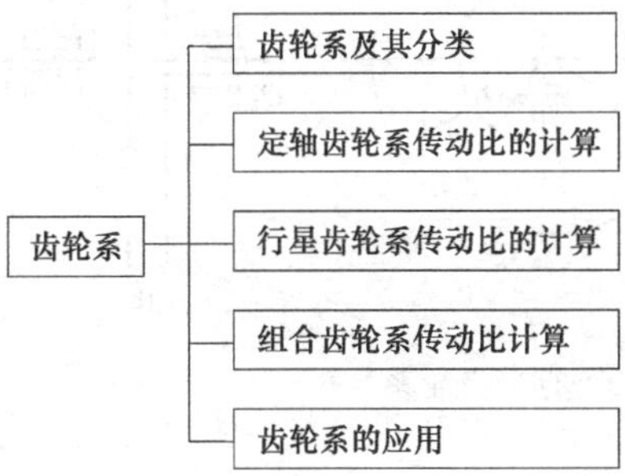

13.1　齿轮系及其分类

一般来说，一对齿轮传动的传动比不能也不宜过大。因此，实际中为了获得很大的传动比或多种输出转速等，常采用一系列齿轮进行传动。这种由一系列齿轮组成的传动系统称为齿轮系。

根据齿轮系中齿轮的轴线是否相互平行，可将齿轮系分成平面齿轮系和空间齿轮系。若齿轮系中各齿轮的轴线相互平行，则称为平面齿轮系，否则称为空间齿轮系。

根据齿轮系运转时齿轮的轴线位置相对于机架是否固定，又可将齿轮系分为定轴齿轮系和行星齿轮系。

13.1.1　定轴齿轮系

当齿轮系运转时，各齿轮轴线的位置相对于机架保持固定，这种齿轮系称为定轴齿轮系，如图 13-1 所示。其中图 13-1（a）所示为平面定轴齿轮系，图 13-1（b）所示为空间定轴齿轮系。

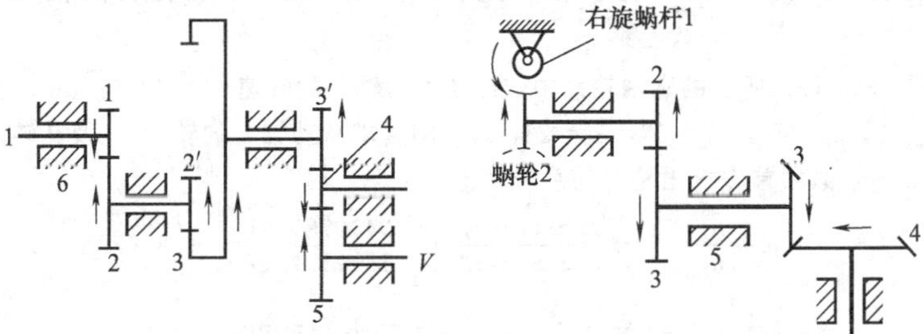

(a) 平面定轴齿轮系　　(b) 空间定轴齿轮系

图 13-1　定轴齿轮系

13.1.2 行星齿轮系

齿轮系运转时，至少有一个齿轮的轴线绕另一个齿轮的固定轴线转动，这种齿轮系称为行星齿轮系，如图 13-2 所示。其中齿轮 1、齿轮 3 和构件 H 分别绕固定的相互重合的几何轴线回转，齿轮 2 空套在构件 H 上，它一方面绕自身轴线 O_2 转动（自转），同时随构件 H 绕固定轴线 O_H 转动（公转），因此齿轮 2 称为行星轮，支持行星轮的构件称为行星架，齿轮 1、齿轮 3 称为中心轮。通常将具有一个自由度的行星齿轮系称为简单行星齿轮系［图 13-2 (a)］，具有两个自由度的行星齿轮系称为差动齿轮系［图 13-2 (b)］，该两种齿轮系都称为基本行星齿轮系，齿轮系中既包含定轴齿轮系，又包含行星齿轮系的或含有几个基本行星齿轮系的称为组合齿轮系，如图 13-3 所示。

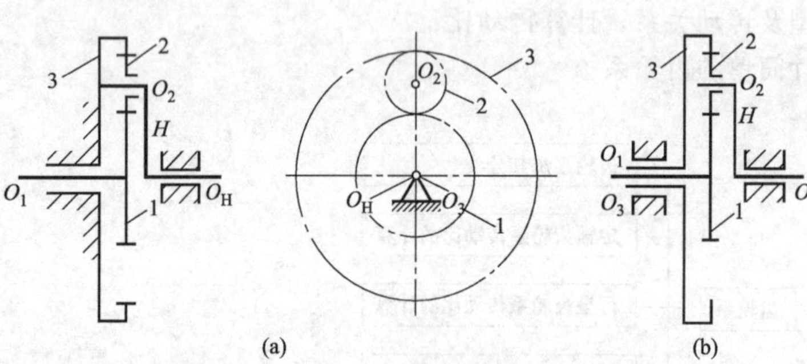

图 13-2 行星齿轮系

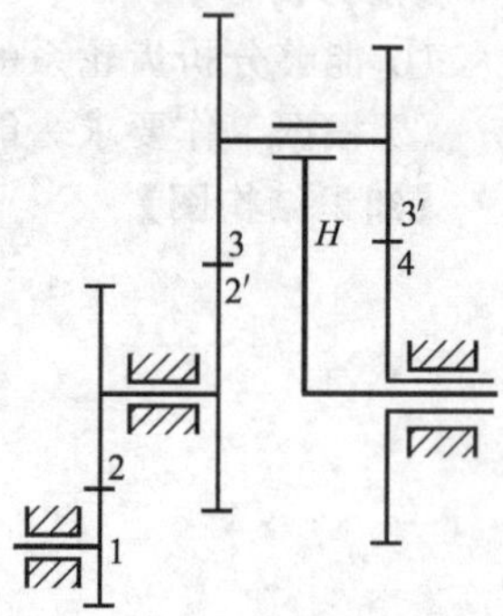

图 13-3 组合齿轮系

13.2 定轴齿轮系传动比的计算

设齿轮系中首齿轮的转速为 n_A，末齿轮的转速为 n_K，n_A 与 n_K 比值用 i_{AK} 表示，即，$i_{AK}=\frac{n_A}{n_K}$，则 i_{AK} 称为该齿轮系的传动比。

13.2.1 平面定轴齿轮系传动比的计算

可以证明，平面定轴齿轮系的传动比等于组成齿轮系的各对齿轮传动比的连乘积，也等于从动轮齿数的连乘积与主动轮齿数的连乘积之比。首末两齿轮转向相同还是相反，取决于齿轮系中外啮合齿轮的对数。若以 A 表示首齿轮，K 表示末齿轮，m 表示圆柱齿轮外啮合的对数，则平面定轴齿轮系传动比的计算式为

$$i_{AK}=\frac{n_A}{n_K}=(-1)^m\frac{\text{从动轮齿数的连乘积}}{\text{主动轮齿数的连乘积}} \tag{13-1}$$

首末两齿轮转向可用 $(-1)^m$ 判别，为负号，说明首、末齿轮转向相反；为正号时则转向相同。

例 13-1 在图 13-1 (a) 所示的定轴轮系中，已知主动轴Ⅰ的转速 $n_1=1450\text{r/rim}$，各齿轮的齿数 $z_1=18$，$z_2=54$，$z_2'=19$，$z_3=78$，$z_3'=17$，$z_4=23$，$z_5=81$。求从动轴Ⅴ的转速 n_5 及其转向。

解 为了求得 n_5，必须首先求出轮系的总传动比 i_{15}

$$i_{15}=\frac{n_1}{n_5}=(-1)^3\frac{z_2z_3z_4z_5}{z_1z_2'z_3'z_4}=-\frac{54\times78\times81}{18\times19\times17}=-58.68$$

$$n_5=\frac{n_1}{i_{15}}=-\frac{1450}{58.68}=-24.71\text{r/min}$$

结果前的负号表明从动轴的转向与主动轴的相反。

在该齿轮系中齿轮 4 同时与齿轮 3′和末齿轮 5 啮合，其齿数可在上述计算式中消去，即齿轮 4 不影响齿轮系传动比的大小，只起到改变转向的作用，这种齿轮称为惰轮。

13.2.2　空间定轴齿轮系转动比的计算

一对空间齿轮传动比的大小也等于两齿轮齿数的反比，故也可用式（13-1）来计算空间齿轮系传动比的大小。但由于各齿轮的轴线不都相互平行，所以不能用 $(-1)^m$ 的正负来确定首末齿轮的转向，而要采用在图上画箭头的方法来确定，如图 13-1（b）所示。

13.3　行星齿轮系传动比的计算

平面行星齿轮系的传动比不能直接用定轴齿轮系的公式计算。可应用转化机构法，即根据相对运动原理，假想对整个行星齿轮系加上一个绕主轴线 O-O 转动的公共转速 $-n_H$。显然各构件的相对运动关系并不变，但此时行星架 H 的转速变为 $n_H-n_H=0$，即相对静止不动，而齿轮 1、2、3 则成为绕定轴转动的齿轮，于是原行星齿轮系便转化为假想的定轴齿轮系。该假想的定轴齿轮系称为原行星齿轮系的转化机构，如图 13-4 所示。

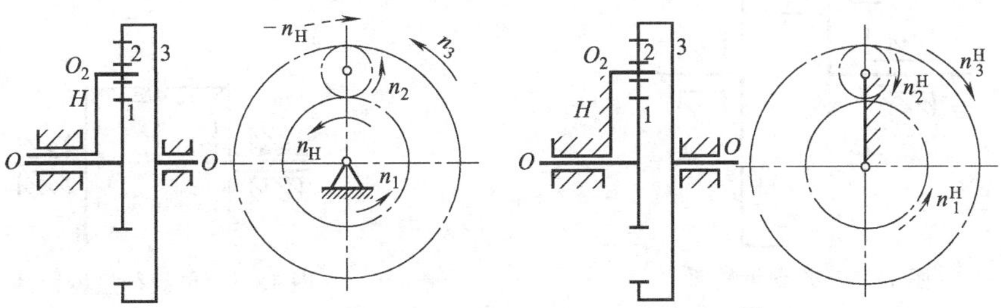

(a)　(b)

图 13-4　行星齿轮系转化机构

转化机构各构件的转速如下。

构件	原有的转速	转化后的转速
齿轮 1	n_1	$n_1^H=n_1-n_H$
齿轮 2	n_2	$n_2^H=n_2-n_H$
齿轮 3	n_3	$n_3^H=n_3-n_H$
系杆 H	n_H	$n_H^H=n_H-n_H=0$

所以
$$i_{13}^H=\frac{n_1^H}{n_3^H}=\frac{n_1-n_H}{n_3-n_H}=-\frac{z_3}{z_1}$$

i_{13}^H 表示转化后定轴齿轮系的传动比，即齿轮 1、齿轮 3 相对于行星架 H 的传动比，将上式推广到一般情况，可得

$$i_{AK}^H=\frac{n_A-n_H}{n_K-n_H}=(-1)^m\frac{\text{从动轮齿数的连乘积}}{\text{主动轮齿数的连乘区}} \tag{13-2}$$

在使用上式时应特别注意：A、K 和 H 三个构件的轴线应相互平行，而且将 n_A、n_K、n_H 的值代入上式计算时，必须带正号或者负号，对差动齿轮系，如两构件转速相反时，一构件用正值代入，另一个构件则以负值代入，第三个构件的转速用所求得的正负号来判别；$i_{AK}^H \neq i_{AK}$，i_{AK}^H 是行星齿轮系转化机构的传动比，亦即齿轮 A、K 相对于行星架 H 的传动比，而 $i_{AK}=\frac{n_A}{n_K}$ 是行星齿轮系中 A、K 两齿轮的传动比。

例 13-2 在图 13-5 所示的差动轮系中，$z_1=120$，$z_2=45$，$z_2'=27$，$z_3=48$，设输入转速 $n_1=500$ r/min，$n_3=300$r/min，两者同向，设为正向。试求转臂 H 的转速 n_H 的大小和方向。

解 对于行星齿轮系 1、2、2′、3—H，根据式（13-2）得

$$i_{13}^{H}=\frac{n_1-n_H}{n_3-n_H}=(-1)^1\frac{z_2z_3}{z_1z_2'}$$

因为 n_1 和 n_3 同向，所以将 $n_1=500$r/min，$n_3=300$r/min，$z_1=120$，$z_2=45$，$z_2'=27$，$z_3=48$ 代入上式得 $n_H=420$r/min，转向与 n_1、n_3 相同。

例 13-3 图 13-6 所示的单级行星齿轮系，轮 1、3 及行星架 H 的轴线相互平行，各齿轮数为 $z_1=z_2=z_3$，轮 1 和轮 3 的转速大小分别为 120r/min 和 124r/min，且转向相反。试求出行星架 H 的转速。

解 对于行星齿轮系 1、2、3—H，根据式（13-2）得

$$i_{13}^{H}=\frac{n_1-n_H}{n_3-n_H}=\frac{120-n_H}{-124-n_H}=-\frac{z_3}{z_1}=-1$$

即有 $n_H=-2$r/min，求得 n_H 为负值，说明行星架 H 与轮 1 的转向相反。

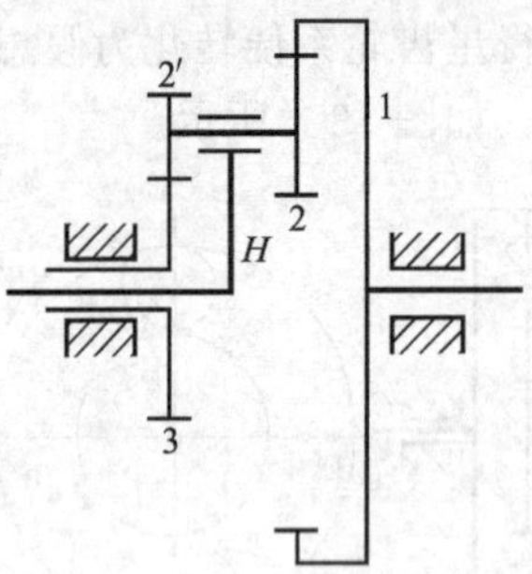

图 13-5 差动齿轮系

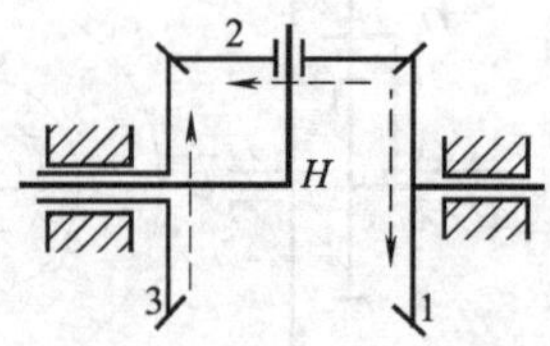

图 13-6 单级行星齿轮系

13.4 组合齿轮系传动比的计算

组合齿轮系由行星齿轮系和定轴齿轮系组合而成，不能只用一个公式来解，故对组合齿轮系进行传动比计算时，其关键仍应先找出所有的单级行星齿轮系，剩下的即为定轴齿轮系。然后对各单级行星齿轮系和定轴齿轮系分别列出传动比计算式，并联立求解。

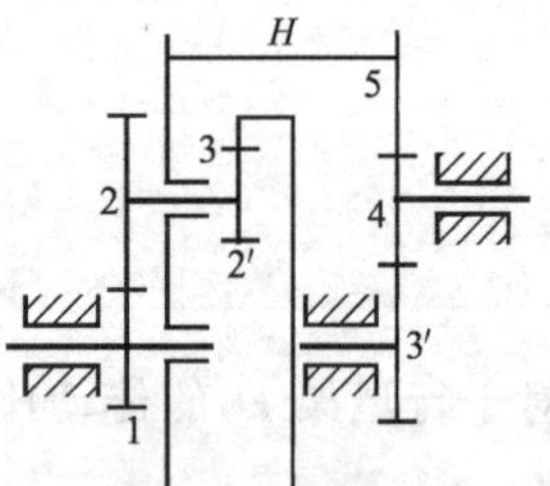

图 13-7 电动卷扬机的减速器

例 13-4 在图 13-7 所示电动卷扬机的减速器中，已知各轮的齿数为 $z_1=24$，$z_2=48$，$z_2'=30$，$z_3=90$，$z_3'=40$，$z_4=20$，$z_5=80$，$n_1=1450$r/min，求 n_H。

解 该组合齿轮系由两个基本齿轮系组成。齿轮 1、2、2′、3 和行星架 H 组成行星齿轮系；齿轮 3′、4、5 组成定轴齿轮系，其中 $n_H=n_5$，$n_3=n_3'$。

对于定轴齿轮系，有

$$i_{3'5}=\frac{n_3'}{n_5}=\frac{n_3}{n_H}=-\frac{z_5}{z_3'}=-\frac{80}{40}=-2 \tag{a}$$

对于行星齿轮系，根据式（13-2）得

$$i_{13}^{H}=\frac{n_1-n_H}{n_3-n_H}=-\frac{z_2z_3}{z_1z_2'}=-\frac{48\times90}{24\times30}=-6 \tag{b}$$

将式（a）代入式（b）且 $n_1=1450$r/min 可得

$$n_H=76.32\text{r/min}$$

n_H 为正值，说明行星架 H 与齿轮 1 转向相同。

13.5　齿轮系的应用

齿轮系在各种机械传动中的应用广泛，其功用主要归纳如下。

13.5.1　获得较大的传动比

当需要获得较大的传动比时，若用一对齿轮传动［图 13-8（a）］，将使径向尺寸变大，同时小齿轮容易损坏。因此，当传动比较大时，常采用多对齿轮进行传动，如图 13-8（b）所示。特别是采用行星齿轮系，可以用很少的齿轮、在结构很紧凑的条件下得到很大的传动比。

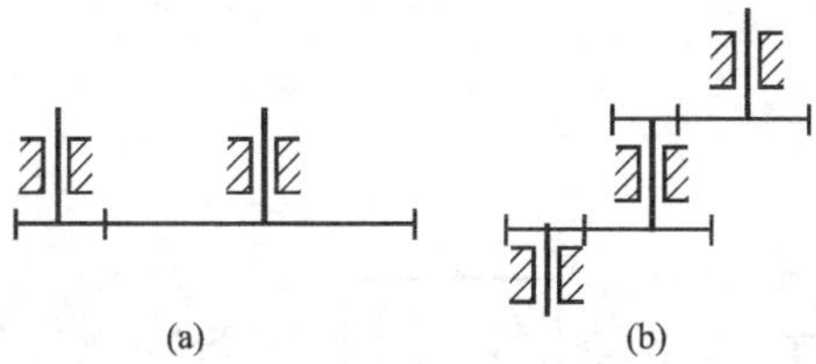

图 13-8　齿轮传动

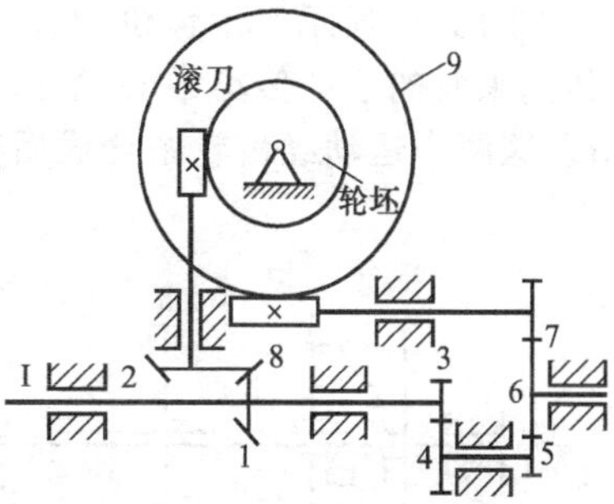

图 13-9　滚齿轮机中的齿轮系

13.5.2　实现分路传动

利用齿轮系可使一个主动轴同时带动若干从动轴传动，从不同的传动路线传给执行构件。可实现机构的分路传动。

图 13-9 所示为滚齿轮机上滚刀与轮坯之间形成范成运动的传动简图。滚齿加工要求滚刀的转速 $n_{刀}$ 与轮坯的转速 $n_{坯}$ 必须满足范成运动的传动比关系。运动路线从主动轴I开始，一条路线是由锥齿 1、2 传到滚刀；另一条路线是由齿轮 3、4、5、6、7、蜗杆 8、蜗轮 9 传到轮坯。

13.5.3　实现远距离的传动

当两轴相距较远时，常采用多个惰轮来进行两轴间的传动。图 13-10 所示为一相距较远的两轮，中心距为 a，图中采用两个惰轮进行传动，比仅用一对齿轮传动（图中的点画线所示）大大地缩小了径向尺寸，使传动装置结构紧凑。

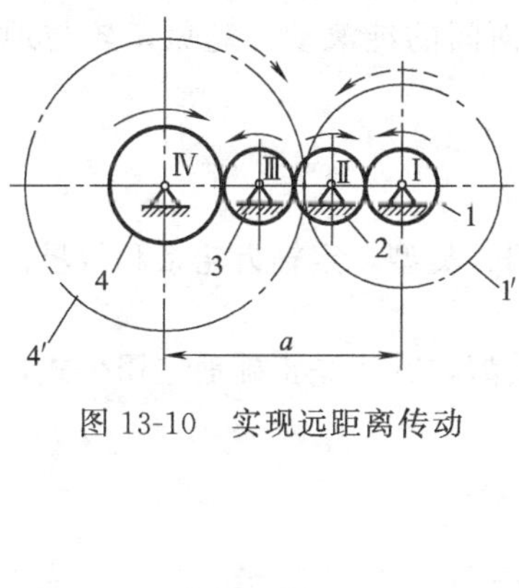

图 13-10　实现远距离传动

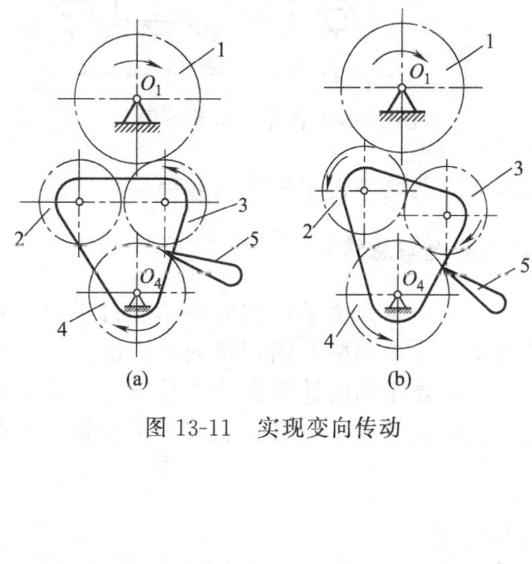

图 13-11　实现变向传动

13.5.4 实现变向、变速传动

机器中输入轴的转向一般不变，利用齿轮系中的惰轮可以改变输出轴的转向，如图 13-11 所示的车床走刀丝杠的三星轮换向机构。由于图 13-11（a）和图 13-11（b）所示两种传动仅相差一次外啮合，所以从动轮 4 相对主动轮 1 有两种输出转向，只要扳动手柄 5 就可以实现换向。

在输入轴转速不变的情况下利用齿轮系可使输出轴获得多种工作转速，从而实现变速传动。图 13-12 所示的汽车变速箱的传动机构，可使输出轴得到 4 个挡的转速。

13.5.5 实现运动的合成与分解

应用差动齿轮系，可将两个构件的输入运动，合成为另一个构件的输出运动。

图 13-13 所示为滚齿机的差动齿轮系。它包含有中心轮 1 和 3。滚切斜齿轮时，由齿轮 4 传递来时的运动传给中心轮 1，转速为 n_1；由蜗轮 5 传递来的运动传给 H，使其转速为 n_H。这两个运动经齿轮系合成后变成齿轮 3 的转速 n_3 输出。

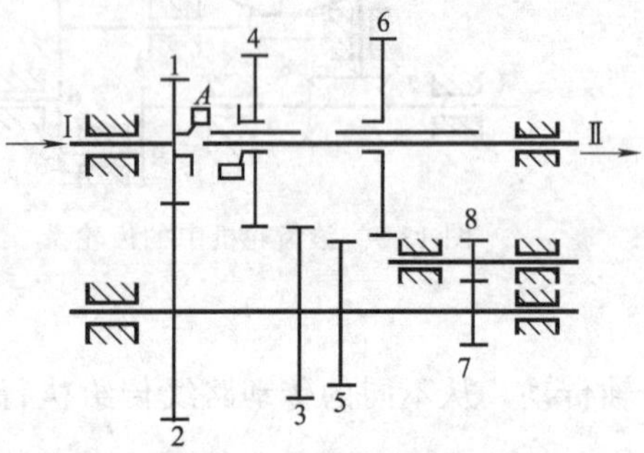

图 13-12 汽车的变速箱

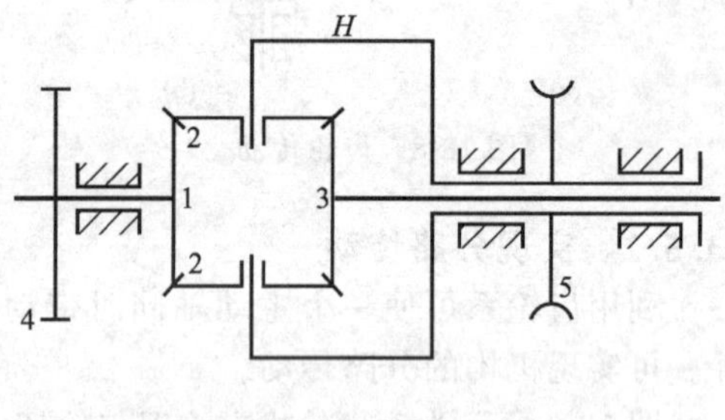

图 13-13 使运动合成的齿轮系

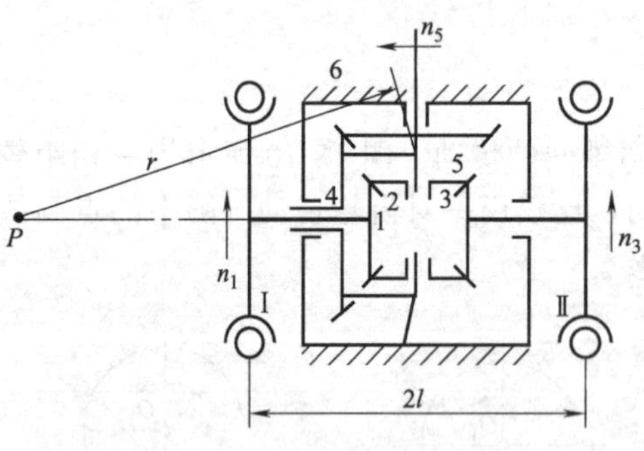

图 13-14 汽车后桥差速器

因 $z_1=z_3$，则 $i_{13}^{H}=\dfrac{n_1-n_H}{n_3-n_H}=-\dfrac{z_3}{z_1}=-1$，

故 $n_3=2n_H-n_1$

同理，应用差动齿轮系，也可将一个构件的输入运动，根据一些附加条件分解为两个构件的输出运动。汽车后桥的差速器就是一个例子。如图 13-14 所示，当汽车直线行驶时左右两车轮转速相等，所以 $n_3=n_1$。当汽车转弯时，差速器可将发动机传到齿轮 5 的运动 n_5 以不同的速度 n_1 和 n_3 分别传递给左右两个车轮，以维持车轮与地面间的纯滚动，避免车轮与地面间的滑动摩擦导致车轮过度磨损。

【知识梳理与总结】

（1）本章介绍了定轴齿轮系和行星齿轮系的概念、功用、类型，定轴齿轮系和行星齿轮系传动比计算和两种确定转向的方法。

（2）要正确的计算齿轮系传动比，首先要确定齿轮系类型，其次是正确地选用公式，而传动比公式中的正负号只能用于平行轴之间的传动。

习　题

13-1　图 13-15 所示的轮系中，已知各齿轮的齿数 $z_1=20$，$z_2=40$，$z'_2=15$，$z_3=60$，$z'_3=18$，$z_4=18$，$z_7=20$，齿轮 7 的模数 $m=3\text{mm}$，蜗杆头数为 1（左旋），蜗轮齿数 $z_6=40$。齿轮 1 为主动轮，转向如图 13-15 所示，转速 $n_1=1000\text{r/min}$，试求齿条 8 的线速度和移动方向。

13-2　在图 13-16 所示的轮系中，已知各轮齿数为：$z_1=100$，$z_2=101$，$z'_2=100$，$z_3=99$，$n_H=1000\text{r/min}$，方向如图 13-16 所示。求 n_1 的大小，并在图 13-16 中标出转向。

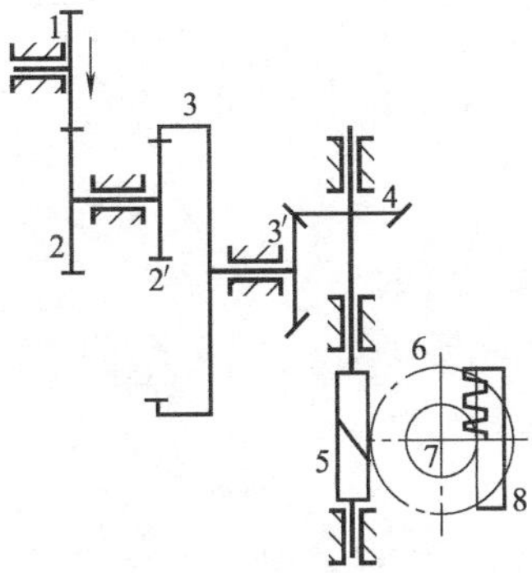

图 13-15　题 13-1 图

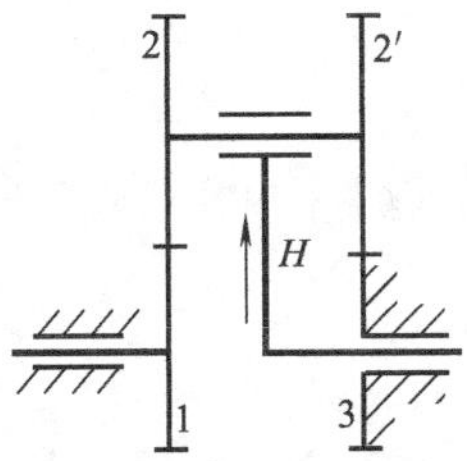

图 13-16　题 13-2 图

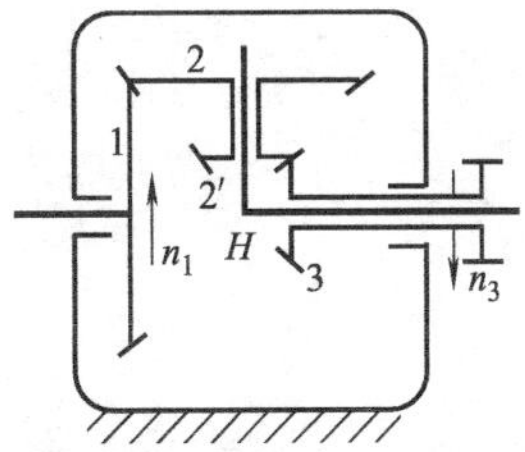

图 13-17　题 13-3 图

13-3　在图 13-17 所示的差速器中，已知各轮齿数为：$z_1=48$，$z_2=42$，$z'_2=18$，$z_3=21$，$n_1=n_3=100\text{r/min}$，方向如图 13-17 所示。求行星架 H 的转速 n_H 的大小和方向。

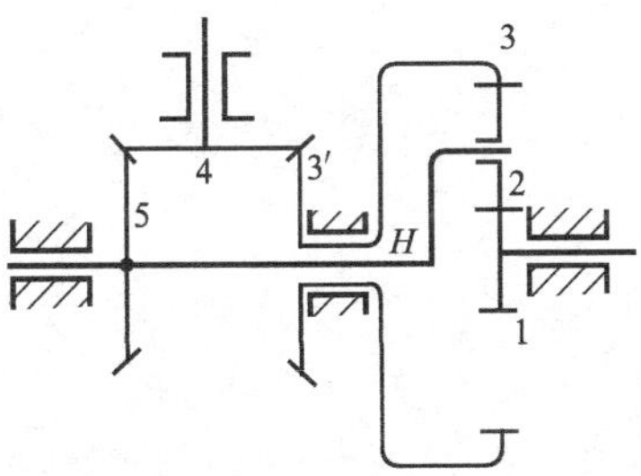

图 13-18　题 13-4 图

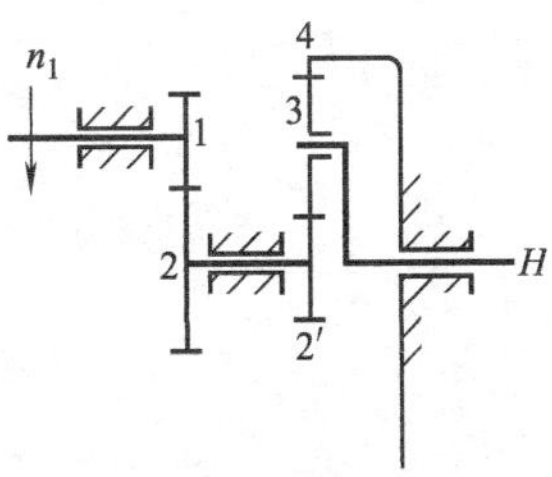

图 13-19　题 13-5 图

13-4　图 13-18 所示轮系中，已知齿数：$z_1=22$，$z_3=88$，$z'_3=z_5$，$n_1=1800\text{r/min}$。求 n_5 和 i_{13}。

13-5　如图 13-19 所示，已知各齿轮齿数：$z_1=20$，$z_2=40$，$z'_2=20$，$z_3=30$，$z_4=8$，$n_1=1000\text{r/min}$。求：

(1) n_H 的大小和方向。

(2) n_3 的大小和方向。

(3) 轮 2 与行星架的相对速度。

13-6　图 13-20 所示轮系，已知各轮齿数：$z_1=18$，$z_2=36$，$z_3=90$，$z'_2=33$，$z_4=87$。求传动比 i_{14}。

13-7　图 13-21 所示轮系，已知各轮齿数：$z_1=12$，$z_2=51$，$z_3=76$，$z_4=34$，$z_6=57$。求传动比 i_{1H}。

13-8　图 13-22 所示轮系，已知各轮齿数：$z_1=20$，$z_2=40$，$z_3=z_5=30$，$z_4=15$，$n_1=1400\text{r/min}$。求 n_H、n_5、n_4 的大小和方向。

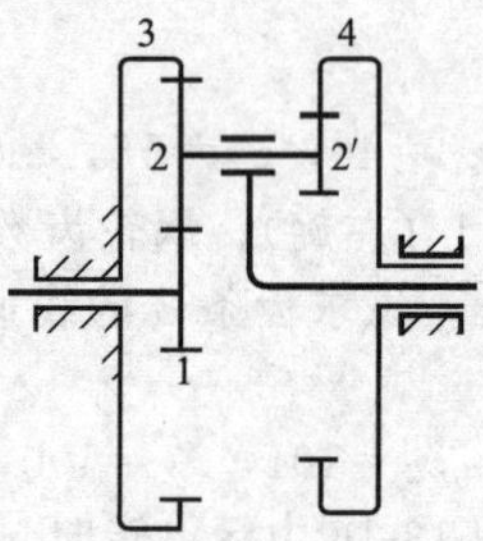

图 13-20 题 13-6 图

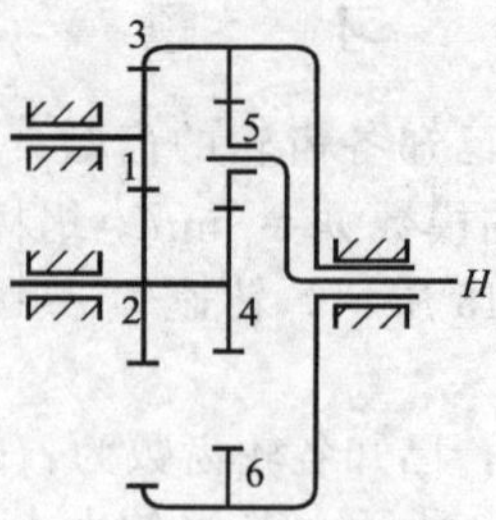

图 13-21 题 13-7 图

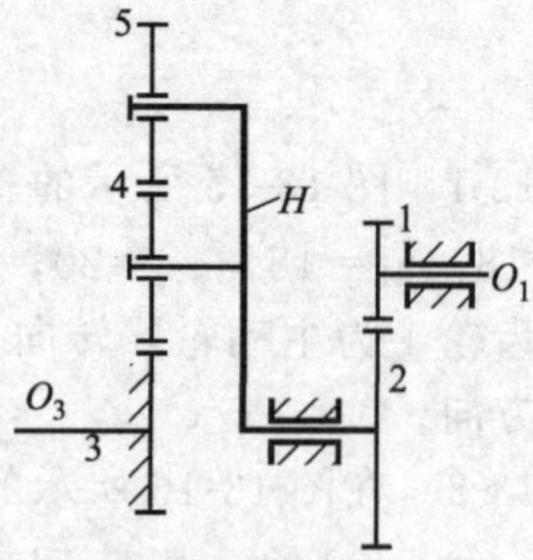

图 13-22 题 13-8 图

第 14 章 带 传 动

【知识目标】

① 了解带传动的类型及应用、带传动的失效形式和计算准则；

② 掌握 V 带轮的材料、结构及尺寸确定方法；

③ 理解欧拉公式，理解带的弹性滑动和打滑的区别。

【能力目标】

根据工作情况，能够进行 V 带传动的设计计算。

【知识结构图】

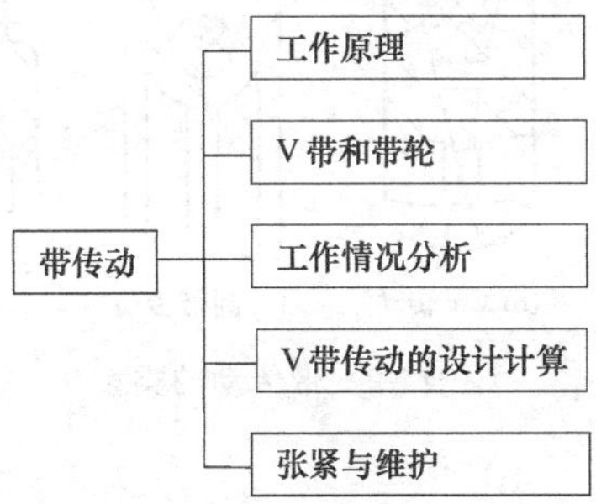

14.1 带传动概述

带传动是机械传动中应用较为广泛的挠性传动，当主动轴和从动轴相距较远时，常采用这种传动方式。

带传动是利用带与带轮之间的摩擦力或啮合来传递运动和动力的。它适用于圆周速度较高和传递功率（传递功率一般不超过 40～50kW）不大的工作条件。

14.1.1 带传动的工作原理和特点

1. 工作原理

根据带传动工作原理的不同，可分为摩擦传动和啮合传动两类，摩擦传动是带传动主要类型。

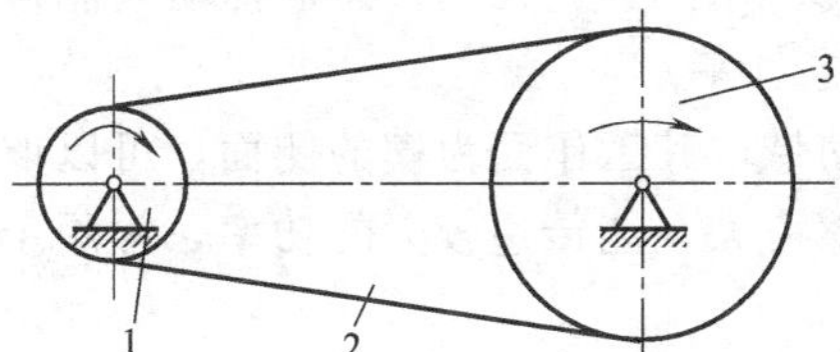

图 14-1 带传动工作原理

1—主动轮；2—传动带；3—从动轮

摩擦带传动由主动轮 1、传动带 2 和从动轮 3 所组成（图 14-1)。当原动机驱动主动轮转动时，依靠带与带轮间的摩擦力拖动从动轮一起转动，并传递一定的动力。带传动主要用于两轴平行且转向相同的场合。

啮合带传动是靠带内面上的凸齿与带轮外缘上的齿槽相啮合来传递动力和运动的。

2. 传动特点

与其他机械传动相比，带传动具有以下特点。

优点：适合两轴中心距较大的传动（中心距适用范围一般为 0.5～3m)；结构简单，造价低廉；传动带具有良好的挠性，可缓冲吸振，传动平稳；过载时带与带轮间发生打滑现象，可防止损坏其他零件。

缺点：在传递相同大小功率的前提下，传动机构的外廓尺寸较大；由于有弹性滑动，所以不能保证恒定的传动比；带的寿命较短；有时需要张紧装置。

14.1.2 带传动的类型及应用

1. 摩擦带传动

根据带的剖面形状不同，摩擦带传动可分为平带、V 带、多楔带与圆形带等类型，如图 14-2 所示。

（1）平带　横截面为扁平矩形，其工作面为内表面［图 14-2（a）］。常用的平带为橡胶帆布带。平带传动的形式一般有三种：最常用的是两轴平行，转向相同的开口传动［图 14-3（a）］；还有两轴平行，转向相反的交叉传动［图 14-3（b）］和两轴在空间交错 90°的半交叉传动［图 14-3（c）］。

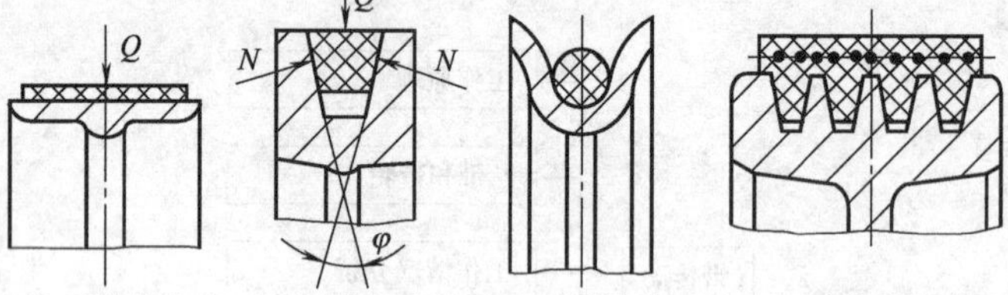

(a) 平带传动　(b) V带传动　(c) 圆带传动　(d) 多楔带传动

图 14-2　带传动的类型

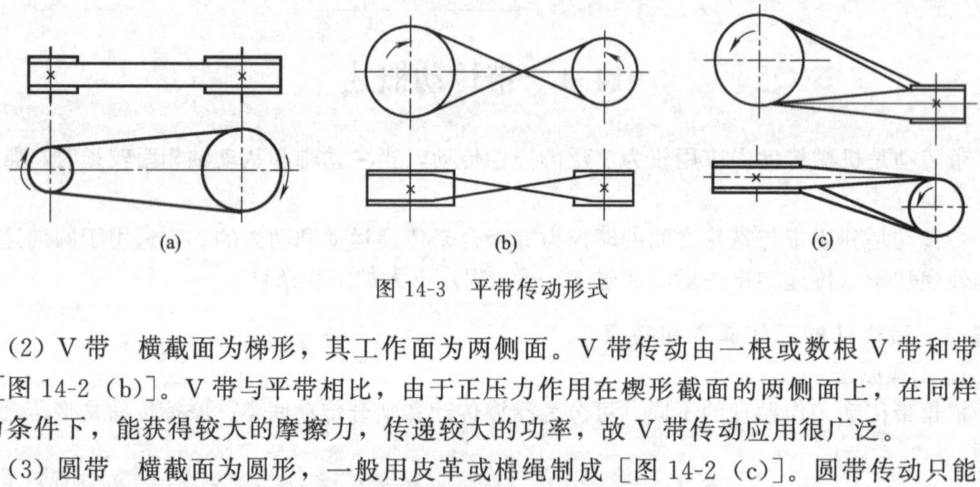

(a)　(b)　(c)

图 14-3　平带传动形式

（2）V 带　横截面为梯形，其工作面为两侧面。V 带传动由一根或数根 V 带和带轮组成［图 14-2（b）］。V 带与平带相比，由于正压力作用在楔形截面的两侧面上，在同样的张紧力条件下，能获得较大的摩擦力，传递较大的功率，故 V 带传动应用很广泛。

（3）圆带　横截面为圆形，一般用皮革或棉绳制成［图 14-2（c）］。圆带传动只能传递较小的功率，如缝纫机、真空吸尘器、磁带盘的机械传动等。

（4）多楔带　是平带基体与若干纵向楔合成的传动带，其工作面为楔的侧面，可以取代若干根 V 带［图 14-2（d）］。其强度高、柔性好、摩擦力大，能传递较大的功率，常用于要求传动平稳、结构紧凑的场合。

2. 啮合带传动

（1）同步带传动　工作时，带上的齿与轮上的齿相互啮合，以传递运动和动力［图 14-4（a）］同步带传动可避免带与轮之间产生滑动，以保证两轮圆周速度同步。常用于数控机床、纺织机械、医用机械、收录机、打印机、缝纫机、记录仪表等需要速度同步的场合。

（2）齿孔带传动　工作时，带上的孔与轮上的齿相互啮合，以传递运动，功率很小［图 14-4（b）］。如放映机、打印机采用的是齿孔带传动，被输送的胶片和纸张就是齿孔带。

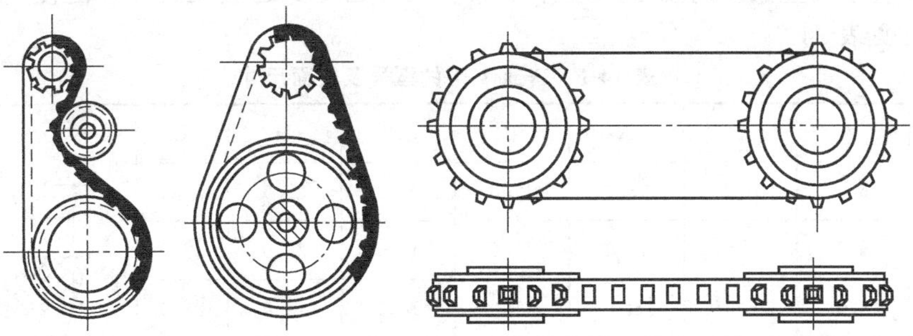

(a) 同步带传动　　(b) 齿孔带传动

图 14-4　啮合带传动

14.2　V 带和带轮

V 带分为普通 V 带、窄 V 带、大楔角 V 带等多种类型，其中普通 V 带应用最广。

14.2.1　V 带的构造和规格

1. V 带的构造

V 带结构如图 14-5 所示，由拉伸层 1、强力层 2、压缩层 3 和包布层 4 组成。强力层由几层帘布或一层线绳组成，依此分为帘布结构和绳芯结构，它与拉伸层和压缩层紧密贴合。帘布（纤维帆布）结构制造方便，承载能力高，应用较广。绳芯（线绳）结构比较柔软、易弯曲，适用于带轮直径较小、载荷不大和转速较高的场合。为了提高承载拉力，近年来开始使用尼龙丝绳和钢丝绳。拉伸层和压缩层均为橡胶。包布层由几层橡胶帆布粘叠成型，它与其他层紧密贴合，是带的保护层。

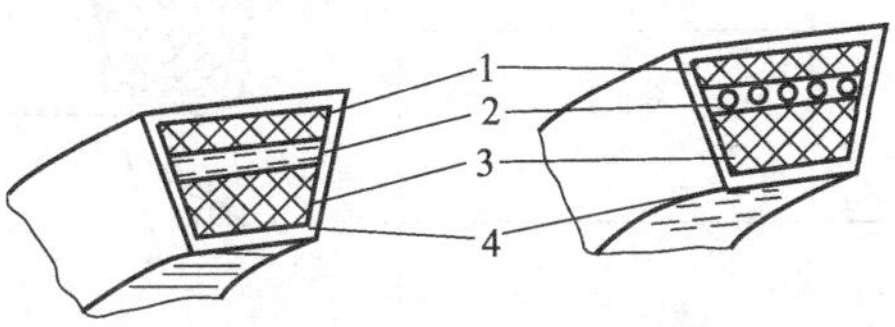

(a) 帘布结构　　(b) 线绳结构

图 14-5　V 带结构

1—拉伸层；2—强力层；3—压缩层；4—包布层

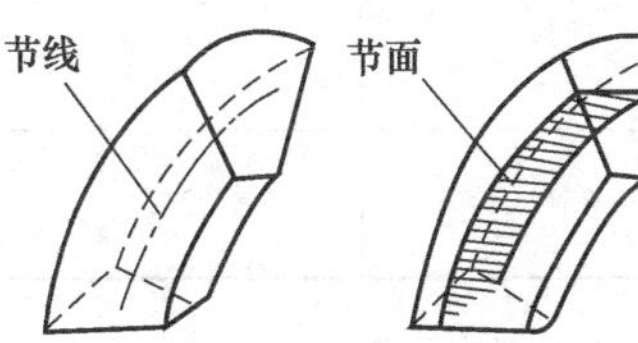

图 14-6　带的节线和节面

V 带工作时承受一定的张力，绕过带轮 V 带各层必然弯曲，长度改变。但其中有一层（节面）保持长度不变，其长度（节线）称为基准长度 L_d（图 14-6）。这一层对应的轮槽宽度称为基准宽度（节宽）b_d，b_d处带轮的直径称为基准直径 d_d（简称为带轮直径），如图 14-9 所示。通常将带的型号及基准长度印制在带的外表面上。

2. V 带规格

V 带是标准件，规格参见国标 GB/T 11544—1997。普通 V 带有 Y、Z、A、B、C、D、E 七种型号，各型号截面的基准尺寸见表 14-1。横截面高与宽之比约为 0.7，楔角为 40°。

3. 窄 V 带简介

窄 V 带横截面高与宽之比约为 0.9，楔角为 40°，其强力层为合成纤维绳。高度相同时，窄 V 带比普通 V 带的宽度缩小约 1/3，而承载能力却可提高 0.5～1.5 倍，适用于传递动力大而又要求传动装置紧凑的场合。这种 V 带在国外已得到迅速发展和广泛使用。其结构和横截面尺寸见表 14-2。

表 14-1 普通 V 带的型号及剖面尺寸 mm

型号	Y	Z	A	B	C	D	E
顶宽 b	6.0	10.0	13.0	17.0	22.0	32.0	38.0
节宽 b_d	5.3	8.5	11.0	14.0	19.0	27.0	32.0
高度 h	4.0	6.0	8.0	11.0	14.0	19.0	23.0
剖面面积 A/mm^2	47	81	138	230	476	692	1170
每米长质量 $m/kg \cdot m^{-1}$	0.02	0.06	0.10	0.17	0.30	0.62	0.90
楔角 α	40°						

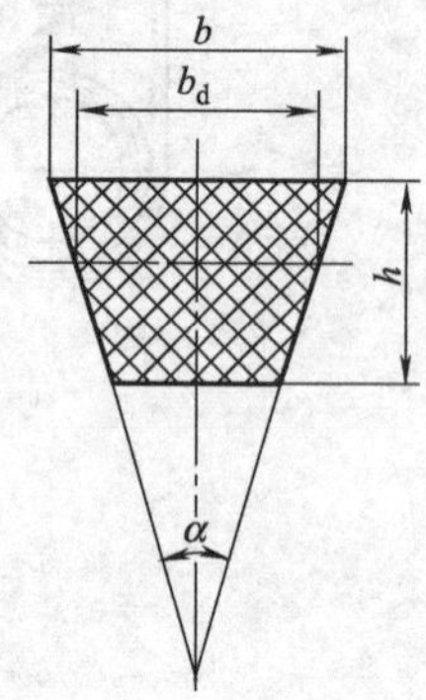

14.2.2 带轮

1. 带轮的材料和结构

带轮常用 HT150、HT200 等灰铸铁制造。带速较高、功率较大时宜采用铸钢或钢板冲压后焊接，小功率传动时可采用铸铝或塑料（如洗衣机、收录机等）。

表 14-2 窄 V 带的结构与截面尺寸 mm

截型	顶宽 b	高度 h	楔角 α
9N	9.5	8.0	40°
15N	16.0	13.5	40°
25N	25.5	23.0	40°

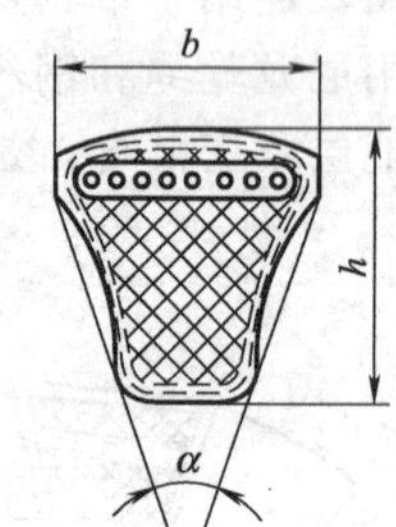

如图 14-7 所示，一般的 V 带轮由轮缘 1、轮辐 2 和轮毂 3 三部分组成。

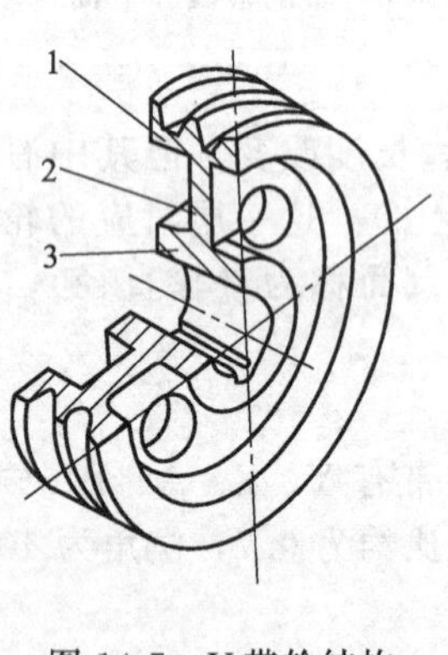

图 14-7 V 带轮结构
1—轮缘 2—轮辐 3—轮毂

设计带轮时，可根据带轮基准直径 d_d 选取不同的结构形式，如图 14-8 所示。

当 $d_d \leqslant (1.5 \sim 3)d_0$（$d_0$ 为轴的直径）时，可采用实心带轮［图 14-8（a）］；当 $d_d \leqslant 300$mm 时，采用腹板带轮［图 14-8（b）］；当 $d_d \leqslant 400$mm 时，采用孔板带轮［图 14-8（c）］；当 $d_d > 400$mm 时，采用椭圆剖面的轮辐带轮［图 14-8（d）］。

2. 带轮的基本尺寸

带轮的基本尺寸分为轮槽尺寸和结构尺寸两部分。参见表 14-3、表 14-4 和图 14-8、图 14-9。

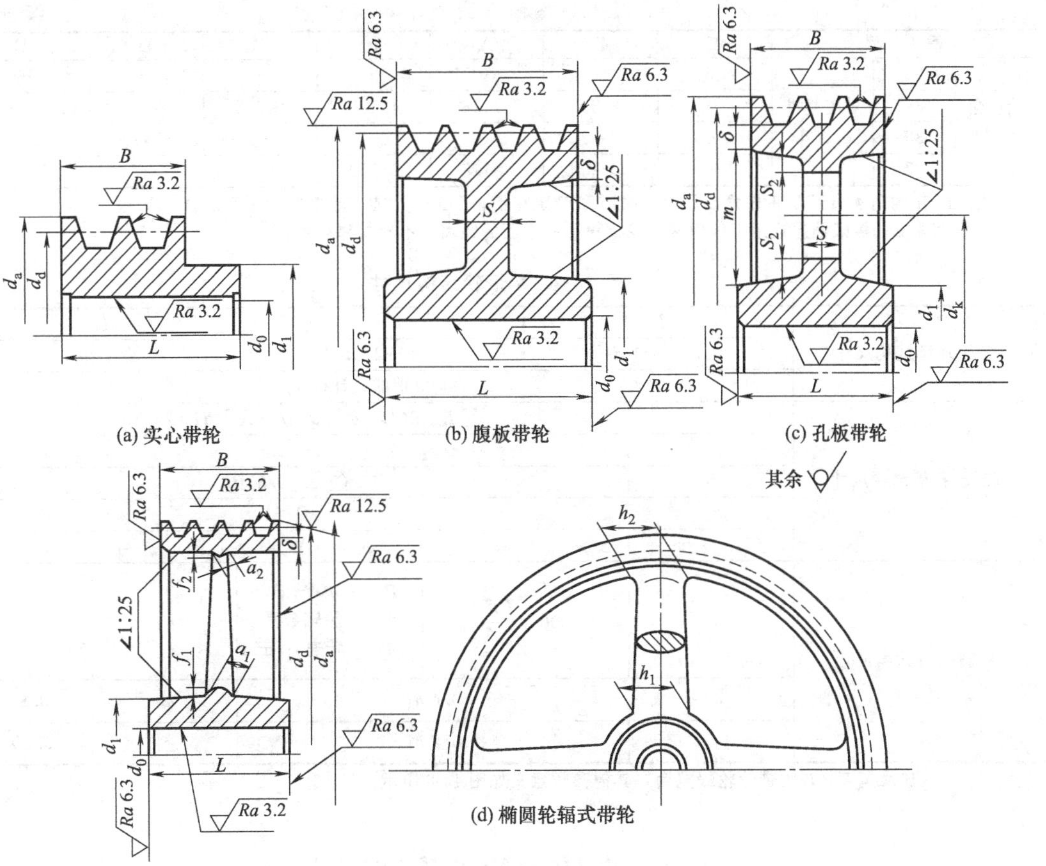

图 14-8　典型带轮结构形式

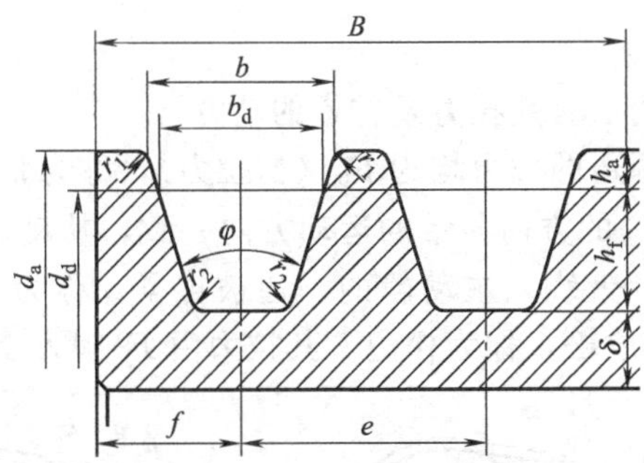

图 14-9　轮槽剖面尺寸

表 14-3　V 带轮轮槽尺寸　　mm

槽　型	Y	Z	A	B	C	D	E
基准宽度　b_d	5.3	8.5	11.0	14.0	19.0	27.0	32.0
顶　宽　b	6.3	10.1	13.2	17.2	23	32.7	38.7
基准线上槽深　h_{amin}	1.6	2.0	2.75	3.5	4.8	8.1	9.6
基准线下槽深　h_{fmin}	4.7	7.0	8.7	10.8	14.3	19.9	23.4
槽间距　e	8±0.3	12±0.3	15±0.3	19±0.4	25.5±0.5	37±0.6	44.5±0.7
槽中心至轮端面间距　f_{min}	6	7	9	11.5	16	23	28
最小轮缘厚度　δ_{min}	5	5.5	6	7.5	10	12	15
轮缘宽度　B	$B=(z-1)e+2f$　（z—轮槽数）						
r_1	0.2～0.5						
r_2	0.5～1.0				1.0～1.6	1.6～2.0	1.6～2.0

续表

槽　型			Y	Z	A	B	C	D	E
轮槽角 ϕ/(°)	32	对应基准直径 d_d	≤60	—	—	—	—	—	—
	34		—	≤80	≤118	≤190	≤315	—	—
	36		>60	—	—	—	—	≤475	≤600
	38		—	>80	>118	>190	>315	>475	>600

注：1. 轮槽角 ϕ 小于 V 带楔角 α 是为了保证 V 带绕在带轮上工作时能与轮槽侧面紧密贴合。

2. 槽间距 e 的极限偏差适用于任何两个轮槽对称中心面的距离，不论相邻与否。

表 14-4　V 带轮结构尺寸

<table>
<tr><td rowspan="3">带轮外型结构尺寸</td><td colspan="2">L</td><td colspan="2">d_1</td><td>d_a</td></tr>
<tr><td colspan="2">(1.5～2) d_0</td><td colspan="2">(1.8～2) d_0</td><td>d_d+2h_a</td></tr>
<tr><td colspan="5">d_0 由轴的设计确定</td></tr>
<tr><td rowspan="5">腹板、孔板结构尺寸</td><td>m</td><td colspan="4">$[d_a-2(H+\delta)-d_1]/2$;式中 $H=h_1+h_2$</td></tr>
<tr><td>d_k</td><td colspan="4">$m+d_1$</td></tr>
<tr><td>S</td><td colspan="4">(0.2～0.3)B</td></tr>
<tr><td>S_1</td><td colspan="4">≥1.5S</td></tr>
<tr><td>S_2</td><td colspan="4">≥0.5S</td></tr>
<tr><td rowspan="3">椭圆轮辐结构尺寸</td><td>h_1</td><td>$200\sqrt[3]{\dfrac{P}{nA}}$</td><td>$P$——功率,kW
A——轮辐数
n——转速,r/min</td><td>h_2</td><td>0.8 h_1</td></tr>
<tr><td>a_1</td><td colspan="2">0.4 h_1</td><td>a_2</td><td>0.8a_1</td></tr>
<tr><td>f_1</td><td colspan="2">0.2 h_1</td><td>f_2</td><td>0.2 h_2</td></tr>
</table>

注：B 为轮缘宽度，L 为带轮轮毂宽度，其他参数意义如图 14-8 所示。

14.3　带传动的工作情况分析

14.3.1　带传动的受力分析

1. 紧边拉力、松边拉力、有效拉力及传递的动力

带在工作前张紧，其两边的拉力均为 F_0（初拉力），称为张紧力［图 14-10（a)］。工作时，主动轮对带的摩擦力 F_f的方向与带的运动方向一致，从动轮对带的摩擦力 F_f的方向与带的运动方向相反。于是，带绕入主动轮的一边被拉紧，称为紧边，拉力由 F_0 增大到 F_1［图 14-10（b)］；绕出边被放松，称为松边，其拉力由 F_0 减小到 F_2。

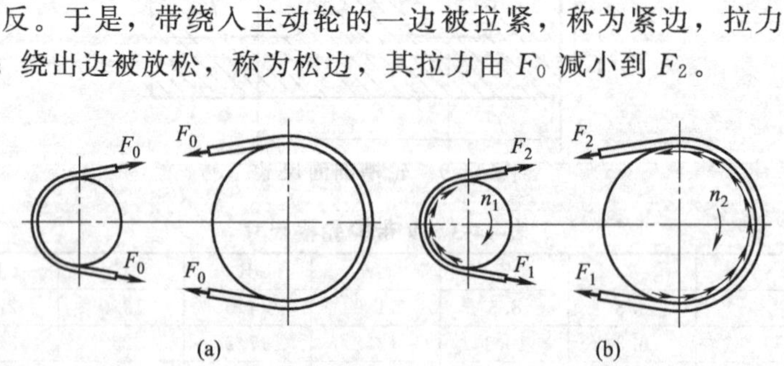

图 14-10　传动带承受的拉力

紧边拉力 F_1 与松边拉力 F_2 之差

$$F_e=F_1-F_2 \tag{14-1}$$

F_e称为带的有效拉力，它等于带与带轮接触弧上的摩擦力总和。若带所传递的动力为 P（kW），速度为 v（m/s），有效拉力为 F_e（N），则三者之间的关系为

$$P=\frac{F_e v}{1000}\ (\text{kW}) \tag{14-2}$$

2. 挠性体摩擦的欧拉公式

在一定工作条件下，摩擦力有一个极限值。微小弧段上的极限摩擦力如图 14-11 所示。取一微弧段 dL，相应的包角为 $d\alpha$，微弧段两端拉力分别为 F 和 $(F+dF)$，此拉力形成的正压力为 dF_N，带与带轮接触面间的极限摩擦力为 $f dF_N$，略去离心力影响，可推出紧边拉力与松边拉力的关系为

$$F_1=F_2 e^{f\alpha} \tag{14-3}$$

式中　f——带和带轮接触面间的摩擦因数；

α——带在带轮上的包角，rad；

e——自然对数的底，e=2.7183。

式 (14-3) 称为挠性体摩擦的欧拉公式。

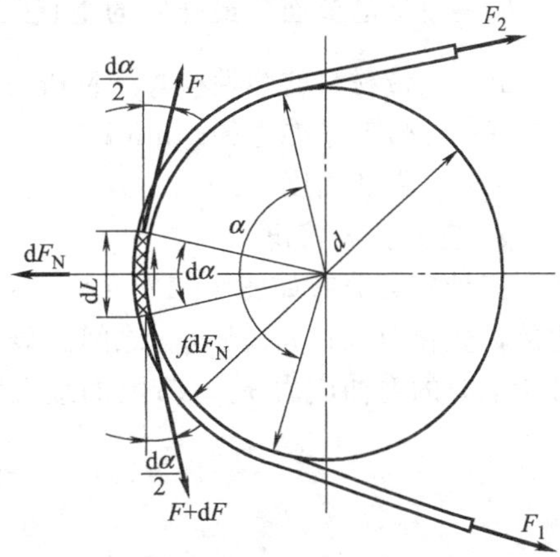

图 14-11　传动带即将打滑时的受力情况

3. 最大有效拉力

传动带在静止和工作两种状态下的长度可以认为近似相等，故传动带工作时紧边拉力的增加量等于松边拉力的减少量。即

$$F_1-F_0=F_0-F_2 \tag{14-4}$$

由式 (14-1)、式 (14-3)、式 (14-4) 联立可解得传动带所能传递的最大有效拉力：

$$F_e=2F_0\frac{e^{f\alpha}-1}{e^{f\alpha}+1} \tag{14-5}$$

由式 (14-5) 可知，带传动不发生打滑时所能传递的最大有效拉力（即最大有效圆周力）与摩擦因数 f、包角 α 和初拉力 F_0 有关。f、α 和 F_0 越大，带所能传递的有效圆周力 F_e 也越大。

4. 离心拉力

带在传动时，绕在带轮上的传动带随带轮作圆周运动，产生的离心拉力 F_c (N) 应为

$$F_c=mv^2 \tag{14-6}$$

式中　m——每米带长的质量，kg/m；

v——带速，m/s。

14.3.2　传动带的应力分析

1. 带传动时将产生的三种应力

(1) 由拉力产生的应力 σ_1、σ_2

紧边拉应力

$$\sigma_1=\frac{F_1}{A} \tag{14-7}$$

松边拉应力

$$\sigma_2=\frac{F_2}{A} \tag{14-8}$$

(2) 离心拉应力 σ_c

$$\sigma_c=\frac{F_c}{A}=\frac{mv^2}{A} \tag{14-9}$$

(3) 弯曲应力 σ_b　传动带绕过带轮时，将产生弯曲应力。带的最外层弯曲应力（最大弯曲应力）为

$$\sigma_b=E\frac{2h_a}{d}\approx E\frac{h}{d} \tag{14-10}$$

上述各式中各种应力的单位均为 MPa。

A——带的横截面面积，mm^2；

h_a——带的节面到最外层的垂直距离，mm，一般可近似取 $h_a=\dfrac{h}{2}$；

E——带材料的弹性模量，MPa；

d——带轮基准直径，mm；

h——带的高度，mm。

2. 应力分布情况

三种应力分布如图 14-12 所示。传动带某横截面中的应力是随着带的运行位置不同而变化的，变化范围在 $\sigma_{min}\sim\sigma_{max}$之间。显然，带绕在小带轮上产生的弯曲应力 σ_{b1}要大于绕在大带轮上时的弯曲应力 σ_{b2}。带上的最大应力发生在紧边绕入小带轮 A 点处，其值为

$$\sigma_{max}=\sigma_1+\sigma_{b1}+\sigma_c \tag{14-11}$$

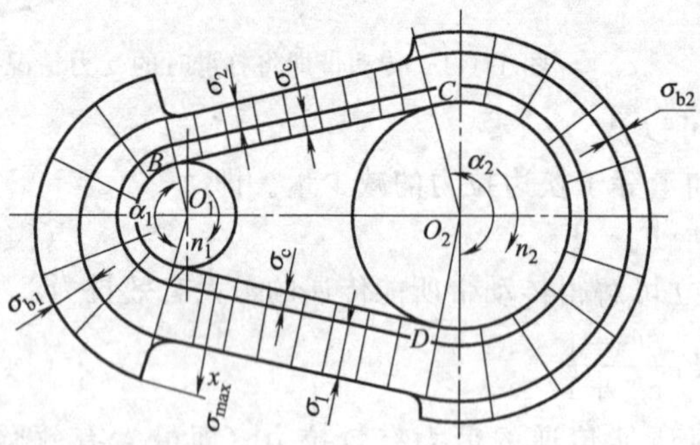

图 14-12 传动带工作时的应力分布

带是在交变应力状态下工作的。带每绕两轮转一周，作用在带内某点的应力经过 4 次峰值变化。当应力循环次数达到一定值后，带将会产生疲劳破坏。而 σ_{max}是影响带的寿命和引起疲劳破坏的主要因素。

14.3.3 带的弹性滑动、打滑和滑动率

1. 带的弹性滑动

传动带是弹性体，受力不同时，产生的变形也不相同。如图 14-13 所示，在主动轮上，当带从紧边 A 点转到松边 B 点的过程中，拉力由 F_1 逐渐降至 F_2，带因弹性变形渐小而回缩，由 B 点缩回至 E 点，于是带与带轮之间产生了向后的相对滑动，带的圆周速度滞后于带轮的圆周速度。这种现象也同样发生在从动轮上。在从动轮上，带从松边 C 点转到紧边 D 点的过程中，拉力由 F_2 逐渐增大至 F_1，带因弹性变形渐增而伸长，由 C 点滑动至 H 点，于是带与带轮之间产生了向前的相对滑动，带的圆周速度超前于带轮的圆周速度。这种由于带的弹性变形而引起的带与带轮之间的相对滑动，称为弹性滑动。

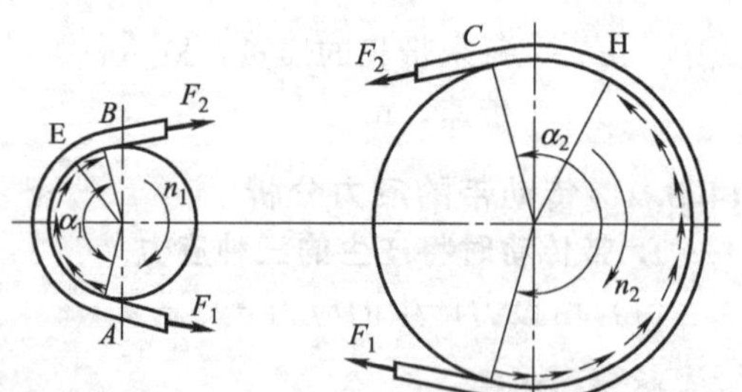

图 14-13 带传动的弹性滑动

弹性滑动将引起下列后果：从动轮的圆周速度低于主动轮的圆周速度；降低了传动效率；引起带的磨损；使带的温度升高。

2. 打滑

当需要传递的有效拉力（圆周力）大于极限摩擦力时，带与带轮间将发生全面滑动，这种现象称为打滑。打滑将造成带的严重磨损并使从动轮转速急剧降低，致使传动失效。带在大轮上包角一般大于在小轮上的包角，所以打滑总是先在小轮上开始。

带的打滑和弹性滑动是两个完全不同的概念。打滑是因为过载引起的，因此可以避免。而弹性滑动是由于带的弹性和拉力差引起的，是带传动正常工作时不可避免的现象。

3. 滑动率

带传动中，由于弹性滑动而引起的从动轮圆周速度 v_2 低于主动轮圆周速度 v_1 的相对比率称为滑动率，用 ε 表示，即

$$\varepsilon=\frac{v_1-v_2}{v_1}=\frac{d_1 n_1-d_2 n_2}{d_1 n_1} \tag{14-12}$$

引入 $i=n_1/n_2$，由式（14-12）得

$$i=\frac{n_1}{n_2}=\frac{d_2}{d_1(1-\varepsilon)} \tag{14-13}$$

式中　n_1、n_2——主、从动轮的转速，r/min；

d_1、d_2——主、从动轮的直径，mm。

对于 V 带传动，一般 $\varepsilon=1\%\sim3\%$。由于带传动存在弹性滑动，使得传动比 i 不能保证精确。但在无需精确计算 n_2 的场合中，可不计 ε 的影响。

14.4　普通 V 带传动的设计计算

14.4.1　V 带传动的设计准则及单根普通 V 带的许用功率

1. 带传动的失效形式及设计准则

由于带在工作时承受交变应力，在交变应力的长期作用下将产生疲劳破坏。带传动的主要失效形式有：带在带轮上打滑，不能传递动力；带由于疲劳而发生脱层或断裂；带的工作面过量磨损。

因此，带传动的设计准则为：在带传动不打滑的条件下，具有一定的疲劳强度和使用寿命。

2. 单根普通V 带的许用功率

传动带既不打滑又有足够的疲劳强度所能传递的功率 P_1（kW）为

$$P_1=\frac{([\sigma]-\sigma_{b1}-\sigma_c)A\dfrac{e^{f\alpha}-1}{e^{f\alpha}}}{1000}v \tag{14-14}$$

式中　$[\sigma]$——许用应力，其他参数意义见前所述。

按式（14-14）计算出各种型号单根普通 V 带特定条件（包角 $\alpha=180°$、特定带长、载荷平稳）下能够传递的基本额定功率 P_1 列于表 14-5。

表 14-5　单根 V 带的基本额定功率 P_1　　kW

带型	小带轮基准直径 d_d/mm	小带轮转速 n_1/r·min^{-1}									
		100	200	300	400	500	600	730	980	1200	1460
Z	50				0.06			0.09	0.12	0.14	0.16
	56				0.06			0.11	0.14	0.17	0.19
	63				0.08			0.13	0.18	0.22	0.25
	71				0.09			0.17	0.23	0.27	0.31
	80				0.14			0.20	0.26	0.30	0.36
	90				0.14			0.22	0.28	0.33	0.37
A	75		0.16		0.27			0.42	0.52	0.60	0.68
	80		0.18		0.31			0.49	0.61	0.71	0.81
	90		0.22		0.39			0.63	0.79	0.93	1.07
	100		0.26		0.47			0.77	0.97	1.14	1.32
	112		0.31		0.56			0.93	1.18	1.39	1.62
	125		0.37		0.67			1.11	1.40	1.66	1.93
	140		0.43		0.78			1.31	1.66	1.96	2.29

续表

带型	小带轮基准直径 d_d/mm	小带轮转速 n_1/r·min^{-1}									
		100	200	300	400	500	600	730	980	1200	1460
B	125		0.48		0.84			1.34	1.67	1.93	2.20
	140		0.59		1.05			1.69	2.13	2.47	2.83
	160		0.74		1.32			2.16	2.72	3.17	3.64
	180		0.88		1.59			2.61	3.30	3.85	4.41
	200		1.02		1.85			3.06	3.86	4.50	5.15
C	200		1.39	1.92	2.41	2.87	3.30	3.80	4.66	5.29	5.86
	244		1.70	2.37	2.99	3.58	4.12	4.78	5.89	6.71	7.47
	250		2.03	2.85	3.62	4.32	5.00	5.82	7.18	8.21	9.06
	280		2.42	3.40	4.32	5.19	6.00	6.99	8.65	9.81	10.74
	315		2.86	4.04	5.14	6.17	7.14	8.34	10.23	11.53	12.48
D	355	3.01	5.31	7.35	9.24	10.90	12.39	14.04	16.30	17.25	16.70
	400	3.66	6.52	9.13	11.45	13.55	15.42	17.58	20.25	21.20	20.03
	450	4.37	7.90	11.02	13.85	16.40	18.67	21.12	24.16	24.84	22.42
	500	5.08	9.21	12.88	16.20	19.17	21.78	24.52	27.60	27.61	23.28
	560	5.91	10.76	15.07	18.95	22.38	25.32	28.28	31.00	29.67	22.08
E	500	6.21	10.86	14.96	18.55	21.65	24.21	26.62	28.52	25.83	16.25
	560	7.32	13.09	18.10	22.49	26.25	29.30	32.02	33.00	28.49	14.52
	630	8.75	15.65	21.69	26.95	31.36	34.83	37.64	37.14	29.17	
	710	10.31	18.52	25.69	31.83	36.85	40.58	43.07	39.56	25.91	

14.4.2 普通V带传动的设计步骤

设计V带传动，通常应已知传动用途、工作条件、传递功率、带轮转速（或传动比）及外廓尺寸等。设计的主要内容有：V带的型号、长度和根数、中心距、带轮的基准直径、材料、结构以及作用在轴上的压力等。

1. 确定设计功率P_d，选择带的型号

设计功率 P_d按下式计算

$$P_d = K_A P \tag{14-15}$$

式中 P——所需传递的功率，kW；

K_A——工况系数，按表14-6选取。

根据设计功率 P_d及主动带轮转速 n_1，由选型图（图14-14）初选带的型号。若选点落在两种型号交界附近，则可以对两种型号同时进行计算，最后择优选定。

表 14-6 工况系数 K_A

工况		K					
		空、轻载启动			重载启动		
		每天工作小时数/h					
		<10	10～16	>16	<10	10～16	>16
载荷变动微小	液体搅拌机、通风机和鼓风机（≤7.5kW）、离心式水泵和压缩机、轻型运输机	1.0	1.1	1.2	1.1	1.2	1.3
载荷变动小	带式输送机（不均匀载荷）、通风机（>7.5kW）旋转式水泵和压缩机、发电机、金属切削机床；印刷机、旋转筛、锯木机和木工机械	1.1	1.2	1.3	1.2	1.3	1.4
载荷变动较大	制砖机、斗式提升机、往复式水泵和压缩机、超重机、磨粉机、冲剪机床、橡胶机械、振动筛、纺织机械、重载输送机	1.2	1.3	1.4	1.4	1.5	1.6
载荷变动很大	破碎机（旋转式、颚式等）、磨碎机（球磨、棒磨、管磨）	1.3	1.4	1.5	1.5	1.6	1.8

注：空、轻载启动——电动机（交流启动、三角启动、直流并励）、四缸以上的内燃机、装有离心式离合器、液力联轴器的动力机。重载启动——电动机（联机交流启动、直流复励或串励）、四缸以下的内燃机。

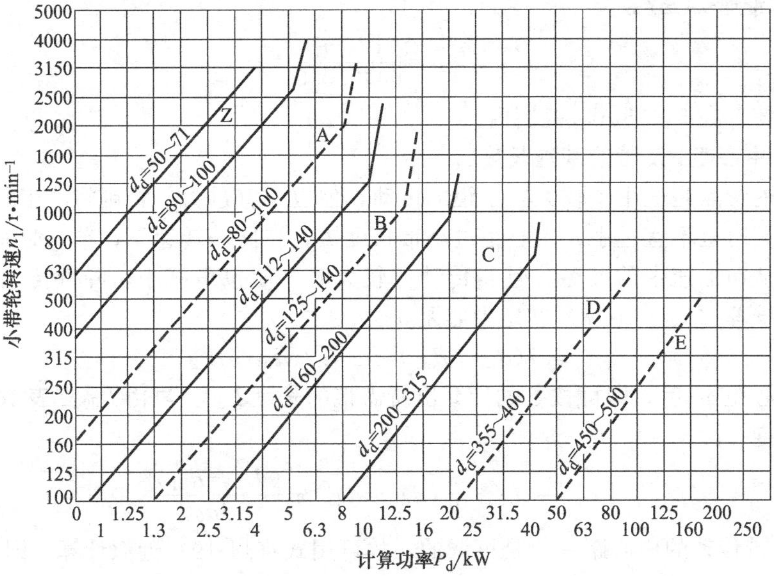

图 14-14　普通 V 带选型图

2. 确定带轮基准直径d_{d1}、d_{d2}

为使带传动尺寸紧凑，应将小带轮直径选得小些。但 d_{d1} 越小，带在轮上弯曲加剧，弯曲应力也越大，故会对带的寿命造成影响，应对 d_{d1} 作必要的限制。表 14-7 给出各型号普通 V 带许用最小带轮直径 d_{dmin}。一般应使 $d_{d1} \geqslant d_{dmin}$，并用表 14-8 确定标准直径。

当传动比无严格要求时，大带轮直径 d_{d2} 可近似计算

$$d_{d2}=\frac{n_1}{n_2}d_{d1} \tag{14-16}$$

表 14-7　带轮最小基准直径　　mm

槽　型	Y	Z	A	B	C	D	E
d_{dmin}	20	50	75	125	200	355	500

表 14-8　普通 V 带轮基准直径系列　　mm

型号	基准直径 d_d													
Y	20 100	22.4 112	25 125	28	31.5	35.5	40	45	50	56	63	71	80	90
Z	50 180	56 200	63 224	71 250	75 280	80 315	90 355	100 400	112 500	125 560	132 630	140	150	160
A	75 180	80 200	(85) 224	90 (250)	(95) 280	100 315	(106) (355)	112 400	(118) (450)	125 500	(132) 560	140 630	150 710	160 800
B	125 450	(132) 500	140 560	150 (600)	160 630	(170) 710	180 (750)	200 800	224 (900)	250 1000	280 1120	315	355	400
C	200 560	212 600	224 630	236 710	250 750	(265) 800	280 900	300 1000	315 1120	(335) 1250	355 1400	400 1600	450 2000	500
D	355 1000	(375) 1060	400 1120	425 1250	450 1400	(475) 1500	500 1600	560 1800	(600) 2000	630	710	750	800	900
E	500 1800	530 2000	560 2240	600 2500	630	670	70	800	900	1000	1120	1250	1400	1600

注：括弧内的数值尽量不选用。

3. 验算带速v (m/s)

$$v=\frac{\pi d_{d1}n_1}{60\times1000} \tag{14-17}$$

一般应使 v 在 5～25m/s 范围内。

4. 确定中心距a 及带的基准长度L_d

带传动的特点是适用于较大中心距的传动，但也不宜过大，否则将由于载荷变化而引起带的颤动。同时也不宜过小，中心距过小带长度短，在同一转速下，单位时间内的应力循环次数增多，从而加速带的疲劳，且当传动比较大时，使包角减小，降低传动能力。设计 V 带传动时，推荐按式（14-18）初定中心距 a_0

$$0.7(d_{d1}+d_{d2})\leqslant a_0\leqslant 2(d_{d1}+d_{d2}) \tag{14-18}$$

初定中心距 a_0 后，即可按下式计算出所需带的长度 L_{d0}，再由 L_{d0}查表 14-9 选取与之相近的基准长度 L_d

$$L_{d0}=2a_0+\frac{\pi}{2}(d_{d1}+d_{d2})+\frac{(d_{d2}-d_{d1})^2}{4a_0}$$

由于 V 带传动的中心距一般是可调的，故可用式（14-19）近似计算，即

$$a\approx a_0+\frac{L_d-L_{d0}}{2} \tag{14-19}$$

考虑安装及补偿初拉力的要求，中心距的变动范围为

$$a_{\min}=a-0.015L_d$$
$$a_{\max}=a+0.03L_d$$

5. 验算小带轮包角 α

小带轮上包角 α_1 应满足

$$\alpha_1=180°-\frac{d_{d2}-d_{d1}}{a}\times57.3°\geqslant120°$$

6. 确定带的根数z

$$z=\frac{P_d}{(P_1+\Delta P_1)K_\alpha K_L} \tag{14-20}$$

式中 P_1——单根带传递的基本额定功率，kW，见表 14-5；

ΔP_1——考虑传动比的功率增量，kW；

K_α——包角修正系数，见表 14-10；

K_L——带长修正系数，见表 14-9。

其中 ΔP_1 按下式计算

$$\Delta P_1=0.0001\Delta Tn_1$$

式中 ΔT——单根普通 V 带所能传递转矩的修正值，见表 14-11；

n_1——小带轮转速，r/min。

7. 计算初拉力F_0

适当的初拉力 F_0 是保证带传动正常工作的重要因素。F_0 过小，摩擦力小，工作不稳定，容易打滑。F_0 过大，不仅使轴及轴承受力过大，并使带的寿命降低。通常单根 V 带的初拉力可按式（14-21）计算。

$$F_0=\frac{500P_d}{zv}\left(\frac{2.5}{K_\alpha}-1\right)+mv^2 \tag{14-21}$$

表 14-9　普通 V 带的基准长度 L_d 及带长修正系数 K_L

基准长度 L_d/mm	带长修正系数 K_L							基准长度 L_d/mm	带长修正系数 K_L						
	Y	Z	A	B	C	D	E		Y	Z	A	B	C	D	E
200	0.81							2000			1.03	0.98	0.88		
224	0.82							2240			1.06	1.00	0.91		
250	0.84							2500			1.09	1.03	0.93		
280	0.87							2800			1.11	1.05	0.95	0.83	
315	0.89							3150			1.13	1.07	0.97	0.86	
355	0.92							3550			1.17	1.09	0.99	0.89	
400	0.96	0.87						4000			1.19	1.13	1.02	0.91	
450	1.00	0.89						4500				1.15	1.04	0.93	0.90
500	1.02	0.91						5000				1.18	1.07	0.96	0.92
560		0.94						5600					1.09	0.98	0.95
630		0.96	0.81					6300					1.12	1.00	0.97
710		0.99	0.83					7100					1.15	1.03	1.00
800		1.00	0.85					8000					1.18	1.06	1.02
900		1.03	0.87	0.82				9000					1.21	1.08	1.05
1000		1.06	0.89	0.84				10000					1.23	1.11	1.07
1120		1.08	0.91	0.86				11200						1.14	1.10
1250		1.11	0.93	0.88				12500						1.17	1.12
1400		1.14	0.96	0.90				14000						1.20	1.15
1600		1.16	0.99	0.92	0.83			16000						1.22	1.18
1800		1.18	1.01	0.95	0.86										

注：1. 带长修正系数 K_L 量纲为 1。

2. 同种规格的带长有不同的公差，使用时应按配组公差选购。带的基准长度极限偏差和配组公差可查机械设计手册。

表 14-10　包角修正系数 K_α

小带轮包角 α_1/(°)	180	175	170	165	160	155	150	145	140	135	130	125	120	110	100	90
K_α	1	0.99	0.98	0.96	0.95	0.93	0.92	0.91	0.89	0.88	0.86	0.84	0.82	0.78	0.74	0.69

表 14-11　单根普通 V 带所能传递转矩的修正值 ΔT　　N·m

胶带型号	传动比 i							
	1.03～1.07	1.08～1.13	1.14～1.2	1.21～1.3	1.31～1.4	1.41～1.6	1.61～2.39	≥2.4
Z	0.08	0.15	0.23	0.30	0.32	0.38	0.4	0.5
A	0.2	0.4	0.6	0.8	0.9	1.0	1.1	1.2
B	0.5	1.1	1.6	2.1	2.3	2.6	2.9	3.1
C	1.5	2.9	4.4	5.8	6.6	7.3	8.0	9.0
D	5.2	10.3	15.5	21.0	23.0	26.0	28.4	31.0
E	10	20	29	39	44	49	53.4	58

初拉力 F_0 的大小，可由实测的方法加以控制，测量方法如图 14-15 所示。在两轮外切线中点 M 处放一适当载荷 G，当带沿跨距每 100mm 所产生的挠度为 1.6mm（挠角为 1.8°）时，带中的初拉力与式（14-21）中计算值相同。G（N）值由下列各式计算。

新安装的 V 带　　$G=\dfrac{1.5F_0+\Delta F_0}{16}$

使用过的 V 带　　$G=\dfrac{1.3F_0+\Delta F_0}{16}$

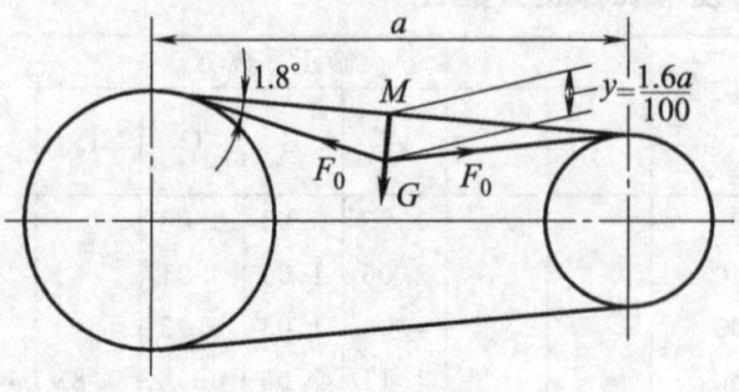

图 14-15 初拉力的测量与控制

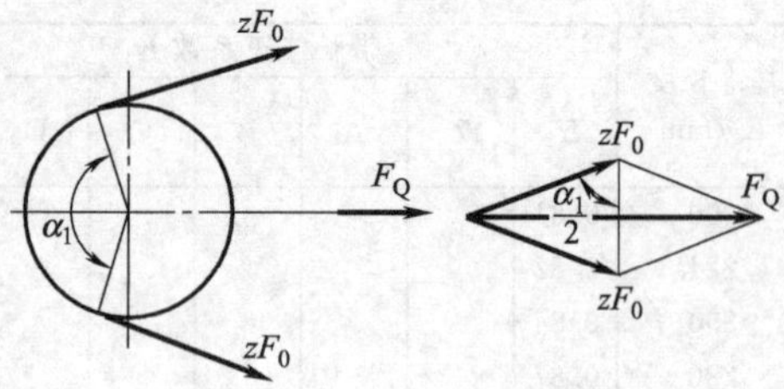

图 14-16 带对轴的压力

最小极限值 $$G_{\min}=\frac{F_0+\Delta F_0}{16}$$

式中 ΔF_0——初拉力的增量，见表 14-12。

表 14-12 初拉力增量 ΔF_0 N

带型	Y	Z	A	B	C	D	E
ΔF_0	6	10	15	20	29.4	58.8	108

8. 计算带对轴的压力F_Q

为了设计支承带轮的轴和轴承，需先计算带作用于轴上的压力 F_Q。F_Q可按图 14-16，用式（14-22）计算

$$F_Q=2zF_0\sin\frac{\alpha_1}{2} \tag{14-22}$$

例 14-1 设计某搅拌机用普通 V 带传动。已知电动机额定功率 $P=3$kW，转速 $n_1=1420$r/min，$n_2=340$r/min，两班制工作。

解

（1）求设计功率 P_d。

由表 14-6 查得，重载启动 $K_A=1.2$，由式（14-15）得

$$P_d=K_AP=1.2\times3=3.6\text{kW}$$

（2）选择 V 带型号

根据 $P_d=3.6$kW，$n_1=1420$r/min，由图 14-14 确定为 A 型 V 带。

（3）确定带轮基准直径。

由表 14-7、表 14-8 选带轮基准直径，小带轮 $d_{d1}=90$mm，由式（14-16）得大带轮直径

$$d_{d2}=\frac{n_1}{n_2}d_{d1}=\frac{1420}{340}\times90=375.88\text{mm}$$

由表 14-8 取 $d_{d2}=400$mm。

（4）验算带速 v。

由式（14-17）得 $$v=\frac{\pi d_{d1}n_1}{60\times1000}=\frac{\pi\times90\times1420}{60\times1000}=6.69\text{m/s}$$

在 5～25m/s 之间，合适。

（5）验算带的基准长度 L_d及中心距 a。

由式（14-18） $$0.7(d_{d1}+d_{d2})\leqslant a_0\leqslant2(d_{d1}+d_{d2})$$

得 $$311.5\leqslant a_0\leqslant890$$

初取中心距 $a_0=500$mm。由下式计算带的基准长度 L_{d0}：

$$L_{d0}=2a_0+\frac{\pi}{2}(d_{d1}+d_{d2})+\frac{(d_{d2}-d_1)^2}{4a_0}$$

$$L_{d0}=2\times500+\frac{\pi}{2}(90+400)+\frac{(400-90)^2}{4\times500}=1817.35\text{mm}$$

由表 14-9 查得相近的基准长度 $L_d=1800$mm

按式（14-19）计算实际中心距 a

$$a \approx a_0 + \frac{L_d - L_{d0}}{2} = 500 + \frac{1800 - 1817.35}{2} = 491.32\text{mm}$$

（6）验算小带轮的包角 α。

$$\alpha_1 = 180° - \frac{d_{d2} - d_{d1}}{a} \times 57.3° = 180° - \frac{400 - 90}{491.32} \times 57.3° = 143.85°$$

包角 $\alpha_1 = 143.85° > 120°$，合适。

（7）计算 V 带的根数 z。

依 $n = 1420\text{r/min}$，$d_{d1} = 90\text{mm}$，查表 14-5，用插值法求得 $P_1 = 1.05\text{kW}$；由式 $\Delta P_1 = 0.0001\Delta T n_1$ 求得 $\Delta P_1 = 0.0001 \times 1.2 \times 1420 = 0.17\text{kW}$；$\Delta T$ 由表 14-11 依传动比 $i = n_1/n_2 = 4.18$ 查得为 $1.2\text{N} \cdot \text{m}$。

依 $\alpha_1 = 143.85°$，查表 14-10，用插值法求得 $K_\alpha = 0.907$；依 $L_d = 1800\text{mm}$，查表 14-9 得 $K_L = 1.01$；由式（14-20）得

$$z = \frac{P_d}{(P_1 + \Delta P_1) K_\alpha K_L} = \frac{3.6}{(1.05 + 0.17) \times 0.907 \times 1.01} = 3.22$$

取 $z = 4$。

（8）计算初拉力 F_0。

由式（14-21）得

$$F_0 = \frac{500 P_d}{zv}\left(\frac{2.5}{K_\alpha} - 1\right) + mv^2 = \frac{500 \times 3.6}{4 \times 6.69}\left(\frac{2.5}{0.907} - 1\right) + 0.1 \times 6.69^2 = 122.62\text{N}$$

式中，m 由表 14-1 查得 $m = 0.1\text{kg/m}$。

（9）计算带对轴的压力 F_Q。

由式（14-22）得

$$F_Q = 2zF_0 \sin\frac{\alpha_1}{2} = 2 \times 4 \times 122.62 \times \sin\frac{143.85°}{2} = 931.2\text{N}$$

14.5　带传动的张紧与维护

14.5.1　带传动的张紧

带在初拉力作用下，工作一段时间后会因弹性变形和磨损而松弛，使带的张紧力下降，影响正常传动。为了保证带的传动能力，必须重新张紧。常用的张紧装置有以下几种。

1. 定期张紧装置

这种装置如图 14-17 所示。图 14-17（a）所示张紧装置多用于水平或接近水平的传动，利用调整螺栓和滑轨进行张紧；图 14-17（b）所示张紧装置多用于垂直或接近垂直的传动，利用调整螺杆和摇摆架进行张紧。这是一种最简单而通用的张紧方法。

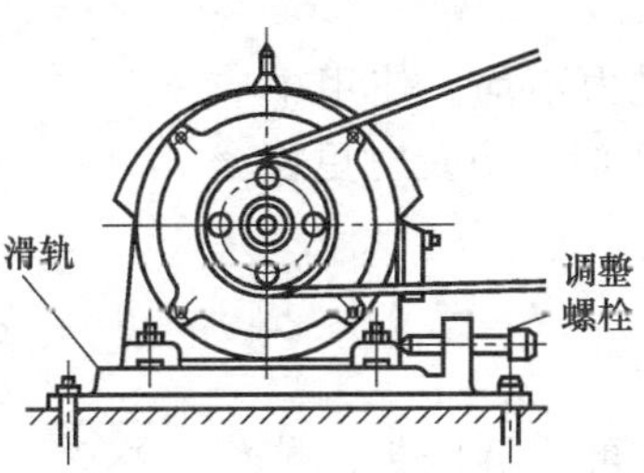

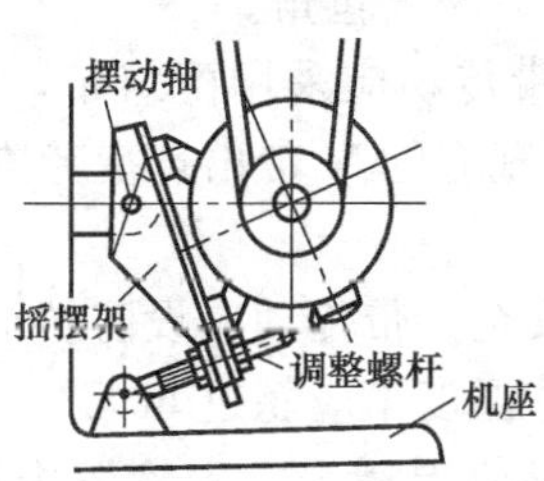

图 14-17　定期张紧装置

2. 自动张紧装置

这种装置如图 14-18 所示。如图 14-18（a）所示，装有带轮的电动机装在摆架上，靠电动机的自重，使带轮随电动机绕摆动轴摆动，以实现自动张紧，多用于小功率传动。如图 14-18（b）所示，利用重锤拉紧滑移支座，以增大中心距来实现张紧，常用于带传动的试验装置。

注意：为减小振动，高速带传动不得采用自动张紧。

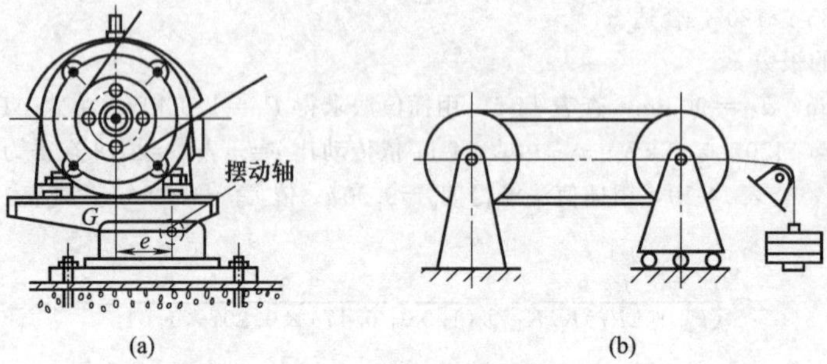

图 14-18　自动张紧装置

3. 张紧轮装置

这种装置可任意调节预紧力的大小，增大包角，容易装卸，但增大了磨损，影响带的寿命，如图 14-19 所示。图 14-19（a）所示为螺杆调整压轮机构，由内侧压紧，常用于水平传动；图 14-19（b）所示为配重（G）摇杆压轮机构，由外侧压紧，用于垂直传动。这种方法常用于 V 带传动和平带传动。

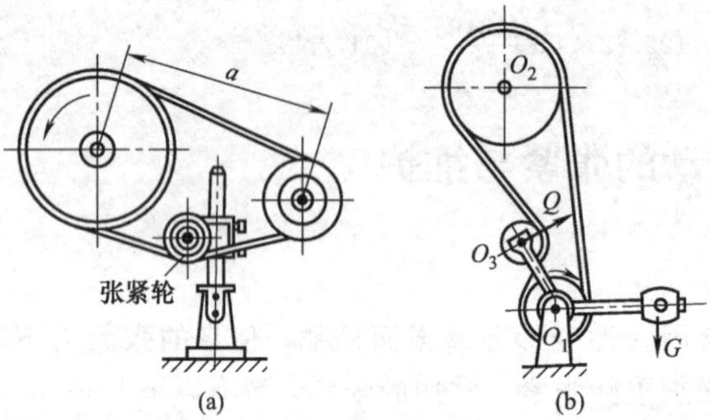

图 14-19　张紧轮张紧装置

14.5.2　带传动的合理使用与维护

为了延长带的使用寿命，保证传动的正常运行，必须重视正确的使用和维护保养。

① 选用 V 带时要注意型号和长度，型号要和带轮轮槽尺寸相符合。新旧不同的 V 带不同时使用。

② 安装 V 带时，两轴线应平行，两轮相对应轮槽的中心线应重合，以防止带侧面磨损加剧；应按规定的初拉力张紧，也可凭经验。对于中心距不太大的带传动，带的张紧程度以手按下 15mm 为宜，如图 14-20 所示。水平安装应保证带的松边在上，紧边在下，以增大包角。

③ 多根 V 带传动应采用配组带，以免受力不均。使用中应定期检查，如发现有的 V 带出现疲劳撕裂现象时，应及时更换全部 V 带。

④ 为确保安全，带传动应设防护罩。

⑤ 胶带工作温度不应超过 60℃。

⑥ 装拆时不能硬撬，应先缩短中心距后再装拆胶带。装好后再调到合适的张紧程度。

⑦ 使用中注意防止润滑油流入带与带轮的工作表面。

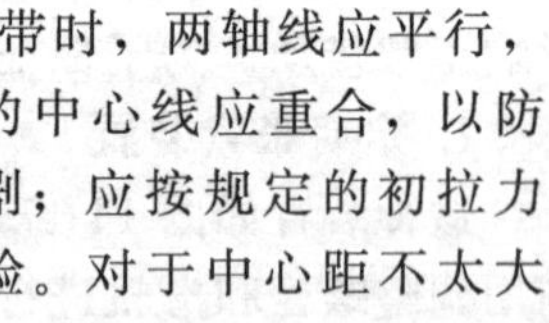

图 14-20　带张紧程度判定

【知识梳理与总结】

(1) 本章介绍了 V 带传动的工作分析、失效形式、设计准则及带传动的设计计算，带传动的应用场合及优缺点。注意打滑和弹性滑动的区别。

(2) 普通 V 带传动属于挠性件传动，依靠摩擦传递运动和动力。设计时带及带轮除应符合国家相关标准外，为保证带的传动能力，带速、小带轮的包角及作用在带上的初拉力必须满足一定的要求。

习　题

14-1　带传动的主要类型有哪些？各有何特点？

14-2　窄 V 带传动与普通 V 带传动有什么不同点？

14-3　带传动工作时，带截面上产生哪些应力？应力沿带全长是如何分布的？最大应力在何处？

14-4　带传动的弹性滑动和打滑是怎样产生的？两者有何区别？它们对传动有何影响？是否可以避免？

14-5　带传动的设计准则是什么？设计 V 带传动时，如果根数过多，应如何处理？如果小带轮包角 α_1 太小，又该如何处理？

14-6　带传动张紧的目的是什么？张紧轮应安放在松边还是紧边上？内张紧轮应靠近大带轮还是小带轮？外张紧轮又该怎样？并分析说明两种张紧方式的利弊。

14-7　已知 V 带传动的主动轮直径 $d_{d1}=100\text{mm}$，转速 $n_1=1450\text{r/min}$，从动轮直径 $d_{d2}=400\text{mm}$，采用两根（A1800）V 带传动，三班制工作，载荷较平稳。试求该传动所能传递的功率以及对轴的压力。

14-8　试设计一液体搅拌机用的 V 带传动。已知电动机功率 $P=1.5\text{kW}$，小带轮转速 $n_1=940\text{r/min}$，大带轮转速 $n_2=290\text{r/min}$，两班制工作，要求中心距不超过 500mm。

14-9　已知普通 V 带传动的 $n_1=1450\text{r/min}$，$n_2=400\text{r/min}$，$d_{d1}=180\text{mm}$，中心距 $a=1600\text{mm}$，使用两根 B 型普通 V 带，载荷变动小，两班制工作。试求该传动所能传递的功率 P_d。

第 15 章　链　传　动

【知识目标】

① 了解链传动的组成、类型、特点、失效形式、张紧和润滑；

② 了解链轮的结构和材料；

③ 掌握链传动的失效形式和主要参数选择原则。

【能力目标】

根据链传动的工作情况，正确选择链传动主要参数，设计链传动机构。

【知识结构图】

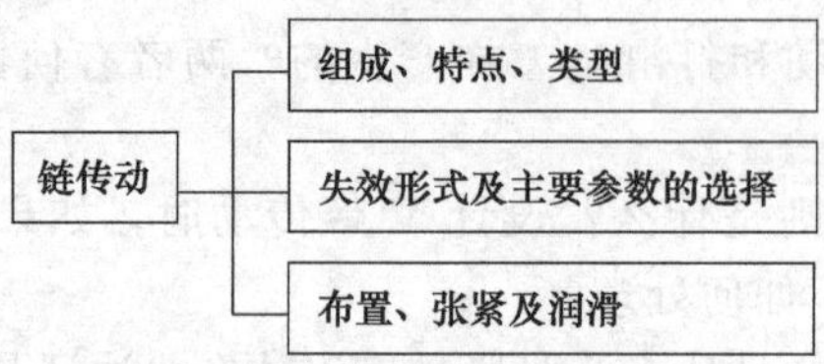

15.1　链传动概述

链传动是一种以链条作中间挠性件的啮合传动，一般用于两轴相距较远的使用场合。

15.1.1　链传动的组成、特点及类型

1. 链传动的组成

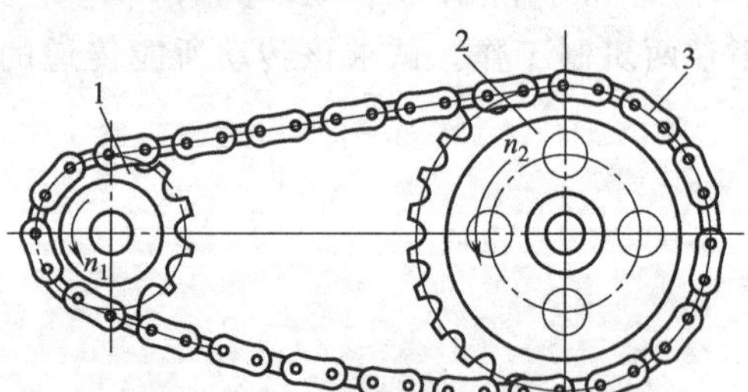

图 15-1　链传动的组成

1—主动链轮；2—从动链轮；3—闭合链条

链传动由具有特殊齿型的主动链轮 1、从动链轮 2 和跨绕在两链轮上的闭合链条 3 组成，如图 15-1 所示。工作时，通过链条与链轮轮齿的相互啮合来传递运动和动力。

2. 链传动的特点

与带传动相比，链传动主要有以下特点。

① 链传动是具有中间挠性件的啮合传动，无弹性滑动和打滑现象，因此能保持准确的平均传动比。

② 张紧力小，作用在轴上的压力较小。

③ 强度高，承载力大。

④结构简单，加工成本低，易于维护。

⑤ 对工作条件要求较低，能在高温、多尘、油污等恶劣的环境中工作。

⑥ 链传动的瞬时传动比不恒定，从动链轮瞬时转速不均匀，传动的平衡性较差，有冲击和噪声，不宜用于高速的场合。

一般链传动的适用范围为：传递功率 $P\leqslant 100\text{kW}$，链速 $v\leqslant 15\text{m/s}$，传动比 $i\leqslant 7$，中心距 $a\leqslant 5\sim 6\text{m}$，效率约为 0.92～0.97。

3. 链传动的类型

链传动所用的链条种类很多。根据用途的不同，链传动分为传动链、起重链和牵引链。传动链用来传递运动和动力，起重链用于起重机械中提升重物，牵引链用于链式输送机中移动重物或牵引机械。

在传动链中，最常用的是套筒滚子链。套筒滚子链的结构简单，磨损较轻，应用较广。此外，还有圆环链、刮板链（这两种链常见于矿山机械）等。

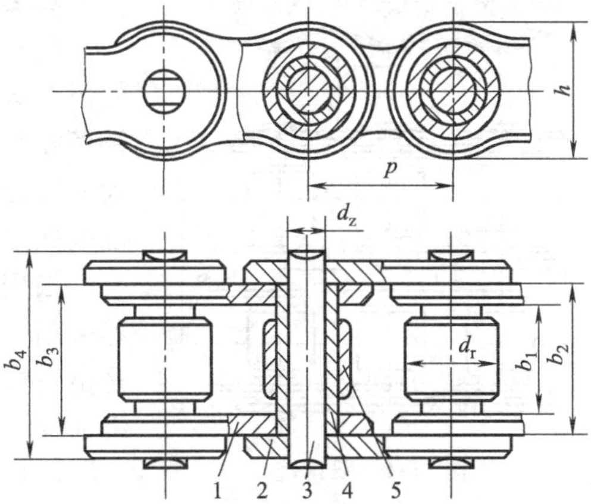

图 15-2　套筒滚子链

1—内链板；2—外链板；3—销轴；4—套筒；5—滚子

15.1.2　传动链和链轮的结构与参数

1. 滚子链的组成及其标准

(1) 套筒滚子链的组成　如图 15-2 所示，套筒滚子链由内链板 1、外链板 2、销轴 3、套筒 4 和滚子 5 组成。滚子与套筒、销轴与套筒均为间隙配合从而形成动连接；而套筒与内链板、销轴与外链板间则均为过盈配合而构成内、外链节。传动时，通过套筒绕销轴的自由转动，可使内、外链板之间作相对转动。同时滚子在链轮的齿间滚动，以减轻链与链轮轮齿的磨损。

为了使链板各截面强度近似相等，减轻重量及惯性力，内、外链板均制成“8”字形。内、外链板交错连接而构成链条。链条的长度常用链节数表示。链节数一般取为偶数，这样在构成环状时，可使内、外链板正好相接。接头处可采用图 15-3（a）所示的弹簧卡或图 15-3（b）所示的开口销固定。当链节数为奇数时，需用过渡链节才能构成环状，如图 15-3（c）所示。由于过渡链节的弯链板工作时会受到附加弯曲应力，所以应尽量避免使用奇数链节。

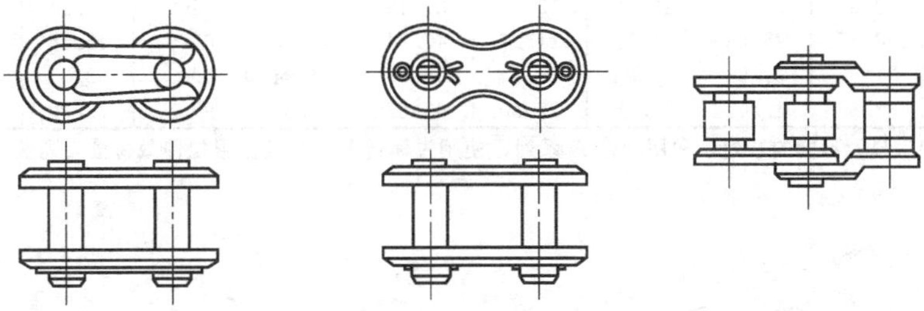

(a)　(b)　(c)

图 15-3　滚子链的接头形式

当传递较大的动力时，可采用图 15-4 所示的双排链或多排链，其中双排链用得比较多。

(2) 滚子链的规格　滚子链已经标准化，由专业工厂生产。我国目前采用的滚子链标准是 GB/T 1243—1997，包括 A、B 两个系列，常用的是 A 系列。滚子链的基本参数和尺寸见表 15-1。

链条上相邻两销轴中心的距离称为链节距，用 p 表示，它是链条的主要参数。滚子链的规格用链号来表示，不同的链节距有不同的链号。滚子链的标记方法为

链号-排数×链节数　　标准代号

例如，A 系列滚子链，节距 p=12.7mm，双排，链节数 88，则其标记方法为

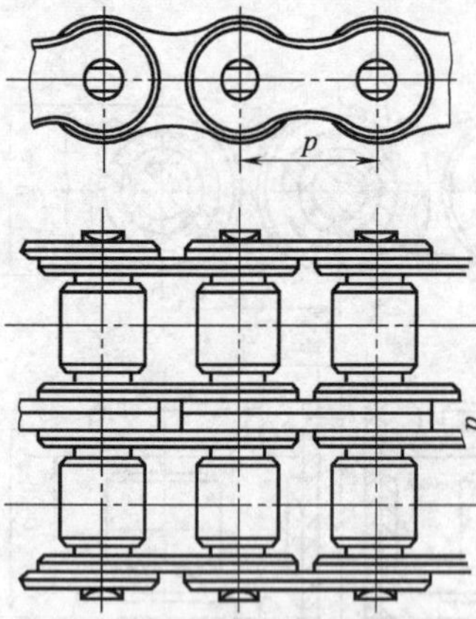

图 15-4 双排链

08A-2×88 GB/T 1243—1997

2. 链轮的结构和材料

(1) 链轮的齿形 在链轮上制有特殊齿形的齿，通过轮齿与链节相啮合而进行传动。链轮的齿形应保证链轮与链条接触良好、受力均匀，链节能顺利地进入和退出与轮齿的啮合。链轮的标准齿形已有国标规定，并用标准刀具以范成法加工。

根据 GB/T 1243—1997 的规定，链轮端面的齿形推荐采用“三圆弧一直线”的形状，如图 15-5 所示，齿形是由三段圆弧（半径分别为 r_1、r_2、r_3）和一段直线 bc 组成的。轴截面齿形如图 15-6 所示。

(2) 链轮的基本参数和主要尺寸 链轮的基本参数为齿数 z、节距 p、滚子外径 d_r 和分度圆直径 d。分度圆是指链轮上销轴中心所处的被链条节距等分的圆。

表 15-1 滚子链规格和主要参数

链号	节距 p/mm	排距 p_t/mm	滚子外径 d_r/mm	内链节内宽 b_1/mm	销轴直径 d_z/mm	内链节外宽 b_2/mm	外链节内宽 b_3/mm	销轴长度 b_4/mm	内链节高度 h/mm	单排极限拉伸载荷 Q_{min}/N	单排每米质量 q/(kg/m)
05B	8.00	5.64	5.00	3.00	2.31	4.77	4.90	8.6	7.11	4400	0.18
06B	9.525	10.24	6.35	5.72	3.28	8.53	8.66	13.5	8.26	8900	0.40
08B	12.70	13.92	8.51	7.75	4.45	11.30	11.43	17.0	11.81	17800	0.70
08A	12.70	14.38	7.95	7.85	3.96	11.18	11.23	17.8	12.07	13800	0.60
10A	15.875	18.11	10.16	9.40	5.08	13.84	13.89	21.8	15.09	21800	1.00
12A	19.05	22.78	11.91	12.57	5.94	17.75	17.81	26.9	18.08	31100	1.50
16A	25.40	29.29	15.88	15.75	7.92	22.61	22.66	33.5	24.13	55600	2.60
20A	31.75	35.76	19.05	18.90	9.53	27.46	27.51	41.1	30.18	86700	3.80
24A	38.10	45.44	22.23	25.22	11.10	35.46	35.51	50.8	36.20	124600	5.60
28A	44.50	48.87	25.40	25.22	12.27	37.19	37.24	54.9	42.24	16900	7.50
32A	50.80	58.55	28.58	31.55	14.27	45.21	45.26	65.5	48.26	22400	10.10
40A	63.50	71.55	39.68	37.85	19.84	54.89	54.94	80.3	60.33	347000	16.10
48A	76.20	87.83	47.63	47.35	23.80	67.82	67.87	95.5	72.39	500400	22.60

注：链号中 A、B 为不同的系列，常用的是 A 系列；使用过渡链节时，其极限拉伸载荷按表列数值的 80%计算。

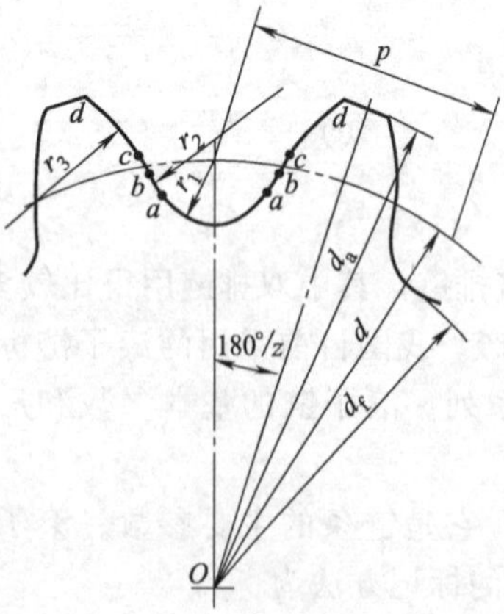

图 15-5 滚子链链轮端面齿形

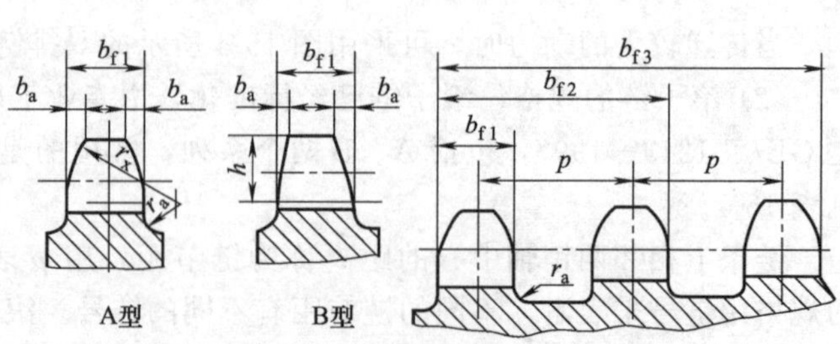

图 15-6 滚子链链轮轴截面齿形

滚子链链轮端面主要尺寸的计算公式如下：

分度圆直径
$$d=\frac{p}{\sin\frac{180°}{z}} \tag{15-1}$$

齿根圆直径
$$d_f=d-d_r \tag{15-2}$$

齿顶圆直径
$$d_a=p\left(0.54+\cot\frac{180°}{z}\right) \tag{15-3}$$

滚子链链轮轴向齿廓尺寸的计算公式见表 15-2。

(3) 链轮的结构　链轮的结构如图 15-7 所示。当链轮尺寸较小时，可制成整体式 [图 15-7 (a)]；中等直径的链轮可制成孔板式 [图 15-7 (b)]；直径较大的链轮可采用焊接结构 [图 15-7 (c)]，或采用装配式 [图 15-7 (d)]，这样齿圈磨损后可以更换。

(4) 链轮的材料　链轮的材料应保证具有足够的强度和良好的耐疲劳性，通常采用碳钢或合金钢制成，并经热处理，以提高其强度和耐磨性。常用材料见表 15-3。

表 15-2　滚子链链轮的轴向齿廓尺寸

齿廓参数			计算公式		备　注
			$p\leqslant12.7$	$p>12.7$	
齿宽	单排 双排、三排 四排以上	b_{f1}	$0.93b_1$ $0.91b_1$ $0.88b_1$	$0.95b_1$ $0.93b_1$ $0.93b_1$	$p>12.7$ 时，经制造厂同意，也可使用 $p<12.7$ 时的齿宽 b_1—内链节内宽
倒角宽		b_a	$b_a=(0.1\sim0.15)p$		
倒角半径		r_x	$r_x\geqslant p$		
齿侧凸缘圆角半径		r_a	$r_a\approx0.04p$		
链轮齿总宽		b_{fn}	$b_{fn}=(n-1)p_1+b_{f1}$		n—排数

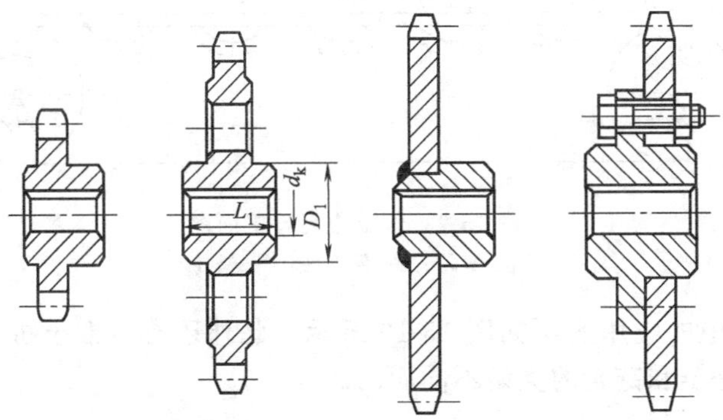

(a)　(b)　(c)　(d)

图 15-7　链轮的结构

表 15-3　链轮常用材料

材料	热处理	热处理后硬度	应用范围
15、20	渗碳、淬火、回火	50～60HRC	$z\leqslant25$，有冲击载荷的主、从动链轮
35	正火	160～200HBS	在正常工作条件下，齿数较多($z>25$)的链轮
40、50、ZG310—570	淬火、回火	40～50HRC	无剧烈振动及冲击的链轮
15Cr、20Cr	渗碳、淬火、回火	50～60HRC	有动载荷及传递较大功率的重要链轮($z<25$)
35SiMn、40Cr、35CrMo	淬火、回火	40～50HRC	使用优质链条(A 系列)或重要的链轮
Q235、Q275	焊接后退火	140HBS	中等速度、传递中等功率的较大链轮
普通灰铸铁(不低于 HT150)	淬火、回火	260～280HRC	$z_2>50$ 的从动轮
夹布胶木			功率小于 6kW、速度较高、要求传动平稳和噪声小的链轮

15.1.3 链传动的应用

链传动广泛应用于矿山、农业、冶金、石油、化工、交通运输等机械中，在轻工（如食品、饮料加工，保温瓶制作等）机械中也得到广泛的应用。

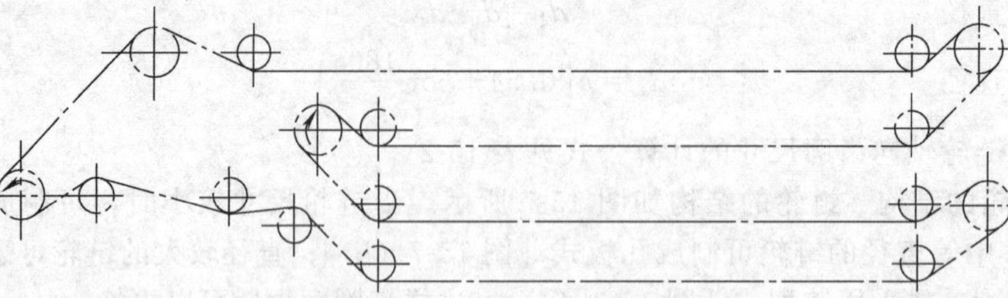

图 15-8 三层常压连续杀菌机链传动简图

① 常用于流水线作业，具有曲线环行空间的悬挂输送装置中。这种链输送装置结构简单，只需在链板或销轴上增加翼板，用以夹持或承托输送物件即可，如图 15-8 所示。

② 能够实现能量的分流传动（由一个动力机驱动若干个执行机构）。其形式相当于齿条齿轮传动。作平移运动的链条同时与多个轴线相互平行的小链轮啮合，可带动若干根小轴同步转动，如图 15-9 所示。

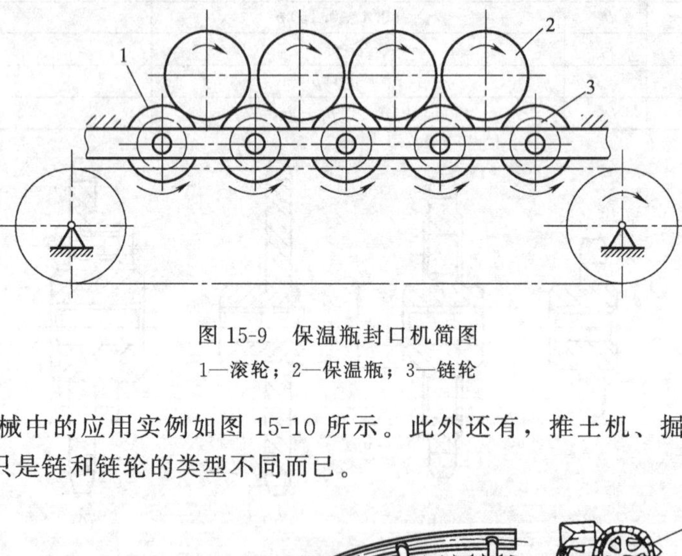

图 15-9 保温瓶封口机简图

1—滚轮；2—保温瓶；3—链轮

③ 在运输机械中的应用实例如图 15-10 所示。此外还有，推土机、掘进机、坦克等机械的行走机构，只是链和链轮的类型不同而已。

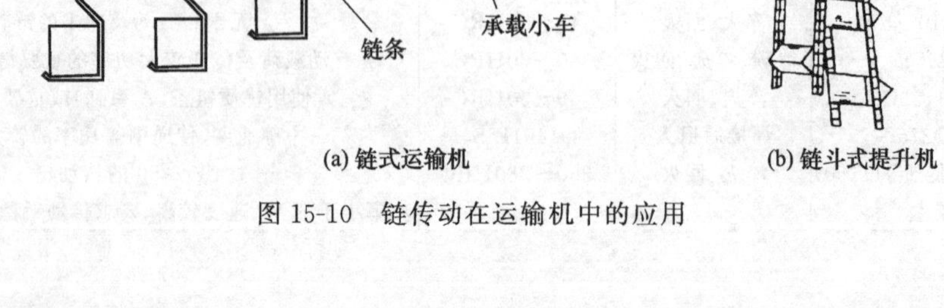

图 15-10 链传动在运输机中的应用

15.2 链传动的失效形式及主要参数的选择

15.2.1 链传动的失效形式

由于链条的结构比链轮要复杂，强度也不如链轮高，所以一般链传动的失效主要是链条的失效。常见形式有以下几种。

1. 链条的疲劳破坏

在链传动中，由于松边和紧边的拉力不同，使得链条所受的拉力是变应力。当应力达到一定数值，且经过一定的循环次数后，链板、滚子、套筒等组件均会发生疲劳破坏。

在中、高速闭式传动中及正常润滑的条件下，链板疲劳（交变应力和冲击力造成）是主要的失效形式，也是决定链传动承载能力的主要因素。

2. 链条铰链的磨损

链条与链轮啮合传动时，相邻链节之间发生相对转动，使销轴与套筒、套筒与滚子间引起磨损。磨损使链节变长、节距 p 增大，易造成跳齿或脱链，使传动失效，如图 15-11 所示。

在开式传动或润滑不良的链传动中，链条铰链的磨损是主要的失效形式。

3. 销轴与套筒的胶合

在润滑不良或转速很高时，摩擦生热极大，套筒与销轴的工作表面之间直接接触发生干和半干摩擦，呈现金属胶合现象。它限定了链传动的极限转速。

4. 链条的静力拉断

在低速（$v<0.6$m/s）、重载或突然过载时，链条因静力强度不够而被拉断。

15.2.2 链传动主要参数的选择

1. 链轮齿数 z_1、z_2 及传动比 i

链轮的齿数不宜过少或过多。当小链轮齿数 z_1 过小时，可以减小外廓尺寸，但会导致运动不均匀性加剧和附加动载荷增大，链节间相对转角增大并加速磨损、传递的圆周力增大，加速链和链轮的破坏。当链轮的齿数过多时，不仅会增大传动系统外廓尺寸和重量，还将缩短链的使用寿命。因为链的销轴磨损将使链节距由 p 增至 $p+\Delta p$，链节势必沿着轮齿齿廓向外移，而分度圆直径将由 d 增至 $d+\Delta d$，如图 15-11 所示，有如下关系

$$\Delta p=\Delta d\sin\frac{180^\circ}{z} \tag{15-4}$$

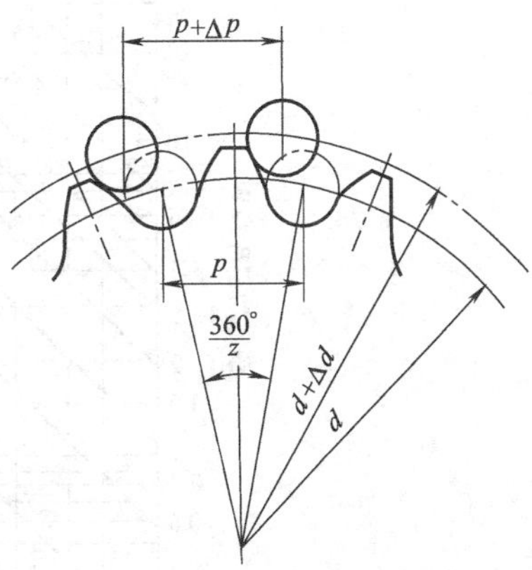

图 15-11 Δp 与 Δd 的关系

若 Δp 不变，则链轮齿数愈多，分度圆直径的增量 Δd 就越大，所以链节越向外移动，因而链从链轮上脱离的可能也就越大，有效使用期限越短。因此，一般限制链轮的最多齿数 $z_{max}<120$。

为使链及链轮齿的磨损均匀，链轮齿数一般应取与链节数互为质数的奇数。小链轮齿数 z_1 不宜过少，$z_{min}\geqslant17$，设计时可根据传动比由表 15-4 选取。大链轮的齿数 $z_2=iz_1$。

表 15-4 小链轮齿数 z_1

传动比 i	1～2	2～3	3～4	4～5	5～6	>6
齿数 z_1	31～27	27～25	25～23	23～21	21～17	17～15

链传动的传动比一般应小于 8。如传动比过大，则链包在小链轮上的包角过小，啮合的齿数太少，这将加速轮齿的磨损，容易出现跳齿，破坏正常啮合。通常包角不小于 120°，传动比在 3 左右。

2. 链的节距*p*和排数*m*

链节距越大，链和链轮各部分尺寸也越大，承载能力也越大，但传动的速度不均匀性、动载荷、噪声等也将增大。因此在设计时，满足承载能力的条件下，应选取较小节距的单排链；高速重载时，可选用小节距多排链。当中心距小、传动比大时，选小节距多排链；速度不太高、中心距大、传动比小时选大节距单排链。

链的节距可根据传递功率 P，按式（15-5）求出额定功率 P_0，从图 15-12 中选出。

$$P_0=\frac{K_A P}{K_z K_i K_a K_{pt}} \tag{15-5}$$

式中 P——传递的名义功率，kW；

K_A——工作情况系数，见表 15-5；

K_z——小链轮齿数系数，见表 15-6；

K_i——传动比系数，见表 15-7；

K_a——中心距系数，见表 15-8；

K_{pt}——多排链排数系数，见表 15-9。

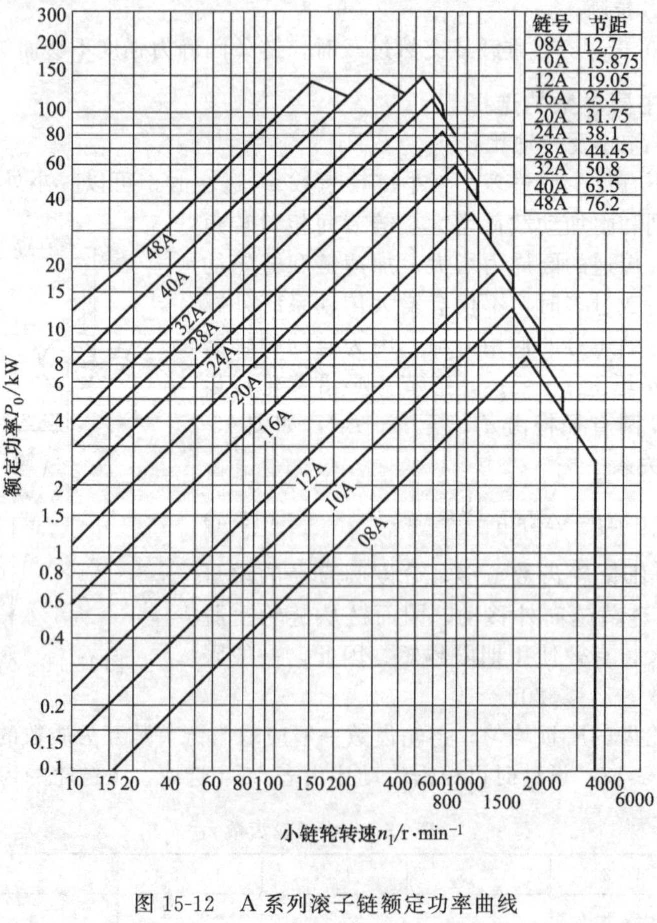

图 15-12 A 系列滚子链额定功率曲线

表 15-5 工作情况系数 K_A

工作情况		动力机种类		
		内燃机—液力传动	电动机或汽轮机	内燃机—机械传动
平稳载荷	液体搅拌机，中小型离心鼓风机，离心式压缩机，谷物机械，均匀负载输送机，发电机，均匀负载不反转的一般机械	1.0	1.0	1.2
中等冲击	半液体搅拌机，三缸以上往复式压缩机，大型或不均匀负载运输机，中型起重机和升降机，金属切削机床，食品机械，木工机械，印染纺织机械，大型风机，不反转的一般机械	1.2	1.3	1.4
严重冲击	船用螺旋桨、制砖机、单、双缸往复式压缩机，挖掘机，往复式、振动式输送机，破碎机，重型起重机，石油钻井机械，锻压机械，丝材拉拔机械，冲床，严重冲击、有反转的机械	1.4	1.5	1.7

表 15-6 小链轮齿数系数 K_z

z_1	9	11	13	15	17	19	21	23	25	27	29	31	33	35	37
K_z	0.446	0.555	0.667	0.775	0.893	1.00	1.12	1.23	1.35	1.46	1.58	1.70	1.81	1.94	2.12

表 15-7 传动比系数 K_i

i	1	2	3	5	≥7
K_i	0.82	0.925	1.00	1.09	1.15

表 15-8 中心距系数 K_a

a	$20p$	$40p$	$80p$	$160p$
K_a	0.87	1.00	1.18	1.45

表 15-9 多排链排数系数 K_{pt}

排数 m	1	2	3	4	5	6
排数系数 K_{pt}	1	1.7	2.5	3.3	4.1	5.0

3. 中心距 a 和链节数 L_p

中心距较小时，链在小链轮上的包角减小，啮合的齿数相应减小，每个轮齿承受的载荷增大，磨损加剧，也容易产生跳齿的脱链现象，同时也加剧了链的磨损和疲劳。当中心距较大时，因松边的垂度过大，传动时发生上下颤动现象。设计时，若无严格限制，一般可按 $a_0=(30\sim50)p$ 初定中心距，最多可取 80 p 。

链的长度可由链节数 L_p表示。L_p的计算公式为

$$L_p=\frac{2a_0}{p}+\frac{z_1+z_2}{2}+\frac{p}{a_0}\left(\frac{z_2-z_1}{2\pi}\right)^2 \tag{15-6}$$

链节数必须取整数，最好为偶数。

根据圆整的链节数，求出实际中心距 a 为

$$a=\frac{p}{4}\left[\left(L_p-\frac{z_1+z_2}{2}\right)+\sqrt{\left(L_p-\frac{z_1+z_2}{2}\right)^2-8\left(\frac{z_2-z_1}{2\pi}\right)^2}\right] \tag{15-7}$$

一般情况下，应使链的松边有一定的初垂度，故实际中心距应较计算值小 2～5mm。实际的链传动，其中心距多为可调的，链节磨损伸长后可随时调整。

例 15-1 设计一输送机用滚子链传动。已知电动机功率 $P=5.5$kW，主、从动链轮转速 $n_1=960$r/min、$n_2=320$r/min，有较大冲击，要求中心距紧凑并可调。

解

(1) 选择链轮齿数 z_1、z_2。

由表 15-4 选得 $z_1=25$，并由传动比 $i=960/320=3$，求得 $z_2=iz_1=75$。

(2) 计算链节数 L_p

初取中心距 $a_0=40p$，由式 (15-6) 得

$$L_p=\frac{2a_0}{p}+\frac{z_1+z_2}{2}+\frac{p}{a_0}\left(\frac{z_2-z_1}{2\pi}\right)^2=\frac{2\times 40p}{p}+\frac{25+75}{2}+\frac{p}{40p}\left(\frac{75-25}{2\pi}\right)^2=131.6\text{节}$$

取偶数值，$L_p=132$ 节。

(3) 计算额定功率 P_0。

由式 (15-5) 得

$$P_0=\frac{K_AP}{K_zK_iK_aK_{pt}}=\frac{1.5\times 5.5}{1.35\times 1.00\times 1.00\times 1.00}=6.1\text{kW}$$

式中 K_A——由表 15-5 查得 $K_A=1.5$；

K_z——由表 15-6 查得 $K_z=1.35$；

K_i——由表 15-7 查得 $K_i=1.00$；

K_a——由表 15-8 查得 $K_a=1.00$；

K_{pt}——由表 15-9 查得 $K_{pt}=1.00$。

(4) 选取链节距 p。

根据 $n_1=960\text{r/min}$ 及功率 $P_0=6.1\text{kW}$，由图 15-12 选取链号为 10A，查表 15-1 得节距 $p=15.875\text{mm}$。

(5) 确定实际中心距 a。

$$a=\frac{p}{4}\left[\left(L_p-\frac{z_1+z_2}{2}\right)+\sqrt{\left(L_p-\frac{z_1+z_2}{2}\right)^2-8\left(\frac{z_2-z_1}{2\pi}\right)^2}\right]$$

$$=\frac{15.875}{4}\left[\left(132-\frac{25+75}{2}\right)+\sqrt{\left(132-\frac{25+75}{2}\right)^2-8\left(\frac{75-25}{2\pi}\right)^2}\right]$$

$$=640.1\text{mm}$$

取实际中心距 $a=640\text{mm}$。

(6) 验算链速 v。

$$v=\frac{z_1pn_1}{60\times 1000}=\frac{25\times 15.875\times 960}{60\times 1000}=6.35\text{m/s}$$

(7) 选择润滑方式。

根据 $p=15.875\text{mm}$，$v=6.35\text{m/s}$，查图 15-15，采用油浴或飞溅润滑。

(8) 链轮设计及传动系统图 (略)。

15.3　链传动的布置、张紧及润滑

15.3.1　链传动的布置

链传动的布置合理与否，直接影响传动的工作能力和使用寿命。表 15-10 中列出了不同工况条件下链传动的布置简图。

表 15-10　链传动的布置形式

传动条件	正确布置	不正确布置	说　明
$i=2\sim3$ $a=(30\sim50)p$	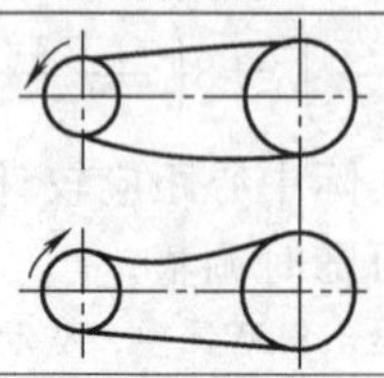		两轮轴线在同一水平面上，紧边在上边较好，但必要时，也允许紧边在下边
$i>2$ $a<30p$	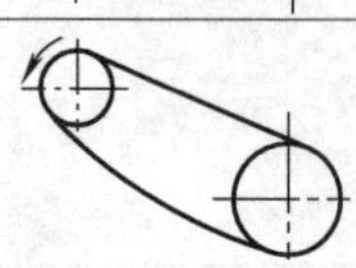	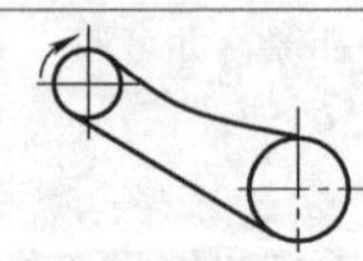	两轮轴线不在同一水平面上，倾角不大于45°，松边应在下面。否则松边下垂量增大，链条易与小链轮卡死(咬链)

续表

传动条件	正确布置	不正确布置	说　明
$i<1.5$ $a>60p$	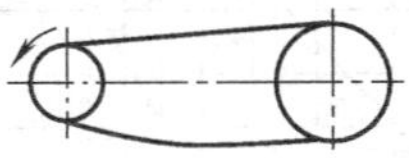	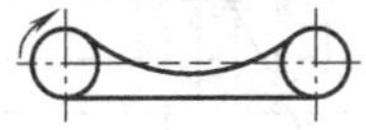	两轮轴线在同一水平面上，松边应在下面，否则下垂量增大，松边可能与紧边相碰，需经常调整中心距
i、a 为任意值	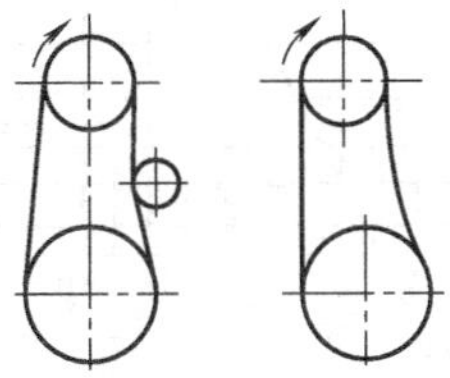	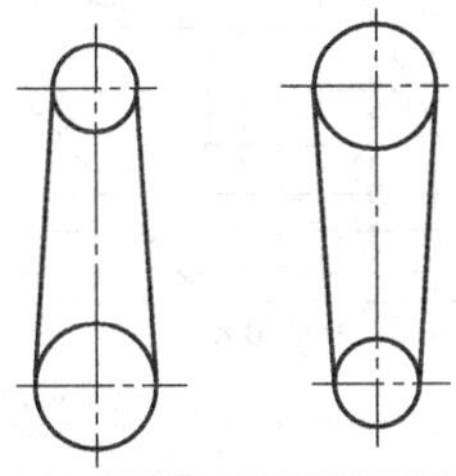	两轮轴线在同一铅垂面内，下垂量增大，会减少下链轮的有效啮合齿数，降低传动的工作能力。为此应采用：中心距可调；设张紧装置；上下两轮轴线错开，使其不在同一铅垂面内

15.3.2　链传动的张紧

链条的张紧作用不同于带传动装置，其目的是防止链条由于松边垂度过大而引起的啮合不良和链条抖动。链条松边的垂度 f 可以用图 15-13 所示的方法测量。合适的松边垂度为：

$$f=(0.01\sim0.02)a \tag{15-8}$$

式中　a——链传动中心距，mm。

与带传动相似，张紧方法很多，可归为两类。

① 用调整中心距的方法张紧，任何布置方式均可用。

② 用张紧轮（或用托板）张紧，如图 15-14 所示，用于链条松边垂度过大的场合。

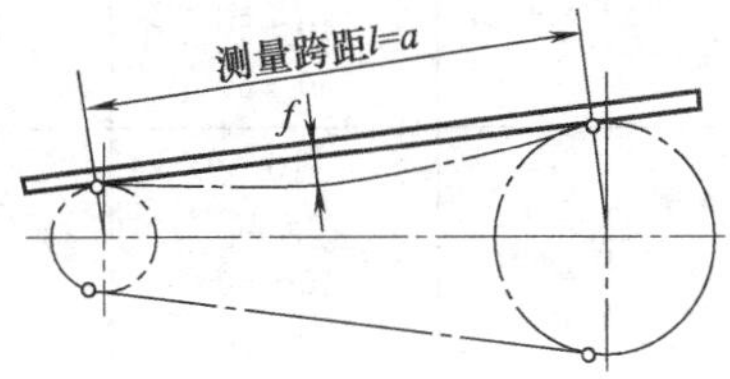

图 15-13　垂度测量

其中，图 15-14（a）和图 15-14（b）所示的是利用弹簧的弹力或重锤的重力调紧张紧轮的位置，实现对链条的自动张紧。一般应使张紧轮靠近小链轮松边的外侧，张紧轮直径可略小于链轮直径。张紧轮可以带有轮齿，也可以没有轮齿。图 15-14（c）所示的是利用调节螺钉通过托板实现对链条的定期张紧。托板应衬上橡胶、塑料或胶木等材料，以减少链条的磨损。

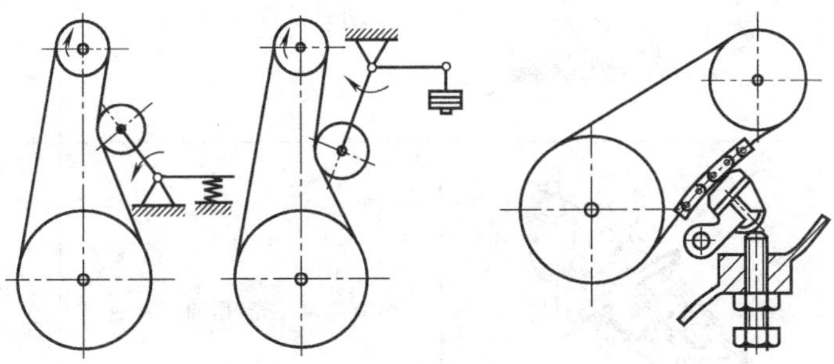

(a)　(b)　(c)

图 15-14　链传动的张紧装置

15.3.3　链传动的润滑

链传动的润滑十分重要，对高速、重载的链传动更为重要。良好的润滑可以缓和冲击，减少磨损，延长链条的使用寿命，故在工作时，应保证图 15-15 中推荐的润滑条件要求。具体操作应按表 15-11 中说明的润滑方式进行润滑油牌号的选择。润滑方法及其操作见表 15-12 中的说明。

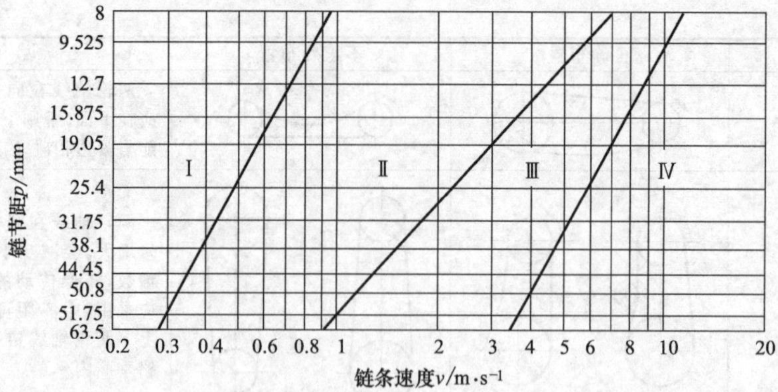

图 15-15　链传动润滑方式的选择

Ⅰ—人工定期润滑；Ⅱ—滴油润滑；Ⅲ—油浴或飞溅润滑；Ⅳ—压力喷油润滑

表 15-11　链传动常用润滑油牌号

<table>
<tr><td rowspan="2">润滑方式</td><td rowspan="2">周围温度
/℃</td><td>小节距</td><td colspan="2">中等节距</td><td>大节距</td></tr>
<tr><td>9.925～15.875</td><td>19.05～25.4</td><td>31.75</td><td>38.1～76.2</td></tr>
<tr><td>Ⅰ、Ⅱ、Ⅲ</td><td>−10～0
0～40
40～50
50～60</td><td>L-AN15
L-AN68
L-AN100
L-AN15</td><td colspan="2">L-AN68
L-AN100
L-AN15
L-AN22</td><td>L-AN100
L-AN15
L-AN22
L-AN22</td></tr>
<tr><td>Ⅳ</td><td>−10～0
0～40
40～50
50～60</td><td colspan="2">HJ-30
HJ-40
HJ-50
HQ-10</td><td colspan="2">HJ-40
HJ-50
HQ-10
HQ-15</td></tr>
</table>

表 15-12　常用链传动润滑方法

方　式	简　图	润滑方法	供油量
人工润滑	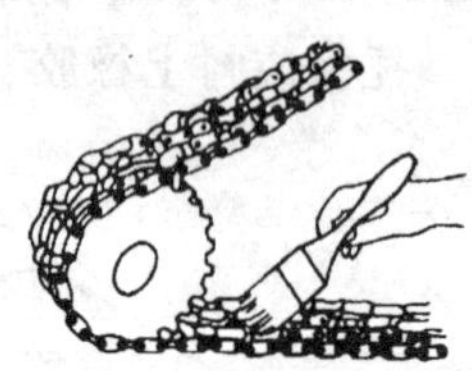	用刷子或油壶定期在链条松边内、外链板间隙中注油	每班注油一次
滴油润滑	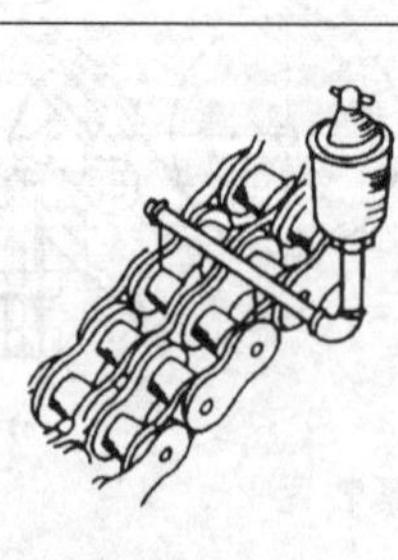	装有简单外壳，用油杯滴油	单排链、每分钟供油 5～20 滴，速度高时，取大值
油浴润滑	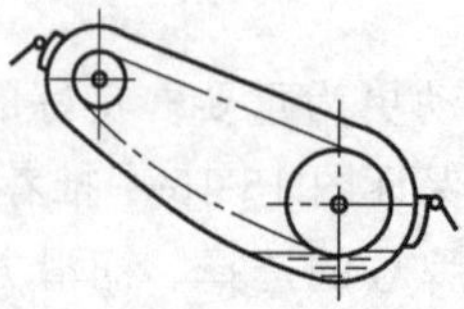	采用不漏油的外壳使链条从油槽中通过	链条浸入油面过深，搅拌损失大，油易发热变质，一般油浸油深度为 6～12mm

续表

方　　式	简　　图	润滑方法	供　油　量
飞溅润滑	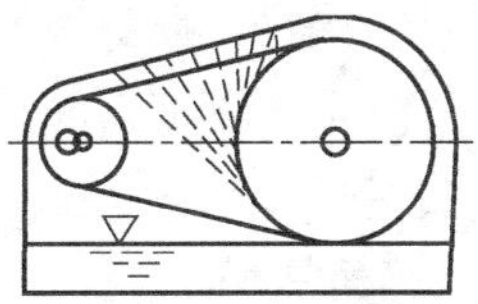	采用不漏油的外壳，飞溅润滑，甩油盘圆周速度 $v \geqslant 3$m/s，当链条宽度大于 125mm 时，链轮两侧各装一个甩油盘	甩油盘浸油深度为 12～35mm
压力润滑	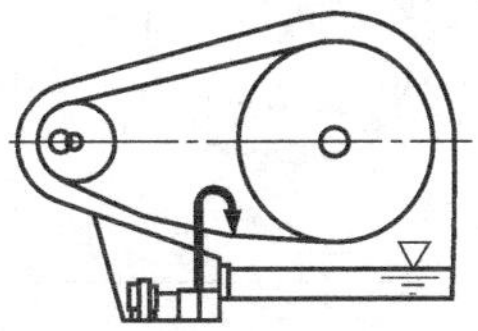	采用不漏油的外壳，油泵强制供油，喷油管口设在链条啮合入口处，循环油可起冷却作用	每个喷油口供油量可根据链节距及链速大小查阅有关手册

注：开式传动和不易润滑的链传动，可定期拆下用煤油清洁、干燥后，浸入润滑油中，待铰链间隙中充满油后安装使用。

【知识梳理与总结】

(1) 本章介绍了链传动的组成、类型、特点及布置方法；套筒滚子链及链轮的结构和相关要求；链传动的运动特性及设计计算。

(2) 链传动同带传动一样，也属于挠性件传动，但链传动是依靠链条与链轮的啮合传递运动与动力，无弹性滑动和打滑现象，能在比较恶劣的环境下工作，应掌握其设计方法。在设计时应注意合理选择链轮的齿数、链条的节数等参数，以便使链传动磨损较均匀、运动平稳、寿命较长。

习　　题

15-1　链传动与带传动相比有哪些优缺点？

15-2　影响链传动速度不均匀性的主要参数是什么？

15-3　链传动的主要失效形式有哪几种？

15-4　链传动的主要参数应如何选择？

15-5　链传动的合理布置有哪些要求？

15-6　链传动为何要适当张紧？常用的张紧方法有哪些？

15-7　链传动与带传动的张紧目的有何区别？

15-8　设计一链式输送机中的链传动。已知传递功率 $P=20$kW，主动轮转速 $n_1=230$r/min，传动比 $i=2.5$，三班制工作，有中等冲击，按推荐方式润滑。

15-9　已知一链传动的滚子链型号为 16A，主动轮齿数 $z_1=23$，转速 $n_1=960$r/min，从动轮齿数 $z_2=67$，中心距 $a=800$mm，油浴润滑，中等冲击。试求该链传动所能传递的功率。

专题作业五　自行车链传动测绘及设计

【知识目标】

① 掌握链传动类型和工作原理；

② 掌握链传动的特点和受力分析方法；

③掌握链传动机构运动简图的绘制方法。

【能力目标】

① 利用相关知识及设计资料（国家标准、设计规范等），进行链传动机构设计和验算；

② 提高分析问题和解决问题的能力及创新能力。

续表

作业描述
自行车结构及组成： 
工作任务
1. 根据自行车链传动实物，分析链传动的类型与主要参数。并填写在表1中。

表1　链传动主要参数

零件	组成零件数量	参数
主动链轮		齿数 z_1=
从动链轮		齿数 z_2=
链		节距 P= 链节数=
传动比 i	$i=n_1/n_2=z_2/z_1$ 当 $n_1=50\text{r/min}$ 时，请计算从动轮转速 n_2	

2. 根据测量参数值，确定自行车链的型号及节数。按照如下滚子链标记方法标记普通自行车滚子链。

滚子链的标记

标记方法	链号-排数×链节数　　标准号
标记举例	16A-1×80　　GB/T 1243—2006
标记含义	按国标制造的A系列、节距25.4mm、单排、80节的滚子链

该滚子链应标记为：(　　　　　　　　　　　　　　　　　　　　)。

工作成果
1. 对自行车链传动进行测绘，记录主要尺寸。 2. 绘制链传动机构运动简图。
成绩评定
综合测绘、说明书及答辩情况，按百分制评分，折算后计入期末成绩。

姓名	分项				总分
	测绘 (20%)	设计说明书 (40%)	答辩情况 (20%)	团队协作 (20%)	

注：团队协作分数根据小组成员出勤、工作态度及工作量由小组组长打分。

专题作业六 组合式螺旋叶片拉伸机设计

【知识目标】

① 了解螺旋叶片拉伸机的工作原理及结构；

② 掌握螺旋传动的计算方法；

③ 掌握螺旋叶片展开计算方法；

④ 掌握齿轮传动的计算方法。

【能力目标】

① 利用设计资料(标准、规范等)，能够进行螺旋传动和齿轮传动的计算；

② 能够绘制组合式螺旋叶片拉伸机的装配图和零件图；

③ 提高学生分析问题和解决问题的能力及创新能力。

作业描述

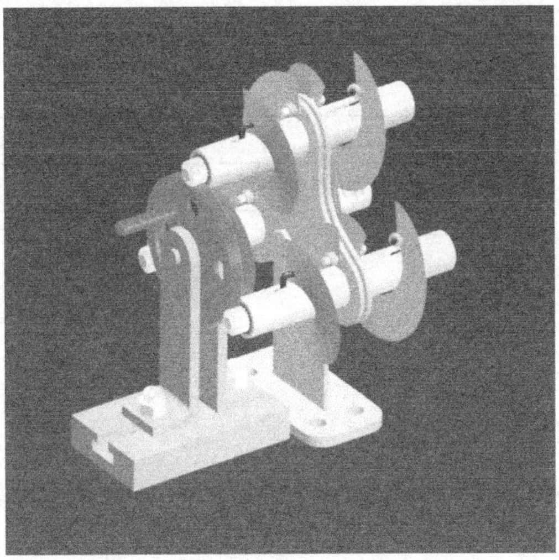

图 1 组合式螺旋叶片拉伸机效果图

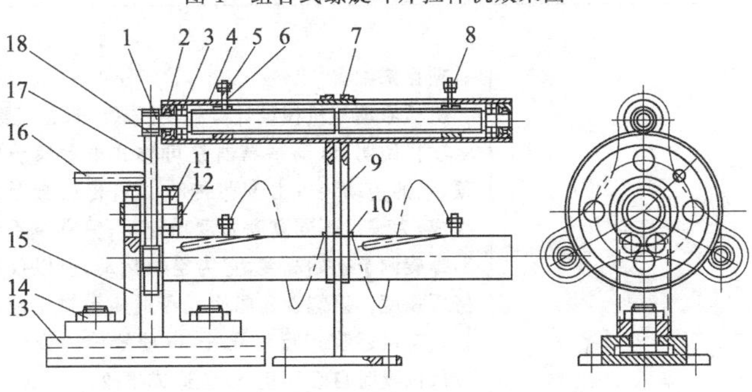

图 2 组合式螺旋叶片拉伸机结构示意图

1—螺杆，2—端盖，3—轴承，4—主体管，5—左螺母，6—活动牵头，7—支撑板，8—右螺母，9—支架，10—固定牵头，11—轴承，12—中间轴，13—T 形滑槽座，14—T 形螺栓，15—大齿轮支承座，16—摇杆，17—大齿轮，18—小齿轮

项目来源：

专利：组合式螺旋叶片拉伸机(图 1). ZL201020143557.8。

论文：螺旋叶片拉伸机的设计与计算《煤矿机械》2009 年第 11 期。

项目说明：如图 2 所示，螺杆的一头制成左旋螺纹，一头制成右旋螺纹，左螺母和右螺母也分别制成左旋螺纹和右旋螺纹，并按相同旋向装配形成两对螺旋副。然后装入主体管内，左螺母和右螺母的外径与主体管内壁应留有适当间隙以保证螺母的自由移动。螺杆上一轴头伸出端盖外，在伸出的一段安装小齿轮，从 T 形滑槽内装入大齿轮的支撑座，使大齿轮与三个小齿轮啮合。将主体管水平放置插入支撑板，固定在设置于中间的支架上。

工作时，分别从两端将叶片毛坯套进主体管，其中有一孔对准固定牵头并用螺栓固定，有一孔对准活动牵头套入，并用螺母固定，将大齿轮从 T 形滑槽中滑入，使大齿轮和三个小齿轮啮合，用 T 形螺栓固定，转动摇杆带动大齿轮转动，大齿轮将力传递给小齿轮，小齿轮转动带动螺杆转动，左螺母和右螺母反向移动，两活动牵头分别牵引两片叶片毛坯内径向外端缓缓拉开，内径边缘围绕主体管外壁上，达到设定位置，即完成六片螺旋叶片拉伸过程。

技术要求：

① 螺旋叶片材料：Q235。

② 螺旋叶片直径：$\phi 150$。

工作任务
1. 分析组合式螺旋叶片拉伸机结构及工作原理。 2. 正确选择齿轮材料和计算参数。 3. 螺杆的强度分析。 4. 螺纹的耐磨性计算。 5. 螺旋副的自锁性验算。
工作成果
1. 对组合式螺旋叶片拉伸机的主要零部件进行测绘，完成 A3 装配图一张，零件图若干张。 2. 计算说明书 1 份。
成绩评定
综合测绘、说明书及答辩情况，按百分制评分，折算后计入期末成绩。

姓名	分项				总分
	测绘（20%）	设计说明书（40%）	答辩情况（20%）	团队协作（20%）	

注：团队协作分数根据小组成员出勤、工作态度及工作量由小组组长打分。

专题作业七　电动举高器传动部件设计

【知识目标】

① 了解电动举高器的工作原理及结构；

② 掌握蜗杆传动的计算方法；

③ 掌握螺旋传动计算方法。

④ 掌握皮带传动的计算方法。

【能力目标】

① 能够设计蜗杆传动；

② 能够设计螺旋传动；

③ 能够设计皮带传动；

④ 提高学生分析问题和解决问题的能力及创新能力。

作业描述

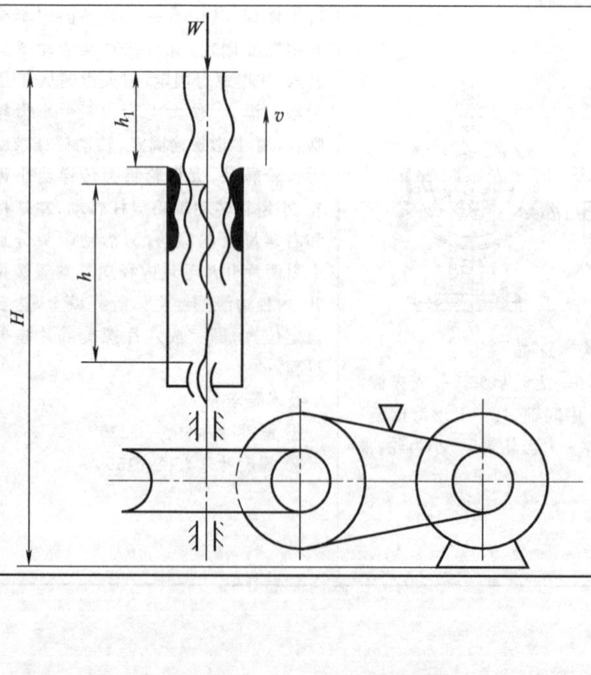

项目来源：

机械原理与机械设计课程实践教学选题汇编。

项目说明：电动举高器是可移式电动螺旋千斤顶，它的传动装置由 V 带传动-蜗杆传动-螺旋传动组成，为满足不同高度的重物起重，另有一手动矩形螺旋调节初始高度，它为空载运动，所以仅校核挤压强度。该螺旋还能使托盘适应重物支撑面形状。本机还装有行程开关，以使螺旋达到最高或最低位置时自动停止，以免造成事故。

技术要求：

① 最大承重：50kN。

② 最大升距：250mm。

③ 最大高度：950mm。

④ 高度调节范围：0～200mm。

⑤ 举升速度：1.4m/s。

续表

<table>
<tr><td colspan="6">工 作 任 务</td></tr>
<tr><td colspan="6">1. 观察电动举高器结构及工作原理。
2. 对主要零部件进行测量，并记录数据。
3. 掌握标准件(如轴承、螺纹件等)的选用原则。
4. 蜗杆的强度分析。
5. 螺纹的耐磨性计算。
6. 螺旋副的自锁性验算。要求学生利用蜗杆传动和螺旋传动知识及设计资料(标准、规范等)，对蜗杆-螺旋减速器测绘和计算，并完成技术图样设计。</td></tr>
<tr><td colspan="6">工 作 成 果</td></tr>
<tr><td colspan="6">1. 完成装配图1张，零件工作图若干。
2. 编写计算说明书1份。</td></tr>
<tr><td colspan="6">成 绩 评 定</td></tr>
<tr><td colspan="6">综合测绘、说明书及答辩情况，按百分制评分，折算后计入期末成绩。</td></tr>
<tr><td rowspan="2">姓名</td><td colspan="4">分项</td><td rowspan="2">总分</td></tr>
<tr><td>测绘
(20%)</td><td>设计说明书(40%)</td><td>答辩情况
(20%)</td><td>团队协作
(20%)</td></tr>
<tr><td></td><td></td><td></td><td></td><td></td><td></td></tr>
<tr><td></td><td></td><td></td><td></td><td></td><td></td></tr>
<tr><td></td><td></td><td></td><td></td><td></td><td></td></tr>
<tr><td></td><td></td><td></td><td></td><td></td><td></td></tr>
<tr><td></td><td></td><td></td><td></td><td></td><td></td></tr>
<tr><td colspan="6">注：团队协作分数根据小组成员出勤、工作态度及工作量由小组组长打分。</td></tr>
</table>

第四篇 常用机械零部件及创新设计

本篇主要介绍螺纹连接的结构设计和强度计算及提高螺纹连接强度的措施；常用的平键连接、花键连接及销连接；轴承的类型、特点及应用，特别是滚动轴承类型的选择、组合设计等；轴的结构设计和强度设计；联轴器和离合器的种类，选择和应用；回转构件的静平衡和动平衡等，并结合实际应用给出专题专业项目，以利学生进行技能训练，掌握机械零部件的设计步骤和方法。

主要学习和实践进程如下：

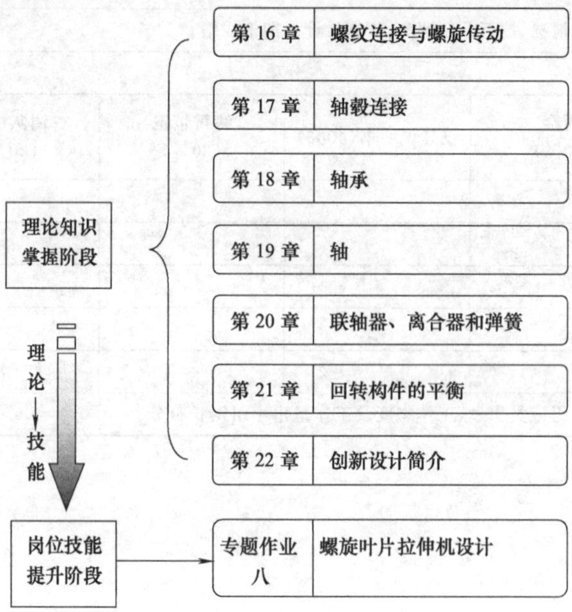

第 16 章　螺纹连接与螺旋传动

【知识目标】

① 了解螺纹连接的类型和螺旋传动；

② 理解螺纹连接的预紧和防松方法；

③ 掌握螺纹连接的强度计算公式及提高螺纹连接的强度措施。

【能力目标】

① 掌握普通螺栓和铰制孔用螺栓连接强度计算；

② 根据螺纹连接的工况，能够设计连接结构和选择螺纹规格。

③ 根据工作要求，选择螺旋传动类型并进行计算。

【知识结构图】

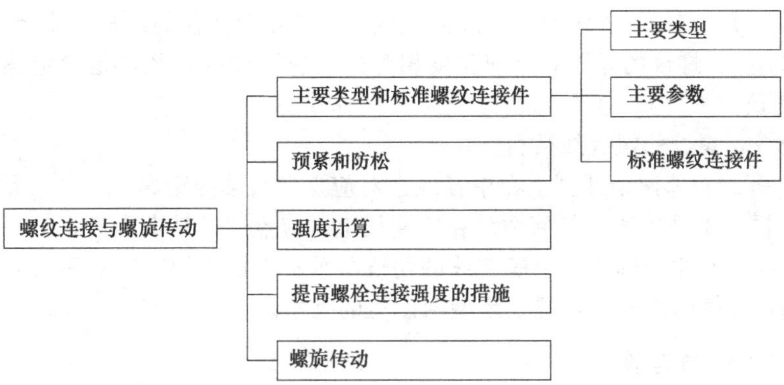

16.1　螺纹连接的主要类型和标准螺纹连接件

16.1.1　常用螺纹的类型和主要参数

1. 螺纹的类型

螺纹有内螺纹和外螺纹之分，共同组成螺纹副，其中起连接作用的称为连接螺纹，起传动作用的称为传动螺纹。

根据螺纹牙型的不同，可分为三角形螺纹、矩形螺纹、梯形螺纹和锯齿形螺纹等。其中三角螺纹（普通螺纹）牙根部强度大，自锁性能好，用于螺纹连接；而后三种主要用于传递运动和动力，梯形螺纹是目前最常用的传动螺纹。

按螺纹的旋向可分为左旋螺纹和右旋螺纹。逆时针旋入的螺纹是左旋螺纹；顺时针旋入的螺纹是右旋螺纹，如图 16-1 所示。常用的是右旋螺纹。

按螺纹的螺旋线数可分为单线、双线及多线螺纹，连接螺纹一般采用单线螺纹。

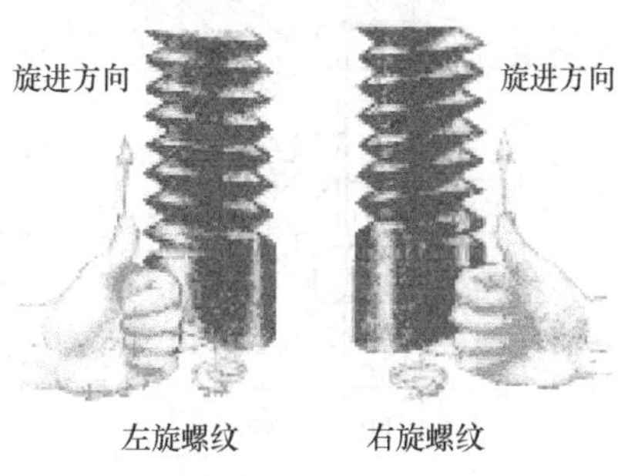

图 16-1　螺纹的旋向

螺纹已经标准化，所使用的标准有米制和英制两类，国际标准采用的是米制，在我国除了管螺纹采用英制外均采用米制。标准螺纹的基本尺寸，可查阅有关国家标准。

2. 螺纹的主要几何参数

以圆柱普通螺纹为例说明螺纹的主要几何参数，如图 16-2 所示。

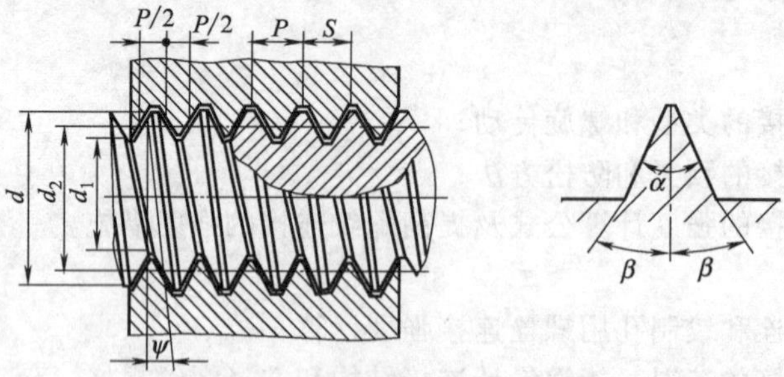

图 16-2 螺纹的主要几何参数

大径 $d(D)$：又称为公称直径，它是与外螺纹牙顶或内螺纹牙底相重合的假想圆柱的直径。

小径 $d_1(D_1)$：它是与外螺纹牙底或内螺纹牙顶相重合的假想圆柱的直径。

中径 $d_2(D_2)$：螺纹的牙厚和牙间宽度相等的假想圆柱的直径，是确定螺纹几何参数和配合性质的直径。

螺纹线数 n：螺纹的螺旋线数目。

螺距 P：螺纹相邻两个牙型上在中径线上对应点间的轴向距离。

导程 S：同一条螺纹线上相邻两牙在中径线上对应点间的轴向距离，$S=nP$。

螺纹升角 ψ：在中径圆柱面上螺旋线的切线与垂直于螺旋轴线的平面间的夹角。

牙型角 α：在轴向剖面内，螺纹牙型两侧边的夹角。

16.1.2 螺纹连接的类型

螺栓连接、双头螺柱连接、螺钉连接和紧定螺钉连接是螺纹连接的四种基本类型。此外，常用的还有地脚螺栓连接、吊环螺钉连接以及 T 形槽螺栓连接等。

1. 螺栓连接

普通螺栓连接如图 16-3（a）所示。结构特点是被连接件上有孔，螺栓穿过通孔，螺栓与孔之间有间隙。

铰制孔用螺栓连接如图 16-3（b）所示。螺栓与孔之间多采用基孔制过渡配合，孔需铰制。适用于受横向载荷的连接，横向载荷由配合面承受。其连接尺寸比采用普通螺栓小，但加工成本较高。

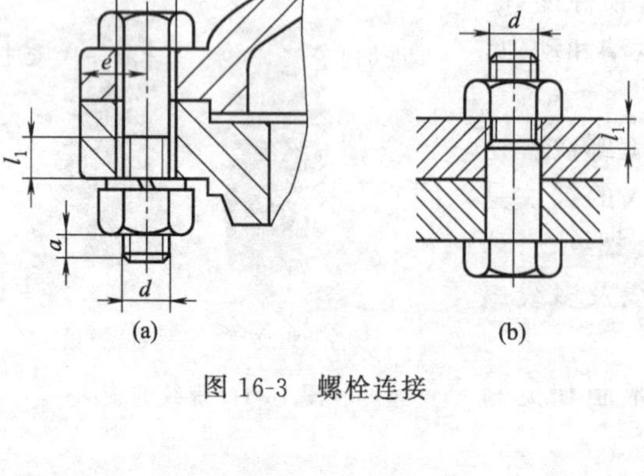

图 16-3 螺栓连接

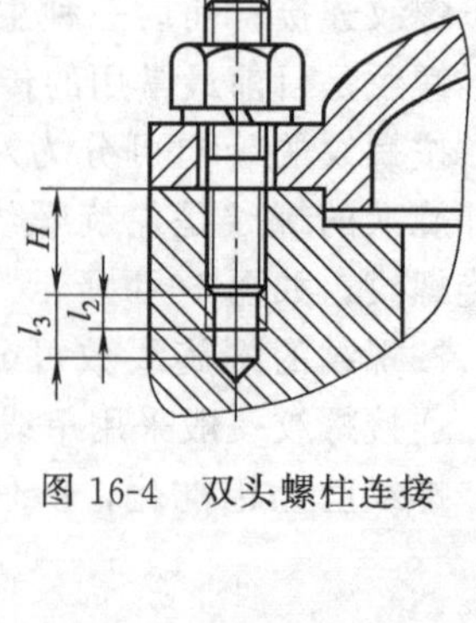

图 16-4 双头螺柱连接

2. 双头螺柱连接

图 16-4 给出了双头螺柱连接的结构，当有一个被连接件太厚，不易穿通，并需经常装拆时，应选用双头螺柱连接，这样，可避免钻长孔，也不会因螺纹的磨损导致被连接件报废。

3. 螺钉连接

螺钉连接如图 16-5 所示，螺钉拧入较厚的被连接件上的螺孔。适用于有一个较厚的被连接件、而不经常拆卸的连接。

4. 紧定螺钉连接

紧定螺钉连接如图 16-6 所示。紧定螺钉的前端应淬硬，使之不易塑性变形。用螺钉的前端（平端、锥端或柱端）抵住或顶入另一零件，起固定两零件相对位置的作用。

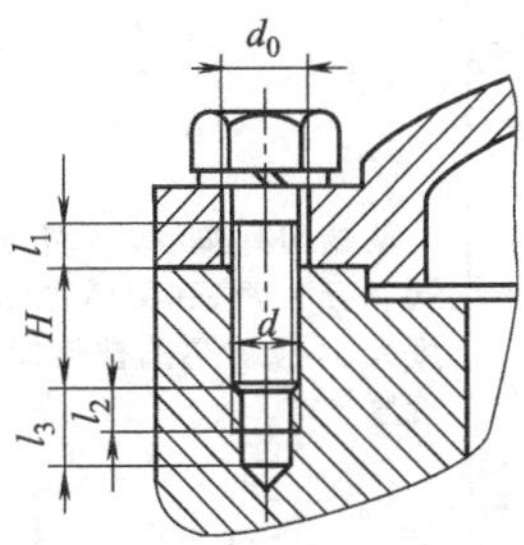

图 16-5　螺钉连接

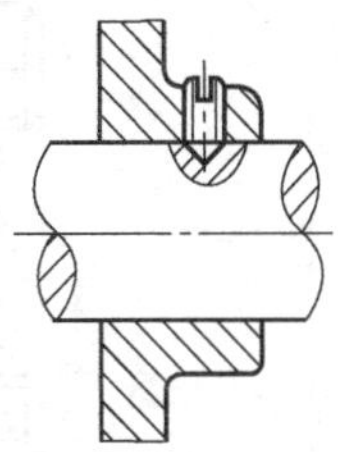

图 16-6　紧定螺钉连接

5. 地脚螺栓连接

地脚螺栓连接如图 16-7 所示。用于将设备固定在地基上。螺纹按标准制造，埋入端的结构可自行确定，但需使连接具有足够的强度。

6. 吊环螺钉连接

吊环螺钉连接如图 16-8 所示。根据零部件的重量、螺钉安装及受力情况选用。螺孔按标准加工，一般用于起吊零部件。

7. T 形槽螺栓连接

T 形槽螺栓连接如图 16-9 所示。常见于机床工作台及试验装置固定用的平台，便于沿 T 形槽的纵向移动位置。

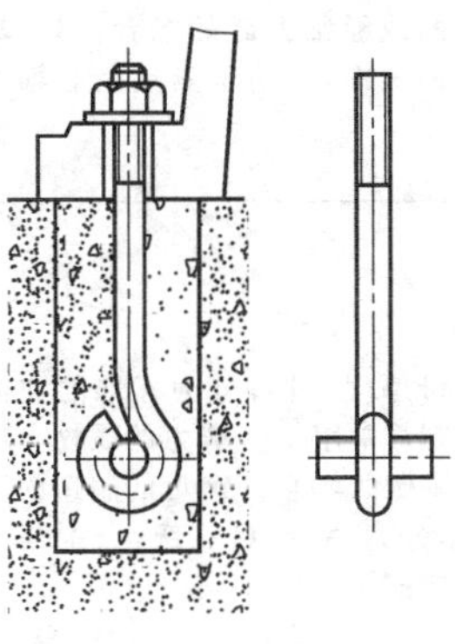

图 16-7　地脚螺栓连接

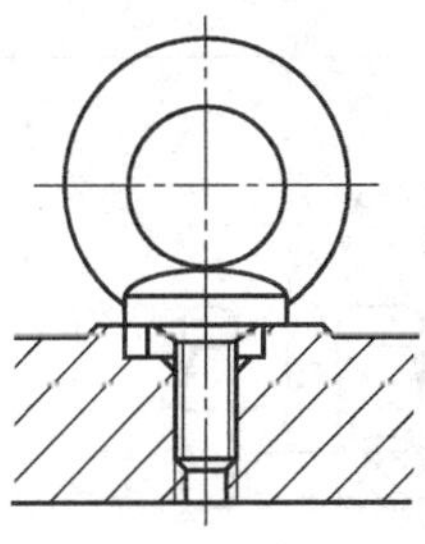

图 16-8　吊环螺钉连接

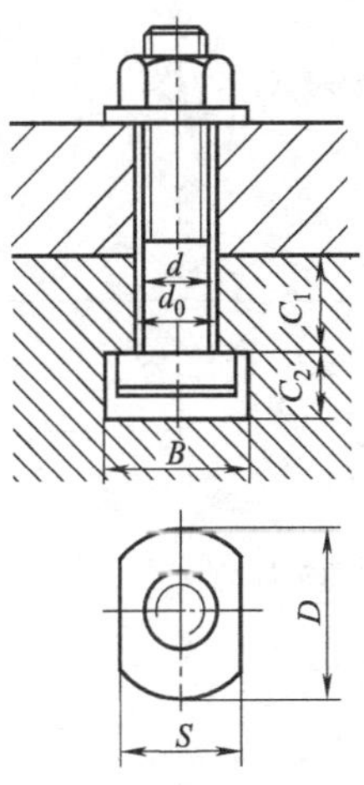

图 16-9　T 形槽螺栓连接

16.1.3 标准螺纹连接件

标准螺纹连接件及其特点与应用，摘其常用者列于表 16-1，具体尺寸及选用可查机械工程手册或机械设计手册。

表 16-1 常用标准螺纹连接件

类型	图例	结构特点及应用
六角头螺栓	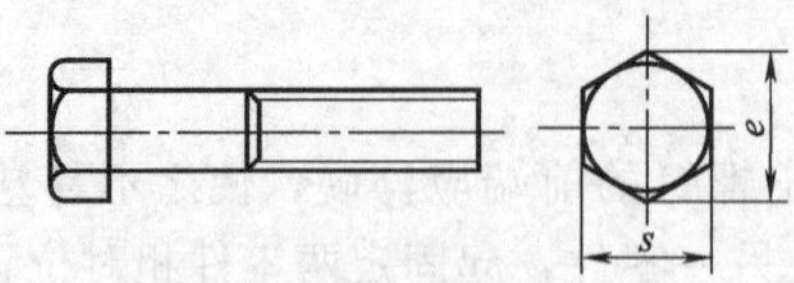	螺栓精度分 A、B、C 三级，通常多用 C 级。杆都可以是全螺纹或一段螺纹
螺柱	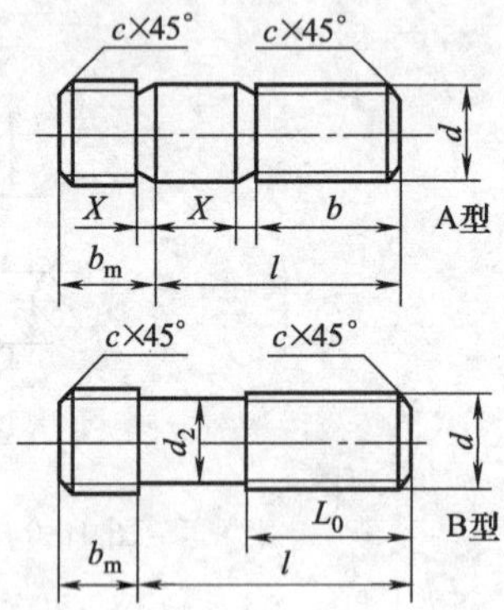	两端均有螺纹，两端螺纹可以相同或不同。有 A 型、B 型两种结构。一端拧入厚度大、不便穿透的被连接件，另一端用螺母旋紧
螺钉	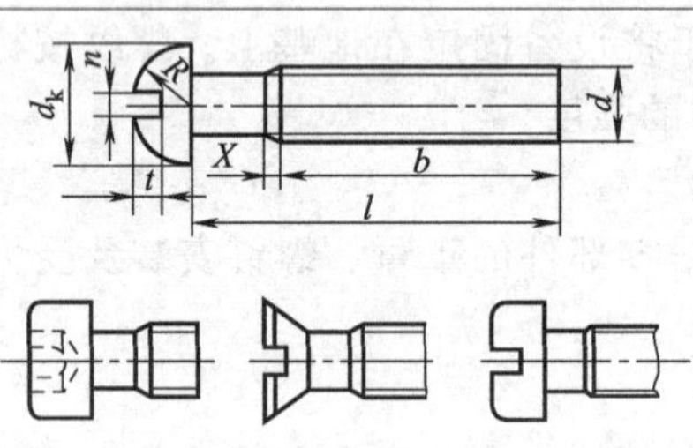	头部形状有圆头、扁圆头、六角头、圆柱头和沉头等。起子槽有一字槽、十字槽、内六角孔等。十字槽强度高，便于用机动工具。内六角可代替普通六角头螺栓，用于要求结构紧凑的地方
紧定螺钉	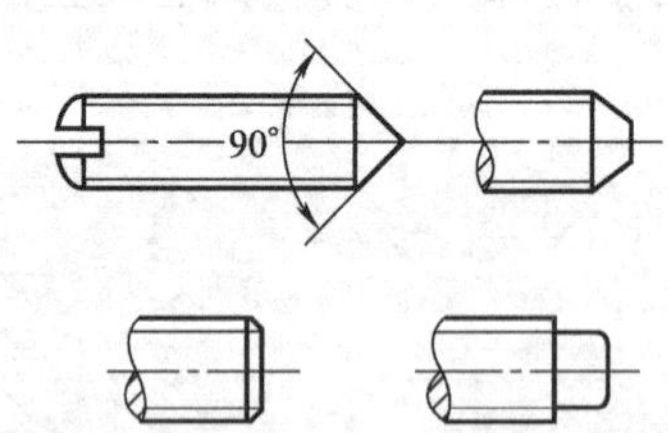	紧定螺钉的末端形状，常用的有锥端、平端和圆柱端。锥端适用于被紧定零件的表面硬度较低或不经常拆卸的场合；平端接触面积大，不伤零件表面，常用于预紧硬度较大的平面或经常拆卸的场合；圆柱端压入轴上的凹坑中，适用于紧定空心轴上的零件位置
六角螺母	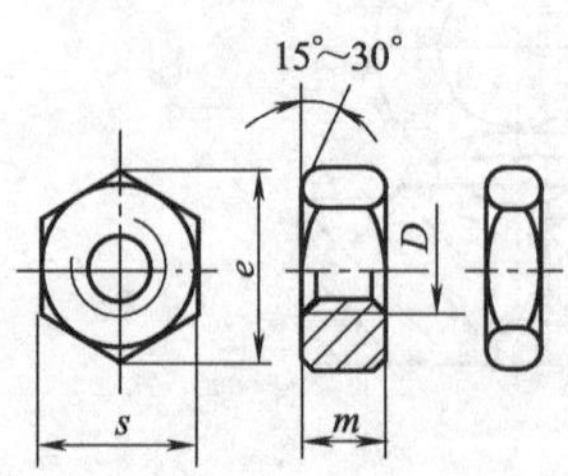	根据螺母厚度不同，分为标准的和薄的两种。薄螺母常用于受剪力的螺栓上或空间尺寸受限制的场合。螺母的制造精度和螺栓相同，分为 A、B、C 三级，分别与相同级别的螺栓配用

续表

类型	图　　例	结构特点及应用
圆螺母	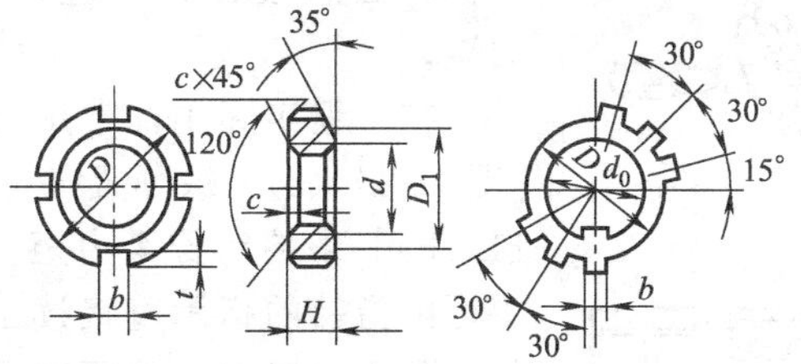	圆螺母常与止退垫圈配用，装配时将垫圈内舌插入轴上的槽内，而将垫圈的外舌嵌入圆螺母的槽内，螺母即被锁紧。常作为滚动轴承的轴向固定用
垫圈	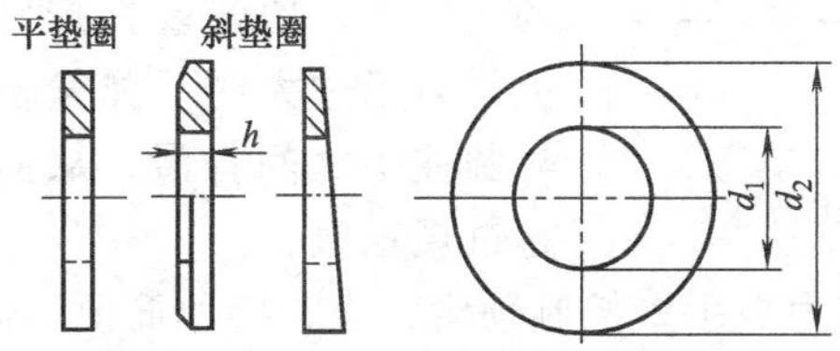	垫圈是螺纹连接中不可缺少的附件，放置在螺母和被连接件之间，起保护支承表面等作用。平垫圈按加工精度不同，分为A级和C级两种。用于同一螺纹直径的垫圈又分为特大、大、普通和小的四种规格，特大垫圈主要在铁木结构上使用。斜垫圈只用于倾斜的支承面上

16.2　螺纹连接的预紧和防松

16.2.1　螺纹连接的预紧

工程实际中，绝大多数螺纹连接在装配时都必须拧紧，使连接在承受工作载荷前就预先受到预紧力的作用，称为预紧。需预紧的螺纹连接称为紧连接，少数不需要预紧的螺纹连接称为松连接。

预紧的目的是为了增强连接的可靠性、刚性和紧密性，提高连接的防松能力，对于受拉变载荷螺纹连接还可提高其疲劳强度。但过大的预紧力会导致整个连接的结构尺寸增大，也可能会使螺栓在装配时或在工作中偶然过载时被拉断。因此，对重要的螺纹连接，为了保证所需的预紧力，又不使连接螺栓过载，在装配时应控制预紧力。通常是通过控制拧紧螺母时的拧紧力矩来控制预紧力的大小。

在拧紧螺母时（图 16-10），拧紧力矩 T 等于螺纹副间的摩擦力矩 T_1 和螺母环形支承面上的摩擦阻力矩 T_2 之和。由分析可知，对于 M10～M68 的米制粗牙普通螺纹的钢制螺栓，螺纹副中无润滑时，有

$$T \approx 0.2F'd \tag{16-1}$$

式中　F'——预紧力，N，根据连接的工作要求确定；

　　d——螺纹大径，mm。

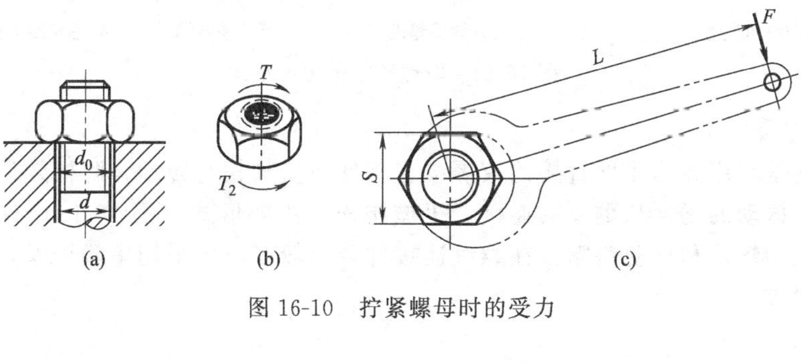

图 16-10　拧紧螺母时的受力

当预紧力 F' 和螺纹大径 d 已知后，由式（16-1）即可确定所需的拧紧力矩 T。因过大的预紧力很可能使直径较小的螺栓被拉断，对于重要的螺栓连接，应避免采用小于 M12 的螺栓，必须使用时，应严格控制其拧紧力矩。

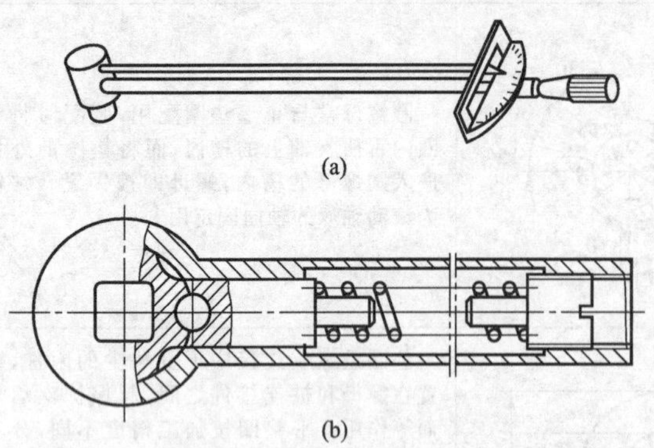

图 16-11　指针式扭力扳手和预置式扭力扳手

在工程实际中，常用指针式扭力扳手［图 16-11（a）］或预置式扭力扳手［图 16-11（b）］来控制拧紧力矩。指针式扭力扳手可由指针的指示直接读出拧紧力矩的数值。预置式扭力扳手可利用螺钉调整弹簧的压紧力，预先设置拧紧力矩的大小，当扳手力矩过大时，弹簧被压缩，扳手卡盘与圆柱销之间打滑，从而控制预紧力矩不超过规定值。

采用指针式扭力扳手或预置式扭力扳手来控制预紧力矩，操作简便，但准确性较差，也不适用于大型的连接螺栓。对大型的螺栓连接，可采用测量预紧时螺栓伸长量的方法来控制预紧力，所需的伸长量可由规定的预紧力确定。

16.2.2　螺纹连接的防松

螺栓连接一般都满足自锁条件。拧紧螺母后，螺母和螺栓头部等承压面上的摩擦力也有防松作用。因此在静载荷下和工作温度变化不大时，螺纹连接不会自行松脱。但在冲击、振动或变载荷的作用下，或在工作温度变化较大时，螺纹连接有可能逐渐松脱，引起连接失效，从而影响机器的正常运转，甚至导致严重的事故。为了保证螺纹连接的安全可靠，防止松脱，设计时必须采取有效的防松措施。

防松就是防止螺纹连接件间的相对转动。按防松装置的工作原理不同可分为摩擦防松、机械防松和破坏螺纹副关系防松等。

1. 摩擦防松

利用摩擦防松是在螺纹副中始终产生摩擦力矩 T_2 来防止其相对转动。摩擦防松的主要方式（图 16-12）有对顶螺母、弹簧垫圈、弹性锁紧螺母和尼龙圈锁紧螺母等。摩擦防松方法简单方便，但只能用于不甚重要的连接和载荷平稳的场合。

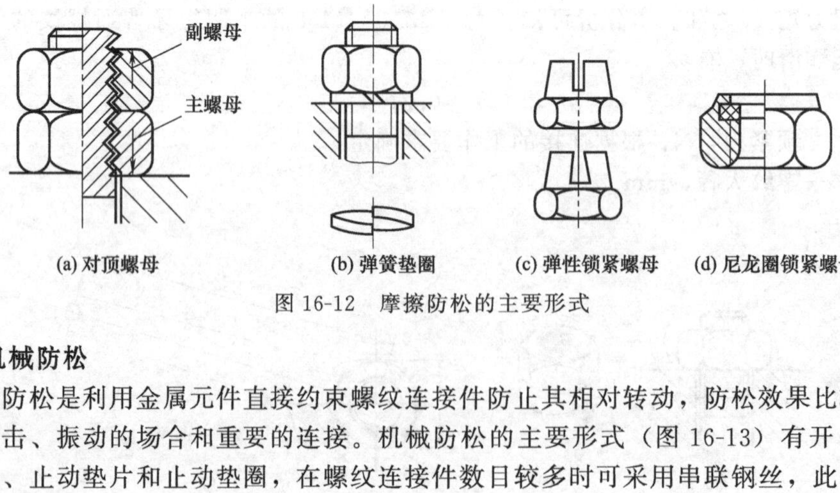

图 16-12　摩擦防松的主要形式

2. 机械防松

机械防松是利用金属元件直接约束螺纹连接件防止其相对转动，防松效果比较可靠，适用于受冲击、振动的场合和重要的连接。机械防松的主要形式（图 16-13）有开口销与六角开槽螺母、止动垫片和止动垫圈，在螺纹连接件数目较多时可采用串联钢丝，此时应注意串联钢丝的设置方向。

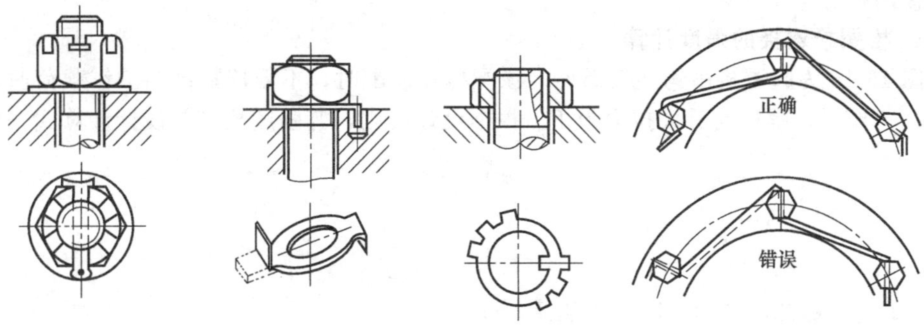

(a) 开口销与六角开槽螺母　(b) 止动垫片　(c) 止动垫圈　(d) 串联钢丝

图 16-13　机械防松的主要形式

3. 破坏螺纹副关系防松

破坏螺纹副关系防松是利用焊接［图 16-14（a)］、冲点［图 16-14（b)］等将螺纹副转变成非运动副，从而排除相对转动的可能，常用于装配后不再拆卸的场合。此外还可在螺纹副间涂上金属粘接剂［图 16-14（c)］，硬化固着后防松效果好并具有密封作用。

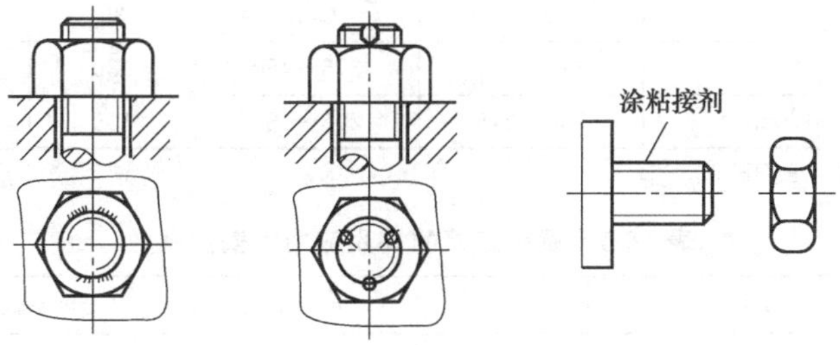

(a) 焊接防松　(b) 冲点防松　(c) 粘接防松

图 16-14　破坏螺纹副关系防松

16.3　螺栓连接的强度计算

螺栓在机械设备中的用途不同，决定了其失效形式的不同。轴向静载荷螺栓的损坏，多为螺纹部分的塑性变形和断裂；变载荷螺栓的损坏，多为螺栓杆的疲劳断裂；受拉螺栓的主要失效形式是拉断。因此，它们的设计准则是：保证螺栓有足够的抗拉（或疲劳）强度。

受剪螺栓连接的主要失效形式是螺栓杆和孔壁间的压溃或螺栓杆被剪断，以及因经常拆卸使螺纹牙间相互磨损而发生滑扣。其设计准则是：保证螺栓杆、孔壁的挤压强度和螺栓杆的抗剪强度。

螺栓大多是成组使用的。在计算螺栓强度时，首先要求出螺栓组中受力最大螺栓所受的力，然后再按照单个螺栓进行强度计算。由于螺栓各部位尺寸基本都是根据等强度原则确定的，所以螺栓连接的设计计算，就是依据其设计准则来确定螺纹小径 d_1，再根据有关标准来选定标准螺栓。这种方法同样也适用于双头螺栓、螺钉的强度计算。

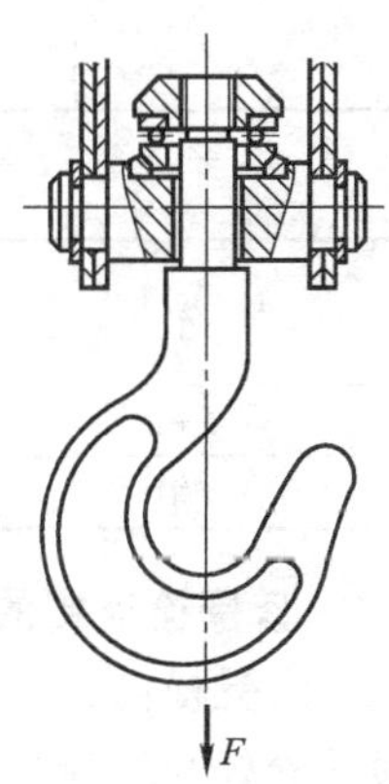

图 16-15　松螺栓连接

16.3.1　普通螺栓连接的强度计算

根据工作状态的不同，普通螺栓连接又分为松螺栓连接和紧螺栓连接两种。

1. 松螺栓连接的强度计算

图 16-15 为起重机吊钩连接螺栓。该螺栓在装配时，不需拧紧；无工作载荷时，螺栓不受力；工作时，螺杆受最大拉力为 F。根据设计准则，其强度校核与设计计算式分别为

$$\sigma=\frac{4F}{\pi d_1}\leqslant[\sigma] \tag{16-2}$$

$$d_1\geqslant\sqrt{\frac{4F}{\pi[\sigma]}} \tag{16-3}$$

式中 F——螺杆承受的轴向工作载荷，N；

d_1——螺栓小径，mm；

$[\sigma]$——松螺栓连接的许用应力，MPa，$[\sigma]=\frac{\sigma_s}{S}$；

σ_s——螺栓材料的屈服极限（表 16-2）；

S——安全系数（表 16-3）。

表 16-2 螺纹连接件常用材料的力学性能 MPa

钢 号	Q215	Q235	35	45	40Cr
强度极限 σ_b	335～410	375～460	530	600	980
屈服极限 σ_s($d\leqslant$16～100mm)	185～215	205～235	315	355	785

注：螺栓直径 d 小时，取偏高值。

表 16-3 螺纹连接的许用应力和安全系数

连接情况	受载情况	许用应力$[\sigma]$和安全系数 S
松连接	静载荷	$[\sigma]=\frac{\sigma_s}{S}$ $S=1.2\sim1.7$
紧连接	静载荷	$[\sigma]=\frac{\sigma_s}{S}$ 控制预紧力时，$S=1.2\sim1.5$；不控制预紧力时，S 查表 16-4
铰制孔用螺栓连接	静载荷	$[\tau]=\frac{\sigma_s}{2.5}$ 被连接件为钢$[\sigma_p]=\frac{\sigma_s}{1.25}$ 被连接件为铸铁$[\sigma_p]=\frac{\sigma_b}{2\sim2.5}$
	变载荷	$[\tau]=\frac{\sigma_s}{3.5\sim5}$ $[\sigma_p]$按静载荷的$[\sigma_p]$值降低 20%～30%

表 16-4 紧螺栓连接的安全系数（静载不控制预紧力时）

材 料	螺 栓		
	M6～M16	M16～M30	M30～M60
碳素钢	4～3	3～2	2～1.3
合金钢	5～4	4～2.5	2.5

2. 紧螺栓连接的强度计算

（1）受横向工作载荷的紧螺栓的连接 图 16-16 为受横向工作载荷紧螺栓的连接。由于普通螺栓杆与螺栓孔间有间隙，在横向工作载荷 F_R 作用下，被连接件的接合面间有相对滑移趋势，而预紧力 F' 在接合面间产生的摩擦力抵抗横向外载荷。若摩擦力之和大于横向外

载荷，即可达到连接的目的。即

$$F'fnm \geqslant K_f F_R$$

$$F' \geqslant \frac{K_f F_R}{fnm} \qquad (16\text{-}4)$$

式中　F'——单个螺栓的预紧力，N；

F_R——螺栓连接所受外载荷，N；

K_f——可靠性系数，取 $K_f=1.1\sim1.5$；

f——接合面间摩擦因数，对于钢或铸铁零件 $f=0.10\sim0.16$；

m——接合面的数目；

n——螺栓数目。

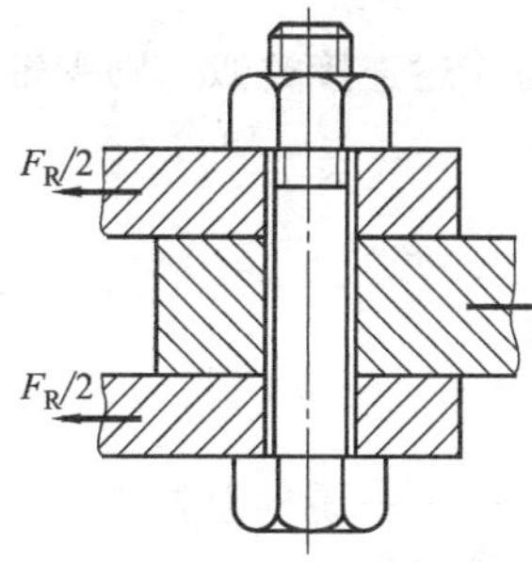

图 16-16　受横向载荷的螺栓连接

受横向工作载荷的紧螺栓，除了受到预紧力 F'的拉伸作用外，还受螺纹摩擦力矩 T_1 的扭转作用。它在螺纹危险截面上的拉伸应力 σ 和扭转剪切应力 τ 分别为 $\sigma=4F'/\pi d_1^2$ $\tau\approx0.5\sigma$（M10～M68 的普通螺栓）。

根据第四强度理论，螺栓当量应力 σ_e 为

$$\sigma_e=\sqrt{\sigma^2+3\tau^2}=\sqrt{\sigma^2+3\times(0.5\sigma)^2}\approx1.3\sigma$$

螺栓强度校核及设计公式为

$$\sigma_e=1.3\sigma=\frac{1.3F'}{\frac{\pi d_1^2}{4}}\leqslant[\sigma] \qquad (16\text{-}5)$$

$$d_1\geqslant\sqrt{\frac{4\times1.3F'}{\pi[\sigma]}} \qquad (16\text{-}6)$$

式中　d_1——螺纹小径，mm；

$[\sigma]$——紧螺栓连接的许用应力，MPa，$[\sigma]=\frac{\sigma_s}{S}$；

σ_s——螺栓材料的屈服极限（表 16-2）；

S——安全系数（表 16-3 和表 16-4）。

（2）受轴向工作载荷的紧螺栓连接　受轴向工作载荷的紧螺栓连接大多用在气缸、油缸等对紧密性要求较高的压力容器的法兰连接中。这种连接的受力和变形过程，如图 16-17 所示。

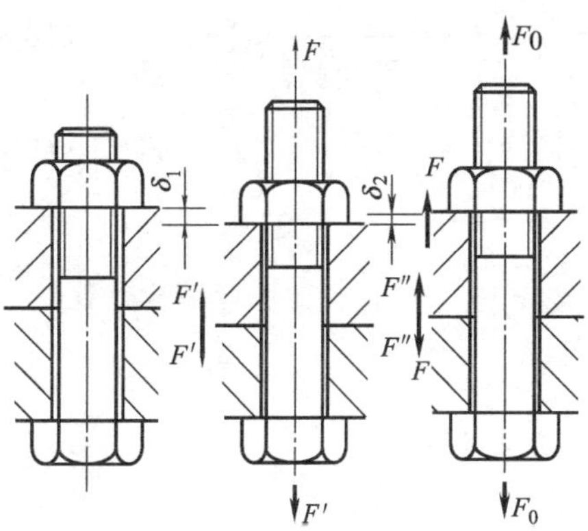

(a)　(b)　(c)

图 16-17　螺栓和被连接件的受力和变形

拧紧前螺栓和被连接件不受力；拧紧后，在加工作载荷前，受预紧力 F'作用，被连接件被压缩 δ_1；加上工作载荷后，而被连接件被压缩量减少了 δ_2。为了保证被连接件之间的气密性，应有 $\delta_2<\delta_1$。因此，预紧力也由 F'减少到 F''，F''称为剩余预紧力。根据上述分析知，加载后螺栓所受的总拉力 F_0 就不是 F'和工作载荷 F 之和，而是剩余预紧力 F'' 和 F 之和。即

$$F_0=F+F'' \qquad (16\text{-}7)$$

式中，F''值可参考如下取值范围：对有密封性要求的螺栓连接，取 $F''=(1.5\sim1.8)F$；在一般的螺栓连接中，当工作载荷稳定时，取 $F''=(0.2\sim0.6)F$；当工作载荷不稳定时，取 $F''=$

(0.6～1.0)F。

与前述连接类似，则受轴向工作载荷紧螺栓连接的强度校核和设计公式为

$$\sigma=\frac{1.3F_0}{\frac{\pi d_1^2}{4}}\leqslant[\sigma] \tag{16-8}$$

$$d_1\geqslant\sqrt{\frac{4\times1.3F_0}{\pi[\sigma]}} \tag{16-9}$$

式中　F_0——螺栓总拉力，N。

其他符号的意义同前。

根据螺栓受工作载荷 F 的伸长增量与被连接件压缩变形减少增量的关系，可以推导出预紧力 F' 和剩余预紧力 F'' 的关系为

$$F'=F''+(1-K_c)F \tag{16-10}$$

式中，K_c 称为螺栓的相对刚性系数。设计时，对于钢制被连接件，可根据垫片材料，参见表 16-5 选取。

表 16-5　相对刚性系数 K_c

垫 片 类 别	K_c	垫 片 类 别	K_c
金属垫片或无垫片	0.2～0.3	铜皮石棉垫片	0.8
皮革垫片	0.7	橡胶垫片	0.9

为了获得指定的剩余预紧力 F''，可以由式（16-10）计算预紧力 F' 值，然后再由式（16-1）计算出扳手力矩 T 的大小，采用测力矩扳手控制 F' 的大小。压力容器中的螺栓连接除了满足强度设计之外，还要有适当间距 t_0，通常是：$3d\leqslant t_0\leqslant 7d$。

16.3.2　铰制孔用螺栓连接强度计算

铰制孔用螺栓连接，如图 16-18 所示。该连接所受横向载荷 F，螺栓在连接接合面处受剪，并与被连接件孔壁互相挤压。根据设计准则，连接的剪切强度和挤压强度公式分别为

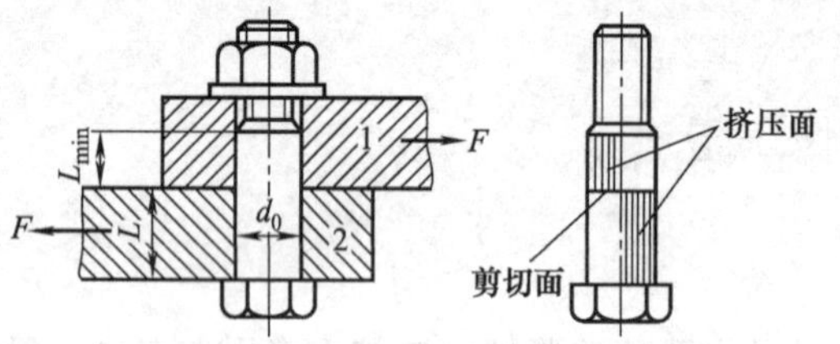

图 16-18　受横向载荷的螺栓连接

$$\tau=\frac{F}{m\pi d_0^2/4}\leqslant[\tau] \tag{16-11}$$

$$\sigma_p=\frac{F}{d_0L_{min}}\leqslant[\sigma_p] \tag{16-12}$$

式中　F——单个螺栓所受横向载荷，N；

d_0——螺栓杆剪切面直径，mm；

L_{min}——螺栓杆与孔壁间挤压面的最小高度，mm；

$[\tau]$——螺栓许用剪切应力，MPa，查表 16-3；

$[\sigma_p]$——螺栓或被连接件的许用挤压应力，MPa，查表 16-3；

m——接合面的数目。

16.3.3　螺纹连接的许用应力

螺纹连接件的材料及许用应力和安全系数，分别见表 16-2、表 16-3 和表 16-4，供设计参考。

例 16-1　图 16-19 为汽缸盖螺栓连接。已知：汽缸内径 $D=200$mm，螺栓分布圆直径 $D_0=260$mm，

汽缸内气体工作压力 $p=1\text{MPa}$，缸盖和缸体之间采用橡胶垫圈密封。试确定螺栓数目和螺栓直径。

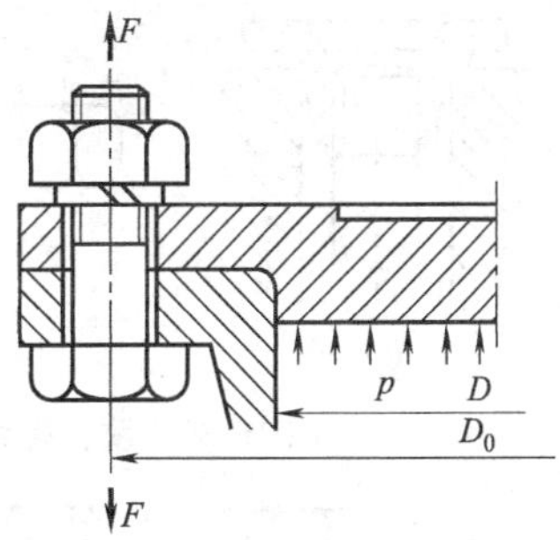

图 16-19　汽缸盖螺栓连接

解

(1) 确定单个螺栓所受的轴向工作载荷 F。

为了便于分度划线，同一分布圆上的螺栓数目应取 4、6、8、12 等，初步选 $n=8$，则

$$F=\frac{\pi D^2 p}{4\times 8}=\frac{\pi\times 200^2\times 1}{4\times 8}=3927\text{N}$$

(2) 计算每个螺栓的总载荷 F_0。

由于汽缸盖螺栓连接有密封要求，根据其参考取值范围，取 $F''=1.8F$，由式 (16-7) 可得

$$F_0=F''+F=1.8F+F=2.8F=2.8\times 3927=10996\text{N}$$

(3) 确定螺栓公称直径 d。

由式 (16-9) 可知，螺栓小径 d_1 为

$$d_1\geqslant\sqrt{\frac{4\times 1.3F_0}{\pi[\sigma]}}$$

螺栓选用 35 钢，$\sigma_s=315\text{MPa}$。假定螺栓直径 d 在 6～16mm 之间，若装配时不控制预紧力，由表 16-4 查 $S=3$，则许用应力 $[\sigma]$ 为

$$[\sigma]=\frac{\sigma_s}{S}=\frac{315}{3}=105\text{MPa}$$

螺栓小径则为

$$d_1\geqslant\sqrt{\frac{4\times 1.3\times 10996}{\pi\times 105}}=13.16\text{mm}$$

从有关标准中查取 M16，$d_1=13.84\text{mm}\geqslant 13.16\text{mm}$，所以适合。若计算结果与假设条件不符，则应按上述步骤重新设计计算。

(4) 检查螺栓间距 t_0。

$$t_0=\frac{\pi D_0}{8}=\frac{\pi\times 260}{8}=102\text{mm}$$

在一般情况下，$t_0\leqslant 7d=7\times 16=112\text{mm}$，满足紧密性要求。由此可见，所选螺栓数目 $n=8$ 是合适的。

16.4　提高螺栓连接强度的措施

螺栓连接的强度主要取决于螺栓的强度。影响螺栓强度的因素很多，主要有螺纹牙间的载荷分配、应力变化幅度、应力集中和附加应力等。下面来分析这些因素，并以受拉螺栓连接为例提出改进措施。

1. 改善螺纹牙间的载荷分配

普通螺栓和螺母的刚度不同、变形不一样，因此各牙受力不均，螺母支承面上第一圈所受的力为总载荷的 1/3 以上。为改善各牙受力分布的情况，可采用下述方法。

(1) 悬置螺母 [图 16-20 (a)]　使螺母与螺栓均受拉，减小二者的刚度差，使其变形趋于协调。

(2) 内斜螺母 [图 16-20 (b)]　螺母内斜 10°～15°的内斜角，可减小原受力大的螺纹牙的刚度，从而把力分流到原受力小的螺纹牙上，使其螺纹牙间的载荷分配趋于均匀。

(3) 环槽螺母 [图 16-20 (c)]　与悬置螺母类似。

以上特殊构造的螺母制造工艺复杂，成本较高，仅限于重要连接时使用。

2. 减小螺栓的应力变化幅度

对于受轴向变载荷的紧螺栓连接，应力变化幅度是影响其疲劳强度的重要因素，应力变

化幅度越小，疲劳强度越高。减小螺栓的刚度或增大被连接件的刚度，均能使应力变化幅度减小。

减小螺栓刚度的办法有：适当增加螺栓长度、减小螺栓光杆直径，如图16-21所示。也可在螺母下装弹性元件以降低螺栓刚度，如图16-22所示。

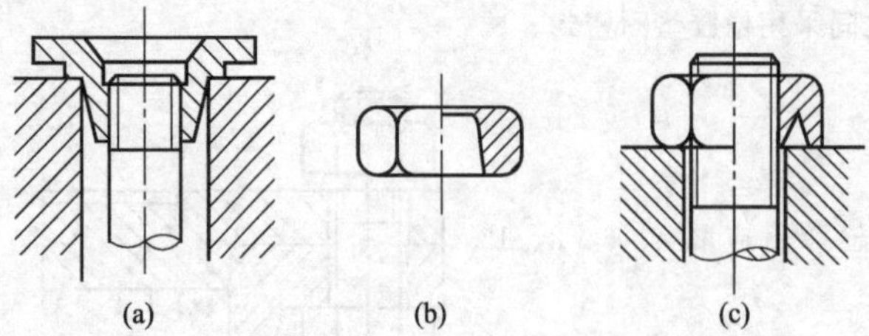

图 16-20　改善螺纹牙间载荷分布

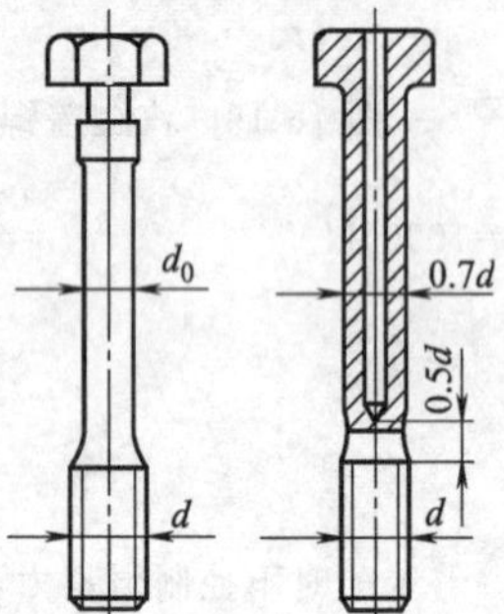

图 16-21　柔性螺栓

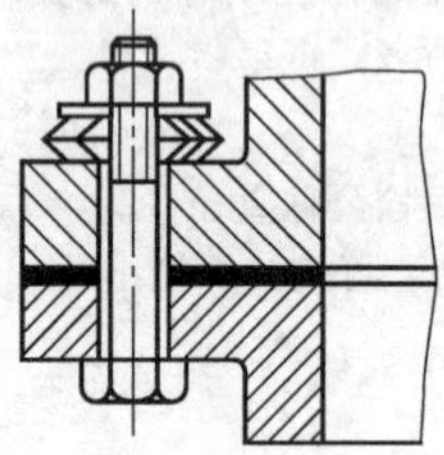

图 16-22　螺母下装弹性元件

要增大被连接件的刚度，可以采用刚度较大的金属垫片或不设垫片。对于有紧密性要求的气缸螺栓连接，从增大被连接件的刚度的角度来看，采用较软的汽缸垫片［图 16-23（a）］并不合适，此时采用密封环密封较好［图 16-23（b）］。

如同时采用上述两种方法，则减小应力变化幅度的效果会更好。

3. 减小应力集中

螺纹的牙根、收尾、螺栓头部与螺栓杆的交接处都有应力集中。适当加大牙根圆角半径、在螺纹收尾处加工出退刀槽等，都能减少应力集中，提高螺栓的疲劳强度。

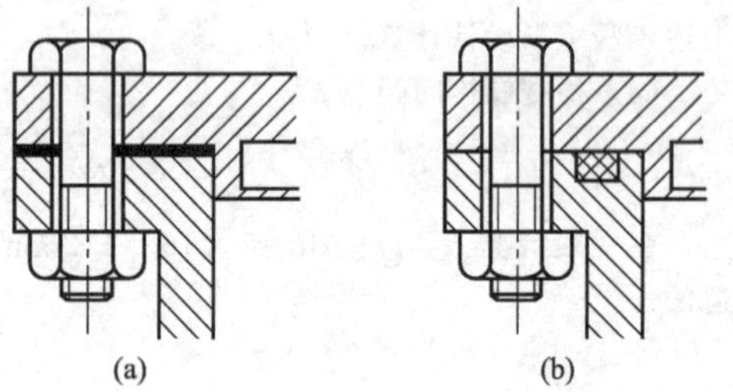

图 16-23　金属垫片和密封环密封

4. 避免附加应力

由于各种原因使螺母与支承面的接触点偏离螺栓轴线，使螺栓承受偏心载荷，从而使螺栓杆中产生很大的附加弯曲应力。这种情况应尽量设法避免，常用措施有以下几种。

①螺栓头、螺母与被连接件支承面均加工。为减小被连接件加工面，可做成凸台［图 16-24（a）］或沉头座（鱼眼坑）［图 16-24（b）］。

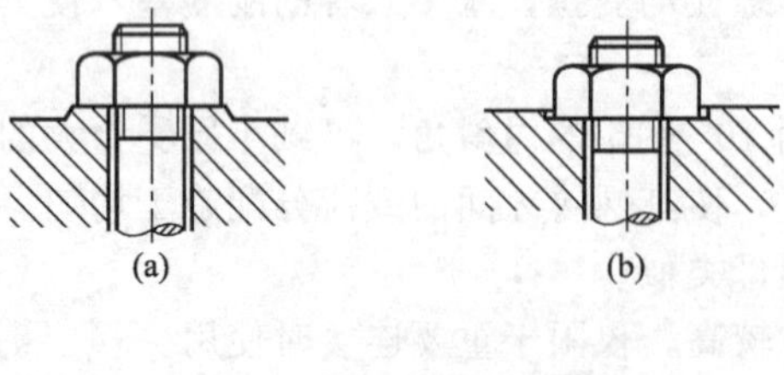

图 16-24　凸台和沉头座

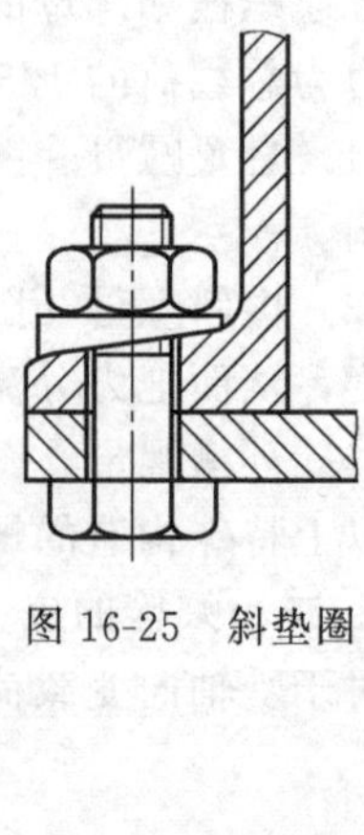

图 16-25　斜垫圈

② 设计时避免采用斜支承面，如果采用（如槽钢翼缘），可配置斜垫圈（图 16-25）。为防止螺栓轴线偏斜也可采用球面垫圈（图 16-26）或腰环螺栓（图 16-27）。

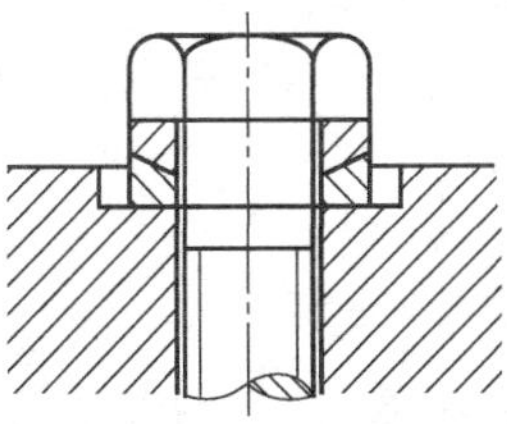

图 16-26　有球面垫圈的自动调位螺栓

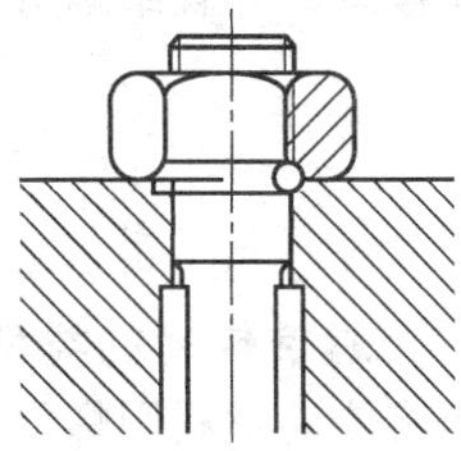

图 16-27　腰环螺栓

③ 增加被连接件的刚度，如增加凸缘厚度或采取其他相应措施。

5. 采用合理的制造工艺

采用冷镦工艺加工螺栓头部和滚压工艺辗制螺纹，可使螺栓内部金属纤维线的走向合理且不会被切断，并具有冷作硬化效果，其疲劳强度比车制螺栓约高 30%～40%。若滚压螺纹在热处理后进行，其疲劳强度可提高 70%～100%。此外，对螺栓进行渗碳、氮化、氰化及喷丸等表面处理，也能有效地提高其疲劳强度。

16.5　钢丝螺套

钢丝螺套是一种新型的螺纹紧固件，分为普通型和锁紧型两种（如图 16-28 所示），是由高精度菱形截面的不锈钢丝精确加工而成的一种弹簧状内外螺纹同心体。锁紧型是在普通型的基础上增加一圈或几圈锁紧圈。

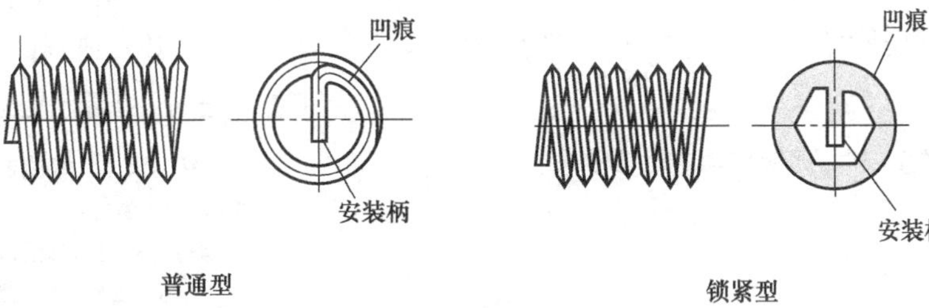

图 16-28　钢丝螺套的形式

钢丝螺套可以嵌入铝、镁合金、铸铁、玻璃钢、塑料等低强度的工程材料的螺纹孔中，形成标准的 M，MJ 螺纹，具有连接强度高，抗震、抗冲击和耐磨损等特点。

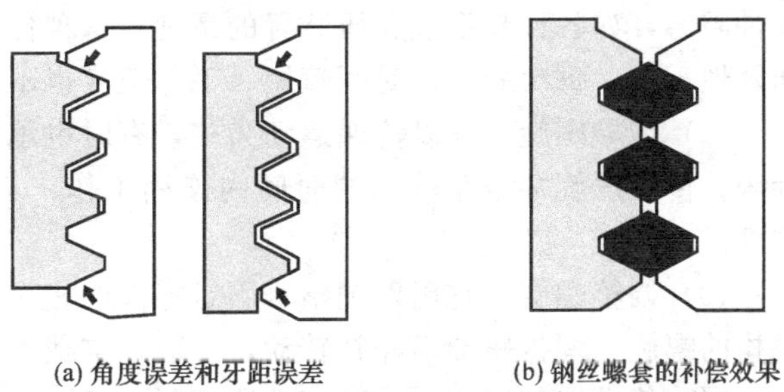

图 16-29　钢丝螺套改善螺纹连接示意图

标准螺纹连接［如图 16-29（a）所示］一般会因为螺纹加工的角度误差和牙距误差，导致接触面很小甚至是发生点接触的情况，从而使内外螺纹受力不均，降低螺纹连接的强度和疲劳寿命。安装钢丝螺套后的螺纹连接［如图 16-29（b）所示］由于钢丝螺套精度很高，再加上螺套的材料强度很高，使得基体内螺纹和钢丝螺套的接触面积大大增加，不容易损坏。另外，钢丝螺套具有较好的弹性，可以使基体内螺纹的受力均匀分布，减少应力集中的发生，从而大大提高螺纹连接的疲劳寿命。

另外，钢丝螺套还可以在原基体上的螺纹脱扣或乱牙时，作为修复手段，而不致造成整个基体报废，并且维修方便，快速经济。

16.6 螺旋传动

16.6.1 螺旋传动的类型和应用

螺旋传动是利用螺杆和螺母组成的螺旋副来实现传动要求的。它主要用于将回转运动转变为直线运动，同时传递运动和动力。

根据螺杆和螺母的相对运动关系，螺旋传动的常用运动形式，主要有以下两种：图 16-30（a）是螺杆转动，螺母移动，多用于机床的进给机构中；图 16-30（b）是螺母固定，螺杆转动并移动，多用于螺旋起重器（千斤顶，参看图 16-31）或螺旋压力机中。

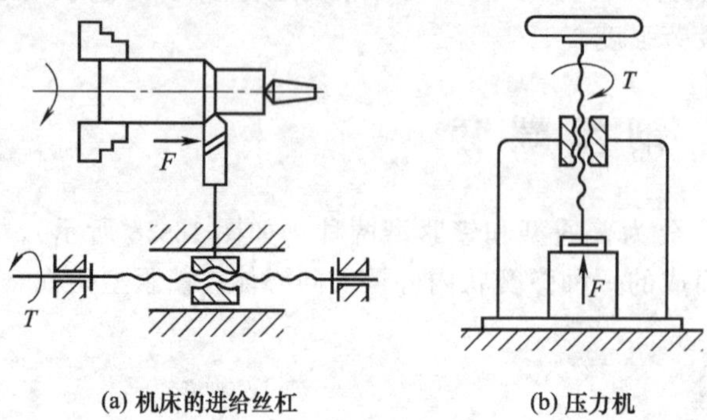

(a) 机床的进给丝杠　　(b) 压力机

图 16-30　螺旋传动的运动形式

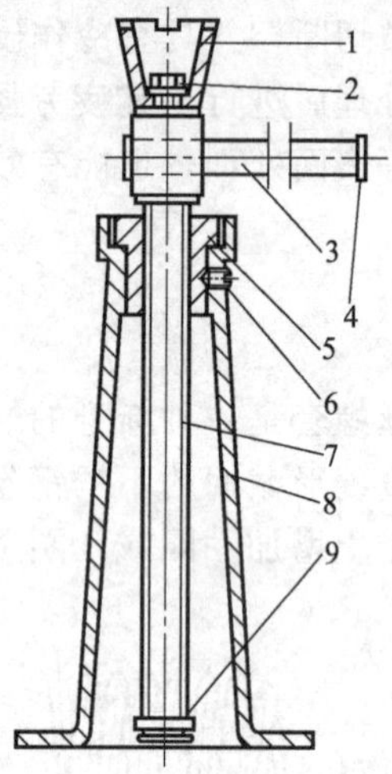

图 16-31　螺旋起重器

1—托杯；2—螺钉；3—手柄；4—挡环；5—螺母；6—紧定螺钉；7—螺杆；8—底座；9—挡环

螺旋传动按其用途不同，可分为以下三种类型：

（1）传力螺旋　它以传递动力为主，要求以较小的转矩产生较大的轴向推力，用以克服工件阻力，如各种起重或加压装置的螺旋。这种传力螺旋主要是承受很大的轴向力，一般为间歇性工作，每次的工作时间较短，工作速度也不高，而且通常需有自锁能力。

（2）传导螺旋　它以传递运动为主，有时也承受较大的轴向载荷，如机床进给机构的螺旋等。传导螺旋常需在较长的时间内连续工作，工作速度较高，因此要求具有较高的传动精度。

（3）调整螺旋　它用以调整、固定零件的相对位置，如机床、仪器及测试装置中的微调机构的螺旋。调整螺旋不经常转动，一般在空载下调整。

螺旋传动按其螺旋副的摩擦性质不同，又可分为滑动螺旋（滑动摩擦）、滚动螺旋（滚动摩擦）和静压螺旋（流体摩擦）。滑动螺旋结构简单，便于制造，易于自锁，但其主要缺点是摩擦阻力大，传动效率低（一般为 30%～40%），磨损快，传动精度低等。相反，滚动螺旋和静压螺旋的摩擦阻力小，传动效率高（一般为 90%以上），但结构复杂，特别是静压螺旋还需要供油系统。因此，只有在高精度、高效率的重要传动中才宜采用，如数控、精密机床、测试装置或自动控制系统中的螺旋传动等。

本节重点讨论滑动螺旋传动的设计和计算，对滚动螺旋和静压螺旋只做简单的介绍。

16.6.2　滑动螺旋的结构和材料

1. 滑动螺旋的结构

螺旋传动的结构主要是指螺杆、螺母的固定和支承的结构形式。螺旋传动的工作刚度与精度等和支承结构有直接关系，当螺杆短而粗且垂直布置时，如起重及加压装置的传力螺旋，可以利用螺母本身作为支承（图 16-31）。当螺杆细长且水平布置时，如机床的传导螺旋（丝杠）等，应在螺杆两端或中间附加支承，以提高螺杆的工作刚度。此外，对于轴向尺寸较大的螺杆，应采用对接的组合结构代替整体结构，以减少制造工艺上的困难。

螺母的结构有整体螺母、组合螺母和剖分螺母等形式。整体螺母结构简单，但由磨损产生的轴向间隙不能补偿，只适合在精度要求较低的螺旋中使用。对于经常双向传动的传导螺旋，为了消除轴向间隙和补偿旋合螺纹的磨损，避免反向传动时的空行程，常采用组合螺母或剖分螺母。图 16-32 是利用调整楔块来定期调整螺旋副的轴向间隙的一种组合螺母的结构形式。

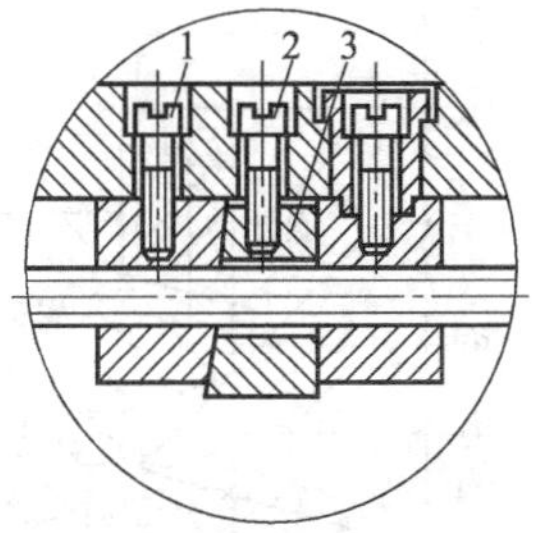

图 16-32　组合螺母
1—固定螺钉；2—调整螺钉；3—调整楔块

滑动螺旋采用的螺纹类型有矩形、梯形和锯齿形。其中以梯形和锯齿形螺纹应用最广。螺杆常用右旋螺纹，只有在某些特殊的场合，如车床横向进给丝杠，为了符合操作习惯，才采用左旋螺纹。传力螺旋和调整螺旋要求自锁时，应采用单线螺纹。对于传导螺旋，为了提高其传动效率及直线运动速度，可采用多线螺纹（线数 $n=3\sim4$，甚至多达 6）。

2. 螺杆和螺母的材料

螺杆材料要有足够的强度和耐磨性。螺母材料除要有足够的强度外，还要求在与螺杆材料配合时摩擦系数小和耐磨。螺旋传动常用的材料见表 16-6。

表 16-6　螺旋传动常用的材料

螺旋副	材料牌号	应用范围
螺杆	Q235、Q275、45、50	材料不经热处理，适用于经常运动，受力不大，转速较低的传动
	40Cr、65Mn、T12、40WMn、20CrMnTi	材料需经热处理，以提高其耐磨性，适用于重载、转速较高的重要传动
	9Mn2V、CrWMn、38CrMoAl	材料需经热处理，以提高其尺寸的稳定性，适用于精密传导螺旋传动
螺母	ZCuSnlOPl、ZCuSn5Pb5Zn5（铸锡青铜）	材料耐磨性好，适用于一般传动
	ZCuA19Fe4Ni4Mn2（铸铝青铜）、ZCuZn25A16Fe3Mn3（铸铝黄铜）	材料耐磨性好，强度高，适用于重载、低速的传动。对于尺寸较大或高速传动，螺母可采用钢或铸铁制造，内孔浇注青铜或巴氏合金

16.6.3　滑动螺旋传动的设计计算

滑动螺旋工作时，主要承受转矩及轴向拉力（或压力）的作用，同时在螺杆和螺母的旋合螺纹间有较大的相对滑动。其失效形式主要是螺纹磨损。因此，滑动螺旋的基本尺寸（即螺杆直径与螺母高度），通常是根据耐磨性条件确定的。对于受力较大的传力螺旋，还应校核螺杆危险截面以及螺母螺纹牙的强度，以防止发生塑性变形或断裂；对于要求自锁的螺杆应校核其自锁性；对于精密的传导螺旋应校核螺杆的刚度（螺杆的直径应根据刚度条件确定），以免受力后由于螺距的变化引起传动精度降低；对于长径比很大的螺杆，应校核其稳定性，以防止螺杆受压后失稳；对于高速的长螺杆还应校核其临界转速，以防止产生过度的横向振动等。在设计时，应根据螺旋传动的类型、工作条件及其失效形式等，选择不同的设计准则，而不必逐项进行校核。

下面主要介绍耐磨性计算和几项常用的校核计算方法。

1. 耐磨性计算

滑动螺旋的磨损与螺纹工作面上的压力、滑动速度、螺纹表面粗糙度以及润滑状态等因素有关。其中最主要的是螺纹工作面上的压力，压力越大螺旋副间越容易形成过度磨损。因此，滑动螺旋的耐磨性计算，主要是限制螺纹工作面上的压力 p，使其小于材料的许用压力 $[p]$。

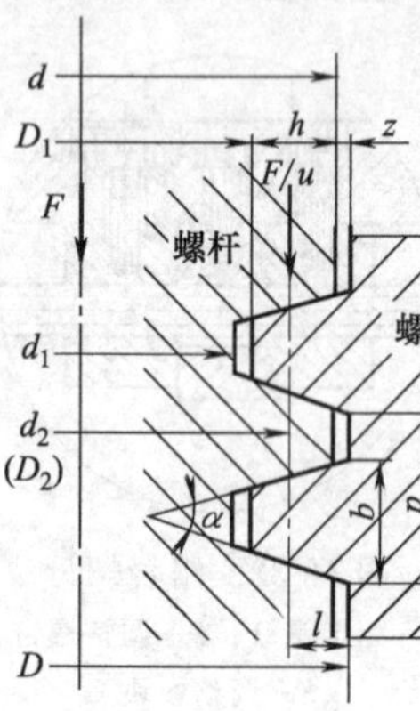

图 16-33 螺旋副受力

如图 16-33 所示，假设作用于螺杆的轴向力为 F（单位为 N），螺纹的承压面积（指螺纹工作表面投影到垂直于轴向力的平面上的面积）为 A（单位为 mm^2），螺纹中径为 d_2（单位为 mm），螺纹工作高度为 h（单位为 mm），螺纹螺距为 P（单位为 mm），螺母高度为 H（单位为 mm），螺纹工作圈数为 $u=\dfrac{H}{P}$，则螺纹工作面上的耐磨性条件为

$$p=\frac{F}{A}=\frac{F}{\pi d_2hu}=\frac{FP}{\pi d_2hH}\leqslant[p] \tag{16-13}$$

上式可作为校核计算用。为了导出设计计算式，令 $\phi=H/d_2$，则 $H=\phi d_2$。代入式（16-13）整理后可得

$$d_2\geqslant\sqrt{\frac{FP}{\pi h\phi[p]}} \tag{16-14}$$

对于矩形和梯形螺纹，$h=0.5P$，则

$$d_2\geqslant0.8\sqrt{\frac{F}{\phi[p]}} \tag{16-15}$$

对于 30°锯齿形螺纹，$h=0.75P$，则

$$d_2\geqslant0.65\sqrt{\frac{F}{\phi[p]}} \tag{16-16}$$

螺母高度

$$H=\phi d_2 \tag{16-17}$$

式中，$[p]$为材料的许用压力，单位为 MPa，见表 16-7；ϕ 值一般取 1.2～3.5。对于整体螺母，由于磨损后不能调整间隙，为使受力分布比较均匀，螺纹工作圈数不宜过多，故取 $\phi=1.2\sim2.5$；对于剖分螺母和兼作支承的螺母，可取 $\phi=2.5\sim3.5$；只有传动精度较大，载荷较大，要求寿命较长时，才允许取 $\phi=4$。

根据公式算得螺纹中径 d_2 后，应按国家标准选取相应的公称直径 d 及螺距 P。螺纹工作圈数不宜超过 10 圈。

螺纹几何参数确定后，对于有自锁性要求的螺旋副，还应校核螺旋副是否满足自锁条件，即

$$\psi\leqslant\varphi_V=\arctan\frac{f}{\cos\beta}=\arctan f_V \tag{16-18}$$

式中，ψ 为螺纹升角；φ_V 为当量摩擦角；f_V 为螺旋副的当量摩擦系数；f 为摩擦系数，见表 16-7。

表 16-7　滑动螺旋副材料的许用压力 [p] 及摩擦系数 f

螺杆-螺母的材料	滑动速度/(m/min)	许用压力/MPa	摩擦系数 f
钢-青铜	低速	18～25	0.08～0.10
	≤3.0	11～18	
	6～12	7～10	
	>15	1～2	
淬火钢-青铜	6～12	10～13	0.06～0.08
钢-铸铁	<2.4	13～18	0.12～0.15
	6～12	4～7	
钢-钢	低速	7.5～13	0.11～0.17

注：1. 表中许用压力值适用于 $\phi=2.5\sim4$ 的情况。当 $\phi<2.5$ 时可提高 20%；若为剖分螺母时应降低 15%～20%。
2. 表中摩擦系数起动时取大值，运转中取小值。

2. 螺杆的强度计算

受力较大的螺杆需进行强度计算。螺杆工作时承受轴向压力（或拉力）F 和扭矩 T 的作用。螺杆危险截面上既有压缩（或拉伸）应力，又有切应力。因此，校核螺杆强度时，应根据第四强度理论求出危险截面的计算应力 σ_{ca}，其强度条件为

$$\sigma_{ca}=\sqrt{\sigma^2+3\tau^2}=\sqrt{\left(\frac{F}{A}\right)^2+3\left(\frac{T}{W_T}\right)^2}\leqslant[\sigma]$$

或

$$\sigma_{ca}=\frac{1}{A}\sqrt{F^2+3\left(\frac{4T}{d_1}\right)^2}\leqslant[\sigma] \tag{16-19}$$

式中　F——螺杆所受的轴向压力（或拉力），N；

A——螺杆螺纹段的危险截面面积；$A=\frac{\pi}{4}d_1{}^2$，mm^2；

W_T——螺杆螺纹段的抗扭截面系数，$W_T=\frac{\pi d_1{}^3}{16}=A\frac{d_1}{4}$，$mm^3$；

d_1——螺杆螺纹小径，mm；

T——螺杆所受的扭矩，N·mm；

$[\sigma]$——螺杆材料的许用应力，MPa，见表 16-8。

表 16-8　滑动螺旋副材料的许用应力

螺旋副材料		许用应力/MPa		
		$[\sigma]$	$[\sigma_b]$	$[\tau]$
螺杆	钢	$\frac{\sigma_s}{3\sim5}$		
螺母	青铜		40～60	30～40
	铸铁		45～55	40
	钢		$(1.0\sim1.2)[\sigma]$	$0.6[\sigma]$

注：1. σ_s为材料屈服极限；2. 载荷稳定时，许用应力取大值。

3. 螺母螺纹牙的强度计算

螺纹牙多发生剪切和挤压破坏，一般螺母的材料强度低于螺杆，故只需校核螺母螺纹牙的强度。

如图 16-34 所示，如果将一圈螺纹沿螺母的螺纹大径 D（单位为 mm）处展开，则可看

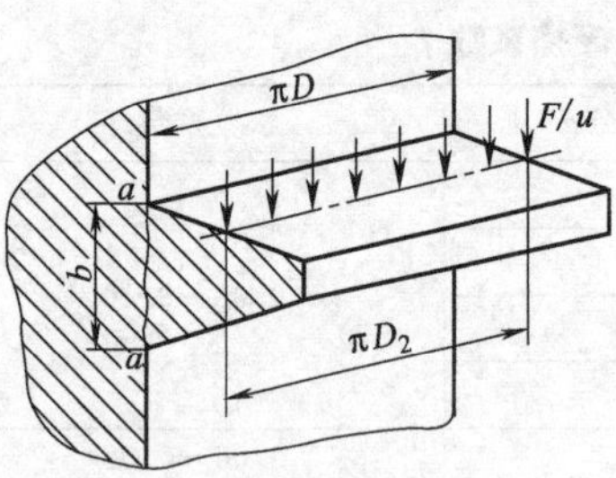

图 16-34 螺母螺纹圈的受力

做宽度为 πD 的悬臂梁。假设螺母每圈螺纹所承受的平均压力为$\frac{F}{u}$，并作用在以螺纹中径 D_2（单位为 mm）为直径的圆周上，则螺纹牙危险截面 $a-a$ 的剪切强度条件为

$$\tau=\frac{F}{\pi Dbu}\leqslant[\tau] \tag{16-20}$$

螺纹牙危险截面 $a—a$ 的弯曲强度条件为

$$\sigma=\frac{6Fl}{\pi Db^2u}\leqslant[\sigma_b] \tag{16-21}$$

式中 b——螺纹牙根部的厚度，mm，对于矩形螺纹，$b=0.5P$，对于梯形螺纹，$b=0.65P$，对于 30°锯齿形螺纹，$b=0.75P$，P 为螺纹螺距；

l——弯曲力臂，mm，参看图 16-33，$l=\frac{D-D_2}{2}$；

$[\tau]$——螺母材料的许用切应力，MPa，见表 16-8；

$[\sigma_b]$——螺母材料的许用弯曲应力，MPa，见表 16-8。

其余符号的意义和单位同前。

当螺杆和螺母的材料相同时，由于螺杆的小径 d_1 小于螺母螺纹的大径 D，故应校核螺杆螺纹牙的强度。此时，式（16-20）、式（16-21）中的 D 应改为 d_1。

4. 螺杆的稳定性计算

对于长径比大的受压螺杆，当轴向压力 F 大于某一临界值时，螺杆就会突然发生侧向弯曲而丧失其稳定性。因此，在正常情况下，螺杆承受的轴向力 F（单位为 N）必须小于临界载荷 F_{lj}（单位为 N）。则螺杆的稳定性条件为

$$n_w=\frac{F_{lj}}{F}\geqslant n_{st} \tag{16-22}$$

式中 n_w——螺杆稳定性的计算安全系数；

n_{st}——螺杆稳定性安全系数，对于传力螺旋（如起重螺杆等），$n_{st}=3.5\sim5.0$；对于传导螺旋 $n_{st}=2.5\sim4.0$；对于精密螺杆或水平螺杆，$n_{st}>4.0$；

F_{lj}——螺杆的临界载荷，N；根据螺杆的柔度 λ_s 值的大小选用不同的公式计算，$\lambda_s=\frac{\mu l}{i}$。

此处，μ 为螺杆的长度系数，见表 16-9；l 为螺杆的工作长度，mm；螺杆两端支承时取两支点间的距离作为工作长度 l，螺杆一端以螺母支承时，以螺母中部到另一端支点的距离作为工作长度 l；i 为螺杆危险截面的惯性半径，mm；若螺杆危险截面面积 $A=\frac{\pi}{4}d_1^2$，则 $i=\sqrt{\frac{I}{A}}=\frac{d_1}{4}$。

临界载荷 F_{lj}可按欧拉公式计算，即

$$F_{lj}=\frac{\pi^2EI}{(\mu l)^2} \tag{16-23}$$

式中 E——螺杆材料的拉压弹性模量，MPa，$E=2.06\times10^5$MPa；

I——螺杆危险截面的惯性矩，$I=\frac{\pi}{64}d_1^4$，mm^4。

当 $\lambda_s<40$ 时，可以不必进行稳定性校核。若上述计算结果不满足稳定性条件，应适当增加螺杆的小径 d_1。

表 16-9　螺杆的长度系数 μ

端部支承情况	长度系数 μ	端部支承情况	长度系数 μ
两端固定	0.50	两端不完全固定	0.75
一端固定,一端不完全固定	0.60	两端铰支	1.00
一端铰支,一端不完全固定	0.70	一端固定,一端自由	2.00

注：判断螺杆端部支承情况的方法：

(1) 若采用滑动支承时，则以轴承长度 l_0 与直径 d_0 的比值来确定。$\frac{l_0}{d_0}<1.5$ 时，为铰支；$\frac{l_0}{d_0}=1.5\sim3.0$ 时，为不完全固定；$\frac{l_0}{d_0}>3.0$ 时，为固定支承。

(2) 若以整体螺母作为支承时，仍按上述方法确定。此时，取 $l_0=H$（H 为螺母高度）。

(3) 若以剖分螺母作为支承时，可作为不完全固定支承。

(4) 若采用滚动支承且有径向约束时，可作为铰支；有径向和轴向约束时，可作为固定支承。

16.6.4　滚动螺旋传动简介

滚动螺旋可分为滚珠螺旋和滚子螺旋两大类。

滚珠螺旋又可分为总循环式（全部滚珠一道循环）和分循环式（滚珠分组循环），还可按循环回路的位置分为内循环（滚珠在螺母体内循环）和外循环（在螺母的圆柱面上开出滚道加盖或另插管子作为滚珠循环回路）。总循环式的内循环滚珠螺旋由图 16-35 中的 4、5、6 等件组成，即在由螺母和螺杆的近似半圆形螺旋凹槽拼合而成的滚道中装入适量的滚珠，并用螺母上制出的通路及导向辅助件构成闭合回路，以备滚珠连续循环。图示的螺母两端支承在机架 7 的滚动轴承上，是以螺母作为螺旋副的主动件，当外加的转矩驱动齿轮 1 而带动螺母旋转时，螺杆即作轴向移动。外循环式及分循环式的滚珠螺旋可参看有关资料。

滚子螺旋可分为自转滚子式和行星滚子式，自转式按滚子形状又可分为圆柱滚子（对应矩形螺纹的螺杆）和圆锥滚子（对应梯形螺纹的螺杆）。自转圆锥滚子式滚子螺旋的示意图见图 16-36，即在套筒形螺母内沿螺纹线装上约三圈滚子（可用销轴或滚针支承）代替螺纹牙进行传动。

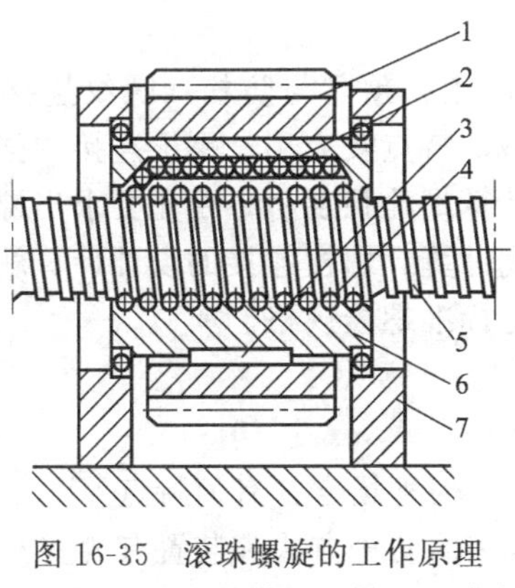

图 16-35　滚珠螺旋的工作原理

1—齿轮；2—返回滚道；3—键；4—滚珠；5—螺杆；6—螺母；7—机架

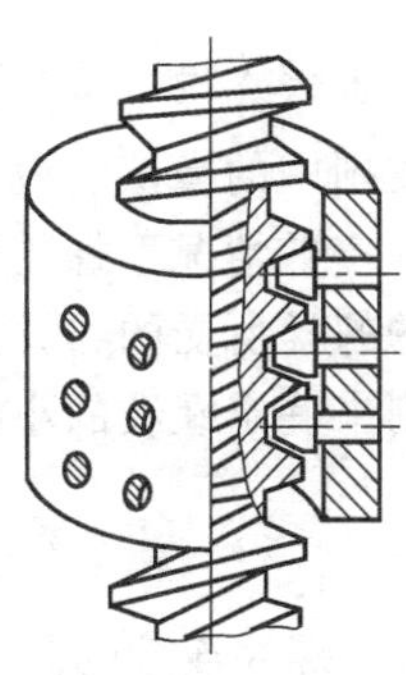

图 16-36　圆锥滚子螺旋示意图

这种螺旋还可在螺母上开出轴向槽，以便躲过长螺杆（或两段螺杆接头处）的支柱而运行到远处。由于对承载能力及工作寿命的要求不断提高，目前国外滚子螺旋的应用已趋广泛。

滚动螺旋传动具有传动效率高、起动力矩小、传动灵敏平稳、工作寿命长等优点，故目前在机床、汽车、拖拉机、航空、航天及武器等制造业中应用颇广。缺点是制造工艺比较复杂，特别是长螺杆更难保证热处理及磨削工艺质量，刚性及抗振性能较差。

16.6.5 静压螺旋传动简介

为了降低螺旋运动的摩擦，提高传动效率，并增加螺旋传动的刚性及抗振性能，可以将静压原理应用于螺旋传动中，制成静压螺旋。

关于静压原理的基本论述本节不予讲解，本节只简要介绍静压螺旋的结构和工作情况。

如图 16-37 所示，在静压螺旋中，螺杆仍为一具有梯形螺纹的普通螺杆，但在螺母每圈螺纹牙两个侧面的中径处，各开有 3～4 个油腔，压力油通过节流器进入油腔，产生一定的油腔压力。

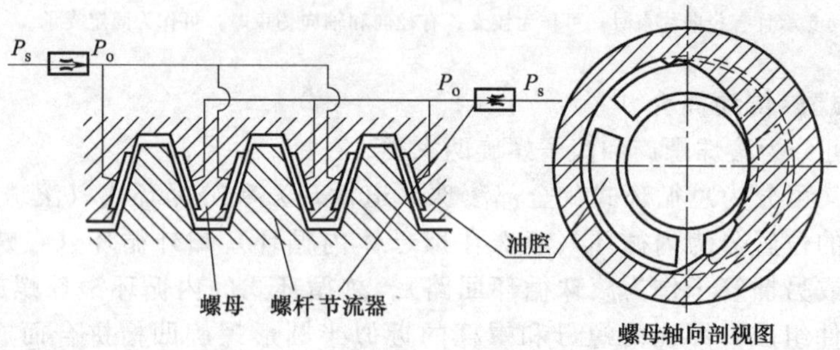

图 16-37 静压螺旋传动示意图

当螺杆未受载荷时，螺杆的螺纹牙位于螺母螺纹牙的中间位置，处于平衡状态。此时，螺杆螺纹牙的两侧间隙相等，经螺纹牙两侧流出的油的流量相等。因此，油腔压力也相等。

当螺杆受轴向载荷时，螺杆沿受载方向产生一位移，螺纹牙一侧的间隙减小，另一侧的间隙增大。由于节流器的调节作用，使间隙减小一侧的油腔压力增高；而另一侧的油腔压力降低。于是两侧油腔便形成了压力差，从而使螺杆重新处于平衡状态。

当螺杆承受径向载荷或倾覆力矩时，其工作情况与上述的相同。

【知识梳理与总结】

（1）本章介绍了螺纹的形成、螺纹连接类型、应用、预紧与防松；螺纹连接的结构设计、螺纹副中的摩擦、效率和自锁；螺旋传动的类型、特点及应用；螺栓连接的强度计算。

（2）多数情况下螺栓连接都是成组使用的，在计算螺栓强度时，首先要求出螺栓组中受力最大的螺栓所受的力，然后再按单个螺栓进行强度计算。螺栓连接的设计计算就是依据其设计准则来确定螺纹的小径，再根据有关标准来选定标准螺栓规格。

习　　题

16-1　螺纹连接的基本形式有哪几种？各适合用于何种场合？有何特点？

16-2　为什么螺纹连接通常要采用防松措施？常用的防松方法和装置有哪些？

16-3　常见的螺栓失效形式有哪几种？失效发生的部位通常在何处？

16-4　松螺栓连接与紧螺栓连接的区别何在？它们的强度计算有何区别？

16-5　起重滑轮松螺栓连接如图 16-38 所示。已知作用在螺栓上的工作载荷 F_Q＝50kN，螺栓材料为 Q235，试确定螺栓的直径。

16-6　图 16-39 所示为普通螺栓连接，采用 2 个 M12 的螺栓，螺栓的许用应力 $[\sigma]$＝

160MPa，被连接件结合面间的摩擦因数 $f=0.2$，取可靠性系数 $K_f=1.2$，试计算连接允许传递的最大静载荷 F_R。

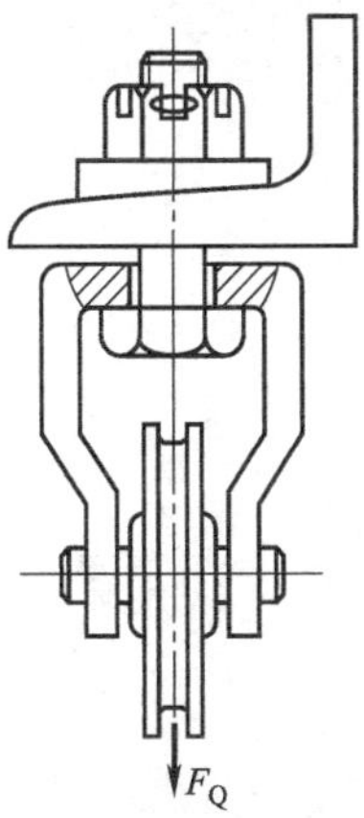

图 16-38　题 16-5 图

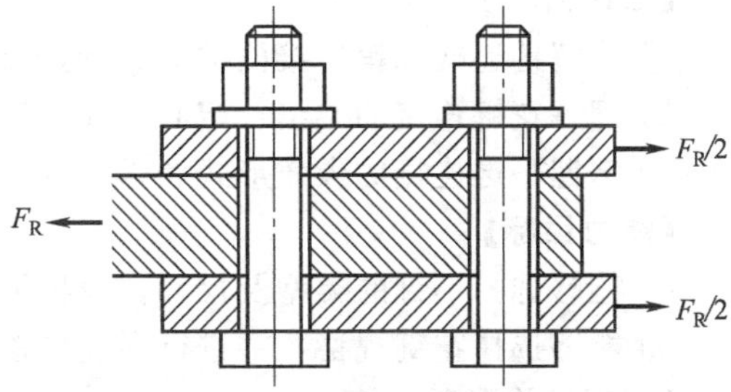

图 16-39　题 16-6 图

16-7　汽缸盖用普通螺栓连接如图 16-19 所示，缸盖与缸体均为钢制，采用铜皮石棉垫密封。已知汽缸内气体压力 $p=1.5$MPa，汽缸内径 $D=200$mm，螺栓分布在 $D_0=280$mm 的圆周上。试设计此螺栓连接。

第 17 章　轴 毂 连 接

【知识目标】

① 了解键连接和销连接的类型、特点及应用；

② 理解花键连接的类型、定心方式、工作特点和应用；

③ 掌握平键连接的失效形式和强度校核公式。

【能力目标】

① 能够选择平键的类型及尺寸，校核平键的强度；

② 能够选择花键规格，并进行强度校核。

【知识结构图】

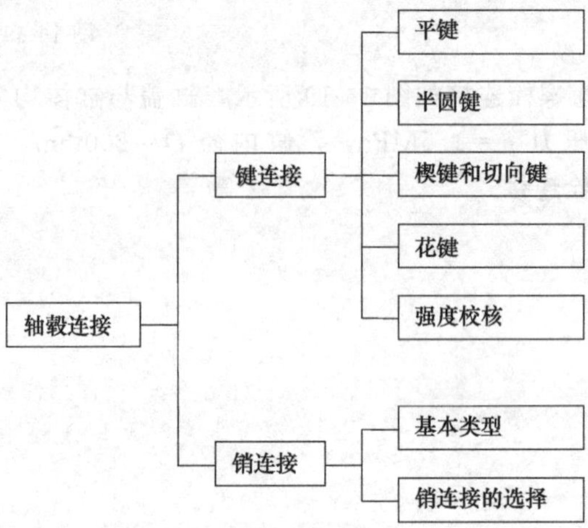

轴与轴上零件轮毂之间的连接，称为轴毂连接，其作用主要是实现轴和轴上零件之间的周向固定，以传递动力和运动。轴毂连接的形式很多，有键连接、花键连接、销连接、成形连接、过盈连接等，本章主要介绍键连接、花键连接和销连接。

17.1　键　连　接

键是标准零件，按装配方式不同可分为两大类。松键连接：平键、花键和半圆键，主要靠键的侧面承受剪切和挤压来传递动力和运动；紧键连接：楔键和切向键，主要靠键的上下表面承受的摩擦力来传递动力和运动。

1. 平键

平键连接的特点是靠侧面传递转矩，侧面是工作面。而键的上面和轮毂槽底之间留有间隙。平键连接结构简单、对中良好、装拆方便、加工容易，故应用很广泛，但它不能实现轴上零件的轴向固定。平键连接按用途分为三种：普通平键、导键和滑键。

(1) 普通平键（图 17-1）　用于静连接，即轴与轮毂间无相对轴向移动的连接，按端部形状不同分为 A 型（圆头）、B 型（方头）、C 型（单圆头）三种。

A 型键的轴槽用指状铣刀加工，轴槽两端具有与键相同的形状，故键在槽中固定良好，但槽对轴引起的应力集中较大。B 型键的轴槽用盘形铣刀加工，引起轴的应力集中较小。C

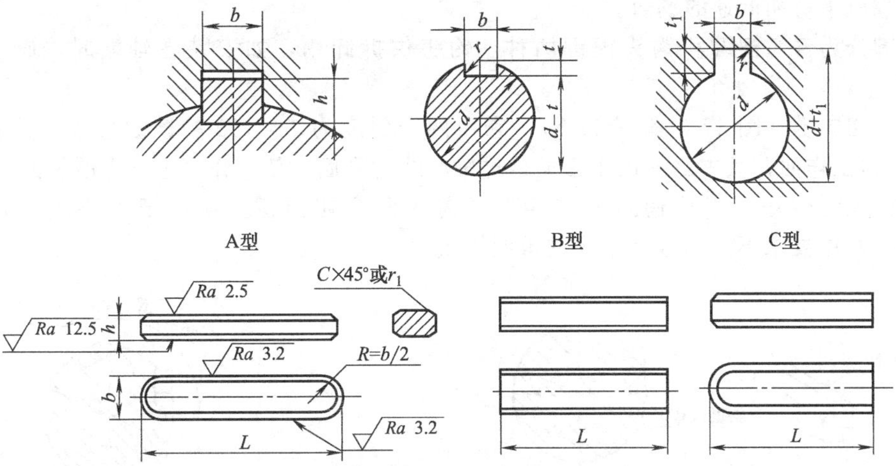

图 17-1　平键连接

型键常用于轴端。普通平键连接应用最广，如用于各种带轮、齿轮与轴的静连接。

（2）导键和滑键　都用于动连接，即轴与轮毂之间有相对轴向移动的连接。导键（图 17-2）用螺钉固定在轴槽中，轴上零件能沿键作轴向滑移。滑键（图 17-3）固定在轮毂上，轴上零件带着键作轴向移动；滑键用于零件轴向移动量较大的场合。

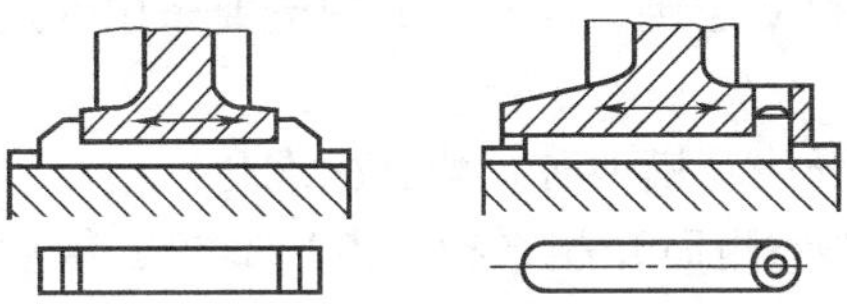

图 17-2　导键连接

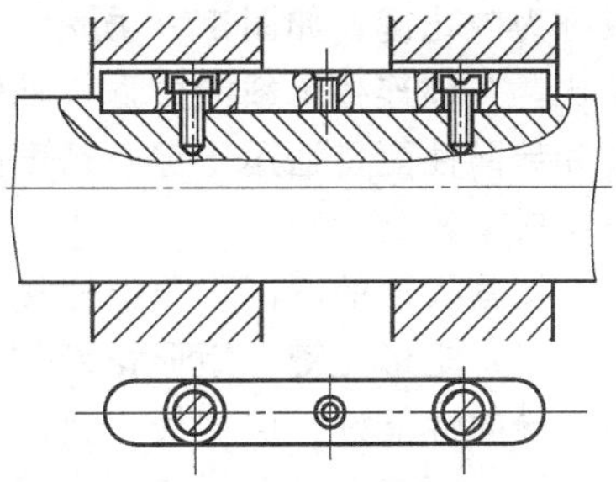

图 17-3　滑键连接

2. 半圆键

半圆键（图 17-4）用于静连接，与平键一样，键的两侧面为工作面，定心较好。半圆键能在槽中摆动，以适应毂槽底面，装配方便。它的缺点是键槽较深，对轴的强度削弱较大。主要用于轻载荷和锥形轴端。

3. 楔键和切向键

楔键和切向键只用于静连接。

（1）楔键（图 17-5）其上下面是工作面。键的上表面和毂槽底面各有 1∶100 的斜度，装配需要用锤打入，靠楔紧作用传递转矩，故楔键连接能轴向固定零件或承受单向轴向力。其缺点是由于楔键打入时，迫使轴和轮毂配合产生偏心与偏斜，因此主要用于定心精度要求

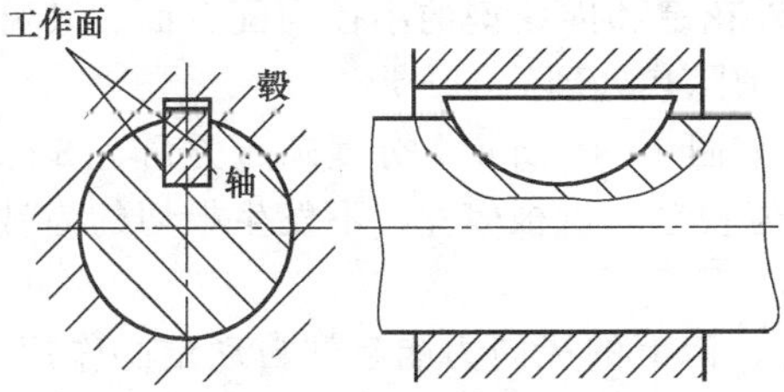

图 17-4　半圆键连接

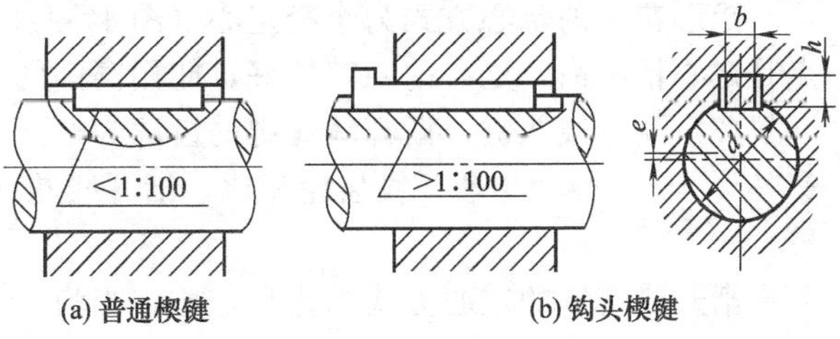

图 17-5　楔键连接

不高、载荷平稳和低速的场合。

楔键分为普通楔键和钩头楔键两种。钩头供拆卸用，如安装在轴端时，应注意加防护罩。

(2) 切向键（图 17-6 和图 17-7） 它由两个斜度为 1∶100 的楔键组成，其上下两面（窄面）为工作面，其中之一的工作面通过轴心线的平面，使工作面上压力沿轴的切向作用，能传递很大的转矩。当传递双向转矩时，需用两个切向键。切向键主要用于轴径大于 100mm、对中要求不严而载荷很大的重型机械中。

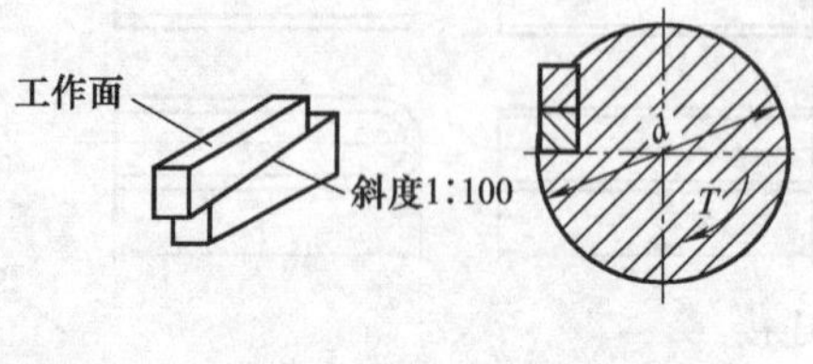

图 17-6 切向键连接（单向转动）

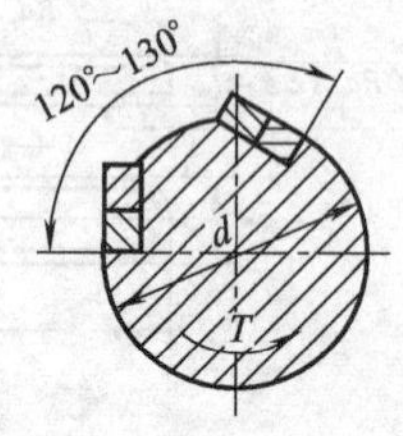

图 17-7 切向键连接（双向转动）

4. 花键连接

由于平键连接的承载能力低，轴强度被削弱和应力集中程度都比较严重，为改善这些缺点，将多个平键与轴加工成一体，便形成花键轴，或称为外花键，同它配合的便是花键孔，或称为内花键，如图 17-8 所示。花键轴和花键孔组成的连接，称为花键连接。与平键连接相比，花键连接承载能力强，轴强度被削弱和应力集中程度有所改善，并且有良好的定心精度和导向性能，适用于定心精度高、载荷大的静连接和动连接。但花键的制造要采用专用设备，成本较高。

按其齿形的不同，花键连接可分为矩形花键、渐开线花键两种，均已标准化。

(1) 矩形花键 矩形花键如图 17-9 所示，齿的两个侧面互相平行，齿形简单、精度较高，导向性能好，应用最广泛。

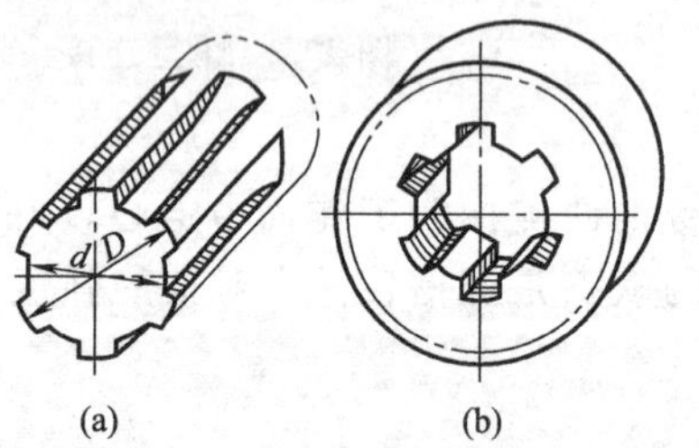

图 17-8 外花键和内花键

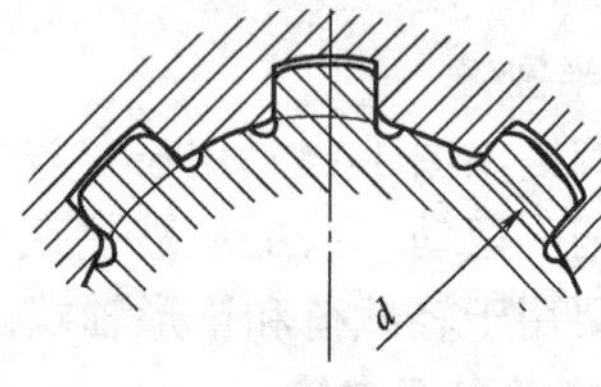

图 17-9 矩形花键定心

矩形花键的主要参数为小径 d（公称尺寸）、大径 D、齿宽 B 和齿数 z。按齿高的不同，国家标准中规定了轻系列和中系列两个系列。轻系列的承载能力较小，多用于静连接或轻载连接，中系列用于中等载荷的连接。

矩形花键的定心方式为小径定心（图 17-9），即外花键和内花键的小径为配合面。其特点是定心精度高，定心的稳定性好，能用磨削的方法消除热处理后的变形。

(2) 渐开线花键 渐开线花键的齿廓为渐开线，如图 17-10 所示。分度圆压力角有 30°、37.5°、45°三种。与渐开线齿轮相比，渐开线花键的齿较短，齿根较宽，不发生根切的齿数较少。

渐开线花键的定心方式为齿形定心，当齿受载时，齿上的径向力能起到自动定心作用，有利于各齿均匀承载。

渐开线花键可以用制造齿轮的方法来加工，工艺性较好，制造精度也高，花键齿的根部强度高，应力集中小，易于定心。当传递的转矩较大且轴径也较大时，宜采用渐开线花键。

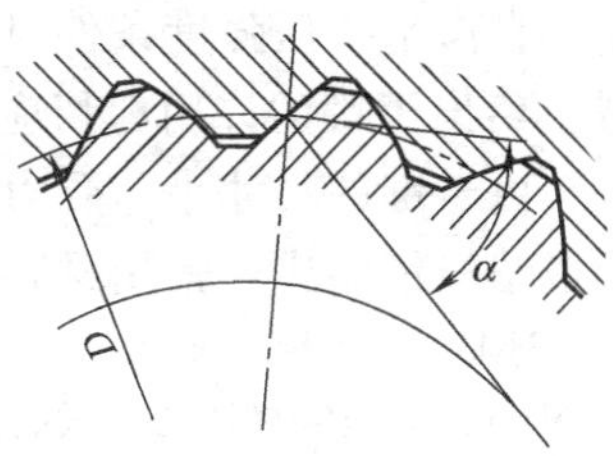

图 17-10　渐开线花键的齿廓

5. 平键连接的强度校核

普通平键的剖面尺寸（键宽 b×键高 h）根据轴径 d 从有关标准中选定，键长 L 应略小于轮毂长度并符合标准系列。键的主要尺寸列于表 17-1 中。

表 17-1　键的主要尺寸　mm

主要尺寸	轴径 d						
	>10～12	>12～17	>17～22	>22～30	>30～38	>34～44	>44～50
键宽 b	4	5	6	8	10	12	14
键高 h	4	5	6	7	8	8	9
键长 L	8～45	10～56	14～70	18～90	22～110	28～140	36～160
轴径 d	>50～58	>58～65	>65～75	>75～85	>85～95	>96～110	>110～130
键宽 b	16	18	20	22	25	28	32
键高 h	10	11	12	14	14	16	18
键长 L	45～180	50～200	56～220	63～250	70～280	80～320	90～360

注：键的长度系列：8，10，12，14，16，18，20，22，25，28，32，36，40，45，50，63，70，80，90，100，110，125，140，160，180，200，220，250，280，320，360。

平键连接的可能失效形式有：压溃（静连接）、磨损（动连接）及键的剪断。

用于静连接的普通平键的主要失效形式是较薄弱零件（通常是轮毂）的工作面被压溃。用于动连接的导键与滑键的主要失效形式是磨损。如图 17-11 所示，设载荷沿键长和高度均匀分布，则挤压强度强度条件为

$$\sigma_p=\frac{4T}{dhl}\leqslant[\sigma_p] \tag{17-1}$$

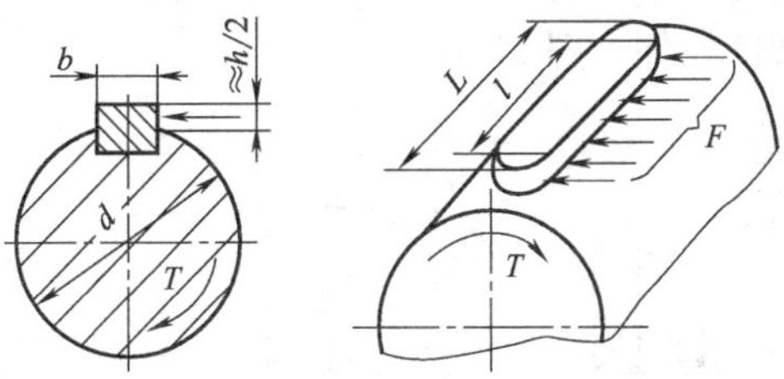

图 17-11　平键连接受力情况

式中　d——轴的直径，mm；

h——键的高度，mm；

T——转矩，N·mm；

$[\sigma_p]$——许用挤压应力，MPa（表 17-2），对于动连接的导键和滑键，则应以许用压强 $[p]$ 代替式中的 $[\sigma_p]$；

l——键的接触长度，mm，对于 A 型键，$l=L-b$，对于 B 型键，$l=L$，对于 C 型键，$l=L-\frac{b}{2}$；

L——键的长度。

表 17-2　键连接的许用挤压应力、许用压强和许用剪切应力　MPa

许用值	连接方式	轮毂或键的材料	载荷性质		
			静载荷	轻微冲击	冲击
$[\sigma_p]$	静连接	钢	125～150	100～120	60～90
		铸铁	70～80	50～60	30～45
$[p]$	动连接	钢	50	40	30
$[\tau]$	静连接	钢	120	90	60

注：1. $[\sigma_p]$ 和 $[p]$ 应按连接中力学性能较弱的材料选取。

2. 动连接的相对滑动表面经表面淬火，则 $[p]$ 值可提高 2～3 倍。

在满足挤压强度条件时，一般能够满足键的剪切强度条件，可不进行剪切强度验算。表 17-2 给出了键的许用剪切应力 $[\tau]$ 备用。

由于键的尺寸小，受力相对地比较大，所以，键一般用抗拉强度极限 $\sigma_b \geqslant 600\text{MPa}$ 的碳钢或精拔钢制成。常用材料有 45 钢。

例 17-1 齿轮与轴用 A 型平键连接。已知：轴径 $d=70\text{mm}$，齿轮宽 80mm，传递转矩 $T=620\times10^3\text{N}\cdot\text{mm}$，有轻微冲击。试确定键连接的尺寸并验算键连接的强度。

解 根据轴径 $d=70\text{mm}$，可从手册查出相应的平键 $b\times h=20\times12$。按齿轮宽度，可取键长 $L=70\text{mm}$。选 A 型键，则挤压应力

$$\sigma_p=\frac{4T}{dhl}=\frac{4\times620\times10^3}{70\times12\times(70-20)}=59\text{MPa}$$

从表 17-2 查出 $[\sigma_p]=100\sim120\text{MPa}$，可知满足强度要求。

17.2 销 连 接

1. 销连接的基本类型

(1) 销连接的功能分类 根据销连接的功能不同，销连接可分为定位销、连接销和安全销等。定位销主要用于定位（图 17-12），即固定零件之间的相对位置，它是组合加工和装配时的主要辅助零件；连接销用于连接或锁定（图 17-13），但它只传递不大的载荷，由于销孔对轴的削弱较大，故一般多用于轻载或不重要的连接；安全销可作为安全装置中的过载剪断元件（图 17-14）。

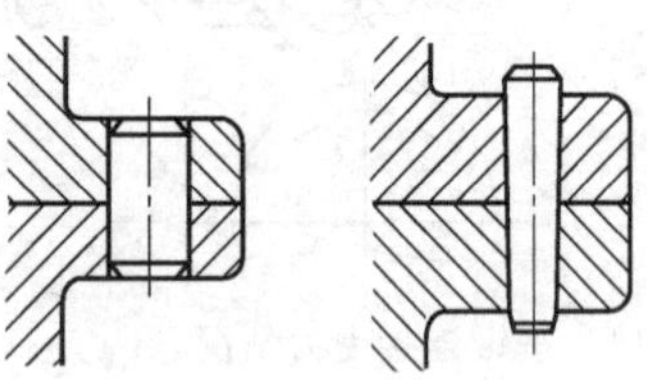

(a) (b)

图 17-12 定位销

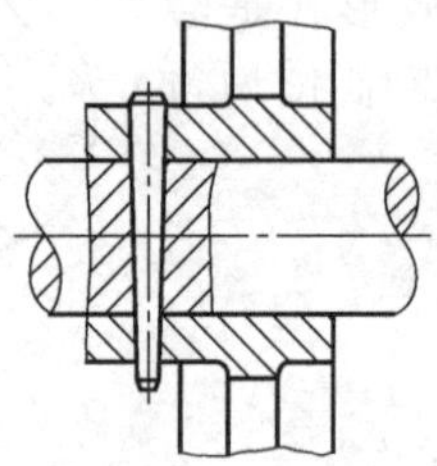

图 17-13 连接销

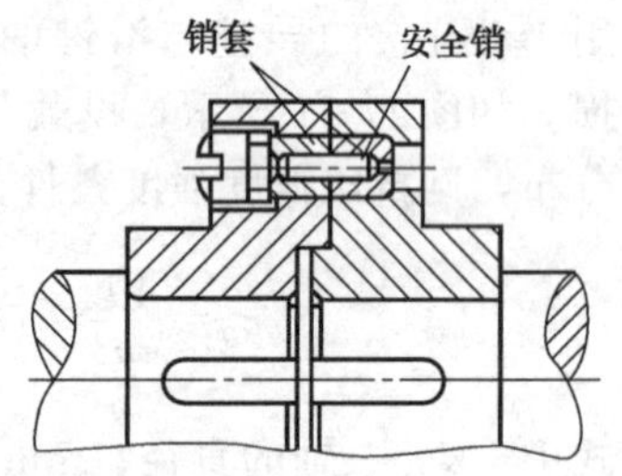

图 17-14 安全销

(2) 销的形状分类 根据销的形状不同，销可分为圆柱销、圆锥销和异形销三大类。

圆柱销主要用于定位，也可以用于连接。圆柱销与销孔之间是过盈配合关系，为保证其定位精度和连接的紧固性，不宜经常拆卸。

圆锥销主要用于定位。具有 1∶50 锥度可自锁，安装比圆柱销方便，且定位精度也较高，多次装拆对定位精度的影响也很小。

异形销种类很多，常用的种类如带有外螺纹或内螺纹的圆锥销（图 17-15），便于拆卸，

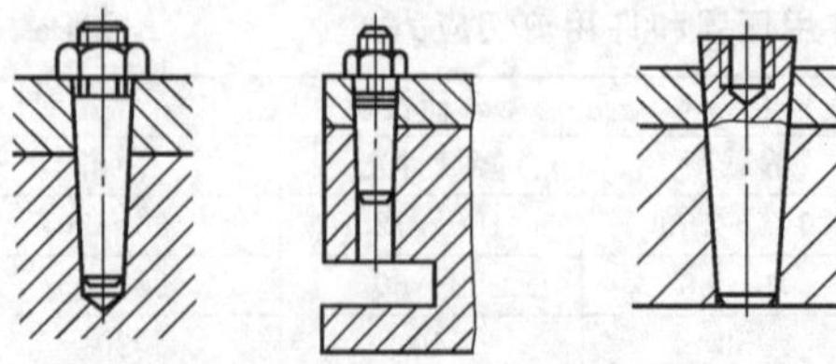

(a) (b)

图 17-15 用于盲孔或卸载困难的圆锥销

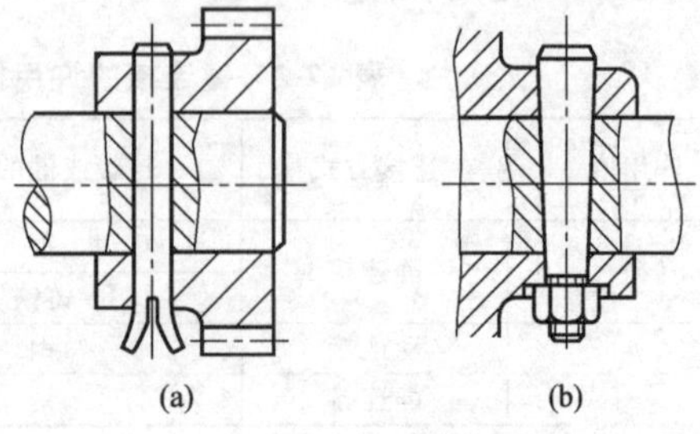

(a) (b)

图 17-16 用于振动、冲击和变载时的圆锥销

可用于盲孔或拆卸困难的场合。图 17-16 是开尾圆锥销和小端带外螺纹锥销，适用于振动、冲击和变载场合下，不易松脱。

销的常用材料为 Q235、35、45 钢。

2. 销连接的选择

定位销通常不受载荷或只受很小的载荷，故不作强度校核，其直径按结构确定；销埋入被连接件的长度应大于(1～2) d；两销相距应尽量离得远些，以提高定位精度(图 17-17)。

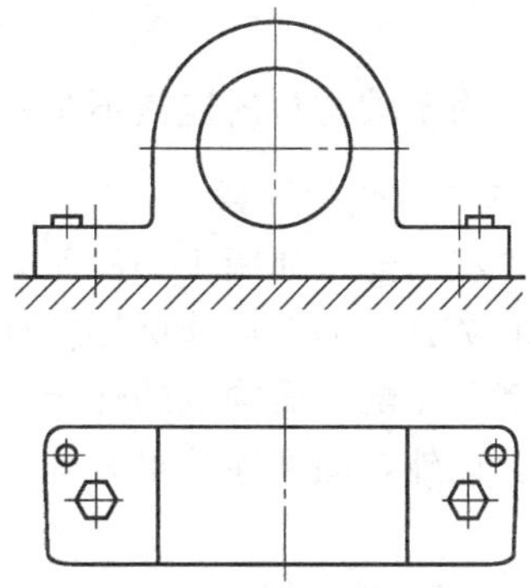

图 17-17　用定位销固定轴承座的位置

连接销的直径可根据连接结构特点，按经验或规范确定，必要时按剪切和挤压强度条件校核计算。具体计算公式可参照表 17-3。

安全销设计时应考虑销剪断后不易飞出和易于更换。其直径按过载时被剪断的条件确定。为避免安全销在剪断时损坏孔壁，可在销孔内加销套（图 17-14）。

表 17-3　销连接的强度计算公式

类型	受力情况	计算内容及公式	各物理量意义及单位
圆柱销	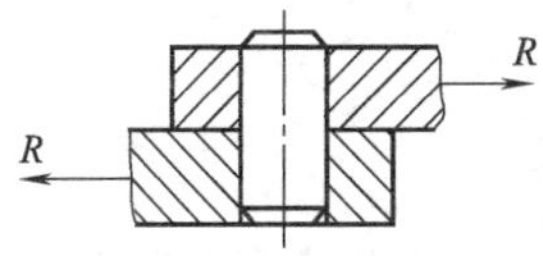	销的剪切 $\tau=\dfrac{4R}{\pi d^2 Z}\leqslant[\tau]$	R——横向力，N； d——销直径，mm； Z——销数目； $[\tau]$——许用切应力，对于 35、45 钢，取$[\tau]=80$MPa； l——销长，mm； T——转矩，N·mm； D——被连接件配合直径，mm； $[\sigma_p]$——许用挤压应力，MPa，见表 17-2； τ_b——剪切强度极限，通常取：$\tau_b=(0.6\sim0.7)\sigma_b$； σ_b——抗拉强度极限，MPa； D_0——安全销分布圆直径，mm； T_{max}——极限转矩，N·mm
圆柱销	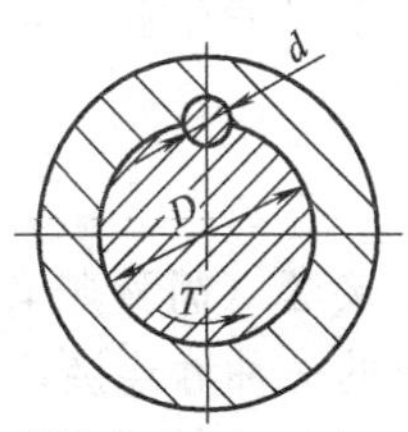 销径 $d=(0.13\sim0.16)D$ 销长 $l=(1\sim1.5)D$	挤压： $\sigma_p=\dfrac{4T}{Ddl}\leqslant[\sigma_p]$ 销的剪切 $\tau=\dfrac{2T}{Ddl}\leqslant[\tau]$	
圆锥销	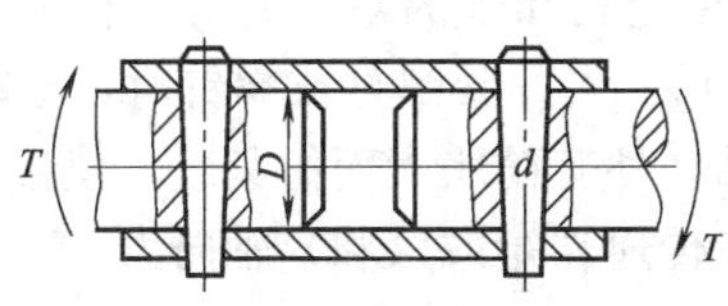 $d=(0.2\sim0.3)D$ d — 锥销平均直径	销的剪切： $\tau=\dfrac{4T}{\pi d^2 D}\leqslant[\tau]$	
安全销	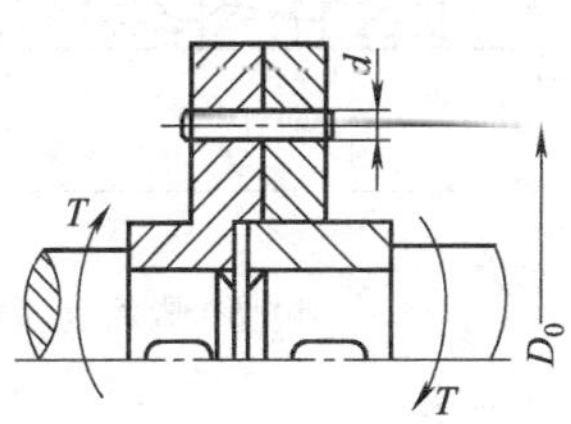	销的剪断设计公式： $d=\sqrt{\dfrac{8T_{max}}{D_0 Z\pi\tau_b}}$	

17.3 无键连接

用于轴与毂的连接不是键或花键，统称为无键连接。下面仅介绍型面连接和胀紧连接。

17.3.1 型面连接

型面连接如图 17-18 所示。把安装轮毂的那一段轴做成表面光滑的非圆形截面的柱体［图 17-18（a)］或非圆形截面的锥体［图 17-18（b)］，并在轮毂上制成相应的孔。这种轴与毂孔相配合而构成的连接，称为型面连接。型面连接常用的型面曲线有摆线和等距曲线两种。此外，型面连接也有采用方形、正六边形及带切口的圆形等截面形状的。

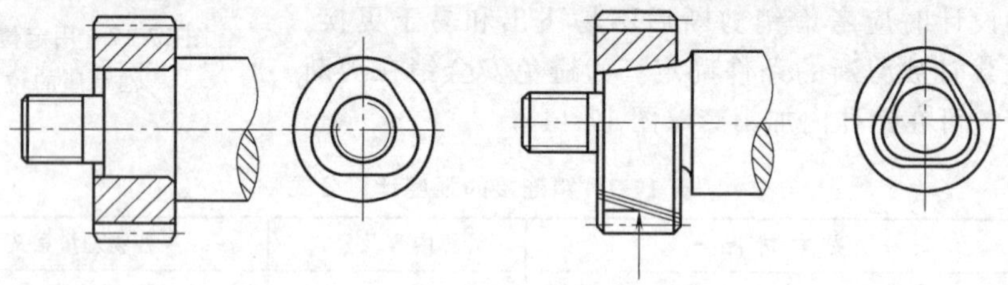

(a) (b)

图 17-18 型面连接

型面连接装拆方便，能保证良好的对中性；连接面上没有键槽及尖角，从而减少了应力集中，故可传递较大的转矩。但加工比较复杂，特别是为了保证配合精度，最后工序多要在专用机床上进行磨削加工，故目前应用还不广泛。

17.3.2 胀紧连接

胀紧连接（图 17-19）是在毂孔与轴之间装入胀紧连接套（简称胀套)，可装一个（指一组）或几个，在轴向力作用下，同时胀紧轴与毂而构成的一种静连接。根据胀套结构形式的不同，JB/T 7934—1999 规定了 20 种型号（Z1-Z20 型)，下面简要介绍采用 Z1、Z2 型胀套连接。

采用 Z1 型胀套的胀紧连接如图 17-19 所示，在轮孔和轴的对应光滑圆柱面间，加装一个胀套［图 17-19（a)］或两个胀套［图 17-19（b)］。当拧紧螺母或螺钉时，在轴向力的作用下，内、外套筒互相楔紧。内套筒缩小而箍紧轴，外套筒胀大而撑紧毂，使接触面间产生压紧力。工作时，利用此压紧力所引起的摩擦力来传递转矩或（和）轴向力。

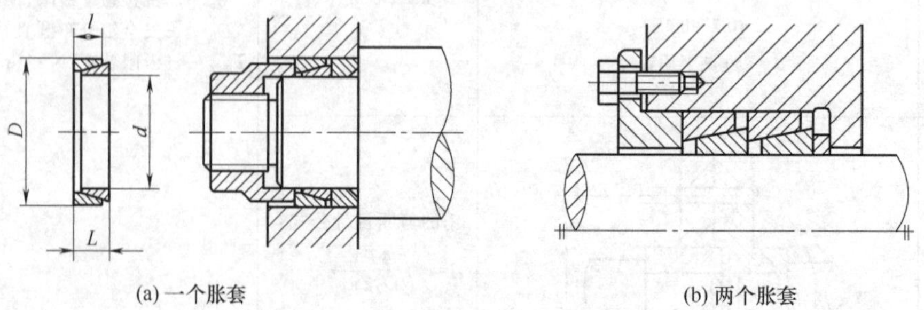

(a) 一个胀套 (b) 两个胀套

图 17-19 Z1 型胀套的胀紧连接

采用一个 Z2 型胀套的胀紧连接如图 17-20 所示。Z2 型胀套中，与轴或毂孔贴合的套筒均开有纵向缝隙（图中未示出），以利于变形和胀紧。根据传递载荷的大小，可在轴与毂孔间加装一个或几个胀套。拧紧连接螺钉，便可将轴、毂胀紧，以传递载荷。

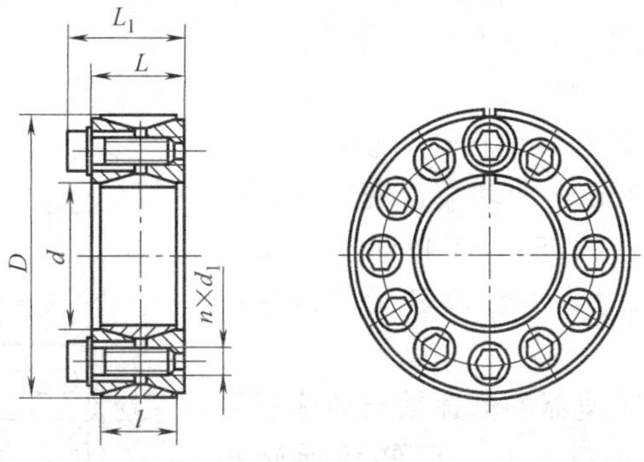

图 17-20　Z2 型胀套

各型胀套已标准化，可根据设计的轴和轮毂尺寸以及传递载荷的大小，查阅手册选择合适的型号和尺寸，使传递的载荷在许用范围内，亦即满足下列条件：

传递转矩时　　$T \leqslant [T]$　　(17-2)

传递轴向力时　　$F_a \leqslant [F_a]$　　(17-3)

传递联合作用的转矩和轴向力时

$$\sqrt{F_a^2+\left(\frac{2T}{d}\right)^2} \leqslant [F_a]$$

式中　T——传递的转矩，N · mm；

$[T]$——个胀套的额定转矩，N · mm；

F_a——传递的轴向力，N；

$[F_a]$——个胀套的额定轴向力，N；

d——胀套内径，mm。

当一个胀套满足不了要求时，可用两个以上的胀套串联使用（这时单个胀套传递载荷的能力将随胀套数目的增加而降低，故套数不宜过多）。其总的额定载荷为（以转矩为例）

$$[T_n]=m[T]$$

式中　$[T_n]$——n 个胀套的总额定转矩，N · m；

m——额定载荷系数，见表 17-4。

表 17-4　胀套的额定载荷系数 *m* 值

连接中胀套的数量 n	m		连接中胀套的数量 n	m	
	Z_1 型胀套	Z_2 型胀套		Z_1 型胀套	Z_2 型胀套
1	1.00	1.00	3	1.86	2.70
2	1.56	1.80	4	2.03	—

胀紧连接的定向性好，装拆方便，应力集中较小，承载能力高，并且有安全保护作用。但由于要在轴和毂孔间安装胀套，应用有时受到结构尺寸的限制。

【知识梳理与总结】

(1) 本章介绍了键连接和销连接的类型、特点和应用；平键的选用和强度计算。

（2）介绍了型面连接和胀紧连接的特点和应用。

习 题

17-1 试比较平键连接及楔键连接在结构、工作面、传动方式、定心精度等方面的区别。

17-2 与普通平键相比，花键有什么特点？

17-3 普通平键的尺寸是如何确定的？它的主要失效形式是什么？

17-4 销连接有哪几种？各用在什么场合？

17-5 在一直径 $d=80\text{mm}$ 的轴端，安装一钢制直齿圆柱齿轮，轮毂宽 $B=1.5d$，工作时有轻微冲击。试确定平键连接的尺寸，并计算其所能传递的最大转矩。

17-6 图 17-21 所示减速器的低速轴与凸缘联轴器及圆柱齿轮之间分别用键连接。已知传递转矩 $T=1000\text{N}\cdot\text{m}$，齿轮材料为锻钢，凸缘联轴器材料为 HT200，工作时有轻微冲击，连接处的轴和轮毂尺寸如图 17-21 所示。试选择键的类型和尺寸，并校核其连接强度。

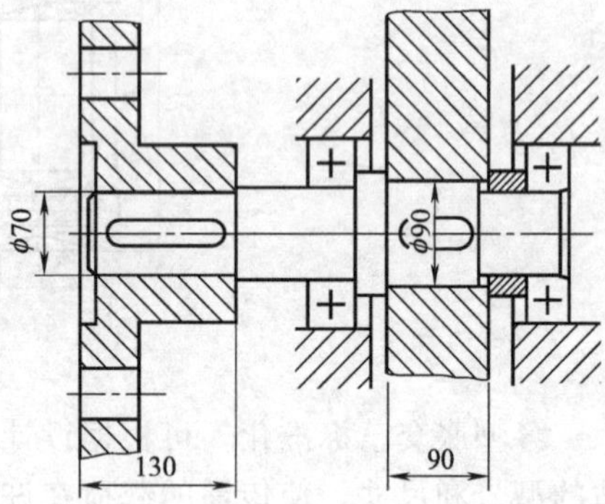

图 17-21 题 17-6 图

第 18 章　轴　　承

【知识目标】

(1) 了解滚动轴承的组成、类型及代号；

(2) 掌握滚动轴承的失效形式和计算准则；

(3) 掌握滚动轴承基本额定寿命的计算方法；

(4) 了解滑动轴承的用途与分类、材料及轴瓦结构。

【能力目标】

能够根据工作情况，确定滚动轴承的类型和规格，并计算使用寿命。

【知识结构图】

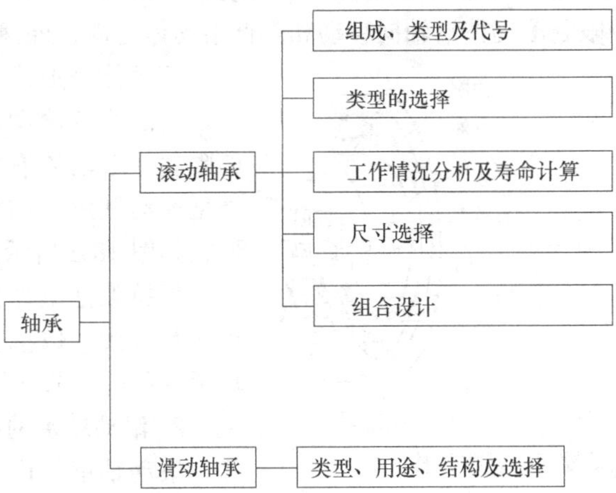

18.1　轴承的功用与类型

18.1.1　轴承的功用

轴承是用来支承轴及轴上零件的部件，并传递载荷，是机器的主要组成部分之一（只要机器中有旋转运动，必然要用到轴承）。它能使轴具有确定的工作位置和旋转精度，以保证轴系部件的工作要求，减少轴与支承面间的摩擦和磨损。

18.1.2　轴承的类型

根据轴承工作时的摩擦性质，轴承可分为滑动轴承和滚动轴承两大类。而每一类轴承，按其所能承受载荷的方向，又可分为承受径向载荷的向心轴承、承受轴向载荷的推力轴承以及同时承受径向载荷和轴向载荷的向心推力轴承。

1. 滚动轴承

滚动轴承是由专门工厂制造的标准组件。它具有摩擦阻力小、启动灵敏、效率高、润滑简便和易于互换等优点，其主要缺点是加工工艺复杂，制造成本高。

2. 滑动轴承

滑动轴承具有承载能力大，抗冲击，工作平稳，回转精度高，运行可靠，吸振性好，噪声低，结构简单，制造、拆装方便等优点；其主要缺点是启动摩擦阻力大，轴瓦磨损较快。

两类轴承依其各自结构和承载特点，可适用不同的工作场合。选用滑动轴承还是滚动轴承，主要取决于对轴承的工作性能要求和机器设计制造、使用维护中的综合技术经济要求。

在一般机器中，如无特殊使用要求，优先推荐使用滚动轴承（本章内容以介绍滚动轴承为主）。但是在高速、高精度、重载，结构上要求剖分等使用场合下，滑动轴承就显示出它的优良性能。因而在汽轮机、离心式压缩机、内燃机、大型电机中多采用滑动轴承。此外，在低速而带有冲击的机器中，如水泥搅拌机、滚筒清砂机等也常采用滑动轴承。

18.2 滚动轴承的组成、类型及代号

18.2.1 滚动轴承的结构和材料

1. 滚动轴承的结构

滚动轴承一般由内圈、外圈、滚动体和保持架四部分组成（图 18-1）。内圈、外圈分别与轴颈、轴承座孔装配在一起，通常内圈随轴一起转动，外圈固定不动。内外圈上一般都有凹槽，称为滚道，它起着限制滚动体沿轴向移动和降低滚动体与内、外圈之间接触应力的作用。

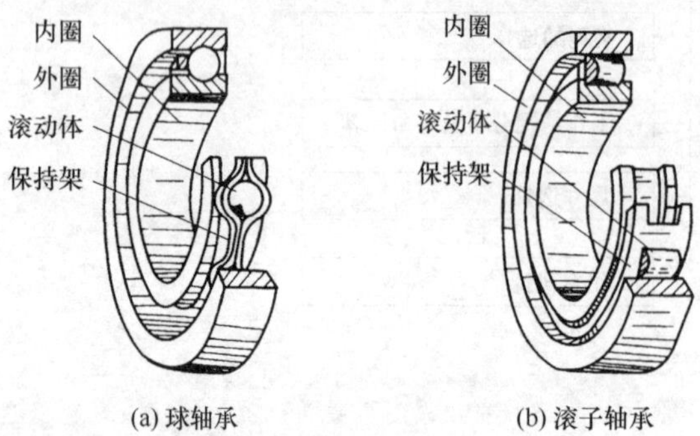

图 18-1 滚动轴承的基本结构

滚动体是形成滚动摩擦不可缺少的零件，它沿滚道滚动，受内、外圈和保持架的限制。滚动体有多种形式，以适应不同类型滚动轴承的结构要求。常见的滚动体形状如图 18-2 所示。

保持架把滚动体均匀隔开，避免滚动体相互接触，以减少摩擦与磨损，并改善轴承内部的载荷分配。

2. 滚动轴承的材料

滚动轴承的内、外圈和滚动体均采用强度高、耐磨性好的铬锰高碳钢制造。常用材料有 GCr15、GCr15SiMn 等。热处理后，硬度一般为 60～65HRC，工作表面需经磨削、抛光。保持架多用低碳钢板冲压而成，也可以采用铜合金、塑料及其他材料制造。

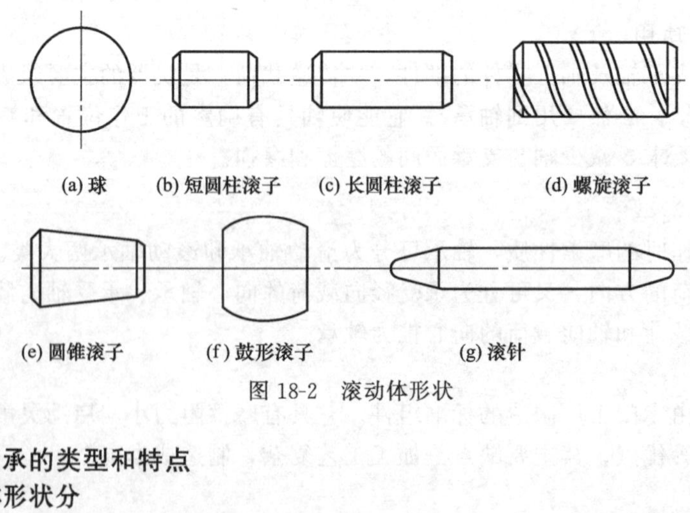

图 18-2 滚动体形状

18.2.2 滚动轴承的类型和特点

1. 按滚动体形状分

按滚动体形状的不同，可分为球轴承和滚子轴承两大类。除球轴承外，其余均为滚子轴承，如圆柱滚子轴承、圆锥滚子轴承、滚针轴承等。

2. 按所能承受的载荷方向分

按所能承受的载荷方向或公称接触角 α 的不同，可分为向心轴承和推力轴承两大类。公称接触角是指滚动体与套圈接触处的法线与轴承的径向平面（垂直于轴承轴心线的平面）之间的夹角（图 18-3）。α 是滚动轴承的一个主要参数，它的大小，反映了轴承承受轴向载荷能力的大小。α 越大，轴承承受轴向载荷的能力也越大（以球轴承为例）。

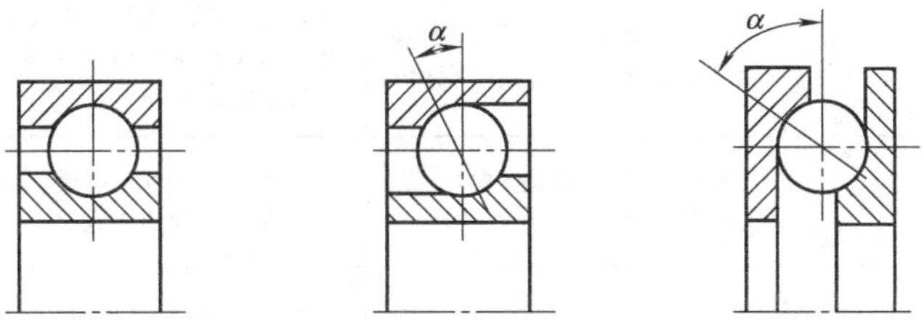

(a)　(b)　(c)　(d)

图 18-3　球轴承的公称接触角

(1) 向心轴承（0°≤α≤45°）　用以承受径向载荷或主要承受径向载荷；可分为径向接触轴承（α=0°）和向心角接触轴承（0°<α≤45°）。径向接触轴承［图 18-3 (a)］只能承受径向载荷；向心角接触轴承［图 18-3 (b)］主要承受径向载荷，随着 α 的增大，承受轴向载荷的能力也增大。

(2) 推力轴承（45°<α≤90°）　用以承受轴向载荷或主要承受轴向载荷，可分为轴向接触轴承（α=90°）和推力角接触轴承（45°<α<90°）。推力角接触轴承［图 18-3 (c)］主要承受轴向载荷，随着 α 的减小，承受径向载荷的能力相应增大。轴向接触轴承［图 18-3 (d)］只能承受轴向载荷。

常用滚动轴承的类型、结构、代号、性能及特点见表 18-1。

表 18-1　常用滚动轴承的类型、结构和特性

轴承类型及代号	结构简图	尺寸系列代号	基本代号（举例）	承载方向及特点	性能及应用
双列角接触球轴承 (0)	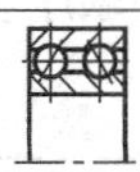	32 33	(0)3200 (0)3300	承受以径向载荷为主与双向轴向载荷的联合作用	极限转速较高，主要用于限制轴或外壳的双向轴向位移
调心球轴承 1 或(1)		(0)2 22 (0)3 23	1200 2200 1300 2300	主要承受径向载荷，同时也能承受小量的双向轴向载荷。不宜承受纯轴向载荷	内外圈之间在 2°～3°范围内可自动调心正常工作。主要用于在载荷作用下弯曲变形较大的传动轴或支座孔不易保证严格同心的部件中
调心滚子轴承 2	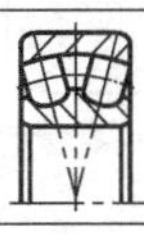	13 22	21300C 22200C	承受较大的径向载荷，同时也能承受小量的双向轴向载荷	性能与调心球轴承类似，但具有较大的承载能力。调心范围 1.5°～2.5°
推力调心滚子轴承 2	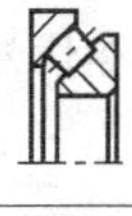	92 93	29200 29300	承受以轴向载荷为主的轴向、径向联合载荷	推力调心滚子轴承能承受较大的轴向载荷，价格高。轴圈对座圈的调心范围 1.5°～2.5°。工作时，需加一定的轴向预载荷
圆锥滚子轴承 3	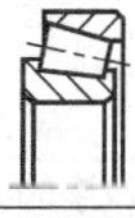	02 13 20	30200 31300 32000	承受以径向载荷为主的径向、轴向联合载荷	内、外圈可分离，分别安装，游隙可调，使用方便。一般应成对使用
双列深沟球轴承 4	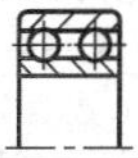	(2)2 (2)3	4200 4300	承受较大的径向载荷，同时也能承受小量的双向轴向载荷	具有单列深沟球轴承的性能，但承载能力强
单列推力球轴承 5	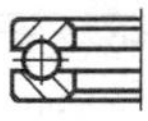	11 12	51100 51200	只能承受单方向的轴向载荷	极限转速低。轴线必须与轴承座底面垂直，载荷必须与轴线重合。工作时，需加一定的轴向预载荷

续表

轴承类型及代号	结构简图	尺寸系列代号	基本代号（举例）	承载方向及特点	性能及应用
双列推力球轴承 5		22 23	52200 52300	只能承受双方向的轴向载荷	性能与单列推力球轴承类似
深沟球轴承 6	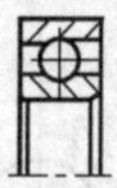	17 37 (0)2 (1)0	61700 63700 6200 6000	主要承受径向载荷，同时也能承受小量的双向轴向载荷	与尺寸相同的其他类型轴承比较，此类轴承摩擦损失小，极限转速高。常用于高速使用条件下，代替推力轴承
角接触球轴承 7		19 (0)2 (1)0	71900 7200C 7000AC	承受径向和轴向（单向）载荷的联合作用	接触角 α 越大，承受轴向载荷的能力越强。一般成对使用
推力圆柱滚子轴承 8	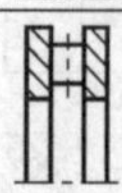	11 12	81100 81200	只能承受单向轴向载荷	两支承面必须平行，轴中心线与外壳支承面应保持垂直，不宜用于高速
单列圆柱滚子轴承 N	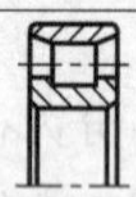	10 (0)2 22	N1000 N200 N2200	只能承受径向载荷	允许内外圈轴线偏移量小，但可分拆装配。常用于支承刚性好的短轴
外球面球轴承 UC		2 3	UC200 UC300	主要承受径向载荷，也可同时承受小量的双向轴向载荷	外圈外径为球面，与轴承座的凹球面配合能自动调心。适用于刚性差、挠度大的通轴
滚针轴承 NA	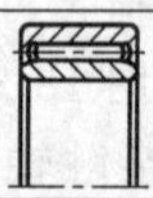	48 49	NA4800 NA4900	能承受较大的径向载荷	内、外圈可分离，径向尺寸紧凑，允许有少量的轴向移动。常用于轴孔小、径向载荷较大且转速高的转轴

注：括弧中的数字在轴承基本代号中省略，如 6（0）200 型写成 6200 型。

18.2.3 滚动轴承的代号

滚动轴承的类型很多，各类轴承又有不同的结构、尺寸、精度和技术要求，为了便于组织生产和选用，国家标准规定了滚动轴承的代号，并打印在轴承端面上。

滚动轴承代号由前置代号、基本代号和后置代号构成，其表示内容和排列顺序参见表 18-2。

表 18-2 滚动轴承代号的构成

<table>
<tr><td>前置代号</td><td colspan="5">基 本 代 号</td><td colspan="8">后 置 代 号</td></tr>
<tr><td rowspan="3">成套轴承分部件代号</td><td>五</td><td>四</td><td>三</td><td>二</td><td>一</td><td rowspan="3">内部结构代号</td><td rowspan="3">密封与防尘结构代号</td><td rowspan="3">保持架及其材料代号</td><td rowspan="3">特殊轴承材料代号</td><td rowspan="3">公差等级代号</td><td rowspan="3">游隙代号</td><td rowspan="3">多轴承配置代号</td><td rowspan="3">其他代号</td></tr>
<tr><td rowspan="2">类型代号</td><td colspan="2">尺寸系列代号</td><td colspan="2" rowspan="2">内径代号</td></tr>
<tr><td>宽或高度系列代号</td><td>直径系列代号</td></tr>
</table>

注：基本代号下面的一至五表示代号自右向左的位置序数。

1. 基本代号

基本代号表示轴承的基本类型、结构、尺寸，是轴承代号的基础。基本代号由轴承类型代号、尺寸系列代号及内径代号构成。

（1）轴承的内径代号　轴承内径代号的含义见表 18-3。

表 18-3 滚动轴承内径代号（内径≥10mm）

<table>
<tr><td rowspan="2">轴承内径 d/mm</td><td colspan="4">10～17</td><td rowspan="2">20～495
（22、28、32 除外）</td><td rowspan="2">≥500
（以及 22、28、32）</td></tr>
<tr><td>10</td><td>12</td><td>15</td><td>17</td></tr>
<tr><td>内径代号</td><td>00</td><td>01</td><td>02</td><td>03</td><td>d/5，商只有个位数时，需在十位上补 0</td><td>用内径毫米数直接表示，与尺寸系列代号之间用“/”隔开</td></tr>
<tr><td>举例</td><td colspan="4">深沟球轴承 6201，内径为 d＝12mm</td><td>深沟球轴承 6208，内径为 d＝40mm</td><td>深沟球轴承 62/500 和 62/22，内径分别是 d＝500mm，d＝22mm</td></tr>
</table>

（2）直径系列代号　对于相同内径的轴承，由于工作所需承受载荷大小不同、寿命长短不同，必须采用大小不同的滚动体，因而使轴承的外径和宽度随着改变。这种内径相同而外径不同的变化称为直径系列，其代号见表 18-4。图 18-4 所示是不同直径系列深沟球轴承的外径和宽度对比。

表 18-4　滚动轴承直径系列代号

轴承类型	向心轴承						推力轴承				
直径系列	超轻	超特轻	特轻	轻	中	重	超轻	特轻	轻	中	重
代号	8,9	7	0,1	2	3	4	0	1	2	3	4

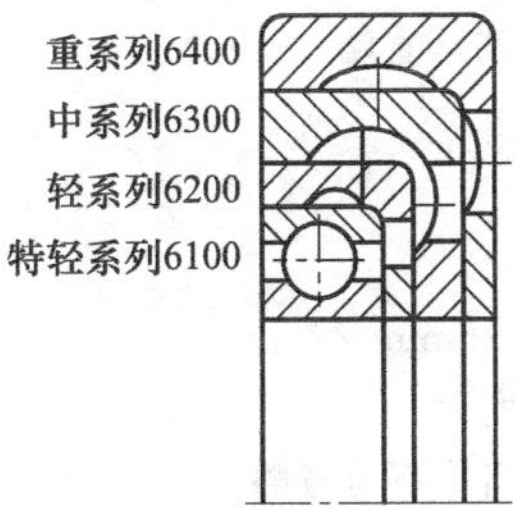

图 18-4　直径系列对比

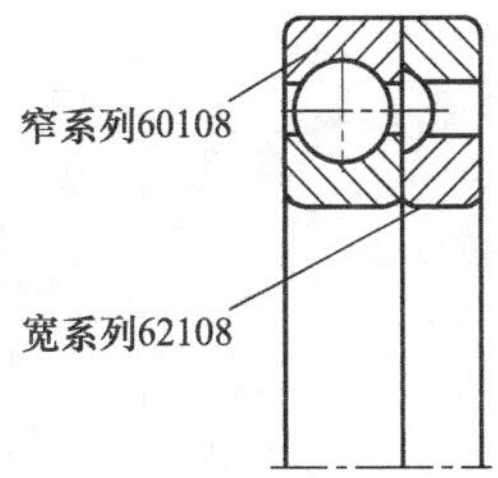

图 18-5　宽度系列对比

（3）宽（高）度系列代号　对于具有相同内、外径的轴承，根据不同的工作条件做成不同的宽（高）度，如图 18-5 所示。宽（高）度系列（对于向心轴承用宽度系列表示，对于推力轴承则用高度系列表示）代号见表 18-5。当宽度系列为“0”时，可省略（在调心滚子轴承和圆锥滚子轴承中不可省略）。

表 18-5　滚动轴承宽（高）度系列代号

向心轴承	宽度系列	特窄	窄	正常	宽	特宽	推力轴承	高度系列	特低	低	正常
	代号	8	0	1	2	3,4,5,6		代号	7	9	1,2

直径系列代号和宽度系列代号统称为尺寸系列代号。

（4）轴承的类型代号　轴承类型代号用数字 1～8 或字母表示，见表 18-1。其中（0）和（1）类在基本代号中可省略不标注。

2. 前置代号

前置代号在基本代号的左面，用字母表示成套轴承的分部件，代号及其含义可查阅轴承样本手册。

3. 后置代号

后置代号在基本代号的右面，它所反映的内容排列见表 18-2。其中内部结构代号见表 18-6。公差等级代号见表 18-7，6X 级仅用于圆锥滚子轴承，0 级在轴承代号中不标出。

表 18-6　内部结构代号

代　号	含义与示例		
AC	7210AC	角接触球轴承	公称接触角 $\alpha=25°$
B	7210B	角接触球轴承	公称接触角 $\alpha=40°$
C	7005C	角接触球轴承	公称接触角 $\alpha=15°$
E	NU 207E	内圈无挡边圆柱滚子轴承	加强型

表 18-7 公差等级代号

	精度低→精度高						示例及含义
代号	/P0①	/P6	/P6X②	P5	/P4	/P2	6208/P5 公差等级为5级的深沟球轴承

① 公差等级为/P0，可省略不写；② 适用于圆锥滚子轴承。

后置代号中的其他代号及其含义详见轴承样本手册。

例 18-1 解释下列轴承代号的含义。

(1) 7 2 10 C

- （空）——公差等级为0级(代号 /P0 省略)
- C——公称接触角 $\alpha=15°$
- 10——轴承内径 $d=5\times10=50$mm
- 2——直径系列代号为2(轻系列)
- （省略）——宽度系列为0(窄系列)，省略
- 7——角接触球轴承

(2) 3 0 3 5 /P6X

- /P6X——公差等级为6X级
- 5——轴承内径 $d=5\times15=75$mm
- 3——直径系列代号为3(中系列)
- 0——宽度系列代号为0(窄系列)，不可省略
- 3——圆锥滚子轴承

18.3 滚动轴承类型的选择

轴承类型的正确选择是在了解各类轴承特点的基础上，综合考虑轴承的具体工作条件、使用要求及其经济性而进行的。一般应考虑以下几个方面。

18.3.1 轴承所受的载荷

1. 载荷方向

(1) 当轴承承受纯径向载荷时 可选用径向接触轴承，如深沟球轴承（60000 型）、圆柱滚子轴承（N0000 型）或滚针轴承（NA0000 型）。

(2) 当轴承承受纯轴向载荷时 可选用轴向接触轴承，如推力轴承（50000 型）。

(3) 当轴承同时承受径向载荷与轴向载荷时 应根据两者的相对值来考虑。分两种情况。

① 当承受较大的径向载荷和较小的轴向载荷时，可选用深沟球轴承（60000 型）或接触角较小的角接触球轴承（70000C 型）及圆锥滚子轴承（30000 型）；如轴向载荷较大，可选用接触角较大的角接触轴承（70000B 型）或圆锥滚子轴承（30000B 型）。

② 当轴向载荷比径向载荷大时，可选用推力调心滚子轴承（29000 型），也可以采用向心轴承和推力轴承组合在一起的结构，以分别承受径向和轴向载荷。

2. 载荷大小

当承受较大载荷时，应选用线接触的滚子轴承。而点接触的球轴承只适用于轻载或中等载荷。当轴承内径 $d\leqslant20$mm 时，球轴承和滚子轴承的承载能力差别不大，则应优先选用球轴承。

3. 载荷性质

载荷平稳时宜选用球轴承；轻微冲击时选用滚子轴承；径向冲击较大时应选用螺旋滚子轴承。

18.3.2 轴承的转速

各类轴承都有其适用的转速范围，一般应使所选用轴承的工作转速不超过其极限转速。各种轴承的极限转速参考有关手册。根据轴承的转速选择轴承类型时，可参考以下几点。

① 球轴承比滚子轴承的极限转速和回转精度高，高速时应优先选用球轴承。

② 内径相同时，外径越小，离心力也越小。故在高速场合时，宜选用超轻、特轻系列的轴承。重系列及特重系列的轴承只适用于低速重载场合。

③ 推力轴承的极限转速都很低，当工作转速高时，若轴向载荷不太大，宜采用角接触球轴承或深沟球轴承。

18.3.3 调心性能

对支点跨距大、刚度差的轴，多支点或由于其他原因而弯曲变形较大的轴，为适应轴的变形，应选用能适应内、外圈轴线，有较大相对偏斜的调心轴承（图 18-6），且应成对使用。在使用调心轴承的同一轴上，一般不宜再选用其他类型轴承，否则会丧失调心作用。

除调心滚子轴承外，其他各类滚子轴承对内、外圈轴线的偏斜很敏感，在轴的刚度和轴承座孔的支承刚度较低的情况下，应尽量避免采用。在各类轴承工作时，内、外圈轴线相对偏斜的角度（如图 18-6 中的偏斜角 β）应控制在规定的范围内，否则会降低轴承使用寿命。

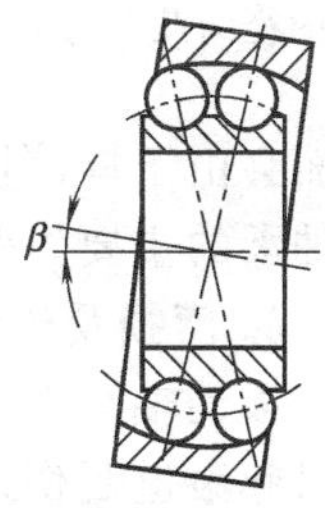

图 18-6 调心轴承

18.3.4 轴承尺寸

当轴承的径向尺寸受到限制时，可选用轻、特轻或超轻系列的轴承，必要时可选用滚针轴承。当其轴向尺寸受限制时，可选用窄系列的轴承。

18.3.5 拆装要求

在需要频繁装拆及装拆困难的场合，应优先选用内、外圈可分离的轴承（如汽车车轮的轮毂轴承一般选用 3 类、N 类）。

18.3.6 公差等级

滚动轴承公差等级分为六级：0 级（普通级）、6 级、6X 级、5 级、4 级及 2 级。0 级精度最低，依次升高，2 级精度最高。对一般传动装置，选用 0 级公差的轴承足以满足要求，但对于旋转精度有严格要求的机床主轴、精密机械、仪表以及高速旋转的轴，应选用高精度的轴承。

18.3.7 经济性

同等规格、同样公差等级的各种轴承，球轴承较滚子轴承价廉，其中深沟球轴承最便宜，调心滚子轴承最贵。同型号轴承，公差等级越高，价格也越贵。因此，在满足使用要求的前提下，应尽量选用价格低廉的轴承。

18.4 滚动轴承的工作情况分析及寿命计算

18.4.1 滚动轴承的工作情况分析

滚动轴承在运转过程中，承受着静载荷、交变载荷、冲击载荷的联合作用，并受到转速、温度、湿度、润滑等条件的影响，工况可能发生变化。如果选择、使用、维护不当，极易产生异常发热、振动和噪声。此时，滚动轴承的元件会发生失效，使得轴承不能正常工作。滚动轴承的失效形式主要有以下几种。

1. 疲劳点蚀

轴承工作时，作用于轴上的力通过轴承内圈、滚动体、外圈传到机座上（图 18-7）。由于滚动体和内、外圈之间存在着相对运动，致使滚动体与内、外圈滚道的接触表面产生按脉动循环规律变动的接触应力。当应力循环次数达到一定值后，在滚动体及内、外圈滚道的表面上就会出现金属剥落的疲劳点蚀现象，从而使轴承运转时产生振动和噪声，旋转精度下降，影响机器的正常工作。在润滑、密封正常时，疲劳点蚀是一般机械中滚动轴承的主要失效形式。

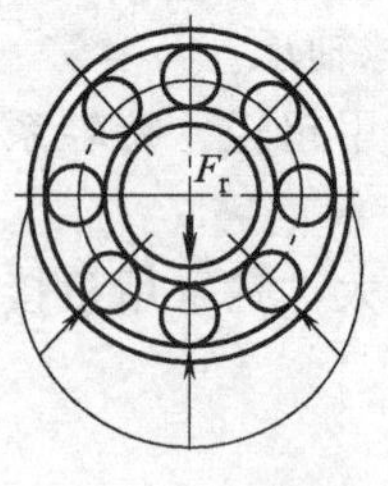

图 18-7 向心轴承的径向载荷分布

2. 塑性变形

不回转、转速很低（$n \leqslant 10r/min$）或只作间歇摆动的轴承，一般不会产生疲劳点蚀。但在过大的静载荷或冲击载荷作用下，滚道或滚动体表面会由于局部接触应力超过材料的屈服极限而产生塑性变形，使轴承失效。塑性变形是此类轴承的主要失效形式。

3. 磨损及碎裂

滚动轴承密封不可靠，硬质磨粒进入轴承内，会引起磨料磨损；疲劳点蚀的金属剥落物会引起滚道刮伤；严重过载或受力极不合理，会引起滚动体碎裂和滚道开裂。

轴承失效造成其工作性能的急剧恶化，寿命大幅度缩短。严重失效的必须及时更换。

18.4.2 滚动轴承的寿命计算

滚动轴承的寿命是指轴承中任一滚动体或内、外圈滚道出现疲劳点蚀前的总转数，或在一定转速下总的工作小时数。

1. 基本额定寿命和基本额定动载荷

(1) 基本额定寿命　一批同型号的轴承，即使有相同的加工质量，在相同的工作条件下，寿命也是不同的。最高寿命与最低寿命可相差几倍，甚至几十倍，很难预测出单个轴承的具体寿命。因此，在轴承寿命计算中常用基本额定寿命作为计算的依据。

基本额定寿命是指一批相同型号的轴承，在相同的工作条件下，其中 90% 的轴承在未出现疲劳点蚀前所能运转的总转数（或总的工作小时数），以符号 L_{10}（或 L_h）表示，其可靠度为 90%。

基本额定寿命对于一批轴承来说，是指 90% 的轴承能达到或超过的寿命（由抽样试验得到）；对于单个轴承来说，则意味着该轴承有 90% 的概率达到或超过这个寿命。

(2) 基本额定动载荷　基本额定寿命为 100 万转（10^6r）时，轴承所能承受的载荷称为基本额定动载荷，以符号 C 表示。不同型号的轴承有不同的基本额定动载荷，它表征了不同型号轴承的承载特征。各种型号轴承的 C 值可在滚动轴承样本或设计手册中查得。

2. 当量动载荷

基本额定动载荷是在向心轴承只受径向载荷，推力轴承只受轴向载荷的特定条件下确定的。实际上，轴承往往承受径向载荷和轴向载荷的联合作用。因此，必须将实际载荷等效为一假想载荷，这个假想载荷称为当量动载荷，以符号 P 表示。在此载荷作用下，轴承的工作寿命与轴承在实际工作载荷下的寿命相同。其计算公式为

$$P = XF_r + YF_a \tag{18-1}$$

式中 F_r——轴承所承受的径向载荷，N；

F_a——轴承所承受的轴向载荷，N；

X、Y——径向载荷系数和轴向载荷系数，见表 18-8。

对径向接触轴承（$\alpha=0°$）　　$P=F_r$　　(18-2)

对轴向接触轴承（$\alpha=90°$）　　$P=F_a$　　(18-3)

表 18-8　径向载荷系数 X 与轴向载荷系数 Y

轴承类型	相对轴向载荷 F_a/C_0	e	单列轴承				双列轴承			
			$F_a/F_r \leqslant e$		$F_a/F_r > e$		$F_a/F_r \leqslant e$		$F_a/F_r > e$	
			X	Y	X	Y	X	Y	X	Y
	0.014	0.19				2.30				2.30
	0.028	0.22				1.99				1.99
	0.056	0.26				1.71				1.71
	0.084	0.28				1.55				1.55
深沟球轴承(60000)型	0.110	0.30	1	0	0.56	1.45	1	0	0.56	1.45
	0.170	0.34				1.31				1.31
	0.280	0.38				1.15				1.15
	0.420	0.42				1.04				1.04
	0.560	0.44				1.00				1.00
调心球轴承(10000)型	—	1.5tanα	1	0	0.40	0.4cotα	1	0.42cotα	0.65	0.65cotα
调心滚子轴承(20000)型	—	1.5tanα	—	—	—	—	1	0.45cotα	0.67	0.67cotα
	0.015	0.38				1.47		1.65		2.39
	0.029	0.40				1.40		1.57		2.28
	0.058	0.43				1.30		1.46		2.11
	0.087	0.46				1.23		1.38		2.00
角接触球轴承(70000C)型	0.120	0.47	1	0	0.44	1.19	1	1.34	0.72	1.93
	0.170	0.50				1.12		1.26		1.82
	0.290	0.55				1.02		1.14		1.66
	0.440	0.56				1.00		1.12		1.63
	0.580	0.56				1.00		1.12		1.63
角接触球轴承(70000AC)型	—	0.68	1	0	0.41	0.87	1	0.92	0.67	1.41
角接触球轴承(70000B)型	—	1.14	1	0	0.35	0.57	1	0.55	0.57	0.93
圆锥滚子轴承(30000)型	—	1.5tanα	1	0	0.4	0.4cotα	1	0.45cotα	0.67	0.67cotα

注：1. 推力类轴承的 X 和 Y 查课程设计附表或有关手册。

2. C_0 为轴承的额定静载荷，α 为公称接触角，均查产品目录或设计手册。

3. 表中 e 为判别系数。反映了轴向载荷对轴承承载能力的影响，其值与轴承类型及相对轴向载荷 F_a/C_0 有关。

4. 两只相同的深沟球轴承（或角接触球轴承）安装在轴的一个支承内，作为一个整体（成对安装）运转，其基本额定载荷按一只双列深沟球轴承（或角接触球轴承）计算。

3. 向心角接触轴承轴向载荷F_a的计算

向心角接触轴承（3 类、7 类）在承受径向载荷 F_r 作用下，将产生使轴承内、外圈分离的附加的内部轴向力 F_s（图 18-8），其值按表 18-9 所列公式计算，其方向由轴承外圈端面的宽边指向窄边。

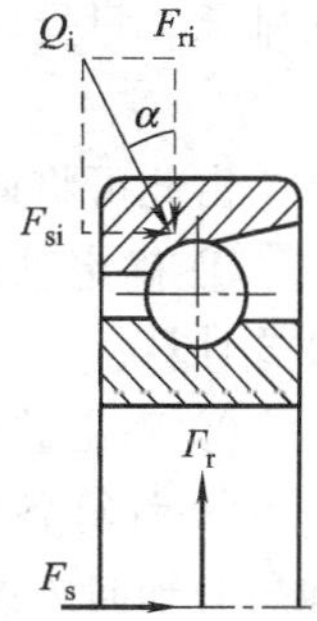

图 18-8　附加轴向力

表 18-9　附加轴向力 F_s 的计算公式

圆锥滚子轴承	角接触球轴承		
$F_s=\dfrac{F_r}{2Y}$	7000C($\alpha=15°$)	7000AC($\alpha=25°$)	7000B($\alpha=40°$)
	$F_s=eF_r$	$F_s=0.68F_r$	$F_s=1.14F_r$

注：e 为判别系数，初算时 $e=0.4$。Y 为圆锥滚子轴承的轴向系数，$Y=0.4\cot\alpha$。

为了保证轴承正常工作，向心角接触轴承通常成对使用。成对布置的方式有两种：两轴承外圈窄边相对的安装称为正装［图 18-9（a)］，外圈窄边相背的安装称为反装［图 18-9（b)］。正装的轴承装拆、调整都比较方便；反装则有较高的刚性，但装拆、调整不便。

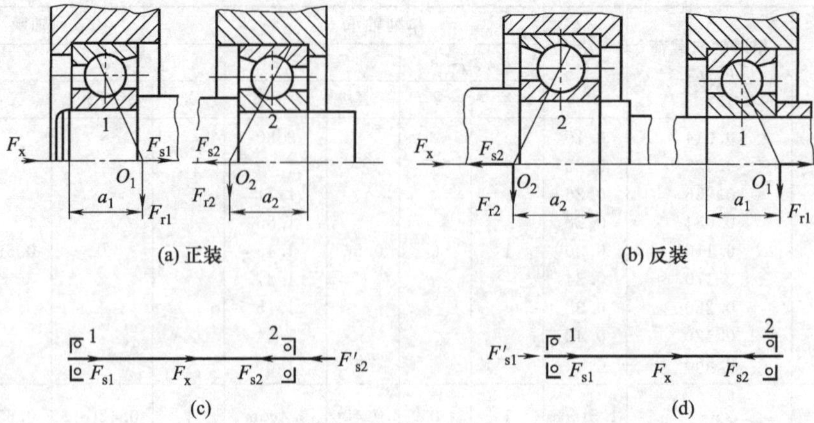

图 18-9 向心角接触轴承轴向载荷分析

由于向心角接触轴承承受径向载荷会产生附加轴向力，故在计算其当量动载荷时，不能以轴上零件的轴向载荷 F_x 作为轴承的轴向载荷 F_a 代入计算，而是应根据整个轴上所有轴向受力（轴向外力 F_x，内部轴向力 F_{s1}、F_{s2}）之间的平衡关系，确定两个轴承最终受到的轴向载荷 F_{a1}、F_{a2}。下面以正装情况为例进行分析，如图 18-9（a）所示，设 F_x 与 F_{s1} 同向。

（1）当 $F_x+F_{s1}>F_{s2}$ 时［图 18-9（c)］ 轴有向右移动的趋势，轴承 2 被压紧。为了保持平衡，轴肩或右端盖将给轴承 2 一个平衡轴向力 F'_{s2}。根据力的平衡条件可知

$$F_x+F_{s1}=F_{s2}+F'_{s2}$$

此时，轴承 1 只受内部轴向力。所以其轴向载荷为

$$F_{a1}=F_{s1}$$

而作用于轴承 2 上的轴向载荷为

$$F_{a2}=F_{s2}+F'_{s2}=F_x+F_{s1}$$

（2）当 $F_x+F_{s1}<F_{s2}$ 时［图 18-9（d)］ 轴有向左移动的趋势，轴承 1 被压紧，同时轴肩或左端盖将给轴承 1 一个轴向力 F'_{s1}，根据力的平衡条件可知

$$F_x+F_{s1}+F'_{s1}=F_{s2}$$

此时，作用于轴承 1 上的轴向载荷为

$$F_{a1}=F_{s1}+F'_{s1}=F_{s2}-F_x$$

而轴承 2 只受内部轴向力，所以其轴向载荷为

$$F_{a2}=F_{s2}$$

由此可将向心角接触轴承轴向载荷 F_a 的计算方法和步骤归纳如下。

① 确定轴承内部轴向力。F_{s1}、F_{s2} 的方向由外圈宽边指向窄边，其大小按表 18-9 所列公式计算。

② 确定被压紧的轴承。根据 F_x、F_{s1}、F_{s2} 判断轴的移动趋势，判定压紧端。

③ 计算各轴承的轴向载荷。被压紧的轴承的轴向载荷等于除其本身内部轴向力外，其他所有轴向力的代数和；而另一端轴承的轴向载荷就等于其本身的内部轴向力。

例 18-2 有一对 70000AC 型轴承正装［图 18-9（a)］，已知 $F_{r1}=1000\text{N}$，$F_{r2}=2100\text{N}$，作用于轴心线上的轴向载荷 $F_x=900\text{N}$，求轴承所受的轴向载荷 F_{a1}、F_{a2}。

解　由表 18-9 得　$F_{s1}=0.68F_{r1}=1000\times0.68=680N$

$F_{s2}=0.68F_{r2}=2100\times0.68=1428N$

因为　$F_x+F_{s1}=900N+680N=1580N>F_{s2}$

所以　$F_{a2}=F_x+F_{s1}=1580N$　$F_{a1}=F_{s1}=680N$

4. 寿命计算

在实际应用中，基本额定寿命常用轴承在给定转速下运转的小时数 L_h 表示。

① 当轴承型号已定时，轴承寿命的计算公式为

$$L_h=\frac{10^6}{60n}\left(\frac{f_T C}{f_p P}\right)^{\varepsilon}=\frac{16667}{n}\left(\frac{f_T C}{f_p P}\right)^{\varepsilon} \tag{18-4}$$

式中　C——基本额定动载荷，N，对向心轴承为径向基本额定动载荷 C_r，对推力轴承为轴向基本额定动载荷 C_a；

P——当量动载荷，N；

f_T——温度系数（表 18-10），考虑到工作温度对轴承承载能力的影响引入的系数；

f_p——载荷系数（表 18-11），考虑到机器振动和冲击的影响而引入的系数；

ε——寿命指数，球轴承 $\varepsilon=3$，滚子轴承 $\varepsilon=10/3$；

n——轴承的工作转速，r/min。

轴承寿命计算后应满足

$$L_h>L_h' \tag{18-5}$$

式中　L_h'——轴承的预期寿命，h，根据机械的使用情况给定或参考表 18-12。

表 18-10　温度系数 f_T

工作温度/℃	<120	125	150	175	200	225	250	300
f_T	1.0	0.95	0.9	0.85	0.8	0.75	0.7	0.6

表 18-11　载荷系数 f_p

载荷性质	f_p	举　例
无冲击或轻微冲击	1.0～1.2	电机、汽轮机、通风机、水泵
中等冲击	1.2～1.8	车辆、机床、起重机、冶金设备、内燃机
强大冲击	1.8～3.0	破碎机、轧钢机、石油钻机、振动筛

表 18-12　轴承预期寿命 L_h' 的推荐值

使用条件	预期使用寿命 L_h'/h
不经常使用的仪器和设备	300～3000
短期或间断使用的机械，中断使用不引起严重后果。如手动机械、农业机械、装配吊车、回柱绞车等	3000～8000
间断使用的机械，中断使用会引起严重后果。如发电厂辅助设备、流水线传动装置、升降机、胶带输送机等	8000～12000
每天 8 小时工作的机械（利用率不高），如电机、一般齿轮装置、破碎机、起重机等	10000～25000
每天 8 小时的机械（利用率较高），如机床、工程机械、印刷机械、木材加工机械等	20000～30000
24 小时连续工作的机械，如压缩机、泵、电机、轧机齿轮装置、矿井提升机等	40000～50000
24 小时连续工作的机械，中断使用将引起严重后果，如造纸机械、电厂主要设备、矿用水泵、通风机等	约 100000

② 当轴承型号未定时，在已知当量载荷 P 和转速 n 的条件下，根据设计要求选择轴承的预期使用寿命 L_h'，并按式（18-6）计算出轴承满足预期使用寿命要求所应具备的额定动载荷 C'。

$$C'=P\frac{f_p}{f_T}\sqrt[\varepsilon]{\frac{nL_h'}{16667}}\ (N) \tag{18-6}$$

根据 C' 值小于所选轴承 C 值（查轴承样本）的条件，即可在轴承样本或设计手册中选择所需轴承的型号。

例 18-3 试选择水泵用的深沟球轴承。已知轴颈 $d=35\text{mm}$，轴的转速 $n=2860\text{r/min}$，径向载荷 $F_r=1600\text{N}$，轴向载荷 $F_a=800\text{N}$，预期使用寿命 $L'_h=5000\text{h}$。

解 分析：轴承受径向与轴向载荷的联合作用；轴承型号未定，无法查知 X、Y 值。故先查轴承手册，按 $d=35\text{mm}$，初选 6307 轴承进行计算。

由手册查得 6307 轴承：基本额定动载荷 $C_r=33.2\text{kN}$，基本额定静载荷 $C_{0r}=19.2\text{kN}$。

(1) 求当量动载荷 P_0。

由表 18-8 查得（利用插值法），当 $F_a/C_0=800/17800=0.045$ 时，则 $e=0.244$。又 $F_a/F_r=800/1600=0.5>e$，故 $X=0.56$，$Y=1.82$。故由式 (18-1) 得

$$P_0=XF_r+YF_a=0.56\times1600+1.82\times800=2352\text{N}$$

(2) 求轴承应具备的基本额定动载荷。

由表 18-10 和表 18-11 分别查得 $f_T=1$，$f_p=1.1$，取 $\varepsilon=3$。由式 (18-6) 得

$$C'=P\frac{f_p}{f_T}\sqrt[\varepsilon]{\frac{nL'_h}{16667}}=2352\times1.1\sqrt[3]{\frac{2860\times5000}{16667}}=24578\text{N}<C_r=33200\text{N}$$

故所选 6307 轴承合适。

18.5 滚动轴承的计算准则和静强度计算

同类型的轴承，尺寸越大，则承载能力越强。如果载荷一定，轴承尺寸越大，则使用寿命越长。所以，滚动轴承的尺寸选择就是根据载荷的大小、方向、性质以及对其使用寿命的要求等条件，通过计算选择尺寸合适的轴承。

18.5.1 滚动轴承的计算准则

在选择轴承尺寸时，应针对轴承的主要失效形式进行必要的计算。

① 对于一般运转的轴承，为防止发生疲劳点蚀，以疲劳强度计算为依据，称为轴承寿命计算。在 18.4.2 中已详述。

② 对于不回转、转速很低（$n\leqslant10\text{r/min}$）或间歇摆动的轴承，为防止发生塑性变形，以静强度计算为依据，称为轴承的静强度计算。

18.5.2 滚动轴承的静强度计算

依据滚动轴承的计算准则，对于基本不转、转速很低（$n\leqslant10\text{r/min}$）或间歇摆动的轴承，选择时必须进行静强度计算；对于转速较高且承受重载或冲击载荷的轴承，除必须进行寿命计算外，还应进行静强度计算。

1. 基本额定静载荷

基本额定静载荷是指轴承受力最大的滚动体与滚道接触中心处引起的接触应力达到一定值（向心和推力球轴承为 4200MPa，滚子轴承为 4000MPa）时的假想静载荷，以符号 C_0 表示；对向心轴承为径向基本额定静载荷 C_{0r}，对推力轴承为轴向基本额定静载荷 C_{0a}。其值可查设计手册。

2. 当量静载荷

基本额定静载荷是在向心轴承只受径向载荷，推力轴承只受轴向载荷的特定条件下确定的。如果轴承实际承受的是径向载荷和轴向载荷的联合作用，则应将实际载荷折合成一个当量静载荷，以符号 P_0 表示。在此载荷作用下，轴承受力最大的滚动体与滚道接触中心处引起的接触应力与实际载荷条件下的接触应力相当。P_0 计算公式为

$$P_0=X_0F_r+Y_0F_a \tag{18-7}$$

式中　F_r、F_a——径向载荷和轴向载荷，N；

X_0、Y_0——当量静载荷的径向载荷系数和轴向载荷系数，其值可查表 18-13。

表 18-13　当量静载荷系数

轴承类型		单列轴承		双列轴承	
		X_0	Y_0	X_0	Y_0
深沟球轴承		0.6	0.5	0.6	0.5
角接触球轴承	$\alpha=15°$	0.5	0.46	1	0.92
	$\alpha=25°$	0.5	0.38	1	0.76
	$\alpha=40°$	0.5	0.26	1	0.52
调心球轴承		0.5	$0.22\cot\alpha$	1	$0.44\cot\alpha$
圆锥滚子轴承		0.5	$0.22\cot\alpha$	1	$0.44\cot\alpha$

注：表中由 α 确定的 Y_0 值可在机械设计手册中直接查出。

若计算出的 $P_0<F_r$，则应取 $P_0=F_r$。

3. 静强度计算

静强度计算公式为

$$S_0P_0\leqslant C_0 \quad 或 \quad \frac{C_0}{P_0}\geqslant S_0 \tag{18-8}$$

式中，S_0 为静载荷安全系数，对于静止或摆动轴承以及旋转轴承，可查表 18-14；对于推力调心轴承，不论是否旋转，均应取 $S_0\geqslant4$。

表 18-14　滚动轴承静载荷安全系数 S_0

静止或摆动轴承		旋转轴承		
轴承的使用场合	S_0	轴承的使用要求及载荷性质	球轴承 S_0	滚子轴承 S_0
水坝闸门装置，大型起重吊钩（附加载荷小）	≥1	对旋转精度及平稳性要求高，或承受冲击载荷	1.5～2	2.5～4
吊桥，小型起重吊钩（附加载荷大）	≥1.5～1.6	正常使用	0.5～2	1～3.5
		对旋转精度及平稳性要求较低，没有冲击和振动	0.5～2	1～3

18.6　滚动轴承的组合设计

为了保证轴承在预期的寿命里可靠的工作，不仅要正确地选用轴承类型和尺寸（型号），而且还要进行合理的结构组合设计，以解决轴承的固定、调整、配合与拆装，以及润滑与密封等问题。

18.6.1　轴承固定与轴系支承方式

为了防止轴承在承受轴向载荷时相对于轴和座孔发生轴向移动，轴承内圈与轴、外圈与座孔必须进行可靠的轴向固定。同时，为避免轴在运转中因受热膨胀而被卡死，应允许轴系在适当的范围内有一定的轴向自由伸缩，对整个轴系采用合适的支承方式。

1. 轴承内、外圈的轴向固定方式

滚动轴承内、外圈的轴向固定方式很多。选择固定方式通常要考虑轴向载荷的大小和方向、转速的高低、轴承的类型。常用固定方式有以下几种。

(1) 内圈的轴向固定（图 18-10）　图 18-10 (a) 所示是用轴肩固定，是轴承内圈最常见的单向固定方式。为使端面可靠地贴紧，轴肩处圆角半径必须小于轴承内圈的圆角半径；

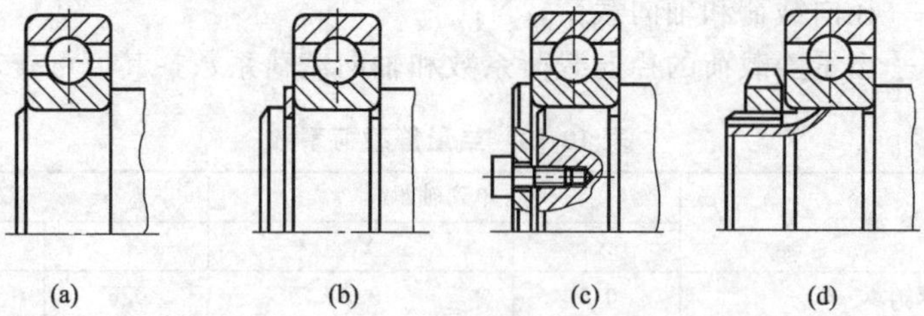

图 18-10 轴承内圈的轴向固定方式

同时轴肩高度不要高于轴承内圈的高度，否则轴承拆卸困难。图 18-10（b）所示是用弹性挡圈固定，将弹性挡圈嵌在轴的沟槽中，主要用于深沟球轴承所受轴向力不大及转速不高时的固定，也用于圆柱滚子轴承等的固定。图 18-10（c）所示是用轴端挡板固定，用螺钉固定的轴端挡板压紧轴承内圈，这种固定可在高速下承受较大的轴向力。图 18-10（d）所示是用圆螺母和止退垫圈固定，主要用于轴承转速高、承受较大轴向力的情况。

（2）外圈的轴向固定（图 18-11） 图 18-11（a）所示是用嵌入轴承座沟槽内的弹性挡圈固定，主要用于深沟球轴承，当轴向力不大、只需减小轴承组合的轴向尺寸时，也用于圆柱滚子轴承的外圈固定。图 18-11（b）所示是用止动环嵌入轴承外圈的止动槽内固定，用于带有止动槽的轴承，也可用于轴承座不便设凸肩且为剖分式结构的座孔。图 18-11（c）所示是用轴承盖固定，用于高速及轴向力较大的轴承。图 18-11（d）所示是用螺纹环固定，用于轴承转速高、轴向力较大的情况。轴承外圈也可用轴承座凸肩固定，如图 18-11（a）与图 18-11（c）所示。

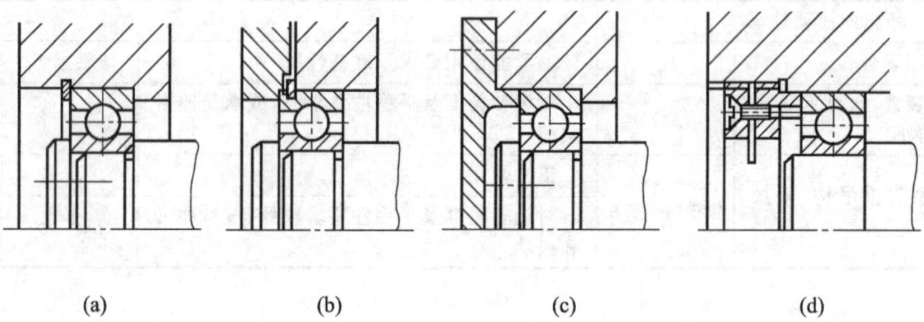

图 18-11 轴承外圈的轴向固定方式

2. 轴系的支承方式

（1）两端固定支承 如图 18-12 所示，两轴承均利用轴肩顶住内圈，端盖压住外圈，两端支承的轴承各限制轴一个方向的轴向移动，合在一起就限制了轴的双向移动。由图 18-12 可见，若有从左向右的轴向运动时，由右轴承旁的轴肩将运动传给右轴承内圈，通过滚动体到外圈，这时受到轴承端盖的阻挡，从而限制了整个轴系的向右移动；同理，左轴承和左端盖限制整个轴系的向左移动。

这种支承形式适用天气温度变化不大或较短的轴（跨距 $L \leqslant 350$mm）。在结构组合设计时采用了预留间隙的方法，使轴受热伸长时不至于卡住。对径向接触轴承，在轴承外圈与轴承盖之间留出 $C=0.2\sim0.3$mm 的轴向间隙；对于内部间隙可以调整的角接触轴承，预留间隙存在于轴承内部，而轴承外圈与端盖之间就不存在间隙了。

（2）两端游动支承 如图 18-13 所示，两轴承的外圈均完全轴向固定，但由于采用了外圈无挡边的圆柱滚子轴承，使轴和轴承内圈及滚子可相对外圈作双向轴向移动。

这种固定形式常用在人字齿轮轴系结构中。通常轴系的轴向位置由低速轴限制，高速轴

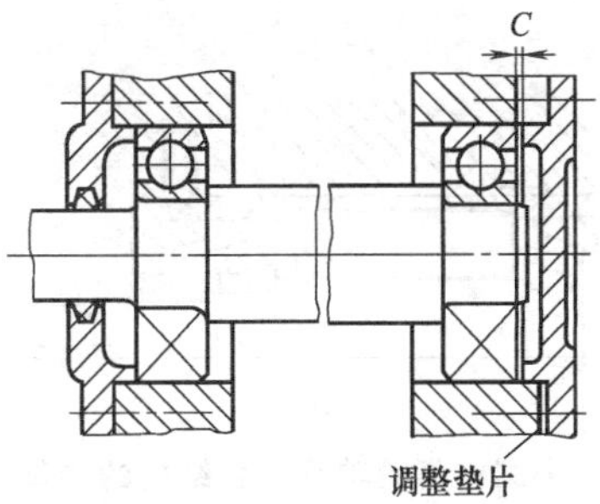

图 18-12　两端固定支承

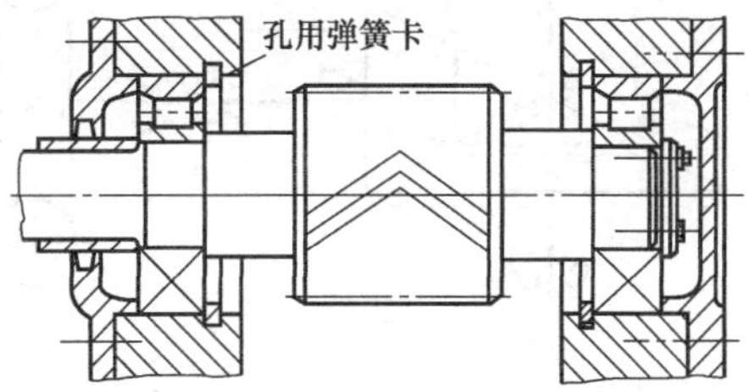

图 18-13　两端游动支承

系可双向轴向移动，以保证人字齿轮的正确啮合。

(3) 一端固定、一端游动支承　如图 18-14 所示，一端轴承限制轴的双向移动，称为固定端（左端）；另一端轴承可随轴的伸缩在轴承座中或滚动体与套圈之间沿轴向游动，称为游动端（右端）。这种结构用于温度变化较大的轴。固定端可采用深沟球轴承［图 18-14 (a)］，也可采用一对角接触球轴承或圆锥滚子轴承［图 18-14 (b)］，用以承受双方向的轴向力。游动端采用深沟球轴承，其外圈在轴承座中游动［图 18-14 (a)］，或采用圆柱滚子轴承在滚动体与内（或外）圈之间游动［图 18-14 (b)］。

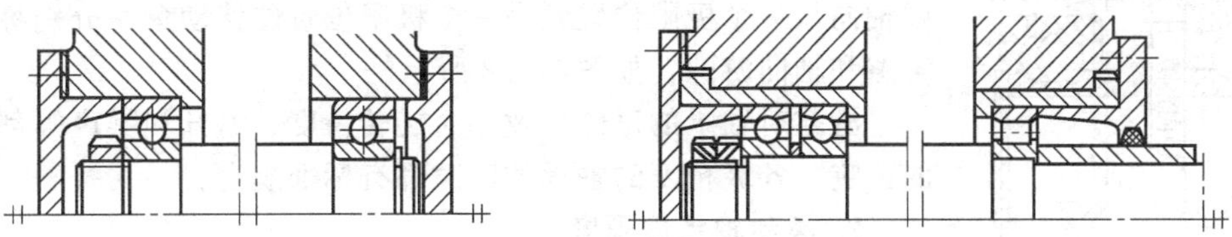

(a)　(b)

图 18-14　一端固定、一端游动支承

18.6.2　轴承的调整

1. 轴承间隙的调整

对于两端固定式的轴承，为补偿轴的热伸长，轴承要留有一定的轴向间隙，轴向间隙可用调整垫片［图 18-15 (a)］或调整螺钉［图 18-15 (b)］等进行调整。

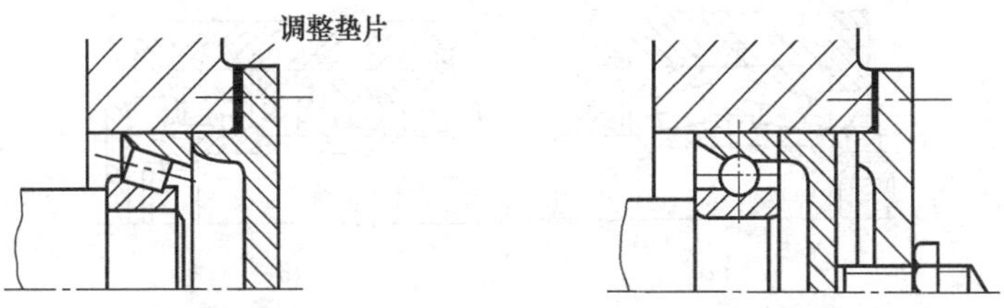

(a) 用垫片调整　(b) 用螺钉调整

图 18-15　滚动轴承轴向间隙的调整

2. 轴承组合位置的调整

轴承组合位置的调整是使轴上零件具有准确的工作位置，如圆锥齿轮传动要求节圆锥顶点重合［图 18-16 (a)］，以保证正确啮合，否则会出现振动、冲击及不正常的声响；又如蜗杆传动要求蜗轮的中间平面通过蜗杆的轴线，因此蜗轮要进行轴向位置的调整［图 18-16 (b)］。

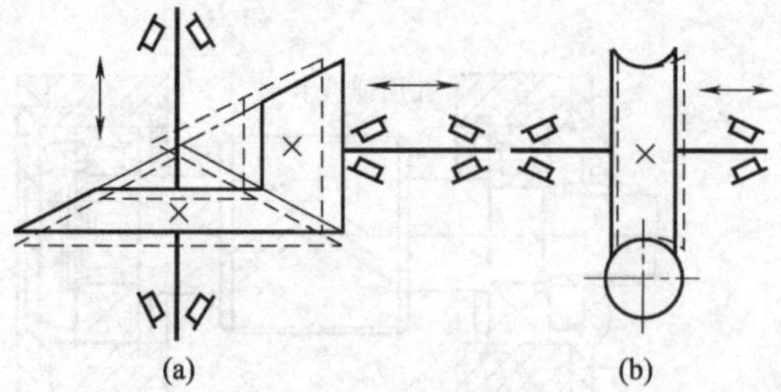

图 18-16　轴承组合位置的调整

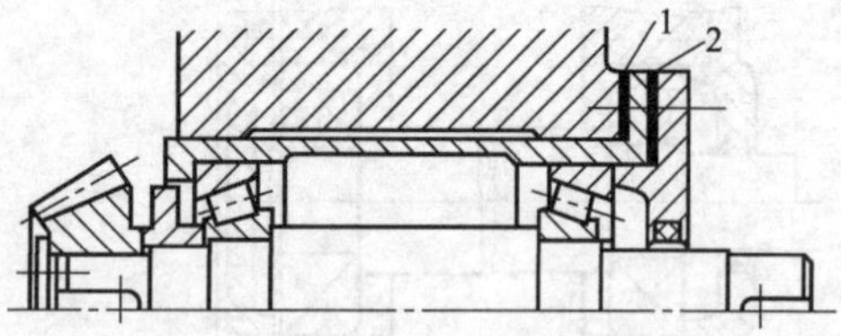

图 18-17　小圆锥齿轮轴承组合结构的调整

轴承组合位置是通过调整垫片来实现的。图 18-17 所示为小圆锥齿轮的组合结构，增减垫片 1 将改变轴承组合的位置，增减垫片 2 来调整轴承间隙。大圆锥齿轮轴轴承组合位置的调整［图 18-16（a)］是在轴承间隙调整好后，保持总垫片厚度不变，通过减少一端垫片并将其加入到另一端而改变轴承组合的轴向位置，达到调整轴承组合位置的目的。

18.6.3　滚动轴承的游隙与预紧

1. 滚动轴承的游隙

滚动轴承的内、外圈和滚动体之间存在一定的间隙，因此内外圈之间可以有相对位移。在无外载荷作用时，一个套圈固定不动，另一个套圈沿轴承的径向或轴向从一个极限位置到另一个极限位置的移动量，分别称为径向游隙和轴向游隙，如图 18-18 所示。

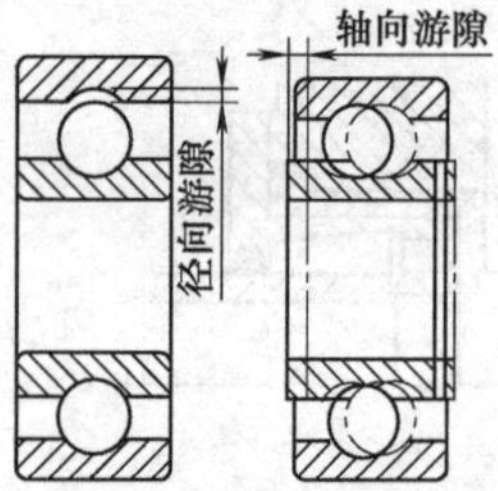

图 18-18　滚动轴承的游隙

游隙对轴承的寿命、效率、旋转精度、温升和噪声等都有很大的影响。各级精度的轴承的游隙都有标准规定。

2. 滚动轴承的预紧

预紧是指在安装轴承时采取某种结构措施，使滚动轴承受到力的作用，并在滚动体和内、外套圈接触处产生预变形。预紧的作用是消除游隙，提高轴承的旋转精度，增强轴承刚性，减少轴的振动。

常见的预紧方法有以下几种。

①靠夹紧一对圆锥滚子轴承的外圈来预紧［图 18-19（a)］。

② 用弹簧预紧，可以得到稳定的预紧力［图 18-19（b)］。

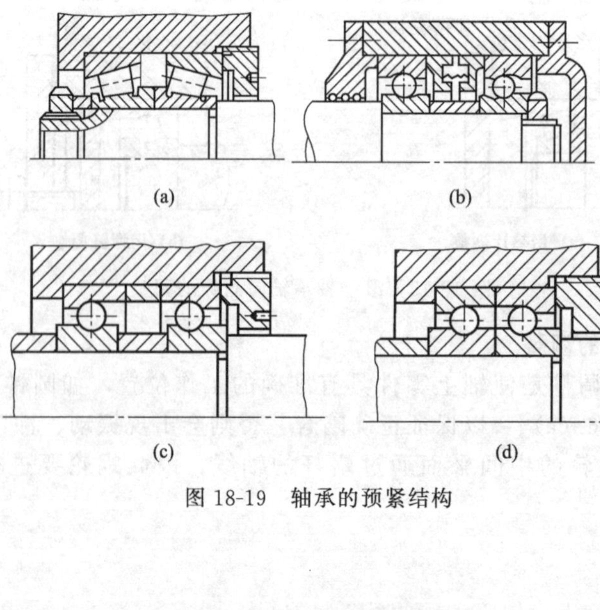

图 18-19　轴承的预紧结构

③ 在一对轴承中装入长度不等的套筒而预紧，预紧力可由两套筒的长度控制［图 18-19 (c)］，这类装置刚性较大。

④ 靠夹紧一对磨窄了的外圈而预紧［图 18-19 (d)］，反装时可磨窄内圈并夹紧。

18.6.4　滚动轴承的配合选择

滚动轴承的配合是指内圈与轴颈、外圈与轴承座孔的配合。由于滚动轴承是标准组件，故其内圈与轴颈的配合采用基孔制，外圈与轴承座孔的配合采用基轴制。轴承配合种类的选择，应根据轴承的类型和尺寸、载荷的性质和大小、转速的高低及套圈是否回转等情况决定。

一般情况下，转动套圈的转速越高、载荷越大、工作温度越高，越应采用紧些的配合；不动套圈、游动套圈或需经常拆卸的轴承套圈，则应采用松些的配合；内圈随轴一起转动，可取紧一些的配合，常用轴颈公差带代号可取 j6、k6、m6 或 n6 等；而外圈与座孔常取较松的配合，座孔的公差带代号可取 G7、H7、J7 或 K7 等。

标注轴承配合时，只需注出轴颈和座孔的公差带代号（图 18-20）。

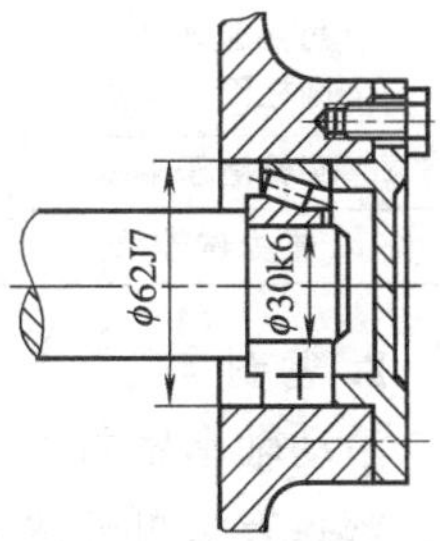

图 18-20　滚动轴承的配合及标注

18.6.5　滚动轴承的拆装

设计轴承组合时，应考虑轴承的安装与拆卸，使其在装拆过程中不致损坏轴承和其他零件。常用轴承的安装方法有温差法、压力装配法及通过套筒用锤敲击装入等。拆卸轴承应采用专用工具。如图 18-21 (a) 所示，为使拉爪钩住轴承内圈，要求轴肩高度不能高于轴承内圈高度；对于外圈的拆卸也应如此，留出拆装高度 h，如图 18-21 (b) 所示，或在壳体上制出放置拆卸螺钉的螺孔，如图 18-21 (c) 所示。

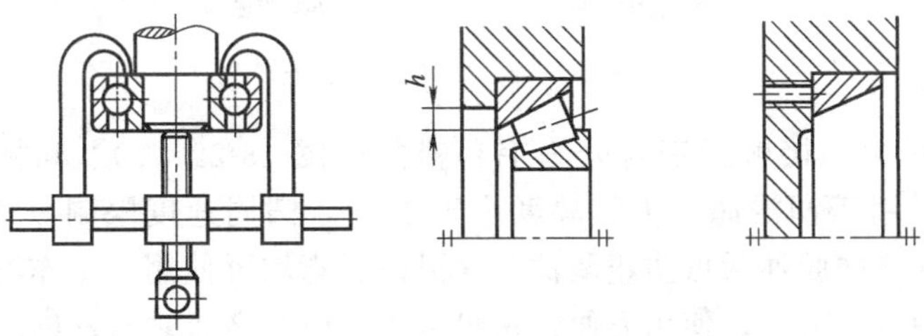

图 18-21　轴承的拆卸方法

18.6.6　滚动轴承的润滑与密封

润滑与密封对滚动轴承的使用寿命有很大影响。润滑的主要目的是减少摩擦和磨损，还可以起到散热、降低接触应力、吸振和防锈等作用。密封是防止灰尘和水分等进入轴承，并防止润滑剂流失。

1. 润滑

滚动轴承所用润滑剂有润滑油和润滑脂。润滑油润滑，散热效果好，但有时需要较复杂的供油系统及密封装置；润滑脂润滑，其装置结构简单、易密封，常用于转速较低的情况。润滑剂的具体选择如下。

(1) 润滑脂　当速度因数 $D_m n<(4\sim16)\times10^4 \mathrm{mm}\cdot\mathrm{r/min}$（$D_m$ 为轴承的平均直径，mm；n 为轴承的转速，r/min）时，轴承采用润滑脂润滑。润滑脂的填装量一般不超过轴承

空间的1/3～1/2。填装量过大，会引起摩擦发热，影响轴承的正常运转。

（2）润滑油　黏度是润滑油的主要性能指标，转速高时应选择黏度低的润滑油；载荷大时应选择黏度高的润滑油；还应考虑工作环境温度、转速、湿度等因素，确定合适的润滑油黏度值，然后从润滑油的产品目录中选择相应的润滑油牌号。

润滑油常用的润滑方式根据 $D_m n$ 值由表18-15中选择。

表 18-15　不同润滑方式下滚动轴承允许的 $D_m n$ 值

轴承类型	润滑方法			
	油浴、飞溅润滑	滴油润滑	喷油润滑	油雾润滑
深沟球轴承 调心球轴承 角接触球轴承 圆柱滚子轴承	25×10^4	40×10^4	60×10^4	$>60\times10^4$
圆锥滚子轴承	16×10^4	23×10^4	30×10^4	
推力球轴承	6×10^4	12×10^4	15×10^4	

2. 密封

滚动轴承密封方法的选择与润滑剂的种类、工作环境、温度、密封表面的圆周速度有关。密封方法可分两大类：接触式密封和非接触式密封，如图18-22所示。

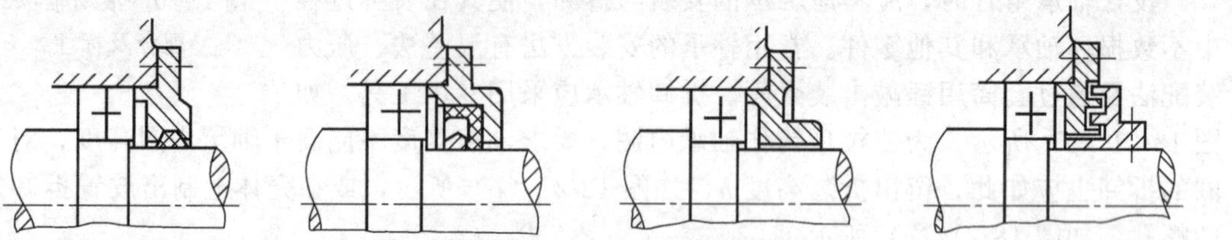

(a) 毛毡密封　(b) 橡胶油封　(c) 间隙式密封　(d) 迷宫式密封

图 18-22　常用密封装置

（1）接触式密封　接触式密封分为毛毡密封［图18-22（a）］和橡胶油封［图18-22（b）］。毛毡密封适用于润滑脂，工作温度小于90℃，圆周速度限制 $v<4\sim5$m/s，结构简单，但毡圈易磨损。橡胶油封可防止漏油，润滑油、脂均可使用，工作温度在40～100℃之间，圆周速度限制 $v<7$m/s，使用方便，密封可靠，但在高速时易发热。

（2）非接触式密封　非接触式密封分为间隙式密封［图18-22（c）］和迷宫式密封［图18-22（d）］。间隙式密封适用于润滑脂，以间隙注满润滑脂为宜，速度不限，结构简单，常在污物及潮气不太严重的环境中使用。迷宫式密封对于润滑油、脂均可使用，圆周速度限制 $v<30$m/s，常用于高速、重载的传动中。

18.7　滑动轴承

18.7.1　滑动轴承的应用、类型及选用

滑动轴承由于有一些滚动轴承所不能替代的优点，故而在许多机械中有着广泛的应用。而且，为适应各种机械的不同工作条件，已经研制出多种不同类型的滑动轴承。

1. 滑动轴承的应用

滑动轴承的应用可归纳为以下几个方面。

① 应用在工作转速高、对轴的支承位置要求特别精确的场合，如组合机床的主轴轴承。

② 应用在承受巨大的冲击和振动载荷的场合，如大型提升机主轴轴承。

③ 应用在装配工艺要求轴承剖分的场合，如曲柄连杆机构的轴承。

④ 应用在其他要求径向尺寸小、不宜采用滚动轴承的场合。

2. 滑动轴承的类型及选用

（1）根据轴承所受载荷方向的不同分类　可分为三类：向心轴承（主要承受径向载荷）、推力轴承（主要承受轴向载荷）和向心推力轴承或推力向心轴承（均同时承受径向和轴向载荷）。

（2）根据轴承工作时润滑状态的不同分类　可分为液体摩擦轴承和非液体摩擦轴承两大类。

① 摩擦表面完全被润滑油隔开的轴承称为液体摩擦轴承。按液体油膜形成原理的不同，又可分为液体动压摩擦轴承（简称为动压轴承）和液体静压摩擦轴承（简称为静压轴承）。这种轴承的轴颈与轴承工作表面完全被油膜隔开，所以摩擦系数很小，一般仅为 0.001～0.008。

利用油的黏性和轴颈的高速转动，将润滑油带入摩擦表面之间，建立起具有足够压力的油膜，从而将轴颈与轴承孔的相对滑动表面完全隔开的轴承，称为动压轴承。这种轴承适用于高速、重载、回转精度高和较重要的场合。

用油泵将润滑油以一定压力输入轴颈与轴承孔两表面之间，强制地用油的压力将轴颈顶起，从而将轴颈与轴承的摩擦表面完全隔开的轴承，称为静压轴承。这种轴承在转速极低的设备、重型机械中应用较多。

② 摩擦表面不能被润滑油完全隔开的轴承称为非液体摩擦轴承。非液体摩擦轴承的轴颈与轴承工作表面之间虽有润滑油存在，但在表面局部凸起部分仍发生金属的直接接触。因此，摩擦因数较大，容易磨损。这种轴承主要用于低速、轻载和要求不高的场合。

（3）其他滑动轴承　还有：含油轴承——用于平稳无冲击的中、小载荷及中低速工作条件，如洗衣机、电风扇等；尼龙轴承——适用于各种润滑剂（或无润滑剂）以及酸、碱工作条件；气体摩擦轴承——适用于载荷小、温差大、无环境污染的工作条件。

18.7.2　滑动轴承的结构形式

1. 向心滑动轴承的结构形式

（1）整体式结构　整体式向心滑动轴承既可做在机架或箱体上，也可做成图 18-23 所示的结构。轴承座 1 常用铸铁制造，用螺栓与机架连接；在轴承孔内镶入用减摩材料制成的轴套 2；轴承座顶部设有装润滑油杯的螺纹孔 4（油孔 3）；内表面上开有油槽，以输送润滑油。这种轴承结构简单，制造方便，造价低。但轴承只能从轴端部装入或取出，拆装不便；

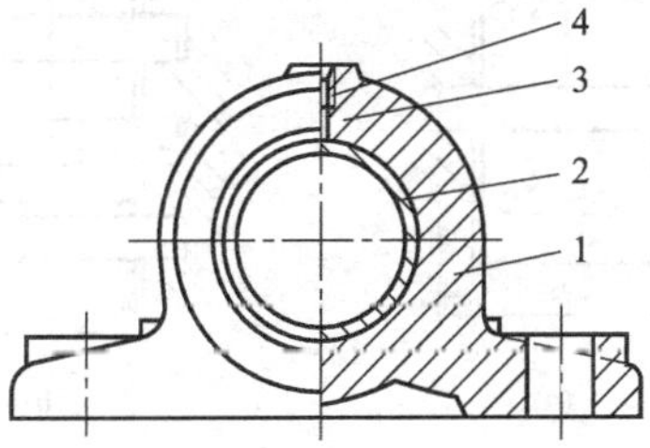

图 18-23　整体式向心滑动轴承

1—轴承座；2—轴套；3—油孔；4—螺纹孔

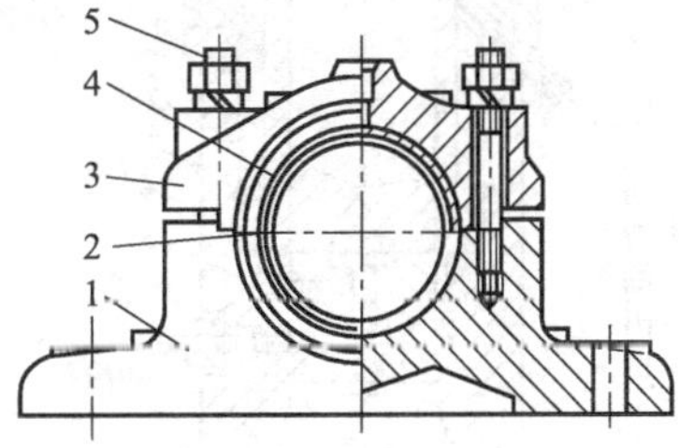

图 18-24　剖分式向心滑动轴承

1—轴承座；2—调整垫片；3—轴承盖；4—轴瓦；5—连接螺栓

而且轴承磨损后，无法调整轴承间隙，只有更换轴套，因而多用于轻载、低速或间歇工作的简单机械上。

(2) 剖分式结构　剖分式向心滑动轴承基本结构形式如图 18-24 所示。它由轴承座 1、调整垫片 2、轴承盖 3、轴瓦 4 和连接螺栓 5 等组成。轴承的剖分面常制成阶梯形，以便安装时定位，并防止上、下轴瓦错动。在轴瓦内壁不承受载荷的表面开有油槽，润滑油从轴承盖上端的孔通过油槽进入轴承。在剖分面间装有调整垫片，当轴瓦磨损后，可用取出适当厚度的垫片来调整轴承间隙。轴承座和轴承盖一般用铸铁制造，在重载或有冲击时可用铸钢制造。这种轴承装拆方便，易于调整间隙，应用较广；缺点是结构复杂，装配要求高。

(3) 自动调心式　对于长径比（轴承长度 L 与轴颈直径 d 之比）$L/d>1.5$ 及轴的刚度较差的滑动轴承，安装时很难保证轴颈轴线与轴承孔的轴线重合（图 18-25），易发生轴承与轴颈端部局部接触，造成载荷集中，使轴承和轴加剧磨损。为防止上述情况发生，可采用自动调心滑动轴承（图 18-26）。其轴瓦外表面做成球状，与轴承盖及轴承座的球形内表面相配合。当轴颈相对轴瓦倾斜时，轴瓦也跟着倾斜，能起到自动调心的作用。

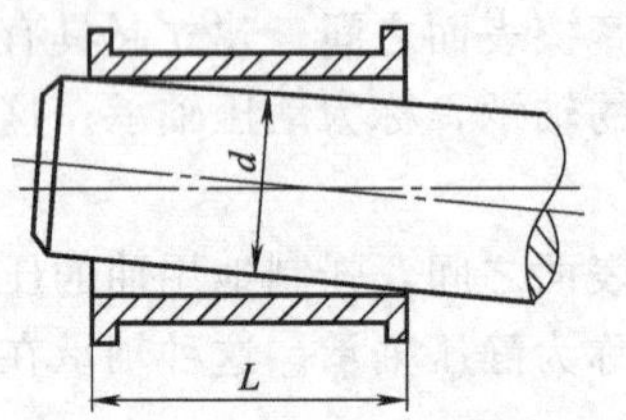

图 18-25　轴套与轴颈轴线不重合

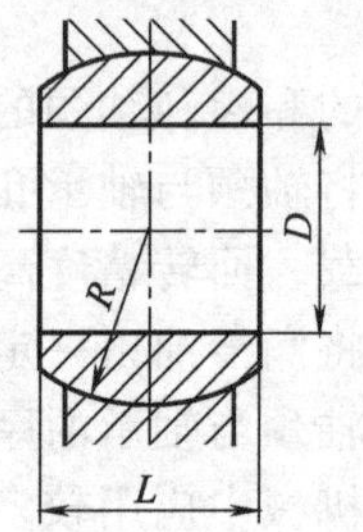

图 18-26　自动调心滑动轴承

此外，还有间隙可调式向心滑动轴承。它能通过调节轴套与轴颈的轴向相对位置，来实现轴承径向间隙的调整，常用于有锥度的轴颈。

2. 推力滑动轴承的结构形式

(1) 立式轴端推力滑动轴承（图 18-27）　立式轴端推力轴承由轴承座 1、衬套 2、轴瓦 3 和止推瓦 4 组成。止推瓦底部制成球面，可以自动复位，避免偏载。销钉 5 用来防止轴瓦转动。轴瓦 3 用于固定轴的径向位置，同时也可承受一定的径向载荷。

(2) 立式轴环推力滑动轴承（图 18-28）　轴环推力滑动轴承由带有轴环的轴和轴瓦组成。单环结构［图 18-28 (a)］一般用于低速、轻载场合。多环结构［图 18-28 (b)］不仅能承受较大的轴向载荷，而且还可以承受双向轴向载荷。

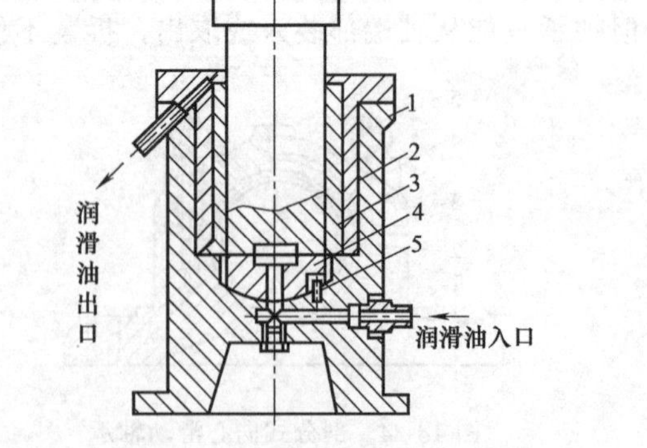

图 18-27　立式轴端推力滑动轴承

1—轴承座；2—衬套；3—轴瓦；4—止推瓦；5—销钉

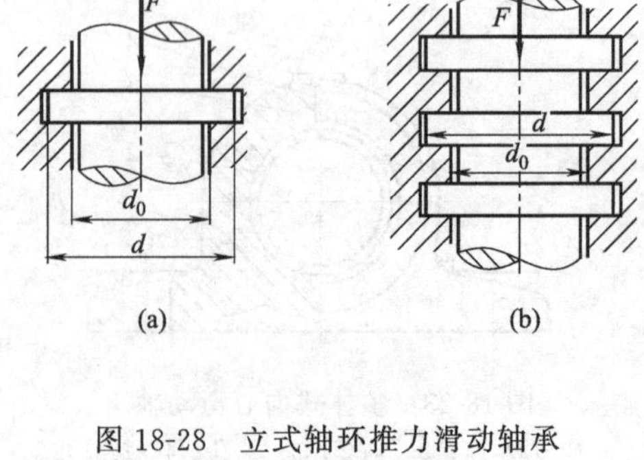

图 18-28　立式轴环推力滑动轴承

18.7.3　轴瓦的结构和轴承的材料

1. 轴瓦的结构

轴瓦是轴承上直接与轴颈接触的零件，是轴承的重要组成部分。其结构是否合理，对滑动轴承的性能有很大影响，轴瓦的结构有整体式和剖分式两种。整体式轴瓦（又称为轴套，如图 18-29 所示）分光滑轴套［图 18-29（a)］和带油槽轴套［图 18-29（b)］两种。剖分式轴瓦（图 18-30）由上、下两半轴瓦组成，它的两端凸缘可以防止轴瓦的轴向窜动并承受一定的轴向力。

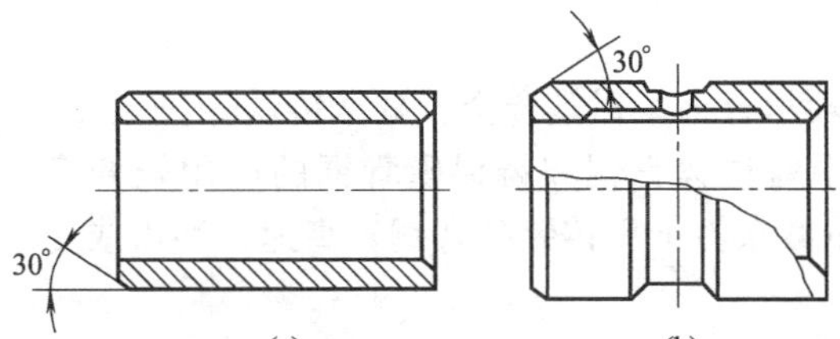

(a)　(b)

图 18-29　整体式轴瓦

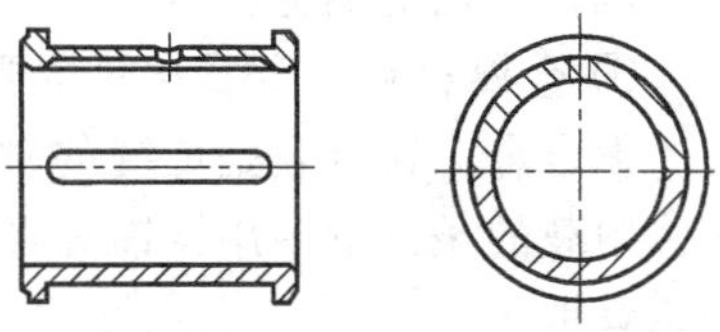

图 18-30　剖分式轴瓦

为了润滑轴承的工作表面，一般都在轴瓦上开设油孔、油槽和油室。油孔用来供应润滑油，油槽用来输送和分布润滑油，而油室则可使润滑油沿轴向均匀分布，并起储油和稳定供油的作用。油孔一般开在轴瓦的上方，并和油槽一样应开在非承载区，以免破坏油膜的连续性而影响承载能力。常见的油槽分布形式如图 18-31 所示。油室可开在整个非承载区，当载荷方向变化或轴颈经常正反转时，也可开在轴瓦两面侧。油槽和油室的轴向长度应比轴瓦宽度短，以免油从两端大量流失。

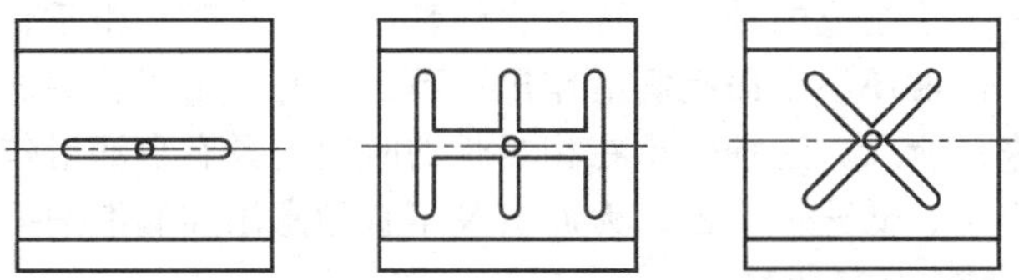
(a)　(b)　(c)

图 18-31　油槽分布的主要形式

为了改善表面的摩擦性质，常在轴瓦内表面浇注一层（0.5～6mm）或两层很薄的减摩材料（如轴承合金），称为轴承衬，做成双金属轴瓦或三金属轴瓦。为使轴承衬能牢固地贴合在轴瓦表面上，常在轴瓦上制出一些沟槽。如图 18-32 所示，基本金属瓦 1、轴承衬 2、轴向沟槽 3、周向沟槽 4 组成双金属轴瓦结构。

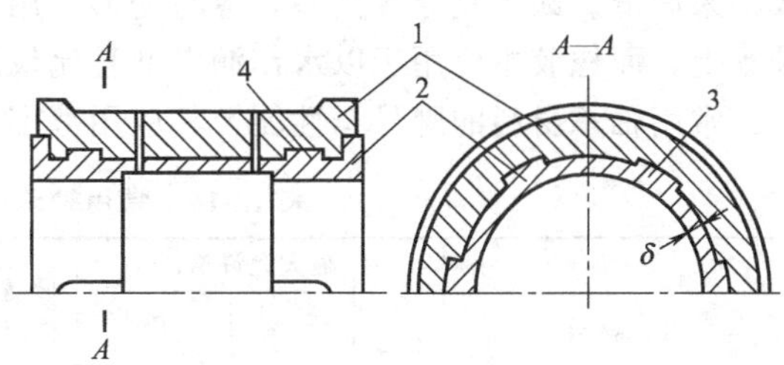

图 18-32　双金属轴瓦

1—基本金属瓦；2—轴承衬；3—轴向沟槽；4—周向沟槽

2. 轴承的材料

轴瓦和轴承衬的材料统称为轴承材料。轴承的主要失效形式是磨损、胶合及因材料强度不足出现的疲劳破坏。

(1) 对轴承材料性能的主要要求

① 良好的减摩性和较高的耐磨性。

② 良好的抗胶合性。

③ 良好的抗压、抗冲击和抗疲劳强度性能。

④ 良好的顺应性和嵌藏性。顺应性是指材料产生弹性变形和塑性变形以补偿对中误差及适应轴颈产生的几何误差的能力。嵌藏性是指材料嵌藏污物和外来微粒，防止刮伤轴颈以减轻磨损的能力。

⑤ 良好的磨合性。磨合性是指新制造、装配的轴承经短期跑合后，消除摩擦表面的不平度，而使轴瓦和轴颈表面相互吻合的性能。

⑥ 良好的导热性、耐腐蚀性。

⑦ 良好的润滑性和工艺性。

(2) 常用的轴瓦材料

① 金属材料　金属材料主要有铜合金、轴承合金、铝基合金、减摩铸铁等。

铜合金：铜合金是传统的轴瓦材料，其中铸锡锌青铜和铸锡磷青铜的应用较普遍。中速、中载的条件下多用铸锡锌青铜；高速、重载条件下用铸锡磷青铜；高速、冲击或变载时用铅青铜。

轴承合金（又称为巴氏合金）：锡（Sn）、铅（Pb）、锑（Sb）、铜（Cu）的合金统称为轴承合金。分为锡基轴承合金和铅基轴承合金两大类。其强度、硬度和熔点低，且价格昂贵。因此，不便单独作成轴瓦，通常将其浇注在钢、铸铁或铜合金的轴瓦基体上作为轴承衬来使用。主要用于重载、高速的重要轴承，如汽车、内燃机中滑动轴承的轴承衬。

铸铁：铸铁性脆，磨合性差，但价廉，用于低速、不受冲击的轻载轴承或不重要的轴承。

② 粉末冶金材料　粉末冶金材料是将金属粉末加石墨经压制、烧结而成的轴承材料，具有多孔结构，其孔隙占总容积的15%～30%，使用前先在热油中浸渍数小时，使孔隙中充满润滑油。用这种方法制成的轴承，称为含油轴承。工作时，由于轴颈旋转对它产生挤压和抽吸作用，孔隙中的油便渗出而起润滑作用；不工作时，由于孔隙的毛细管作用，油又被吸回孔隙中储存起来。所以，这种轴承在相当长的时期内具有自润滑作用。这种材料的强度和韧性较低，适用于中、低速，平稳、无冲击及不宜随意添加润滑剂的轴承。常用的粉末冶金材料有铁-石墨和青铜-石墨两种。

③ 非金属材料　非金属材料主要有塑料、尼龙、橡胶、石墨、硬木等。这些材料的优点是：摩擦系数小、抗压强度和疲劳强度较高，耐磨性、跑合性和嵌藏性较好，可以采用水或油来润滑。缺点是导热性差，容易变形，用水润滑时会吸水膨胀。其中尼龙用于低载荷的轴承上，而橡胶主要用于以水作润滑剂且比较脏污之处。

常用轴承材料的牌号、性能及其应用范围见表18-16。

表18-16　常用轴承材料的性能及其比较

<table>
<tr><th colspan="2" rowspan="2">轴瓦材料</th><th colspan="3">最大允许值</th><th rowspan="2">最高工作温度 t/℃</th><th rowspan="2">最小轴颈硬度 /HBS</th><th colspan="4">性能比较</th><th rowspan="2">使用说明</th></tr>
<tr><th>[p] /MPa</th><th>[v] /m·s^{-1}</th><th>[p_v] /MPa·m·s^{-1}</th><th>抗胶合性</th><th>顺应性嵌藏性</th><th>耐蚀性</th><th>疲劳强度</th></tr>
<tr><td rowspan="2">铅锑轴承合金</td><td>ZChPbSb16-16-2</td><td>15</td><td>12</td><td>10</td><td rowspan="2">150</td><td rowspan="2">150</td><td rowspan="2">1</td><td rowspan="2">1</td><td rowspan="2">3</td><td rowspan="2">5</td><td rowspan="2">用于中速、中等载荷的轴承，不宜受显著的冲击载荷，可作为锡锑轴承合金的代用品</td></tr>
<tr><td>ZChPbSb15-15-3</td><td>5</td><td>6</td><td>5</td></tr>
<tr><td rowspan="2">锡青铜</td><td>ZCuSn10Pb1</td><td>15</td><td>10</td><td>15</td><td rowspan="2">280</td><td rowspan="2">300</td><td rowspan="2">5</td><td rowspan="2">3</td><td rowspan="2">1</td><td rowspan="2">1</td><td>用于中速、重载及受变载荷的轴承</td></tr>
<tr><td>ZCuSn5Pb5Zn5</td><td>8</td><td>3</td><td>15</td><td>用于中速、中等载荷的轴承</td></tr>
</table>

续表

轴瓦材料		最大允许值			最高工作温度 t/℃	最小轴颈硬度 /HBS	性能比较				使用说明
		[p] /MPa	[v] /m·s^{-1}	[p_v] /MPa·m·s^{-1}			抗胶合性	顺应性嵌藏性	耐蚀性	疲劳强度	
铅青铜	ZCuPb30	25	12	30	280	300	3	4	4	2	用于高速、重载轴承，能承受变载荷及冲击载荷
铝青铜	ZCuAl10Fe3	30	8	12		200	5	5	5	2	最宜用于润滑充分的低速重载轴承
黄铜	ZCuZn38Mn2Pb2	12	2	10	200	200	3	5	1	1	用于低速、中等载荷的轴承
三层金属	（镀轴承合金）	14～35			170	200～300	1	2	2	2	以低碳钢为瓦背，铜、青铜、铝或银为中间层，上镀轴承合金组成，疲劳强度显著提高
灰铸铁	HT150 HT200 HT250	2～4	0.5～1	1～4	150	200～250	4	5	1	1	用于低速、轻载的不重要轴承，价廉

18.7.4 滑动轴承的润滑

滑动轴承工作性能的优劣，与能否进行良好的润滑关系极大。为了在合理选择滑动轴承的基础上，最大限度地发挥其效能，必须选择合适的润滑剂和润滑方法。

1. 润滑剂的选择

(1) 润滑脂　润滑脂的主要性能指标有滴点和锥入度，滴点表示润滑油耐热能力的大小，锥入度反映了润滑脂的黏稠程度。主要类别有钠基、钙基、锂基三种。钠基润滑脂耐热性好，但抗水性差；钙基润滑脂则耐热性差，抗水性较好；而锂基润滑脂的耐热性、抗水性均较好，但价格高。

一般在高温条件下工作的轴承，应选择滴点高（高于工作温度约 15～20℃）的润滑脂；在低速、重载条件下，应选锥入度小的润滑脂；在水、湿环境下，应选用抗水性较好的润滑脂。具体可按轴承压强、圆周速度和工作温度选择润滑脂的牌号，参考表 18-17 或有关资料。

表 18-17　滑动轴承润滑脂的选择

轴承压强 p/MPa	轴颈圆周速度 v/m·s^{-1}	最高工作温度 t/℃	选用润滑脂牌号
<1	≤1	15	3 号钙基脂
1～6.5	0.5～5	55	3 号钙基脂
6.5	≤0.5	75	3 号钙基脂
6.5	0.5～5	120	3 号钙基脂
6.5	≤0.5	110	3 号钙基脂
1～6.5	≤1	100	2 号锂基脂
>6.5	≤0.5	60	2 号极压复合锂基脂

(2) 润滑油　润滑油的主要性能指标有黏度、闪点、凝固点和油性。选择的基本原则是：压强大、有冲击或变载荷下运转时，应选用黏度高、油性好的润滑油，以保证油膜不被破坏；工作温度高时，应选黏度高、闪点高（高出工作温度 20～30℃）的润滑油；转速高时，应选择黏度低的润滑油，以减少摩擦阻力，避免发热；表面粗糙度低，配合间隙小时，应选择黏度低的润滑油。具体可按轴承平均压强和滑动速度选择润滑油的黏度，参考表 18-18。

表 18-18 滑动轴承润滑油的选择（工作温度 10～60℃）

轴颈圆周速度 $v/m\cdot s^{-1}$	轻载 $P<3MPa$		中载 $P=3\sim7.5MPa$		重载 $P>MPa$	
	运动黏度（40℃）$/mm^2\cdot s^{-1}$	适用润滑油牌号	运动黏度（40℃）$/mm^2\cdot s^{-1}$	适用润滑油牌号	运动黏度（40℃）$/mm^2\cdot s^{-1}$	适用润滑油牌号
<0.1	85～150	100、150	140～220	150、220	470～1000	460、680、1000
0.1～0.3	65～125	68、100	120～170	100、150	250～600	230、320、460
0.3～1.0	45～70	46、68	100～125	100	90～350	100、150、220、320
1.0～2.5	40～70	32、46、68	65～90	68、100		
2.5～5.0	40～55	32、46				
5～9	15～45	15、22、45				
>9	5～22	7、10、15、22				

2. 润滑方法及润滑装置

滑动轴承的润滑方法有手工供给（油、脂）和连续供给（油、脂）两种。

手工润滑是用油枪向油杯注入润滑油（脂），还有油壶注油。常用油杯如图 18-33 所示。

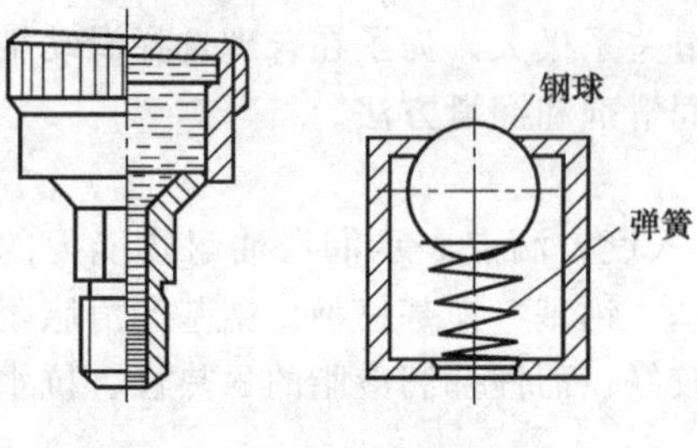

(a) 旋盖式油杯 (b) 压注式油杯

图 18-33 手工润滑装置

手工润滑只能间歇定时供给（油、脂），适用于低速、轻载和不重要的轴承。

连续供油（脂）则润滑充分、可靠，有的装置还能调节供给量，如图 18-34 所示。

油心式注油杯［图 18-34（a）］是利用浸于油中的纱芯的毛细管作用，将油送入油孔滴到轴承工作面上。这种方法适用于低速、轻载场合。

针阀式注油杯［图 18-34（b）］手柄抬起时，针阀被上提，油孔打开，油通过油孔连续注入润滑点；压下手柄，针阀关闭；旋转螺母可调节供油量的大小。这种方法适用于中速、较重载荷。

油环润滑［图 18-34（c）］是利用轴颈上套着的油环将油带起，进入轴承的摩擦表面，

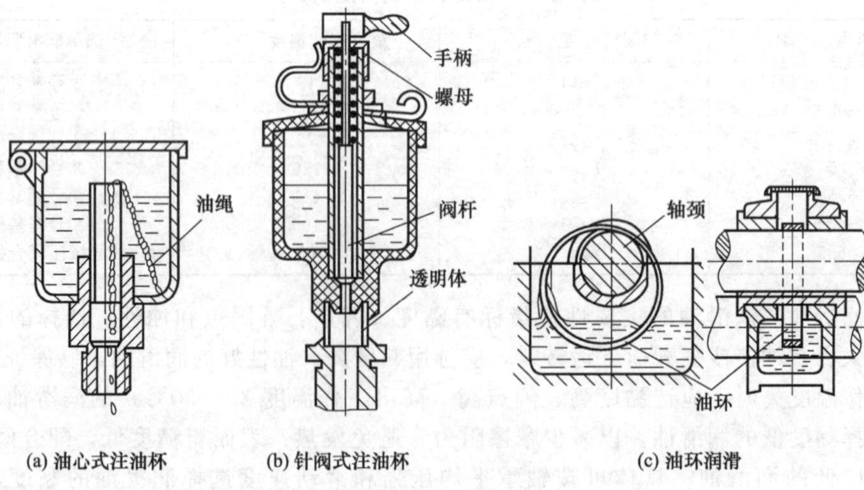

(a) 油心式注油杯 (b) 针阀式注油杯 (c) 油环润滑

图 18-34 连续润滑装置

实现润滑。这种方法在较低速度、较重载荷的工作场合常用。

此外，对于一些高速、重载的轴承，还可选用飞溅润滑和压力循环润滑方式进行润滑。

【知识梳理与总结】

(1) 本章介绍了轴承的主要类型、构造、特点和应用以及滚动轴承的代号；滚动轴承的失效形式、设计准则；滚动轴承的类型选择及寿命计算。

(2) 轴承是支承轴及轴上回转零件的部件，滑动轴承和滚动轴承各具特点，需结合实际工作场合的具体情况选择。

(3) 滚动轴承摩擦阻力小、机械效率高、润滑和维护方便，并且已标准化。选择滚动轴承时，应首先综合考虑载荷条件、转速、调心能力、安装调整要求、刚度要求、经济性等因素，确定滚动轴承的类型。再通过预期寿命计算，确定满足使用要求的轴承具体型号。

习　　题

18-1　滚动轴承由哪些基本元件组成？其各自的功用是什么？

18-2　常用滚动轴承有哪几类？各有什么特点？各自适用什么工作条件？怎样选择使用？

18-3　滚动轴承的代号是如何规定的？试说明下列滚动轴承代号的意义：6005、N208/P6、7307C、30209/P5。

18-4　什么是滚动轴承的公称接触角？如何按公称接触角对滚动轴承分类？

18-5　滚动轴承的寿命与其基本额定寿命有何区别？

18-6　滚动轴承的基本额定动载荷是如何规定的？它与当量动载荷有何区别？

18-7　哪几类滚动轴承承载时会产生附加轴向力？怎样确定其大小和方向？

18-8　滚动轴承的设计原则是什么？哪些轴承在选择设计时要进行静强度计算？

18-9　滚动轴承的组合设计主要考虑哪些问题？如何进行滚动轴承的间隙和位置的调整？

18-10　滚动轴承的内、外圈固定方式有哪几种？轴系的固定方式有哪几种？各在什么条件下应用？

18-11　举例说明滚动轴承的润滑与密封方法。

18-12　滑动轴承有哪些类型、特点？各适用什么工作条件？

18-13　滑动轴承的轴瓦有哪些结构形式？采用什么轴承材料？

18-14　滑动轴承的润滑采用哪些方式、哪些装置、哪些润滑剂？如何选用？

18-15　一对 7210AC 轴承，分别受径向载荷 $F_r=6000$N，轴上作用有外加轴向载荷 F_x，其方向如图 18-9 (a) 和图 18-9 (c) 所示。试求下列情况下，各轴承的内部轴向力 F_s，轴承所受的轴向载荷 F_a 和当量动载荷 P 的大小。

(1) $F_x=4500$N

(2) $F_x=1000$N

18-16　一机械传动装置两端支承采用相同的深沟球轴承，已知轴颈直径均为 $d=40$mm，转速 $n=1750$r/min，各轴承所承受的径向载荷为 $F_{r1}=2000$N 及 $F_{r2}=1500$N，常温下工作，载荷平稳，要求使用寿命 $L_h'\geqslant 8000$h。试选择该轴承型号。

18-17　根据工作条件，决定在某传动轴上安装一对角接触球轴承，要求背对背布置。已知两个轴承所受的径向载荷分别为 $F_{r1}=1470$N 及 $F_{r2}=2650$N，外加轴向载荷为 $F_x=$

1500N，轴颈 $d=50\text{mm}$，转速 $n=3000\text{r/min}$，常温下运转，有中等冲击，预期使用寿命 $L_h=2000\text{h}$，试选择轴承型号。

18-18 某机械的转轴两端各用一向心轴承支承。已知轴颈直径 $d=40\text{mm}$，转速 $n=1000\text{r/min}$，每个轴承的径向载荷为 $F_r=5880\text{N}$。载荷平稳，工作温度 125℃，预期使用寿命 $L_h=5000\text{h}$，试分别按球轴承和滚子轴承选择型号，并进行比较。

第 19 章　轴

【知识目标】

① 了解轴的用途和分类，轴的材料及其选择方法；

② 理解轴的结构设计原则；

③ 掌握提高轴的疲劳强度的措施。

【能力目标】

① 能够根据轴的工况，进行轴的结构设计；

② 能够对轴进行受力分析，进行强度校核和计算。

【知识结构图】

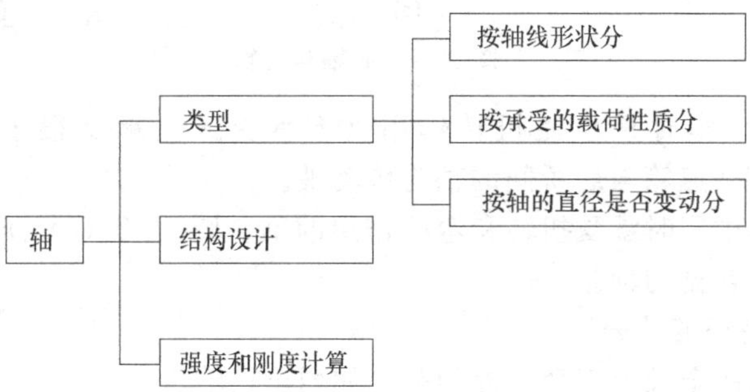

19.1　轴的类型及材料

19.1.1　轴的类型和功用

轴是组成机器的重要零件之一，类型很多；其主要功用是支撑机器中作回转运动的零件并传递运动和动力。机器中各种作回转运动的零件，如齿轮、带轮、链轮、车轮等都必须装在轴上才能实现其功能。

1. 按轴线形状分

（1）直轴　广泛用于轴间平行传动（如减速器轴）和跨距较大的刚性传动（如汽车、轴流式通风机的传动轴），如图 19-1（a）所示。

（2）曲轴　用于回转与往复运动转换机构中的专用零件（如内燃机、空压机的主轴），如图 19-1（b）所示。

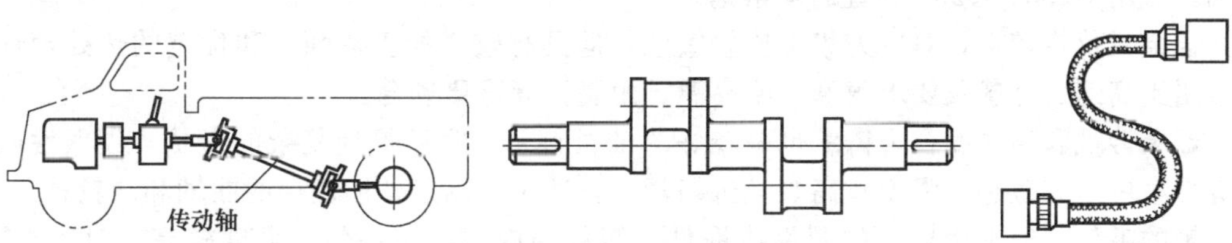

(a)　(b)　(c)

图 19-1　直轴、曲轴、挠性轴

(3) 挠性轴　用于相互偏离、倾斜或移动的轴间传动，多用在远距离控制和仪表传动中，如图 19-1（c）所示。

2. 按承受的载荷性质分

(1) 心轴　工作时只承受弯曲作用的轴，有固定心轴和转动心轴两种。图 19-2（a）所示的滑轮轴为固定心轴，图 19-2（b）所示的列车轮轴为转动心轴。

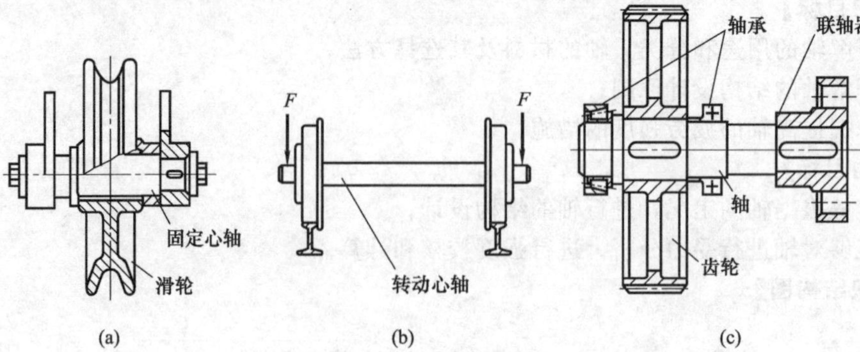

图 19-2　心轴与转轴

(2) 传动轴　工作时只承受扭转作用（不承受或只承受很小的弯曲作用）的轴。图 19-1 (a)所示汽车变速箱与后桥间的轴为传动轴。

(3) 转轴　工作中同时承受扭转和弯曲作用的轴。图 19-2（c）所示减速器输出轴即为转轴，它是机械中最常见的轴。

3. 按轴的直径是否变动分

(1) 光轴　在轴的全长上直径处处相等，如列车轮轴。

(2) 阶梯轴　在轴的全长上直径分段相等，如减速器输出轴。

此外，为了减轻轴的重量、节省材料，轴还可做成空心的，如汽车的传动轴就是空心轴。但在一般机械中，阶梯实心轴应用最广。

19.1.2　轴的材料

选择轴的材料要考虑许多因素，如工作条件、材料强度、热处理和机加工性能等。一般情况，轴的主要失效形式是疲劳破坏。因此对轴的材料的主要要求如下。

① 具有足够的强度（抗拉和抗疲劳强度）。

② 对应力集中不敏感。

③ 与滑动零件接触的表面应具有良好的耐磨性。

④ 易于机加工和热处理。

轴的常用材料主要是优质碳素钢和合金钢。碳钢价廉，对应力集中不敏感，并能通过热处理获得良好的力学性能。一般机械中的轴常用 35、45 优质碳素钢。对受力较小或不重要的轴，可用 Q235、Q255 等普通碳素钢。

合金钢价格较贵，对应力集中比较敏感，但具有较高的机械强度和优越的热处理性能，故常用于高速、重载及要求耐磨、耐高温、耐腐蚀等重要场合。

球墨铸铁和高强度合金铸铁也是较好的轴材料。它容易得到复杂的形状，吸振性能好，对应力集中不太敏感，强度较高，且价格较低，适用于制造外形复杂的曲轴和凸轮轴。

轴的毛坯一般采用轧制的圆钢或锻件。锻件的内部组织均匀，强度较高。对于重要的轴、或大尺寸以及阶梯尺寸变化较大的轴，应采用锻造毛坯。

轴的常用材料及力学性能见表 19-1。

表 19-1　轴的常用材料及力学性能

材料牌号	热处理	毛坯直径/mm	硬度/HB	抗拉强度极限 σ_b/MPa	屈服极限 σ_s/MPa	弯曲疲劳极限 σ_{-1}/MPa	用　途
Q235A	热轧或锻后空冷	≤100		400～420	225	170	用于不重要或载荷不大的轴
35	正火	≤100	149～187	510	265	240	用于一般的轴
45	正火	≤100	170～217	590	295	255	应用最广
	调质	≤200	217～255	640	355	275	
40Cr	调质	≤100	241～286	735	540	355	用于载荷较大而无很大冲击的轴
35SiMn (42SiMn)	调质	≤100	229～286	785	510	355	性能接近 40Cr，用于中、小型的轴
40MnB	调质	≤200	241～286	735	490	345	性能接近 40Cr，用于重要的轴
40CrNi	调质	≤100	270～300	900	735	430	低温性能好，用于很重要的轴
35CrMo	调质	≤100	207～269	735	540	355	性能接近 40CrNi，用于重载荷轴
38SiMnMo	调质	≤100	229～286	735	590	365	性能接近 35CrMo
20Cr 20CrMnTi	渗碳淬火回火	≤60 ≤15	表面 56～62HRC	640 1080	390 835	305 480	用于要求强度和韧性均较高的轴，如齿轮轴和蜗杆
QT600-2			229～302	600	420	215	用于柴油机、汽油机的曲轴和凸轮轴
QT800-2			241～321	800	560	285	

19.2　轴的结构设计

轴的结构设计主要是确定轴的外形和结构尺寸。设计的基本要求如下。

① 轴和轴上的零件要有准确的工作位置。

② 各零件要可靠地相互连接。

③ 轴应便于加工，轴上零件要易于装拆。

④ 应尽量减小应力集中。

⑤ 轴各部分的直径和长度尺寸要合理。

19.2.1　轴头、轴颈与轴身

阶梯轴为最典型的轴结构，它由轴头、轴颈和轴身三部分组成。如图 19-3 所示，轴与轴上旋转零件的配合轴段称为轴头，与轴承的配合轴段称为轴颈，连接轴头和轴颈的轴段称为轴身。在确定轴上各部分直径时应注意以下问题。

① 轴颈处的直径应与轴承的内径标准系列一致。

② 轴头处的直径应与相配合的零件轮毂内径一致，并符合直径标准系列。

③ 轴身处的直径可根据结构需要确定。

④ 轴上螺纹或花键处的直径均应符合螺纹或花键的标准。

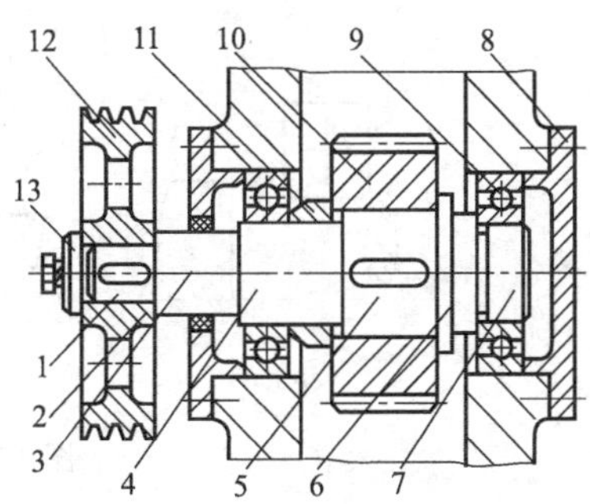

图 19-3　典型的轴结构及其配合件
1,5—轴头；2—轴肩；3—轴身；4,7—轴颈；6—轴环；8—轴承盖；9—滚动轴承；10—齿轮；11—套筒；12—带轮；13—轴端挡圈

为了易于轴的加工并使轴的应力集中减小，应尽量减少直径的变化。轴的各段长度，可根据轴上零件的宽

度和零件的相互位置确定。

19.2.2 轴的结构要求

1. 工艺性要求

轴的结构工艺性是指所设计的轴是否便于加工、装配和维修。通常有以下要求。

① 当某一段轴需要车制螺纹或磨削加工时，应留有退刀槽或越程槽（图 19-4）。

② 轴上所有的键槽应开在同一母线上（图 19-5）。

③ 为了便于轴上零件的装配和去除毛刺，轴端和轴肩一般均应制出 45°的倒角。过盈配合轴段的装入端应加工出半锥角为 30°的导向锥面（图 19-5）。

④ 为了便于加工，应尽可能减少阶梯级数，应使轴上直径相近处的圆角、倒角、键槽、退刀槽和越程槽等尺寸一致。

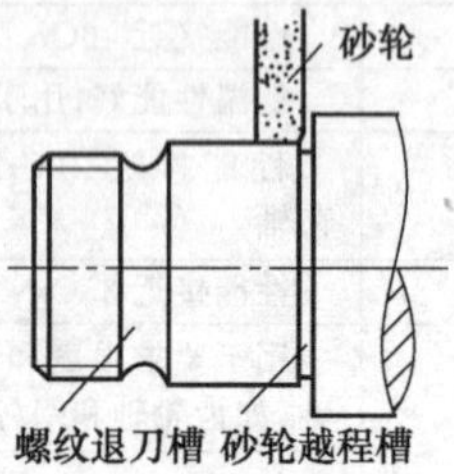

图 19-4 退刀槽和越程槽

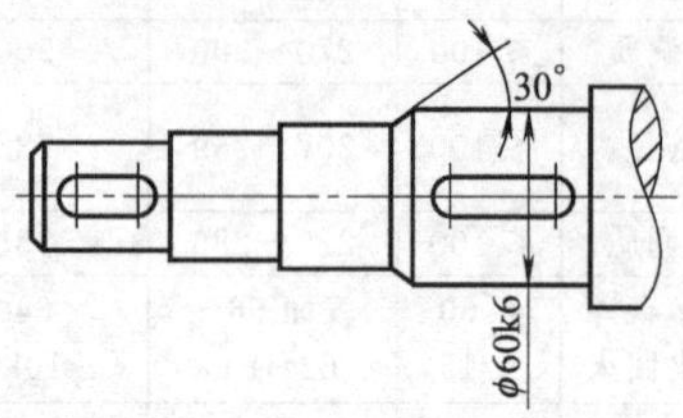

图 19-5 键槽布置及导向锥面

2. 疲劳强度要求

轴一般在交变应力状态下工作，疲劳损坏是其主要失效形式。因此，在选定轴材料之后，要在结构设计时尽量考虑提高轴的疲劳强度。通常采取下列措施。

(1) 改进结构，减小应力集中影响　对于阶梯轴，相邻轴段直径相差不宜太大，在轴径变化处的过渡圆角半径不宜过小。尽量避免在轴上开横孔、凹槽和加工螺纹。在重要结构中可采用过渡肩环［图 19-6 (a)］、凹切圆角［图 19-6 (b)］，以增加轴肩处过渡圆角半径来减小应力集中。在与轮毂配合的轴段上开减载槽，或在轮毂端开减载槽，也能降低应力集中［图 19-6 (c) 和图 9-16 (d)］，B 为减载槽。

(2) 对轴的表面进行强化　疲劳裂纹常常发生在轴的表面。因此，除了控制轴的表面粗糙度以外，必要时还可采用表面热处理或表面强化处理的方法，如渗碳、氮化、调质和碾压、喷丸等。

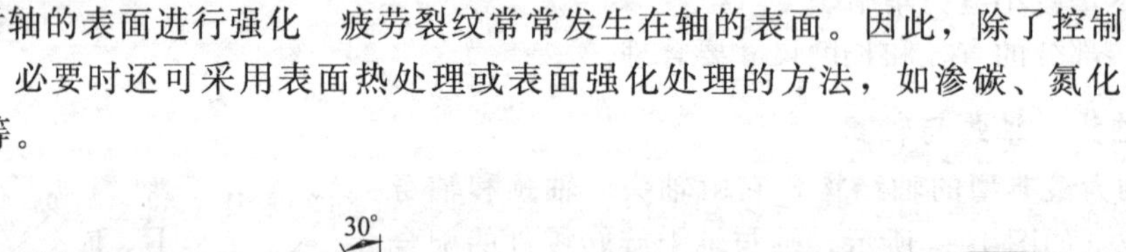

图 19-6 减小应力集中的轴毂结构设计

19.2.3 轴上零件的定位与固定

1. 轴向定位与固定

为了保证零件在轴上有确定的相对位置，承受轴向力时不发生窜动，常采用表 19-2 所列的结构形式来实现轴上零件的轴向定位与固定。

表 19-2　常用的轴上零件固定方法

采用的结构	固定方法图示	特点及应用
轴肩与轴环	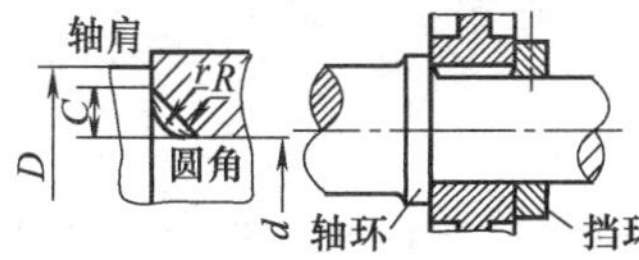	轴肩、轴环由定位面和过渡圆角组成。为保证紧靠定位面，应使轴肩、轴环的圆角半径 $r<R$（零件毂孔的圆角半径），或 $r<C$（零件毂孔的倒角高度）。常用在齿轮、轴承等的轴向固定
螺母	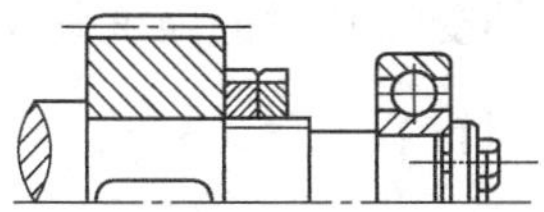	用螺母作轴向固定。为避免过分削弱轴的疲劳强度，一般用细牙螺纹，配有双螺母或带翅垫圈来防松。用于零件与轴承距离较大，轴上允许车螺纹的轴段
套筒	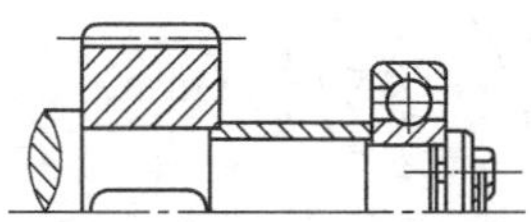	定位可靠，不需开槽、钻孔，不影响轴的疲劳强度，但重量有所增加。常用在两零件间作轴向固定
轴端挡圈		常用在轴端零件的固定，可承受较大的轴向力
弹性挡圈	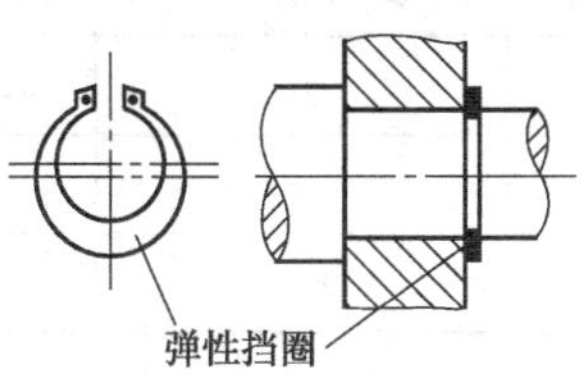	轴结构简单，但应力集中严重，削弱轴的疲劳强度。用在轴向力较小，或仅为防止轴向移动的场合，常用来固定滚动轴承
圆锥面	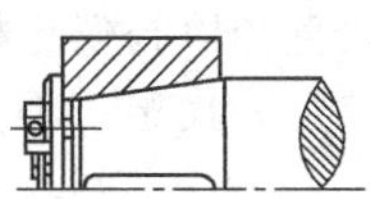	常与轴端挡圈一起使用，具有同轴度高、定心准确、装拆方便的特点。常用于转速高、受冲击载荷、定心要求高的轴端零件固定
紧定螺钉	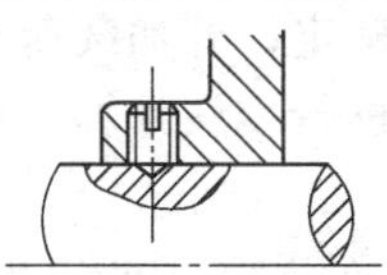	可兼作轴向和周向固定。常用于光轴及轴向力小的零件固定

2. 周向固定

周向固定是为了保证轴上零件在传递转矩时与轴不发生相对转动。传递转矩不大时，可采用销钉或过盈配合来固定；传递转矩较大时，一般采用键或花键来固定。

19.3　轴的强度和刚度计算

在进行轴的强度计算时，首先要分析轴上载荷的大小、方向和作用位置，绘制计算简图，然后运用材料力学中的公式进行计算。轴的计算步骤如下。

① 按扭转强度确定轴的最小直径。

② 按弯扭组合进行强度校核计算。

③ 对于特别重要的轴，还需按疲劳强度安全系数进行精确校核计算。

④ 对于有刚度要求的轴，还需进行刚度计算。

一般用途的轴，多采用普通碳素钢和优质碳素钢制造，且支点跨距较小，故只进行前两步计算即可。

19.3.1 按扭转强度计算

对于传动轴，因只受转矩，可只按转矩计算轴的直径；对于转轴，先用此法估算轴的最小直径，然后进行轴的结构设计，并用弯扭组合进行强度校核计算。

通常轴的横截面均设计成实心圆截面。实心圆轴受扭转时的强度条件为

$$\tau=\frac{T}{W_T}=\frac{T}{0.2d^3}\leqslant[\tau] \tag{19-1}$$

由此得出轴径计算公式为

$$d\geqslant\sqrt[3]{\frac{T}{0.2[\tau]}}=\sqrt[3]{\frac{9.55\times10^6 P}{0.2[\tau]n}}=A\sqrt[3]{\frac{P}{n}}\ \text{(mm)} \tag{19-2}$$

式中 T——轴传递的转矩，N·mm；

W_T——轴的抗扭截面系数，mm^3；

P——轴传递的功率，kW；

n——轴的转速，r/min；

A——由轴的材料和受载情况而定的系数，其值见表 19-3。

表 19-3 几种轴用材料的 [τ] 及 A 值

轴的材料	Q235	35	45	40Cr,35SiMn,38SiMnMo
[τ]/MPa	15～25	20～35	25～45	35～55
A	150～125	135～120	120～110	110～100

由式（19-2）求得的直径，为轴的最小直径。阶梯轴的其他轴径均应依此为计算基准，结合轴的结构设计来确定。对于设有键槽的轴，应增大直径以补偿键槽对轴的影响；单键时轴径增大 3%～5%，双键（同一截面上）时轴径增大 7%～10%，再圆整为标准直径。

19.3.2 按弯扭组合强度计算

轴的结构设计完成后，轴上零件的相对位置即已确定，外加载荷及支反力作用点也相应确定，就可以画出轴的受力图，按轴的弯扭组合强度进行校核计算。具体步骤如下。

① 作出轴的受力简图。

② 用空间力系的平面解法求出水平面弯矩和垂直面弯矩，并作出弯矩图。

③ 计算合成弯矩 $M=\sqrt{M_H^2+M_V^2}$，画出合成弯矩图。

④ 计算轴的转矩 T，画出扭矩图。

⑤ 计算当量弯矩 $M_e=\sqrt{M^2+(\alpha T)^2}$，绘出当量弯矩图。式中，$\alpha$ 为折算系数。对于不变转矩取 $\alpha=[\sigma_{-1}]/[\sigma_{+1}]\approx0.3$；对于脉动循环转矩取 $\alpha=[\sigma_{-1}]/[\sigma_0]\approx0.6$；对于对称循环转矩取 $\alpha=[\sigma_{-1}]/[\sigma_{-1}]=1$。其中，$[\sigma_{-1}]$、$[\sigma_0]$、$[\sigma_{+1}]$分别为对称循环、脉动循环、静应力状态下的许用弯曲应力，其值见表 19-4。

⑥ 校核危险截面强度。根据当量弯矩图和各段轴径，找出最危险截面，并进行计算。用强度条件校核，计算公式为

$$\sigma_e=\frac{M_e}{W}=\frac{\sqrt{M^2+(\alpha T)^2}}{0.1d^3}\leqslant[\sigma_{-1}] \tag{19-3}$$

或使危险截面的轴径满足

$$d \geqslant \sqrt[3]{\frac{M_e}{0.1[\sigma_{-1}]}} \quad (\mathrm{mm}) \tag{19-4}$$

式中，M、T、M_e的单位均为 N·mm。

对于只承受弯矩的心轴，用式（19-3）计算时，令 $T=0$。

表 19-4　轴的许用弯曲应力　MPa

材　料	强度极限 σ_b	$[\sigma_{+1}]$	$[\sigma_0]$	$[\sigma_{-1}]$
碳　钢	400	125	70	40
	500	165	75	45
	600	195	95	55
	700	245	120	70
合金钢	800	270	130	75
	1000	365	165	100

19.3.3　轴的刚度计算

轴在工作时，受到载荷作用会产生弹性变形，如果刚度不够，变形过大，将会影响轴上零件的正常工作。如较大的弯曲变形会使齿轮啮合出现偏载；较大的扭转变形会使滑动轴承磨损不匀，产生高热。因此，对重要的和精确度要求高的轴，还要进行刚度校核计算。

轴的刚度校核计算是使轴在工作时的变形量不超过某个允许范围。即要满足条件

$$f \leqslant [f]$$

$$\theta \leqslant [\theta]$$

$$\varphi \leqslant [\varphi]$$

式中　f、θ、φ——轴发生弯曲变形时的挠度和转角以及发生扭转变形时的扭转角；

$[f]$、$[\theta]$、$[\varphi]$——轴的许用挠度、许用转角和许用扭转角。

其中，$[f]$ 和 $[\theta]$ 的值见表 19-5。$[\varphi]$ 在一般机器中取 $(0.5° \sim 1°)/\mathrm{m}$，在精密传动中取 $(0.25° \sim 0.5°)/\mathrm{m}$。

表 19-5　轴的弯曲变形许用值

应用场合	$[f]$/mm	部　位	$[\theta]$ /rad
一般用途的轴	$(0.0003 \sim 0.0005)l$	齿轮或滑动轴承处	0.001
刚度要求较高的轴（如机床主轴）	$0.0002l$	向心球轴承处 向心球面轴承处	0.005 0.05
安装齿轮的轴	$(0.01 \sim 0.03)m_n$	圆柱滚子轴承处	0.0025
安装蜗轮的轴	$(0.02 \sim 0.05)m_t$	圆锥滚子轴承处	0.0016

注：l 为支承跨距，m_n 为齿轮法面模数，m_t 为蜗轮端面模数。

19.3.4　轴的设计要求及设计步骤

1. 设计要求

轴的基本设计要求是：有足够的强度、刚度，合理的结构和良好的工艺性。但不同的机械对轴的使用常有不同的特殊要求，如机床的主轴特别要求有足够的刚度；汽轮机转子轴要保证不发生共振；结构复杂的轴件一定要考虑特殊工艺要求。

2. 设计步骤

① 按工作要求选择轴的材料。

② 初步估算轴的最小直径。

③ 进行轴的结构设计。

④ 进行必要的强度、刚度或振动稳定性等的校核计算。

⑤ 绘制轴的工作图。

例 19-1 设计图 19-7 所示一带式输送机中的单级斜齿轮减速器的低速轴。已知电动机的功率为 $P=25\text{kW}$，转速 $n_1=970\text{r/min}$，传动零件（齿轮）的主要参数及尺寸为：法面模数为 $m_n=4\text{mm}$，齿数比 $\mu=3.95$，小齿轮齿数 $z_1=20$，大齿轮齿数 $z_2=79$，分度圆上的螺旋角 $\beta=8°6'34''$，小齿轮分度圆直径 $d_1=80.81\text{mm}$，大齿轮分度圆直径 $d_2=319.19\text{mm}$，中心距为 $a=200\text{mm}$，齿宽为 $B_1=85\text{mm}$，$B_2=80\text{mm}$。

解 设计过程如下。

(1) 选择轴的材料。

该轴没有特殊的要求，可选用调质处理的 45 钢，查其强度极限 $\sigma_b=650\text{MPa}$。

(2) 初步估算轴径。

按扭转强度估算输出端联轴器处的最小直径，根据表 19-3 选 45 钢，取 $A=110$。

输出轴的功率 $P_2=P\eta_1\eta_2\eta_3$（η_1 为联轴器的效率，取为 0.99；η_2 为滚动轴承的效率，取为 0.99；η_3 为齿轮传动效率，取为 0.98），所以 $P_2=25\times0.99\times0.99\times0.98=24.5\text{kW}$。

输出轴转速为 $n_2=970/3.95=245.6\text{r/min}$。

根据式 (19-2) 有

$$d_{\min}=A\sqrt[3]{\frac{P_2}{n_2}}=110\sqrt[3]{\frac{24}{245.6}}=50.7\text{mm}$$

由于在联轴器处有一个键槽，轴径应增加 5%；为了使所选轴径与联轴器孔径相适应，需要同时选取联轴器。从机械设计手册可以查到，选用 HL4 弹性联轴器 J55×84/Y55×112 GB 5014—85。故取与联轴器连接的轴径为 55mm。

(3) 轴的结构设计。

根据图 19-7 所示齿轮减速器简图确定轴上主要零件的布置图（图 19-8）和轴的最小直径，初步定出其他部位的轴径与长度。

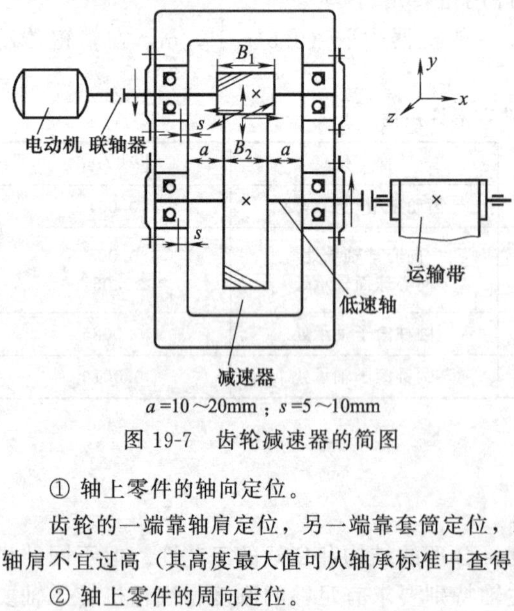

图 19-7 齿轮减速器的简图

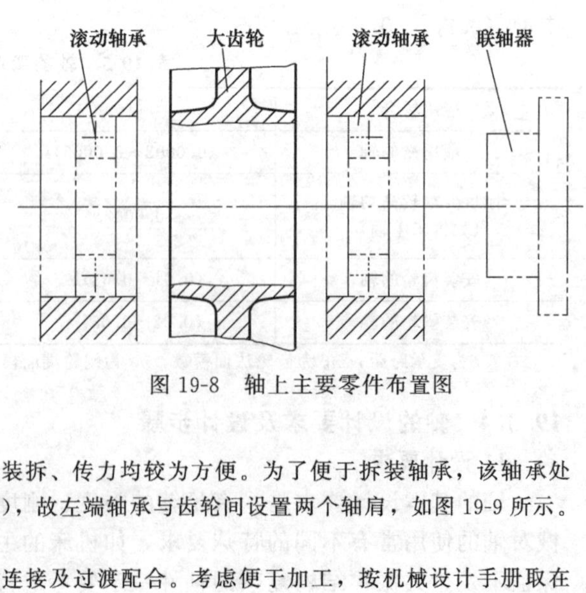

图 19-8 轴上主要零件布置图

① 轴上零件的轴向定位。

齿轮的一端靠轴肩定位，另一端靠套筒定位，装拆、传力均较为方便。为了便于拆装轴承，该轴承处轴肩不宜过高（其高度最大值可从轴承标准中查得），故左端轴承与齿轮间设置两个轴肩，如图 19-9 所示。

② 轴上零件的周向定位。

齿轮与轴、联轴器与轴的周向定位均采用平键连接及过渡配合。考虑便于加工，按机械设计手册取在

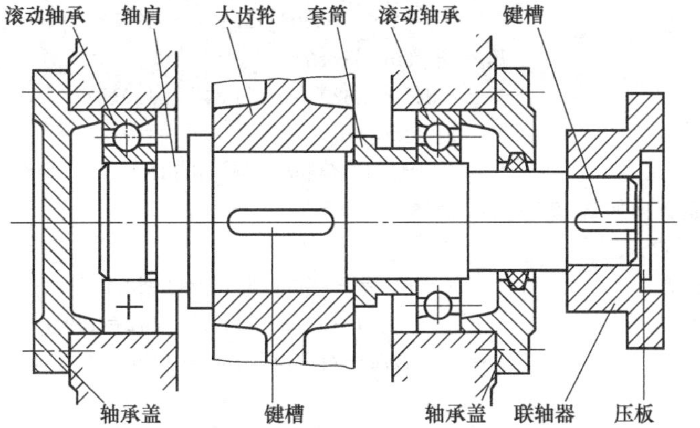

图 19-9　轴上零件的装配方案

齿轮、联轴器处的键截面尺寸为 $b \times h = 18 \times 11$，配合均采用 H7/k6；滚动轴承内圈与轴的配合采用基孔制，轴的尺寸公差为 k6。

③ 确定各段轴径直径和长度。

轴径：从联轴器开始向左取 $\phi55 \rightarrow \phi62 \rightarrow \phi65 \rightarrow \phi70 \rightarrow \phi80 \rightarrow \phi70 \rightarrow \phi65$。

轴长：取决于轴上零件的宽度及它们的相对位置。选用 7213C 轴承，其宽度为 23mm；齿轮端面至箱体壁间的距离取 $a=15$mm；考虑到箱体的铸造误差，装配时留有余地，取滚动轴承与箱体内边距 $s=5$mm；轴承处箱体凸缘宽度，应按箱盖与箱座连接螺栓尺寸及结构要求确定，暂定：该宽度＝轴承宽＋(0.08～0.1)a＋(10～20)mm，取为 50mm；轴承盖厚度取为 20mm；轴承盖与联轴器之间的距离取为 15 mm；联轴器与轴配合长度为 84mm，为使压板压住联轴器，取其相应的轴长为 82mm；已知齿轮宽度为 $B_2=80$mm，为使套筒压住齿轮端面，取其相应的轴长为 78mm。如图 19-10 所示。

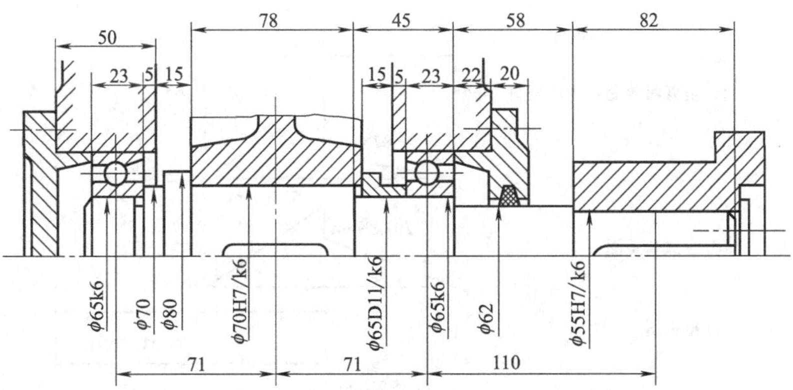

图 19-10　轴的结构设计

根据以上考虑可确定每段轴长，并可以计算出轴承与齿轮、联轴器间的跨度。

④ 考虑轴的结构工艺性。

在轴的左端与右端均制成 2×45°倒角；左端支撑轴承的轴径为磨削加工到位，留有砂轮越程槽；为便于加工，齿轮、联轴器处的键槽布置在同一母线上，并取同一截面尺寸。

(4) 轴的强度计算。

先作出轴的受力图，如图 19-11 (a) 所示，取集中载荷作用于齿轮及轴承的中点。

① 求齿轮上作用力的大小和方向。

转矩

$$T_2 = 9.55 \times 10^3 P_2 / n_2 = 9.55 \times 10^3 \times 24/245.6 = 933.2\text{N} \cdot \text{m}$$

圆周力　$F_{t2}=2T_2/d_2$

$=2\times 933200/319.19=5847N$

径向力　$F_{r2}=F_{t2}\tan\alpha_n/\cos\beta$

$=5847\times\tan 20°/\cos 8°6'34''=2150N$

轴向力　$F_{a2}=F_{t2}\tan\beta$

$=5847\times\tan 8°6'34''=833N$

F_{t2}、F_{r2}、F_{a2}的方向如图 19-11（a）所示。

② 求轴承的支反力。

水平面上的支反力　$F_{RA}=F_{RB}=F_{t2}/2=5847/2=2923.5N$

垂直面上的支反力　$F'_{RA}=(-F_{a2}d_2/2+71F_{r2})/142=139N$

$F'_{RB}=(F_{a2}d_2/2+71F_{r2})/142=2011N$

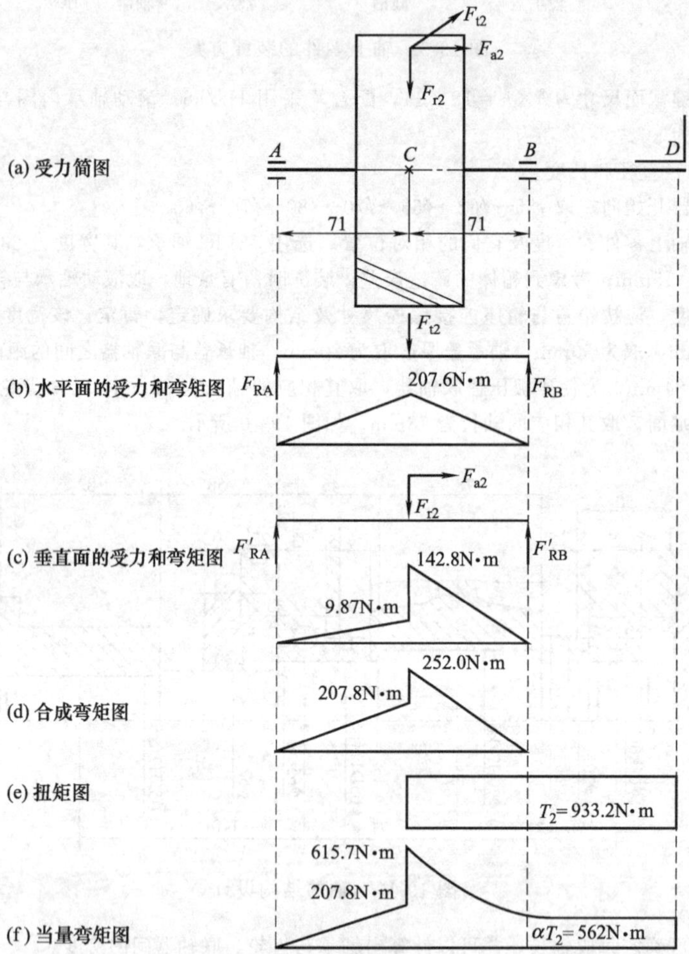

图 19-11　轴按弯扭合成进行强度校核

③ 画弯矩图［图 19-11（b）、图 19-11（c）］。

截面 C 处的弯矩：

水平面上的弯矩　$M_C=71F_{RA}\times 10^{-3}=71\times 2923.5\times 10^{-3}=207.6N\cdot m$

垂直面上的弯矩　$M'_{C1}=71F'_{RA}\times 10^{-3}=71\times 139\times 10^{-3}=9.87N\cdot m$

$M'_{C2}=(71F'_{RA}+F_{a2}d_2/2)\times 10^{-3}=(139\times 71+833\times 319.19/2)\times 10^{-3}$

$=142.8N\cdot m$

合成弯矩　　$M_{C1}=\sqrt{M_C^2+M_{C1}^2}=207.8\text{N}\cdot\text{m}$；$M_{C2}=\sqrt{M_C^2+M_{C2}^2}=252.0\text{N}\cdot\text{m}$

④ 画合成弯矩图［图 19-11（d）］。

⑤ 画扭矩图［图 19-11（e）］。

$$T_2=933.2\text{N}\cdot\text{m}$$

⑥ 画当量弯矩图［图 19-11（f）］。

因为是单向回转，视转矩为脉动循环，$\alpha=[\sigma_{-1}]_b/[\sigma_0]_b$。

已知 $\sigma_b=650\text{MPa}$，查机械设计手册得　$[\sigma_{-1}]_b=59\text{MPa}$，$[\sigma_0]_b=98\text{MPa}$，则 $\alpha=0.602$。

截面 C 处的当量弯矩　　$M''_{C1}=\sqrt{M_{C1}^2+(\alpha T_2)^2}=207.8\text{N}\cdot\text{m}$

$$M''_{C2}=\sqrt{M_{C2}^2+(\alpha T_2)^2}=615.7\text{N}\cdot\text{m}$$

⑦ 判断危险截面并验算强度。

a. 截面 C 当量弯矩最大，而且直径与邻接段相差不大，故截面 C 为危险截面。

已知 $M_e=M''_{C2}=615.7\text{N}\cdot\text{m}$，$[\sigma_{-1}]_b=59\text{MPa}$。

$$\sigma_e=\frac{M_e}{W}=\frac{M_e}{0.1d^3}=\frac{615.7\times10^3}{0.1\times70^3}=18.0\text{MPa}<[\sigma_{-1}]_b=59\text{MPa}$$

b. 截面 D 处虽然仅受转矩，但其直径较小，则该截面也为危险截面。

$$M_D=\sqrt{(\alpha T)^2}=\alpha T=562\text{N}\cdot\text{m}$$

$$\sigma_e=\frac{M}{W}=\frac{M_D}{0.1d^3}=\frac{562\times10^3}{0.1\times55^3}=33.8\ \text{MPa}<[\sigma_{-1}]_b=59\text{MPa}$$

所以强度足够。

【知识梳理与总结】

（1）本章介绍了轴的主要类型、特点和应用以及轴的材料和选用，轴的结构设计，轴的扭转强度和弯扭组合强度计算。

（2）影响轴结构设计的因素很多，因此，轴的结构设计具有较大的灵活性和多样性，在进行轴的设计时，必须针对不同情况进行具体分析，综合考虑各种因素定出轴的合理形状和全部结构尺寸。

（3）通过完成单级直齿圆柱齿轮减速器中的从动轴设计作业，进一步掌握轴的设计过程。

习　　题

19-1　按轴的受载情况，轴可以分为那几类？各有何特点？

19-2　为什么大多数转轴都做成阶梯轴？阶梯轴各段的直径和长度如何确定？

19-3　轴常用的材料和热处理方法有哪些？

19-4　轴在结构设计中应考虑哪些问题？如何提高轴的疲劳强度？

19-5　已知图 19-12 中的外伸端直径 $d=30\text{mm}$，试根据轴结构设计的要求，确定轴上其

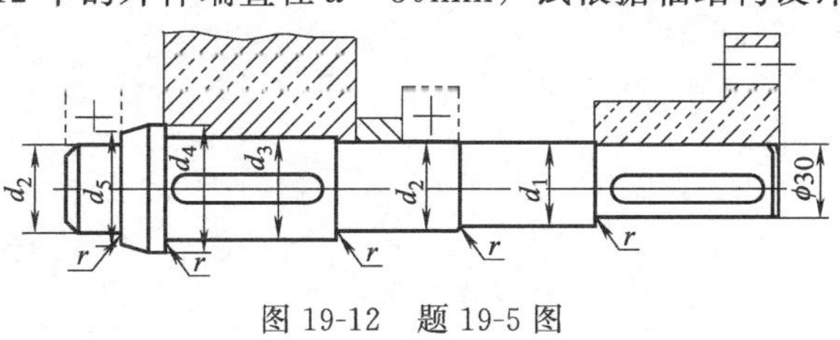

图 19-12　题 19-5 图

他各段的直径（d_1、d_2、d_3、d_4、d_5 和圆角半径 r），并标注在轴上。

19-6 有一圆柱直齿轮减速器，已知传递功率 $P=7.5$kW，大齿轮转速 $n=700$r/min，齿数 $z_2=54$，模数 $m=2$mm，齿宽 $b=60$mm，试设计从动轴的结构和尺寸。轴承采用轻系列深沟球轴承，单向传动，轴上零件的布置如图 19-13 所示。

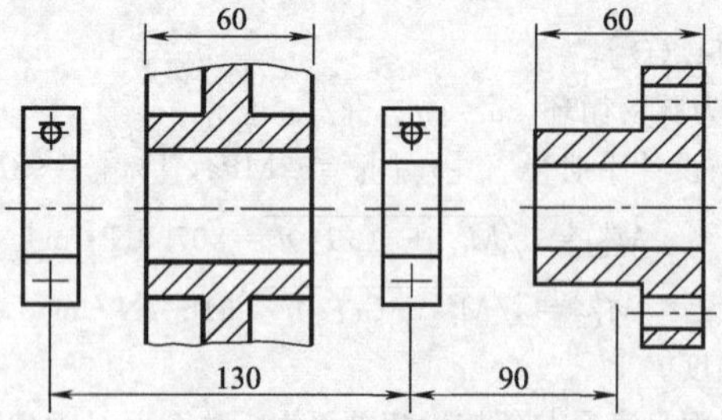

图 19-13 题 19-6 图

第 20 章　联轴器、离合器和弹簧

【知识目标】

① 了解联轴器、离合器、弹簧的主要类型、结构、特点和应用场合；

② 掌握联轴器和离合器的选择原则及计算公式。

【能力目标】

① 掌握联轴器计算方法，能够查找相关参数；

② 能够根据联轴器、离合器的工况，确定类型，经计算选取规格型号。

【知识结构图】

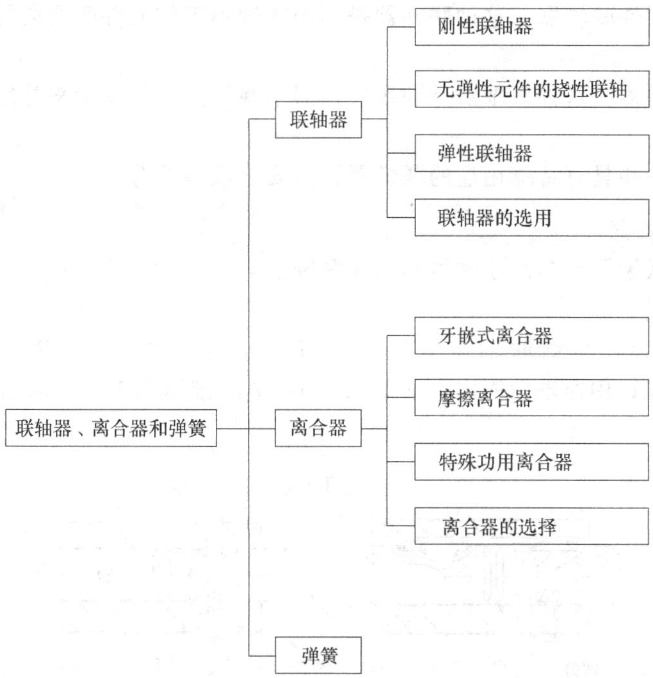

联轴器和离合器都是用来连接两轴，使两轴一起转动并传递转矩的部件。所不同的是，联轴器只能保持两轴的接合，而离合器却可在机器的工作中随时完成两轴的接合和分离。

20.1　联　轴　器

联轴器通常用来连接两轴并在其间传递运动和动力。有时也可作为一种安全装置用来防止被连接机件承受过大的载荷，起到过载保护的作用。用联轴器连接的两轴，只有在机器停止运转，经过拆卸后才能使两轴分离。

联轴器连接的两轴，由于制造及安装误差、承载后的变形以及温度变化等的影响，往往存在着某种程度的相对位移，如图 20-1 所示。因此，设计联轴器时要从结构上采取各种不同的措施，使联轴器具有补偿上述偏移量的性能，否则就会在轴、联轴器、轴承中引起附加载荷，导致工作情况的恶化。

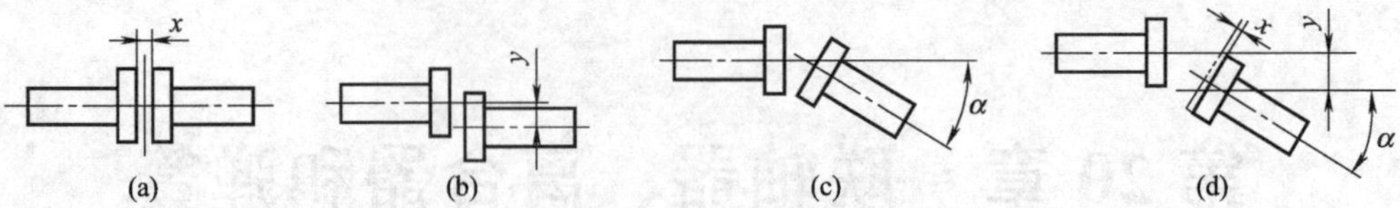

图 20-1 联轴器所连接两轴的偏移形式

根据联轴器补偿两轴偏移能力的不同可将其分为两大类。

1. 刚性联轴器

这种联轴器不能补偿两轴的偏移，用于两轴能严格对中并在工作中不发生相对位移的场合。

2. 挠性联轴器

这种联轴器具有一定的补偿两轴偏移的能力。根据联轴器补偿位移的方法的不同又可分为以下两种。

(1) 无弹性元件联轴器　这种联轴器是利用联轴器工作元件间构成的动连接来实现位移补偿的。

(2) 弹性联轴器　这种联轴器是利用联轴器中弹性元件的变形来补偿位移的，还具有缓冲和减振的能力。

此外，还有一些具有特殊用途的联轴器，如安全联轴器等。

20.1.1 刚性联轴器

常用的刚性联轴器有套筒联轴器和凸缘联轴器等。

1. 套筒联轴器

如图 20-2 所示，套筒联轴器是利用套筒及连接零件（键或销）将两轴连接起来，图 20-2 (a)中的螺钉用作轴向固定，图 20-2 (b) 中的锥销当轴超载时会被剪断，可起到安全保护的作用。

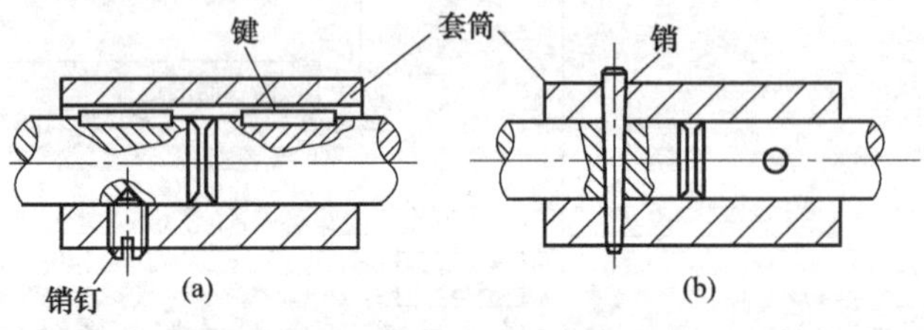

图 20-2 套筒联轴器

套筒联轴器结构简单、径向尺寸小、容易制造，但缺点是装拆时因被连接轴需作轴向移动使维修不太方便。适用于载荷不大、工作平稳、两轴严格对中并要求联轴器径向尺寸小的场合。此种联轴器目前尚未标准化。

2. 凸缘联轴器

如图 20-3 所示，凸缘联轴器由两个带凸缘的半联轴器和一组螺栓组成。这种联轴器有两种对中方式：一种是通过分别具有凸榫和凹槽的两个半联轴器的相互嵌合来对中，半联轴器之间采用普通螺栓连接，靠半联轴器接合面间的摩擦来传递转矩，如图 20-3 (a) 所示；另一种是通过铰制孔用螺栓与孔的紧配合对中，靠螺栓杆的剪切来传递转矩，如图 20-3 (b) 所示。当尺寸相同时后者传递的转矩较大，但制造安装较困难。

凸缘联轴器的主要特点是结构简单、成本低、传递的转矩较大，但要求两轴的同轴度较高。适用于刚性大、振动冲击小和低速大转矩的连接场合，是应用最广的一种刚性联轴器。

这种联轴器已标准化。

20.1.2　无弹性元件的挠性联轴器

常用的无弹性元件的挠性联轴器有：十字滑块联轴器、万向联轴器和齿式联轴器等。

1. 十字滑块联轴器

如图 20-4 所示，由两个在端面上开有凹槽的半联轴器 1、3 和一个两端面均带有凸榫的中间盘 2 组成，中间盘两端面的凸榫位于互相垂直的两个直径方向上，并在安装时分别嵌入 1、3 的凹槽中。因为凸榫可在凹槽中滑动，故可补偿安装及运转时两轴间的相对位移和偏斜。

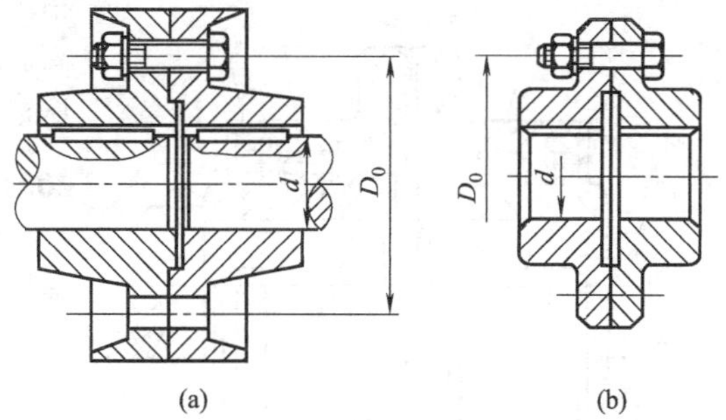

图 20-3　凸缘联轴器

因为半联轴器与中间盘组成移动副，不能相对转动，故主动轴与从动轴的角速度应相等。但在两轴间有偏移的情况下工作时，中间盘会产生很大的离心力，故其工作转速不宜过大。

这种联轴器一般用于转速较低，轴的刚性较大，无剧烈冲击的场合。

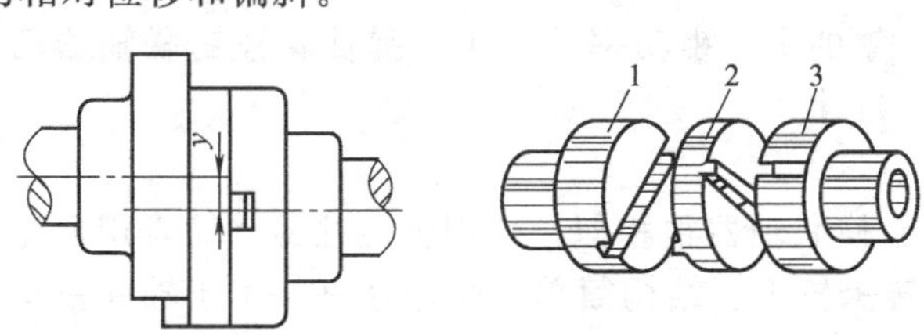

图 20-4　十字滑块联轴器

1，3—半联轴器；2—中间盘

2. 万向联轴器

如图 20-5（a）所示，万向联轴器是由分别装在两轴端的叉形接头 1、2 以及与叉头相连的十字形中间连接件 3 组成。这种联轴器允许两轴间有较大的夹角 α（最大可达 35°～45°），且机器工作时即使夹角发生改变仍可正常传动，但 α 过大会使传动效率显著降低。

这种联轴器的缺点是当主动轴角速度 ω_1 为常数时，从动轴的角速度 ω_2 并不是常数，而是在一定范围内变化，这在传动中会引起附加载荷。所以常将两个万向联轴器成对使用，如图 20-5（b）所示。但安装时应注意必须保证轴上两端的叉形接头在同一平面内，且应使主、从动轴与中间轴的夹角相等，这样才可保证 $\omega_1=\omega_2$。

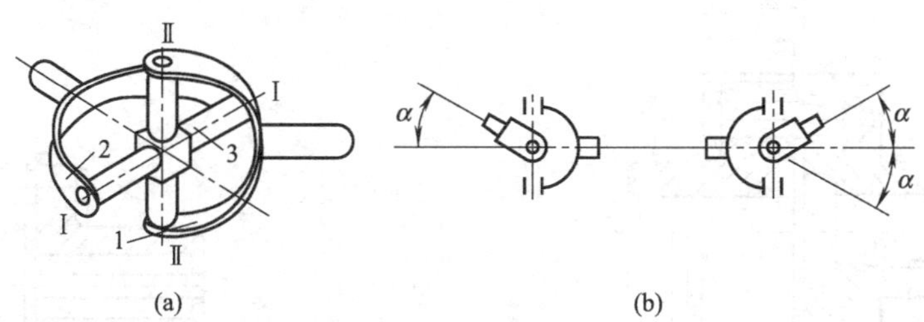

图 20-5　万向联轴器

1，2—叉形接头；3—中间连接件

3. 齿式联轴器

齿式联轴器利用内外齿啮合以实现两半联轴器的连接，如图 20-6 所示。它由两个带外齿的半联轴器和两个带内齿的凸缘组成，两半联轴器与两轴用键连接。两凸缘用螺栓 4 连接，通过内外齿的啮合传递转矩和运动。外齿轮的齿顶制成鼓状，齿间啮合间隙较大，当两轴传动中产生轴向、径向和偏角及综合位移时，可以得到补偿。

齿式联轴器能传递很大转矩，允许有较大的综合位移和较高的转速，工作可靠，对安装

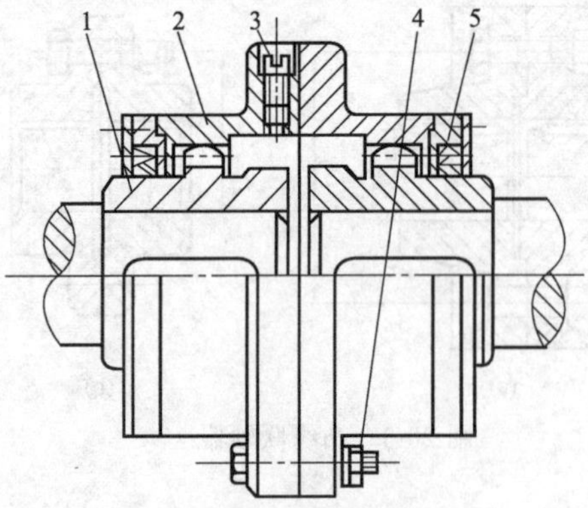

图 20-6 鼓形齿联轴器
1—内套筒；2—外套筒；3—注油孔；
4—螺栓；5—密封圈

精度要求不高，但是结构复杂、制造困难、成本高。齿式联轴器是无弹性元件的挠性联轴器中用途最广泛的一种联轴器。齿式联轴器已标准化。

20.1.3 弹性联轴器

常用的弹性联轴器有：弹性套柱销联轴器、弹性柱销联轴器等。

1. 弹性套柱销联轴器

如图 20-7 所示，弹性套柱销联轴器的构造与凸缘联轴器相似，只是用套有弹性套的柱销代替了连接螺栓，利用弹性套的弹性来补偿两轴的相对位移。这种联轴器重量轻、结构简单，但弹性套易磨损、寿命较短，用于冲击载荷小、启动频繁的中、小功率传动中。弹性套柱销联轴器已标准化。

2. 弹性柱销联轴器

如图 20-8 所示，这种联轴器与弹性套柱联轴器很相似，仅用弹性柱销（通常用尼龙制成）将两半联轴器连接起来。它传递的转矩较大、结构简单、耐用性好，用于轴向窜动较大、正反转或启动频繁的场合。这种联轴器也已标准化。

20.1.4 联轴器的选用

1. 联轴器类型的选择

联轴器的类型，应根据使用要求和工作条件来确定。在具体选择时，应考虑机械类型和机械传动的配置，工作载荷的大小和性质，缓冲减振方面的要求，两轴相对位移的大小和方向，联轴器的可靠性、使用寿命和工作环境，联轴器的制造、安装、维护和成本等方面的因素。如在载荷平稳、低速的场合，刚度大的短轴，可选用刚性联轴器。刚度小的长轴，可选用无弹性元件的挠性联轴器。在高速运转、启动频繁、正反转且两轴相对位移较大的场合，可选用弹性联轴器。

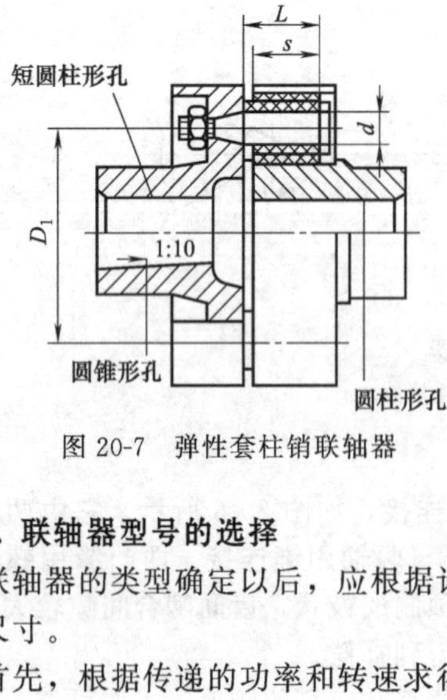

图 20-7 弹性套柱销联轴器

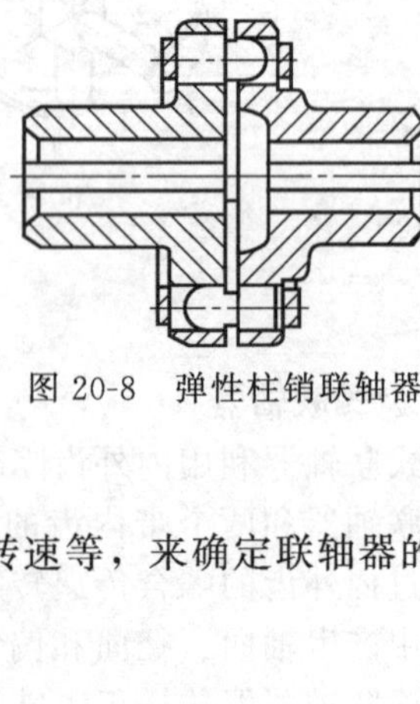
图 20-8 弹性柱销联轴器

2. 联轴器型号的选择

联轴器的类型确定以后，应根据计算转矩、轴端直径和转速等，来确定联轴器的型号及相关尺寸。

首先，根据传递的功率和转速求得名义转矩 T 为

$$T=9550\frac{P}{n} \tag{20-1}$$

式中　P——传递的功率，kW；

n——轴转速，r/min；

T——名义转矩，N·m。

计算转矩 T_c 为

$$T_c=K_A T \tag{20-2}$$

式中　K_A——联轴器的工作情况系数，见表 20-1。

求得计算转矩后，根据轴端直径、转速等参数，查设计手册，选取型号。选择时，应使联轴器的计算转矩和转速分别小于其许用最大转矩和许用最高转速。即

$$T_c<[T] \tag{20-3}$$

$$n<[n] \tag{20-4}$$

式中　$[T]$——联轴器许用最大转矩，N·m（查有关手册）；

$[n]$——联轴器许用最高转速，r/min（查有关手册）。

联轴器的轴孔型号、直径、长度和键槽类型，应与所连接两轴的相关参数协调一致。

表 20-1　联轴器的工作情况系数 K_A

工作机		K_A			
		原动机			
分类	工作情况及举例	电动机、汽轮机	四缸和四缸以上内燃机	双缸内燃机	单缸内燃机
Ⅰ	转矩变化很小、如发电机、小型通风机、小型离心机	1.3	1.5	1.8	2.2
Ⅱ	转矩变化小，如透平压缩机、木工机床、运输机	1.5	1.7	2.0	2.4
Ⅲ	转矩变化中等，如搅拌机、增压泵、有飞轮压缩机、冲床	1.7	1.9	2.2	2.6
Ⅳ	转矩变化和冲击载荷中等，如织布机、水泥搅拌机、拖拉机	1.9	2.1	2.4	2.8
Ⅴ	转矩变化和冲击载荷大，如造纸机、挖掘机、起重机、碎石机	2.3	2.5	2.8	3.2
Ⅵ	转矩变化大并有极强烈的冲击载荷，如压延机、无飞轮的活塞泵、重型初轧机	3.1	3.3	3.6	4.0

例 20-1　某一螺旋输送机，通过电动机与减速器的连接传递运动和动力。已知：电动机功率 $P=5.5$kW，转速 $n=960$r/min。电动机外伸轴直径 $d_1=38$mm。轴端长度 $L_1=80$mm，减速器高速轴端直径 $d_2=32$mm，轴端长度 $L_2=58$mm。试选择减速器与电动机之间的联轴器。

解

(1) 类型选择。为了减小冲击与振动及安全方便，选择弹性套柱销联轴器。

(2) 求名义转矩。由式 (20-1) 可知，减速器高速轴的名义转矩为

$$T=9550\frac{P}{n}=9550\times\frac{5.5}{960}=54.7\text{N}\cdot\text{m}$$

(3) 求计算转矩。由表 20-1 查得 $K=1.5$。

$$T_c=KT=1.5\times54.7=82.07\text{N}\cdot\text{m}$$

根据计算转矩和两轴转速，查手册可选取 TL5 型弹性套柱销联轴器，但由手册可知，TL5 型无 ϕ38mm 的孔，重新选取 TL6 型轴孔直径 ϕ32mm 和 ϕ38mm。

$$T_c=82.07\text{N}\cdot\text{m}<[T]=250\text{N}\cdot\text{m}$$

$$n=960\text{r/min}<[n]=3300\text{r/min}$$

显然，完全符合条件。

两轴直径均与标准相符，主动端采用 Y 型轴孔，A 型键槽，$d_1=38\text{mm}$，$L=82\text{mm}$。而从动端采用 J 型轴孔，A 型键槽 $d_2=32\text{mm}$，$L=60\text{mm}$。因此，其标记为

$$\text{TL6联轴器}\frac{\text{YA}38\times 82}{\text{JA}32\times 60}\quad \text{GB/T 4323—2002}$$

20.2 离 合 器

用离合器连接的两轴可在机器运转过程中随时进行接合或分离，以满足机械变速、换向、空载、启动等要求。按其工作原理离合器可分为牙嵌式、摩擦式和电磁式三类；按控制方式可分为操纵式和自动式两类。操纵式离合器需要借助于人力或动力（如液压、气压、电磁等）进行操纵；自动式离合器不需要外来操纵，可在一定条件下实现自动分离和接合。

20.2.1 牙嵌式离合器

如图 20-9 所示，牙嵌式离合器由两个端面带牙的半离合器 1、3 组成。从动半离合器 3 用导向型平键或花键与轴连接，另一半离合器 1 用普通型平键与轴连接，对中环 2 用来使两轴对中，滑环 4 可操纵离合器的分离或接合。

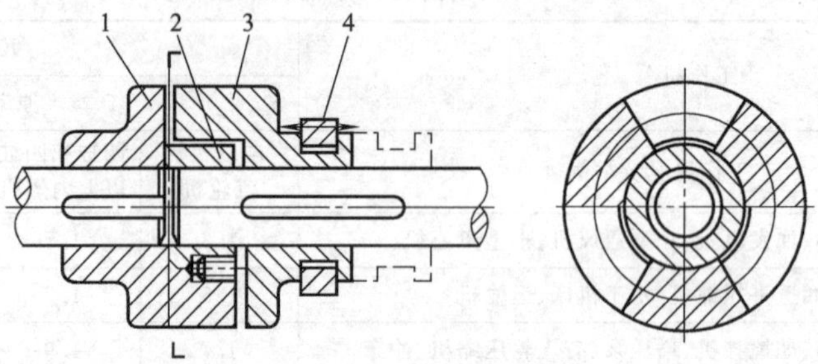

图 20-9 牙嵌式离合器

1,3—半离合器；2—对中环；4—滑环

牙嵌式离合器的常用牙型有矩形、梯形和锯齿形等。矩形齿接合、分离困难，牙的强度低，磨损后无法补偿，仅用于静止状态的手动接合；梯形齿牙根强度高，接合容易，且能自动补偿牙的磨损与间隙，因此应用较广；锯齿形齿牙根强度高，可传递较大转矩，但只能单向工作。

为减小齿间冲击、延长齿的寿命，牙嵌式离合器应在两轴静止或转速差很小时接合或分离。

20.2.2 摩擦离合器

摩擦离合器利用主、从动半离合器摩擦片接触面间的摩擦力传递转矩。为提高传递转矩的能力，通常采用多片摩擦片。它能在不停车或两轴有较大转速差时进行平稳接合，且可在过载时因摩擦片间打滑而起到过载保护的作用。但它存在结构复杂、离合动作慢、磨损严重、易发热等缺点。

图 20-10 所示为多片摩擦离合器，它有两组间隔排列的内、外摩擦片。外摩擦片 2 通过外圆周上的花键与鼓轮 1 相连（鼓轮与轴固连），内摩擦片 3 利用内圆周上的花键与套筒 5 相连（套筒与另一轴固连），移动滑环 6 可使杠杆 4 压紧或放松摩擦片，从而实现离合器的接合或分离。

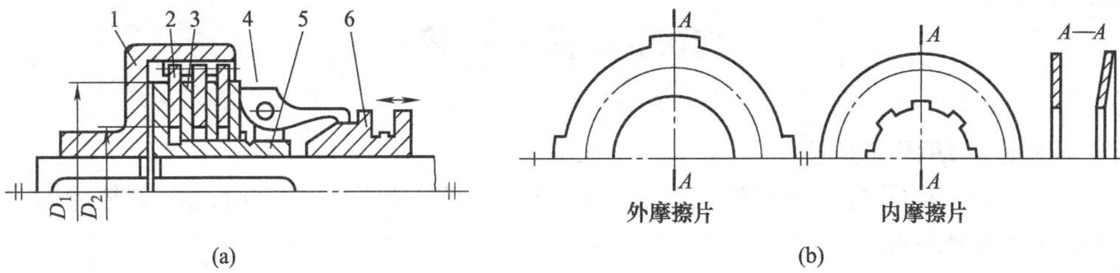

图 20-10 摩擦离合器

1—鼓轮；2—外摩擦片；3—内摩擦片；4—杠杆；5—套筒；6—滑环

20.2.3 特殊功用离合器

1. 安全离合器

安全离合器指当传递转矩超过一定数值后，主、从动轴可自动分离，从而保护机器中其他零件不被损坏的离合器。

图 20-11 所示为牙嵌式安全离合器。它与牙嵌式离合器很相似，仅是牙的倾斜角 α 较大。它没有操纵机构，过载时牙面产生的轴向分力大于弹簧压力，迫使离合器退出啮合，从而中断传动。可通过利用螺母调节弹簧压力大小的方法控制传递转矩大小。

2. 超越离合器

超越离合器，如图 20-12 所示。超越离合器的星轮 1 通过键与轴 6 连接并顺时针回转，滚珠 3 受摩擦力作用滚向狭窄部位被压紧，星轮 1 带动外环 2 同向回转，离合器接合。但假设外环 2 由另外一条传动链带动且转动方向与星轮同向，而且转速高于星轮时，滚珠 3 松动，离合器分离，星轮与外环按各自不同速度转动，外环的速度超过了星轮，这种离合器称为超越离合器。通常外环 2 做成一个齿轮，空套在星轮 1 上。星轮 1 逆时回转时，滚珠 3 滚向宽敞部位，外环 2 不与星轮 1 同转，离合器自动分离。由于超越离合器有上述特点，所以广泛应用于机床、汽车等传动装置中。

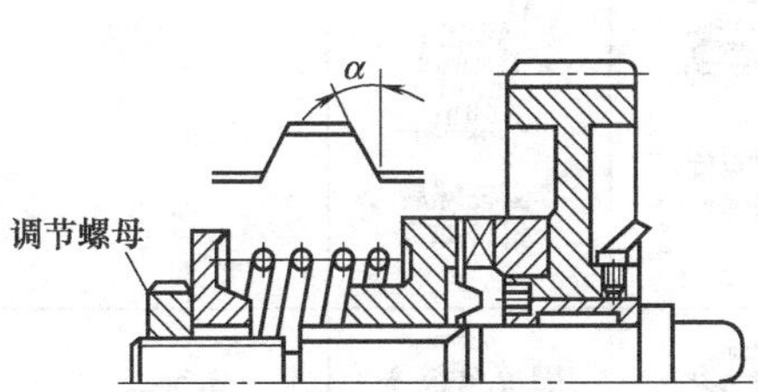

图 20-11 牙嵌式安全离合器

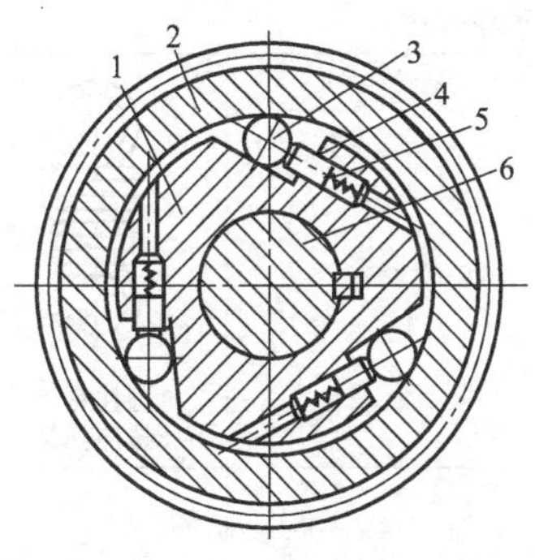

图 20-12 单向超越离合器

1—星轮；2—外环；3—滚珠；4—顶杆；5—弹簧；6—轴

20.2.4 离合器的选择

离合器的选择与联轴器相似。首先，要根据工作条件和使用要求确定离合器类型，然后再根据轴径和传递转矩的大小查手册选型号，而且必须满足式（20-3）和式（20-4）的要求。对于非标准化或不按标准制造的离合器，可先根据工作情况选择类型，再进行具体的设计计算，具体的计算方法及计算内容可查阅有关资料。

20.3 弹　　簧

20.3.1 弹簧的功用和类型

弹簧是机械和电子行业中广泛使用的一种弹性元件，弹簧在受载时能产生较大的弹性变形，而卸载后又能恢复到原状。弹簧的主要功能有以下 4 项。

① 控制机构的运动，如制动器、离合器中的控制弹簧，内燃机气缸的阀门弹簧等。

② 减振和缓冲，如汽车、火车车厢的减振弹簧，以及各种缓冲器用的弹簧等。

③ 储存及输出能量，如钟表弹簧、枪闩弹簧等。

④ 测量力的大小，如测力器和弹簧秤中的弹簧等。

弹簧的类型很多（表 20-2）。按照所承受的载荷不同，弹簧可分为拉伸弹簧、压缩弹簧、扭转弹簧和弯曲弹簧 4 种。按照弹簧的形状不同，弹簧可分为螺旋弹簧、环形弹簧、碟形弹簧、板簧和盘簧等。螺旋弹簧是用弹簧丝卷绕制成的，由于制造简便，所以应用最广。在一般机械中，最常用的是圆柱螺旋弹簧。

20.3.2 圆柱螺旋弹簧的结构

圆柱螺旋弹簧根据受力性质，有以下三种类型。

1. 圆柱螺旋压缩弹簧

圆柱螺旋压缩弹簧如图 20-13 所示，其主要结构参数如下所述。

(1) 弹簧各圈间距　设弹簧的节距为 p，弹簧丝的直径为 d，在自由状态下各圈之间应有适当的间距 δ。为了使弹簧在压缩后仍能保持一定的弹性，还应保证在最大载荷作用下，各圈之间仍具有一定的间距 δ_1。δ_1 的大小一般推荐为：$\delta_1=0.1d\geqslant0.2\text{mm}$。

表 20-2　弹簧的基本类型

按载荷分 按形状分	拉伸	压缩	扭转		弯曲
螺旋形	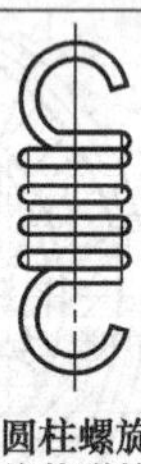 圆柱螺旋拉伸弹簧	 圆柱螺旋压缩弹簧	 圆锥螺旋压缩弹簧	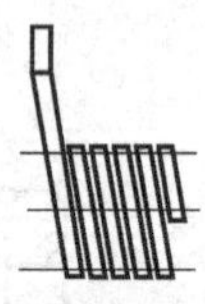 圆柱螺旋扭转弹簧	—
其他形状	—	 环形弹簧	 碟形弹簧	 涡卷形盘簧	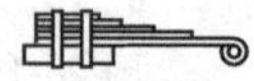 板弹簧

(2) 死圈　弹簧的两个端面圈与邻圈并紧（无间隙），只起支承作用，不参与变形，故称死圈。当弹簧的工作圈数 $n\leqslant7$ 时，弹簧每端的死圈约为 0.75 圈；当 $n>7$ 时，每端的死圈约为 1～1.75 圈。

(3) 端部结构形式

YⅠ型［图 20-14（a）］：两个端面圈均与邻圈并紧，并在专用的磨床上磨平。

YⅡ型［图 20-14（b）］：加热卷绕时弹簧丝两端的死圈锻扁且与邻圈并紧（端面圈可磨

平，也可不磨平）；

YⅢ型［图 20-14（c）］：两个端面圈均与邻圈并紧不磨平。

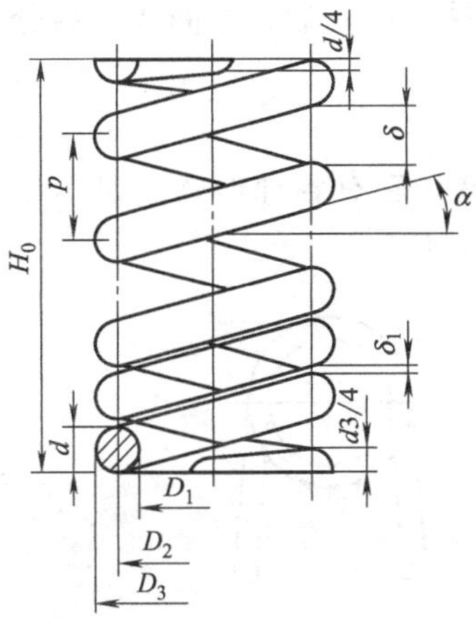

图 20-13　圆柱螺旋压缩弹簧

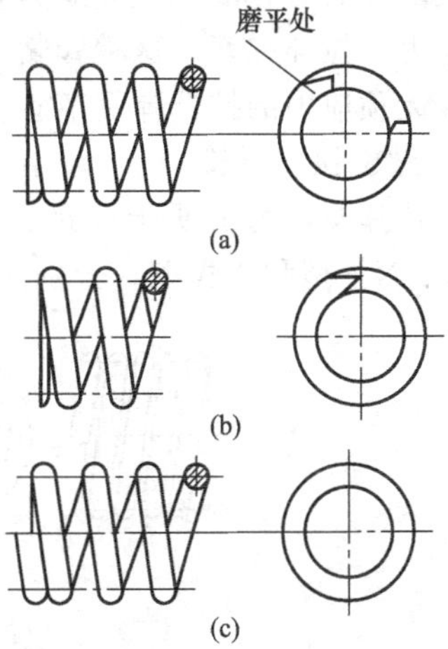

图 20-14　圆柱螺旋压缩弹簧的端面圈

在重要场合，应采用 YⅠ型，以保证两支承端面与弹簧的轴线垂直，从而使弹簧受压时不致歪斜。弹簧丝直径 $d \leqslant 0.5$mm 时，弹簧的两支承端面可不必磨平。$d>0.5$mm 的弹簧，两支承端面则需磨平。磨平部分应不少于圆周长的 3/4。端头厚度一般不小于 $d/8$，端面粗糙度 $Ra<2.5\mu$m。

2. 圆柱螺旋拉伸弹簧

拉伸弹簧为了便于连接、固定及加载，两端制有挂钩。

LⅠ型［图 20-15（a）］和 LⅡ型［图 20-15（b）］挂钩制造方便，应用很广。但因挂钩过渡处产生很大弯曲应力，故只宜用于弹簧丝直径 $d \leqslant 10$mm 的弹簧中。

LⅦ型［图 20-15（c）］和 LⅧ型［图 20-15（d）］挂钩不与弹簧丝连成一体，故无前述过渡处的缺点，而且这种挂钩可以转到任意方向，便于安装。在受力较大的场合，最好采用 LⅦ型挂钩，但它的价格较贵。

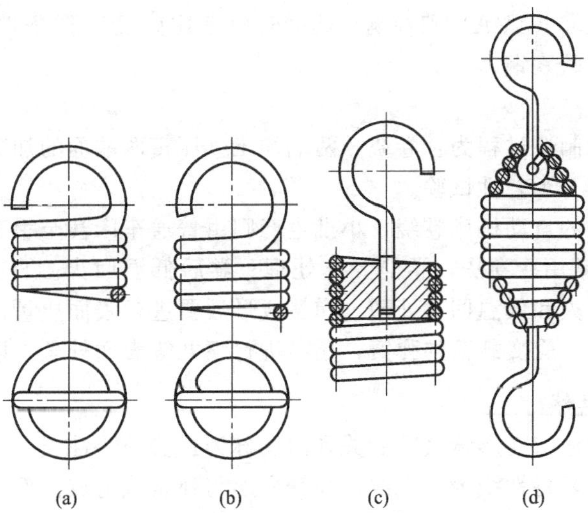

图 20-15　圆柱螺旋拉伸弹簧挂钩的形式

圆柱螺旋拉伸弹簧空载时，各圈应相互并拢。另外，为了节省轴向工作空间，并保证弹簧在空载时各圈相互压紧，常在卷绕的过程中，同时使弹簧丝绕其本身的轴线产生扭转。这样制成的弹簧，各圈相互间既具有一定的压紧力，弹簧丝中也产生了一定的预应力，故称为有预应力的拉伸弹簧。这种弹簧一定要在外加的拉力大于初拉力 F_0 后，各圈才开始分离，故可较无预应力的拉伸弹簧节省轴向的工作空间。

3. 螺旋扭转弹簧

扭转弹簧，为了便于连接、固定及加载，两端制有杆臂，它有各种形式，如 NⅠ型、NⅡ型、NⅢ型和 NⅣ型，分别如图 20-16（a）～图 20-16（d）所示。

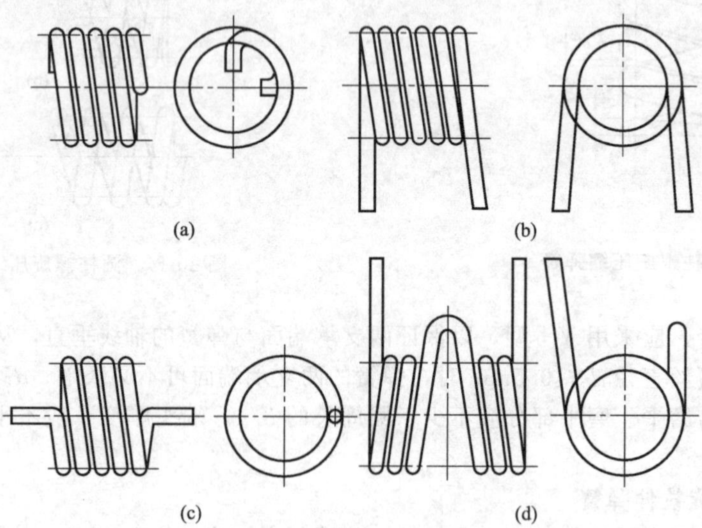

图 20-16 螺旋扭转弹簧

20.3.3 弹簧的材料和制造

1. 弹簧的材料

弹簧在机械中常受冲击性变载荷，所以弹簧材料应具有高的弹性极限和疲劳极限，以及一定的冲击韧性、塑性和良好的热处理性能。常用的弹簧材料有碳素钢（65、70）、合金钢（65Mn、60Si2MnA、50CrVA）和青铜，选择时应考虑弹簧工作条件、功用及经济性等因素，一般应优先选用碳素钢。

2. 弹簧的制造

圆柱螺旋弹簧的制造过程为：卷绕→两端加工（压簧两端面的加工和拉簧、扭簧两端钩环的制作）→热处理→工艺性试验。

大批生产由专门的自动机床卷绕，小批生产则由普通车床甚至手工制作。弹簧丝直径小于或等于 8mm 时，常用冷卷法，卷前要热处理，卷后低温回火。直径大于 8mm 时，采用热卷法，热卷后经淬火和低温回火处理。弹簧成形后要进行表面质量检验，表面应光洁、无伤痕、无脱碳等缺陷；受变载荷的弹簧，还需进行喷丸等表面处理，以提高弹簧疲劳寿命。

20.3.4 弹簧的特性线

弹簧所受工作载荷与变形量之间的关系曲线称为弹簧的特性线。对于圆柱拉伸、压缩弹簧，在弹性范围内，其特性线为一直线，弹簧变形与弹簧载荷成比例。弹簧秤即利用这一特点制造。

使弹簧产生单位变形量的载荷称为弹性刚度。弹簧刚度越大，弹簧越硬，越不易变形；

弹簧丝直径越大，弹簧旋绕直径越小，弹簧刚度也越大，承载能力越高。

弹簧刚度越大，弹簧越硬，越不易变形；弹簧丝直径 d 越大，弹簧旋绕直径越小，弹簧刚度也越大，承载能力越高。

弹簧的几何尺寸及设计计算参见机械设计手册。

【知识梳理与总结】

(1) 本章介绍了联轴器和离合器的主要类型、特点和应用；联轴器和离合器的选择原则和型号选择方法。

(2) 联轴器和离合器大多已经标准化和系列化，可根据工作特点和要求，结合各类联轴器及离合器的性能，并参照同类机器的使用经验来选择。

习　题

20-1　联轴器主要有哪些种类？试简述其特点和应用。

20-2　减速器输出轴与皮带输送机滚筒轴以联轴器相连接。已知：传递功率 $P=5\text{kW}$，转速 $n=60\text{r/min}$，主动端直径 $d_1=65\text{mm}$，从动端轴径 $d_2=70\text{mm}$。试选择联轴器的类型。

20-3　联轴器与离合器有何区别？

20-4　找出实际中使用的三个不同的弹簧，说明它们的类型、结构和功用。

第 21 章　回转构件的平衡

【知识目标】

① 了解回转构件的平衡种类；

② 理解静平衡、动平衡的平衡条件及公式。

【能力目标】

① 掌握静平衡、动平衡计算方法；

② 通过实验，掌握回转构件静平衡的试验方法。

【知识结构图】

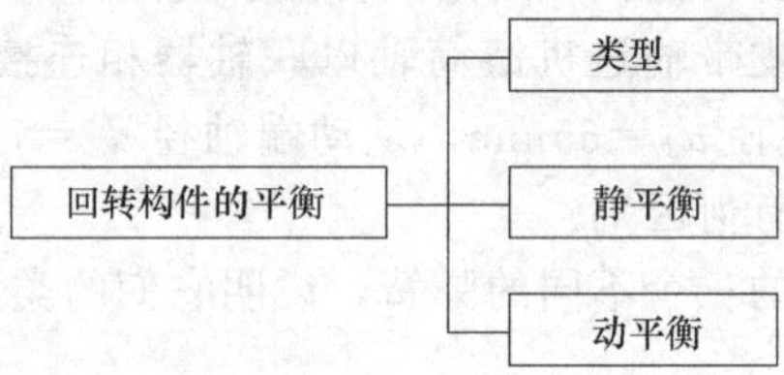

21.1　平衡的目的和平衡类型

21.1.1　平衡的目的

机械运转时各运动构件将产生大小及方向均发生周期性变化的惯性力，这将在运动副中引起附加动压力，增大摩擦力而影响构件的强度。同时，也会使机械的构件和基础产生振动，从而降低机器的工作精度、机械效率及可靠性，缩短机器的使用寿命。尤其当振动频率接近系统的固有频率时会引起共振，造成重大损失。因此必须合理地分配构件的质量，进行机械构件的运转平衡，以消除或减少惯性力带来的损害。

21.1.2　平衡的分类

机械的平衡通常分为两类。

1. 回转构件的平衡

回转构件的平衡是指绕固定轴回转的构件（也称为转子）的惯性力平衡。造成转子不平衡的原因，主要是由于转子的质量分布不均匀或安装有误差等，致使转子质心偏离其回转轴线，从而在转动时产生离心惯性力系引起转子不平衡。如图 21-1 所示质量为 m 的圆盘，其质心 S 相对于回转轴的偏心距为 e，当圆盘以角速度 ω 绕轴 O 回转时，由于偏心所产生的惯性力的大小为 $F=me\omega^2$，其方向随转子的回转而作周期性变化，且其作用线通过回转轴。而当较宽转子的不同平面内存在若干个偏心质量时，则还会产生周期性变化的惯性力偶矩。

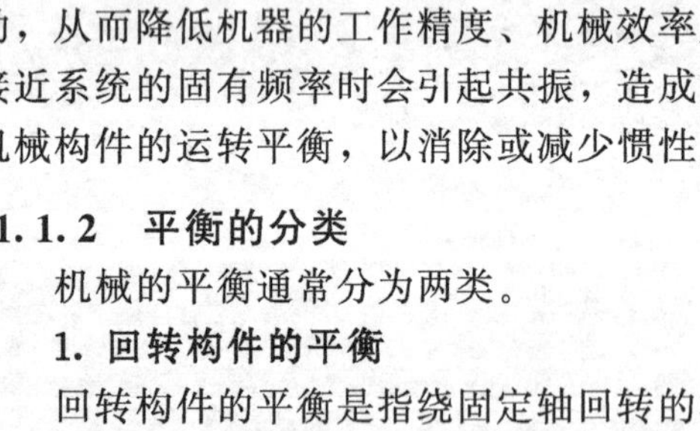

图 21-1　有偏心的转子

对于同一个转子而言，可以用重新调整回转构件本身的质量分布（添加或除去一定质量）的方法，来使转子上所有的惯性力构成一个平衡力系，从而消除运动副中的附加动压力和机架的振动。回转构件的平衡问题又可分为两种。

（1）刚性转子的平衡　当转子的工作转速较低时，在不平衡惯性力系的作用下，不会产生明显的弹性变形，可以把这种回转构件视为一个刚性物体，称为刚性转子。对于这类转子的平衡问题，用刚体力学的方法加以处理，就能得到满意的结果。

（2）挠性转子的平衡　当转子的工作转速接近转子的第一阶临界转速时，转子将产生明显的弹性变形，且变形量随着转速的上升而变化。这时，转子就不再是一个刚体，而成为一个挠性体。这种转子称为挠性转子。在不平衡力系的作用下，由于挠性转子的弹性变形，加大了偏心距，因而又增大了不平衡因素，从而使平衡问题更加复杂化。

2. 机构在机架上的平衡

当机构中含有往复运动的构件或作平面复杂运动的构件时，其惯性力不可能像回转构件那样可以在构件内部得到平衡。各构件在运动时产生的惯性力和惯性力偶矩，最终以合力（总惯性力）和合力偶矩（总惯性力偶矩）的形式作用于机构的机架上。因此，把这类平衡问题称为机构在机架上的平衡。机构中的总惯性力和总惯性力偶矩有时能够予以完全平衡，有时则只能部分地得到平衡。因此，在高速机械中，尽可能采用由回转构件组成的机构，对解决平衡问题较为有利。

本章仅讨论刚性转子的平衡问题。

刚性转子的平衡方法，有计算法和试验法两种。在对转子进行结构设计时，要进行平衡计算；而在转子制造出来以后，还需通过平衡试验，才能使之具有一定的平衡精度。

刚性转子的平衡又分为静平衡和动平衡两种：一种是当转子的质量可以被认为是分布在同一回转面内（宽径比 $L/D \leqslant 1/5$，如齿轮、带轮、盘型凸轮等），此时的平衡称为静平衡问题；另一种是转子的质量分布不在同一回转面内（宽径比 $L/D > 1/5$，如电机转子、曲轴、车床主轴等），此时的平衡称为动平衡问题。

21.2　静　平　衡

21.2.1　静平衡计算

图 21-2（a）所示的回转构件，其质量 m_1、m_2、m_3 位于同一平面内，质心的向径分别为 $\boldsymbol{r}_1$、$\boldsymbol{r}_2$、$\boldsymbol{r}_3$。若构件以等速转动时，各质量产生的离心惯性力构成一相交于转动中心的平面汇交力系。若该力系不平衡，则它们的合力 $\sum \boldsymbol{F}_i$ 不等于零。由平面汇交力系的平衡条件可知，若欲使其平衡，只要在同一回转面内加一平衡质量（或在相反位置减一校正质量），

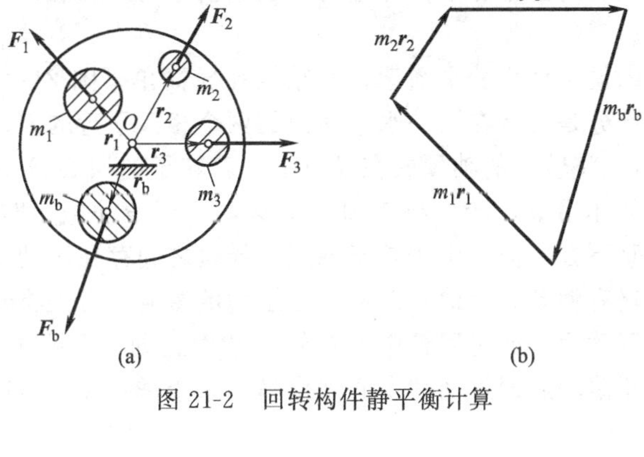

图 21-2　回转构件静平衡计算

使其产生的离心惯性力 $\boldsymbol{F}_b$ 与原有质量所产生的离心惯性力之和等于零，则成为平衡力系，回转构件即处于平衡状态。故其平衡条件为

$$\boldsymbol{F}=\boldsymbol{F}_b+\sum\boldsymbol{F}_i=0 \tag{21-1}$$

式中　$\boldsymbol{F}$——总离心惯性力。

将式（21-1）用质量和向径表示，则可写为

$$m\boldsymbol{r}\omega^2=m_b\boldsymbol{r}_b\omega^2+\sum m_i\boldsymbol{r}_i\omega^2$$

消去公因子 ω^2 可得

$$m\boldsymbol{r}=m_b\boldsymbol{r}_b+\sum m_i\boldsymbol{r}_i=0 \tag{21-2}$$

式中　m、$\boldsymbol{r}$——回转构件的总质量和总质心的向径；

m_b、$\boldsymbol{r}_b$——平衡质量及质心的向径；

m_i、$\boldsymbol{r}_i$——原有各质量及其质心的向径。

质量与其质心向径的乘积称为质径积，为矢量，表示各质量在同一转速下产生的离心惯性力的大小和方向，是回转构件平衡的重要参数。由此可见，离心惯性力不是单纯取决于质量或向径，而是取决于二者乘积。

式（21-2）表明回转构件经平衡后，其总质心便在回转轴线上，即$\boldsymbol{r}=0$，此时，由于回转轴线处于水平位置，转子本身的重力对回转轴线的力矩为零，故该转子可在任何位置保持静止而不会自行转动。由此可得回转构件静平衡条件为：分布于该回转构件上各质量的离心惯性力的矢量和等于零，或质径积的矢量和等于零。

回转构件的静平衡，就是按照式（21-2）确定平衡质量的质径积 $m_b\boldsymbol{r}_b$ 的大小和方向。通常确定 $m_b\boldsymbol{r}_b$的方法有三种：计算法（采用坐标分量求解）、图解法（采用矢量求解）和实验法。

常用图解法求解平衡质量的质径积。如图 21-2（a）所示，已知在同一回转平面内有三个不平衡质量 m_1、m_2、m_3，其质心向径分别为$\boldsymbol{r}_1$、$\boldsymbol{r}_2$、$\boldsymbol{r}_3$，设应加的平衡质量为 m_b，其向径为 $\boldsymbol{r}_b$。由式（21-2）可得

$$m_b\boldsymbol{r}_b+m_1\boldsymbol{r}_1+m_2\boldsymbol{r}_2+m_3\boldsymbol{r}_3=0 \tag{21-3}$$

此式中 $m_b\boldsymbol{r}_b$ 未知，可用矢量图解法求出，如图 21-2（b）所示。当求出 $m_b\boldsymbol{r}_b$ 后，就可由结构情况先选定 $\boldsymbol{r}_b$ 的值，然后即可确定 m_b 的值。一般只要结构允许，$\boldsymbol{r}_b$ 的值尽可能选大些，以便减少平衡质量 m_b。

21.2.2　静平衡试验

回转构件经过上述静平衡计算，并在适当位置加上或减去了所需的平衡质量后，只是从理论上解决了静平衡问题。实际上由于材质的不均匀以及制造和安装偏差等原因所产生的不平衡问题，是无法在设计阶段用静平衡计算的方法来消除的，只能借助于试验设备，经过静平衡试验来加以解决。

静平衡试验所用的设备称为静平衡架，其结构比较简单。图 21-3（a）所示为一种导轨式静平衡架，其主要部分是安装在同一水平面内的两个相互平行的刀口形导轨（也有棱柱形和圆柱形等）。试验时，将转子的轴颈放在导轨上。若转子的质心 S 不在通过回转轴线的铅垂面内，则在重力矩的作用下，转子将在刀口上滚动。当滚动停止时，转子的质心 S 在理论上应位于轴线的铅垂下方。但是由于转子轴颈与导轨之间存在滚动摩擦阻力，所以质心 S 的停止位置实际上会略有偏差。为消除滚动摩擦阻力的影响，可先将转子向一方偏转后，任其自由滚动，待停止滚动后，通过回转中心在转子端面上划一条铅垂线 xx；然后再将转子向另一方偏转，待停止滚动后通过回转中心划出另一条铅垂线 yy，如图 21-3（b）所示。则

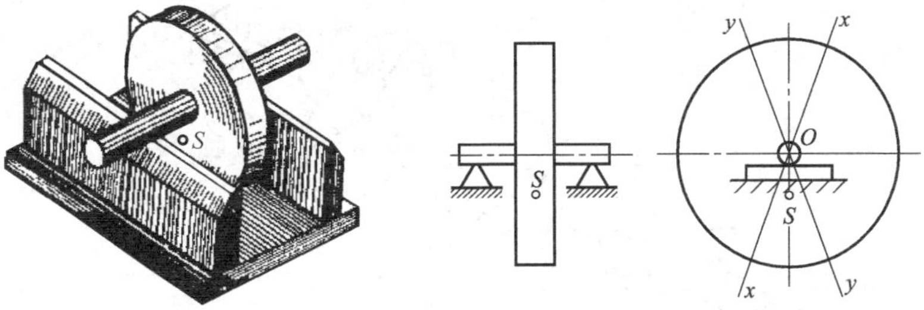

图 21-3　导轨式静平衡架

该转子的质心 S 必位于直线 xx 和 yy 夹角的平分线上，并在回转中心 O 的正下方。这样就可以判定转子质心相对于回转中心的偏移方向。然后，用橡皮泥（或其他方法）在质心偏移的相反方向上加一适当的平衡质量，并逐步调整其大小或径向位置。如此反复试验，直到转子在任意位置都能保持静止不动为止。根据所加橡皮泥的质量和位置，即可求出转子静不平衡的质径积。根据转子的具体结构，按同样大小的质径积，在相应方向的适当位置上添加一块配重（或在相反方向上去掉相同的质量），就能使转子达到静平衡。

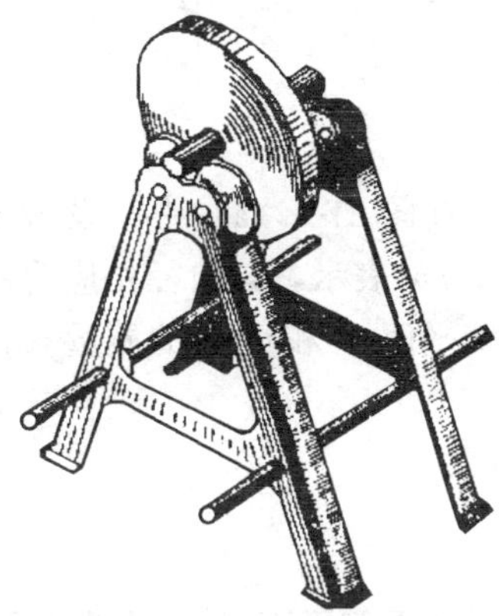

图 21-4　圆盘式静平衡架

导轨式静平衡架简单可靠，平衡精度较高。但必须保证两个刀口在同一水平面内，所以调整比较困难；而且当转子两端轴颈的直径不相等时，就不能在这种静平衡架上进行平衡试验。

图 21-4 所示为另一种静平衡试验设备，称为圆盘式静平衡架。进行平衡试验时，将转子的轴颈支承在两对圆盘上，每个圆盘均可绕自身轴线自由转动，而且一端的支承高度可以调整，以适应两端轴颈的直径不相等的转子。静平衡的操作程序与上述相同。这种静平衡架使用比较方便，但因摩擦阻力较大，故平衡精度比导轨式的要低一些。

21.3　动　平　衡

21.3.1　动平衡计算

对于宽径比 $L/D>1/5$ 的回转构件，不能认为全部质量都集中在同一平面内，应看作不平衡质量存在于回转轴线的各个平面内。回转构件转动时，所产生的离心惯性力系不再是平面汇交力系，而是一空间力系，如图 21-5（a）所示。

通常不能在一个平面内使其平衡，而要在选定的垂直于回转轴线的两个平面内，增减平衡质量才能使其达到平衡。这种平衡称为动平衡。

为解决回转构件的动平衡问题，可在回转构件的适当位置预先选定两个平面（图 21-5 中为 T' 和 T''），然后将各不平衡质量所产生的离心惯性力分解到两平衡平面内，则原各不平衡质量所产生的离心惯性力所组成的空间力系即可转化为在两平面内的平面汇交力系，而此两平面汇交力系的平衡问题，即为前述的静平衡计算问题。故此类回转构件的动平衡计算问题可转化为两平衡平面内的静平衡计算问题。平衡质量的具体计算如下。

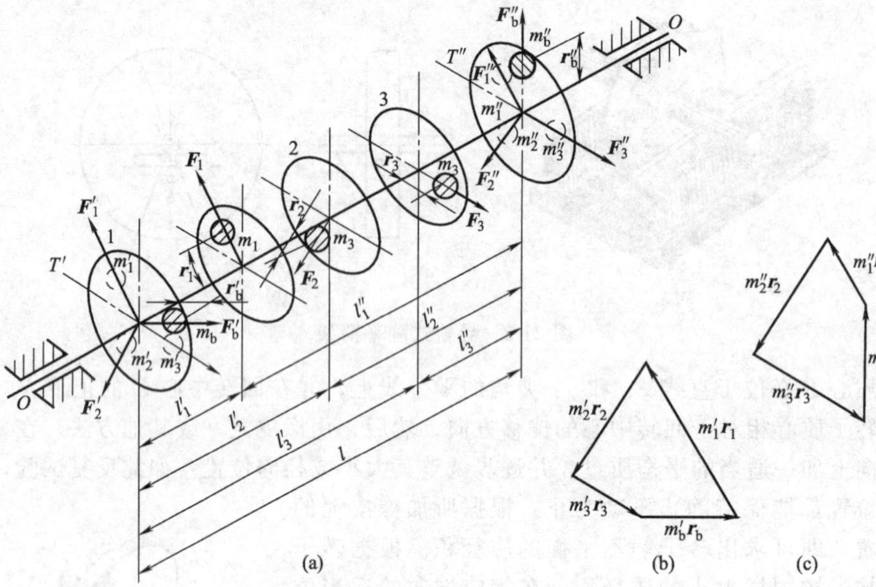

图 21-5 回转构件动平衡计算

在图 21-5（a）中，设转子的不平衡质量分布在 1、2、3 三个回转面内，分别用 m_1、m_2、m_3 表示，其向径相应为$\boldsymbol{r}_1$、$\boldsymbol{r}_2$、$\boldsymbol{r}_3$。将平面 1、2、3 内的质量 m_1、m_2、m_3 分别用两平衡平面 T'和 T''内的质量 m'_1、m'_2、m'_3 与 m''_1、m''_2、m''_3 来代替。则有

$$m'_1=\frac{l'_1}{l}m_1 \quad m'_2=\frac{l'_2}{l}m_2 \quad m'_3=\frac{l'_3}{l}m_3$$

$$m''_1=\frac{l''_1}{l}m_1 \quad m''_2=\frac{l''_2}{l}m_2 \quad m''_3=\frac{l''_3}{l}m_3 \tag{21-4}$$

在平衡平面 T'内设平衡质量为 m'_b，向径为$\boldsymbol{r}'_b$，则有

$$m'_b\boldsymbol{r}'_b+m'_1\boldsymbol{r}_1+m'_2\boldsymbol{r}_2+m'_3\boldsymbol{r}_3=0$$

作向量图，如图 21-5（b）所示，可求出质径积 $m'_b\boldsymbol{r}'_b$。选定$\boldsymbol{r}'_b$后，即可确定 m'_b。同理在平衡平面 T''内设平衡质量为 m''_b，向径为$\boldsymbol{r}''_b$，则有

$$m''_b\boldsymbol{r}''_b+m''_1\boldsymbol{r}_1+m''_2\boldsymbol{r}_2+m''_3\boldsymbol{r}_3=0$$

作向量图，如图 21-5（c）所示，求出 $m''_b\boldsymbol{r}''_b$，选定$\boldsymbol{r}''_b$的值后，即可确定 m''_b。

由此可知，质量分布不在同一回转面内的回转构件，只要分别在选定的两平衡平面内各加上适当的平衡质量，就能达到完全平衡。这种平衡的条件为：回转构件上各个质量的离心惯性力的矢量和等于零，同时离心惯性力所引起的力偶矩的矢量和也等于零。

21.3.2 动平衡试验

以上只是在设计阶段解决结构原因产生的动不平衡问题，因材质不匀、制造安装偏差而引起的动不平衡，应在动平衡试验机上进行。动平衡机有各种类型，其作用都是确定两平衡基面上平衡质量的大小与方位。对于高速回转件必须进行动平衡试验，如汽车前后轮轴、内燃机曲轴等。动平衡的构件一定达到了静平衡，而静平衡的构件不一定达到动平衡。对于需要进行动平衡试验的转子，往往要先经过静平衡试验，以便尽可能减少动平衡试验中的加重（或减重）量，并避免损坏动平衡试验设备。

刚性转子的动平衡试验，是在专门的动平衡试验机上进行的。生产中使用的动平衡机种类很多，分类方法也不尽相同，但大体上可分为机械式和电测式两大类。另外，还有用于整

机平衡的测振动平衡仪，可用它在机器上对其中的回转构件进行动平衡试验。

20 世纪 50 年代以前，大都使用机械式动平衡机，它利用补偿原理求出不平衡质径积，并利用共振原理放大振幅以提高精度。由于机械式动平衡机的灵敏度和平衡精度较低，目前在生产中已很少应用。电测式动平衡机是随着电子技术的发展而出现并逐步完善的，其测试原理是：利用传感器来检测转子的振动信号，并通过电子线路将测得的振动信号加以处理和放大，可以获得很高的灵敏度和平衡精度。为适应现代工业对高转速、高精度、大型回转构件的动平衡要求，并提高生产效率，现代动平衡试验技术还发展了激光去重的自动动平衡试验机、带有真空筒的大型高速动平衡试验机等，并已实现了动平衡试验的自动化。动平衡试验技术已发展成为一门独立的学科，其具体内容已超出本课程的范围。但是，不论哪一种动平衡机，其目的均在于测定转子不平衡质径积的大小和方位，只是测量的原理和方法不同而已。

【知识梳理与总结】

(1) 回转构件的平衡是指绕固定轴回转的构件（也称为转子）的惯性力平衡。

(2) 回转构件静平衡条件为：分布于该回转构件上各质量的离心惯性力的矢量和等于零，或质径积的矢量和等于零。

(3) 回转构件动平衡条件为：回转构件上各个质量的离心惯性力的矢量和等于零，同时离心惯性力所引起的力偶矩的矢量和也等于零。动平衡不好的系统将会产生振动、甚至产生共振，它与偏心重量距回转中心的距离及转速有关。

习　题

21-1　机械平衡的目的是什么？

21-2　什么是静平衡？静平衡的条件是什么？

21-3　什么是动平衡？动平衡的条件是什么？

21-4　一宽径比小于 0.2 的带轮，质心偏离转动中心 O 的距离 $e=2$mm，其质量 $m=10$kg，如图 21-6 所示，试平衡该带轮（设 $r_b=80$mm）。

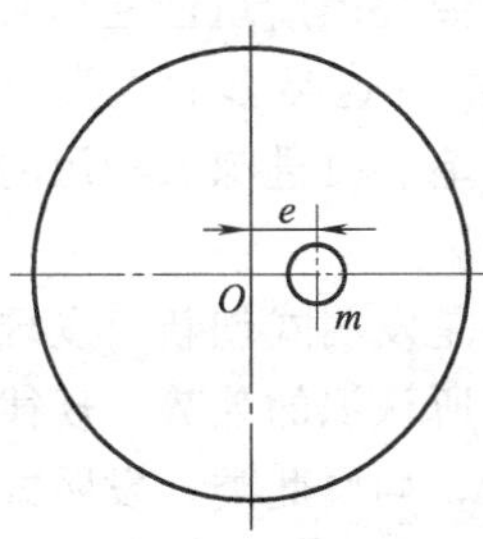

图 21-6　题 21-4 图

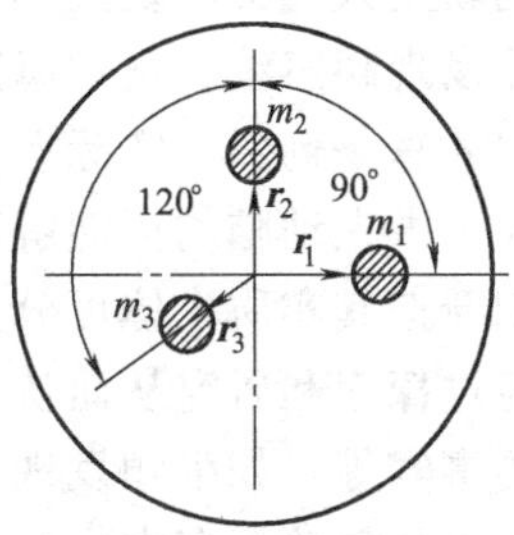

图 21-7　题 21-5 图

21-5　图 21-7 所示圆盘有三个偏心质量，$m_1=2$kg、$m_2=7$kg、$m_3=9$kg，它们的质心向径大小分别为 $r_1=r_2=100$mm、$r_3=80$mm，各不平衡质量的位置如图 21-7 所示。设平衡质量 m_b 的质心至回转轴线的距离为 $r_b=120$mm，试求平衡质量的大小和方向。

第 22 章　创新设计简介

【知识目标】

① 了解创新在社会发展中的作用；

② 理解创新的概念和创新原理；

③ 了解专利的基本知识。

【能力目标】

① 掌握机械创新的方法和创新技巧；

② 能够利用创新原理和创新技巧进行机械产品或机构的创新设计。

【知识结构图】

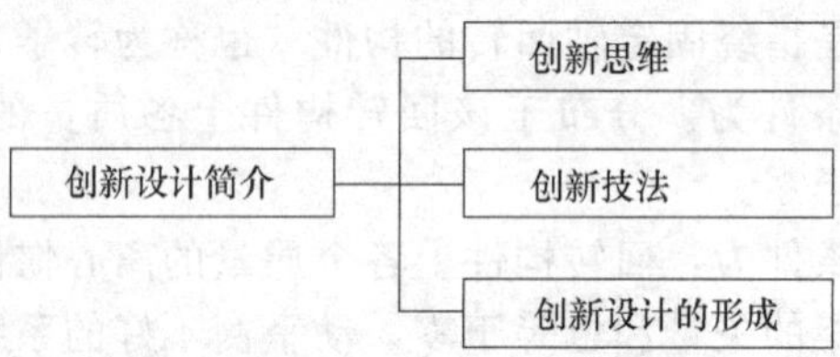

22.1　创新概述

人类社会发展和进步的历史就是不断创新的历史。创新是指在前人或他人已经发现或发明的成果的基础上，能够提出新的见解，开拓新的领域，解决新的问题，创造新的事物，或者能够对前人、他人的成果进行创造性的运用。创新设计是指充分发挥设计者的创造力，利用人类已有的相关科技成果进行创新构思，设计出具有科学性、创造性、新颖性及实用性产品的一种实践活动。

创新是人类文明发展的根本动力。创新并不神秘，并非只有像爱因斯坦创立相对论、斯帕拉捷发现超声波、奥本海默组织“曼哈顿工程”、爱迪生发明电灯这类影响人类生活的重大发明才算是创新。实际上，将有尘的粉笔改革为微尘或无尘粉笔、改进晾衣物用的衣架等这类几乎人人动脑均可能解决的事也是创新。创新活动是普遍的。

创新按其实质大体可分为两种：一种是发现式创新，另一种是发明式创新。发现式创新是指经过探索和研究从而认识以前客观存在，但未被前人或他人所认识的趋势、规律、本质或重要事实等，如牛顿发现万有引力、阿基米德发现浮力定理等，均属此类。发明式创新是指创造出从前并不存在，并经实践验证可以应用的新事物、新技术、新工艺、新理论或新方法等，应用工程等方面的发明创造都属此类。可以这样概括地说，发现式创造属于认识世界的范畴，发明式创新属于改造世界的范畴。其共同点都是为了创造新的世界。

创新的核心是创新思维。创新思维是一种复杂的、高级的心智活动，但绝不是神秘莫测、高不可攀，仅属少数天才人物的“专利”。我国著名教育家陶行知先生曾说“人人是创造之人，天天是创造之时，处处是创造之地”。创新的能力是人类普遍具有的素质，除极少数智力障碍者外，绝大多数的人都具有创新的禀赋，都可以通过学习、训练得到开发、强化和提高。

创新虽然是一个复杂的过程，但这一过程也是有一定的规律可循的。有的学者认为，创新首先是一种由创新者素质和创新者思路组成的运行机制，它是一个由创新者的素质转化为创新者的思路，再由创新者的思路转化为创新者的行为的复杂过程。

创新的障碍主要来自创新者本身，既有心理上、认识上的原因，如创新神秘化、害怕失败的胆怯心理等；也有社会性原因，如习惯势力、迷信权威等；有时也有技术性原因，主要是创新的知识、技能等技术性基础不足。

22.2 创新思维

1. 创新思维的特点

设计本身就具有创造性。设计人员依据自身的知识、经验、理论和方法完成目标设计的过程就是将头脑中的各种信息重新组合和激活的过程，形成新的联系或成果。在此过程中，突破各种自然极限，揭示事物的本质，转化出新的、有社会价值的成果和产物，以不断满足人类的精神和物质的需要，即是创新思维。其特点如下。

(1) 独创性　具有突破性、求异性的思维，即具有与前人、他人不同的独特见解，能提出新原理、构思新模式、创造新方法。例如光控式开关在黄昏时使路灯自亮，天明时又自动熄灭；红外线开关能自动准确做到人来灯亮，人走灯灭。与机械开关相比，它们都具有独创性，并节约了能源。

(2) 多向性　善于从不同的角度思考问题，这种思维依赖于发散思维（尽量提出多种设想，多方面、多思路思考问题)、换元思维（灵活变换影响事物的某些因素，从而产生新的思路)、转向思维（思维在一个方面受阻时立即转向另一方面）和创优（不满足已有解答，努力寻找最优方案)。

(3) 联动性　由此及彼的联动思维，引导人们从已知探索未知，并开阔思路。它包括：纵向联动（针对问题和现象作纵深思考，探寻其根源从而得到新的启示)、横向联动（从某一现象联想到与其相似或相关的另一事物，进行“特征转移”，进入新的领域）和逆向联动（从顺推到逆推，从另一角度探寻新途径)。例如丹麦物理学家奥斯特发现电流通过导体时，能使磁化的罗盘指针偏转，法拉第据此作逆向思维，认为如果磁场固定，载流导体就会运动，从而发明了世界上第一台电动机。

(4) 跨越性　思维的前进跨度大，转换跨度也大，能跨越事物可见度的限制，迅速完成“虚体”与“实体”之间的转化。例如牛顿受苹果落地的启示，最终发现震惊世界的“万有引力定律”。

2. 创新思维的类型

创新思维是多种思维形式的协调统一，也是智力因素和非智力因素的和谐统一。创新思维的类型，可从不同的角度划分。根据思维过程是否严格遵守逻辑规则可分为逻辑思维和非逻辑思维。

逻辑思维又称为抽象思维，即以反映事物共同属性和本质的抽象概念为思维元素，在该概念的基础上进行判断、推理，使认识从感性个别到理性一般再到理性个别。而非逻辑思维的基本形式有联系思维、直觉思维和灵感思维。其中直觉思维和灵感思维对创新设计起重要作用，因为它们具有产生的突然性、过程的突发性，成果的突破性，同时还具有偶然性。在此过程中不仅意识起作用，而且潜意识也发挥重要作用。虽然其结论具有短暂性不总是可靠的，但可以给人们深刻的启迪。在创新设计中，工程技术人员的逻辑思维和非逻辑思维彼此联动，相互融合、补充和促进，综合发挥作用。

22.3 创新技法

创新技法的研究始于20世纪初。创新技法很多，据说目前已有300种，但常用的仅10余种。这里简要介绍与机械设计关系比较密切的一些创新技法。

1. 逆向思维创新法

从与原目标相对的逆向求解进行发明式创新，有时会取得惊人的成就。

例如日本诺贝尔奖获得者江崎玲于奈，在研究他的得奖项目时，让助手官原百合子在旁协助做晶体管材料的纯度提高试验，但因总难以绝对去除杂质而苦无良策，这时，刚到职不久的官原小姐忍不住说："再这样下去，纯度恐怕永远也提高不了，既然杂质不易清除，还不如增加一些杂质试试看。"听了官原的话，江崎茅塞顿开，几经试验，终于发现了"隧道效应"，并由此发明了隧道二极管。

再如除尘器出现于1901年，是靠吹气来除尘的。当时在伦敦火车站的一节车厢里表演时，新发明的除尘器曾将车厢吹得尘土飞扬，叫人透不过气来。这一现象引起了一位名叫赫伯布斯的在场者的注意，他想，吹尘不行，能不能反过来吸尘呢？回家后，他用手绢捂住嘴巴，趴在地上使劲吸气，结果灰尘被吸滤到手绢上。利用逆向思维的方法，赫伯布斯终于发明了带灰尘过滤装置的真空负压吸尘器。

2. 联想创新法

具有丰富的想象力是许多发明家的特质。想象力可能是一种天赋，但也可以通过后天不断地训练来获得，特别是与职业相关的想象力，更只能通过持续的职业实践才能产生。

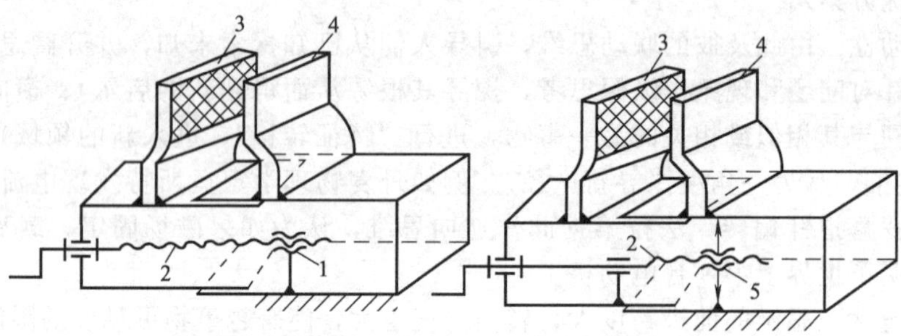

(a) 传统台虎钳工作原理　　(b) 快速装夹台虎钳工作原理

图 22-1　台虎钳的改进

1—固定螺母；2—螺杆；3—活动钳板；4—固定钳板；5—开合螺母

图22-1为联想创新法解决快速装夹台虎钳的设计问题。图22-1（a）所示为传统台虎钳的工作原理，固定钳板4与机架相连，活动钳板3与螺杆2连接，固定螺母1与螺杆2组成螺旋副，螺杆2转动，带动活动钳板移动，从而完成装夹工件的任务。但传统台虎钳工作效率低，我国著名发明家范朝来为了解决这一问题，首先查找专利资料，发现百余年前就已有人想改进传统台虎钳，但均未获实质性成果。因为他们的方法都无法解决省略数转甚至十数转的螺杆转动问题，以提高台虎钳工效。冥思苦索的范朝来忽然联想起车床车制螺纹时，利用其传动丝杠与开合螺母旋合的工作原理：开合螺母打开，进行普通切削；开合螺母旋合，可以车制螺纹，两者的转换灵活机动。为何不利用开合螺母来代替台虎钳中的固定螺母呢？于是图22-1（b）所示工作原理的新型台虎钳诞生了。当工件结束加工任务，开启开合螺母5，将活动钳板移开（此活动钳板底部设计为滑移副形式）；当另一工件需夹紧时，只需将活

动钳板移至夹紧位置，然后闭合螺母，再稍微旋转一下螺杆即可夹紧工件。

3. 组合创新法

组合法是指将两种或两种以上的技术、事物、产品、材料等进行有机的组合，以产生新的事物或成果的创新技法。

例如雷达的发明。1932 年，一个俄国人在美国发明了光电显像管，它可以电传 30 张照片，这就是电视。随后英国建立电视发射台，形成电视网络。与此同时，以罗伯特·瓦特为首的英国研究小组正在进行用电磁波测量电离层高度的试验，凑巧有一架飞机飞过来，电磁波碰到飞机就反射回来，这使罗伯特想到：飞机既然能反射电磁波，当然可以据此发明一种技术装置专门用来测量飞机的高度、方位、距离和数量。这就是雷达原理，那么如何制造雷达呢？他想到了刚刚建立的电视系统，便将电视技术与电离层高度测量技术组合，造出了雷达，为英国抗击德国法西斯敌机的入侵立下汗马功劳。

4. 加减创新法

把原有的事物有意识地增加扩大或减少缩小，是一种常用的创新方法。

加法创新是指以原有事物为主体和基础进行延拓、衍生，而不是多个事物的简单组合。

例如数控机床，它是在普通机床上附加数控装置产生的新型机床。

又如防盗门的变化。加一只“猫眼”窥视造访者；加一只电子门铃，便于客人通报；为了满足住户节约空间的愿望，再在背面加上了放鞋的鞋格、出门镜、……，不断地做“加法”，不断地创造出一些令人刮目相看的防盗门。

减法创新可以使许多传统产品焕发活力。把原有事物中多余的、陈旧的、繁琐的和无足轻重的部分去掉，使之更加重点突出、功能鲜明和结构精巧，是减法创新技法的特点。

例如圆珠笔最初是由匈牙利记者莱兹·比洛采用油溶性颜料于 1934 年发明的，以后经他人几经改良，但仍无法解决漏油问题，即每当写到 2.5 万字左右时，由于笔头磨损，油墨就随之流出，沾污纸张或使用者的衣物，所以发明十几年来迟迟打不开市场。1950 年，日本人中田藤三郎一改别人围绕提高圆珠耐磨性克服漏油的思路，决定用减少油管容量的方法来解决问题，令笔芯写到 2 万字或稍多一点时笔油正好用完，即油管装油量与圆珠使用寿命相匹配，这样圆珠笔当然不会漏油了。中田非常简单地用“减法”一举攻克了别人久久未能解决的问题，圆珠笔因此很快畅销世界。

5. 观察分析创新法

观察分析创新法是指人们通过感官或科学仪器，有目的、有计划地对研究对象进行反复细致的观察，再通过思维器官的综合分析，以解释研究对象本质及其规律的一种方法。现象是指事物在发生、发展和变化中的外部形式和表面特征。创新者通过对现象的观察分析，从中发现问题或产生创新意念。有创新价值的现象有三种：新奇的现象、重复的现象和密集的现象。新奇的现象往往预示着未来的趋势。重复的现象则告知人们其中存在着规律。密集的现象往往蕴含着事物的本质。

例如不锈钢的发明。19 世纪后半叶，钢的应用日益广泛，但由于钢抗腐蚀性差而使当时的科学家伤透脑筋。1913 年的一天，英国冶金学家布里尔利想找一种制造枪管的合金钢，当他在一个废钢品堆里翻腾时，猛然眼睛一亮，一块毫无锈点，闪闪发亮的镍铬合金钢块呈现在面前，他将这块被他废弃多时的合金钢送去化验，就这样，改变机械制造业面貌的不锈钢诞生了。在这里，你只需要有对新奇现象的一点儿敏感性。

观察需要敏感，无敏感的观察非常容易流于司空见惯。而观察的敏感要求你始终保持那份可贵的创造冲动。

观察是发现问题最基本的途径之一。在创新活动中，发现问题比解决问题更难、更重要。如果你能通过观察发现有创新价值的问题，那么创造性地解决问题也就指日可待了。因此，观察分析法是最基本的创新法。

6. 移植创新法

创新虽然是为了产生前所未有的新事物，但创新活动并非从零开始，凭空杜撰，而是以他人积累的劳动成果为起点，继承前人的优秀思维成果和科学方法，借鉴他人的长处或吸取其教训，进行创新。移植创新法是指借用某一领域的成果，引用、渗透到其他领域，用以变革和创新。即利用先进的检测仪器，在分析的基础上进行改进仿制。

工程中大量地应用移植创新法进行创新设计。例如有轨火车的发明与发展。初始，人们发现滚动摩擦可以减小前进阻力，发明了有轮车，以后又发现恰当材料组成的摩擦副可以进一步减小摩擦力，于是有轨车诞生了。最早的轨道是用木头铺的，后来才改用铁轨。原始的有轨车是用畜力为动力的；1803 年，英国工程师特里维西克发明了世界上第一个蒸汽火车头；1829 年，英国人史蒂芬孙改进设计，制成实用的火车头。19 世纪后期，人们发明了电动机车，有轨电车一时风靡世界。1923 年内燃机车问世。1934 年内燃机车用于载客运输，1940 年用于载货。现在，内燃机车和电气机车几乎完全取代了蒸汽机车。直至当代的磁悬浮列车的通行。

移植创新法不是简单的模仿和应用，虽然移植创新法确实是从模仿做起的，但却是应用极为广泛和高效的创新技法。

日本今日世界领先的科学技术，得益于长期坚持移植创新法的实践。日本从明治维新后，在“引进—消化—开发”的战略思想指引下，下大力气搞引进、仿制、开发。第二次世界大战后，仅 20 世纪 50 年代就有重点、有选择地引进了 1029 项外国的机械、电力、钢铁、化工、运输、石油、煤炭、纺织等先进技术。同时在引进技术的消化吸收上投入大量的人力和资金，并在解剖、仿造的基础上开发创新，形成“一号机引进，二号机国产，三号机出口”的发展战略。这一方法比自己独立搞创造开发大大地降低了成本，节省了时间，用较短的时间赶上了世界先进水平，某些方面甚至超过了美、欧发达国家。从某种意义上说，是移植创新法造就了今日日本的繁荣经济。

7. 其他创新技法

(1) 类比法　是将所研究和思考的事物与人们熟悉的、并与之有共同点的某一事物进行对照和比较，从比较中找到它们的相似点和不同点，并进行逻辑推理，在同种求异或异中求同中实现创新。

(2) 换元法　是指人们在创新过程中，采用替换或代换的方法，使研究不断深入，思路获得更新。

(3) 还原法　是指返回创新原点。即在创新活动中，追根寻源找到事物的原点，再从原点出发寻找各种解决问题的途径。

(4) 穷举法　又称为列举法，是一种辅助的创新技法。列举法将问题逐一列出，将事物的细节全面展开，使人们容易找到问题的症结所在，从各个细节入手探索创新途径。

(5) 集智法　是指集中大家智慧，并激励智慧，进行创新。

22.4 创新设计的形成

创新设计的形成是创新理念与设计实践的结合。发挥创新思维，将科学、技术、文化、艺术、社会、经济融会在设计之中，设计出具有新颖性、创造性和实用性的新产品。创新设计可以从以下几个侧重点出发。

① 从用户需求出发，以人为本，满足用户的需求。

② 从挖掘产品功能出发，赋予老产品以新的功能、新的用途。

③ 从成本设计理念出发，采用新材料、新方法、新技术，降低产品成本、提高产品质量、提高产品竞争力。

例 22-1　试对台式电风扇进行改进设计和转产分析。

(1) 这是对现有老产品进行改进或转产的创新设计，通过提问发现其应该改进之处，从而开发出适销对路的新产品。提问：

① 稍加改进后能否转作他用？

② 能否对其结构形状做某些改变？

③ 能否增（减）某些功能或改变某些尺寸？

④ 能否对其作某些方面的替代？

⑤ 现有技术能否组合成新的风扇产品？

(2) 解决上述问题的途径如下。

① 将电风扇稍加改造可制成鼓风机、抽风机、吸尘器等新产品。

② 改变其结构可设计出落地扇、吊扇和壁扇等；改变造型可设计出圆形之外的方形、动物外形、卡通人物造型风扇等。

③ 增加夜间照明功能、定时喷香水、倾倒即停的安全功能；增大尺寸，设计出大型工业排风扇；减小尺寸可设计出便携式旅行扇和挂于蚊帐内的微型风扇。

④ 可改变材料，用塑料代替金属，降低成本；实现性能替代，如改变单风速为多风速风扇等。

⑤ 可实现带装饰灯的风扇；用自动开关控制实现模拟自然风。

例 22-2　蜂窝煤成型机的创新设计

我国中小城镇居民以燃烧蜂窝煤为主，因此设计并生产了性能良好、结构简单、操作容易、经久耐用、维修方便的蜂窝煤成型机。

(1) 蜂窝煤成型机完成动作如下：

① 煤粉的输送及往模型腔中加料；

② 冲压成型；

③ 清除冲头及出煤盘上的煤屑；

④ 把成型的蜂窝煤从模具中脱出；

⑤ 输送蜂窝煤。

(2) 蜂窝煤成型机功能实现机构如下：

① 冲压机构完成冲压蜂窝煤的动作并可短暂保压；

② 间歇性传动机构完成带有周向圆孔的出煤盘的间歇性转动；

③ 扫屑机构完成清扫冲头及出煤盘；

④ 脱模机构完成把蜂窝煤从模具中脱出的动作；

⑤ 减速传动机构调解适当的冲压速度。

表 22-1 列举了完成各工艺动作的对应简单机构，把各机构进行组合后，机械运动方案的数目为：

$$N=3\times3\times3\times3=81$$

表 22-1　蜂窝煤成型机的机构组合

冲压机构	曲柄滑块机构√	六杆增压机构	凸轮机构
间歇传动机构	槽轮机构√	不完全齿轮机构	凸轮间歇机构
扫屑机构	连杆机构	移动凸轮机构√	齿轮机构
脱模机构	单独脱模机构	与冲压机构同体√	
传动机构	齿轮机构	带传动机构	带传动＋齿轮机构√

根据蜂窝煤成型机要求性能良好、结构简单、操作容易、经久耐用、维修方便、成本低廉的特点，其机械系统有曲柄滑块机构（冲压机构）、槽轮机构（分度机构）、移动凸轮机构（扫屑机构）以及带传动＋齿轮机构组成（减速传动机构）。机构图如图 22-2 所示。为增加冲头的刚度，采用对称的两套冲压机构。

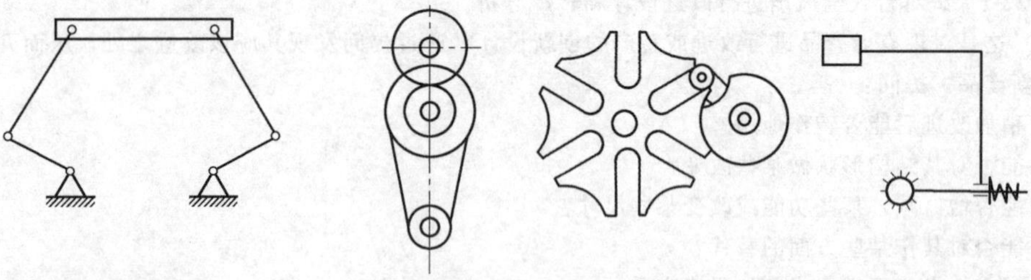

图 22-2　蜂窝煤成型机构组成图

（3）蜂窝煤成型机中的各个机构的动作具有严格的顺序，其运动循环图如图 22-3 所示。循环图中，以冲压机构为主机构。横坐标为曲柄轴的位置，纵坐标表示各执行机构的位置。冲压过程分为冲程和回程，带有模孔的转盘工作行程在冲头回程的后半段和冲程前半段完成，使间歇转动在冲压之前完成。扫屑运动在冲头回程的后半段和冲程的前半段完成。

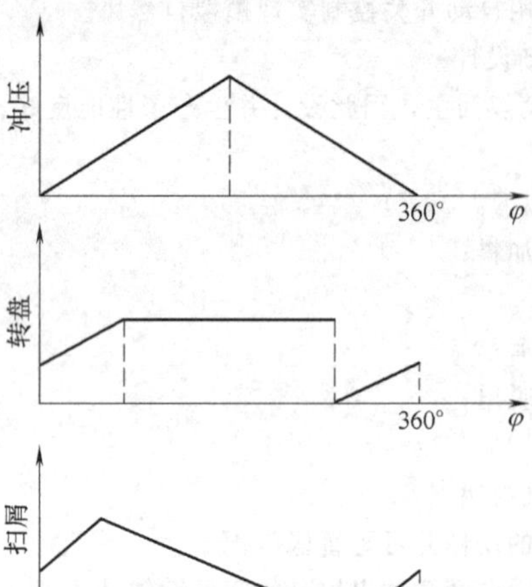

图 22-3　蜂窝煤成型运动循环图

（4）机械系统运动方案的构思把减速传动机构、冲压机构、分度机构和扫屑机构的运动协调起来，可按机构组合原理进行。各分支机构的连接框如图 22-4 所示。电动机驱动带轮机构，带轮机构驱动齿轮机构；齿轮机构分别驱动冲压曲柄滑块机构和分度槽轮机构；冲压机构的冲头驱动扫屑凸轮机构。机械系统运动简图如图 22-5 所示。该机械中的凸轮扫屑机构采用了移动式的反凸轮机构。在冲头回程时，其端部长形毛刷清扫冲头和脱模头。为表达清楚，把凸轮扫屑机构转过 90°。

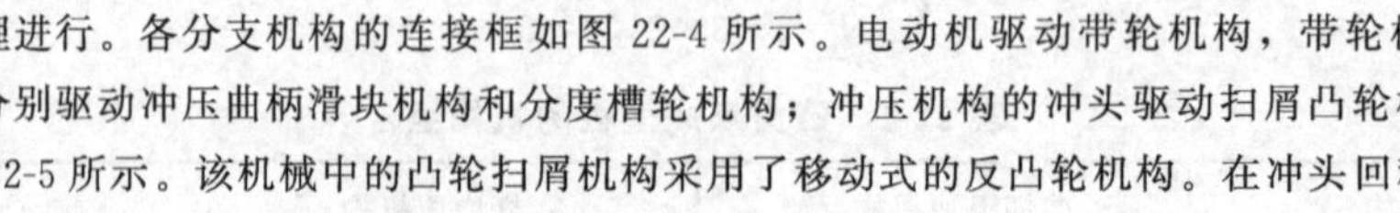

图 22-4　各分支机构的连接框图

(5) 方案分析利用表 22-1 所给出的简单机构组合，可有 81 种成型机方案。该方案采用了简单机构的巧妙组合，设计出结构简单、性能可靠、成本低廉、经久耐用、维修容易且操作方便的蜂窝煤成型机，并占领了很大市场。该机械的创新之处在于用常用简单机构组成一个能完成既定动作、效果良好的机械运动方案。可见方案的创新设计在机械工程中具有非常重要的地位。机械创新设计不限于高科技领域，在机械工程中，利用简单机构的各种组合而创新设计实用机械的例子很多。如把蜂窝煤成型机中的分度槽轮机构用机、电、液一体化的分度机构代替，虽然提高了分度精度，但是增加了整体造价，这显然不符合市场需求。

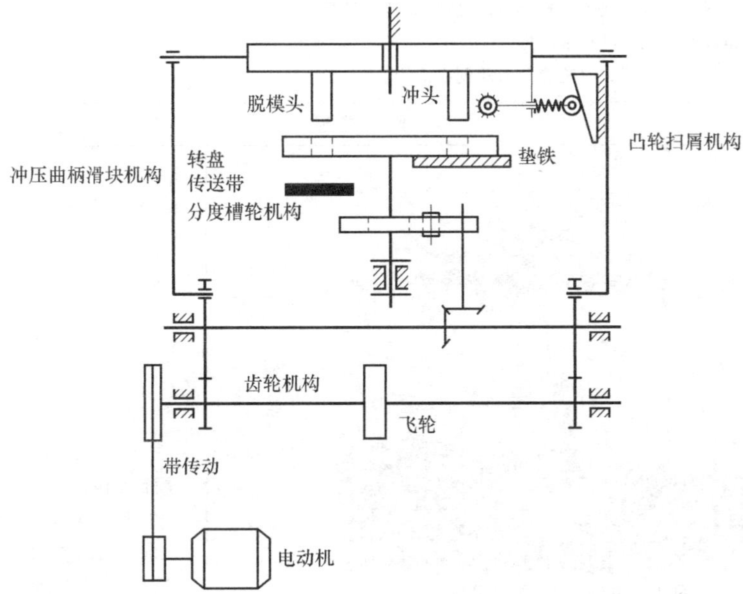

图 22-5　蜂窝煤成型机机械系统运动方案图

【知识梳理与总结】

(1) 本章主要介绍了创新设计的思维方法，它包括逆向思维创新法、联想创新法、组合创新法、加减创新法、观察分析创新法、移植创新法和其他创新技法等。

(2) 机械创新设计是指充分发挥设计者的创造力和智慧，利用人类已有的相关科学理论、方法和原理，进行新的构思，设计出具有新颖性、创造性及实用性的机构或机械产品的一种实践活动。它包括开发性设计、变异性设计和适应性设计。

习　题

22-1　创新的核心是什么？创新的障碍主要来自哪些方面？

22-2　创新思维的特点是什么？

22-3　简述创新思维的主要类型。你将如何发挥你的创新思维？

22-4　简述创新设计的主要方法。并举一两种方法进行论证。

22-5　仔细观察周围事物，举一可供创新的实例，要求：

(1) 提供创新设计的命题（创新处为何种功能、结构或用途）；

(2) 根据你的查新，说明本设想是前所未有的或是与众不同的。

22-6　结合专题作业八，构思和设计效率较高的组合式螺旋叶片拉伸机。

专题作业八 螺旋叶片拉伸机设计

【知识目标】

① 了解螺旋叶片拉伸机的工作原理及结构；

② 掌握螺旋传动的计算方法；

③ 掌握螺旋叶片展开计算方法；

④ 掌握滚动轴承的选择和计算。

【能力目标】

① 利用设计资料（标准、规范等），能够完成螺旋传动计算；

② 能够绘制螺旋叶片拉伸机技术图样；

③ 提高学生分析问题和解决问题的能力及创新能力。

作业描述

图 1 螺旋叶片拉伸机照片

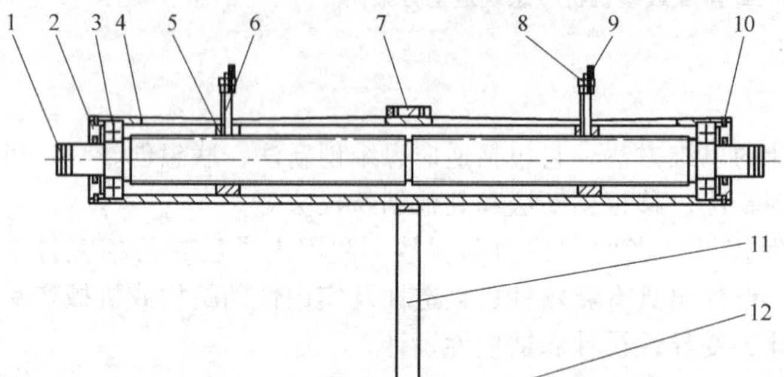

图 2 螺旋叶片拉伸机结构示意图

1—主体管；2—端盖；3—深沟球轴承；4—螺杆；5—螺母；6—牵头；7—管套；8—螺母；9—牵头；10—紧定螺钉；11—支架；12—地脚螺栓

项目来源：

专利：卧式螺旋叶片拉伸机 ZL200820176174.3（图 1）。

论文：螺旋叶片拉伸机的设计与计算《煤矿机械》2009 第 11 期。

项目说明：螺旋叶片拉伸机的结构如图 2 所示，通过手动或电动将力传给主体管内的螺杆，使螺杆旋转，带动正反螺母向相反方向做匀速运行。这时固定在两螺母上的牵头牵着叶片毛坯两端沿着导向槽方向呈斜角拉伸，完成螺旋叶片的拉制工作。

要求学生利用螺旋传动知识及设计资料（标准、规范等），对螺旋叶片拉伸机测绘和计算，并完成技术图样设计。

技术要求：

① 螺旋叶片材料：Q235；

② 螺旋叶片直径：$\phi 150$。

续表

<table>
<tr><th colspan="6">工 作 任 务</th></tr>
<tr><td colspan="6">1. 利用工具拆卸螺旋叶片拉伸机，分析螺旋叶片拉伸机结构及工作原理。
2. 对主要零部件进行测量，并记录数据。
3. 掌握标准件（如轴承、螺纹件等）的选用原则。
4. 螺杆的强度分析。
5. 螺纹的耐磨性计算。
6. 螺旋副的自锁性验算。
7. 为提高工作效率，构思组合式螺旋叶片拉伸机。</td></tr>
<tr><th colspan="6">工 作 成 果</th></tr>
<tr><td colspan="6">1. 对螺旋叶片拉伸机的主要零部件进行测绘，完成 A3 装配图一张，零件图若干张。
2. 计算说明书 1 份。</td></tr>
<tr><th colspan="6">成 绩 评 定</th></tr>
<tr><td colspan="6">综合测绘、说明书及答辩情况，按百分制评分，折算后计入期末成绩。</td></tr>
<tr><td rowspan="2">姓名</td><td colspan="4">分　项</td><td rowspan="2">总分</td></tr>
<tr><td>测绘
(20%)</td><td>设计说明书
(40%)</td><td>答辩情况
(20%)</td><td>团队协作
(20%)</td></tr>
<tr><td></td><td></td><td></td><td></td><td></td><td></td></tr>
<tr><td></td><td></td><td></td><td></td><td></td><td></td></tr>
<tr><td></td><td></td><td></td><td></td><td></td><td></td></tr>
<tr><td></td><td></td><td></td><td></td><td></td><td></td></tr>
<tr><td></td><td></td><td></td><td></td><td></td><td></td></tr>
<tr><td colspan="6">注：团队协作分数根据小组成员出勤、工作态度及工作量由小组组长打分。</td></tr>
</table>

参考文献

[1] 机械工业基础课教学指导委员会力学学科组．工程力学．北京：机械工业出版社，1999．
[2] 隋明阳．机械设计基础．北京：机械工业出版社，2002．
[3] 程嘉佩．材料力学．北京：高等教育出版社，1999．
[4] 李龙堂．工程力学．北京：高等教育出版社，1998．
[5] 杨玉贵．工程力学．北京：机械工业出版社，2001．
[6] 吴建蓉．工程力学与机械设计基础．北京：电子工业出版社，2003．
[7] 朱熙然．工程力学．上海：上海交通大学出版社，1999．
[8] 范钦珊．应用力学．北京：中央广播电视大学出版社，1999．
[9] 郭仁生．机械设计基础．北京：清华大学出版社，2001．
[10] 周家泽．机械设计基础．北京：人民邮电出版社，2003．
[11] 初嘉鹏，贺凤宝．机械设计基础．北京：中国计量出版社，2002．
[12] 阎秀华，苗淑杰．机械设计与制造基础．北京：机械工业出版社，2002．
[13] 吴宗泽．机械设计实用手册．第2版．北京：化学工业出版社，2003．
[14] 谈嘉祯．机械设计．北京：中国标准出版社，2001．
[15] 陈立德．机械设计基础．北京：高等教育出版社，2000．
[16] 陈立德．机械设计基础．第2版．北京：高等教育出版社，2004．
[17] 秦岭昌．机械原理及机械零件．北京：高等教育出版社，2000．
[18] 成大先．机械设计手册（机械传动）．北京：化学工业出版社，2004．
[19] 毛友新．机械设计基础．武汉：华中科技大学出版社，2004．
[20] 吕慧瑛．机械设计基础．上海：上海交通大学出版社，2001．
[21] 张萍．机械设计基础．北京：化学工业出版社，2004．
[22] 李正峰．机械设计基础．上海：上海交通大学出版社，2005．
[23] 胡家秀．机械设计基础．北京：机械工业出版社，2008．